DIE ENZYKLOPÄDIE DER

GEWEHRE & KARABINER

A.E. HARTINK

DIE ENZYKLOPÄDIE DER

GEWEHRE & KARABINER

KOMET

Übertragung aus dem Englischen und Überarbeitung:Gernot F. Chalupetzky

Gesamtherstellung: KOMET MA-Service und Verlagsgesellschaft mbH, Frechen

ISBN 3-89836-139-x

Inhalt

MANTON'S SPECIFICATION.

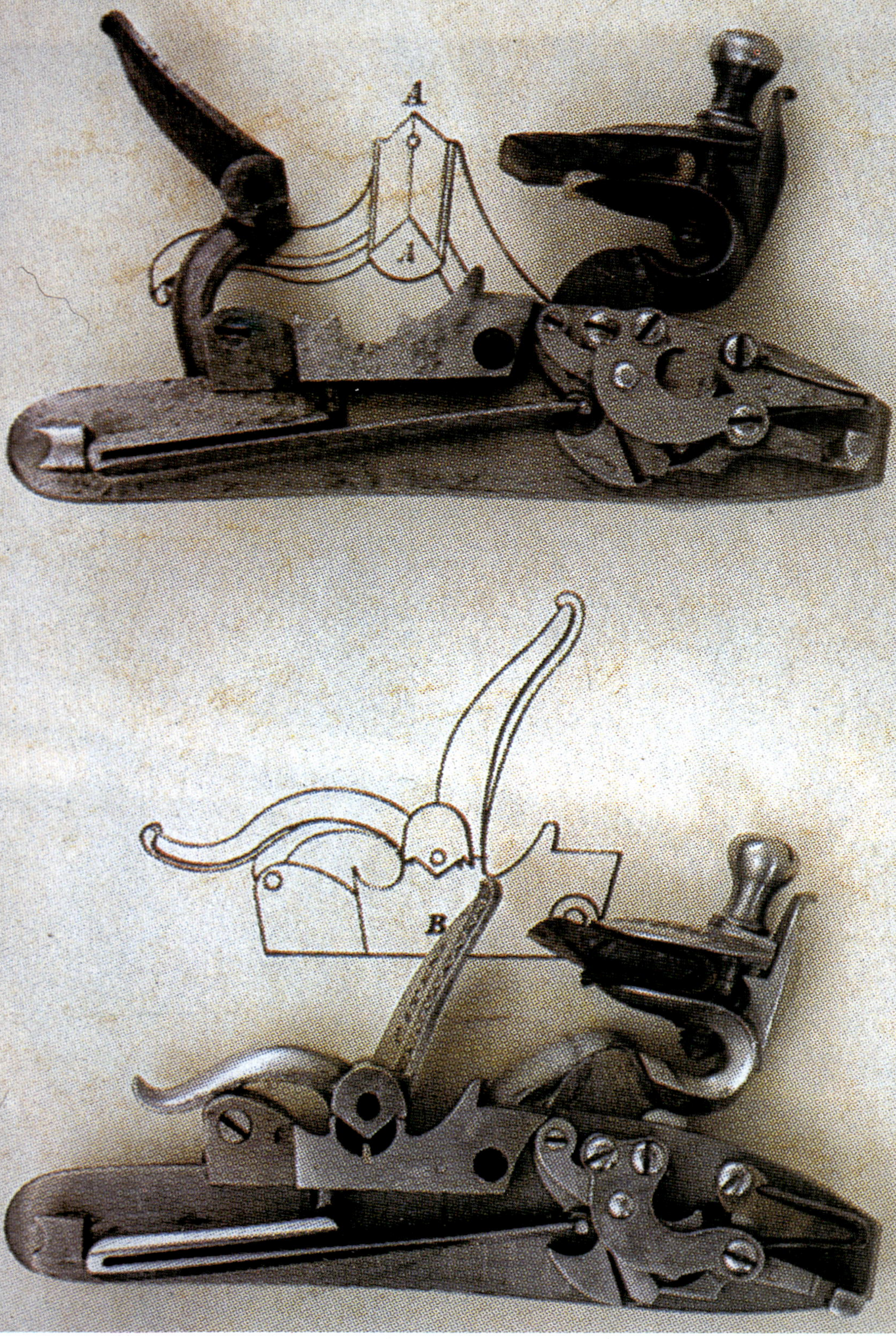

1. Die Entwicklung der Waffen:

Waffen haben schon immer eine große Faszination auf den Menschen ausgeübt. Ausgehend von altertümlichen Messern und Speeren, gefolgt von Pfeil und Bogen sowie der Armbrust, versuchte der Mensch im Laufe der Zeit immer bessere Mittel zu finden, um sich gegenseitig zu bekämpfen und zu bekriegen oder auch um sich gegen wilde Tiere zur Wehr zu setzen und sie zur Nahrungsgewinnung zu bejagen. So lief die Waffenentwicklung stets parallel zur Entwicklung des Menschen.
Wo und wann die Entwicklung der Feuerwaffen, also von Waffen bei denen Geschosse mittels durch den Abbrand von „Schießpulver" entstehenden Gasdruckes in Richtung Ziel „geschleudert" werden, kann historisch nicht genau festgemacht werden.
Eine der wohl wahrscheinlicheren Überlieferungen bezieht sich auf ein bereits aus dem Jahre 1040 stammendes Dokument der Chinesen, das erst vor einigen Jahrzehnten wieder aufgetaucht ist. Darin wird von einem Pulver berichtet, das in China zunächst ausschließlich zur Erzeugung von Feuerwerkseffekten Verwendung fand. Nachdem Marco Polo, der venezianische Kaufmann, zwischen 1271 und 1291 auf einer seiner berühmten Handelsreisen nach Asien, unter anderem nach Peking, die chinesischen Feuerwerke kennengelernt hatte, habe er das alchimistische Geheimrezept zur Herstellung des „Feuerwerkspulvers" mit nach Europa gebracht. In Europa habe man dann seine Funktion als Schießpulver erkannt und leidlich ausgewertet.
Eine andere, sicher nicht weniger wahrscheinliche Theorie geht davon aus, daß das Schießpulver in Europa entdeckt oder zumindest wiederentdeckt wurde. In diesem Zusammenhang tauchen die Namen von Roger Bacon und Berthold Schwarz, einem Mönch aus Freiburg, auf. Auf dem Namen des Letzteren basiert auch der Name „Schwarzpulver", nicht etwa auf der Farbe des Pulvers oder des entstehenden schwarzen Rauches. Die grundsätzlichen Bestandteile von Schwarzpulver sind 75% Salpeter, 15% Schwefel und 10% Holzkohle. Erst im 14. Jahrhundert entdeckte man schließlich, daß sich mit Schwarzpulver nicht nur Feuerwerkseffekte herstellen ließen, sondern daß man durch den Abbrand des Pulvers in einem hinten geschlossenen Rohr auch Geschosse aus dem Rohr katapultieren konnte. Dies war die Geburtsstunde der Feuerwaffen.

Links: Steinschloß (Pulverpfanne geöffnet und geschlossen)

Abschuß einer Vorderladerkanone

Das Zünden des Pulvers

Am Grundprinzip der Feuerwaffentechnik hat sich seitdem eigentlich nichts geändert. Bei den sogenannten Handkanonen, den an einem Ende zugeschmiedeten, eisernen Rohren, die im Bereich der Zuschmiedung ein kleines Zündloch enthielten, erfolgte die Schußabgabe derart, daß man das Schießpulver von vorne ins Rohr lud. Dann wurde das Geschoß, zuerst aus Stein oder Eisen, später aus Blei, auf das Pulver gedrückt. Sobald das Geschoß gesetzt und das Zündloch mit Zündkraut, besonders feinem Schießpulver, gefüllt war, war die Waffe feuerbereit. Die zur Zündung des Pulvers benötigte Feuerquelle hatte zunächst aus glühender Asche bestanden, war aber bereits bald durch eine ständig glimmende Lunte ersetzt worden.
Durch die Feuerquelle entzündete das Zündkraut die

Luntenschloßgewehr (Zeughaus HEGE, Überlingen)

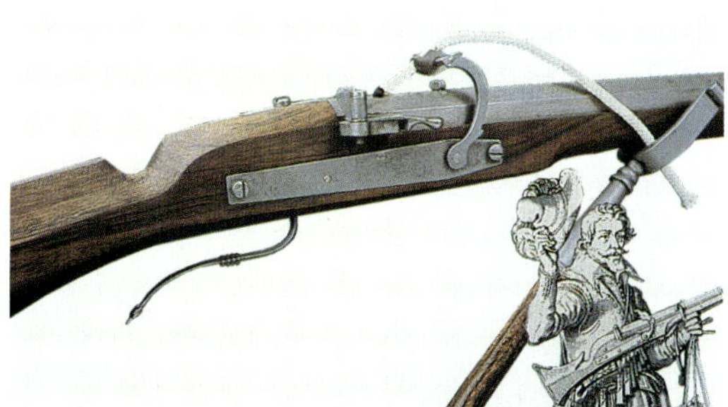

eigentliche Pulverladung im Rohr. Der Aufbau der Abbrandgase des Pulvers vollzog sich so rasch und es wurden so große Gasdrucke erreicht, daß die Kugel mit einer immensen Geschwindigkeit aus dem Rohr herauskatapultiert wurde. Nach dem Verlassen des Laufs flog die Kugel über große Distanzen. Wenn sie während ihres Fluges ein Objekt traf, gab sie ihre ganze verbleibende kinetische Energie auf dieses ab.

Das Luntenschloß

Wie bereits bei der Zündung des Zündkrauts mittels glühender Asche oder glühenden Holzteilen war auch das Zünden des Systems unter Zuhilfenahme einer glühenden Lunte mit allen wetterbedingten Nachteilen verbunden. Bei Regen war nicht mehr an die Fortführung eines Kampfes zu denken. Auf der Suche nach wetterunabhängigeren Methoden kam man schließlich zum Radschloßmechanismus.

Radschloß: Bei dieser Waffe ist noch die seltsame Kombination von Radschloß und Lunte zu sehen.

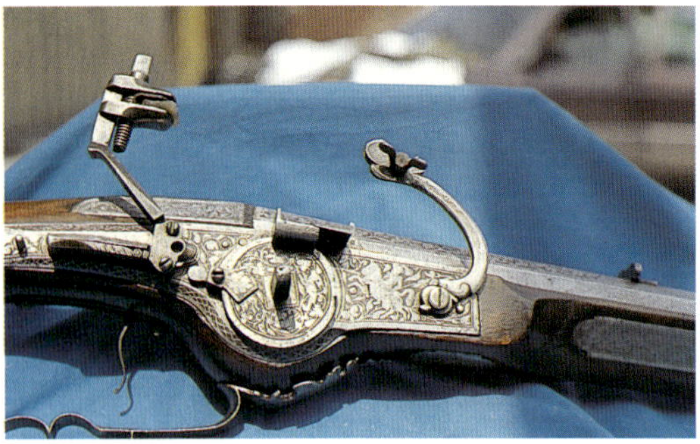

Das Radschloß

Das Radschloß ist eine Metallscheibe kombiniert mit einer spiralförmigen Feder, die mit einem Schlüssel aufgezogen und auch blockiert wird. Wenn die Blockierung durch das Betätigen des Abzuges der Waffe aufgehoben wird, dreht sich die Metallscheibe, angetrieben durch die Federkraft, rückwärts und kratzt, ähnlich wie bei einem Feuerzeug, an einem Feuerstein. Die dadurch entstehenden Funken entzünden das in einer Art Pfanne befindliche Zündkraut, welches wiederum über das Zündloch das im Lauf befindliche Schwarzpulver entzündet und so zur Schußabgabe führt.

Das Steinschloß

Weil das Radschloßsystem sehr kompliziert und teuer zu fertigen war, fand man schließlich eine einfachere und billigere Lösung, die reine Feuersteinzündung. Zwischen den Klauen eines Hammers wurde ein Feuerstein befestigt. Dieser Hammer, Hahn genannt und seitlich an der Waffe angebracht, konnte gegen den Widerstand einer Feder zurückgezogen und arretiert werden. Nach Betätigen des Abzuges schlug der Hahn nach vorn und der Feuerstein auf eine in der Nähe des Zündlochs befindliche Stahlplatte. Die Funken entzündeten dann Zündkraut und Pulver. Die Entwicklung des Steinschloßprinzips vollzog sich über viele Jahrzehnte mit einer Vielzahl von Variationen.

Steinschloß von HEGE

Eine der Steinschloßvarianten war das Schnapphahnschloß. Dieses Schloßsystem bestand praktisch aus zwei Hammern. Der erste hatte wieder eine Art Schraubenklaue, in der der Feuerstein befestigt war. Dieser Hammer konnte gegen die Kraft der gegenläufigen Feder zurückgezogen und arretiert werden. Der zweite Hammer stellte eine Art Amboß dar und befand sich genau über dem Zündloch. Nach dem Abziehen schlug der Hammer mit dem Feuerstein auf diesen Hammeramboß, die entstehenden Funken entzündeten das Zündkraut und dieses wiederum die eigentliche Pulverladung.
Ein weitere diesbezügliche Entwicklung war das heute als eigentliches Steinschloß bekannte Schloßsystem. Weil die Möglichkeit des Schießens mit Waffen mit Schnapphahnschlössern sehr „wetterabhängig" war, entwickelte man eine Abdeckung für die Zündkrautpulverpfanne. Dieses vertikale Metallstück, auch Pfanndeckel genannt, war sowohl Schutz des Zündkrauts gegen Feuchtigkeit als auch Amboß für den Feuerstein.

Die Perkussionszündung

Einer wahren Revolution der Waffentechnik kam es gleich, als schließlich der Geistliche Alexander Forsyth aus Belhelvie in Aberdeenshire in Schottland das Perkussionszündhütchen erfand – beziehungsweise zumindest die Hauptprinzipien dieses Zündmittels. Im Jahre 1799 gelang ihm die Entwicklung einer hochexplosiven chemischen Masse, die er Fulminat nannte. Gegen 1820 begann man, diese Fulminat-Zündmasse in ein metallenes Hütchen einzubringen. Wenn man nun durch einen Schlag auf das kupferne (Zünd-)Hütchen die hochexplosive Zündmasse quetschte, so entstand eine Zündflamme – und damit waren alle Probleme im Zusammenhang mit dem bisher benötigten offenen Feuer zur Zündung der Pulverladung in der Waffe aus der Welt.

Perkussionsschloß von HEGE

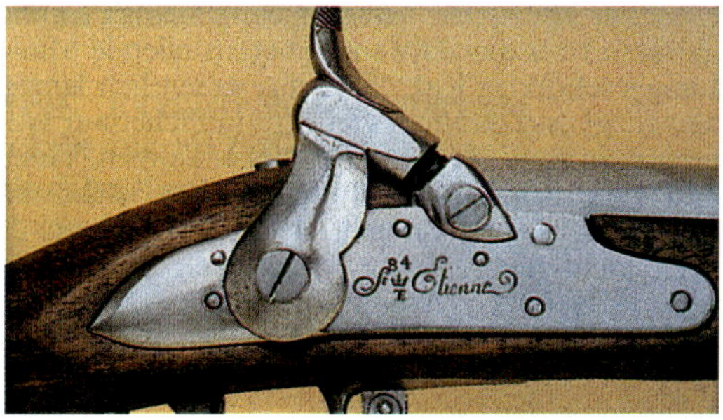

Die sogenannte Kammer (der Bereich des Laufes, in den die Pulverladung eingebracht werden mußte) mußte aber immer noch durch den Lauf von vorn mit Pulver und Geschoß geladen werden. Für die Zündung wurde aber nun ein Zündhütchen auf eine Art Miniaturkamin gesetzt, der in das Zündloch am Kammerende geschraubt war. Dieser „Kamin“ wird als Piston bezeichnet. Um hart genug auf das Perkussionszündhütchen aufzuschlagen und die Zündmasse zu quetschen, entstand ein Hammerschloß, dessen Hammer dem des Steinschlosses recht ähnlich war, aber eben keinen Feuerstein und damit auch keine Halteklaue mehr enthielt. Dieser Hammer, dann schließlich Hahn genannt, wurde wie gehabt gegen eine Feder zurückgezogen und arretiert. Bei der Schußauslösung schlug der Hahn hart gegen das Zündhütchen. Die Zündmasse wurde gequetscht

Duellpistolen von HEGE

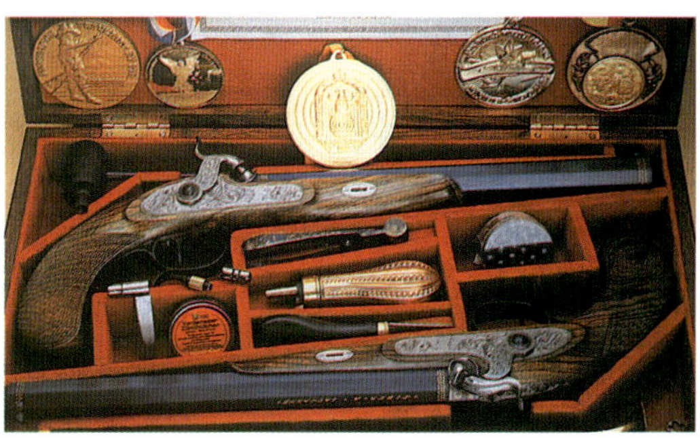

und produzierte dadurch einen Zündstrahl, der durch das Piston zur Pulverladung in der Laufkammer vordrang und diese entzündete. Dieses Perkussionszündungssystem fand sehr lange Zeit bei allen Lang- und Kurzvorderladerwaffen Anwendung, später auch bei den 5- und 6-schüssigen Perkussionsrevolvern.

Zum Ende des 18. und zu Beginn des 19. Jahrhunderts hin vollzog sich durch die Einführung der gezogenen Läufe auch die Entwicklung der Geschosse. Hatte der Durchmesser der bleiernen Rundkugeln vorher gerade genau dem Laufinnendurchmesser entsprochen, so ging man nun zu „überkalibrigen“ Bleikugeln über, die in Rotation gebracht wurden, wenn sie durch die Züge und Felder des gezogenen Laufes gepreßt wurden.

Die Entwicklung der Patronenmunition

Der nächste wichtige Schritt war die Entwicklung einer Patrone zum Laden der Waffen von hinten. Zunächst gab es Patronenhülsen aus Papier oder Pappe, erst später aus Messing. Die Patrone verband die Komponenten Geschoß, Pulverladung, Zündung und Hülse zu einer Einheit. Mit der Einführung der Patronenmunition verschwanden nach und nach die Vorderladerwaffen. Bei den Hinterladern mußte aber natürlich die Möglichkeit bestehen, das Laufrohr von hinten zur Beschickung mit der Patrone zu öffnen. Wegen des entstehenden, hohen Gasdruckes bei der Schußabgabe mußte allerdings auch sichergestellt sein, daß die Kammer, zumindest zum Zeitpunkt der Schußabgabe, sicher und fest geschlossen ist und daß das „System“ wieder gespannt werden kann, um nach Herausnahme der abgeschossenen Hülse aus der Kammer und Einführung einer neuen Patrone einen neuen Schuß zu ermöglichen.

Teile einer Gewehrpatrone. Zündhütchen: 1. Amboß; 2. quetschbare Fulminat-Zündmasse; 3. Messingzündhütchen. Geschoß: 1. Geschoßmantel; 2. Bleikern; 3. Setzrand

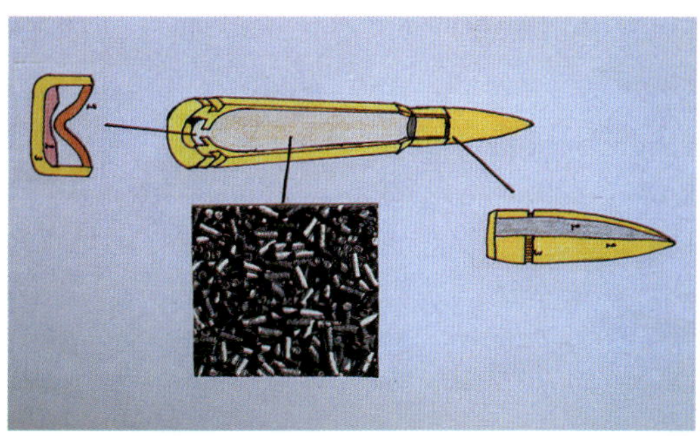

Randfeuer- und Patronen mit Stiftzündung

Weitere Arten der neuen Patronenmunition sind auch die Randfeuerpatronen und in früheren Zeiten Patronen mit Stiftzündung.

Randfeuerpatronen haben kein Zündhütchen. Die quetschbare Zündmasse befindet sich bei ihnen direkt im Patronenrand. Bei der Herstellung der Patronen wird sie „eingeschleudert". Randfeuermunition war und ist weitverbreitet für Kleinkaliberwaffen.

Bei der inzwischen längst veralteten Patrone mit Stift- oder Lefaucheux-Zündung schlug der Hammer auf einen seitlich aus dem Patronenrand herausstehenden Zündstift. Wegen diverser Sicherheitsprobleme mit dieser Konstruktion fand die Stiftzündung nur verhältnismäßig kurze Zeit Anwendung.

Revolver mit Lefaucheux-Stiftzündung

Die Erfindung des Nitrozellulosepulvers

Einer der größten Schritte in der Waffenentwicklung war die Erfindung des Nitrozellulosepulvers. Seitdem dieses vom Abbrandverhalten her sehr unterschiedlich gestaltbare, chemisch erstellte Treibladungspulver zur Patronenherstellung verwendet wird, ist man in der Lage, die Gasentwicklung und den Gasdruck individueller zu beeinflussen und zu steigern. Manipulationen mit dem entstehenden Gasdruck führten schließlich auch zur Möglichkeit, damit die Waffenfunktionen (Nachladen, Spannen etc.) ablaufen zu lassen. Dies bedingte erst die Ära der halb- und vollautomatischen Waffen heutiger Tage, der Selbstladepistolen, Sturmgewehre und Maschinenpistolen. Am Hauptprinzip, Kammer, Treibladungspulver, Geschoß, Zündung und Lauf, hat sich aber weiterhin nichts geändert – obwohl stets enorme Veränderungen die Waffentechnik bestimmt haben: Veränderungen und Entwicklungen, die bis heute gelten, denkt man etwa an die elektronische Zündung oder die hülsenlose Munition.

Schnitt durch eine hülsenlose Patrone, Kaliber 5,7 mm UCC von Voere

Neueste Entwicklungen

Zu Beginn der Waffengeschichte brauchte man viel Zeit um eine Waffe zum Schießen fertig zu machen. Trocken und windlos mußte es sein, damit die Waffe überhaupt zünden konnte. Heutzutage werden Waffen gebaut, die eine Feuergeschwindigkeit von 600 und mehr Schuß pro Minute haben und die bei widrigsten Wetterbedingungen präzise und zuverlässig arbeiten. Magazinwechsel ist nur mehr eine Sache von Sekunden.

Tragbare Waffen unterscheidet man heute in Langwaffen/Schulterwaffen (Gewehre, bestehend aus Büchsen und Flinten) und Kurzwaffen (Pistolen und Revolver). Viele Maschinenpistolen und voll- und halbautomatische Sturmgewehre, in Deutschland großteils dem Privatinteressenten nicht zugänglich, sind so klein dimensioniert, daß man sie schon fast in die Rubrik Kurzwaffen einordnen könnte.

Kurzwaffen

Kurzwaffen sind zu unterscheiden in

- Revolver: Schwarzpulver-, Randfeuer- und Zentralfeuerwaffen;
- Pistolen: Schwarzpulver-, Randfeuer- und Zentralfeuerwaffen.

Großkaliberrevolver: Smith & Wesson, Modell 686, Kaliber .357 Magnum mit 6"-Lauf

Mehrere Vorderladerrevolver der Firma HEGE: von links Rogers & Spencer, Rogers & Spencer in einer Ausführung aus rostfreiem Stahl und Remington Army

Kleinkaliberrevolver: Ruger, New Model Single-Six, Kaliber .22 l.r.

Langwaffen (Schulterwaffen)

Langwaffen sind zu unterscheiden in

- Büchsen: Einschüssige Waffen, Waffen mit Zylinderverschlußrepetiersystem, mit Unterhebelrepetiersystem, mit Vorderschaftrepetiersystem, halb- und vollautomatische Waffen, allesamt in langer Gewehr- oder in kurzer Karabiner- oder Stutzenausführung zum Verschießen von Einzelgeschossen aus sog. gezogenen Läufen.

- Flinten: Waffen zum Verschießen von Schroten aus glatten Läufen.

Kleinkaliberpistole: Browning, Buckmark Target, Kaliber .22 l.r. mit 5.5"-Lauf

Einschüssige Perkussionspistolen „Parker of London“ von HEGE

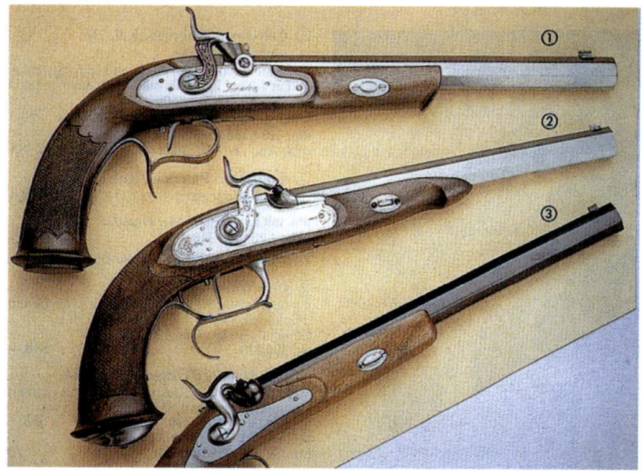

Großkaliberpistole: SIG-Sauer, P226-Sport, Kaliber 9 mm Para

Einschüssige Kipplaufbüchse von Heym

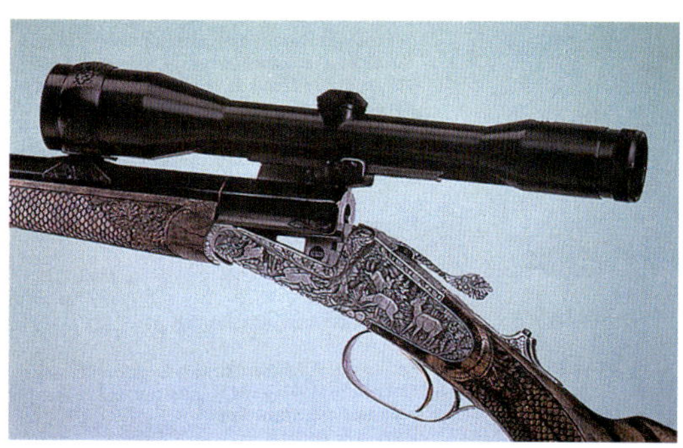

Einschüssiges Vorderlader-Matchgewehr, HEGE-Bristlen-Persoli

Browning-Vorderschaftrepetierflinte (Slug-Gun)

Vollautomatisches militärisches Sturmgewehr, SIG „SG551-SWAT"

Repetierbüchse, Browning „European"

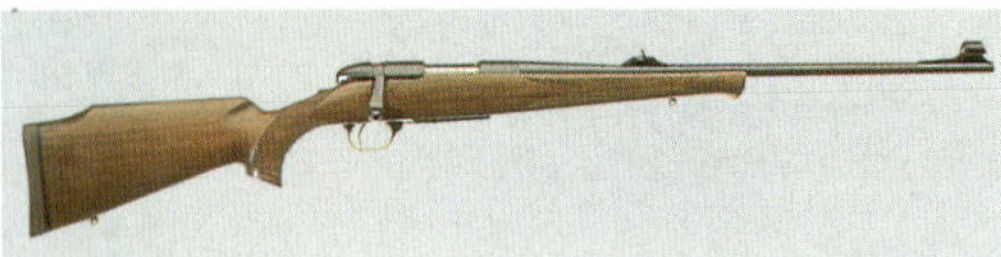

Prinzip des Repetierens mittels Unterhebel (Winchester)

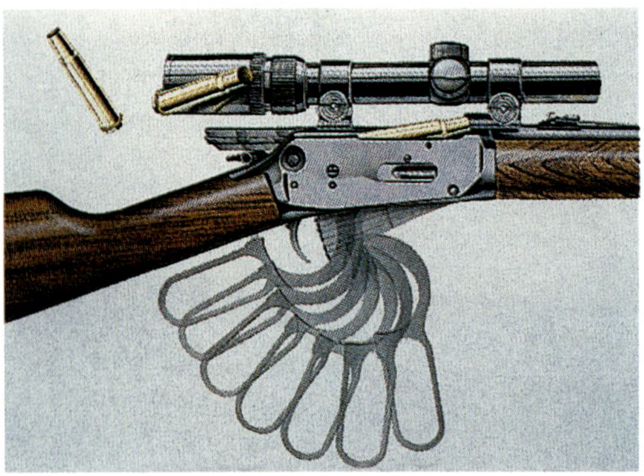

Bockdoppelflinte, Browning „B-25"

Halbautomatische Selbstladebüchse, Browning „BAR Safari"

Repetierbüchse, Browning „A-Bolt Stalker"

Halbautomatische Selbstladeflinte, Browning „Auto-5"

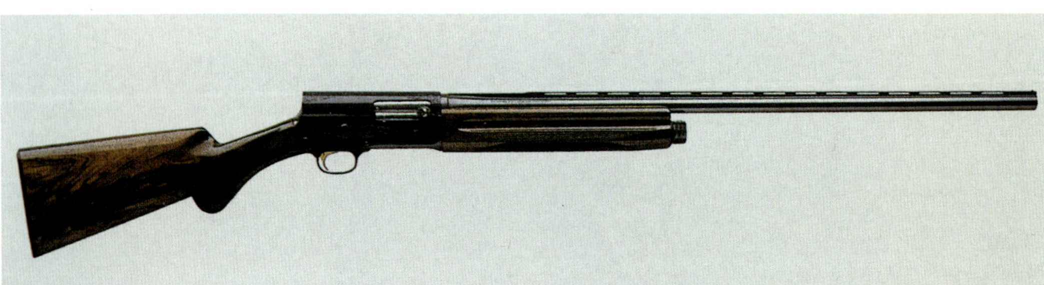

Verschiedene Versionen der Vorderschaft-Repetierflinten von MagTech

Militärpatronen

Die populärsten alten Militärkaliber waren in Europa zweifelsfrei die Kaliber .303 British und 8 x 57 JS. Das Kaliber der amerikanischen Springfield- und später im Zweiten Weltkrieg Garand-Gewehre war die nicht weniger bekannte Patrone .30-06.
Diese langen Patronen wurden mit Gründung der NATO verdrängt durch das NATO-Standardkaliber 7,62 x 51, auch genannt 7,62 mm NATO oder im zivilen Bereich .308 Winchester. Und auch dieses Kaliber mußte inzwischen Platz machen: der noch kleineren und leichteren Patrone .223 Remington, die bereits seit Jahren bei der US-amerikanischen Armee eingeführt ist.
Bereits zu Beginn des Vietnamkrieges hatte die Firma Colt für die Patrone .223 Remington ein extrem leichtes und verhältnismäßig kleines militärisches Sturmgewehr entwickelt, das legendäre M16. Diese halb- und vollautomatisch funktionierende Waffe sollte insbesondere durch eben den Vietnamkrieg Weltruhm erlangen. Nach und nach gehen nun die NATO-Partner der Amerikaner dazu über, auch Sturmgewehre in Kaliber .223 anzuschaffen.
Für Scharfschützen ist dieses Kaliber allerdings ungeeignet und so haben sich in diesem Bereich Patronen des Kalibers .308 Winchester und andere Magnumpatronen mit schwereren Geschossen behauptet.
Da die Herstellung der Patronenhülse der teuerste Faktor der Munitionsfertigung und die Hülse auch noch die gewichtsmäßig schwerste Komponente einer Patrone ist, hatte man seit Beginn der 80er Jahre nach der hülsenlosen Munition geforscht. Besonders militärisch hätte eine solche Art von Munition viele Vorteile, vor allem, daß man die einzelnen Soldaten mit erheblich mehr Munition ausstatten könnte als bisher. Am weitesten mit ihren Entwicklungen in diese Richtung kamen die Firmen Heckler & Koch, zuständig für die Waffe, und Dynamit Nobel, zuständig für die Munition, mit ihrem G11-Projekt. Das futuristische Sturmgewehr G11, Kaliber 4,7 x 21 mm (hülsenlos), stand bereits als Nachfolger des G3 der deutschen Bundeswehr fest, als man mit Ende des Kalten Krieges die Entwicklungen abbrechen und beenden mußte. Ein weiteres, noch aktuelles Projekt, allerdings mehr für den Sportschützen- und Jagdbereich, betreibt die Firma Voere, deren hülsenlose Munition auch noch elektrisch gezündet wird.

2. Technik der Büchsen

Bevor nun nachfolgend auf die genauen Details und technischen Aspekte der Büchsen (Gewehre und Karabiner) eingegangen wird, hier zunächst erst eine allgemeine Einleitung zur Waffentechnik. Um die Funktion und die Technik von Waffen zu verstehen, muß man erst mit einigen der Grundbegriffe des Metiers vertraut sein, insbesondere damit keine Verwirrungen entstehen, wenn einzelne Begriffe fälschlicherweise durcheinandergebracht werden. Spricht der eine etwa vom „Kolben“ eines Gewehres, so sollte man wissen, daß der, der vom „Schaft“ der Waffe spricht, eben doch das identische Waffenteil meint. Andererseits sollte man etwa auch wissen, daß ein „Ejektor“ die abgeschossenen Patronenhülsen eigenständig aus der Waffe auswirft, ein „Patronenauszieher“ sie aber lediglich so aus dem Patronenlager schiebt, daß man sie mit den Fingern greifen und manuell entfernen kann.

Was ist eine Büchse und was ist eine Flinte?

Die Langwaffen, generell als Gewehre oder auch als Schulterwaffen bezeichnet, teilen sich auf in Büchsen und Flinten. Dieses Buch befaßt sich im Weiteren vornehmlich mit den Büchsen, also den Kugelwaffen. Sie verschießen jeweils ein einzelnes Geschoß aus sogenannten gezogenen Läufen; Flinten, oft ergänzt zu „Schrotflinten“, sind dagegen Waffen mit glatten Läufen zum Verschießen von Schroten.

Büchsen

Büchsen, Waffen mit gezogenem Lauf für einzelne Geschosse, lassen sich einteilen in ein- und mehrläufige Büchsen sowie hinsichtlich ihrer Lauflänge

Sig SSG 3000-Scharfschützengewehr

Links: Aufsicht auf das geöffnete Baskülteil einer Selbstladebüchse, Bushmaster XM15-E2S

in Gewehre und Karabiner. Die sogenannten Züge und Felder des gezogenen Laufes verleihen dem überkalibrigen Geschoß (das Geschoß würde, wenn es nicht verformbar wäre, gar nicht durch den Lauf passen!) eine Flugstabilisierung um die eigene Längsachse. Wenn das Geschoß durch die spiralförmigen Züge und Felder gepreßt wird, wird es durch dieses Laufinnenprofil in Rotation gebracht und kommt so nicht ins „Trudeln“, nachdem es den Lauf verlassen hat. Büchsen werden vornehmlich im Bereich Militär, Jagd und Sport verwendet.

Repetierbüchse, Weatherby Custom Varmintmaster

Matchgewehr, Anschütz Modell 1907

Nach ihrem Verriegelungs- bzw. Repetiersystem können Büchsen eingeteilt werden in Waffen mit Baskülverschluß, in Handrepetierer mit Zylinderverschluß, in Vorderschaftrepetierer, in Unterhebelrepetierer und in Selbstladebüchsen mit Rückstoß- oder Gasdrucksystem.

Karabiner

Karabiner sind eine besonders leichte und kurze Art von Büchsen. Im Gegensatz etwa zur klaren Definition des Stutzens, der eine Waffe mit einer Lauflänge von weniger als 60 Zentimetern ist, läßt sich jedoch für den Karabiner keine konkrete, formale Definition finden – außer vielleicht, daß es sich dabei um eine regelmäßig militärisch verwendete Zylinderverschlußrepetierbüchse handelt, deren Lauflänge in der Regel im Bereich des Stutzen liegt, also zumeist bei unter 60 cm.

Hauptgruppen

Eine Büchse bzw. ein Karabiner besteht aus verschiedenen Baueinheiten, die Hauptgruppen genannt werden. Manche der Hauptgruppen erscheinen nicht bei allen Waffen, da jedes nach Waffensystem (Kipplaufwaffe, Repetierwaffe oder Selbstladewaffe) eine individuell unterschiedliche Technik aufweist. Die Hauptgruppen können sein:

a) Systemkasten/Basküle
b) Verschlußstück/Zylinder
c) Lauf (mit Patronenlager und Visiereinrichtung)
d) Schaft
e) Abzugssystem
f) Magazin.

Systemkasten/Basküle

Produktionsstadien eines Zylinderverschlußsystemkastens

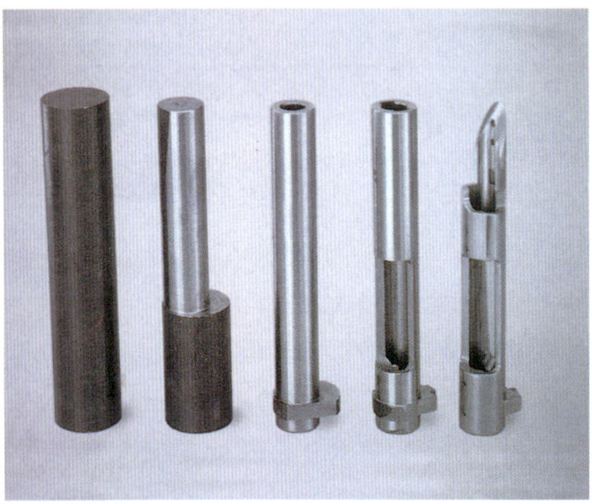

Systemkasten einer Bushmaster XM15-E2S-Selbstladebüchse

Der Systemkasten, auch Basküle genannt, ist das „Mittelstück" des Gewehres. Am Systemkasten ist der Hinterschaft zum Anschlagen der Waffe sowie auch der Lauf und gegebenenfalls der Vorderschaft angebracht. Bei Kipplaufwaffen beinhaltet der Systemkasten die Verschlußtechnik, die, meist mittels

Basküle einer Kipplaufflinte von New England Firearms

Laufhaken, dafür sorgt, daß das Waffensystem während der Schußabgabe fest verschlossen bleibt. Bei Repetier- oder Selbstladelangwaffen befindet sich der Verschluß der Waffe, in der Regel ein nach vorne und nach hinten bewegbarer Verschlußzylinder, im Systemkasten. Im Weiteren nimmt der Systemkasten auch das Schloßsystem zum Spannen des Schlosses des Gewehres und auch die Abzugseinheit auf. Häufig verfügt er auch über einen Magazinschacht zur Aufnahme eines separat einzuset-

Systemkasten mit Abzugsgruppe und Magazin im Magazinschacht bei einer Selbstladebüchse Bushmaster XM15-E2S (in Deutschland verboten)

zenden Magazins bzw. zum Einführen von Patronen in den Schacht.

Verschlußstück/Zylinder

Mittels des Verschlußstückes, bei Repetier- und Selbstladegewehren in der Regel mittels eines dreh- und im System nach hinten und nach vorne bewegbaren massiven stählernen Verschlußzylinders, wird die Patrone ins Patronenlager als hinteres Teil des Laufes eingeschoben. Wird nach dem Vorschieben der Patrone ins Patronenlager, bei Repetierbüchsen von Hand mittels des sogenannten Kammerstengels, der Verschlußzylinder gedreht, so greifen Verriege-

Blick auf die Basküle eines Merkel-Drillings. Die Waffe hat zwei Schrot- und unten einen Büchsen(Kugel-)lauf.

Produktionsstadien eine Zylinderverschlusses

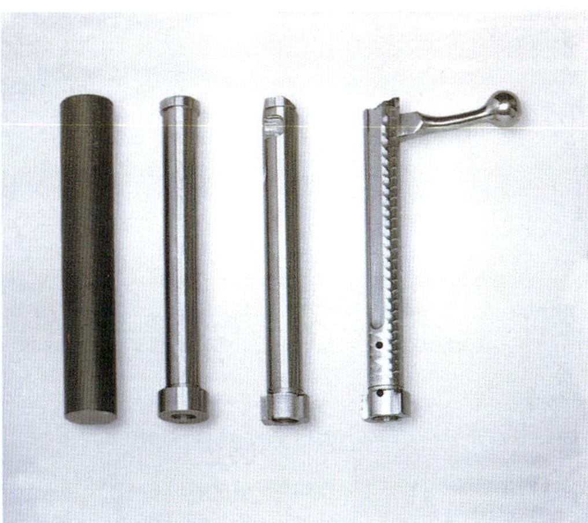

Schnittmodell durch das Verschlußsystem des Bushmaster-Selbstladers. Die Patrone befindet sich im Patronenlager, die Verriegelungswarzen sind in den korrespondierenden Aussparungen des Verschlußsystems und im aufgeschnittenen Verschlußzylinder ist der Schlagbolzen und die Schlagbolzenfeder zu sehen.

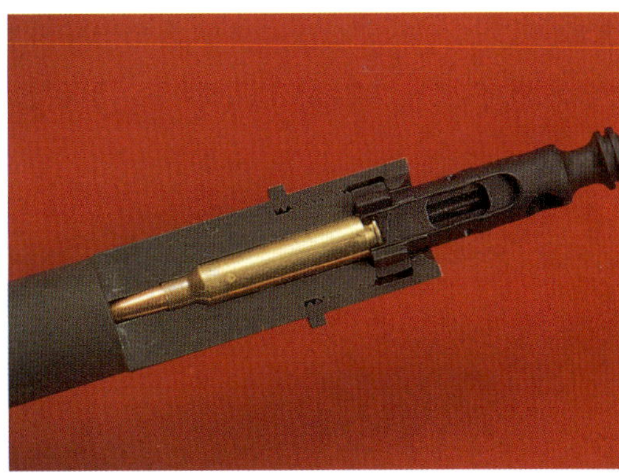

lungswarzen in korrespondierende Aussparungen im Systemkasten. Dadurch ist das Waffensystem bei der Schußabgabe völlig verriegelt, und der dabei entstehende immense Gasdruck kann nur nach vorne wirken, um das Geschoß aus dem Lauf zu treiben.

Im Verschlußzylinder befinden sich auch der Schlagbolzen und die Schlagbolzenfeder. Die Feder ist durch das vorherige Öffnen des Verschlusses gespannt worden. Wird nun der Schuß ausgelöst, schlägt der Schlagbolzen auf das Zündhütchen der sich im Patronenlager befindlichen Patrone, und der Schuß bricht. Nachdem das Geschoß den Lauf verlassen hat, wird der Verschlußzylinder durch Anheben des Kammerstengels wieder gedreht, die Verriegelungswarzen drehen sich aus den Aussparungen im Systemkasten heraus und der Zylinder nimmt die leere Hülse mit nach hinten. Ein Mechanismus schleudert sie dann aus dem Auswurffenster.

Blick auf Basküle und Verschluß eines Springfield „Trapdoor“-Gewehres. Nach dem Entriegeln mittels des vor dem Hahn befindlichen Hebels wird das Verschlußstück nach oben angehoben. Dadurch wird der Weg zum Patronenlager frei, und man kann die einschüssige Waffe mit einer Patrone laden.

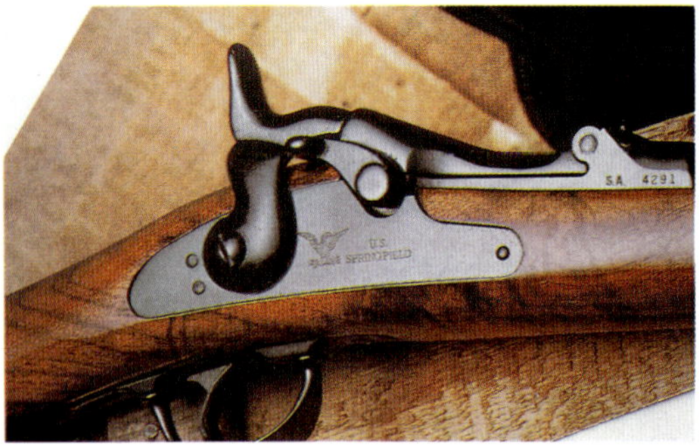

Verschluß und Schloßbereich einer Repetierbüchse, Zoli AZ-1900

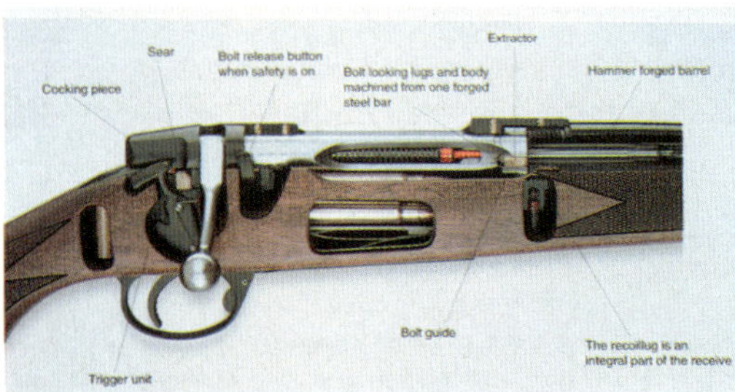

Vorderteil des Verschlußzylinders der Zoli AZ-1900

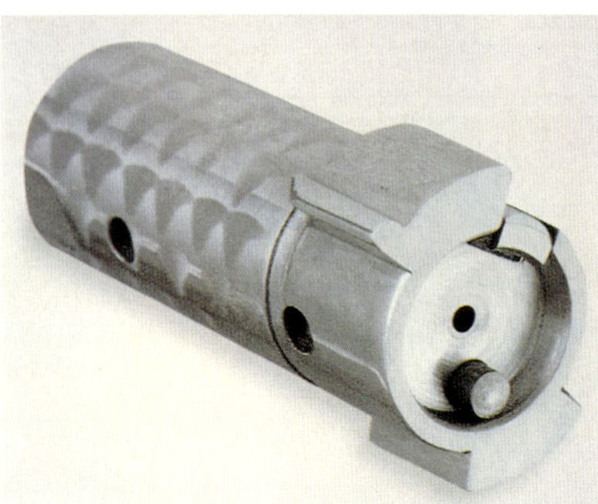

Wenn man einen Verschlußzylinder von vorne betrachtet, fallen einem sofort die Verriegelungswarzen (falls nicht hinten), die Auszieherkralle und auch der Auswerfer auf. Am sogenannten Stoßboden des Zylinders ist das Loch zu erkennen, durch das der sich im Zylinder befindliche Schlagbolzen auf das Zündhütchen schlägt. Wie viele Verriegelungswarzen die verschiedenen Repetierwaffen haben, ist je nach Waffentyp, Kaliber und Hersteller unterschiedlich. Mittelstarke Kaliber kommen in der Regel mit zwei Verriegelungswarzen aus, die vor dem Patronenlager verriegeln. Stärkere Kaliber haben, wie dies etwa beim klassischen Mauser 98-Verriegelungssystem der Fall ist, vorn zwei Verriegelungswarzen und hinten, am „Ende des Verschlußzylinders“, noch eine weitere. Etwa beim System Steyr-Mannlicher befinden sich acht kleinere Verriegelungswarzen ausschließlich im hinteren Systemteil und verriegeln in der Rahmenbrücke.

Vorderansicht des Verschlußzylinders einer Weatherby-Magnumbüchse mit neun Verriegelungswarzen

Halb- oder vollautomatische Langwaffen haben wegen ihrer starken Kaliber zumeist einen verriegelten oder einen gasdruckunterstützten Verschluß. Beim Masseverschluß, vornehmlich bei Kleinkaliber- und Kurzwaffen zu finden, sorgt lediglich die Verschlußfeder und die Massenträgheit des Verschlusses dafür, daß das System bei der Schußabgabe so lange verschlossen bleibt, bis das Geschoß den Lauf verlassen hat. Bei verriegelten oder auch bei gasdruckunterstützten Verschlüssen muß das Zuhaltesystem unterstützt werden, damit die Federkraft und das Gewicht des Verschlusses für den entstehenden Gasdruck nicht über die Maßen groß gewählt werden muss.

Gasdruckunterstütztes Repetiersystem: 1. Lauf; 2. Anzapfbohrung im Lauf; 3. Gasdruckkammer; 4. Zwischenstück; 5. Zylinderstange

Bei der gasdruckunterstützten Verriegelung wird der Lauf „angezapft“. Durch eine kleine Bohrung wird ein Teil des Gasdruckes aus dem Lauf in einen darunter befindlichen Zylinder abgeleitet. Während des Gasdruckaufbaus sorgt dieser in der Druckkammer gegen die reguläre Rückstoßkraft dafür, daß ein Öffnen des Systems blockiert wird. Nachdem das Geschoß den Lauf verlassen hat, fließt das im Druckzylinder befindliche Gas in den Lauf zurück, und der Verschluß kann nach hinten geschleudert werden, nachdem der Gasdruck im Zylinder nicht mehr gegen seinen Rückwärtsdrang wirkt.

Patronenausziehersystem, Winchester Modell 70

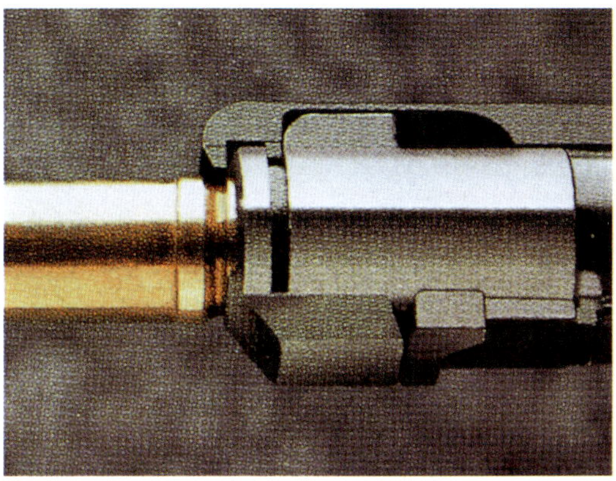

Beim Zurückgleiten zieht das auf dem Verschlußzylinder angebrachte Patronenausziehersystem mit seiner Kralle die nun leere Patronenhülse aus dem Patronenlager, und die Hülse wird vom Auswerfermechanismus aus dem Systemkasten ausgeworfen. Durch die Rückwärtsbewegung des Verschlusses wird das Schloß der Waffe neu gespannt. Danach wird der Verschluß durch die Kraft der Verschlußfeder wieder nach vorne gedrückt. Dabei nimmt er die nächste Patrone aus dem Magazin mit und schiebt sie ins Patronenlager.

Verschlußmechanismus einer Selbstladebüchse, Bushmaster XM15-E2S. Die Verschlußhülse ist abgekippt. Darüber befindet sich die manuelle Stange zum ersten Spannen des Systems.

Da das Schloß und damit die Schlagbolzenfeder bereits wieder gespannt sind, kann nun durch Betätigen des Abzuges erneut ein Schuß abgegeben werden – und der beschriebene Zyklus beginnt von neuem. Selbstladebüchsen haben üblicherweise ein Rotationsverriegelungssystem. Bei solchen Systemen werden wiederum Gasdruck oder Rückstoß dazu verwendet, daß das Verschlußstück zwar im Systemkasten horizontal geführt wird, so daß es vor- und zurückgleiten kann. Jedoch ist das mehrteilige Verschlußstück auch in sich drehbar. Ab einem bestimmten Punkt der Vorwärtsbewegung dreht sich das Frontteil, und die darauf befindlichen Verriegelungswarzen greifen in korrespondierende Aussparungen im Systemkasten. So ist das System während der Schußentwicklung fest verriegelt. Die Anzahl der Verriegelungsnocken (-warzen) variiert von Waffenkonstruktion zu Waffenkonstruktion.

Rotationsverriegelungswarzen des Verschlusses einer Selbstladebüchse, Browning BAR II

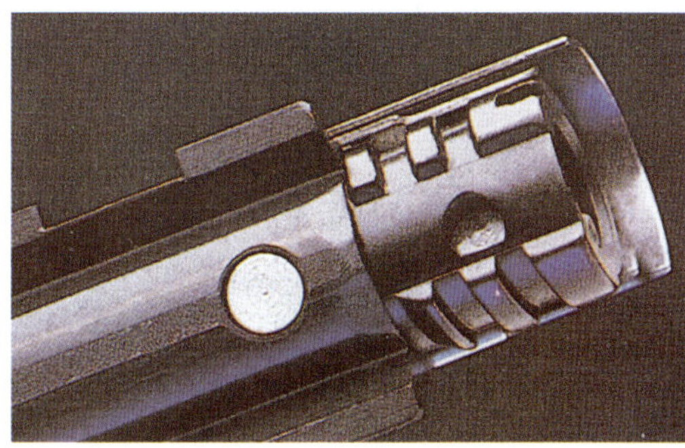

Das Rotationsverschlußsystem des FN-Browning-Selbstladers BAR II ist technisch sehr aufwendig. Das Verschlußstück dieser Waffe weist insgesamt sieben Verriegelungswarzen auf, die nach entsprechender Rotation in das Verschlußgehäuse eingreifen und die Waffe verschließen. Bei einem klassischen militärischen Sturmgewehr, dem Colt M16, wird das Verschlußstück nach dem Spannen noch von einer zusätzlichen Kraft nach vorne getrieben. Am Verschlußgehäuse befindet sich ein sogenannter Acceleratorknopf. Wenn das Verschlußstück nicht komplett verriegelt stecken geblieben ist, kann mittels des Acceleratorknopfes manuell „nachgeholfen“ werden und das Verschlußstück doch noch nach vorn in die Verriegelungsstellung gebracht werden. Eine solche Konstruktion war gerade für die Witterungsverhältnisse im Vietnamkrieg, wo das legendäre M16 erstmals eingesetzt war, bitter nötig.
Ein weiteres Verriegelungssystem von Schulterwaffen ist der sogenannte Fallblockverschluß. Dabei läßt sich ein massiver Verschlußblock hinter dem Patronenlager auf- und abbewegen. Die bekanntesten Beispiele hierfür sind die Ruger Mo. 1 und die alten Sharps-Gewehre.

Unter dem Zeigefinger: Acceleratorknopf eines Bushmaster XM15-E2S

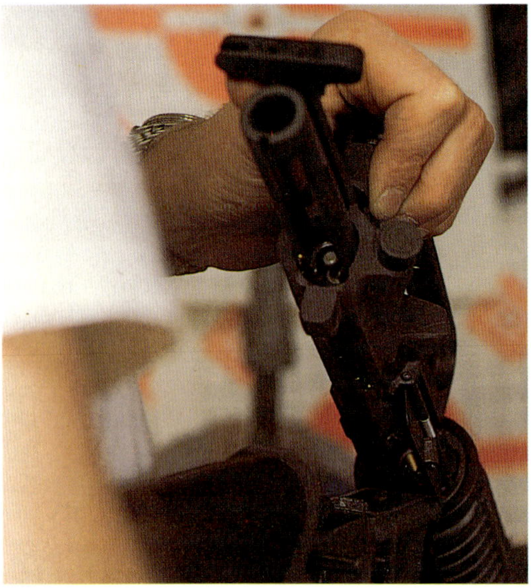

Durch das erneute Hochklappen des Verschlußhebels wird der Verschlußblock wieder vor das Patronenlager geschoben. Das integrierte Schloßsystem samt Bolzen und Bolzenfeder, das durch das Hochbewegen des Blocks gespannt wurde, sorgt dann für die Schußauslösung.

Systemkasten einer alten Sharps-Büchse mit Fallblockverschluß

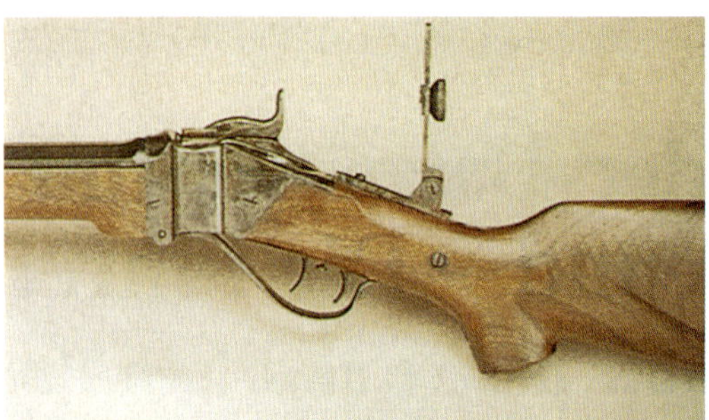

Lauf und Patronenlager

Lauf einer Anschützbüchse, komplett mit Systemkasten, Verschlußzylinder und Abzugssystem

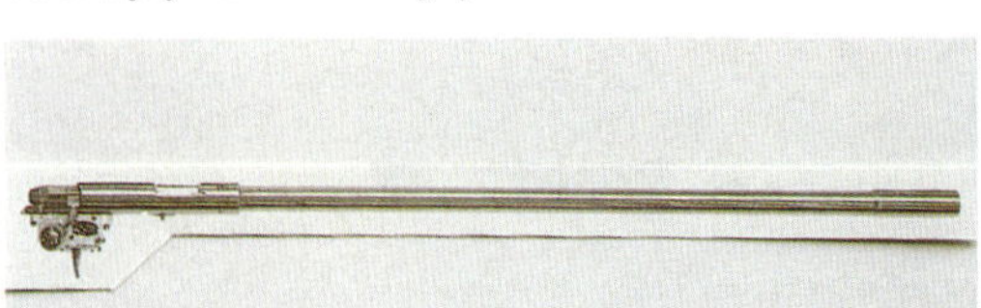

Der Lauf einer Büchse ist ein Rohr, das innen spiralförmig „gezogen" ist und daher einen sogenannten „Drall" hat. Die Aufgabe der Züge und Felder besteht darin, das abgefeuerte, aus dem Lauf austretende Längsgeschoß in Rotation zu versetzen und ihm so eine Stabilisierung um die eigene Längsachse zu geben, damit es während des Fluges nicht ins „Trudeln" kommt und unpräzise wird.

Züge und Felder in einem gezogenen Lauf (Foto: HEGE)

Die sogenannte Drallänge bestimmt maßgeblich die ballistischen Eigenschaften des Geschosses. Die Drallänge ist die Distanz im Lauf, innerhalb der sich das Geschoß einmal um die eigene Achse dreht. Wird als Drallänge also etwa 250 mm angegeben, so hat sich das Geschoß nach 250 mm einmal um 360 Grad gedreht. Falls als Drallänge 305 mm, also 12 Zoll, angegeben wird, hat sich das Geschoß nach dieser Distanz einmal gedreht. Da das Geschoß, um in Rotation gebracht werden zu können, durch den Lauf, also die Züge und Felder, gepreßt werden muß, ist der Durchmesser des Geschosses auch minimal größer als die Abstände von Zug zu Zug und von Feld zu Feld im Lauf.

Das Patronenlager, auch Kammer genannt, ist der rückwärtige Teil des Laufes, in den die Patrone geladen wird. Die Wandung der Kammer muß weit dicker sein als der Lauf selbst, da im Kammerbereich der bei der Zündung der Patronen auftretende Gasdruck am stärksten ist. Je weiter das Geschoß durch den Lauf getrieben wird, um so mehr nimmt der Gasdruck ab und um so dünner kann auch die Laufwandung werden. Wäre die Kammerwandung zu schwach, so könnte es zu einer Sprengung derselben kommen und der Schütze könnte schwer verletzt werden. Das Zünden einer durchschnittlichen Gewehrpatrone verursacht im Patronenlager zum

Beispiel einen Gasdruck von etwa 4000 Bar. Unglaublich, vergleicht man solche Werte etwa mit dem Druck bei Autoreifen!
Da das Patronenlager der „negative Abdruck" der Patrone sein muß, ist es auch wichtig für die richti-

Schnitt durch das Patronenlager einer Selbstladebüchse mit Patrone darin und Verschlußstück (Bushmaster)

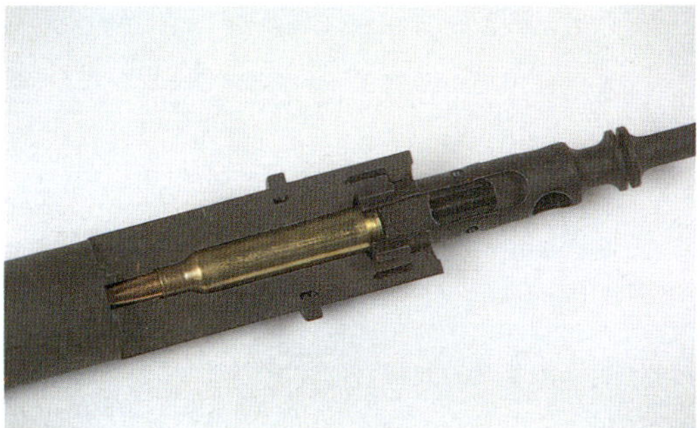

ge Zündung der Patrone. Würde sich die Patrone etwa nicht genau an die Wandungen des Patronenlagers anpassen, wären bei der Schußabgabe Ladehemmungen, Hülsenreißer und gegebenenfalls sogar Laufsprengungen vorprogrammiert.
An der Laufmündung einiger Langwaffen findet man häufig ein voluminöses Abschlußstück montiert. Es kann verschiedene Funktionen haben. Bei Militärwaffen dient es zumeist als Mündungsfeuerdämpfer. Wie bereits der Namen ausdrückt, wird mittels des Laufabschlußstückes der Feuerball, der sich bei der Schußabgabe vor der Laufmündung entwickelt, abgedämpft. Da das Mündungsfeuer weniger sichtbar ist, kann man den Schützen weniger gut orten. Andere Laufabschlußstücke dienen als Rückstoßminderer.

Mündungsfeuerdämpfer eines Galil SAR-Sturmgewehres

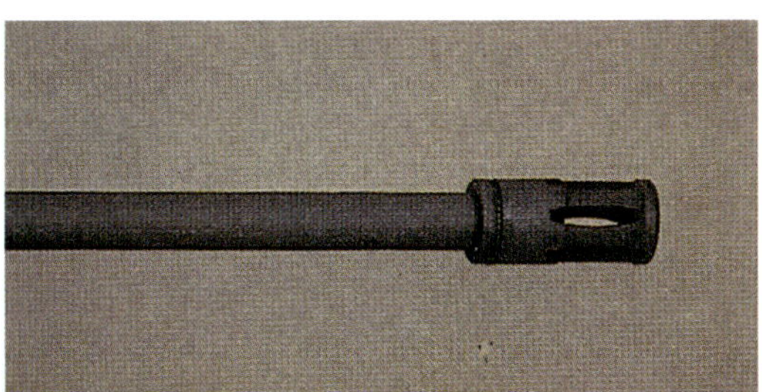

Beim Abschuß besonders starker Büchsenkaliber ist der Rückschlag der Waffe dermaßen stark, daß die Schulter des Schützen den Kräften kaum mehr standhält. Rückstoßminderungssysteme bedienen sich des entstehenden Gasdruckes, der durch spezielle Ableitung an der Mündung dem Effekt der Rückwärtsbewegung der Waffe beim Schuß entge-

Rückstoßbremse eines LAR-Grizzly-Scharfschützengewehres im Kaliber .50 BMG

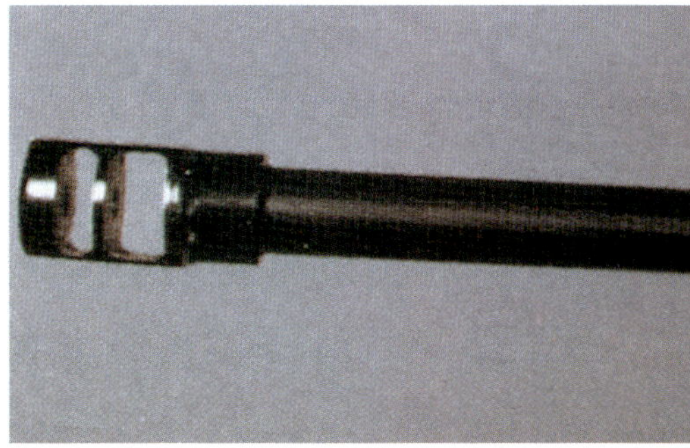

gen wirkt. Rückstoßminderungssysteme bei speziellen Großkaliber-Kurzwaffen zum sportlichen IPSC-Schießen werden auch Kompensatoren genannt. Sie wirken ebenso wie die reguläre Rückstoßbremse vor dem Lauf. Allerdings sind die Gasaustrittsschlitze beim Kompensator noch im Lauf selbst, kurz hinter der Laufmündung angebracht; das Gas wird also bereits abgeleitet, noch bevor das Geschoß den Lauf verlassen hat. Bei Büchsen findet man das Kompensatorsystem mit Gasaustrittsbohrungen im Lauf ohne vormontiertes Abschlußstück.

Langwaffenkompensatoren der Firma GOL

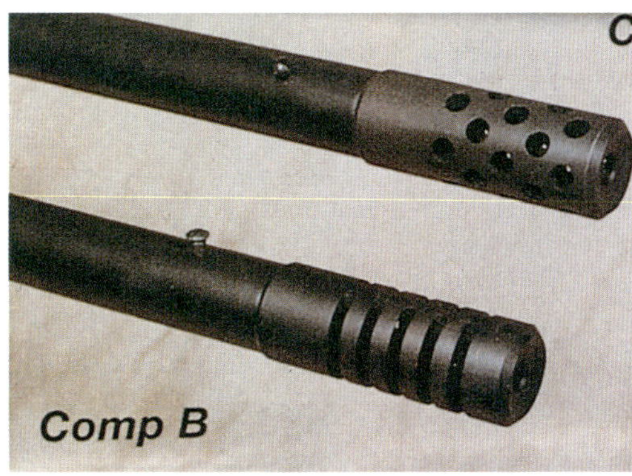

Technisch ähnlich ist das sogenannte Boss-System, das sowohl die Firmen Winchester als auch Browning für ihre Büchsen anbieten.

Boss-Rückstoßbremse für Büchsen

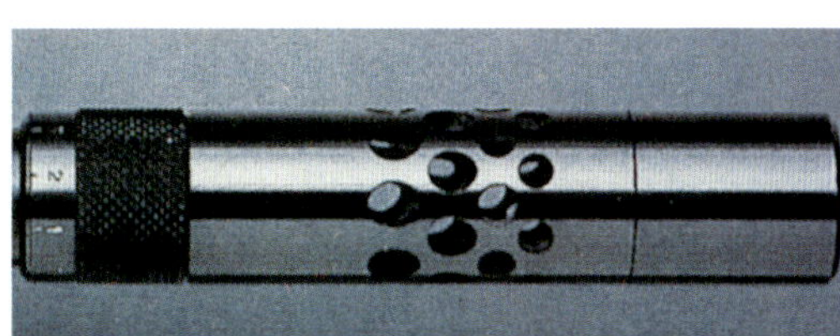

Das Geschoß bringt, wenn es mit immenser Geschwindigkeit durch die Züge und Felder des Laufes gepreßt wird, neben der ganzen Waffe besonders auch den Lauf in Schwingungen und Vibration. Sobald das Geschoß die Laufmündung erreicht hat, sind die Laufschwingungen am stärksten. Da die entstehende Laufvibration und -schwingung von Schuß zu Schuß unterschiedlich ist, wird das den Lauf verlassende Geschoß minimal abgelenkt und verliert damit an Präzision. Je leichter und dünner der Lauf ist, um so stärker ist die Vibration und um so unpräziser können die Schußergebnisse werden; deshalb haben Scharfschützenbüchsen und hochwertige Matchbüchsen auch stets einen besonders schweren Lauf. Beim Boss-System wirkt der Gasdruck der Vibration entgegen.

Wirkungsweise des Boss-Systems: Pfeil links: Mikrometereinstellung; Pfeil Mitte: Kompensator zur 30- bis 50-prozentigen Rückstoßminderung; Pfeil rechts: verstellbares Laufgewicht zur Regulierung der Laufvibration

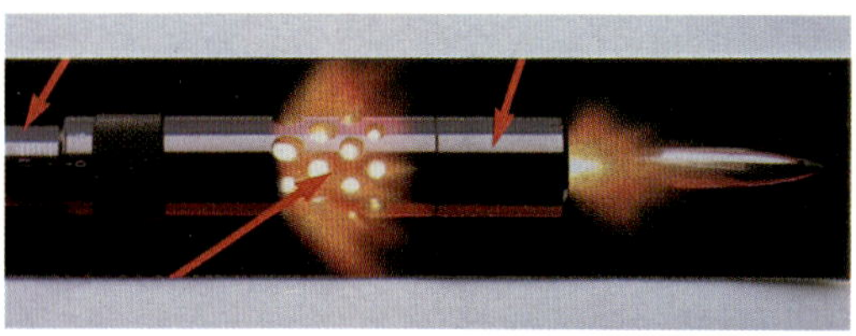

Mittels des Boss-Systems an der Laufmündung versucht man die Vibrationsfrequenz der einzelnen Schüsse so einzustellen, daß sie und dadurch auch die minimale Geschoßablenkung durch die Vibration stets einigermaßen gleich ist. Damit verbunden ist eine integrierte, reguläre, kompensatormäßige Rückstoßbremse, die durch den Gasaustritt aus den entsprechenden Bohrungen für eine Rückstoßminderung um 30 bis 50 Prozent sorgt. 1996 kam das verbesserte Boss-CR-System auf den Markt. Es ist leichter einstellbar.

Boss-CR-System ohne Kompensator

Das Visier

Das sogenannte Visier, in der offenen Version bestehend stets aus einer Art Korn im vorderen Waffenbereich in der Nähe der Laufmündung und einer Art Kimme im hinteren, dem Schützen zugewandten Bereich der Waffe, dient dazu, das Ziel „anzuvisieren" und den Schuß so zu plazieren, daß er das Ziel trifft. Einfache offene Visiere haben hinten lediglich ein einfaches, nicht verstellbares Kimmenblatt mit

Nicht verstellbare Kimme einer Browning-Repetierbüchse

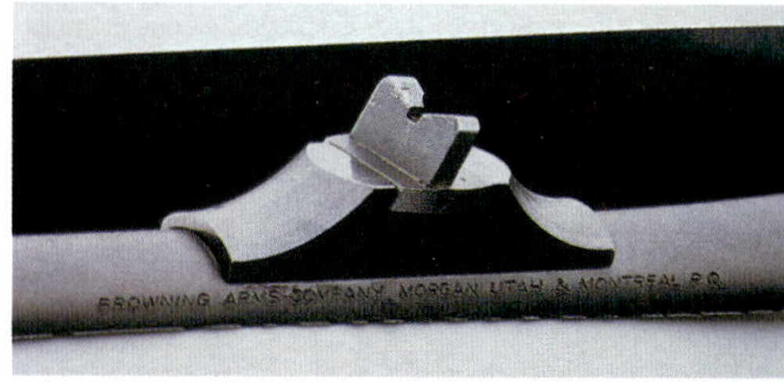

einem V- oder U-förmigen Ausschnitt in der Mitte, durch den das Korn mit dem Ziel in eine Linie gebracht werden muß.

Verstellbares Mikrometervisier einer Büchse, Browning BAR

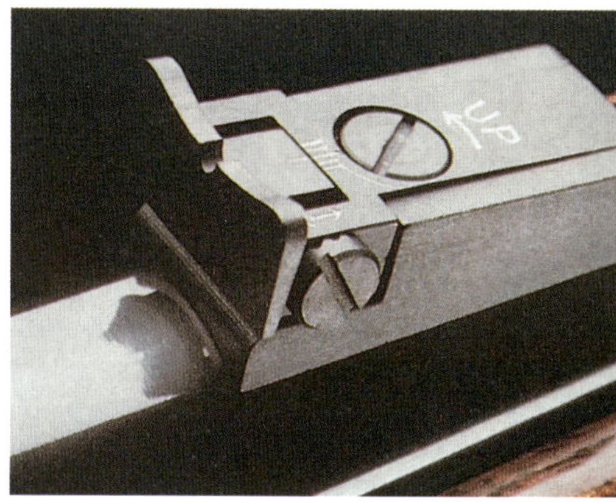

Zwar bleibt das Prinzip der offenen Visierung immer gleich, doch gibt es davon eine Vielzahl von Variationen. Neben Systemen mit umklappbaren Kimmenblättern gibt es mehr oder weniger genau verstellbare Visiere, bis hin zu den extrem fein einstellbaren Match- und Mikrometervisieren.
Bei den sogenannten Schiebevisieren ist das Kimmenblatt auf einer verstellbaren Kimmenbodenplat-

Schiebevisierung einer Brünner-Repetierbüchse

te montiert, die mittels eines Schiebers auf die jeweilige Schußentfernung höhenverstellt werden kann. Mehrere knapp hintereinander montierte Kimmenblätter, entweder mit verschieden tiefen Einschnitten oder unterschiedlich hoch montiert, stellen ein Express-Visier dar. Express-Visiere werden insbesondere für Großwildbüchsen, sowohl Repetierer als auch doppelläufige Büchsen, verwendet. Das dargestellte Express-Visier der Brünner CZ-Büchse verfügt über Kimmenblätter für Zielentfernungen von 100, 200 und 300 m. Ist das Ziel mehr als 150 m entfernt, so klappt man das 200 m Kimmenblatt hoch, ist es weiter als 250 m entfernt, so verwendet man das 300 m Kimmenblatt. Es gibt Express-Visiere mit Kimmenblättern für bis zu 500 m Schußentfernung.

Express-Visier einer Brünner CZ-Büchse

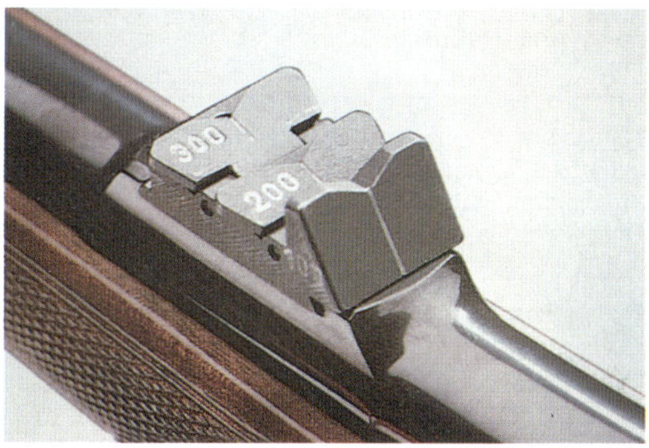

Dioptervisierungen bestehen weiterhin aus einem Korn und einer Vorrichtung, durch die dieses durch ein kleines Loch hindurch anvisiert und mit dem Ziel in Übereinstimmung gebracht wird. Bei groben Dioptervisieren, insbesondere bei Militärwaffen, werden als Diopter-Sichtdurchlässe klappbare Scheiben verwendet, bei denen das Durchsichtloch unterschiedlich hoch bzw. unterschiedlich groß ist.

Umklappbare, militärische Dioptervisierung eines Galil SAR-Sturmgewehres

Präzisere Dioptervisiere bestehen aus einer Zylinderkonstruktion, die mehr oder weniger fein auf verschiedene Höhen und auch seitlich eingestellt werden kann. Match-Diopter, die für hochwertige Wettkampfgewehre verwendet werden, sind feinst höhen- und seitenverstellbare Präzisionsgeräte, die mit Mikrometerklicks genauestens justiert werden können. Statt Balken- oder Spitzkornen werden bei den speziellen Präzisionsmatchwaffen auch in Korntunneln montierte, sogenannte Ringkorne verwendet, die, genau auf die Scheibengröße und das Durchsichtloch durch den Diopter eingestellt, zu den exaktesten Schußergebnissen führen.

Fein einstellbarer Präzisionsdiopter der Firma Anschütz (Diopter-Nr. 6805)

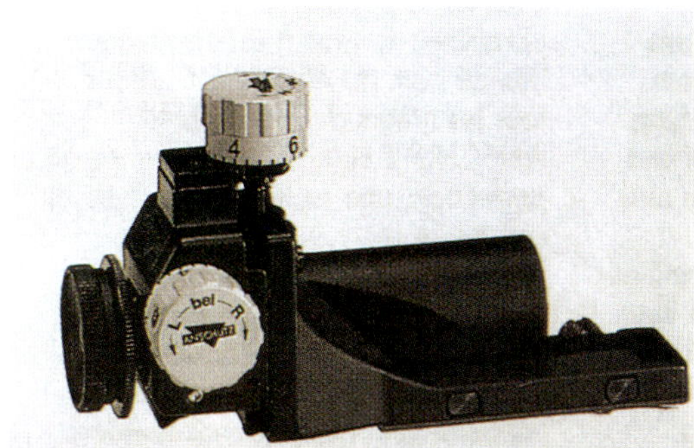

Korntunnel von Anschütz mit Ringkorn, wichtig für eine präzise Match-Dioptervisierung

Neben Matchwaffen haben auch oft normale Büchsen einen Korntunnel. Bei regulären Jagd- und Militärwaffen dient er zum Schutz des angebrachten Balken-, Spitz- oder Perlkorns, zudem verhindert er widrige Lichteinfälle auf das Korn, die eventuell zu Zielfehlern führen wurden.

Korntunnel einer CZ-Repetierbüchse. Eine Schraube schützt das Gewinde an der Laufmündung, an das ein Kompensator aufgeschraubt werden kann.

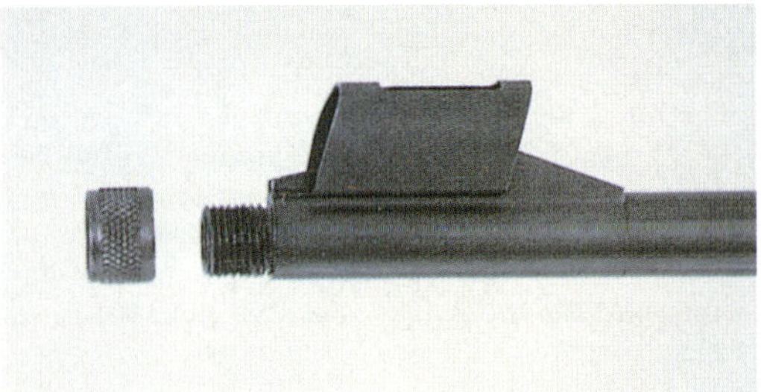

Die meisten Büchsen sind für die Anbringung von Zielfernrohren vorbereitet. Bei Waffen mit leichteren Kalibern, insbesondere Kleinkaliberwaffen, arbeitet man meist mit Aufschubschienen, an denen die Montageteile für ein Zielfernrohr aufgeschoben, festgeklemmt und angeschraubt werden.

Montageschiene zur Befestigung der Zielfernrohrmontage auf einer kleinkalibrigen Brünner CZ 550-Büchse

Für schwerere Kaliber ist dieses System nicht robust genug. Der Rückschlag einer größerkalibrigen Waffe würde im Laufe der Zeit dafür sorgen, daß sich die Zielfernrohrmontage lockert. Daher haben Büchsen mit stärkeren Kalibern auf der Verschlußhülse Bohrungen vorbereitet, die der Montage der Fernrohrteile dienen können. Zusätzlich werden in solchen Fällen die Montageteile oft auch mit Spezialklebern auf der Hülse festgeklebt.

Zielfernrohrmontagebohrungen an einer Brünner-Büchse

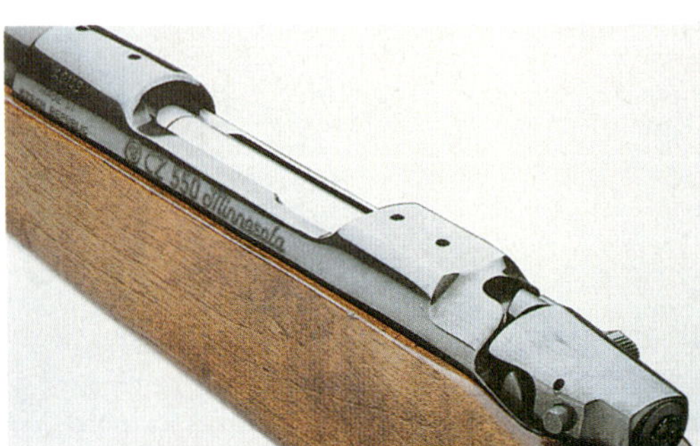

Zielfernrohr, tief montiert auf eine Weatherby-Repetierbüchse

Der Schaft

Schäfte für Langwaffen gibt es in vielen Formen, Materialien und Ausstattungen.
Die Bezeichnungen vieler ursprünglich national verwendeter Gewehrschäftungsformen haben in der Waffentechnik inzwischen einen internationalen Stellenwert eingenommen. Einige dieser Basistypen der Hinterschäfte sind:

- der englische oder gerade Schaft:
Die Unterseite dieser Schäfte verläuft gerade ohne Ausbuchtungen oder spezielle Handgriffe. Vornehmlich ist die englische Schäftung bei edlen englischen Doppelflinten und auch bei Unterhebelrepetierbüchsen zu finden; die Oberseite des Unterhebels verläuft dabei parallel zur Schaftunterseite.

Englische Schäftung (ohne Pistolengriff) einer Winchester-Unterhebelrepetierbüchse

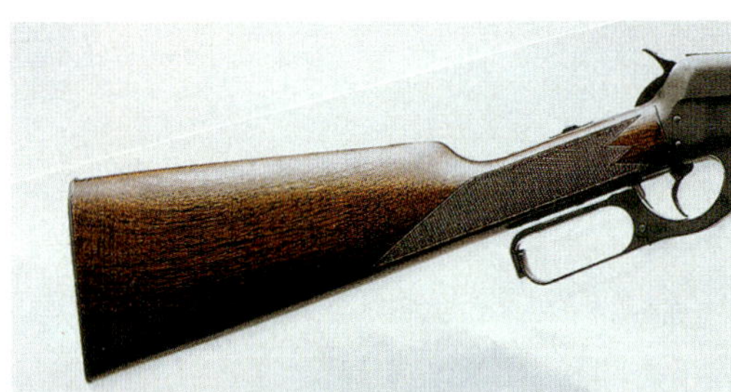

- der standardmäßige Schaft mit Pistolengriff:
Nach dem Abzugsbügel verläuft die Unterseite dieser Schäfte zunächst in eine Art Pistolengriff; erst nach dessen kantigen Abschluß läuft der Schaft dann gerade aus. Diese Schaftform ist inzwischen fast als die gebräuchlichste zu bezeichnen.

Standardmäßiger Hinterschaft mit Pistolengriff ohne Backe einer CZ-Büchse

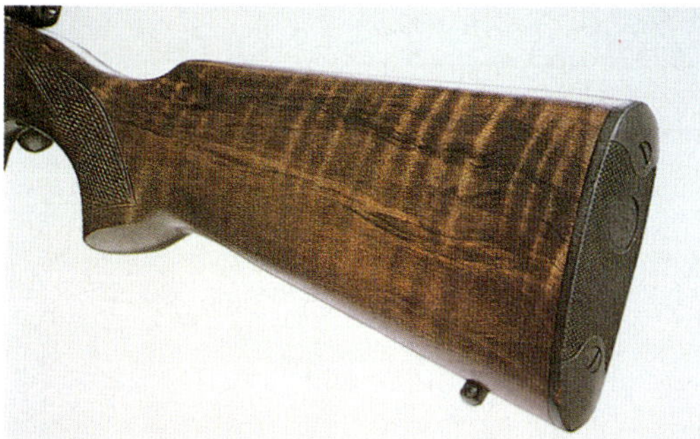

- der Standardschaft mit Pistolengriff und Backe: Auch diese teureren Schäfte verfügen über einen Pistolengriff. Zusätzlich ist bei diesem Schaft seitlich eine Art Wangenplatte, eine „Backe", ausgeformt, die einen besseren Anschlag ermöglicht.

Luxus-Hinterschaft mit Backe einer Brünner CZ-Büchse

- der Schaft mit kantig ausgeformter, „deutscher" Backe:

Deutscher Schaft von Anschütz

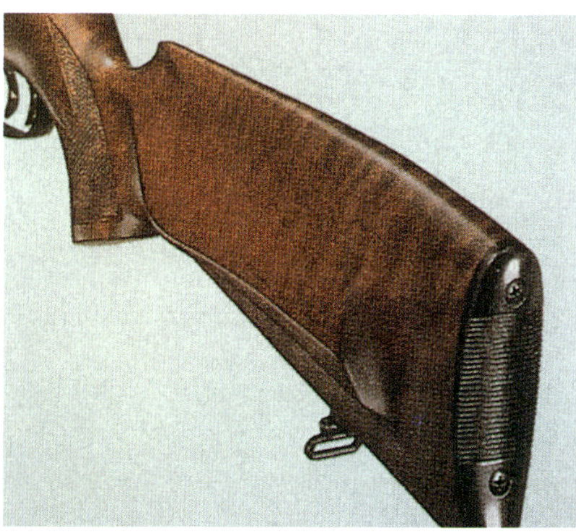

Bei diesen Hinterschäften, ebenfalls mit Pistolengriff, ist die Backe deutlicher und unten unterschnitten ausgeformt. Sie verläuft kantig bis zum Pistolengriff hin. Da der Schütze seine Wange beim Schießen genau an die entsprechende Schaftausformung anlegen kann, läßt sich die Waffe mit dieser Art von Schäftung noch besser anschlagen.

- der Schaft mit Monte Carlo-Effekt:
Diese Schäfte haben einen scharf geschnittenen Pistolengriff und ebenfalls eine Backe. Ihr Rücken verläuft allerdings nicht gerade oder leicht gebogen, sondern hat einen deutlichen Knick. Das Gewehr liegt deshalb höher.

Schaft mit Monte Carlo-Effekt

- der Match-Schaft:
Hochwertige, teure Wettkampfwaffen haben zumeist individuell verstellbare Match-Schäfte mit einem ausgeprägt geformten Pistolengriff und oft zusätzlich einem Daumenloch zum noch besseren Halten der Waffen. Die Schaftkappe ist in der Höhe und zumeist auch noch hinsichtlich des seitlichen Neigungswinkels verstellbar. Gewehrschäfte gibt es aus den verschiedensten Materialien. Häufig ver-

Komplett verstellbarer Schaft einer Anschütz-Wettkampfbüchse

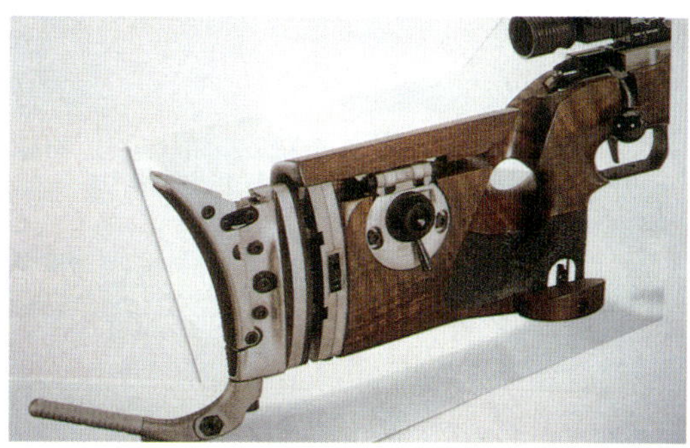

wendetes Schaftmaterial ist Nußbaumholz, doch auch das erheblich billigere, allerdings weniger ansehnliche Buchenholz ist bestens geeignet. Sehr modern als Schaftmaterial ist derzeit wieder Schicht-

oder Laminatholz. Bei diesem äußerst witterungsbeständigen und stabilen Schaftmaterial werden dünne Holzschichten miteinander verleimt und daraus der Schaft gefräst. Wenn die Holzschichten bzw. auch der verwendete Leim unterschiedlich eingefärbt werden, ergibt sich durch die unterschiedlich verlaufenden, verschiedenfarbigen Flächen ein optisch ungemein ansprechender Effekt.

Schichtholzschaft einer Anschütz-Match-Waffe

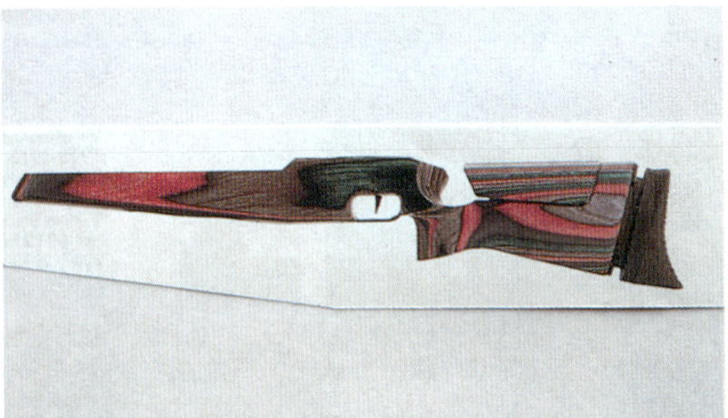

Ein weiteres, derzeit modernes Schaftmaterial ist Kunststoff. Kunststoffschäfte als billig abzuqualifizieren wäre allerdings falsch. Hochwertige Kunststoffschäfte bestehen aus mit Kohlenstoff verstärkten Glasfaserschichten oder auch aus den Hi Tech-Materialien Kevlar oder Zytel. Diese Schäfte sind ebenso witterungsbeständig und in vielen Farben erhältlich.

Schwarzer Kunststoffschaft einer Weatherby-Repetierbüchse

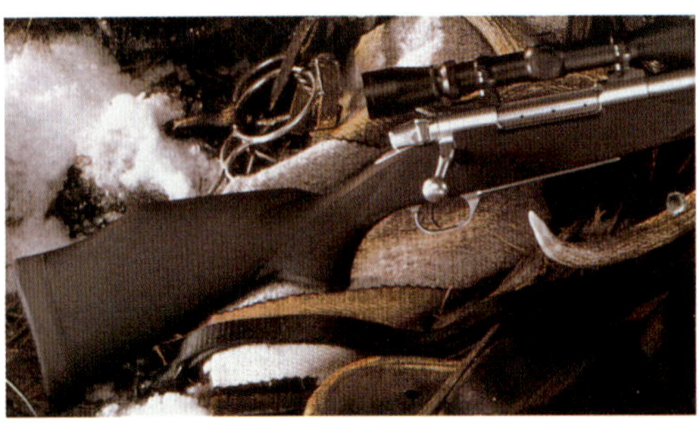

Die Hinterseite des Schaftes, die Schaftkappe, die an der Schützenschulter anliegt, ist bei Waffen in stärkeren Kalibern oft aus dickem Gummimaterial oder auch ventiliert. Dies dient dazu, den auf die Schulter wirkenden Waffenrückstoß abzumildern und erträglicher zu machen.

Das Abzugssystem

Bei Kugelwaffen, also Büchsen, werden verschiedene Abzugseinrichtungen und -systeme verwendet, insbesondere:

Ventilierte Gummischaftkappe auf einem Schaft mit Monte Carlo-Effekt

- Direkt- oder Flintenabzug:
Wenn der Abzug betätigt wird, ist weder ein Vorweg zu überwinden, bevor der Schuß ausgelöst wird, noch erfolgt die Schußauslösung erst nach der Überwindung eines Druckpunktes. Der Schuß wird direkt durch Betätigen des Abzuges gelöst.

Flintenabzug (Anschütz 1432ED)

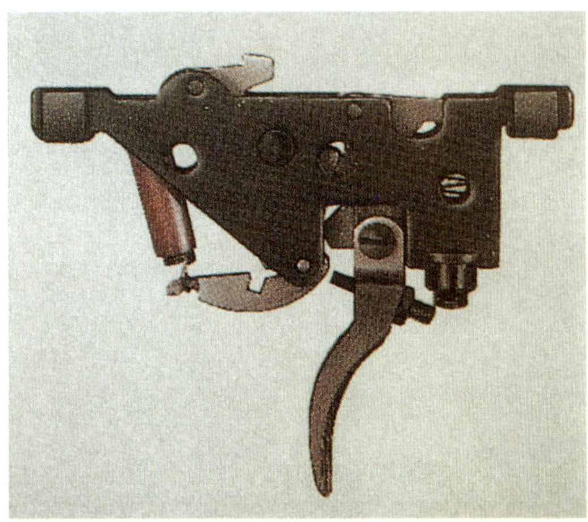

- Druckpunktabzug:
Bei diesem System ist der Abzug erst mit einem besonders leichten Widerstand einen gewissen Weg zurückzuziehen. Nach diesem Vorweg ist dann ein stärkerer Widerstand spürbar, der sogenannte Druckpunkt. Bei einigen Druckpunktabzügen kann sowohl die Vorweglänge als auch der Widerstand des Druckpunktes eingestellt werden, damit der jeweilige Schütze die Waffe auf seine individuellen Bedürfnisse justieren kann.

- Rückstecher-Abzug:
Bei diesem System kann der Schuß normal mit rela-

Druckpunkt-Abzugssystem (Anschütz 1432E)

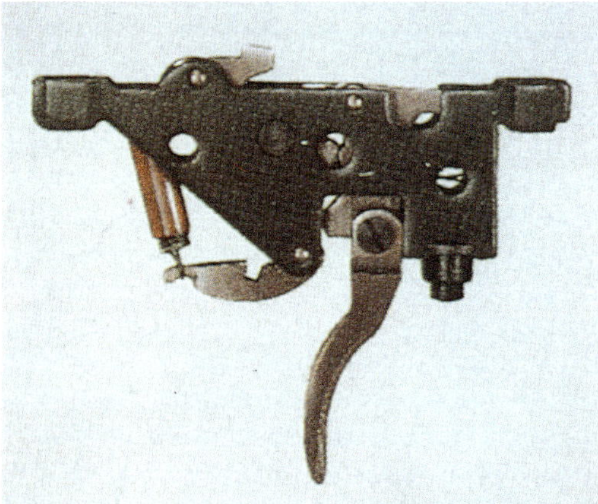

Doppelzüngelstechersystem einer Match-Waffe (Anschütz 1432EKSt)

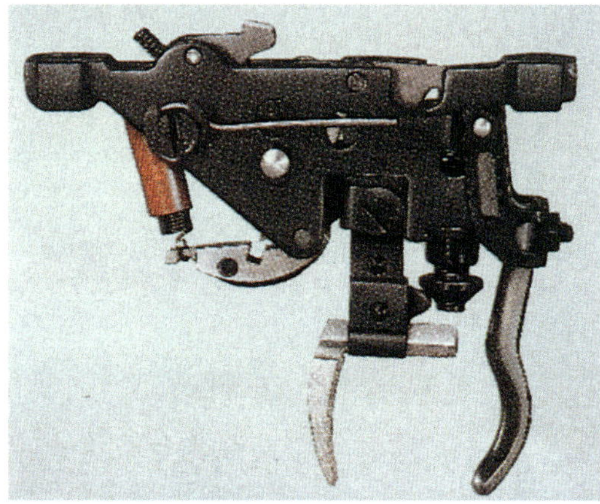

tiv hartem Abzugswiderstand und Druckpunkt abgegeben werden oder, wenn man das Abzugszüngel zunächst nach vorne drückt, mit einem extrem geringen Abzugswiderstand. Mittels einer speziellen Technik wird der Mechanismus durch das Vordrücken des Abzugszüngels praktisch beschleunigt, dadurch wird der nach dem Vordrücken benötigte Abzugswiderstand erheblich verringert. Das Rückstechersystem, verbunden lediglich mit einem Abzugszüngel, wird auch französisches Stechersystem bezeichnet.

- Doppelzüngel-Abzug:
Der Stechermechanismus wird hier mittels eines zweiten Züngels im Abzugsbügel in Kraft gesetzt, daher Doppelzüngel-Stecher oder auch deutscher Stecher genannt. Der hintere „Abzug" aktiviert das Stechersystem und sorgt dafür, daß der vordere Abzug mit wenig Widerstand betätigt werden kann.

- Match-Abzug:
Match-Abzugssysteme sind davon gekennzeichnet, daß sie in diversesten Variationen einstellbar sind. Bei einfacheren Match-Abzügen läßt sich der Abzugswiderstand in der Regel von 800 bis 1500 Gramm verstellen. Hochwertigere Match-Abzüge sind zumeist nicht nur hinsichtlich des Abzugsweges und des Abzugswiderstandes, sondern auch hinsichtlich der Stellung und des Winkels des Abzugszüngels fein einstell- und regulierbar.

Doppelzüngelstecher-Abzugssystem einer Jagdwaffe

Das Rückstechersystem

Match-Abzugseinrichtung von Anschütz (Typ 5018)

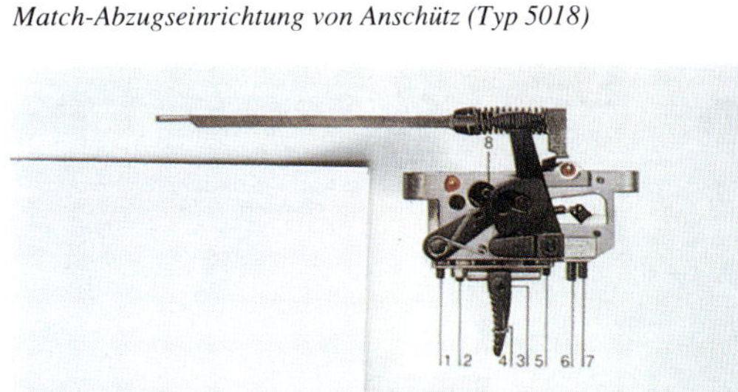

Die verschiedenen Einstellmöglichkeiten bei dem dargestellten Match-Abzugssystem von Anschütz:

1. Einstellschraube zur Regulierung des Abzugsweges bis zum Druckpunkt;
2. Einstellschraube der Fingerauflage des Züngels;
3. Stellschraube für die horizontale Einstellung des Abzugszüngels;
4. Einstellring um den Abzug für die Feinregulierung des Druckpunktes;
5. Stellschraube für den Trigger-Stopp: Damit wird verhindert, daß der Abzug nach der Überwindung des Druckpunktes noch weiter nach hinten „durchrutscht" und die Waffe deshalb verrissen werden könnte;
6. Einstellschraube für den Widerstand vor Erreichen des Druckpunktes;
7. Einstellschraube für den Widerstand des Druckpunktes selbst;
8. Einstellung des Winkels der Abzugsstange.

Das Magazin

Der Waffenbereich zur Aufnahme der Patronen bei einer mehrschüssigen Büchse kann unterschiedlich gestaltet sein. Sowohl bei Handrepetierbüchsen als auch bei halb- und vollautomatischen Selbstladern ist in der Regel ein Schacht zur Aufnahme der Patronen zu finden. In diesem Schacht an der Unterseite der Waffe kann sich ein separates, individuell einführbares und herausnehmbares Magazin befinden, in das die Patronen geladen werden. Oder die Waffe hat lediglich einen Schacht, in den die Patronen von oben, durch die Verschlußöffnung, in die Waffe geladen werden. Gewehre mit solchen, nicht herausnehmbaren „Magazinen" haben manchmal eine abklappbare Magazinbodenplatte. Wird diese entriegelt und abgeklappt, so fallen nicht verbrauchte Patronen an der Magazinfeder vorbei nach unten aus der Waffe.

Abklappbare Bodenplatte des festen, nicht herausnehmbaren Magazins einer Brünner CZ-Büchse

Der Vorteil separater, individuell einführbarer und herausnehmbarer Magazine ist vor allem, daß man vorgeladene Magazine mit sich führen kann. Sobald ein Magazin „leergeschossen" ist, entnimmt man es und kann sofort ein volles nachladen. So kann der Nachladevorgang erheblich schneller ablaufen, als wenn man jede einzelne Patrone jeweils mit der Hand von oben in den Magazinschacht drücken müßte.

Herausnehmbares Magazin. Technische Nachrüstung einer Brünner CZ-Büchse. Die Unterseite des herausnehmbaren Magazins ist griffig und leicht zugänglich vor dem Abzugsbügel.

In das oben beschriebene CZ-Magazin passen 4 Patronen.

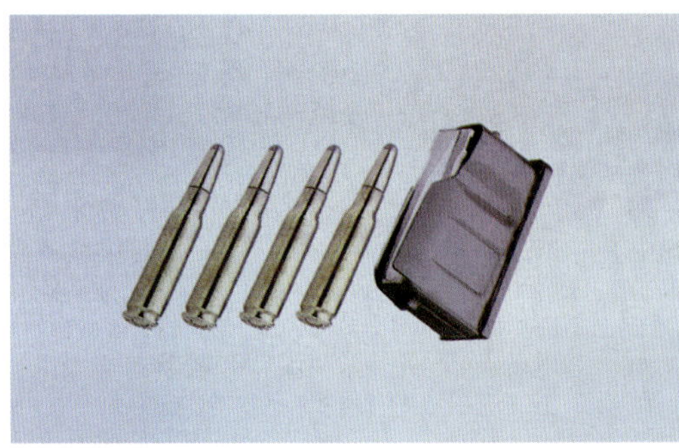

Herausnehmbares Kleinkaliber-Magazin eines Brünner CZ-511-Selbstladers

Inzwischen haben vor allem militärische Langwaffen herausnehmbare Magazine. Bei einigen Waffen-

Abklappbares Komplettmagazin (Steyr)

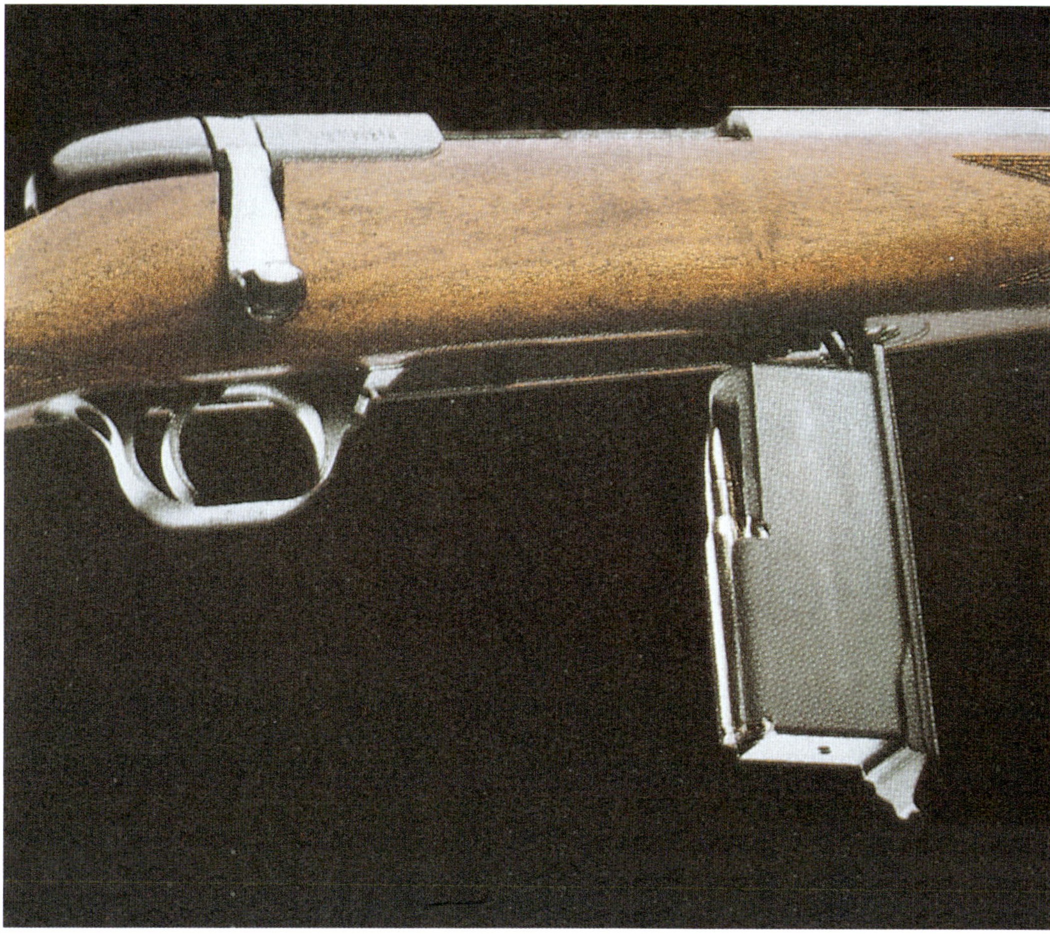

modellen kann ein Nachteil dieses Systems sein, daß der Magazinhalteknopf ungewollt betätigt wird und das Magazin dann plötzlich herausfällt.
Einen Kompromiß hierzu stellt die Kombination eines separaten Magazins mit dem festen Magazin mit abklappbarer Bodenplatte dar. Dabei ist auf der abklappbaren Bodenplatte praktisch ein komplettes, kastenförmiges Magazin angebracht, das abgekippt wird, aber ansonsten nicht entfernt werden kann.
Ein weiteres Magazinsystem ist das Röhrenmagazin. Dieses Magazin findet vornehmlich bei Selbstlade- und Vorderschaftrepetierflinten sowie bei Vorderschaftrepetierbüchsen und vor allem bei Unterhebelrepetierbüchsen, sogenannten Lever Action-Büchsen Anwendung. Die Patronen befinden sich dabei hintereinander in einem Rohr unter dem Lauf und werden entweder durch den Baskülkasten von der Seite oder von unten ins Röhrenmagazin geschoben oder, bei Kleinkaliber-Unterhebelrepetierern, vorn unter der Laufmündung in eine Patronenöffnung geladen.

Röhrenmagazin unter dem Lauf einer Kleinkaliber-Unterhebelrepetierbüchse

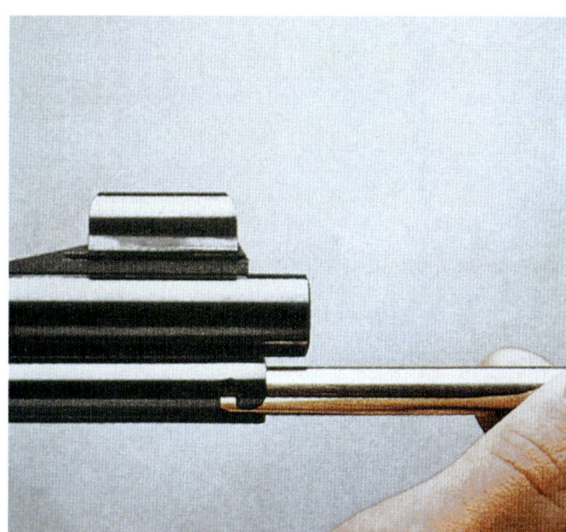

3. Sicherheitsmaßregeln beim Umgang mit Schußwaffen

Nachdem nun die Hauptbestandteile der Kugelbüchsen bekannt sind und technische Anfangskenntnisse vermittelt wurden, ist es wichtig, die grundsätzlichen Sicherheitsmaßregeln für den Umgang mit Waffen darzulegen, bevor weiter auf verschiedene technische Aspekte und Systeme eingegangen wird. Dazu seien hier nachfolgend 12 „eiserne Regeln“ genannt, die sich jeder an Waffen Interessierte im eigenen Interesse verinnerlichen sollte:

1. Behandle jede Waffe als wäre sie geladen! Dieses ist die wichtigste Regel. Wenn Ihnen jemand ein Gewehr zum Ansehen in die Hand gibt und behauptet, es sei „leer“, so glauben Sie dies bitte erst, nachdem Sie sich zunächst selbst überzeugt haben, daß die Aussage stimmt. Dies kann sie vor schlimmsten Folgen bewahren.

Nur bei geöffnetem Verschluß ist zu erkennen, ob das Patronenlager und der Lauf leer sind. Bei mehrschüssigen Gewehren immer zuerst das Magazin herausnehmen bzw. die Patronen alle aus dem festen Magazin herausrepetieren.

2. Beachte, daß der Lauf der Waffe stets in eine sichere Richtung deutet! Richten Sie den Lauf Ihres Gewehres nie in eine Richtung, in die Sie nicht schießen wollen! Insbesondere, wenn die Waffe geladen ist, sollte man niemals anders handeln.

3. Finger aus dem Abzugsbügel, solange Sie nicht schießen wollen! Der Finger darf erst in den Abzugsbügel des Gewehres kommen, wenn die Waffe auf das Ziel gerichtet ist. Nach der Schußabgabe ist der Finger unverzüglich wieder aus dem Abzugsbügel zu nehmen und seitlich anzulegen.

Der Abzugsfinger ist erst in den Abzugsbügel zu führen, wenn die Waffe auf das Ziel gerichtet ist.

Zwar sollte auch die manuelle Waffensicherung verwendet werden, den Finger außerhalb des Abzugsbügels zu belassen ist jedoch die beste Sicherung.

Der Abzugsfinger muß sich stets außerhalb des Abzugsbügels befinden, solange das Gewehr nicht auf das Ziel gerichtet ist.

4. Spiele niemals zum Spaß mit einer Waffe! Gerade Gewehre sind zwar teilweise wunderschön anzusehen und oft technische und eben auch ästhetische Meisterleistungen. Sie sind aber keine Spielzeuge

und man muß stets darauf achten, mit größter Sorgfalt und Vorsicht mit ihnen umzugehen.
5. Übe das Laden und Entladen Deiner Waffe. Der Lade- und nötigenfalls auch der Entladevorgang sollte stets in einer absolut sicheren Umgebung durchgeführt werden.
6. Lasse eine Waffe niemals unbeaufsichtigt, egal ob sie geladen oder ungeladen ist! Gerade wenn Kinder im Spiel sind, ist diese Vorschrift ungemein wichtig. Kinder lieben es, Erwachsene zu imitieren; sie könnten mit Ihrem Gewehr hantieren und dabei sich selbst oder andere gefährden.
7. Bewahre Waffe und Munition getrennt auf! Waffen, Kurz- und auch Langwaffen, sind immer verschlossen außerhalb der Reichweite von Kindern und anderen Unbefugten aufzubewahren. Die Munition ist separat davon verschlossen zu verwahren. Nur durch eine sichere Verwahrung in nicht geladenem Zustand werden Waffendiebstähle und schlimme Unfälle verhindert.
8. Pflege Deine Waffe gut! Vor dem Reinigen sollte man sich stets genau vergewissern, daß sich keine Patrone mehr im Patronenlager des Gewehres befindet und daß gegebenenfalls das Magazin vorher herausgenommen wurde. Etwa nachdem länger nicht mit der Waffe geschossen wurde, sollte man sich, bevor man wieder damit schießt, auch immer vergewissern, daß der Waffenlauf frei von Öl und Fremdkörpern, etwa Reinigungsmittelresten, ist.
9. Versuche, eine gewisse Routine in der Handhabung der Waffe und der zugehörigen Munition zu erlangen! Vorsicht hinsichtlich ähnlicher Munitionssorten und bezüglich eventuellen Patronenwiederladens. Inhaber einer Erlaubnis nach § 27 des Sprengstoffgesetzes zum Wiederladen von Patronenhülsen sollten wissen, mit welch minimalen Mengen an Treibladungspulver (1 Grain sind nur 0,0648 Gramm!) umgegangen werden muß, damit es nicht zu Überladungen und überhöhtem Gasdruckaufbau kommen kann, alles verbunden mit der Gefahr einer äußerst unangenehmen Waffensprengung.
10. Benutze beim Schießen auf dem Schießstand immer einen Ohren- und Augenschutz! Ein nicht unerheblicher Teil sämtlicher Waffenunfälle ist auf technische Waffen- und Munitionsdefekte zurückzuführen. Deshalb sollten Sie nicht nur Ihre Ohren vor dem scharfen Schußknall, sondern auch die Augen vor Pulverresten und regulär ausgeworfenen Patronenhülsen, aber besonders vor den Folgen von Waffenunfällen durch technische Defekte schützen.
11. Kein Alkoholgenuß im Zusammenhang mit Schießen! Beim Schießen ist es unumgänglich, auf jeglichen Alkohol zu verzichten – und natürlich auch auf Drogen oder bestimmte Medikamente (Packungsbeilage beachten!)! Alkohol und Drogen verändern und beeinflussen das Verhalten und die Wahrnehmungs- und Einschätzungsfähigkeit. Wenn in Schützenkreisen schon ein Bier getrunken werden soll, dann bitte erst nach dem Schießen, wenn die Waffe sicher verstaut ist. Und dabei sollte man auch an den Heimweg per Pkw denken!
12. Scheue Dich nicht, Schützenkameraden auf falsches oder unsicheres Verhalten am Stand hinzuweisen! Anfänger lernen nur dadurch, daß man sie über ihre Fehler in Kenntnis setzt – natürlich auf eine nicht zu harsche Art und Weise. Was in diesem Zusammenhang allerdings auch sehr problematisch ist: Auch erfahrene Schützen machen Fehler. Nichts ist schlimmer, als jemand, der glaubt, alles zu wissen und zu beherrschen, und er dadurch unvorsichtig wird und andere gefährdet.

Schießbrille von WISCHO

Diverse Ohrenschutzartikel der Firma WISCHO

4. Sicherheitssysteme bei Gewehren

Nachdem Sie nun die ersten drei Kapitel studiert haben, werden wir etwas tiefer in die Bereiche spezieller technischer Systeme bei Kugelbüchsen einsteigen. Besonders wichtig sind dabei natürlich die Sicherheitseinrichtungen.

Manuelle Sicherungen

Hierbei handelt es sich zumeist um ein manuell betriebenes System, das dafür sorgt, daß, wenn es aktiviert ist, weder unbeabsichtigt noch durch bewußtes Betätigen des Abzuges ein Schuß brechen kann. Im Weiteren gibt es auch automatische, interne Sicherungssysteme, die durch das bewußte Betätigen des Abzugs außer Kraft gesetzt werden, etwa die automatische Zündstiftsicherung. Die einfachsten Sicherungen wirken lediglich auf den Abzug, bessere auf die Verbindung zwischen Abzug und Schlagbolzen; die sichersten, aber immer auch technisch am teuersten zu verwirklichenden Sicherungen wirken unmittelbar auf den Schlagbolzen, das Schlagstück oder gegebenenfalls den Hammer. Nachfolgend werden gebräuchliche Sicherungssysteme beschrieben.

Die Sicherung mittels einfachem Sicherungshebel

Sicherungshebel rechts hinter dem Kammerstengel

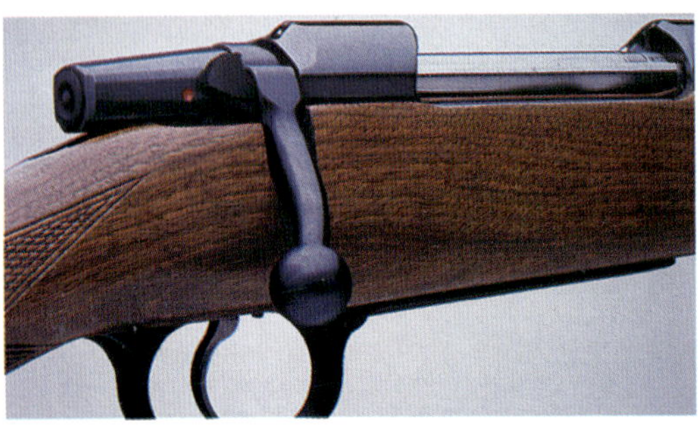

Durch einen von Hand bedienten Sicherungshebel wird je nach Waffenart und Modell entweder das Schlagstück bzw. der Hahn, die Abzugsstange oder lediglich der Abzug blockiert; auch sind Kombinationen dieser Konstellationen möglich. Bei manchen Gewehren wird gleichzeitig der Verschluß festgestellt, so daß er sich, wenn gesichert ist, nicht mehr bewegen läßt. Bei den meisten Repetierbüchsen befindet sich der Sicherungsschieber seitlich hinter dem Kammerstengel. Im entsicherten Zustand der Waffe ist zumeist ein roter Punkt sichtbar; sonst wird dieser vom Sicherungsschieber verdeckt.

Sicherung einer Marlin-Kleinkaliber-Repetierbüchse, mit Gesichert(Safe)- und Entsichert(Fire)-Stellung

Eine Variante der manuellen Sicherung ist, daß sich der Sicherungshebel im vorderen Teil des Abzugsbügels befindet und mittels des Abzugsfingers bedient wird.

Manuelle Sicherung im Abzugsbügel (Marlin-Selbstladebüchse)

Eines der ersten Gewehre mit dieser Sicherungsvariante war die US-Garand-Selbstladebüchse. Auch bei den kurzen Marlin-Selbstladekarabinern in den Kalibern .45 ACP und 9 mm Para befindet sich die manuelle Sicherung vorn im Abzugsbügel. In der Regel wirken solche Sicherungen nur auf den Abzug.

Die Flügelsicherung

Flügelsicherungen sind insbesondere bei Kammerstengelrepetierbüchsen älterer Bauart zu finden. Sie blockieren zumeist sowohl den Schlagbolzen bzw. die Schlagbolzenmutter als auch den Kammerstengel. Bestes Beispiel für die hinten am Verschlußzylinder befindliche Flügelsicherung im klassischen Sinne ist das Militär-Repetiergewehr Mauser Modell 98. Flügelsicherungen im weiteren Sinne haben etwa auch der .30 M1-Selbstladekarabiner und das moderne ColtM 16/AR-15-Sturmgewehr.

Klassische Flügelsicherung auf der Rückseite des Verschlusses eines Mauser-Repetierers

Beim .30 M1 befindet sich die Flügelsicherung zwischen dem Abzugsbügel und dem Magazinschacht und beim M 16/AR-15 auf dem Systemkasten.

Flügelsicherung eines .30 M1-Karabiners (vor dem Abzugsbügel)

Sicherung auf dem Systemkasten eines Bushmaster XM15-E2S (Colt M16-System)

Die Schiebesicherung

Bei der Schiebesicherung wird der Schiebeknopf auf einer Schiene nach vorn oder nach hinten geschoben, um das Gewehr zu sichern oder zu entsichern. Die Schiebesicherung, die sowohl bei Repetier- als auch bei Selbstladelangwaffen Verwendung

Schiebesicherung am Schaft einer Browning-Repetierbüchse

findet, blockiert zumeist nur den Abzug und manchmal auch zusätzlich die Verbindungsstange zum Schlagstück. Schiebesicherungen sind zumeist auf dem Kolbenhals entsprechender Waffen angebracht.

Druckknopfsicherung auf dem Systemkasten einer Marlin-Unterhebelrepetierbüchse (runder Knopf unmittelbar unter dem Hammer)

Die Druckknopfsicherung

Zwar sind Druckknopfsicherungen oft auch an Systemkästen zu finden, zumeist sind sie jedoch als Teil des Abzugsbügels ausgebildet. Durch das Eindrücken des Druckknopfes verschwindet die Sicherungserhebung auf der einen Seite des Abzugsbügels, und der Sicherungsstift steht nun auf der anderen Abzugsbügelseite heraus. Im entsicherten Zustand ist der herausstehende Druckknopf/Sicherungsstiftteil rot unterlegt.
Druckknopfsicherungen wirken fast ausschließlich auf den Abzug.

Die Thompson/Center-Hahnsicherung

Die einschüssigen, kurzläufigen Kipplaufkarabiner der amerikanischen Firma Thompson/Center verfügen über ein besonderes, nur bei ihnen verwendetes

Druckknopfsicherung als Teil des Abzugsbügels, hinter dem Abzugszüngel

Druckknopfsicherung am Systemkasten einer Winchester 94-Unterhebelrepetierbüchse neuerer Bauart

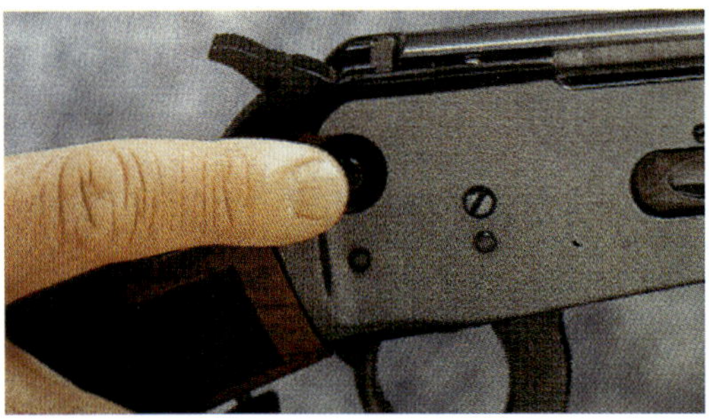

manuelles Sicherungssystem. Sobald der Lauf zum Laden bzw. auch Entladen einer Thompson/Center „Contender"-Kipplaufbüchse abgekippt wird, sichert das System automatisch.
Da es für die Waffe serienmäßig Wechselläufe in mehr als 20 verschiedenen Kalibern und diversen Lauflängen gibt, muß der Zündstift der Thompson/Center sowohl Zentralfeuer- als auch Randfeuerpatronen zünden. Dahingehend hat man sich eine interessante Lösung ausgedacht. Der Zündmechanismus wird manuell, lediglich durch Verdrehen eines Einstellbolzens am hinteren Teil des Schlaghahns, verändert. Eine Bolzenstellung bewirkt die Randfeuerung, eine die Zentralfeuerung und die Sicherungsstellung bewirkt, daß gar kein Zündstift heraussteht.

Sicherung am Hammer, Thompson-„Contender"-Gewehr

Die Magazinsicherung

Bei Gewehren (Büchsen und Flinten) findet man die Magazinsicherung bei weitem nicht so häufig, wie bei vielen großkalibrigen Pistolen. Die Magazinsicherung sorgt dafür, daß man die Waffe nicht abfeuern kann, wenn sich kein Magazin darin befindet. Wenn man etwa beim Reinigen des Gewehres zwar das Magazin entnommen hat, sich aber noch eine Patrone im Patronenlager befindet, könnte die Waffe doch noch versehentlicherweise abgefeuert werden. Dahingehend kann die Magazinsicherung lebensrettend sein. Zumeist wird durch das System das Schlagstück blockiert, manchmal auch die Abzugsstange als Verbindung zwischen Abzug und Schlagstück.

Die Sicherungsrastposition des Hahns

Sicherungsrast, kombiniert mit einem wegklappbaren Hahnkopf, System Browning

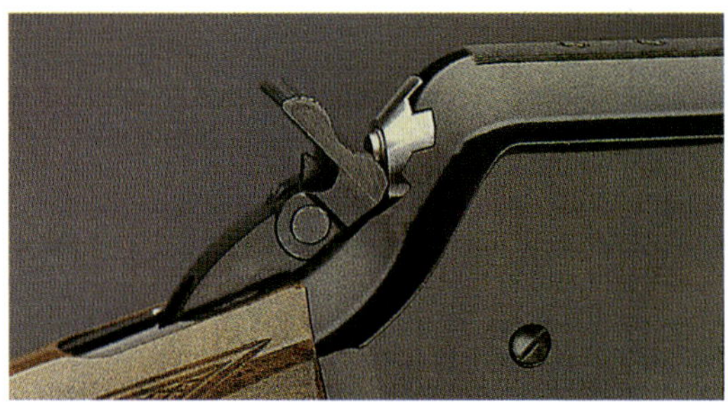

Dieses Sicherungssystem findet häufig bei Gewehren mit außenliegenden Hähnen Anwendung, also vor allem bei Unterhebelrepetierbüchsen. Der Hahn kann ein gewisses Stück zurückgezogen werden und rastet dann in der sogenannten Ruhe- oder Sicherungsrast ein. Der Abzug der Waffe kann in dieser Hahnposition nicht betätigt werden. Um schießen zu können, muß der Hahn erst ganz gespannt oder die Waffe komplett repetiert und so eine neue Patrone ins Patronenlager geschoben werden.
Bei einigen Browning-Unterhebelrepetierern ist das Sicherungsrastsystem zusätzlich noch derart mit einer eigenständigen Hahnsicherung kombiniert, daß der Hahnkopf manuell nach hinten weggeklappt werden kann.

Die interne Verschlußsicherung

Bei fast allen Gewehren, sowohl bei Büchsen als auch bei Flinten, sorgt ein internes Sicherungssystem dafür, daß die im Patronenlager befindliche Patrone erst gezündet werden kann, wenn der Verschluß der Waffe fest verschlossen ist, das Verschlußstück der Waffe also komplett vorne ist und nicht etwa durch Schmutz oder Pulverreste daran gehindert wird, das System vollständig abzudichten. Bei den meisten halb- und vollautomatischen Langwaffen wirkt die Verschlußsicherung derart, daß, falls eine Nocke der Abzugsstange nicht absolut in eine Ausfräsung am Unterteil des Verschlußstücks eingreift, die Abzugsstange daran gehindert wird, das Schlagstück zu erreichen. Bei Repetier- oder einschüssigen Gewehren wird der Schlagbolzen oder das Schlagstück blockiert, soweit der Verschluß nicht komplett geschlossen ist. Einige simplere Arten interner Verschlußsicherungen begnügen sich damit, daß die Abzugsstange blockiert wird, wenn der Verschlußhebel nicht voll und ganz nach unten gedrückt oder eingerastet ist.

Die Lade- und Spannzustandsanzeige

Diese sehr nützliche Einrichtung gibt es bei vielen Langwaffen, die Spannzustandsanzeige aber vor allem bei Jagd-Repetierbüchsen. Anhand eines Signalstiftes erkennt man entweder, ob sich eine Patrone im Patronenlager befindet, oder ob das Schloß des Systems gespannt ist. Bei Selbstladegewehren wird oft die Auszieherkralle zur Ladezustandsanzeige mit verwendet. Wenn sich die Kralle in der Rille einer im Patronenlager befindlichen Patrone befindet, steht sie etwas heraus, manchmal dann auch mit roter Farbe eingelegt.

Anzeige, ob die Waffe gespannt ist, bei einer CZ-Büchse. Am hinten herausstehenden Stift ist zu erkennen, daß das Gewehr gespannt ist.

Bei dieser Abbildung ist das Gewehr nicht gespannt. Hinten steht kein Signalstift heraus.

Die automatische Zündstiftsicherung

Durch diese automatische, interne Sicherung wird die Möglichkeit des Zündstifts, sich in Längsrichtung zu bewegen, blockiert. Bei Langwaffen gibt es mehrere Zündstiftsicherungssysteme. Dabei ist der Schlagbolzen zumeist zweiteilig.
Solange das Verschlußstück nicht komplett vorne und das System nicht komplett geschlossen ist, wird der hintere Teil des Zündstiftes aus dem Bereich herausgeschwenkt. Solange das Verschlußsystem der Waffe nicht vollständig geschlossen ist, kann der Zündstift nicht erreicht werden.

Offener Systemkasten einer Marlin-Unterhebelrepetierbüchse. An Sicherheitssystemen sind vorhanden: Die automatische Zündstiftsicherung, die Abzugssicherung, die Hahnsicherheitsrast und die manuelle Druckknopfsicherung.

Bei der obigen Aufsicht auf den geöffneten Systemkasten einer Unterhebelrepetierbüchse der Firma Marlin erkennt man die folgenden Sicherheitseinrichtungen:
1. den zweigeteilten Zündstift, dessen hinterer Teil solange nicht vom Hammer erreicht wird, bis der Verschluß der Waffe verriegelt ist (Art einer automatischen Zündstiftsicherung); 2. die Vorrichtung zur Blockierung des Abzuges solange der Verschlußhebel nicht komplett nach oben gezogen worden ist; 3. den Hahn in der Hahnsicherheits- oder Ruherast; erst durch das Spannen des Hahnes von Hand oder durch vollständiges Repetieren ist der Hahn derart gespannt, daß er durch Betätigen das Abzuges ausgelöst werden kann; 4. die manuelle Druckknopfsicherung, die im Falle dieser Marlin-Büchse den Hahn blockiert.

5. Verschlußsysteme

Wie den vorangegangenen Kapiteln zu entnehmen war, kommt den Verschlüssen der Waffen eine äußerst wichtige Rolle zu – insbesondere wenn man sich den immensen Druck vor Augen hält, der beim Abschießen gerade einer Büchsenpatrone entsteht, nicht selten weit mehr als 3000 bar. Der durch das Schießen produzierte, gewaltige, eigentlich in alle Richtungen strebende Gasdruck darf im ureigenen Interesse des Schützen nur in die gewünschte Richtung wirken können, also nach vorn, um das Geschoß aus dem Lauf zu treiben und gegebenenfalls auch nach hinten, aber nur so minimal, um den Nachlademechanismus einer Selbstladewaffe ablaufen zu lassen. Dazu muß das Patronenlager, in dem sich bei der Schußabgabe ausgehend von der Patronenhülse der Gasdruck aufbaut, zumindest im Moment des Gasdruckaufbaus extrem fest verschlossen sein. Und gerade im Bereich der Langwaffen gibt es sehr unterschiedliche und verschiedene Lösungen des Verschlußproblems.

Verschluß/Verriegelung

Bevor auf die einzelnen Systeme näher eingegangen wird, hier einige allgemeine Ausführungen dazu.
Bei halbautomatischen Waffen spricht man vornehmlich vom Verschlußstück, bei Pistolen oft einfach vom Verschluß oder Schlitten, das oder der zum „Verschließen" der Waffe dient. Und das Verschlußstück von Selbstladegewehren ist, vereinfacht ausgedrückt, genau der gleiche massive, längliche, zumeist zylindrisch ausgeformte Block, wie der Zylinderverschluß, von dem regelmäßig bei Repetierwaffen gesprochen wird.
Die eigentliche Verriegelung kommt in der Regel dadurch zustande, daß sich fest mit dem Verschlußstück verbundene, daraus herausragende Teile, zumeist als Verriegelungsnocken oder Verriegelungswarzen bezeichnet, in korrespondierende Aussparungen im Bereich des Patronenlagers einfügen. Erst nachdem das Geschoß den Lauf verlassen hat und der kurzfristig so gewaltige Gasdruck sich wieder abgebaut hat, können die Nocken aus den korrespondierenden Aussparungen herausgedreht und das System zum Nachladen geöffnet werden.
Das Verschlußstück, das zumeist selbst den Schlagbolzen, den Zündstift und die Schlagbolzenfeder beinhaltet, wird im Systemkasten geführt, der als solcher wieder die Abzugseinrichtung und andere Schloßteile enthält.

Verriegelungswarzen einer Winchester M 70-Repetierbüchse

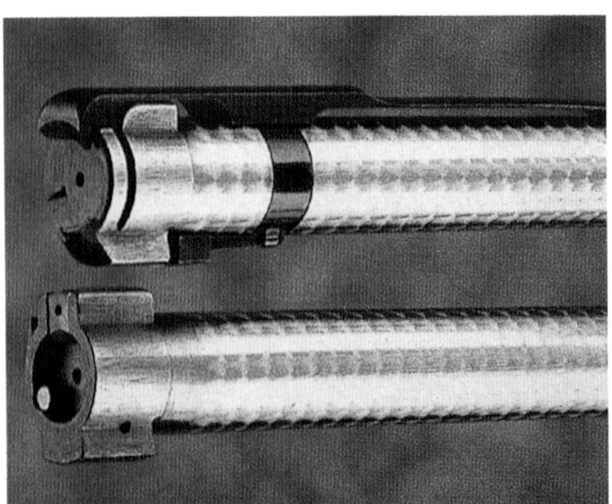

Verschlußsysteme im einzelnen

Die verschiedenen Verschlußsysteme im Bereich der Büchsen sind vornehmlich:

Der Kammer- oder Zylinderverschluß

Repetierbüchsen weisen immer Kammer- oder Zylinderverschlüsse auf. Je nach verwendetem System ist der Verschlußzylinder mit einer unterschiedlichen Anzahl von Verriegelungswarzen, vorne und/oder hinten befindlich, versehen. Beim manuellen Verschließen der „Drehkammer" durch Herabschwenken des Kammerstengels greifen die Verriegelungswarzen in dafür vorgesehene Aussparungen in der Hülse und bilden so während der Schußabgabe eine feste Einheit. Der Kammerverschluß ist ein sehr robustes und zuverlässiges Verschlußsystem, das extrem hohen Gasdruck „verdaut" und damit auch für stärkste Kaliber geeignet ist.
Die notwendige Stärke der Verriegelungswarzen und der Umstand, wie massiv das ganze System gehalten sein muß, richtet sich vornehmlich danach, welchem Gasdruck er standhalten muß. Bei schwereren Kalibern ist die Repetierbüchse zumeist so konstruiert, daß sowohl im Bereich der Hülsenbrücke als auch des Hülsenkopfes Verriegelungswarzen eingreifen und daß die entsprechenden Nocken sowohl hinten als auch vorne am Zylinderverschluß angebracht sind.
Eine Variation des Zylinderverschlusses stammt von der Firma Sauer & Sohn. Hier sind die Verriegelungswarzen federgelagert einklappbar. Beim Nachvorneschieben des Verschlusses klappen sie ein um dann dadurch zu verriegeln, daß sie in ihren korrespondierenden Aussparungen im Hülsenkopf nach außen gedrückt den Verschluß erst wieder nach hin-

Eine Weatherby-Büchse mit neun Verriegelungswarzen

Sauer-Verschlußzylinder mit umklappbaren Verriegelungswarzen

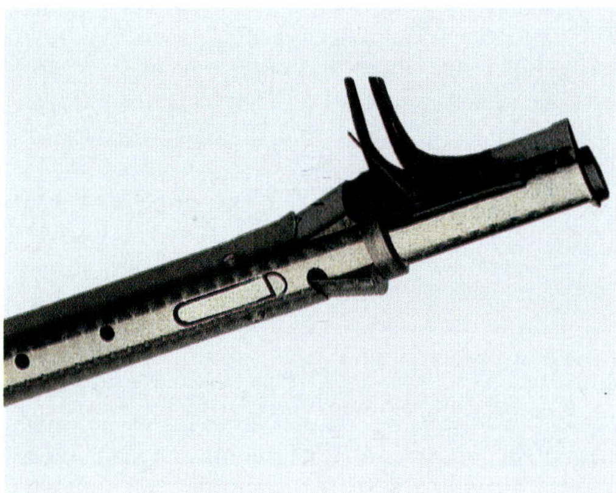

ten freigeben, wenn dieser entsprechend gedreht wird.
Eine weitere Zylinderverschlußvariante hat die Firma Blaser mit ihrer R 93-Büchse auf den Markt gebracht. Bei diesem sogenannten Geradezug-Zylinderverschlußsystem wird der Verschluß mittels einer 360 Grad-Verriegelung im Hülsenkopf arretiert. Als Verriegelungswarzen dienen insgesamt 18 Segmente, die ringförmig um den Vorderteil des Verschlußzylinders angebracht sind.

Blaser R 93-Verschluß mit 18 Nocken in der sogenannten 360 Grad-Verriegelung

Der Masseverschluß

Details aus der Explosionszeichnung einer Krico-KK-Selbstladebüchse. Die Masse des Verschlußstückes (Nr. 201 101) sorgt für den Verschluß der Waffe. Nr. 201 300: die Verschlußfeder.

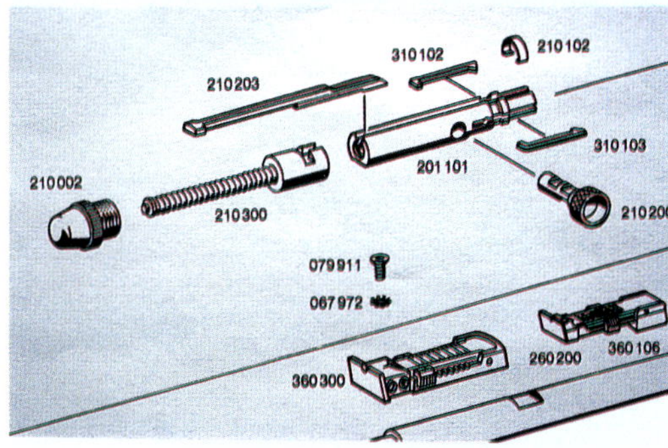

Üblicherweise wird dieses einfache System für kleinkalibrige Selbstladebüchsen verwendet. Das Verschließen des Systems während der Schußabgabe wird bei diesen Waffen rein durch das Gewicht (die Masse) des Schlittens, kombiniert mit der Kraft der Verschlußfeder bewerkstelligt. Durch die Verschlußfeder nach vorne gedrückt preßt das Bodenstück des Verschlußstückes gegen den Patronenboden und den hinteren Teil des Patronenlagers. Das System funktioniert dann dermaßen, daß der entstehende Gasdruck nach dem ersten, manuellen Befüllen des Patronenlagers und nach der ersten Schußabgabe das Geschoß von der Hülse trennt und es durch den Lauf Richtung Laufmündung preßt. Das durch die Zündung entstehende Absprengen des Geschosses von der Hülse und die Bewegung des Geschosses durch den Lauf gegen den Widerstand der Züge und Felder verursacht einen Gegendruck der Gase gegen den Innenteil des Bodens der Patronenhülse. Die leere Patronenhülse erhält dadurch den Drang, nach hinten aus dem Patronenlager gedrückt zu werden. Dies wird zwar durch den Druck der Verschlußfeder und die Masse des Verschlußstückes verhindert. Da diese aber so berechnet sind, daß sie der Kraft der zurückdrängenden Hülse nicht mehr widerstehen können, sobald das Geschoß den Lauf verlassen hat, treibt der Gasdruck dann den Verschluß auf. Die Federkraft und das Verschlußgewicht gewinnen erst wieder die Überhand über den durch die rückdrängende Patronenhülse verursachten Rückstoß, sobald der Verschluß ganz geöffnet, also der Schlitten ganz hinten ist. Der Ablauf des Pistolennachladevorganges ist also wie folgt:
- der Schuß wird abgefeuert;
- das Verschlußstück wird zurückgeschleudert und

dadurch wird gleichzeitig der Hahn bzw. das innenliegende Schlagstück gespannt;
- während des Verschlußrücklaufs wird die leere Hülse von der Auszieherkralle aus dem Lager gezogen und mittels der Auswerfereinrichtung durchs Auswurffenster ausgeworfen;
- nachdem der Verschluß vom Rückstoß angetrieben seine rückwärtige Stellung erreicht hat, wird er von der wieder überhandnehmenden Kraft der Verschlußfeder wieder nach vorn getrieben;
- bei seiner Vorwärtsbewegung streift der Stoßboden des Verschlußstücks eine neue Patrone aus dem Magazin und führt sie ins leere Patronenlager ein.

Die Verschlußfeder befindet sich zumeist hinter dem Verschlußstück.

Der Rotationskammerverschluß

Technik eines Verschlusses mit Rotationsverriegelung (Bushmaster)

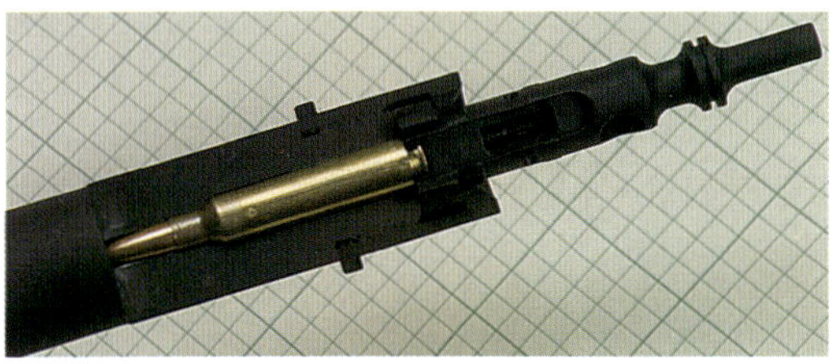

Bei verschiedenen Typen halb- und vollautomatischer Selbstladegewehre verwendet man einen sogenannten Drehkammerverschluß. Das Verschlußstück, im Systemkasten integriert, verfügt zumeist vorne im Bereich des Patronenlagers über eine Anzahl von Verriegelungswarzen. Beim Schließen des Systems wird das Verschlußstück automatisch gedreht und die Warzen greifen in korrespondierende Aussparungen ein, die sich im hinteren Bereich des Laufes oder je nach Waffentyp auch am Rahmen befinden können.

Die Rückstoßenergie der Waffe und/oder auch der durch das Abfeuern der Patrone entstehende Gasdruck bringt beim Rotationskammerverschluß das Verschlußstück entsprechend verzögert dazu, sich um einen gewissen Grad zu drehen. Dadurch werden die Verriegelungswarzen ausgeschwenkt und die Kammer kann sich nach hinten bewegen.

Rollenverschluß von Heckler & Koch

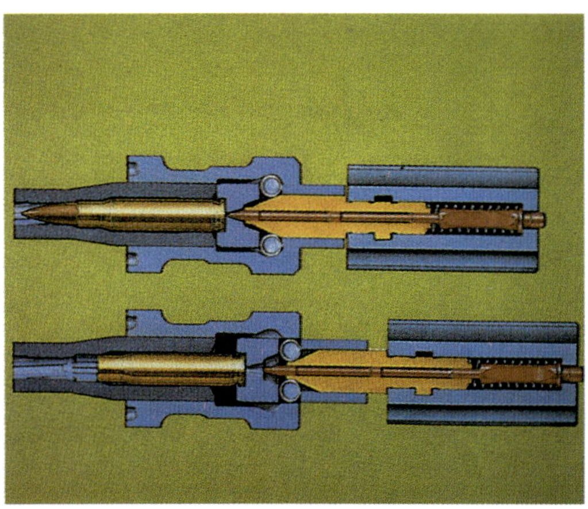

Der Rollenverschluß

Der Rollenverschluß findet in vielen Büchsen, Maschinenpistolen und auch großkalibrigen Pistolen der deutschen Firma Heckler & Koch Verwendung.

Das Rollenverschlußsystem funktioniert wie folgt: Beim Rollenverschluß befindet sich in seitlichen Verlängerungen des Laufes je eine halbkugelförmige Ausfräsung. Darin greifen im geschlossenen Zustand der Waffe zwei Stahlrollen ein, die beweglich am Verschlußstück befestigt sind. Nach der Schußabgabe halten die Rollen den Schlitten so lange fest und mit dem Lauf verbunden, bis das Geschoß den Lauf verlassen hat; erst dann geben sie das System zum Öffnen frei und der Nachladevorgang läuft in bekannter Manier ab.

Das Rollenverschlußprinzip hat zwei Vorteile: Es handelt sich dabei um ein sehr stabiles und präzises System, auch wird durch die beiden zurückzudrängenden Rollen der Waffenrückstoß verzögert und abgemildert, was beim Schießen äußerst angenehm ist. Nachteil des Systems sind seine hohen Herstellungskosten; es muß äußerst präzise gearbeitet werden. Ein weiterer Nachteil ist, daß Waffen mit dieser Verschlußart in der Regel nur problemlos Munitionssorten verfeuern, auf deren Gasdruck sie genau abgestimmt sind.

Der Gasdruckverschluß

Halbautomatische Gewehre mit Gasdruckverschlußsystem sind nichts Neues. Bereits Ende des vorigen Jahrhunderts experimentierte man mit diesem System. Als Beispiel hierfür sei nur das italienische Cei-Rigotti-Gewehr angeführt, das 1895 vorgestellt wurde. In Deutschland baute man von 1901 an diverse Prototypen mit Gasdruckverschluß. In England gab man zu dieser Zeit das Projekt des automatischen Farquhar-Hill-Gewehres nur wegen seiner Komplexität wieder auf.

Ganz allgemein dargestellt handelt es sich beim Gasdruckverschluß um eine Kombination verschiedener Verschlußarten, verbunden allerdings mit der berechneten Ausnutzung der entstehenden Pulvergase. Etwa in der Mitte des Laufes von Waffen mit Gasdruckverschlüssen befindet sich eine kleine

Gasdruckverriegelungssystem eines .30 M1-Selbstladekarabiners. Die im Lauf abgezapften Pulvergase werden durch ein sogenanntes Piston (Pfeil) in den Druckzylinder geleitet.

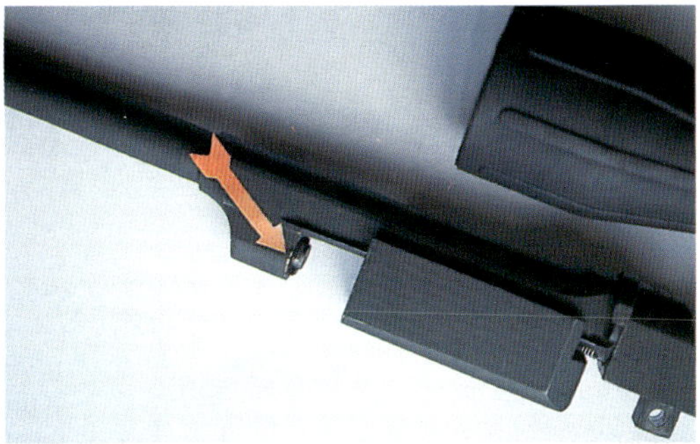

Derselbe Verschluß mit durch das Gasaustrittspiston einströmenden Pulvergasen nach hinten gedrücktem Gasdruckkolben.

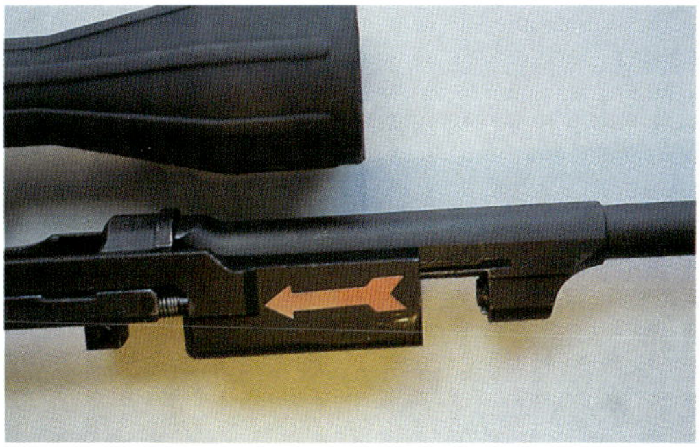

Bohrung, durch die die Pulvergase teilweise entweichen können. Das entweichende Gas wird in einer unter dem Lauf befindlichen zylindrischen Druckkammer, in der sich ein Kolben, zumeist mit einer gegenläufigen Kolbenfeder, befindet, eingefangen. Bei der Schußabgabe wird das Geschoß aus der Hülse gegen den Widerstand der Züge und Felder in Richtung der Laufmündung durch den Lauf getrieben. Die sich hinter dem Geschoß stauenden, immensen Pulverabbrandgase fließen zu einem geringen Teil durch die im Lauf angebrachte Bohrung in den unter dem Lauf befindlichen Gaszylinder. Während des Gasdruckaufbaus, also solange sich das Geschoß noch im Lauf befindet und diesen praktisch verschließt, treibt der Gasdruck im Zylinder einen darin befindlichen Kolben gegen die Kraft seiner Kolbenfeder nach hinten. Die Mechanik des Systems bewerkstelligt, daß eine mit dem Verschlußstück verbundene, hinter dem Kolben befindliche Kolbenstange den Verschluß zupreßt und immer auch ein mit dem Gasdruckverschlußsystem verbundenes, herkömmliches Verschlußsystem, zumeist ein Rotationskammersystem, dafür sorgt, daß während der Schußabgabe eine feste Verriegelung mittels entsprechender Verriegelungswarzen stattfindet. Nachdem das Geschoß dann den Lauf verlassen hat, dieser also nun „offen" ist, fließt das im Druckzylinder befindliche Gas in den Lauf zurück, und der Gasdruck geht auf Null zurück. Erst dann kann das Verschlußstück, vom mittels seiner Feder nach vorne getriebenen Gaskolben freigegeben, nach hinten zurück, und der Nachladevorgang läuft ab, das heißt die leere Patronenhülse wird vom Auszieher aus dem Lauf gezogen, vom Auswerfermechanismus ausgeworfen, das Schloß wird gespannt und der Verschlußstückboden nimmt beim Vorschnellen eine Patrone aus dem Magazin.

Bei manchen der Waffen mit Gasdruckverschlüssen befindet sich der Gasdruckzylinder nicht, wie etwa beim .30 M1-Karabiner unter dem Lauf, sondern teilweise sichtbar über dem Lauf; bestes Beispiel hierfür ist das legendäre Kalashnikov AK-47-Sturmgewehr und seine Abarten. Das Gasdruckverschlußsystem ist eigentlich kein echtes Verschlußsystem. Da die tatsächliche Verriegelung durch Verriegelungswarzen an einem drehbaren Verschlußstück erfolgt, ist der Gasdruckverschluß mehr eine Kombination des regulären Zylinderverschlußsystems mit dem Rotationskammerverschluß.

Der Pumprepetierverschluß

Rotationsverriegelung des Pumprepetiersystems von Browning

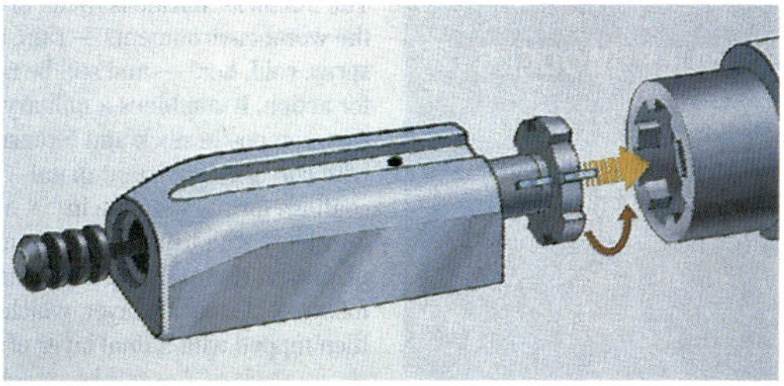

Auch das Pumprepetiersystem ist eine Kombination aus mehreren Verschlußarten. Das Repetieren wird hier aber von Hand vorgenommen, und zwar mittels des beweglichen, unter dem Lauf befindlichen Vorderschaftes des Gewehres. Wird der Vorderschaft nach hinten gezogen, so öffnet sich das System, die Verriegelungswarzen des zumeist verwendeten Rotationskammerverschlusses drehen sich, so daß der Verschluß nach hinten läuft, dabei wird gegebenenfalls die Patrone oder leere Hülse aus dem Patronenlager gezogen und ausgeworfen, und das Schloßsystem wird gespannt. Beim Nachvorneschieben des Vorderschaftes wird aus dem Magazin, zumeist einem Röhrenmagazin, eine Patrone ins Patronenlager geladen, das Verschlußstück wieder nach vorne geschoben und die Rotationskammerverriegelung aktiviert.

Der Baskülverschluß

Basküle einer Bockdoppelflinte

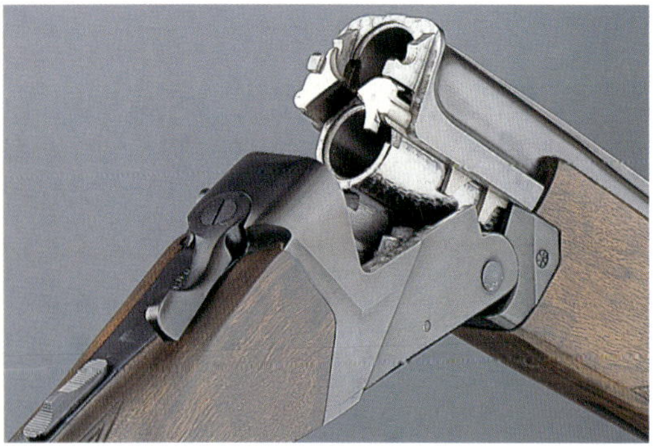

Baskülverschlüsse sind Verschlüsse von Kipplaufgewehren. Der Lauf oder, falls mehrere, das Laufbündel sowie der darunter befestigte Vorderschaft sind durch ein Scharnier mit dem metallenen Mittelstück des Gewehres, mit der sogenannten Basküle, verbunden. Die Kipplaufwaffe muß zum Be- und Entladen zwar durch Abkippen der Laufeinheit leicht geöffnet werden können, damit das System aber beim Schießen dem entstehenden, extremen Druck gewachsen ist, muß auch dafür gesorgt sein, daß die Laufeinheit im Moment der Schußabgabe mit der Basküle eine absolut feste Verbindung eingeht. Dies wird mittels verschiedener Laufhaken und Querriegeln bewerkstelligt. Sie halten die Laufeinheit an der Basküle fest. Zum Abkippen der Laufeinheit muß erst manuell ein Hebel am Kolbenhals betätigt werden, der die Riegel und Haken aus den korrespondierenden Aussparungen an der Unterseite der Laufeinheit herausschwenkt.

Der Unterhebelrepetierverschluß

Unterhebelrepetierverschlüsse, auch „Lever Action"-Verschluß genannt, sind vor allem von den klassischen „Winchester"-Büchsen und -Karabinern der Cowboy-Filme bekannt. Beim Unterhebelverschluß ist der große an den Abzugsbügel anschließende Unterhebel über einen Stangenmechanismus mit dem Verschlußstück verbunden. Sobald der Bügel nach unten bzw. nach vorne geklappt wird, sorgt dies dafür, daß das Verschlußstück entriegelt wird und nach hinten gleitet. Dabei wird gegebenenfalls die Patrone oder die Patronenhülse aus dem Patronenlager gezogen und ausgeworfen. Der zurückgleitende Verschluß spannt den bei solchen Gewehren außenliegenden Hahn. Nachdem die hinterste Patrone aus dem Röhrenmagazin in die Basküle gedrückt wurde, wird sie durch die Mechanik mittels einer Art Lift nach oben vor das Patronenlager angehoben. Beim Zurück- bzw. Hochzie-

Beim Unterhebelrepetiersystem von Browning befinden sich unten am Verschlußstück Verriegelungsnocken. Der Unterhebel enthält den Abzug und Teile des Abzugsmechanismus.

Unterhebelrepetierverschluß von Uberti. Bei kleinen Kalibern sorgt er für die Verriegelung.

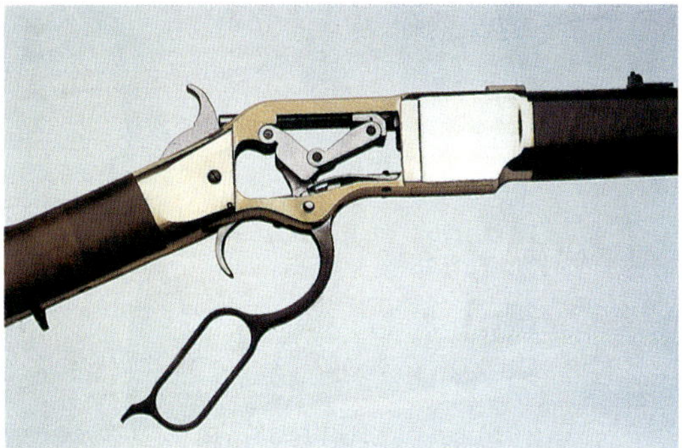

hen des Unterhebels schiebt der dadurch nun vorgleitende Verschluß die Patrone ins Patronenlager; die meisten Lever Action-Büchsen haben ein Röhrenmagazin unter dem Lauf und kein Stangenmagazin. Unterhebelrepetierbüchsen in kleineren Kalibern haben zwar kein Verriegelungssystem mit Verriegelungswarzen, bei schweren Kalibern arbeitet man aber auch bei diesen Waffen wieder mit der Drehkammerverriegelung; das Verschlußstück dreht sich also um die Längsachse und verriegelt.

Der Rolling Block- und der Fallblockverschluß

Beim alten, sogenannten Rolling Block-Verriegelungssystem der Firma Remington, das bei neuzeitlichen Waffen längst keine Verwendung mehr findet, befindet sich noch vor dem außenliegenden, eigentlichen Hahn des einschüssigen Gewehres eine weitere Art Hahn, der zur Waffenverriegelung dient. Wenn der Verriegelungshahn manuell nach hinten geklappt ist, liegt das Patronenlager, der hintere Teil des Laufes, frei und kann mit einer Patrone geladen oder auch entladen werden. Ist der Verriegelungshahn nach vorne geklappt, so ist das Patronenlager nach hinten abgedichtet und man kann schießen.

Rolling Block-Verschluß von Remington

Der Fallblockverschluß, nur mehr bei wenigen neuzeitlichen Einzelladerkonstruktionen vorzufinden, funktioniert dermaßen, daß mittels eines vergrößerten Abzugsbügels oder eines daran befindlichen Unterhebels ein massiver, hinter dem Patronenlager befindlicher Verschlußblock in seiner Führung vertikal nach unten gezogen wird und so den Zugang zum Patronenlager freigibt. Wenn nach dem Laden oder Entladen der Verschlußbügel wieder nach oben geklappt wird, gleitet der Verschlußblock, in dem sich auch die Schloßteile und der Zündstift befinden, wieder nach oben und verschließt das Patronenlager, und es kann geschossen werden.

Fallblocksystem einer Sharps-Büchse von Navy Arms

Der Scharnier- oder Trapdoor-Verschluß

Das sehr alte Scharnierverschlußsystem ist vornehmlich vom historischen Springfield 1868 Trapdoor-Gewehr bekannt. Bei diesem System wird das Patronenlager mittels einer Klappe verschlossen, dessen Scharnier sich direkt am Patronenlager befindet. Die Klappe, deren Öffnungshebel sich vor dem außenliegenden Hahn befindet, beinhaltet auch den Zündstift und Teile der Verschlußeinrichtung. Dieser Verschluß war konstruktionsbedingt nur für verhältnismäßig geringen Gasdruck geeignet.

Scharnier- oder Trapdoor-Verschluß einer alten Springfield-Büchse

6. Waffenpflege

Das Schießen als solches, sei es zu sportlichen oder zu Jagdzwecken, begeistert natürlich sehr. Über die notwendige Waffenpflege macht man sich zumeist weniger Gedanken. Wie sicher ein Gewehr funktioniert und wie präzise es ist, hängt aber gerade davon ab, wie gut es gewartet ist. Ein Lauf, in dessen Zügen und Feldern sich Schmutz und Pulverablagerungen abgesetzt haben oder der gar mit Bleiresten verschmiert ist, kann nicht mehr präzise schießen. Geschosse, denen die Züge und Felder die notwendige Rotation um die Längsachse geben sollen, beginnen zu trudeln und dadurch unpräzise zu werden, wenn die Läufe nicht absolut frei sind.
Es ist auch nötig, alle Gewehre nach dem Gebrauch zu reinigen. Diese Regel gilt nicht nur für polizeiliche Scharfschützen oder sportliche Benchrest-Schützen, die auf extreme Distanzen exakte Schießergebnisse erreichen wollen.
Das Reinigen ist ein wichtiger Teil des Gebrauchs von jeglichen Arten von Büchsen, Flinten und Kurzwaffen. Und vor dem Reinigen ist immer unbedingt zu überprüfen, ob die entsprechende Waffe auch komplett ungeladen ist.

Das Reinigen des Laufes

Um einen durch das Schießen besonders verschmutzten Lauf zu reinigen, wird dieser zunächst mit einem Putzstock, an dem sich vorne ein mit Waffenöl getränkter Lappen befindet, durchgezogen. Dann kann auf den Putzstock eine Messingbürste aufgebracht und damit der Lauf durchgezogen werden. Bei den Reinigungsbürsten ist darauf zu achten, daß der Bürstendurchmesser genau dem Laufdurchmesser entspricht. Verwenden Sie keine Stahlbürste, diese könnte den Lauf beschädigen. Statt einer Stahlbürste gibt es zur Laufreinigung eine Vielzahl spezieller Laufreinigungsmittel.
Beim Putzstock sollten sie auf Stahl verzichten. Der Putzstock ist immer von hinten durch das Patronenlager in Richtung Laufmündung einzuführen, wegen der sensiblen Laufmündung niemals umgekehrt. Dann ist der Putzstock mehrmals hin- und herzuziehen, damit die Rost verursachenden Pulverreste und gegebenenfalls Bleiablagerungen richtig gelöst und ausgebürstet werden.
Nach der Laufreinigung wird das Patronenlager mittels einer größeren Reinigungsbürste gesäubert. Ge-

Verschiedene Arten von Putzstöcken: 1. Aluminiumputzstock für Flinten; 2. Stahlputzstock für Kurzwaffen; 3. universeller kunststoffummantelter Stahlputzstock; 4. kunststoffummantelter Putzstock für Gewehre

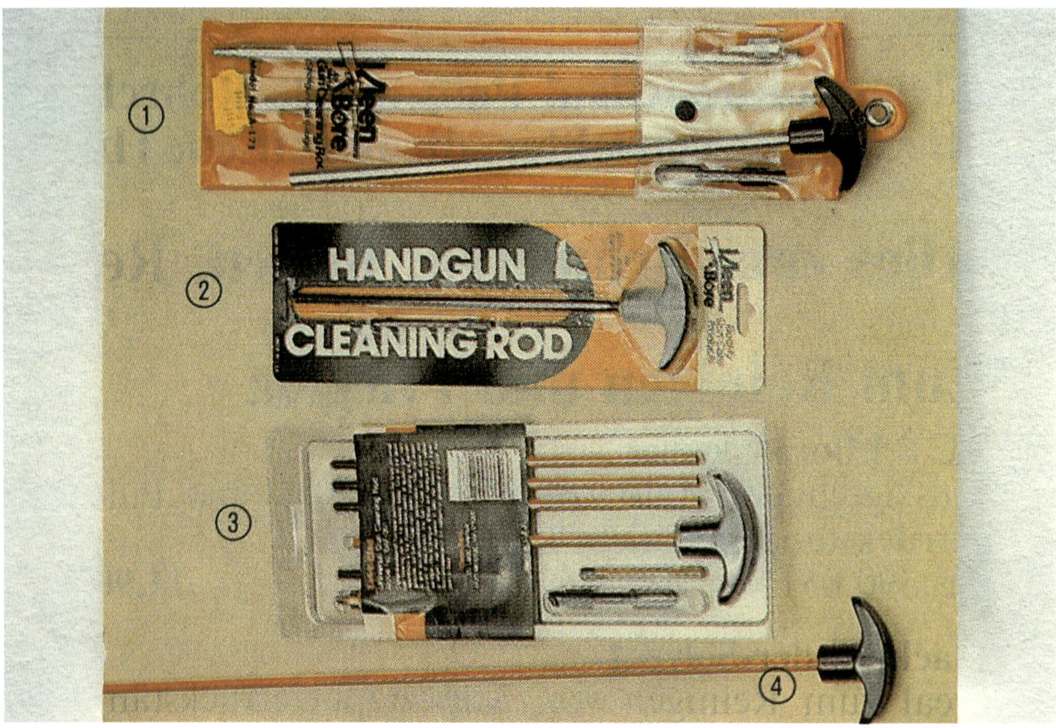

Verschiedene Pflegemittel und Sets:
1. und 2. universelle Pflegesets mit Putzstock, Reinigungsbürsten, Waffenöl und anderen Utensilien
3. Reinigungsset für Flinten
4. Putzstockverlängerungsstück
5. und 6. Mittel zur Entfernung von Bleiablagerungen
7. Patches zur Laufreinigung von Vorderladerwaffen
8. Silikonmittel gegen Rostablagerungen

rade hierzu empfiehlt sich als Borstenmaterial Kunststoff. Beim Reinigen des Laufes werden häufig Fehler gemacht, z. B. die Waffe mit der Laufmündung nach oben zu halten und dann durch die Laufmündung Waffenöl in den Lauf zu „gießen". Dies weicht den Lauf praktisch auf. Zwar werden Schmutz und Ablagerungen im Lauf dadurch auch gelöst, diese fließen dann aber zusammen mit dem Öl in Richtung Patronenlager. Wenn die Waffe wie üblich geschlossen stehend gelagert wird, sind Probleme vorprogrammiert. Das zähe Öl-Schmutz-Gemisch fließt aus dem Patronenlager auf den Verschluß. Damit verklebt das Verschlußstück und dann fließt es auch in die Schlagbolzenöffnung des Verschlußstücks und umschließt und verklebt auch den Schlagbolzen und die Schlagbolzenfeder sowie die weiteren Schloßteile im Verschlußstück. Ergebnis hiervon ist, daß dadurch die Funktion des Waffenschlosses nicht mehr gewährleistet ist, und eventuell kein Schuß ausgelöst werden kann. Zudem repetieren Selbstladegewehre wegen des klebrigen Öl-Schmutz-Gemisches in ihrer Mechanik eventuell nicht mehr einwandfrei.

Das Einölen der Gewehre

Nach dem Reinigen des Laufes mittels der Reinigungsbürste wird durch diesen nochmals ein sauberes Tuchstück am Vorderteil des Putzstocks durchgezogen. Dann wird der Lauf mit einem geölten Tuch behandelt. Da der Putzstock stets von hinten in den Lauf eingeführt wird, ist dabei das Verschlußstück ohnehin ausgebaut und es kann zu keinen oben beschriebenen Verschmutzungen kommen. Beim leichten Reinigen und Einölen des Verschlußstückes selbst mit Silikon-Schmieröl sollte vor allem darauf geachtet werden, daß eventueller Schmutz, der sich zwischen dem Verschlußstück und dem daran befindlichen Patronenauszieher angesammelt hat, entfernt wird. Der Schaft des Gewehres sollte lediglich mit einem trockenen oder ganz leicht feuchten Tuch abgewischt werden. Soweit es sich um einen sogenannten Ölschaft, also nicht um einen lackierten Schaft handelt, kann er auch leicht mit Schaftöl eingerieben werden – nicht mit regulärem Waffenöl, denn dies würde sowohl den Öl- als auch den Lackschaft angreifen und auslaugen.
Das Visier, sowohl die Kimmeneinrichtung als auch Korn und Korntunnel, sind schließlich ebenso wie der Abzug, der Abzugsbügel und, falls freiliegend, die Metallbasküle mit einem leicht mit Waffenöl getränkten Reinigungstuch abzuwischen. Besonders beim Abzug, dem Abzugsbügel und der Basküle dient der dadurch entstehende, minimale Ölfilm dazu, daß die Metallflächen nicht vom Handschweiß angegriffen werden und rosten.

Generalreinigung

Neben der üblichen Reinigung nach jedem Schießen sollten alle Jagd- und Sportgewehre einmal im Jahr einer gründlichen Generalreinigung unterzogen werden. Entweder sollte man dies einem fachkundigen, ausgebildeten Büchsenmacher überlassen oder wirklich so viele eigene Kenntnisse haben, daß man mit der Technik der Büchse oder Flinte absolut vertraut ist. Denn zur Generalreinigung sollte das Gewehr komplett in seine Einzelteile zerlegt werden – und das setzt voraus, daß man es auch richtig wieder zusammenbauen kann. Bei jedem metallenen Einzelteil sollten entsprechende Schmutz- und eventuelle Pulverablagerungen zunächst dadurch gelöst werden, daß man es in Reinigungsöl einlegt und die Ablagerungen dadurch abweicht – der Büchsenmacher verwendet hierzu zumeist ein Ultraschallbad.
Nach dem Trocknen werden die Teile nochmals individuell gereinigt und gesäubert und dann durch leichtes Ölen mit einem minimalen Ölfilm versehen. Nach dem sorgfältigen erneuten Zusammenbauen des Gewehres – vorher hat man sich noch intensiv mit der Pflege des Schaftes befaßt – ist eine genaue Funktionsprüfung unerläßlich. Insbesondere der Abzug und die Schloßteile sowie die Verriegelung des Verschlußstückes, auf die zusätzlich ein Tropfen Silikon-Schmieröl aufgebracht werden sollte, müssen einwandfrei funktionieren. Wer dies nicht vollkommen gewährleisten kann sollte eine Generalreinigung unbedingt dem Büchsenmacher überlassen.

7. Munition

Für Langwaffen, sowohl für Büchsen als auch – hier nicht behandelt – für Flinten, gibt es die unterschiedlichsten Patronen. Einige der klassischen Kurzwaffen-, also Revolver- und Pistolenpatronen, finden auch bei Büchsen Verwendung, insbesondere die .357 Magnum- und die .44 Magnum-Patrone. Andererseits werden auch für Büchsen entwickelte Patronen in Kurzwaffen verwendet, etwa die .22 l.r. (Long Rifle) – oder auch die .30 M1 Carbine-Patrone, welche etwa auch aus der AMT Automag III-Pistole verschossen wird. Am Ende dieses Kapitels wird nur auf die gebräuchlichsten Büchsenpatronen in den gängigsten Laborierungen und mit den gängigsten Geschoßarten eingegangen. An Munitionssorten und Patronen gäbe es so viel, daß darüber ein eigenständiges Buch zu schreiben wäre.

Der Abschuß einer Patrone:

Fast alle Büchsenpatronen bestehen aus den folgenden vier verschiedenen Komponenten:
- der Hülse,
- der Zündung,
- dem Treibladungspulver und
- dem Geschoß.

Schnitt durch eine .308 Win.-Büchsenpatrone: 1. Zündhütchen; 2. Pulverladung; 3. Patronenhülse; 4. Geschoß

Beim Schießen läuft Folgendes ab: Wenn der Schlagbolzen das im Patronenboden in eine sogenannte Zündglocke der Hülse integrierte Zündhütchen trifft, wird die darin befindliche hochexplosive Zündmasse gequetscht. Dadurch entsteht ein heißer Zündstrahl der innerhalb von Millisekunden durch ein („Boxer-System“) oder zwei („Berdan-System“) Zündlöcher das im Pulverraum der Hülse befindliche Treibladungspulver entzündet. Das Pulver brennt in einer heftigen chemischen Reaktion ab, und es entstehen immense Abbrandgase und damit ein sich sehr schnell aufbauender, gewaltig hoher Gasdruck. Das Treibladungspulver explodiert nicht, wie oft fälschlicherweise angenommen wird, es brennt aber äußerst schnell ab. Da sich die Patrone in einem stabilen Patronenlager befindet und das System bei der Schußabgabe auch nach hinten durch den Verschluß verriegelt ist, kann der sich aufbauende, starke Gasdruck nur dahingehend wirken, daß das Geschoß aus der Hülse in den Lauf gedrückt und durch diesen getrieben wird. Die Patronenhülse ist immer aus einer Kupfer-Messing-Legierung, die verhältnismäßig weich und elastisch ist. Weil der entstehende Gasdruck die Hülse auch an die Wandungen des Patronenlagers preßt, kann praktisch auch seitlich kein Gasdruck nach hinten entweichen, das System ist „gasdicht“. Der wie beschrieben eigentlich nach allen Richtungen wirkende Gasdruck preßt also, praktisch in die richtige Richtung „gelenkt“, das längsförmige Geschoß aus der Hülse in die Züge und Felder des Laufes. Die Strecke, die das Geschoß vom Hülsenmund bis zum Eintreten in die Züge und Felder braucht, wird Freiflug genannt. Dadurch, daß das Geschoß dann durch die Züge und Felder gepreßt wird, erhält es die zum nicht trudelnden Flug notwendige Stabilisierung um die Längsachse.

Durch die sich entfaltenden Pulverabbrandgase entsteht, je nach Kaliber und Pulverladung, Laborierung genannt, ein unglaublicher Druck. Das Kaliber 8 x 87 Mauser entwickelt bereits einen durchschnittlichen Gasdruck von 35 000 psi (pound per square inch = Englische Pfund pro Quadrat-Zoll), was etwa 2465 kg/cm^2 oder 2381 bar entspricht. Die US-Militärpatrone .223 Remington entwickelt sogar einen Druck von 55 000 psi (3873 kg/cm^2 oder 3742 bar). Vergleicht man solch einen Wert mit dem Druck eines Autoreifens, so erkennt man, wie immens der in einer Waffe entstehende Druck ist. Zwar ist der durchschnittliche Gasdruck bei Büchsen etwa 3000 bar, mit unbeabsichtigten Überladungen, die Patronenwiederlader schon einmal verursachen, kann er jedoch schnell 6000 bar und mehr betragen und dann zu fatalen Waffensprengungen führen.

Abhängig von der Waffenart und dem Kaliber kann ein Büchsengeschoß, nachdem es den Lauf verlassen hat, mehrere tausend Meter weit fliegen. Der Gasdruck treibt es mit einer erheblichen Geschwindigkeit voran. Je leichter das aus einer Büchse abgefeuerte Geschoß ist, um so schneller wird seine Geschwindigkeit bei ansonsten gleichen Voraussetzungen sein. Das leichte Geschoß der .223 Remington-Munition hat, gemessen an der Laufmündung, eine Geschwindigkeit von weit mehr als 1000 Meter pro Sekunde. Das schwerere, weil kalibermäßig größere .308 Win.-Geschoß kommt zwar nicht an die 1000 m/s heran, hat aber immer noch eine V0 (Anfangsgeschwindigkeit) von 700 bis 800 m/s. Die Geschoßgeschwindigkeit wird oft weit unterschätzt: Einem Geschoß bewußt auszuweichen, wie manchmal in Fernsehserien demonstriert, wäre absolut nicht möglich. Bei den üblichen Schußentfernungen hat einen das Geschoß bereits erreicht, wenn man den Knall des Abfeuerns einer Waffe hört.

Ablaufgeschwindigkeiten und Präzision

Vom Zeitpunkt, an dem das Gehirn den Befehl gibt zu schießen, bis zum Durchziehen des Abzugsfingers vergehen etwa 0,2 Sekunden. Der Schlagbolzen trifft das Zündhütchen nach etwa 0,005 weiteren Sekunden. Danach zündet das eigentliche Pulver in der Patrone innerhalb von 0,0004 Sekunden. Bis sich also die entstehende chemische Reaktion aufbaut und der entstehende Gasdruck damit beginnt, das Geschoß aus der Hülse zu treiben, vergeht somit eine Zeit von zusammen nur 0,2054 Sekunden. Nach weiteren 0,004 Sekunden hat das Geschoß die Hülse verlassen und sich in die Züge und Felder eingepreßt, die es nun in Rotation versetzen. Das Geschoß verläßt den Büchsenlauf mit einer Geschwindigkeit von durchschnittlich etwa 1000 Metern pro Sekunde, nachdem es weitere 0,0012 Sekunden gebraucht hat, um durch den Lauf getrieben zu werden. Je nach Drallänge dreht sich das Geschoß nun (theoretisch) in einer Sekunde etwa 3000 mal um die Längsachse. Bei einer Zielentfernung von 100 Metern erreicht das Geschoß das Ziel nach einem Flug von kurzen 0,15 Sekunden. Damit dauert das Abfeuern einer Patrone bis zu dem Zeitpunkt, an dem das Geschoß das Ziel erreicht, gerade einmal nur 0,3609 Sekunden. Der Schütze verspürt übrigens den Rückstoß erst 0,2 Sekunden nachdem das Geschoß den Lauf verlassen hat.

Ballistik

Die Lehre von den Vorgängen beim Schießen wird Ballistik genannt. Vornehmlich unterscheidet man zwischen der Innen- und der Außenballistik. Bei der Innenballistik geht es um die Vorgänge zwischen der Patronenzündung und dem Lauf-Verlassen des Geschosses; die Außenballistik beschäftigt sich mit dem Flug des Geschosses. Daneben gibt es noch die Ziel- oder auch Wundballistik, bei der es um die Wirkung des Geschosses und um dessen Präzision geht. Die Ballistikbereiche überschneiden sich natürlich auch in verschiedenen Aspekten.
Die Geschwindigkeit, mit der das Geschoß den Lauf der Büchse verläßt, wird Mündungsgeschwindigkeit genannt. Die Mündungsgeschwindigkeit hängt, wie bereits beschrieben, von verschiedenen Faktoren, unter anderem besonders von der Pulverlaborierung und dem Geschoßgewicht, ab. Von der generellen Geschwindigkeit, mit der ein Geschoß fliegt, ist dann natürlich auch die kinetische Energie, die es aufs Ziel abgeben wird, abhängig. Für Kurzwaffen ist die Geschoßgeschwindigkeit nicht so sehr von Bedeutung, da hier präzise nur auf 25 bis 50 Meter geschossen werden soll. Bei Büchsen, die ja auf Entfernungen von bis zu 300 Meter und mehr geschossen werden, spielt die Geschoßgeschwindigkeit sehr wohl eine erhebliche Rolle, weil sie, wenn sie entsprechend hoch ist, auch für eine gestrecktere Geschoßflugbahn und damit auch für eine weitreichendere Präzision sorgt.
Die kinetische Geschoßenergie, ausgedrückt in Joule, wird nach einer einfachen Formel berechnet: Geschoßgeschwindigkeit^2 x Geschoßgewicht (in Gramm) : 2000 = entsprechende Joule-Zahl.
Die Geschoßenergie ist weniger für die Sportschützen, als vielmehr für die Jäger von Wichtigkeit.

Jagdmunition

Bei der Jagd kommt es darauf an, das Wild möglichst schnell und ohne Leiden zu erlegen. Dahingehend haben viele Länder gesetzliche Anforderungen an die zur Jagd verwendete Munition gestellt. Zwar wird man auf 100 Meter Entfernung ein Reh auch mit einer .22er Kleinkaliber-Patrone töten können. Da damit der Tod aber zumeist nicht unmittelbar eintritt, sondern das Tier wohl noch eine gewisse Zeit leiden muß, ist in Deutschland vorgeschrieben, daß sogenanntes Schalenwild nicht mit Flinten erlegt werden darf, und die Büchsenmunition folgenden Anforderungen entsprechen muß:

- Rehwild:
E100 (Geschoßenergie bei 100 Metern) 1000 Joule.

Beispiele:

Kaliber	Geschoßgew.	Geschwindigkeit		Energie	
		V0	V100	E0	E100
.222 Rem.	3,6 g	910 m/s	750 m/s	1491 J	1013 J
.223 Rem.	3,6 g	1000 m/s	860 m/s	1800 J	1331 J
.243 Win.	6,5 g	918 m/s	807 m/s	2739 J	2117 J

- übriges, also größeres Schalenwild:
E100 (Geschoßgeschwindigkeit bei 100 Metern) 2000 Joule und G- (Geschoßdurchmesser) 6,5 mm.

Beispiele:

Kaliber	Geschoßgew.	Geschwindigkeit		Energie	
		V0	V100	E0	E100
.270 Win.	8,4 g	853 m/s	792 m/s	3056 J	2635 J
7 x 57 mm	10,5 g	800 m/s	720 m/s	3360 J	2722 J
8 x 57 mm	12,1 g	800 m/s	730 m/s	3872 J	3224 J
.30-06 Spr.	11,6 g	823 m/s	762 m/s	3929 J	3368 J
.308 Win.	11,6 g	796 m/s	729 m/s	3675 J	3082 J

V0 = Geschoßgeschwindigkeit bei 0 Metern (Mündungs- oder Anfangsgeschwindigkeit)
V100 = Geschoßgeschwindigkeit bei 100 Metern
E0 = Geschoßenergie bei 0 Metern (Mündungs- oder Anfangsenergie)
E100 = Geschoßenergie bei 100 Metern
Für Großwild und Dickhäuter verwendet man sogenannte Magnum-Kaliber, deren Energie auf 100 Meter noch bei mindestens 4500 Joule liegen sollte, etwa .375 H&H Magnum oder noch stärkere.

Effektive Entfernungen

Allgemein kann man sagen, daß mit standardmäßiger Büchsenmunition etwa zwischen maximal 100 und 300 Metern noch zielgenau und präzise geschossen werden kann. Spezielle Präzisionsbüchsen und Scharfschützenwaffen schießen 300 Meter und weiter zielgenau. Und mit überdimensionalen militärischen Scharfschützenbüchsen im riesigen Kaliber .50 BMG (Browning Machine Gun; ursprünglich eine schwere MG-Patrone) wird auf Entfernungen von zwei Kilometern geschossen. Gute Sportschützen schießen mit speziellen Match-Gewehren auf 300 Meter Gruppen mit einem Durchmesser von drei bis 5 Zentimeter. Um dies zu erreichen, ist viel Training und speziell der Waffe angepaßte Munition nötig. Leistungsschützen kommen daher auch nicht umhin, ihre Patronen selbst wiederzuladen, um dadurch deren Präzision zu steigern. Neben dem Können des Schützen hängen gute Schießergebnisse nämlich auch von der Pulverlaborierung, dem verwendeten Geschoß und auch von der Technik der Waffe, insbesondere dem Abzugs- und Zündmechanismus, ab.

Wie bereits dargelegt verfügt der Lauf von Büchsen innen über sogenannte Züge und Felder. Die Züge und Felder bringen das Geschoß in Rotation um seine Längsachse. Die Rotation verleiht dem Geschoß seine Flugstabilität, das längsförmige Geschoß kommt also nicht ins Trudeln, wenn es den Lauf verlassen hat, sondern fliegt gerade weiter.

Im weiteren sind wichtige Faktoren zur Präzision beim Schießen: die verwendete Visierung, die Schaftgestaltung („Der Lauf schießt und der Schaft trifft!"), das entstehende Mündungsfeuer, der Rückstoß und auch die „Gewilltheit" des Schützen, mit diesem Rückstoß zurechtzukommen. Anfänger werden immer ihre Schwierigkeiten haben, bei all diesen Möglichkeiten, die richtige, ihnen auch „liegende" Waffe zu wählen. Versiertere Schützen kommen nach und nach zu einer gewissen Perfektion bei der Auswahl ihrer Gewehre und ihrer Munition.

Nachfolgend hier also nun eine allgemeine Beschreibung der gängigsten Büchsenmunitionen sowie deren Abbildungen.

Randfeuerpatronen

Die .22 kurz, -lang, -l.r. (long rifle) und die .22 WMR (Winchester Magnum Rimfire) bilden eine ganze Familie von 5,6 mm-„Kleinkaliber"-Randfeuerpatronen. Bei Randfeuerpatronen ist die quetschbare Zündmasse direkt unten in den Patronenrand „eingeschleudert", es existiert keine Zündglocke mit eigentlichem Zündhütchen. Die Firma RWS verwendet pro Patrone etwa nur 0,035 Gramm ihrer Sinoxid genannten, erosionsfreien Zündmasse. Zu den .22er Randfeuerpatronen gehört auch die .22 Magnum (offiziell: „Winchester Magnum Rimfire", WMR), die oft zur Jagd auf Raubwild und Raubzeug Verwendung findet. Eine weitere Abart ist die .22 kurz, die heute vornehmlich für die Sportdisziplin „Olympische Schnellfeuerpistole" verwendet wird. Als Unterart der regulären .22 l.r. gilt heute die sogenannte .22 lang „Zimmerpatrone", die eine erheblich geringere Menge an Treibladungspulver beinhaltet und deshalb zum Schießen auf kurze Entfernungen prädestiniert ist. Die .22 l.r. „High Speed" oder „High Velocity" (H.V.) erreicht weit höhere Energiewerte und ist, besonders in Verbindung mit den für dieses (Gewehr-)Kaliber auch in Deutschland zugelassenen Hohlspitzgeschossen, eine hinsichtlich Selbstverteidigungszwecken nicht zu unterschätzende Alternative zu schweren Waffen größeren Kalibers. Die Verwendung von H.V.-Patronen verbessert allerdings keinesfalls die Präzision der Waffe, eher wird das Gegenteil festgestellt. Patronen der .22er Familie werden fälschlicherweise, wie schon die nachfolgende Tafel zeigt, auch hin und wieder als „Flobertpatronen" bezeichnet.

Aufbau der Randfeuerpatrone: 1. Geschoß; 2. Patronenrand; 3. Pulver; 4. Zündmasse

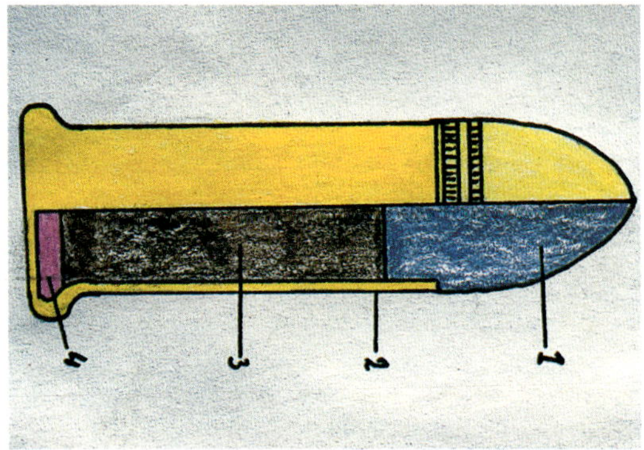

Randfeuerpatronen. Von links nach rechts: .22 kurz; .22 l.r.; .22 l.r. Yellow Jacket; .22 l.r. Stinger; .22 WMR

.22 kurz

Randfeuermunition Kaliber .22 kurz

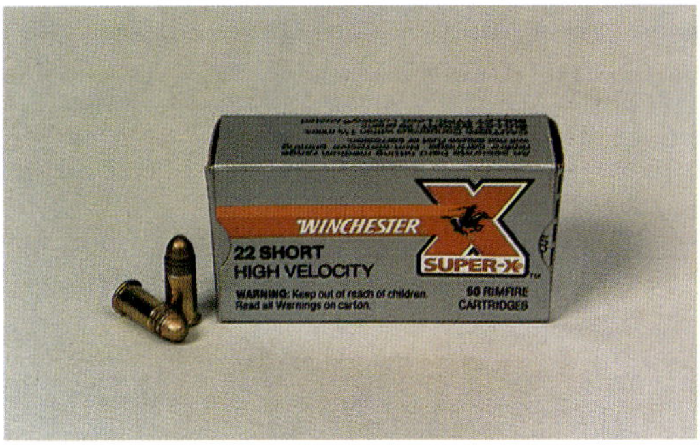

Die Geschichte der .22 kurz geht weit zurück. Die Patrone .22 kurz wurde in den USA auf der Basis der europäischen 6 mm Flobert entwickelt. 1857 brachte die Firma Smith & Wesson ihren ersten Revolver in diesem Kaliber heraus, „First Model" genannt. Die Originalpatrone hatte ein 1,9 Gramm schweres Geschoß und eine Schwarzpulverladung von 0,26 Gramm Gewicht. Die Patrone wurde schnell zum sportlichen Schießen, insbesondere mit alten Einzellader-Matchgewehren, populär. Nachdem 1887 das rauchlose oder Nitropulver auf den Markt gekommen und die .22 kurz von da an auch mit diesem Pulver geladen wurde, wurde die Munition beim Sportschießen sogar noch beliebter. 1930 kam dann sogar eine Hi Speed-Variante der .22 kurz heraus. Zwar kann die .22 kurz-Patrone auch aus regulären .22 l.r.-Gewehren verschossen werden, ihre Effektivität und Zielgenauigkeit reicht jedoch nur etwa bis 50 Meter.

.22 lang

Die 1871 auf den Markt gebrachte .22 lang wird teilweise als historische Überleitung von der Patrone .22 kurz auf die .22 l.r. angesehen.

Randfeuermunition Kaliber .22 l.r. (long rifle) H.V.

Dies stimmt nicht ganz, denn im Gegensatz zur .22 l.r. war sie ursprünglich als reine Revolverpatrone, nicht als Langwaffenmunition, konzipiert. Die Originalpatrone hatte ein 1,9 Gramm schweres Geschoß und eine Schwarzpulverladung von 0,32 Gramm. Mit der Einführung der .22 l.r. verlor die .22 lang sehr schnell an Bedeutung; heute gibt es sie eigentlich nur mehr in Form der schwachen .22 long „Z" (für „Zimmer") für das Üben auf Kurzdistanzen und innerhalb von Räumen.

.22 l.r. (für „long rifle"; auch: .22 l.f.B. für „lang für Büchsen")

Angeblich wurde die im Jahr 1887 vorgestellte .22 l.r. von der US-amerikanischen Firma J. Stevens Arms and Tool Co. entwickelt. Die Originalpatrone hatte ein 2,6 Gramm schweres Geschoß und eine Schwarzpulverladung von 0,32 Gramm. Die erste H.V. (High Velocity)-Patrone im Kaliber .22 l.r. wurde 1936 mit einem 2,6 Gramm-Bleilanggeschoß und mit einem 2,4 Gramm-Hohlspitzgeschoß von Remington auf den Markt gebracht. Speziell mit dem letztgenannten Geschoß ist diese Patrone besonders für die Jagd auf Klein- und Raubwild bis auf Distanzen von 80 Metern konzipiert. Die .22 l.r., wegen ihrer Verwendung in Sportwaffen wohl die meistproduzierte Patrone aller Zeiten, gibt es von diversen Herstellern und in unterschiedlichsten Laborierungen. Da sie eine maximale Flugweite von etwa 1000 Metern erreicht, sollte sie hinsichtlich ihrer Gefährlichkeit nicht unterschätzt werden.

.22 WMR (Winchester Magnum Rimfire)

Die .22 WMR wurde von Winchester entwickelt. Da man sofort die Möglichkeiten dieses Kalibers erkannte, brachten sowohl Ruger als auch Smith & Wesson unmittelbar, nachdem die .22 WMR 1959 auf den Markt gekommen war, Revolver für die .22 Magnum-Patrone heraus. Bereits 1960 stellte Winchester ein Gewehr dafür vor, die Vorderschaftrepe-

Randfeuermunition Kaliber .22 WMR (Winchester Magnum Rimfire)

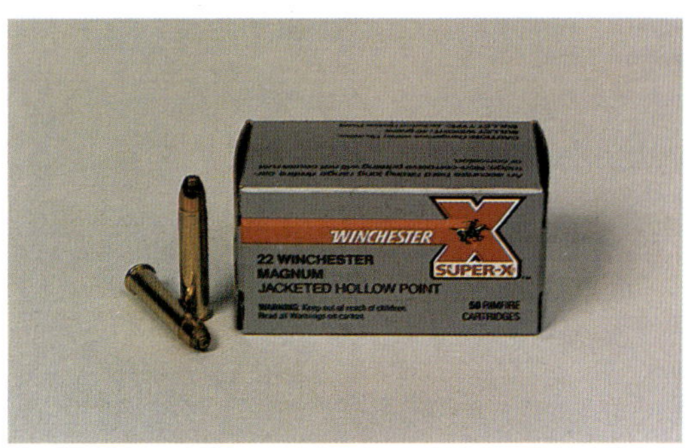

tierbüchse Modell 61. Heute gibt es die verschiedensten Langwaffen für das Kaliber .22 WMR. Zwar hat diese Patrone sportlich nie eine Rolle gespielt, sie wird jedoch weiterhin gerne für die Jagd auf Klein- und Raubwild auf Distanzen um 125 Meter verwendet.

Die folgende Gegenüberstellung zeigt die Energie- und Geschwindigkeitsunterschiede bei der Verwendung verschiedener Patronen des 5,6 mm-Randfeuerbereiches:

Munition	Art	Geschoß-gewicht (g)	Gas-druck (bar)	V0 in m/s	E0 in Joule
6 mm	Flobert	1,0	800	200	20
.22 lang	Z (immer)	1,8	1000	220	44
.22 kurz	Standard	1,8	1800	260	61
.22 l.r.	Subsonic	2,6	1800	305	121
.22 l.r.	Standard	2,6	1800	330	141
.22 l.r.	H.V.	2,6	1800	400	208
.22 l.r.	Stinger	2,1	1900	510	273
.22 Magn.	WMR	2,6	1900	615	491

V0 = Geschwindigkeit des Geschosses nach dem Austritt aus dem Lauf

E0 = Energie des Geschosses nach dem Austritt aus dem Lauf

l.r. = long rifle

WMR = Winchester Magnum Rimfire; Patrone kann, da größer, nicht aus Waffen des Kalibers 6 mm Flobert, .22 lang, .22 kurz und .22 l.r. verschossen werden.

Zentralfeuerpatronen

.22 Hornet

Zentralfeuermunition Kaliber .22 Hornet

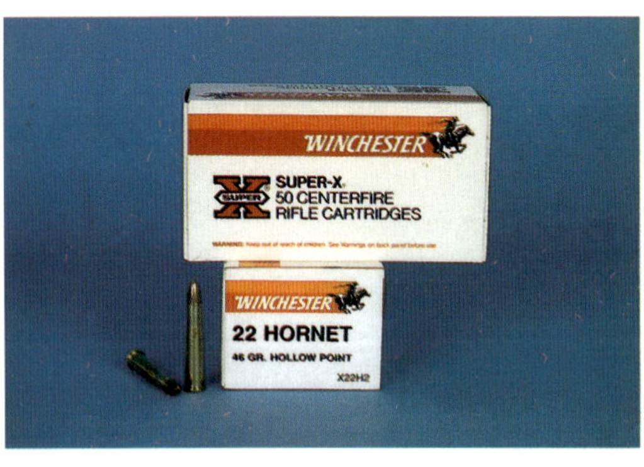

Die .22 Hornet wurde zu Beginn der 30er Jahre von einer Gruppe von Wiederladern als sogenannte „Wildcat-Patrone" aus der .22 Winchester Centerfire-Patrone entwickelt. „Wildcat" bedeutet in diesem Zusammenhang, daß entsprechende Munition ursprünglich nicht etwa von einer Munitionshersteller-firma, sondern mehr oder minder aufgrund der Initiative von Einzelpersonen entstand. Im Laufe der Zeit entstanden auf diese Art die verschiedensten speziellen Kaliber, die dann oft auch von den großen Herstellerfirmen in ihr Produktionskontingent übernommen wurden. Die .22 Hornet wurde ursprünglich aus abgeänderten Springfield-Büchsen Modell 1903 verschossen. Heute gibt es die unterschiedlichsten Gewehre für diese Kaliber. Vornehmlich wird die .22 Hornet für die Jagd auf Raubwild auf Entfernung von bis zu 150 Meter verwendet.

Kaliber	Geschoßgewicht in Grains/Gramm	V0 in m/s	E0 in Joule
.22 Hornet	46/3,0	820	1009

.222 Remington

Zentralfeuermunition Kaliber .222 Remington (ausgesprochen: „zwei-zwei-zwei" oder „two-two-two")

Die Patrone wurde 1950 von der Firma Remington vorgestellt. Die .222 Remington ist nicht aus einem anderen Kaliber entstanden. Sie ist keine „Wildcat", sondern wurde als komplett neue Munition von Remington selbst entwickelt. Remington brachte sie gleichzeitig mit der zugehörigen Remington-Repetierbüchse Modell 722 auf den Markt. Die sehr präzise Patrone wird unter anderem zur Jagd auf Kleinwild bis zu einer Entfernung von 150 Metern, aber auch für das Benchrest-Schießen verwendet. Seit in den USA seit etwa 1950 das Benchrest-Schießen, also präzisestes sportliches Schießen auf extrem weite Entfernungen, so populär wurde, hat man die .222 Remington stetig weiterentwickelt und verfeinert, um ihre Präzision noch mehr zu steigern.

Kaliber	Geschoßgewicht in Grains/Gramm	V0 in m/s	E0 in Joule
.222 Remington	50/3,2	957	1465
.222 Remington	55/3,6	920	1524

.223 Remington

Zentralfeuermunition Kaliber .223 Remington

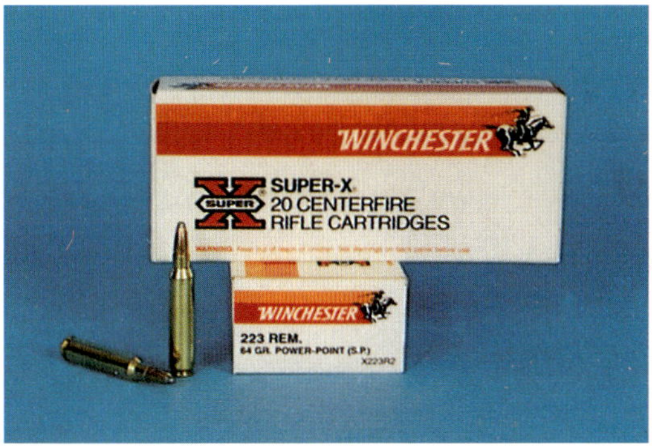

Die Entwicklung der .223 Remington ist eng verbunden mit der des US-amerikanischen militärischen Sturmgewehres, des AR-15, später bekannt geworden unter dem Namen M-16, das dieses Kaliber aufweist. Der AR-15-Selbstladekarabiner wurde bei der Firma Armalite von Eugene Stoner entwickelt. 1957 wurde die .223 Remington dafür als Militärpatrone herausgebracht, ein Jahr später wurde sie auch für den zivilen Markt freigegeben. Obwohl immer noch vornehmlich Militärpatrone, ist Munition des Kalibers .223 Remington heute für die Jagd äußerst populär und inzwischen offizielle NATO-Munition.

Kaliber	Geschoßgewicht in Grains/Gramm	V0 in m/s	E0 in Joule
.223 Remington	55/3,6	988	1757
.223 Remington	55/3,6	1006	1822

.243 Winchester

Zentralfeuermunition Kaliber .243 Winchester, bekannt wegen ihrer gestreckten Flugbahn

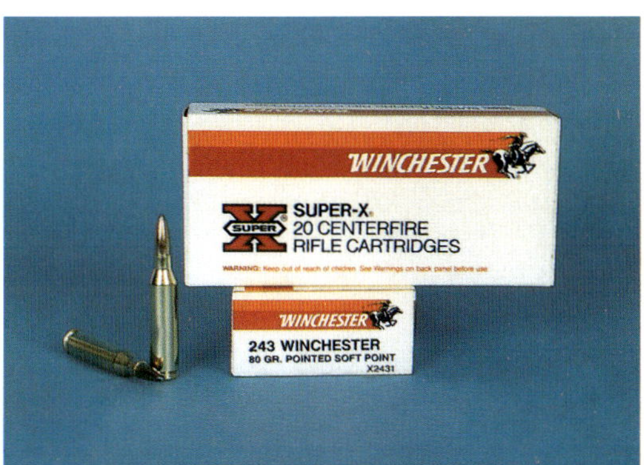

Die Patronen wurden 1955 von Winchester auf den Markt gebracht. Damals waren Wildcat-Patronen im 6 mm-Kaliberbereich sehr beliebt. Winchester folgte also dem Trend und zog die Schulter der .308 Winchester-Hülse ein, um ein Geschoß aus dem 6 mm Bereich (0,243 Zoll) auf die Hülse zu setzen. Wegen ihrer besonders gestreckten Flugbahn ist die rasante Patrone für die Jagd sehr beliebt. In den USA verwendet man Waffen im Kaliber .243 Winchester gerne zur Bejagung kleinen Wildes, etwa von Präriehunden, auf extrem große Distanzen, bis zu 300 Meter.

Kaliber	Geschoßgewicht in Grains/Gramm	V0 in m/s	E0 in Joule
.243 Winchester	80/5,2	1042	2823
.243 Winchester	100/6,5	902	2644

.270 Winchester

Zentralfeuermunition Kaliber .270 Winchester

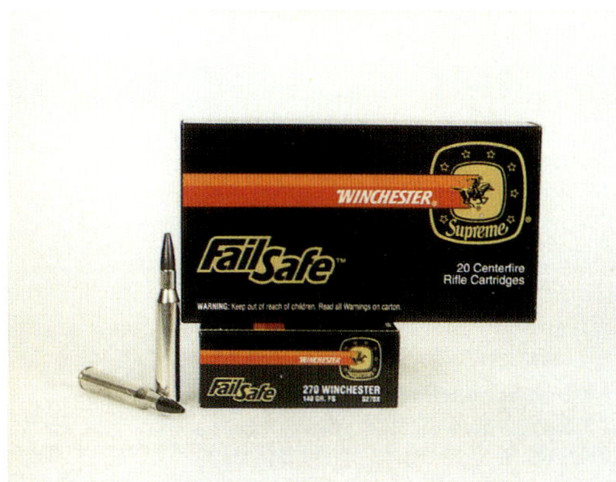

Das Kaliber .270 Winchester stellte die Firma Winchester zusammen mit der zugehörigen Repetierbüchse, dem Winchester-Modell 54, bereits im Jahr 1925 vor. Die .270er entstand aus der Hülse der Patronen .30-06 Springfield; Winchester zog den Hülsenmund zur Aufnahme eines Geschoßes mit einem Durchmesser von nur mehr 7 Millimeter (0,277 Zoll) ein. Das Kaliber .270 Winchester ist vor allem in den Vereinigten Staaten weiterhin sehr populär. Man verwendet es für die Jagd auf mittelgroßes Wild. Das Geschoß der .270er hat eine sehr gestreckte Flugbahn, und die Patrone gilt, selbst noch auf Entfernungen bis 300 Metern, als äußerst präzise.

Kaliber	Geschoßgewicht in Grains/Gramm	V0 in m/s	E0 in Joule
.270 Winchester	100/6,5	1061	3659
.270 Winchester	130/8,4	948	3775
.270 Winchester	150/9,7	884	3790

.30-M1 Carbine

Zentralfeuermunition Kaliber .30-M1 Carbine für den .30-M1-Selbstladekarabiner von Winchester

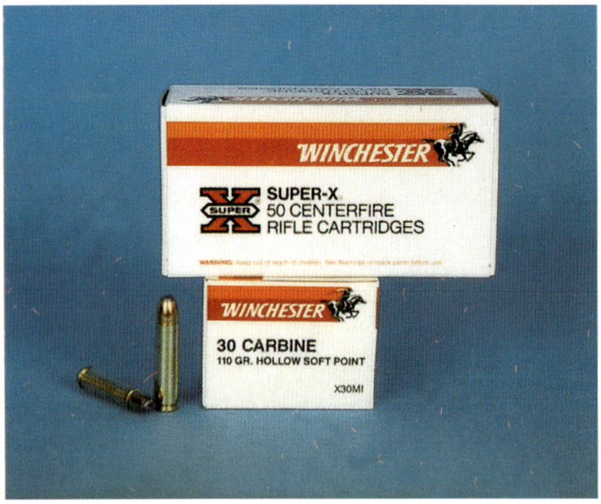

Die .30-M1-Patrone wurde 1941 als Munition für den leichten .30-M1-Karabiner der amerikanischen Streitkräfte von Winchester entwickelt. Der kleine leichte Selbstladekarabiner sollte die .45 ACP-Armeepistole ergänzen. Er war dahingehend ein Kompromiß zwischen der militärischen Kurzwaffe und der regulären schweren militärischen Langwaffe.
Nach dem Zweiten Weltkrieg verkauften die USA die .30-M1-Karabiner auf der ganzen Welt an Polizei- und Sicherheitskräfte, was die Popularität des Kalibers .30-M1 noch mehr steigerte. Nach und nach wurden die .30-M1-Karabiner auch für das sportliche Gewehrschießen entdeckt und erfreuen sich, besonders in den Vereinigten Staaten, größter Beliebtheit. Für die Jagd ist das Kaliber .30-M1 weniger geeignet, da es zu wenig Potential hat.
Der legendäre .30-M1-Karabiner wurde größtenteils von David Marshall „Carbine" Williams von der Winchester Repeating Arms Company entwickelt. Im Zweiten Weltkrieg wurden die .30-M1-Karabiner von verschiedensten Herstellern gebaut: von den Firmen Inland, Underwood, Quality Hardware & Machine Corporation (H.M.C.), Rock-Ola, Irwin-Pedersen, Saginaw, National Postal Meter, Standard Products und sogar von I.B.M.

Kaliber	Geschoßgewicht in Grains/Gramm	V0 in m/s	E0 in Joule
.30-M1 Carbine	110/7,1	607	1308

.30-30 Winchester

Das Kaliber .30-30 Winchester hat seinen Ursprung im vorigen Jahrhundert. Es wurde 1895 für die Winchester-Unterhebelrepetierbüchsenmodelle 1894 und 1895 vorgestellt. Die Bezeichnung des Kalibers deutet zwar auf eine Schwarzpulverladung hin, dies stimmt aber nicht. Die Bezeichnung kommt davon, daß das Geschoß der Patrone einen Durchmesser von 0,30 Zoll hat und die Patrone mit 30 Grains rauchlosem Nitrozellulosepulver geladen ist. Je nach Pulver variiert allerdings das Gewicht. Die .30-30 wird zusammen mit der legendären, unsterblichen Winchester 94-Unterhebelrepetierbüchse in den USA immer noch viel für die Jagd, insbesondere auf Weißwedelhirsche, aber auch auf Pumas, verwendet. Die effektive Schußentfernung beträgt nicht mehr als etwa 120 Meter.

Kaliber	Geschoßgewicht in Grains/Gramm	V0 in m/s	E0 in Joule
.30-30 Winchester	150/9,7	728	2560
.30-30 Winchester	170/11,0	671	2476

Zentralfeuermunition Kaliber .30-30 Winchester

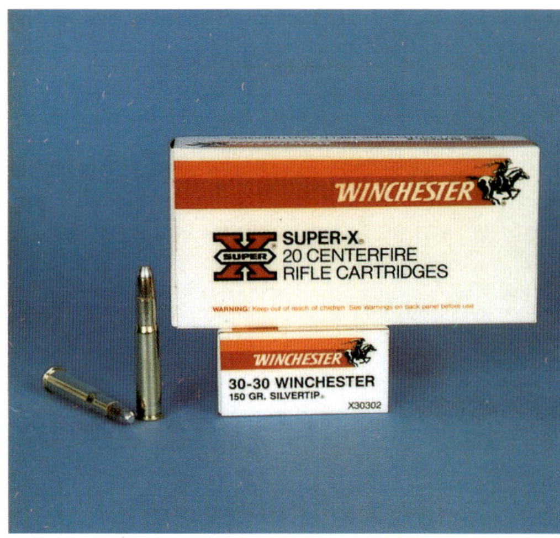

7,62 x 39 mm (Russisch)

Die Patrone ist militärisch das russische Gegenstück zur 7,62 x 51 mm, dem NATO-Kaliber .308 Winchester. Die 7,62 x 39 mm kam 1943, zu Zeiten des Zweiten Weltkrieges, heraus. Die Amerikaner lernten die Patrone während des Vietnamkrieges kennen, als die Vietkong-Kämpfer allesamt mit dem legendären sowjetischen Kalashnikov-AK-47-Sturmgewehr in diesem Kaliber ausgerüstet waren. Erst nachdem man sich in der Sowjetunion geöffnet hatte, verbreitete sich die 7,62 x 39 mm, der sehr gute ballistische Eigenschaften nachgesagt werden, über die ganze Welt. Inzwischen bietet Colt die Zivilversion seines M-16-Sturmgewehres auch im Kaliber 7,62 x 39 mm an, und auch Ruger hat eine Version seines Mini-Ruger-Selbstladekarabiners im entsprechenden Kaliber auf den Markt gebracht.

Zentralfeuermunition Kaliber 7,62 x 39 mm für das Sturmgewehr Kalashnikov AK-47

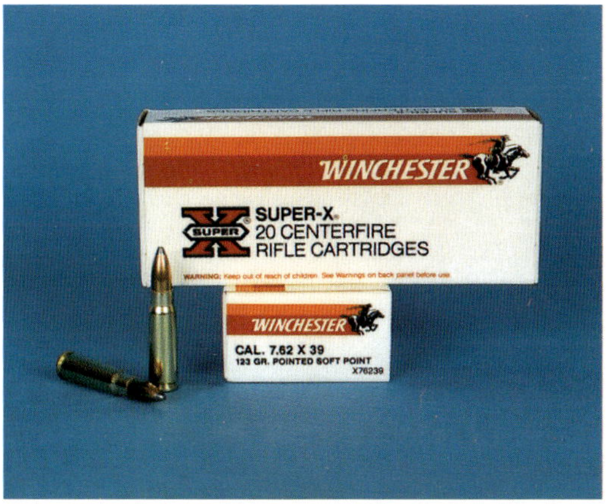

Kaliber	Geschoßgewicht in Grains/Gramm	V0 in m/s	E0 in Joule
7,62 x 39	123/8,0	715	2045

.303 British

Zentralfeuermunition Kaliber .303 British für den englischen Lee-Enfield-Militärkarabiner

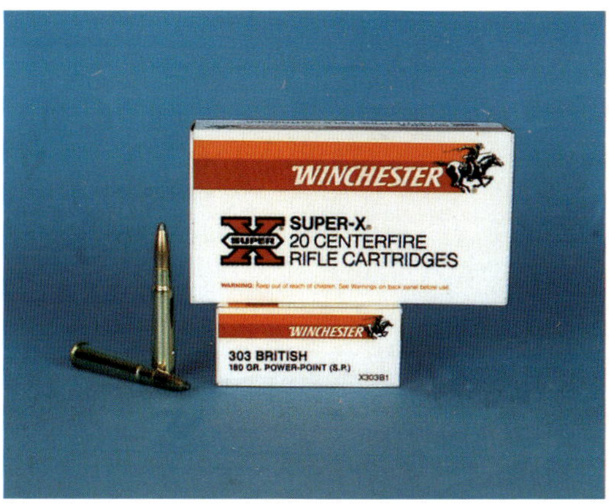

Die Munition .303 British ist ein Relikt des Britischen Empires. Die .303 wurde 1888 als offizielle britische Militärpatrone eingeführt und hat dann in allen englischen Kolonien, unter anderem in Afrika und Indien, ihren Dienst getan. Ursprünglich war für die Patrone eine Schwarzpulverladung vorgesehen, 1892 stellte man sie aber bereits auf Nitrozellulosepulver um. Im Ersten Weltkrieg war die .303 British die militärische Munition schlechthin. Erst viel später sollte sie von der 7,62 x 51 mm, der NATO-Patrone .308 Winchester abgelöst werden. Die .303 British spielt heute zwar sportlich im Bereich der Disziplin „Ordonnanzgewehr" noch eine Rolle, für die Jagd wird sie kaum verwendet.

Kaliber	Geschoßgewicht in Grains/Gramm	V0 in m/s	E0 in Joule
.303 British	180/11,7	770	3469

.30-06 Springfield

Zentralfeuermunition Kaliber .30-06 Springfield, u. a. verwendet im legendären Garand-Militärgewehr

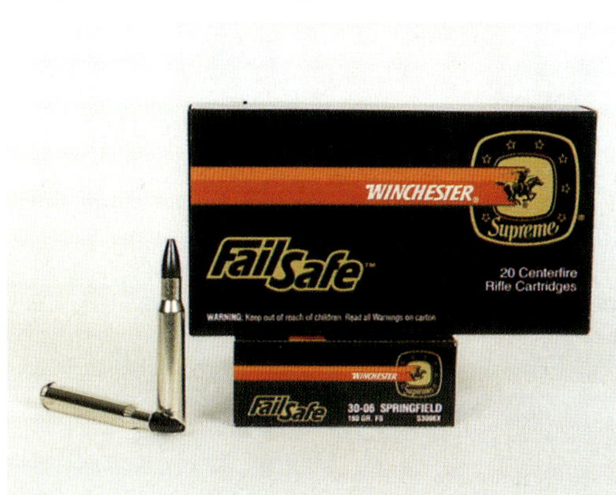

Die Patrone .30-06 wurde von den US-amerikanischen Streitkräften 1906 für den Springfield-Militärrepetierer Modell 1903-A3 eingeführt. Später, 1936, wurde sie auch für die berühmte militärische Selbstladebüchse „Garand" verwendet. Die Kaliberbezeichnung ergibt sich aus dem Kaliber, 0,30(8) Zoll (7,62 mm), und dem Jahr der militärischen Einführung, (19)06. Der Zusatz „Springfield" leitet sich daraus ab, daß die sogenannte „U.S. Springfield Armory" bis in die 50er Jahre das staatliche Waffenarsenal der Amerikaner war. Im Zweiten Weltkrieg, aber auch noch im Korea-Krieg, hat die .30-06 Springfield Weltruhm erlangt. Als gute alte „Thirty-Odd-Six" ist sie bis heute eine der beliebtesten Jagdpatronen.

Kaliber	Geschoßgewicht in Grains/Gramm	V0 in m/s	E0 in Joule
.30-06 Springfield	110/7,1	1030	3766
.30-06 Springfield	150/9,7	890	3842
.30-06 Springfield	180/11,7	825	3982
.30-06 Springfield	220/14,3	735	3863

.308 Winchester

Die .308 Winchester wurde nach dem Zweiten Weltkrieg als offizielle Ordonnanzpatrone des ame-

Zentralfeuermunition Kaliber .308 Winchester, u. a. verwendet in den Militärselbstladern Springfield M14, FN-FAL und HK G3

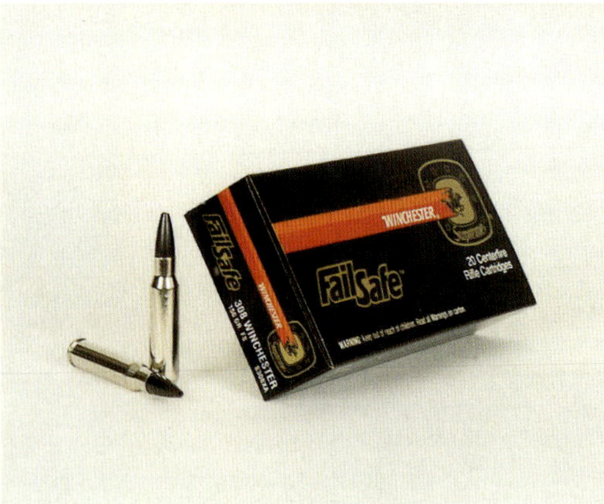

rikanischen Militärs eingeführt. 1953 wurde die .308 Winchester zum offiziellen Kaliber der NATO-Streitkräfte ernannt. Bereits 1952 hatte die Firma Winchester die Genehmigung erhalten, die .308 auch als zivile Munition auf den Markt zu bringen. In der amerikanischen Armee war die .308 die Munition für das M1A-Selbstladegewehr, auch bekannt unter dem Namen Springfield M14. Und auch die europäischen Selbstlade-Sturmgewehre, insbesondere das berühmte FN-FAL und dann auch das deutsche G3, waren darauf eingerichtet. Im zivilen Bereich war die .308 Winchester zunächst weniger populär, als die .30-06 Springfield, vielleicht weil sie etwas schwächer war. Heute wird die .308 Winchester gerne zum sportlichen Großkalibergewehrschießen verwendet sowie für die Jagd.

Kaliber	Geschoßgewicht in Grains/Gramm	V0 in m/s	E0 in Joule
.308 Winchester	110/7,1	1000	3550
.308 Winchester	150/9,7	860	3587
.308 Winchester	180/11,7	800	3744

8 x 57 mm/8 mm Mauser

Das Kaliber 8 x 57 mm oder auch 8 mm Mauser genannt wurde bereits 1888 als Militärpatrone entwickelt. Man gab ihm damals den Zusatz „J“ für „Infanterie“. Der ursprüngliche Durchmesser des Geschosses betrug 8,08 Millimeter. 1903 wurde die Patrone modifiziert, die ansonsten übernommene Kaliberbezeichnung erhielt nun den Zusatz „S“ für „stark“. Da der Geschoßdurchmesser auf 8,20 Millimeter erhöht wurde, steht „stark“ allerdings nicht für eine stärkere Pulverladung, sondern für ein „stärkeres“, größeres Geschoß. Wegen des „stärkeren“ Geschosses sind tunlichst keine 8 x 57 JS-Patronen aus für das Kaliber 8 x 57 J bestimmten Waf-

Zentralfeuermunition Kaliber 8 x 57 mm

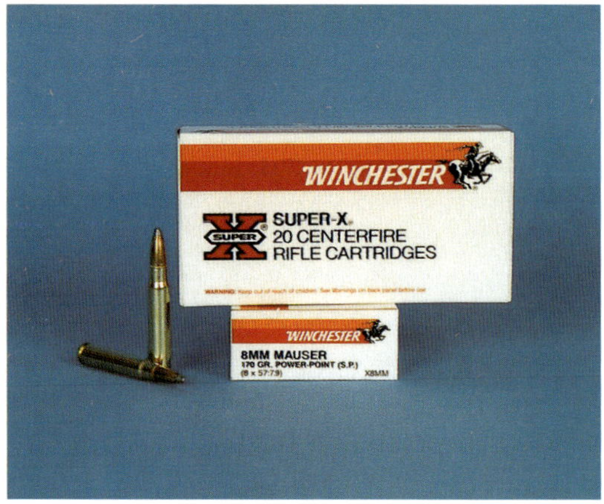

fen zu verschießen. Nur das alte Mauser-“Kommiß“-Gewehr von 1888 hat noch das reine J-Kaliber, alle weiteren Mauser-Militärwaffen waren bereits für das JS-Kaliber eingerichtet. Das außerhalb Europas weniger bekannte Kaliber wird heute immer noch als Jagd- und Sportmunition verwendet.

Kaliber	Geschoßgewicht in Grains/Gramm	V0 in m/s	E0 in Joule
8x57 mm Mauser	170/11,0	765	3219
8x57 mm Mauser	195/12,7	770	3765

.338 Winchester Magnum

Zentralfeuermunition Kaliber .338 Winchester, sowohl für die Jagd auf schweres Wild als auch als Scharfschützenmunition auf weite Entfernungen sehr beliebt

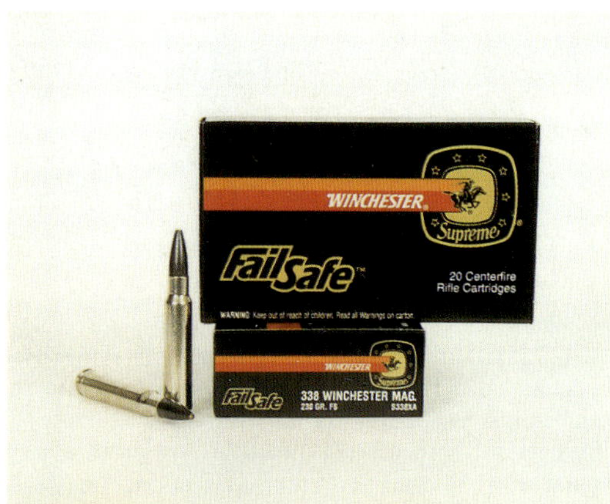

Die Patrone .338 Winchester wurde 1959 von der Firma Winchester für die Winchester-Repetierbüchse Modell 70 Alaskan herausgebracht. Die Patrone entstand aus der .458 Winchester Magnum, man zog deren Hülsenmund auf einen Durchmesser von 0,338 Zoll (8,585 Millimeter) ein. Bei der Hülse handelt es sich um eine sogenannte Gürtelhülse, das heißt der Hülsenbereich nach dem Hülsenboden ist gürtelförmig verstärkt. Bei der .338 Win.Mag. handelt es sich um eine ganz hervorragende Jagdpatrone, die wegen ihrer gestreckten Flugbahn aber auch gerne zu sportlichen, militärischen und polizeilichen Scharfschützenzwecken verwendet wird.

Kaliber	Geschoßgewicht in Grains/Gramm	V0 in m/s	E0 in Joule
.338 Win.Mag.	200/13,0	900	5265

Schwere Kaliber

Nachfolgend ein kurzer Überblick über einige Kaliber mit besonders schweren Geschoßgewichten.

Patronen mit besonders schweren Geschoßgewichten und längeren Hülsen. Von links nach rechts: die .358 Win., die .375 Win., die .375 H&H Magnum, die .45-70 Government und die .458 Win.Mag.

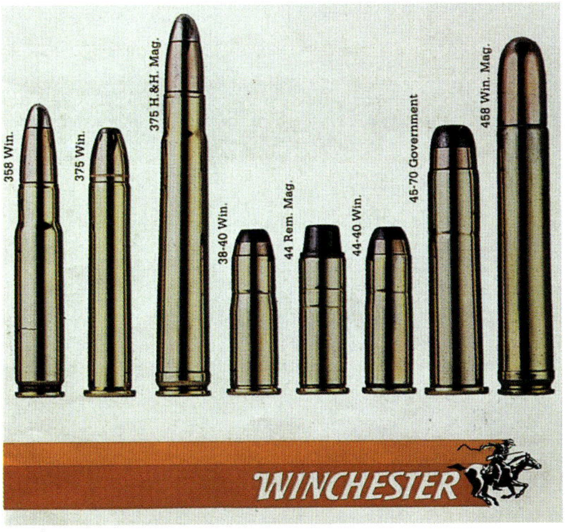

.358 Winchester

Das Kaliber .358 Winchester wurde im Jahr 1955 als Munition für die Winchester Modell 70-Repetierbüchse vorgestellt. Die Hülse basiert auf der .308 Winchester, man hat den Hülsenmund lediglich zur Aufnahme eines größerkalibrigen Geschosses ausgeweitet.

Kaliber	Geschoßgewicht in Grains/Gramm	V0 in m/s	E0 in Joule
.358 Win.	250/16,2	680	3745

.375 Winchester

Die .375 Winchester wurde, speziell für die Winchester 94 Big Bore-Unterhebelrepetierbüchse, erst im Jahr 1978 auf den Markt gebracht.

Kaliber	Geschoßgewicht in Grains/Gramm	V0 in m/s	E0 in Joule
.375 Win.	200/13,0	671	2927

.375 Holland & Holland Magnum

Die legendäre Patrone .375 Holland & Holland Magnum stammt von den Engländern und wurde 1912 als Großwildpatrone vorgestellt. Sie hat sich speziell in Afrika einen guten Namen gemacht.

Kaliber	Geschoßgewicht in Grains/Gram	V0 in m/s	E0 in Joule
.375 H&H Mag.	270/17,5	820	5884

.45-70 Government

Die .45-70 wurde für das Springfield Modell 1873 „Trapdoor"-Gewehr entwickelt. Die Munition hat zwar ein schweres Geschoß und auch eine verhältnismäßig lange Hülse; ihre ballistischen Werte bleiben jedoch weit hinter denen späterer Großkaliberpatronen.

Kaliber	Geschoßgewicht in Grains/Gramm	V0 in m/s	E0 in Joule
.45-70 G'ment	300/26,2	405	2149

.458 Winchester Magnum

1956 brachte Winchester eine Sonderversion seiner Repetierbüchse Modell 70 heraus, die man „African" nannte. Die dafür vorgesehene Munition, das „Elefantenkaliber" .458 Win.Mag., ist für das schwerste und wehrhafteste afrikanische Großwild bestimmt. Nach Winchester brachten verschiedene weitere US-Hersteller Waffen für das Kaliber heraus, etwa Remington, das eine .458 Win.Mag.-Variante seines Repetierbüchsenmodells 700 auf den Markt brachte. Aufgrund ihrer enormen Energiewerte ist der Rückschlag beim Abschießen einer .458 Win.Mag.-Patrone gewaltig. Eine sportliche Serie mit diesen „Brummern" zu schießen, wäre praktisch unmöglich.

Kaliber	Geschoßgewicht in Grains/Gramm	V0 in m/s	E0 in Joule
.458 Win.Mag.	510/33,0	643	6822

Dakota-Patronen

Eine Reihe von Dakota-Patronen

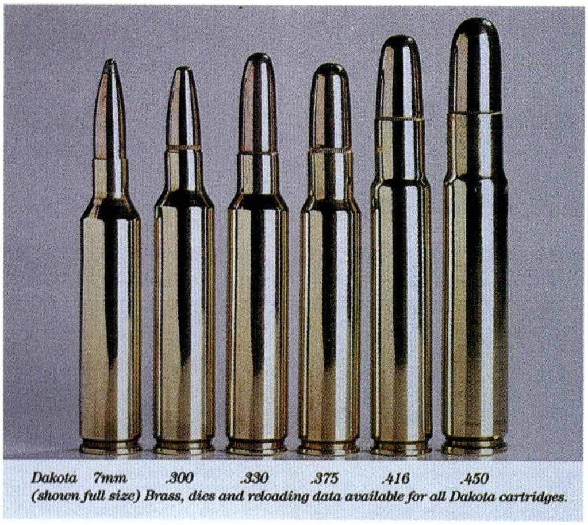

Die US-Firma Dakota baut spezielle, sogenannte „Custom"-Repetierbüchsen, unter anderem das feine Modell Dakota 76, für die sie auch die zugehörigen, extrem stark geladenen Patronen herstellt. Die meisten der zwar äußerst präzisen, aber sehr teueren Dakota-Patronen basieren auf der .404 Jeffrey-Hülse, genannt nach einem bekannten amerikanischen Munitionsentwickler.

Kaliber	Geschoßgewicht in Grains/Gramm	V0 in m/s	E0 in Joule
.450 Dakota	500/32,4	747	9040

Weatherby-Patronen

Zentralfeuermunition der Firma Weatherby

Weatherby-Patronen sind spezielle Entwicklungen für die Magnum-Repetierbüchsen der gleichnamigen Firma. Diese feinen Waffen sind so robust gebaut, daß sie dem höchsten Gasdruck widerstehen können. Weatherby baut seine Waffen ausschließlich für den Jagdmarkt; daß die dennoch hochpräzisen Büchsen auch im polizeilichen oder militärischen, speziellen „Scharfschützen-Bereich" eingesetzt werden, ist nicht bekannt. Die Weatherby-Kaliber variieren zwischen .224 Weatherby Magnum und der gewaltigen .460 Weatherby Magnum.

Kaliber	Geschoßgewicht in Grains/Gramm	V0 in m/s	E0 in Joule
.224 Wby.Mag.	55/3,6	1113	2230
.300 Wby Mag.	180/11,7	1006	5920
.378 Wby Mag.	300/19,4	892	7718
.460 Wby.Mag.	500/32,4	793	10187

.50 BMG (Browning Machine Gun)

Zentralfeuermunition Kaliber .50 BMG, hier abgebildet mit militärischem Leuchtspurgeschoß

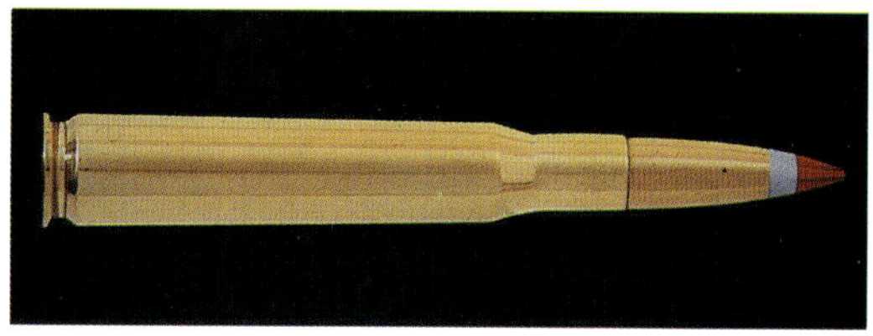

Das Kaliber .50 BMG wurde 1921 von dem bekannten amerikanischen Waffenkonstrukteur John Moses Browning entwickelt, als Munition für das ebenfalls von ihm konstruierte Browning-Maschinengewehr. Es ist bezeichnend, daß nach mehr als 75 Jahren immer noch Waffen dieses Kalibers von den NATO-Streitkräften eingesetzt werden, vornehmlich als schwere MG's auf Panzern und als Fliegerabwehr-MG's. Inzwischen gibt es auch Repetierbüchsen in diesem immensen Kaliber zum militärischen Präzisionsschießen und seit geraumer Zeit auch zum sportlichen Schießen auf Distanzen von über einem Kilometer. Die ersten Hersteller, die Präzisionsrepetierbüchsen in .50 BMG herausgebracht haben, waren die amerikanischen Firmen Barrett, McMillan und Harris. Das Sportschießen mit .50 BMG-Büchsen beschränkt sich auf die US-amerikanischen Weiten, in Europa findet man „schießplatzbedingt" bisher noch kaum Tendenzen, das Riesenkaliber .50 BMG auch sportlich zu nutzen.

Kaliber	Geschoßgewicht in Grains/Gramm	V0 in m/s	E0 in Joule
.50 BMG	720/46,7	857	17149

8. Explosionszeichnungen und Gebrauchssymbole

Explosionszeichnungen haben absolut nichts mit Explosionen in dem Sinne zu tun. Der Begriff der Explosionszeichnung wird im Zusammenhang mit einer zeichnerischen Darstellung sämtlicher Einzelteile von Waffen verwendet.
In dieser Enzyklopädie der Gewehre (Büchsen) werden viele Begriffe verwendet, die für den Außenstehenden zumeist erst verständlich sind, wenn sie anhand der Explosionszeichnungen nachvollzogen werden können. Die meisten Büchsen haben das gleiche Funktionskonzept. Auch dieses läßt sich mittels der Explosionszeichnungen sehr gut erkennen.
Nachfolgend finden Sie zusammen mit einer Liste der Bezeichnungen der Waffenteile die Explosionszeichnung einer Krico-Repetierbüchse, einer Kleinkaliber-Selbstladebüchse der Firma Krico und einer Ruger Mini 14-Selbstladebüchse. Den Explosionszeichnungen sind in einer entsprechenden Auflistung die Bezeichnungen der einzelnen, diversen Teile der jeweiligen Waffen zugeordnet.

Explosionszeichnung einer Repetierbüchse

Nachfolgend finden Sie schematisch aufgezeichnet die Teile einer Repetierbüchse der Firma Krico und eine Auflistung der Teilebezeichnungen, die im Endeffekt auch für ähnliche Waffen (Repetierer) gilt.

370002	Riemenbügelteil
610001	Verschlußhülse
610002	Rückschlagsplatte
610101	Teil des Patronenausziehers (610102: Zwischenstück des Patronenausziehersystems; Systemfeder: 001041)
610103	Auswerfer mit Auswerferfeder (111043) und Zwischenbolzen des Auswerfersystems (014811)
610200	Verschlußzylinder
610400	Schlagbolzen mit Schlagbolzenfeder
610500	Kammerstengel (Variante: 610500)
620000	Lauf
630000	Abzugsgruppe mit Doppelzüngelstecker
630300	Abzugsgruppe mit Direktabzug
630302	Abzugsbügel für die Abzugsgruppe 630300
630600	Abzugsgruppe mit Matchabzug

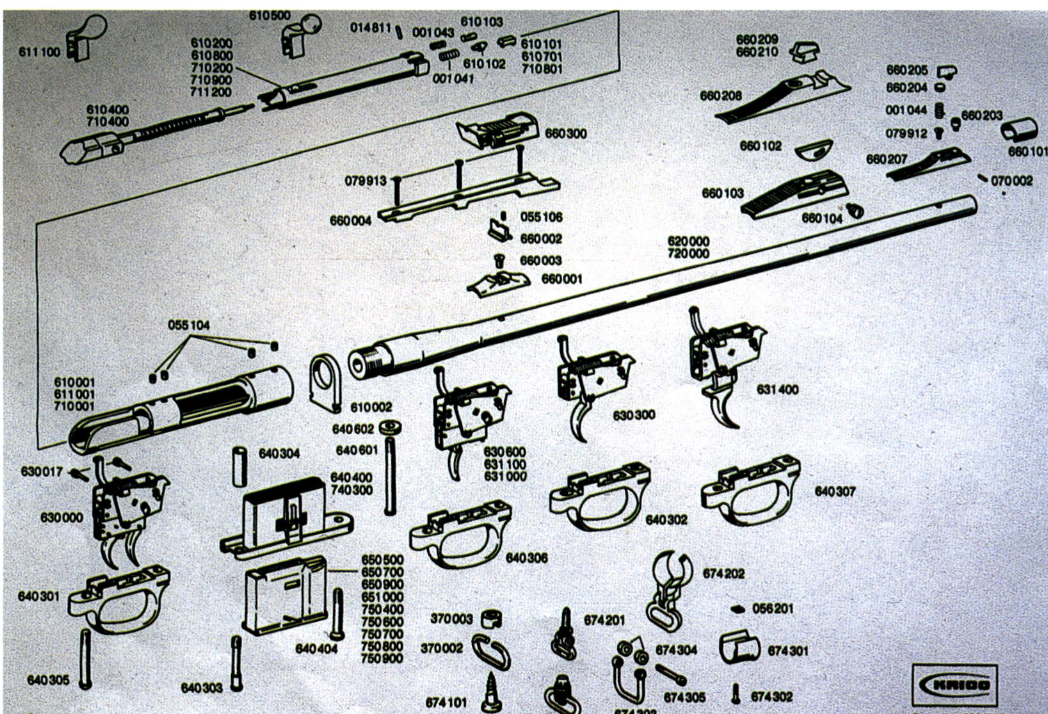

631400	Abzugsgruppe mit Rückstecher
640301	Abzugsbügel für die Abzugsgruppe 630000
640306	Abzugsbügel für die Abzugsgruppe 630600
640307	Abzugsbügel für die Abzugsgruppe 631400
640400	festes, integriertes Magazin
640404	herausnehmbares Magazin
660001	Kimmensattel zur Aufnahme des Kimmenblattes (660002)
660004	Fluchtvisierschiene für Drückjagdwaffen
660101	Korntunnel
660103	Befestigung des verstellbaren Korns (660102)
660207	Befestigung des verstellbaren Korns (660205)
660208	Kornsattel für das Korn 660209/660210
660209	Einschubkorn
660300	Einsteckkorn
674201	Riemenbügelteil
674202	Riemenbügelteil
674303	Riemenbügelteil
674501	Riemenbügelteil

Explosionszeichnung einer halbautomatischen Kleinkaliberbüchse

Nachfolgend finden Sie das Schema einer Krico-Selbstladebüchse, geltend auch für andere halbautomatische Typen mit Masseverschluß.

210001	Verschlußgehäuse oder Verschlußhülse
210002	Verschlußstückschraube
210101	Verschluß
201102	Federring der beiden Patronenauszieher
210200	Spanngriff oder Spannknopf
210203	Schlagbolzen
210300	Verschlußfeder mit Verschlußfederführung
220000	Lauf
230000	Abzugsgruppe
240101	Abzugsbügel
260200	Schiebevisierung
310102	linker Patronenauszieher
310103	rechter Patronenauszieher
340000	Magazinschacht
350000	herausnehmbares Magazin
360300	Schiebevisierung, Alternative
360502	Kornsockel
360503	Perlkorn
370002	Riemenbügel
660101	Korntunnel

Explosionszeichnung einer halbautomatischen Großkaliberbüchse

Nachfolgend finden Sie das Schema einer Ruger-Selbstladebüchse.

MS00100	Verschlußgehäuse
MS00200	Abzugsbügel
MS00300	Lauf

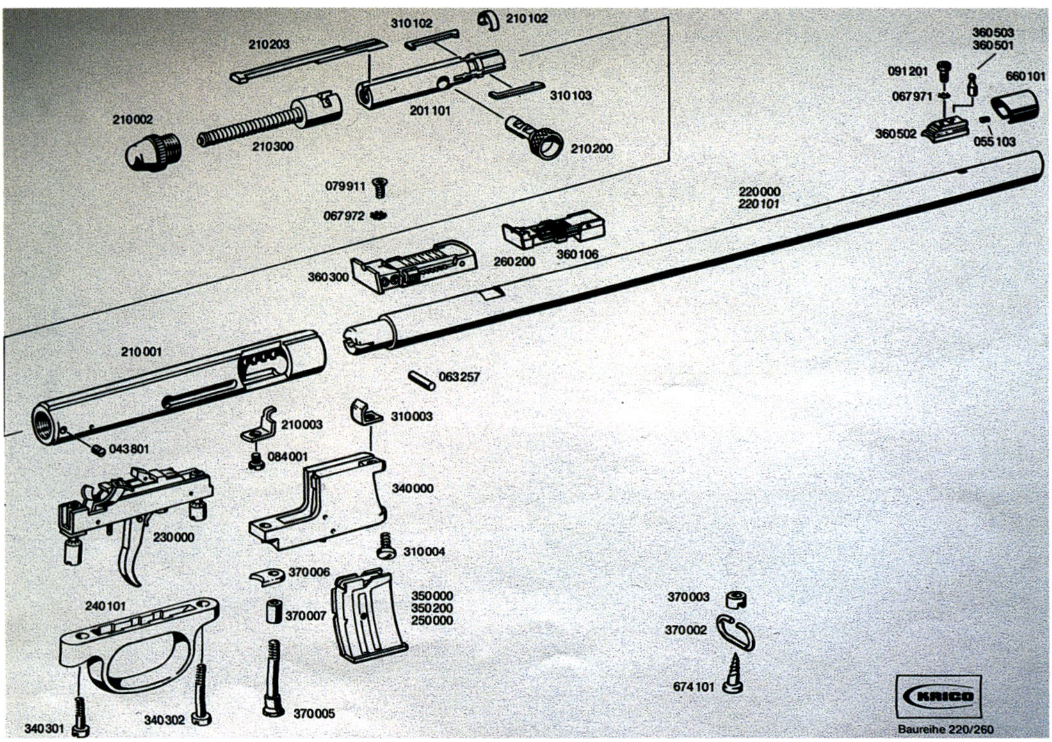

MS00400 Schaft
MS00700 Schaftverstärkungsrahmen mit Magazinöffnung
KMS00800 Auswerfer mit Auswerferfeder (MS07000)
MS01000 Verschluß
KMS01100 Schlagbolzen
MS01300 Abzugsgehäuse
MS01400 Patronenauszieher mit Auszieherbolzen (KMS01600) und Feder (KMS01500)
MS01700 Schlaghahn
MS01800 Abzugsfederführungsstange mit Abzugsfeder (MS04700)
MS02000 Abzug
MS02200 Gehäuse des Gasdruckrepetiersystems
MS02300 Kipphebel mit Kipphebelfeder (MS02400)
MS02700 Magazingehäuse
MS03000 Patronenzuführungsstück mit Feder (MS02800), Gehäuseboden (MS03400) und Zwischenstück
MS03100 Magazinhalteknopf mit Feder (MS05000) und Magazinhalteknopfbolzen (KMS04000)
MS03500 Vorderschaftabschlußring (Oberteil)
MS03500 Vorderschaftabschlußring (Unterteil)
MS03600 Piston des Gasdrucksystems
MS03900 Gasdrucksystemverbindungsstange mit Feder (MS05100)
KMS04400 Kornaufschubring mit Korn
MS04500 Piston für den Verschlußstopp mit Feder (MS04600)
MS04800 Abzugsfeder
MS05200 Dioptervisier
MS05500 Dioptervisiergehäuse
MS05900 Stellschraube zur seitlichen Visiereinstellung
MS07400 Stellschraube zur höhenmäßigen Visiereinstellung
KMS07500 Riemenbügelteil
MS13200 Verschlußstopp
MS13800 Sicherungshebel (im Abzugsbügel) mit Feder (MS04900)
MS23700 Verschlußstück
B-64 Stahlschaftkappe mit Schraube (B-63)
B-120 hinterer Riemenbügel
MFH Handschutz über dem Lauf

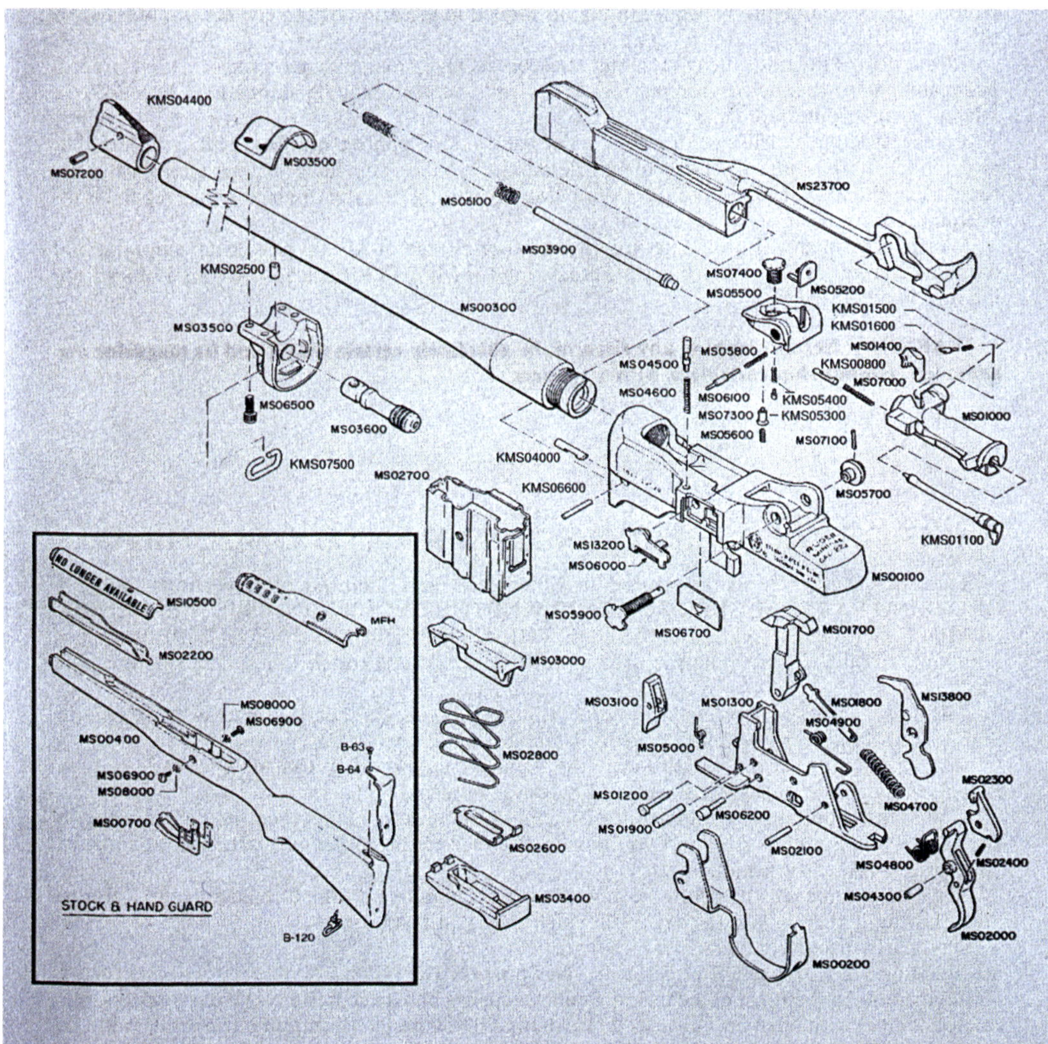

Erklärung der Gebrauchssymbole

In dieser Enzyklopädie finden Sie bei jeder beschriebenen Waffe verschiedene Hinweissymbole. Die Symbole bieten für jedes dargestellte Gewehr sofort und schnell eine Grobeinstufung. Natürlich kommt es hierbei zu Überschneidungen. Eine Präzisionsbüchse, die symbolisch als Scharfschützenwaffe für die Polizei eingestuft ist, kann selbstverständlich, obwohl von Werksseite nicht konkret dazu entwickelt, auch als sehr brauchbare sportliche Scheibenwaffe verwendet werden. Andererseits wird eine speziell für das sportliche Schießen entwickelte Kleinkaliber-Matchbüchse, 5 Kilogramm schwer, mit komplett verstellbarem Schaft und Dioptervisierung auch zur Bejagung von Raubwild verwendet werden können, obwohl sie natürlich keinesfalls konkret als Jagdgewehr entwickelt wurde. Auch wurden Büchsen im Kaliber .308 Winchester, also dem NATO-Kaliber 7,62 x 51 mm, erst nach und nach zögerlich als Jagdwaffen eingesetzt; die Domäne von Waffen in diesem Kaliber ist aber weiterhin der polizeiliche und militärische Scharfschützenbereich, obwohl .308 Winchester auch ein hervorragendes Jagdkaliber ist.
Hinsichtlich der abgebildeten Gebrauchssymbole ist also zu beachten, daß sie nur als grobe Anhaltspunkte dienen. Die Zuordnung basiert auf der Machart und dem Typ der dargestellten Waffe, ob es sich dabei um ein langes Gewehr oder um einen, dann zumeist militärischen, kurzen Karabiner handelt, natürlich auf dem Kaliber, auf der verwendeten Visiereinrichtung, und sie basiert auch auf dem Repetier- und Verschlußsystem der Waffe, das sehr häufig einen wichtigen Aufschluß über die besonderen Verwendungsmöglichkeiten gibt: Denn Repetierwaffen sind meist mehr in den Bereich der Jagd und Selbstladewaffen in den Bereich der Polizei und des Militärs einzuordnen. Eine typische Jagdbüchse kann, wie gesagt, durchaus auch zum sportlichen 300-Meter-Schießen verwendet werden. Soweit eine Büchse in dieser Enzyklopädie aber als (vornehmliche!) Jagdwaffe klassifiziert wird, wird hier jedoch bewußt darauf verzichtet, sie auch nach den vornehmlich damit zu bejagenden Wildarten einzustufen. Da diesbezüglich vor allem auch Kriterien hinsichtlich der im Einzelfall verwendeten Munition, deren Laborierung und deren Geschoß bekannt sein müssten, wäre eine solche Einstufung erheblich zu diffizil. Und es wird im Weiteren auch darauf verzichtet, Aussagen darüber zu treffen, welches Gewehr in welchem Kaliber nun für welchen Schützen besonders geeignet ist. Auch solche Aussagen hängen von viel zu vielen individuell unterschiedlichen Kriterien ab.

Gebrauchssymbole

: Sportgewehr oder -karabiner zum sportlichen Scheibenschießen in der Freizeit

: Individuell einstellbare, hochpräzise Match-Wettkampfsportbüchse

: Büchse für weite Distanzen, zum Benchrest- oder Silhouettenschießen, verwendbar auch als Scharfschützenwaffe

: Büchse oder Karabiner im militärischen Stil

: Jagdbüchse beziehungsweise Jagd-Sportbüchse. Das jagdliche Wettkampfschießen, etwa die Disziplin „Laufender Keiler“ – und hinsichtlich des hier nicht angesprochenen Bereiches „Flinten“ auch etwa das jagdliche Trap-Wurfscheibenschießen –, ist ein populärer Teil der Jagd. Halbautomatische Selbstladewaffen dürfen in Deutschland und einigen anderen europäischen Ländern jagdlich nur verwendet werden, wenn ihre Kapazität auf zwei Patronen beschränkt ist.

Repetierbüchsensystem

1. Springfield Armory National Match-Selbstladebüchse
2. Ruger Mini 14-Selbstladebüchse, Stainless, mit Klappschaft
3. Galil SAR-Selbstladebüchse

9. Gewehre (Büchsen) von A bis Z

AMT

Die US-amerikanische Firma Arcadia Machine & Tool Inc., abgekürzt AMT, wurde 1969 von dem bekannten Waffentechniker Harry W. Sanford gegründet und unter dem Namen Auto Mag Corporation, AMC, aufgebaut. Nach einigen Jahren wurde Sanfords Firma durch die Thomas Oil Company aufgekauft. Unter dem Namen Trust Deed Estates Corporation, TDE, produzierte man mit Harry W. Sanford als Produktionsleiter weiter die verschiedensten Lang- und Kurzwaffen.
Die Firma T.D.E. hatte ihren Sitz zunächst in North Hollywood, später verlegte man das Werk nach El Monte, Kalifornien. 1985 kaufte Sanford die Firma zurück und gab ihr ihren heute noch verwendeten Namen AMT.
AMT baut heute vornehmlich Großkaliber-Selbstladepistolen, insbesondere die legendären AutoMag-Modelle. Daneben produziert die Firma auch einige Kleinkaliberbüchsen in rostfreier Stainless-Stahlausführung und eine Jagdbüchse im Kaliber .22 WMR (Winchester Magnum Rimfire). Diese Waffe ist wahlweise mit einem Kunststoffschaft oder mit einem Laminatholzschaft erhältlich.

AMT Magnum Hunter Auto Rifle

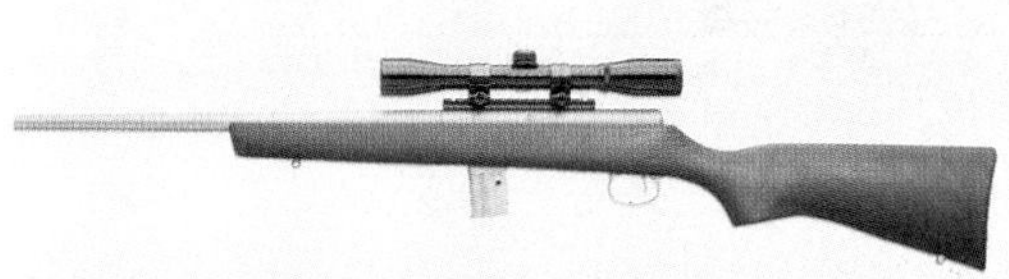

TECHNISCHE DATEN:

Kaliber:	.22 WMR (Winchester Magnum Rimfire)
Kapazität:	5- oder 10-Schuß-Magazin
Magazin:	Magazinhalter hinter dem Magazinschacht
Nachladesystem:	halbautomatische Selbstladewaffe
Verschluß:	reiner Masseverschluß
Gesamtgewicht:	2,7 kg
Gesamtlänge:	103 cm
Lauflänge:	50,8 cm
Visierung:	keine (vorbereitet für Zielfernrohrmontage)
Sicherung, extern:	Sicherungsschieber auf der rechten Hülsenseite, Verschluß bleibt bei abgeschossener Waffe offen
Sicherung, intern:	interne Verschlußsicherung

MERKMALE:

- Material:	rostfreier Stainless-Stahl
- Finish:	blank
- Schaft:	schwarzer Kunststoffschaft

AMT Magnum Hunter Auto Rifle Laminated

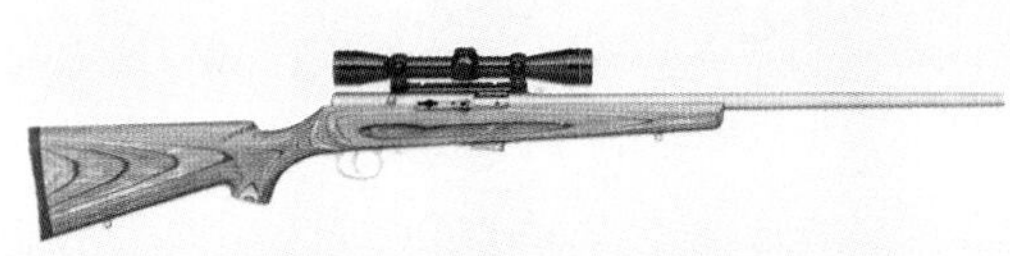

TECHNISCHE DATEN:

Kaliber:	.22 WMR (Winchester Magnum Rimfire)
Kapazität:	5- oder 10-Schuß-Magazin, herausnehmbar
Magazin:	Magazinhalter hinter dem Magazinschacht
Nachladesystem:	halbautomatische Selbstladewaffe
Verschluß:	reiner Masseverschluß
Gesamtgewicht:	2,7 kg
Gesamtlänge:	103 cm
Lauflänge:	50,8 cm
Visierung:	keine (vorbereitet für Zielfernrohrmontage)
Sicherung, extern:	Sicherungsschieber auf der rechten Hülsenseite, Verschluß bleibt bei abgeschossener Waffe offen

Sicherung, intern:	interne Verschlußsicherung
MERKMALE:	
- Material:	rostfreier Stainless-Stahl
- Finish:	blank
- Schaft:	laminiertes Schichtholz

Anschütz

Das renommierte Unternehmen Anschütz wurde um 1850 von Julius Gottfried Anschütz gegründet. Anschütz hatte sich mit seiner in Zella-Mehlis, Thüringen, beheimateten Firma sehr schnell einen Namen gemacht und die Firma hatte bereits 1897 mehr als 75 Mitarbeiter. Die beiden Söhne des Firmengründers, Otto und Fritz Anschütz, traten in die Fußstapfen ihres Vaters, wurden auch Büchsenmacher und die Firma ist seitdem in Familienbesitz geblieben. Ende des Zweiten Weltkrieges wurde das Anschütz-Werk von den Alliierten Streitkräften stillgelegt. Erst 1950 gründete man im westdeutschen Ulm eine neue Firma Anschütz. Anschütz bietet eine große Zahl diverser sportlicher Wettkampfgewehre und Jagdgewehre an. In Westeuropa wird praktisch in sämtlichen Schützenvereinen mit Kleinkaliber-Matchbüchsen von Anschütz geschossen. Die meisten dieser Waffen basieren auf dem hervorragenden Anschütz-Match 54-Zylinderverschlußsystem. Es war ein Gewehr mit diesem, damals hochmodernen System, das 1953 als erste Waffe das neue Anschütz-Werk in Ulm verließ. Die aktuellen Anschütz-Matchwaffen, etwa das Modell 2013 Super Match mit seinem komplett verstellbaren Schaft, sind gesuchte hochwertige Qualitätsprodukte. Da die Firma auch Zubehörteile für das KK-Wettkampfschießen herstellt, bauen viele andere Hersteller von sportlichen KK-Gewehren ihre Waffen für die Aufnahme der Anschütz-Accessoires, z. B. die Anschütz-Diopter, -Korntunnel und -Laufgewichte. Einige Hersteller haben auch schlichtweg die Anschütz-Waffen selbst kopiert. Vor einigen Jahren entwickelte Anschütz einen mit 69 Zentimetern extra kurzen Lauf mit einem Kornausziehstück an der Laufmündung für seine KK-Matchbüchsen. Mit diesem Lauf werden die ballistischen Eigenschaften der Patrone .22 l.r. (Long Rifle) besonders gut ausgenutzt und die Waffe hat gleichzeitig eine hervorragend lange Visierlinie. Die Firma bietet inzwischen ihre Waffen auch in einer Art Baukastensystem an, so daß sich der Wettkampfschütze sein Matchgewehr praktisch selbst zusammenstellen kann. Neben Klein- und Großkaliberlangwaffen für sportliche Zwecke fertigt Anschütz auch spezielle Match-Luftdruckwaffen, die berühmte einschüssige Anschütz „Exemplar"-Silhouettenpistole sowie auch leichte Jagdbüchsen in den Kalibern .22 l.r., .22 WMR, .22 Hornet und .222 Remington.

Anschütz Modell 1395

TECHNISCHE DATEN:	
Kaliber:	.22 l.r.
Kapazität:	entfällt
Magazin:	entfällt
Nachladesystem:	Kammerstengel-Einzelladerwaffe
Verschluß:	Zylinder m. Verriegelungswarzen
Gesamtgewicht:	2,3 kg
Gesamtlänge:	108 cm
Lauflänge:	65 cm
Visierung:	Dioptervisier, Korntunnel
Sicherung, extern:	Sicherungsschieber auf der rechten Hülsenseite
Sicherung, intern:	interne Verschlußsicherung
MERKMALE:	
- Material:	Carbonstahl
- Finish:	brüniert
- Schaft:	Nußbaumholz

Anschütz Modell 1416 D/St

TECHNISCHE DATEN:	
Kaliber:	.22 l.r.
Kapazität:	5- oder 10-Schuß-Magazin
Magazin:	Magazinhalter hinter dem Magazinschacht
Nachladesystem:	Kammerstengel-Repetierwaffe
Verschluß:	Zylinder m. Verriegelungswarzen
Gesamtgewicht:	2,8 kg
Gesamtlänge:	104 cm
Lauflänge:	58 cm

Visierung:	verstellbares Blattvisier, Korntunnel
Sicherung, extern:	Sicherungsschieber auf der rechten Hülsenseite
Sicherung, intern:	interne Verschlußsicherung

MERKMALE:

- Material:	Carbonstahl
- Finish:	brüniert
- Schaft:	Nußbaumholz

Zur Modellbezeichnung:
D = Druckpunktabzug
St = Stecher (Doppelzüngelstecher)

Anschütz Modell 1416 D/St Claßic

TECHNISCHE DATEN:

Kaliber:	.22 l.r.
Kapazität:	5- oder 10-Schuß-Magazin
Magazin:	Magazinhalter hinter dem Magazinschacht
Nachladesystem:	Kammerstengel-Repetierwaffe
Verschluß:	Zylinderverschluß mit Verriegelungswarzen
Gesamtgewicht:	2,8 kg
Gesamtlänge:	104 cm
Lauflänge:	58 cm
Visierung:	verstellbares Schiebevisier, Korntunnel
Sicherung, extern:	Sicherungsschieber auf der rechten Hülsenseite
Sicherung, intern:	interne Verschlußsicherung

MERKMALE:

- Material:	Carbonstahl
- Finish:	brüniert
- Schaft:	Nußbaumholz

Zur Modellbezeichnung:
D = Druckpunktabzug
St = Stecher (Doppelzüngelstecher)

Anschütz Modell 1418/1518 St

TECHNISCHE DATEN:

Kaliber:	.22 l.r., .22 WMR
Kapazität:	5- oder 10-Schuß-Magazin
Magazin:	Magazinhalter hinter dem Magazinschacht
Nachladesystem:	Kammerstengel-Repetierwaffe
Verschluß:	Zylinderverschluß mit Verriegelungswarzen
Gesamtgewicht:	2,5 kg
Gesamtlänge:	96 cm
Lauflänge:	50 cm
Visierung:	verstellbares Blattvisier, Korntunnel
Sicherung, extern:	Sicherungsschieber auf der rechten Hülsenseite
Sicherung, intern:	interne Verschlußsicherung

MERKMALE:

- Material:	Carbonstahl
- Finish:	brüniert
- Schaft:	Nußbaumholz, vollgeschäftet (Stutzen)

Zur Modellbezeichnung:
Das Modell 1418 hat das Kaliber .22 l.r. und das Modell 1518 das Kaliber .22 WMR.
St = Stecher (Doppelzüngelstecher)

Anschütz Modell 1432 E/ED/ESt/EKSt

TECHNISCHE DATEN:

Kaliber:	.22 Hornet
Kapazität:	entfällt
Magazin:	entfällt
Nachladesystem:	Kammerstengel-Einzelladerwaffe

Verschluß:	Zylinder m. Verriegelungswarzen
Gesamtgewicht:	4 kg
Gesamtlänge:	109 cm
Lauflänge:	60 cm
Visierung:	keine (vorbereitet für Zielfernrohrmontage)
Sicherung, extern:	Sicherungsschieber auf der Hinterseite des Verschlusses
Sicherung, intern:	interne Verschlußsicherung, Ladezustandsanzeige (herausstehender Stift auf der Hinterseite des Verschlusses)

MERKMALE:

- Material:	Carbonstahl
- Finish:	brüniert
- Schaft:	Nußbaumholz, mit ausgepr. Pistolengriff

Zur Modellbezeichnung:

E =	Match-Druckpunktabzug
ED =	Match-Direktabzug
ESt =	Match-Stecher (Doppezüngelstecher)
EKSt =	kombinierter, besonders fein einstellbarer Match-Druckpunktabzug

Anschütz Modell 1432 Stainless E/ED/ESt/EKSt

TECHNISCHE DATEN:

Kaliber:	.22 Hornet
Kapazität:	entfällt
Magazin:	entfällt
Nachladesystem:	Kammerstengel-Einzelladerwaffe
Verschluß:	Zylinderverschluß mit Verriegelungswarzen
Gesamtgewicht:	4 kg
Gesamtlänge:	109 cm
Lauflänge:	60 cm
Visierung:	keine (vorbereitet für Zielfernrohrmontage)
Sicherung, extern:	Sicherungsschieber auf der Hinterseite des Verschlusses
Sicherung, intern:	interne Verschlußsicherung, Ladezustandsanzeige (herausstehender Stift auf der Hinterseite des Verschlusses)

MERKMALE:

- Material:	Verschlußhülse Carbonstahl, Lauf rostträger Stainless-Stahl
- Finish:	Hülse brüniert, Lauf blank
- Schaft:	Nußbaumholz, mit ausgepr. Pistolengriff

Zur Modellbezeichnung:

E =	Match-Druckpunktabzug
ED =	Match-Direktabzug
ESt =	Match-Stecher (Doppezüngelstecher)
EKSt =	kombinierter, besonders fein einstellbarer Match-Druckpunktabzug

Anschütz Modell 1450 Biathlon

TECHNISCHE DATEN:

Kaliber:	.22 l.r.
Kapazität:	5-Schuß-Magazin
Magazin:	Magazinhalter hinter dem Magazinschacht
Nachladesystem:	Kammerstengel-Repetierwaffe
Verschluß:	Zylinder m. Verriegelungswarzen
Gesamtgewicht:	4 kg
Gesamtlänge:	93 cm
Lauflänge:	50 cm
Visierung:	Dioptervisier, Korntunnel
Sicherung, extern:	Sicherungsschieber auf der rechten Hülsenseite
Sicherung, intern:	interne Verschlußsicherung

MERKMALE:

- Material:	Carbonstahl
- Finish:	brüniert
- Schaft:	Holz, mit Schulterhaken

Dieses Biathlon-Modell hat einen speziellen, besonders schnell zu verstellenden Trageriemen.

Anschütz Modell 1451/1451 D Achiever

TECHNISCHE DATEN:

Kaliber:	.22 l.r.
Kapazität:	5- oder 10-Schuß-Magazin

Magazin:	Magazinhalter hinter dem Magazinschacht
Nachladesystem:	Kammerstengel-Repetierwaffe
Verschluß:	Zylinder m. Verriegelungswarzen
Gesamtgewicht:	2,3 kg
Gesamtlänge:	104 cm
Lauflänge:	58 cm
Visierung:	Schiebevisier (1451-F oder 1451-Kv), Korntunnel
Sicherung, extern:	Sicherungsschieber auf der Hinterseite des Verschlusses
Sicherung, intern:	interne Verschlußsicherung, Ladezustandsanzeige
MERKMALE:	
- Material:	Carbonstahl
- Finish:	brüniert
- Schaft:	Holz (mit Monte Carlo-Effekt oder deutschem Schaftrücken)

D = Druckpunktabzug

Anschütz Modell 1451 Achiever Super Target

TECHNISCHE DATEN:

Kaliber:	.22 l.r.
Kapazität:	5- oder 10-Schuß-Magazin, auch als Einzellader erhältlich
Magazin:	Magazinhalter hinter dem Magazinschacht
Nachladesystem:	Kammerstengel-Repetierwaffe
Verschluß:	Zylinder m. Verriegelungswarzen
Gesamtgewicht:	2,9 kg
Gesamtlänge:	101 cm
Lauflänge:	56 cm
Visierung:	Dioptervisier, Korntunnel
Sicherung, extern:	Sicherungsschieber auf der rechten Hülsenseite
Sicherung, intern:	interne Verschlußsicherung
MERKMALE:	
- Material:	Carbonstahl
- Finish:	brüniert
- Schaft:	Holz

Anschütz Modell 1466 D Luxus

TECHNISCHE DATEN:

Kaliber:	.22 l.r.
Kapazität:	5-Schuß-Magazin
Magazin:	Magazinhalter hinter dem Magazinschacht
Nachladesystem:	Kammerstengel-Repetierwaffe
Verschluß:	Zylinder m. Verriegelungswarzen
Gesamtgewicht:	2,9 kg
Gesamtlänge:	107 cm
Lauflänge:	58 cm
Visierung:	verst. Blattvisier, Korntunnel, Schiene für Fernrohr
Sicherung, extern:	Flügelsicherung auf der Hinterseite des Verschlusses
Sicherung, intern:	interne Verschlußsicherung
MERKMALE:	
- Material:	Carbonstahl
- Finish:	brüniert
- Schaft:	Nußbaumholz mit ausgeprägtem Pistolengriff und spezieller Backe

Anschütz Modell 1710 D

TECHNISCHE DATEN:

Kaliber:	.22 l.r.
Kapazität:	5- oder 10-Schuß-Magazin
Magazin:	Magazinhalter hinter dem Magazinschacht
Nachladesystem:	Kammerstengel-Repetierwaffe
Verschluß:	Zylinderverschluß mit Verriegelungswarzen
Gesamtgewicht:	3 kg
Gesamtlänge:	109 cm
Lauflänge:	60 cm
Visierung:	verstellbares Blattvisier, Korntunnel
Sicherung, extern:	Flügelsicherung auf der Hinterseite des Verschlusses
Sicherung, intern:	interne Verschlußsicherung, Ladezustandsanzeige

MERKMALE:

- Material:	Carbonstahl
- Finish:	brüniert
- Schaft:	Holz (mit Monte Carlo-Effekt oder deutschem Schaftrücken)

D = Direktabzug

Anschütz Modell 1710 D/FWT, 1710 St/FWT

TECHNISCHE DATEN:

Kaliber:	.22 l.r.
Kapazität:	5- oder 10-Schuß-Magazin
Magazin:	Magazinhalter hinter dem Magazinschacht
Nachladesystem:	Kammerstengel-Repetierwaffe
Verschluß:	Zylinder m. Verriegelungswarzen
Gesamtgewicht:	3 kg
Gesamtlänge:	109 cm
Lauflänge:	60 cm
Visierung:	keine (vorbereitet für Zielfernrohrmontage)
Sicherung, extern:	Flügelsicherung auf der Hinterseite des Verschlusses
Sicherung, intern:	interne Verschlußsicherung, Ladezustandsanzeige (herausstehender Stift)

MERKMALE:

- Material:	Carbonstahl
- Finish:	brüniert
- Schaft:	schwerer Monte Carlo-Schaft aus Kunststoff

D = Direktabzug
St = Stecher (Doppelzüngelstecher)

Anschütz Modell 1710/1730/1740 D/St

TECHNISCHE DATEN:

Kaliber:	.22 l.r. (1710); .22 Hornet (1730); .222 Rem. (1740)
Kapazität:	5-Schuß-Magazin
Magazin:	Magazinhalter hinter dem Magazinschacht
Nachladesystem:	Kammerstengel-Repetierwaffe
Verschluß:	Zylinder m. Verriegelungswarzen
Gesamtgewicht:	3 kg
Gesamtlänge:	109 cm (.22 l.r.: 1710); 110 cm (.22 Hornet: 1730)
Lauflänge:	60 cm
Visierung:	verstellbares Blattvisier, Korntunnel
Sicherungs, extern:	Flügelsicherung auf der Hinterseite des Verschlusses
Sicherung, intern:	interne Verschlußsicherung, Ladezustandsanzeige (herausstehender Stift auf Hinterseite)

MERKMALE:

- Material:	Carbonstahl
- Finish:	brüniert
- Schaft:	Holz (mit Monte Carlo-Effekt oder deutschem Schaftrücken)

D = Direktabzug
St = Stecher (Doppelzüngelstecher)

Anschütz Modell 1712 D-FWT

TECHNISCHE DATEN:

Kaliber:	.22 l.r.
Kapazität:	entfällt
Magazin:	entfällt

Nachladesystem:	Kammerstengel-Einzelladerwaffe
Verschluß:	Zylinder m. Verriegelungswarzen
Gesamtgewicht:	2,85 kg
Gesamtlänge:	102 cm
Lauflänge:	55 cm
Visierung:	keine (vorbereitet für Zielfernrohrmontage)
Sicherung, extern:	Flügelsicherung auf der Hinterseite des Verschlusses
Sicherung, intern:	interner Verschluß; Ladeanzeige

MERKMALE:

- Material:	Carbonstahl
- Finish:	brüniert
- Schaft:	schwerer Kunststoffschaft mit ausgepr. Pistolengriff und Backe

Anschütz Modell 1733 D/St

TECHNISCHE DATEN:

Kaliber:	.22 Hornet
Kapazität:	5-Schuß-Magazin
Magazin:	Magazinhalter hinter dem Magazinschacht
Nachladesystem:	Kammerstengel-Repetierwaffe
Verschluß:	Zylinder m. Verriegelungswarzen
Gesamtgewicht:	2,9 kg
Gesamtlänge:	99 cm
Lauflänge:	50 cm
Visierung:	verstellbares Blattvisier, Korntunnel
Sicherung, extern:	Flügelsicherung auf der Hinterseite des Verschlusses
Sicherung, intern:	interne Verschlußsicherung, Ladezustandsanzeige (herausstehender Stift hinten)

MERKMALE:

- Material:	Carbonstahl
- Finish:	brüniert
- Schaft:	Holz, vollgeschäftet (Stutzen)

D = Direktabzug
St = Stecher (Doppelzüngelstecher)

Anschütz Modell 1808 MS-R (Metallic Silhouette)

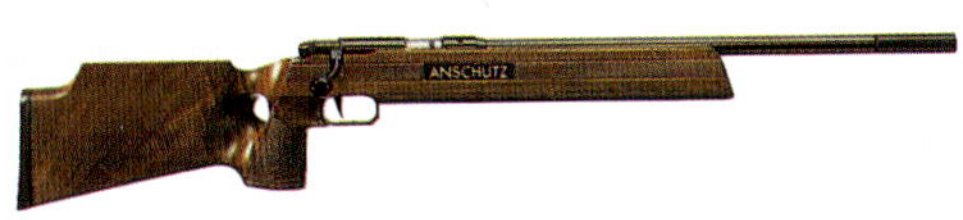

TECHNISCHE DATEN:

Kaliber:	.22 l.r.
Kapazität:	5-Schuß-Magazin
Magazin:	Magazinhalter vor dem Schacht
Nachladesystem:	Kammerstengel-Repetierwaffe
Verschluß:	Zylinder m. Verriegelungswarzen
Gesamtgewicht:	3,5 kg
Gesamtlänge:	102 cm
Lauflänge:	49 cm
Visierung:	keine (Fernrohr-Montageschiene)
Sicherung, extern:	Sicherungsschieber auf der rechten Hülsenseite
Sicherung, intern:	interne Verschlußsicherung, Ladezustandsanzeige (herausstehender Stift hinten)

MERKMALE:

- Material:	Carbonstahl
- Finish:	brüniert
- Schaft:	Nußbaumholz, mit Pistolengriff und Daumenloch

Anschütz Modell 1827 (Biathlon)

TECHNISCHE DATEN:

Kaliber:	.22 l.r.
Kapazität:	5-Schuß-Magazin
Magazin:	Magazinhalter hinter dem Magazinschacht
Nachladesystem:	Kammerstengel-Repetierwaffe
Verschluß:	Zylinder m. Verriegelungswarzen

Gesamtgewicht:	4,1 kg
Gesamtlänge:	104 cm
Lauflänge:	55 cm
Visierung:	Dioptervisier, Korntunnel
Sicherung, extern:	Sicherungsschieber auf der linken Hülsenseite
Sicherung, intern:	interne Verschlußsicherung, Ladezustandsanzeige (herausstehender Stift hinten)

MERKMALE:

- Material:	Carbonstahl
- Finish:	brüniert
- Schaft:	Nußbaumholz, mit Schulterhaken

Anschütz Modell 1827 Fortner (Biathlon)

TECHNISCHE DATEN:

Kaliber:	.22 l.r.
Kapazität:	5-Schuß-Magazin
Magazin:	Magazinhalter hinter dem Magazinschacht
Nachladesystem:	Horizontalverschlußrepetierer
Verschluß:	Knickverriegelung
Gesamtgewicht:	4,0 kg
Gesamtlänge:	104 cm
Lauflänge:	55 cm
Visierung:	Dioptervisier, Korntunnel
Sicherung, extern:	Sicherungsschieber auf der linken Hülsenseite
Sicherung, intern:	interne Verschlußsicherung

MERKMALE:

- Material:	Carbonstahl
- Finish:	brüniert
- Schaft:	Nußbaumholz, mit Schulterhaken

Anschütz Modell 1903

TECHNISCHE DATEN:

Kaliber:	.22 l.r.
Kapazität:	entfällt
Magazin:	entfällt
Nachladesystem:	Kammerstengel-Einzellader
Verschluß:	Zylinder m. Verriegelungswarzen
Gesamtgewicht:	4,5 kg
Gesamtlänge:	110 cm
Lauflänge:	65 cm
Visierung:	Dioptervisier, Korntunnel
Sicherung, extern:	Sicherungsschieber rechts hinter dem Kammerstengel
Sicherung, intern:	interne Verschlußsicherung, Ladezustandsanzeige

MERKMALE:

- Material:	Carbonstahl
- Finish:	brüniert
- Schaft:	Schichtholz, verschieden gefärbt

Anschütz Modell 1907

TECHNISCHE DATEN:

Kaliber:	.22 l.r.
Kapazität:	entfällt
Magazin:	entfällt
Nachladesystem:	Kammerstengel-Einzellader
Verschluß:	Zylinder m. Verriegelungswarzen
Gesamtgewicht:	4,9 kg
Gesamtlänge:	113 cm
Lauflänge:	66 cm
Visierung:	Dioptervisier, Korntunnel
Sicherung, extern:	Sicherung links

Sicherung, intern:	interne Verschlußsicherung, Ladezustandsanzeige

MERKMALE:

- Material:	Carbonstahl
- Finish:	brüniert
- Schaft:	Nußbaumholz (Variante unten), Buchenholz (oben)

Anschütz Modell 1907-Laminat

TECHNISCHE DATEN:

Kaliber:	.22 l.r.
Kapazität:	entfällt
Magazin:	entfällt
Nachladesystem:	Kammerstengel-Einzellader
Verschluß:	Zylinder m. Verriegelungswarzen
Gesamtgewicht:	4,9 kg
Gesamtlänge:	113 cm
Lauflänge:	66 cm
Visierung:	Dioptervisier, Korntunnel
Sicherung, extern:	Flügelsicherung auf der linken Hülsenseite
Sicherung, intern:	interne Verschlußsicherung, Ladezustandsanzeige

MERKMALE:

- Material:	Carbonstahl
- Finish:	brüniert
- Schaft:	Schichtholz, verschieden gefärbt

Anschütz Modell 1910

TECHNISCHE DATEN:

Kaliber:	.22 l.r.
Kapazität:	entfällt
Magazin:	entfällt
Nachladesystem:	Kammerstengel-Einzellader
Verschluß:	Zylinder m. Verriegelungswarzen
Gesamtgewicht:	7 kg
Gesamtlänge:	117 cm
Lauflänge:	69 cm
Visierung:	Dioptervisier, Korntunnel
Sicherung, extern:	Sicherung auf der linken Hülsenseite
Sicherung, intern:	interne Verschlußsicherung, Ladezustandsanzeige

MERKMALE:

- Material:	Carbonstahl
- Finish:	brüniert
- Schaft:	Nußbaumholz, mit Schulterhaken

Abgebildet sind die Modelle 1910 (oben) und 1911 (unten).

Anschütz Modell 1911

TECHNISCHE DATEN:

Kaliber:	.22 l.r.
Kapazität:	entfällt
Magazin:	entfällt
Nachladesystem:	Kammerstengel-Einzellader
Verschluß:	Zylinder m. Verriegelungswarzen
Gesamtgewicht:	5,4 kg
Gesamtlänge:	116 cm
Lauflänge:	69 cm
Visierung:	Dioptervisier, Korntunnel
Sicherung, extern:	Sicherung auf der linken Hülsenseite
Sicherung, intern:	interne Verschlußsicherung, Ladezustandsanzeige

MERKMALE:

- Material:	Carbonstahl
- Finish:	brüniert
- Schaft:	Buchenholz, dunkel

Abgebildet sind die Modelle 1910 (oben) und 1911 (unten).

Anschütz Modell 1913 National

TECHNISCHE DATEN:

Kaliber:	.22 l.r.
Kapazität:	entfällt
Magazin:	entfällt
Nachladesystem:	Kammerstengel-Einzellader
Verschluß:	Zylinder m. Verriegelungswarzen
Gesamtgewicht:	7 kg
Gesamtlänge:	117 cm
Lauflänge:	69 cm
Visierung:	Dioptervisier, Korntunnel
Sicherung, extern:	Sicherung auf der linken Hülsenseite
Sicherung, intern:	interne Verschlußsicherung, Ladezustandsanzeige

MERKMALE:

- Material:	Carbonstahl
- Finish:	brüniert
- Schaft:	Nußbaumholz (oben), Buchenholz (oben)

Anschütz Modell 1913 Super Match

TECHNISCHE DATEN:

Kaliber:	.22 l.r.
Kapazität:	entfällt
Magazin:	entfällt
Nachladesystem:	Kammerstengel-Einzellader
Verschluß:	Zylinder m. Verriegelungswarzen
Gesamtgewicht:	7 kg
Gesamtlänge:	116 cm
Lauflänge:	69 cm
Visierung:	Dioptervisier, Korntunnel
Sicherung, extern:	Sicherung auf der linken Hülsenseite
Sicherung, intern:	interne Verschlußsicherung, Ladezustandsanzeige

MERKMALE:

- Material:	Carbonstahl
- Finish:	brüniert
- Schaft:	Nußbaumholz (unten) oder Schichtholz (oben), mit Daumenloch und Schulterhaken

Anschütz Modell 2007

TECHNISCHE DATEN:

Kaliber:	.22 l.r.
Kapazität:	entfällt
Magazin:	entfällt
Nachladesystem:	Kammerstengel-Einzellader
Verschluß:	Zylinder m. Verriegelungswarzen
Gesamtgewicht:	5,4 kg
Gesamtlänge:	116 cm
Lauflänge:	69 cm
Visierung:	Dioptervisier, Korntunnel
Sicherung, extern:	Flügelsicherung auf der Hinterseite des Verschlusses
Sicherung, intern:	interne Verschlußsicherung, Ladezustandsanzeige

MERKMALE:

- Material:	Carbonstahl
- Finish:	brüniert
- Schaft:	Nußbaumholz oder Buchenholz mit ausgepr. Pistolengriff

Der Lauf der oberen Waffe ist auf 50 cm verkürzt und mit einem speziellen Laufmantel als zusätzliches Gewicht versehen.

Anschütz Modell 2013 Super Match Special

TECHNISCHE DATEN:

Kaliber:	.22 l.r.
Kapazität:	entfällt

Magazin:	entfällt
Nachladesystem:	Kammerstengel-Einzellader
Verschluß:	Zylinder m. Verriegelungswarzen
Gesamtgewicht:	7 kg
Gesamtlänge:	117 cm
Lauflänge:	69 cm
Visierung:	Dioptervisier, Korntunnel
Sicherung, extern:	Sicherung auf der linken Hülsenseite
Sicherung, intern:	interne Verschlußsicherung, Ladezustandsanzeige

MERKMALE:

- Material:	Carbonstahl
- Finish:	brüniert
- Schaft:	Nußbaumholz, komplett verstellbar, mit Daumenloch und Schulterhaken

Der Lauf der oberen Waffe ist auf 50 cm verkürzt und mit einem speziellen Laufmantel als zusätzliches Gewicht versehen.

Anschütz Modell 2013/690 Super Match Aluminium

TECHNISCHE DATEN:

Kaliber:	.22 l.r.
Kapazität:	entfällt
Magazin:	entfällt
Nachladesystem:	Kammerstengel-Einzellader
Verschluß:	Zylinder m. Verriegelungswarzen
Gesamtgewicht:	7 kg
Gesamtlänge:	117 cm
Lauflänge:	69 cm
Visierung:	Dioptervisier, Korntunnel
Sicherung, extern:	Flügelsicherung auf der Hinterseite des Verschlusses
Sicherung, intern:	interne Verschlußsicherung, Ladezustandsanzeige an der Hinterseite des Verschlusses

MERKMALE:

- Material:	Carbonstahl, Aluminium
- Finish:	brüniert
- Schaft:	Rahmen aus Aluminium, komplett verstellbar, Wangenplatte, Pistolengriff und Vorderschaft, Schichtholz mit unterschiedlich eingefärbten Schichten, mit Schulterhaken. Dieser besondere Anschütz-Schaft paßt auch auf die Großkaliber-Präzisionsbüchsen von Keppeler.

Anschütz Modell 525

TECHNISCHE DATEN:

Kaliber:	.22 l.r.
Kapazität:	5- oder 10-Schuß-Magazin (auch mit 2-Schuß-Magazin lieferbar)
Magazin:	Magazinhalter hinter dem Magazinschacht
Nachladesystem:	halbautomatischer Selbstlader
Verschluß:	reiner Masseverschluß
Gesamtgewicht:	2,9 kg
Gesamtlänge:	110 cm
Lauflänge:	61 cm
Visierung:	verstellbares Blattvisier, Korntunnel, Zielfernrohr-Montageschiene
Sicherung, extern:	Sicherungsschieber auf der rechten Seite des Abzugsbügels
Sicherung, intern:	interne Verschlußsicherung

MERKMALE:

- Material:	Carbonstahl
- Finish:	brüniert
- Schaft:	Holz

Anschütz Modell 54.18 MS (Metallic Silhouette)

TECHNISCHE DATEN:

Kaliber:	.22 l.r.
Kapazität:	entfällt
Magazin:	entfällt
Nachladesystem:	Kammerstengel-Einzellader
Verschluß:	Zylinder m. Verriegelungswarzen
Gesamtgewicht:	4,2 kg
Gesamtlänge:	105 cm
Lauflänge:	57 cm
Visierung:	keine (Zielfernrohr-Montageschiene)
Sicherung, extern:	Sicherungsschieber auf der rechten Hülsenseite
Sicherung, intern:	interne Verschlußsicherung, Ladezustandsanzeige an der Hinterseite des Verschlusses

MERKMALE:

- Material:	Carbonstahl
- Finish:	brüniert
- Schaft:	Holz, mit ausgepr. Pistolengriff

Abgebildet sind die Anschütz-Büchsen Modell 51.18 MS (oben) und 64 MS (unten).

Anschütz Modell 64 MS (Metallic Silhouette)

TECHNISCHE DATEN:

Kaliber:	.22 l.r.
Kapazität:	entfällt
Magazin:	entfällt
Nachladesystem:	Kammerstengel-Einzelladerwaffe
Verschluß:	Zylinderverschluß mit Verriegelungswarzen (Match 54)
Gesamtgewicht:	3,7 kg
Gesamtlänge:	104 cm
Lauflänge:	55 cm
Visierung:	keine (Zielfernrohr-Montageschiene)
Sicherung, extern:	Sicherungsschieber auf der rechten Hülsenseite
Sicherung, intern:	interne Verschlußsicherung

MERKMALE:

- Material:	Carbonstahl
- Finish:	brüniert
- Schaft:	Holz, mit ausgepr. Pistolengriff

Abgebildet sind die Anschütz-Büchsen Modell 54.18 MS (oben) und 64 MS (unten).

Anschütz Modell 54.18 MS-R (Metallic Silhouette Repeater)

TECHNISCHE DATEN:

Kaliber:	.22 l.r.
Kapazität:	5-Schuß-Magazin
Magazin:	Magazinhalter vor dem Schacht
Nachladesystem:	Kammerstengel-Repetierwaffe
Verschluß:	Zylinder m. Verriegelungswarzen
Gesamtgewicht:	3,7 kg
Gesamtlänge:	100 cm
Lauflänge:	54,5 cm
Visierung:	keine (Zielfernrohr-Montageschiene)
Sicherung, extern:	Sicherungsknopf rechts hinter dem Kammerstengel
Sicherung, intern:	interne Verschlußsicherung, Ladezustandsanzeige an der Hinterseite des Verschlusses

MERKMALE:

- Material:	Carbonstahl
- Finish:	brüniert
- Schaft:	Hartholz-Matchschaft mit Pistolengriff

Abgebildet sind die Anschütz-Büchsen Modell 54.18 MS-R (oben) und 64 MS-R (unten).

Anschütz Modell 64 MS-R (Metallic Silhouette Repeater)

TECHNISCHE DATEN:

Kaliber:	.22 l.r.
Kapazität:	5-Schuß-Magazin
Magazin:	Magazinhalter vor dem Schacht
Nachladesystem:	Kammerstengel-Repetierwaffe
Verschluß:	Zylinder m. Verriegelungswarzen
Gesamtgewicht:	3,7 kg
Gesamtlänge:	100 cm
Lauflänge:	54,5 cm
Visierung:	keine (Zielfernrohr-Montage-schiene)
Sicherung, extern:	Sicherungsknopf rechts hinter dem Kammerstengel
Sicherung, intern:	interne Verschlußsicherung, Ladezustandsanzeige an der Hinterseite des Verschlusses

MERKMALE:

- Material:	Carbonstahl
- Finish:	brüniert
- Schaft:	Hartholz-Matchschaft mit Pistolengriff

Abgebildet sind die Anschütz-Büchsen Modell 54.18 MS-R (oben) und 64 MS-R (unten).

Anschütz Modell BR-50 (Bench Rest)

TECHNISCHE DATEN:

Kaliber:	.22 l.r.
Kapazität:	entfällt
Magazin:	entfällt
Nachladesystem:	Kammerstengel-Einzellader
Verschluß:	Zylinder m. Verriegelungswarzen
Gesamtgewicht:	5,2 kg
Gesamtlänge:	105 cm
Lauflänge:	58 cm
Visierung:	keine (Zielfernrohr-Montage-schiene)
Sicherung, extern:	Sicherungsknopf rechts hinter dem Kammerstengel
Sicherung, intern:	interne Verschlußsicherung, Ladezustandsanzeige

MERKMALE:

- Material:	Carbonstahl
- Finish:	brüniert
- Schaft:	Buchenholz oder speziell verbreiterter Vorderschaft zum Benchrest-Schießen

Armscor-KBI

Gewehre der Firma Armscor, produziert auf den Philippinen, sind von hoher Qualität. Sie werden für den nord- und südamerikanischen Markt von der US-amerikanischen Firma KBI Inc., Harrisburg, Pennsylvania, importiert. KBI importiert übrigens auch eine ungarische Version des berühmten AK-47-Sturmgewehres im russischen Standardkaliber 7,62 x 39 mm, hergestellt von der ungarischen Firma FEG, und das russische Scharfschützengewehr Dragunov, Kaliber 7,62 x 54 R. Die halbautomatischen .22 l.r.-Nachbauten des Colt M-16 und des AK-47-Sturmgewehres von Armscor sind in den USA sehr beliebt.

Armscor-KBI Modell M-14P

TECHNISCHE DATEN:

Kaliber:	.22 l.r.
Kapazität:	10-Schuß-Magazin
Magazin:	Magazinhalter vor dem Schacht
Nachladesystem:	halbautomatischer Selbstlader
Verschluß:	reiner Masseverschluß
Gesamtgewicht:	3,1 kg
Gesamtlänge:	104 cm
Lauflänge:	56 cm
Visierung:	verstellbares Klappvisier, Korntunnel, Zielfernrohr-Montageschiene
Sicherung, extern:	Sicherungsschieber auf der rechten Seite der Hülse
Sicherung, intern:	interne Verschlußsicherung

MERKMALE:

- Material:	Carbonstahl
- Finish:	brüniert
- Schaft:	Hartholz

Von oben nach unten sind abgebildet: Modell M-14P, Modell M-20P und Modell M-12Y.

Armscor-KBI Modell M-20P

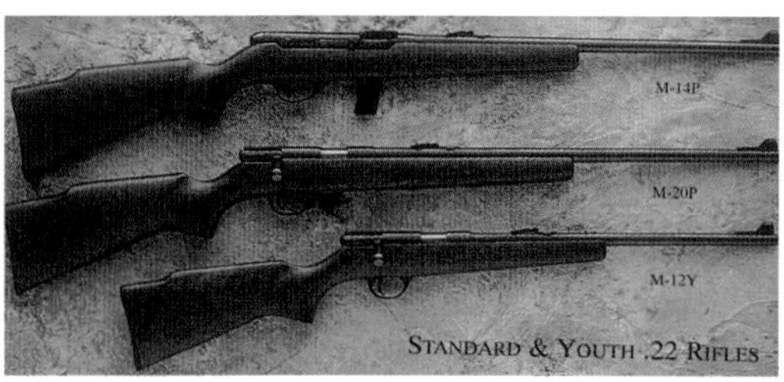

TECHNISCHE DATEN:

Kaliber:	.22 l.r.
Kapazität:	10-Schuß-Magazin
Magazin:	Magazinhalter vor dem Schacht
Nachladesystem:	Kammerstengel-Repetierwaffe
Verschluß:	Zylinder (2 Warzen)
Gesamtgewicht:	2,9 kg
Gesamtlänge:	102 cm
Lauflänge:	52,7 cm
Visierung:	verstellbares Klappvisier, Korntunnel, Zielfernrohr-Montageschiene
Sicherung, extern:	Sicherungsschieber auf der rechten Seite der Hülse
Sicherung, intern:	interne Verschlußsicherung

MERKMALE:

- Material:	Carbonstahl
- Finish:	brüniert
- Schaft:	Hartholz

Von oben nach unten sind abgebildet: Modell M-14P, Modell M-20P und Modell M-12Y.

Armscor-KBI Modell M-12Y (Youth)

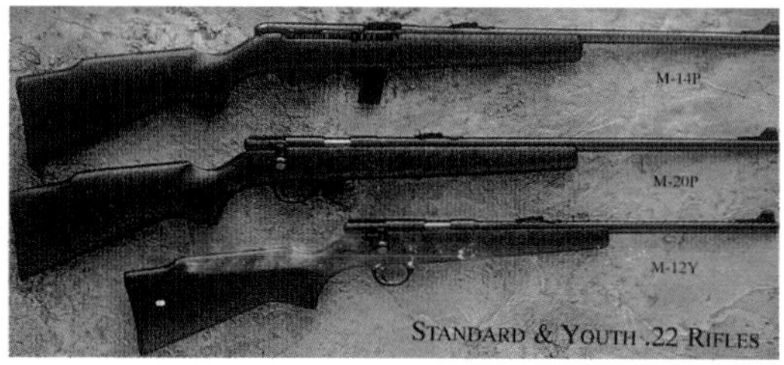

TECHNISCHE DATEN:

Kaliber:	.22 l.r.
Kapazität:	entfällt
Magazin:	entfällt
Nachladesystem:	Kammerstengel-Einzellader
Verschluß:	Zylinder (2 Warzen)
Gesamtgewicht:	1,9 kg
Gesamtlänge:	86,7 cm
Lauflänge:	44,5 cm
Visierung:	verstellbares Klappvisier, Korntunnel, Zielfernrohr-Montageschiene
Sicherung, extern:	Sicherungsschieber auf der rechten Seite der Hülse
Sicherung, intern:	interne Verschlußsicherung

MERKMALE:

- Material:	Carbonstahl
- Finish:	brüniert
- Schaft:	Hartholz

Von oben nach unten sind abgebildet: Modell M-14P, Modell M-20P und Modell M-12Y.

Armscor-KBI Modell M-1600

TECHNISCHE DATEN:

Kaliber:	.22 l.r.
Kapazität:	10-Schuß-Magazin
Magazin:	Magazinhalter vor dem Schacht
Nachladesystem:	halbautomatischer Selbstlader
Verschluß:	reiner Masseverschluß
Gesamtgewicht:	2,8 kg
Gesamtlänge:	97,8 cm
Lauflänge:	46,4 cm
Visierung:	verstellbares, militärisches Dioptervisier
Sicherung, extern:	Sicherung auf der rechten Seite des Abzugsbügels
Sicherung, intern:	interne Verschlußsicherung

MERKMALE:

- Material:	Carbonstahl
- Finish:	brüniert
- Schaft:	Hartholz, schwarzlackiert, separater Pistolengriff

Diese Waffe ist eine Kleinkaliberausführung der militärischen Sturmgewehre M-16 und AR-15. Abgebildet sind oben das Modell M-1600 und unten das Modell AK-22.

Armscor-KBI Modell AK-22

TECHNISCHE DATEN:

Kaliber:	.22 l.r.
Kapazität:	10-Schuß-Magazin
Magazin:	Magazinhalter vor dem Schacht
Nachladesystem:	halbautomatischer Selbstlader
Verschluß:	reiner Masseverschluß
Gesamtgewicht:	3,4 kg
Gesamtlänge:	96,5 cm
Lauflänge:	46,4 cm
Visierung:	verstellbares Klappvisier, Korntunnel
Sicherung, extern:	Sicherung auf der rechten Seite des Systemkastens
Sicherung, intern:	interne Verschlußsicherung

MERKMALE:

- Material:	Carbonstahl
- Finish:	brüniert
- Schaft:	Hartholz, separater Pistolengriff

Diese Waffe ist eine Kleinkaliberausführung des militär. Sturmgewehres AK-47. Abgebildet sind oben das Modell M-1600 und unten das Modell AK-22.

Armscor-KBI Modell M-2000S

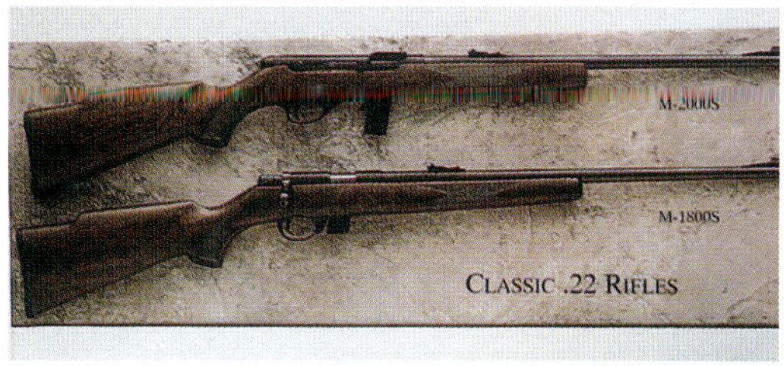

TECHNISCHE DATEN:

Kaliber:	.22 l.r.
Kapazität:	10-Schuß-Magazin
Magazin:	Magazinhalter vor dem Schacht
Nachladesystem:	halbautomatischer Selbstlader
Verschluß:	reiner Masseverschluß
Gesamtgewicht:	2,9 kg
Gesamtlänge:	103 cm
Lauflänge:	52,7 cm
Visierung:	verstellbares Klappvisier, Zielfernrohr-Montageschiene
Sicherung, extern:	Sicherungsschieber auf der rechten Seite der Hülse
Sicherung, intern:	interne Verschlußsicherung

MERKMALE:

- Material:	Carbonstahl
- Finish:	brüniert
- Schaft:	Hartholz

Abgebildet sind das Modell M-1800S (unten) und das Modell M-2000S (oben).

Armscor-KBI Modell M-1800S

TECHNISCHE DATEN:

Kaliber:	.22 Hornet
Kapazität:	5-Schuß-Magazin
Magazin:	Magazinhalter vor dem Schacht
Nachladesystem:	Kammerstengel-Repetierwaffe
Verschluß:	Zylinder (2 Warzen)
Gesamtgewicht:	3 kg
Gesamtlänge:	105 cm
Lauflänge:	56 cm
Visierung:	verstellbares Klappvisier, Zielfernrohr-Montageschiene
Sicherung, extern:	Sicherungsschieber auf der rechten Seite der Hülse
Sicherung, intern:	interne Verschlußsicherung

MERKMALE:

- Material:	Carbonstahl
- Finish:	brüniert
- Schaft:	Hartholz

Diese Waffe ist auch in den Kalibern .22 l.r. (Modell M-1400S) und .22 WMR (Modell M-1500S) lieferbar. Abgebildet sind das Modell M-1800S (unten) und das Modell M-2000S (oben).

Armscor-KBI Modell M-1800SC

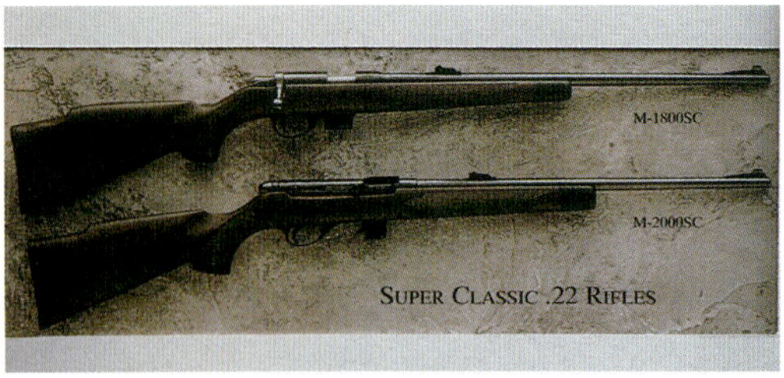

TECHNISCHE DATEN:

Kaliber:	.22 Hornet
Kapazität:	5-Schuß-Magazin
Magazin:	Magazinhalter vor dem Magazinschacht
Nachladesystem:	Kammerstengel-Repetierwaffe
Verschluß:	Zylinder (2 Warzen)
Gesamtgewicht:	3 kg
Gesamtlänge:	105 cm
Lauflänge:	56 cm
Visierung:	verstellbares Klappvisier, Zielfernrohr-Montageschiene
Sicherung, extern:	Sicherungsschieber rechts hinter dem Kammerstengel
Sicherung, intern:	interne Verschlußsicherung

MERKMALE:

- Material:	Carbonstahl
- Finish:	brüniert
- Schaft:	Nußbaumholz

Diese Waffe ist auch in den Kalibern .22 l.r. (Modell M-1400SC) und .22 WMR (Modell M-1500SC) lieferbar. Abgebildet sind das Modell M-1800SC (oben) und das Modell M-2000SC (unten).

Armscor-KBI Modell M-2000SC

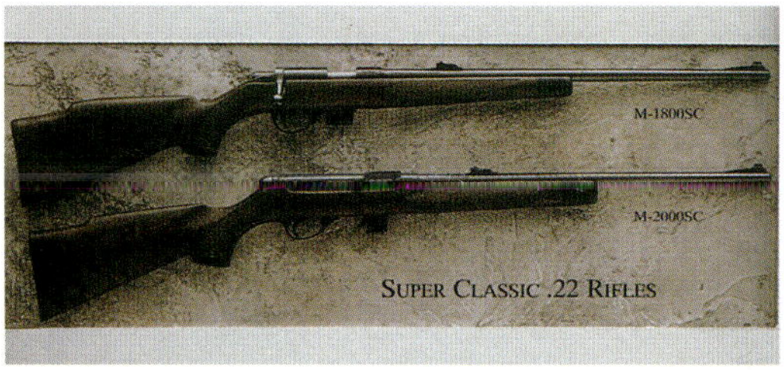

TECHNISCHE DATEN:

Kaliber:	.22 Hornet
Kapazität:	5-Schuß-Magazin
Magazin:	Magazinhalter vor dem Abzugsbügel
Nachladesystem:	halbautomatischer Selbstlader
Verschluß:	reiner Masseverschluß
Gesamtgewicht:	2,9 kg
Gesamtlänge:	103 cm
Lauflänge:	53 cm
Visierung:	verstellbares Klappvisier, Zielfernrohr-Montageschiene
Sicherung, extern:	Sicherungsschieber rechts auf der Hülse
Sicherung, intern:	interne Verschlußsicherung

MERKMALE:

- Material:	Carbonstahl
- Finish:	brüniert
- Schaft:	Nußbaumholz

Abgebildet sind das Modell M-1800SC (oben) und das Modell M-2000SC (unten).

Armscor-KBI Modell M-20C

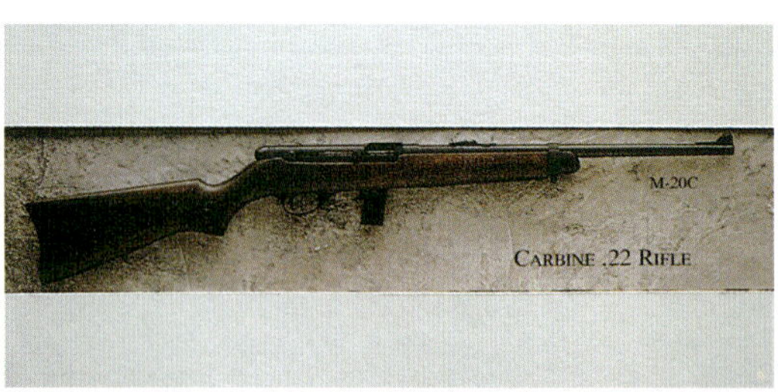

TECHNISCHE DATEN:

Kaliber:	.22 Hornet
Kapazität:	10-Schuß-Magazin
Magazin:	Halter vor dem Abzugsbügel
Nachladesystem:	halbautomatischer Selbstlader
Verschluß:	reiner Masseverschluß
Gesamtgewicht:	2,8 kg
Gesamtlänge:	96,5 cm
Lauflänge:	46,4 cm
Visierung:	verstellbares Klappvisier, Korntunnel, Zielfernrohr-Montageschiene
Sicherung, extern:	Sicherungsschieber rechts auf der Hülse
Sicherung, intern:	interne Verschlußsicherung
MERKMALE:	
- Material:	Carbonstahl
- Finish:	brüniert
- Schaft:	Hartholz

Benelli

Die italienische Firma Benelli, gegründet am Anfang des 20. Jahrhunderts durch die Brüder Filippo und Giovanni Benelli, hat ihren Sitz in Urbino in den Ausläufern des umbrischen Apenninengebirges. Die Firma ist vornehmlich bekannt als Produzent von Motorrädern, baut aber auch verschiedene Maschinen und Werkzeuge sowie seit 1967 Schußwaffen.
Unter dem neuen Namen Benelli Armi konzentrierte man sich zunächst auf den Bau von Schrotflinten in Italien, 1975 baute man im spanischen Vitoria ein Tochterunternehmen auf, um dort auf dem heiß umkämpften Waffenmarkt Fuß zu fassen. Die Läufe der Büchsen von Benelli werden sowohl in Brescia, Italien, als auch in Saint-Etienne in Frankreich produziert.
Benelli baut heute eine Reihe hervorragender Pistolen, unter anderem die bekannten Modelle MP3S, MP5 und B80S, diverse Modelle halbautomatischer Schrotflinten und auch verschiedene Kleinkaliberbüchsen. Mit dem ersten Schrotselbstlader, dem Modell „Extralusso", war die Firma bereits 1969 auf den Markt gekommen. Inzwischen macht sie vor allem mit den halbautomatischen Flintenmodellen Super-90 M1 und M3 auf dem Polizeimarkt Furore.

Benelli Athena

TECHNISCHE DATEN:

Kaliber:	.22 l.r.
Kapazität:	10-Schuß-Magazin
Magazin:	Halter vor dem Magazinschacht
Nachladesystem:	halbautomatischer Selbstlader
Verschluß:	reiner Masseverschluß
Gesamtgewicht:	2,95 kg
Gesamtlänge:	96,5 cm
Lauflänge:	45,7 cm
Visierung:	verstellbares Klappvisier, Zielfernrohr-Montageschiene
Sicherung, extern:	Druckknopfsicherung vorn im Abzugsbügel
Sicherung, intern:	interne Verschlußsicherung
MERKMALE:	
- Material:	Carbonstahl
- Finish:	brüniert
- Schaft:	Hartholz

Benelli Athena Elegant

TECHNISCHE DATEN:

Kaliber:	.22 l.r.
Kapazität:	10-Schuß-Magazin
Magazin:	Halter vor dem Magazinschacht
Nachladesystem:	halbautomatischer Selbstlader
Verschluß:	reiner Masseverschluß
Gesamtgewicht:	3,6 kg
Gesamtlänge:	103,5 cm
Lauflänge:	52,7 cm, inklusive Mündungsbremse
Visierung:	verstellbares Klappvisier, Zielfernrohr-Montageschiene
Sicherung, extern:	Druckknopfsicherung vorn im Abzugsbügel
Sicherung, intern:	interne Verschlußsicherung

MERKMALE:

- Material:	Carbonstahl
- Finish:	brüniert
- Schaft:	Nußbaumholz

Beretta

Beretta ist eine der ältesten Waffenfirmen Europas. Die Geschichte der italienischen Firma Pietro Beretta aus Brescia reicht bis ins 15. Jahrhundert zurück, als Bartolomeo Beretta im norditalienischen Gardone eine kleine Waffenwerkstatt errichtete. Er begann, damit, Gewehrläufe für andere Waffenhersteller der Gegend zu fertigen. Sein Sohn, Giovanni, trat dann in seine Fußstapfen und entwickelte sich zu einem der bekanntesten italienischen Büchsenmacher. Er fertigte sowohl hervorragende Flinten als auch ausgezeichnete Büchsen.

Im 18. Jahrhundert übernahm Pietro Beretta die Leitung der Firma. Er erhielt Großaufträge zur Belieferung der napoleonischen Armeen. Nach der Schlacht von Waterloo, als der Militärwaffenmarkt zusammengebrochen war, beschäftigte sich Beretta vornehmlich mit dem Bau von Jagd- und Sportwaffen. Pietros Sohn, Giuseppe, hatte diesbezüglich ein gutes Gespür, und Beretta war besonders in der Phase von 1840 bis 1865 groß im Jagdwaffengeschäft. Guiseppes Sohn, wieder ein Pietro Beretta, begann Anfang des 20. Jahrhunderts damit, die Firma auf moderne Produktionstechniken umzustellen. Die auf ihn folgende Familiengeneration, Giuseppe und Carlo, machten aus Beretta ein echtes multinationales Unternehmen mit Tochterfirmen und Niederlassungen in den USA, in Frankreich, in Griechenland und in Brasilien.

Heute hat Beretta einen großen Namen auf dem Gebiet der Militärwaffen, aber auch der sportlichen und jagdlichen Flinten und Büchsen sowie der Selbstladepistolen. Bei den Pistolen hatte man den Durchbruch 1986 mit der Einführung der Beretta 92 F als neue Dienstwaffe der amerikanischen Armee geschafft.

Beretta Modell 70 Sport

TECHNISCHE DATEN:

Kaliber:	.222 Rem., .223 Rem.
Kapazität:	5-, 8- oder 30-Schuß-Magazin
Magazin:	Halter vor dem Abzugsbügel
Nachladesystem:	halbautomatische Selbstladewaffe
Verschluß:	Drehkammerverschluß
Gesamtgewicht:	3,8 kg
Gesamtlänge:	95,5 cm
Lauflänge:	45 cm
Visierung:	militärisches Dioptervisier
Sicherung, extern:	Sicherung auf der linken Seite des Systemkastens
Sicherung, intern:	interne Verschlußsicherung

MERKMALE:

- Material:	Carbonstahl, Leichtmetall
- Finish:	schwarz mattiert
- Schaft:	Kunststoff mit separatem Pistolengriff

Beretta Modell 455-EELL Express-Gewehr

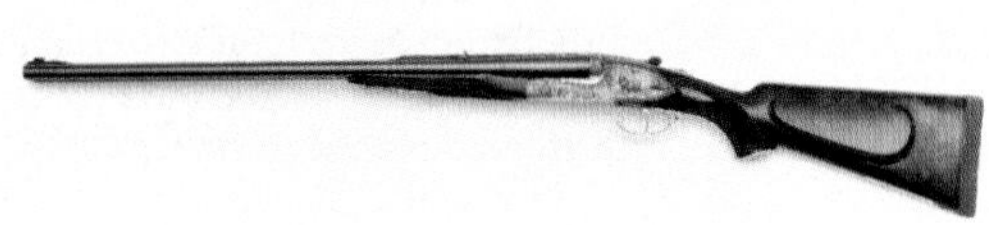

TECHNISCHE DATEN:

Kaliber:	siehe unten
Kapazität:	zwei Patronen (zwei Läufe, nebeneinander)
Magazin:	entfällt
Nachladesystem:	doppelläufige Kipplaufbüchse
Verschluß:	Baskülverschluß
Gesamtgewicht:	5 kg
Gesamtlänge:	101 cm
Lauflänge:	65 cm
Visierung:	Klappvisier
Sicherung, extern:	Schiebesicherung am Kolbenhals
Sicherung, intern:	Sicherung gegen Doppeln

MERKMALE:

- Material:	Carbonstahl
- Finish:	brüniert, Basküle blank und graviert
- Schaft:	Nußbaumholz, mit Backe

Erhältlich in den Kalibern .375 H&H Mag., .416 Rigby, .458 Win.Mag., .470 N.E. und .500 N.E.

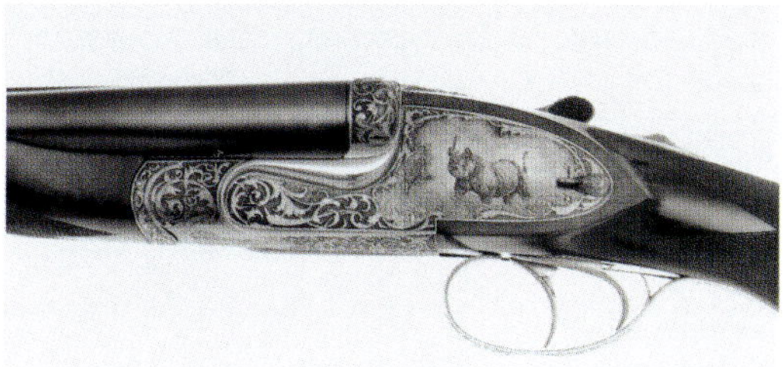

Beretta Modell 500

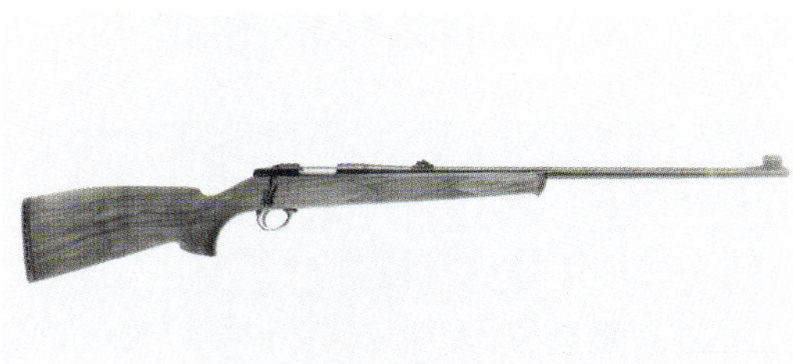

TECHNISCHE DATEN:

Kaliber:	.222 Rem., .223 Rem.
Kapazität:	5-Schuß-Magazin, fest
Magazin:	Bodenplatte abschwenkbar; Druckknopfarretierung vor dem Abzugsbügel
Nachladesystem:	Kammerstengel-Repetierwaffe
Verschluß:	Zylinderverschluß mit 2 Verriegelungswarzen
Gesamtgewicht:	3,1 kg
Gesamtlänge:	109 cm
Lauflänge:	61 cm
Visierung:	verstellbares Visier, Korntunnel
Sicherung, extern:	Sicherung rechts hinter dem Kammerstengel
Sicherung, intern:	interne Verschlußsicherung

MERKMALE:

- Material:	Carbonstahl
- Finish:	brüniert
- Schaft:	Nußbaumholz

Beretta Modell 501

TECHNISCHE DATEN:

Kaliber:	.243 Win., .308 Win.
Kapazität:	5-Schuß-Magazin, fest
Magazin:	Bodenplatte abschwenkbar; Druckknopfarretierung vor dem Abzugsbügel

Nachladesystem:	Kammerstengel-Repetierwaffe
Verschluß:	Zylinder (2 Warzen)
Gesamtgewicht:	3,4 kg
Gesamtlänge:	109 cm
Lauflänge:	61 cm
Visierung:	keine (vorbereitet für Zielfernrohrmontage)
Sicherung, extern:	Sicherung rechts hinter dem Kammerstengel
Sicherung, intern:	interne Verschlußsicherung

MERKMALE:

- Material:	Carbonstahl
- Finish:	brüniert
- Schaft:	Nußbaumholz

Beretta Modell 501-DL

TECHNISCHE DATEN:

Kaliber:	.243 Win., .308 Win.
Kapazität:	5-Schuß-Magazin, fest
Magazin:	Bodenplatte abschwenkbar; Druckknopfarretierung vor dem Abzugsbügel
Nachladesystem:	Kammerstengel-Repetierwaffe
Verschluß:	Zylinder (2 Warzen)
Gesamtgewicht:	3,4 kg
Gesamtlänge:	109 cm
Lauflänge:	61 cm
Visierung:	verstellbares Visier, Korntunnel, vorbereitet für Zielfernrohrmontage
Sicherung, extern:	Sicherung rechts hinter dem Kammerstengel
Sicherung, intern:	interne Verschlußsicherung

MERKMALE:

- Material:	Carbonstahl

- Finish:	brüniert
- Schaft:	ausgesuchtes Nußbaumholz

Beretta Modell S689 Gold Sable

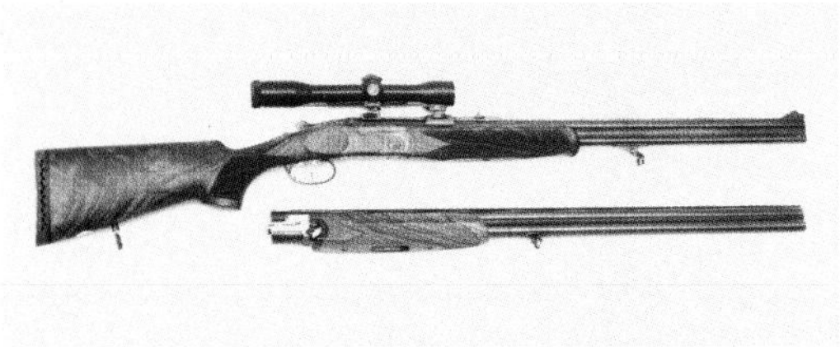

TECHNISCHE DATEN:

Kaliber:	.30-06, 9,3 x 74 R
Kapazität:	zwei Patronen (zwei Läufe, aufgebockt)
Magazin:	entfällt
Nachladesystem:	doppelläufige Kipplaufbüchse
Verschluß:	Baskülverschluß
Gesamtgewicht:	3,5 kg
Gesamtlänge:	105 cm
Lauflänge:	60 cm
Visierung:	Klappvisier
Sicherung, extern:	Schiebesicherung am Kolbenhals
Sicherung, intern:	Sicherung gegen Doppeln

MERKMALE:

- Material:	Carbonstahl
- Finish:	brüniert, Basküle buntgehärtet und graviert
- Schaft:	Nußbaumholz, mit Backe

Erhältlich für dieses Modell ist ein Flintenwechsellaufbündel, Kaliber 20.

Beretta Modell SSO6

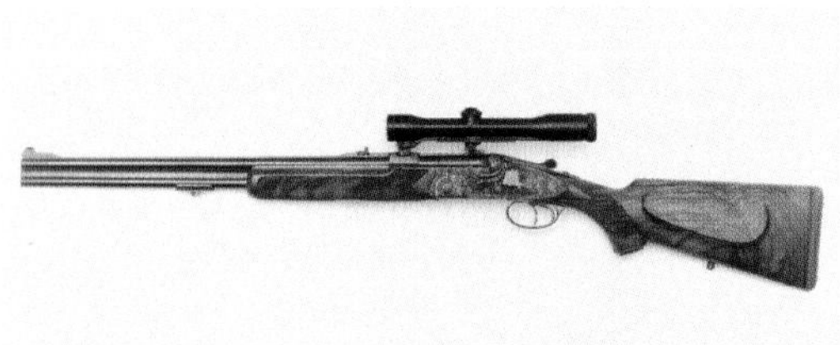

TECHNISCHE DATEN:

Kaliber:	9,3 x 74 R, .375 H&H Mag., .458 Win.Mag.
Kapazität:	zwei Patronen (zwei Läufe, aufgebockt)
Magazin:	entfällt
Nachladesystem:	doppelläufige Kipplaufbüchse
Verschluß:	Baskülverschluß
Gesamtgewicht:	5 kg
Gesamtlänge:	105 cm
Lauflänge:	62 cm
Visierung:	Klappvisier
Sicherung, extern:	Schiebesicherung am Kolbenhals
Sicherung, intern:	Sicherung gegen Doppeln

MERKMALE:

- Material:	Carbonstahl
- Finish:	brüniert, Basküle buntgehärtet und graviert
- Schaft:	Nußbaumholz, mit Backe

Erhältlich für dieses Modell ist ein Flintenwechsellaufbündel, Kaliber 20.

Beretta Modell SSO6-EELL

TECHNISCHE DATEN:

Kaliber:	9,3 x 74 R, .375 H&H Mag., .458 Win.Mag.
Kapazität:	zwei Patronen (zwei Läufe, aufgebockt)
Magazin:	entfällt
Nachladesystem:	doppelläufige Kipplaufbüchse
Verschluß:	Baskülverschluß
Gesamtgewicht:	5 kg
Gesamtlänge:	105 cm
Lauflänge:	62 cm
Visierung:	Klappvisier
Sicherung, extern:	Schiebesicherung am Kolbenhals
Sicherung, intern:	Sicherung gegen Doppeln

MERKMALE:

- Material:	Carbonstahl
- Finish:	brüniert, Basküle buntgehärtet und graviert mit goldeingelegten Tierfiguren
- Schaft:	Nußbaumholz, mit Backe

Erhältlich für dieses Modell ist ein Flintenwechsellaufbündel, Kaliber 20.

Beretta Super Olimpia-X

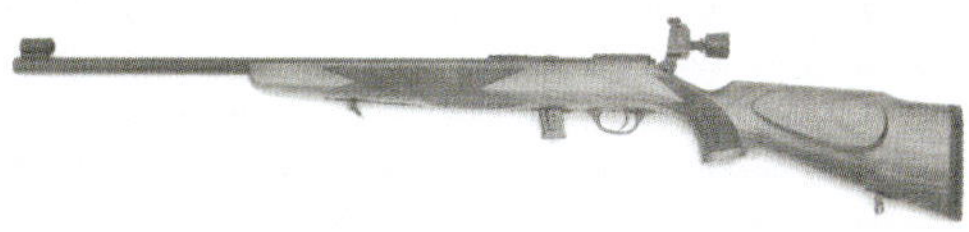

TECHNISCHE DATEN:

Kaliber:	.22 l.r.
Kapazität:	5- oder 10-Schuß-Magazin
Magazin:	Haken hinter dem Schacht
Nachladesystem:	halbautomatischer Selbstlader
Verschluß:	reiner Masseverschluß
Gesamtgewicht:	3,7 kg
Gesamtlänge:	109 cm
Lauflänge:	60 cm
Visierung:	Diopter-Matchvisier, Korntunnel (vorbereitet für Zielfernrohrmontage)
Sicherung, extern:	Druckknopfsicherung hinten am Abzugsbügel
Sicherung, intern:	interne Verschlußsicherung
MERKMALE:	
- Material:	Carbonstahl
- Finish:	brüniert
- Schaft:	Nußbaumholz

Dieses Modell hat ein spezielles System zum zusätzlichen Handrepetieren.

Beretta Super Sport-X

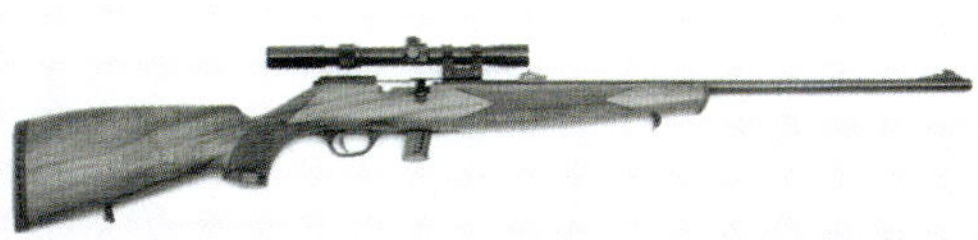

TECHNISCHE DATEN:

Kaliber:	.22 l.r.
Kapazität:	5- oder 10-Schuß-Magazin
Magazin:	Haken hinter dem Schacht
Nachladesystem:	halbautomatischer Selbstlader
Verschluß:	reiner Masseverschluß
Gesamtgewicht:	3,3 kg
Gesamtlänge:	106,5 cm
Lauflänge:	60 cm
Visierung:	verstellbares Visier, vorbereitet für Zielfernrohrmontage
Sicherung, extern:	Druckknopfsicherung hinten am Abzugsbügel
Sicherung, intern:	interne Verschlußsicherung
MERKMALE:	
- Material:	Carbonstahl
- Finish:	brüniert
- Schaft:	Nußbaumholz

Bernardelli

Bernardelli, ebenfalls eine italienische Firma, begann bereits 1721 mit dem Bau von Waffen, ebenfalls in Norditalien am Fuße der Alpen. Die Firma ist vor allem wegen ihrer prachtvollen Schrotflinten bekannt, die es auf die verschiedensten Arten graviert gibt, etwa wegen der bekannten Modelle Saturn oder Hemingway. Seit Anfang der 60er Jahre baut Bernardelli nun auch verschiedene Kleinkaliber-Sportpistolen und seit 1984 auch Großkaliberpistolen zum polizeilichen und sportlichen Einsatz. Für die Jagd auf Großwild fertigt Bernardelli auch eine namhafte Serie von Doppel- und Bockdoppelbüchsen. Diese sind wie die entsprechenden Flinten zweiläufig, sie haben aber keine glatten, sondern gezogene Büchsenläufe und sind entsprechend massiver gebaut. Mehrläufige Jagdbüchsen werden oft auch als Express-Büchsen bezeichnet. Meistens haben sie eine spezielle Art von Klappvisier mit drei oder mehr klappbaren Kimmenblättern für die unterschiedlichen Entfernungen.

Bernardelli Express 2000

TECHNISCHE DATEN:

Kaliber:	9,3 x 74 R, 8 x 57 JRS, 7 x 65 R, .30-06, .375 H&H Mag.
Kapazität:	zwei Patronen (zwei Läufe)
Magazin:	entfällt

Nachladesystem: doppelläufige Kipplaufbüchse
Verschluß: Baskülverschluß
Gesamtgewicht: 3,1 kg
Gesamtlänge: 102 bis 107 cm (je nach Kaliber)
Lauflänge: 55 bis 60 cm (je nach Kaliber)
Visierung: Express-Klappvisier
Sicherung, extern: Schiebesicherung am Kolbenhals
Sicherung, intern: interne Verschlußsicherung

MERKMALE:
- Material: Carbonstahl
- Finish: brüniert
- Schaft: Nußbaumholz

Bernardelli Express Minerva

TECHNISCHE DATEN:
Kaliber: 9,3 x 74 R
Kapazität: zwei Patronen (zwei Läufe, nebeneinander)
Magazin: entfällt
Nachladesystem: doppelläufige Kipplaufbüchse mit Hahnen
Verschluß: Baskülverschluß
Gesamtgewicht: 3,2 kg
Gesamtlänge: 101 cm
Lauflänge: 60 cm
Visierung: Express-Klappvisier
Sicherung, extern: Schiebesicherung am Kolbenhals
Sicherung, intern: interne Verschlußsicherung

MERKMALE:
- Material: Carbonstahl
- Finish: brüniert, Baskülseitenplatten blank
- Schaft: Nußbaumholz

Bernardelli Express VB

TECHNISCHE DATEN:
Kaliber: 9,3 x 74 R, 8 x 57 JRS, 7 x 65 R, .30-06, .375 H&H Mag.
Kapazität: zwei Patronen (zwei Läufe, nebeneinander)
Magazin: entfällt
Nachladesystem: doppelläufige Kipplaufbüchse
Verschluß: Baskülverschluß
Gesamtgewicht: 3,2 kg
Gesamtlänge: 101 bis 106 cm (je nach Kaliber)
Lauflänge: 55 bis 60 cm (je nach Kaliber)
Visierung: Express-Klappvisier
Sicherung, extern: Schiebesicherung am Kolbenhals
Sicherung, intern: interne Verschlußsicherung

MERKMALE:
- Material: Carbonstahl
- Finish: brüniert, Baskülseitenplatten blank
- Schaft: ausgesuchtes Nußbaumholz

Bernardelli Express VB De Luxe

TECHNISCHE DATEN:
Kaliber: 9,3 x 74 R, 8 x 57 JRS, 7 x 65 R, .30-06, .375 H&H Mag.
Kapazität: zwei Patronen (zwei Läufe, nebeneinander)
Magazin: entfällt
Nachladesystem: doppelläufige Kipplaufbüchse
Verschluß: Baskülverschluß
Gesamtgewicht: 3,2 kg
Gesamtlänge: 101 bis 106 cm (je nach Kaliber)
Lauflänge: 55 bis 60 cm (je nach Kaliber)
Visierung: Express-Klappvisier
Sicherung, extern: Schiebesicherung am Kolbenhals
Sicherung, intern: interne Verschlußsicherung

MERKMALE:

- Material:	Carbonstahl
- Finish:	brüniert, Baskülseitenplatten blank, Luxusausführung
- Schaft:	besonders ausgesuchtes Nußbaumholz

Bernardelli Express VB-E

TECHNISCHE DATEN:

Kaliber:	9,3 x 74 R, 8 x 57 JRS, 7 x 65 R, .30-06, .375 H&H Mag.
Kapazität:	zwei Patronen (zwei Läufe, nebeneinander)
Magazin:	entfällt
Nachladesystem:	doppelläufige Kipplaufbüchse
Verschluß:	Baskülverschluß
Gesamtgewicht:	3,2 kg
Gesamtlänge:	101 bis 106 cm (je nach Kaliber)
Lauflänge:	55 bis 60 cm (je nach Kaliber)
Visierung:	Express-Klappvisier
Sicherung, extern:	Schiebesicherung am Kolbenhals
Sicherung, intern:	interne Verschlußsicherung

MERKMALE:

- Material:	Carbonstahl
- Finish:	brüniert
- Schaft:	Nußbaumholz

Bernardelli VB-Target Carbine

TECHNISCHE DATEN:

Kaliber:	.22 WMR
Kapazität:	5- oder 10-Schuß-Magazin
Magazin:	Haken hinter dem Schacht
Nachladesystem:	halbautomatischer Selbstlader
Verschluß:	reiner Masseverschluß
Gesamtgewicht:	2,3 kg
Gesamtlänge:	103 cm
Lauflänge:	53 cm
Visierung:	verstellbares Schiebevisier
Sicherung, extern:	Druckknopfsicherung am Abzugsbügel, hinten
Sicherung, intern:	interne Verschlußsicherung

MERKMALE:

- Material:	Carbonstahl
- Finish:	brüniert
- Schaft:	Hartholz

Blaser

Die deutsche Blaser Jagdwaffen GmbH hat ihren Sitz in Isny im Allgäu in Baden-Württemberg. Die Firma wurde 1977 von Horst Blaser gegründet. 1986 übernahm sie der bisherige leitende Blaser-Büchsenmacher Gerhard Blenk. Blaser spezialisiert sich auf den Bau hervorragender Jagdwaffen, die teilweise reich graviert auch in Luxusausführungen angeboten werden. Anfänglich handelte es sich bei den Gewehren von Blaser ausschließlich um Kipplaufwaffen, Büchsen und Flinten, mit Baskülverschlüssen. Blaser bietet seine Büchsen auch komplett mit montierten Zielfernrohren an; man verwendet ausschließlich feine Markenzielfernrohre, etwa solche von Zeiss, Swarowski, Schmidt & Bender oder auch von Leupold. Zudem können sie unmittelbar ab Werk ausgerüstet mit dem Mag-Na-Port-Rückstoßdämpfungssystem und mit einem Rückschlagverminderungssystem im Kolben, einem speziellen Puffer, ausgeliefert werden.

1993 stellte Blaser auf der Internationalen Waffen-Messe IWA in Nürnberg eine neue Repetierbüchse vor, das Modell Blaser R-93. Diese Waffe gibt es zum sportlichen Schießen auf 300 Meter unter anderem auch als Einzelladerbüchse (Modell R-93 UIT Standard) und als 10-schüssigen Repetierer (Modell R-93 CISM). Die R-93 hat ein komplett neu entwickeltes Geradezug-Repetiersystem, das besonders sicher ist. Der Kammerstengel wird nach hinten gezogen, ohne ihn erst heftig anheben zu müssen. Der Verschlußkopf ist mit einer Art 360 Grad-Verschlußring mit 12 Verriegelungswarzen versehen, die beim Schließen des Systems in einen korrespondierenden, zirkelförmigen Verschlußring um den Lauf eingreifen. Aufgrund eines einfachen Wechsellaufsystems kann bei dem R-93-Repetierer problemlos ein Lauf- und damit Kaliberwechsel erfolgen.

Blaser hat übrigens auch eine spezielle Technik entwickelt, um dem Rosten der Waffen entgegenzuwirken. In einem speziellen Fertigungsprozeß wird der verwendete Stahl mittels der sogenannten Blaser-Q-Technik behandelt. Dabei werden die Stahloberflächen mit Stickstoffgas in Verbindung gebracht, das tief (ca. 0,2 mm) in den Stahl eindringt und ihn vor Korrosion schützt.

Blaser B 750/88 Bergstutzen

TECHNISCHE DATEN:

Kaliber:	siehe unten
Kapazität:	zwei Patronen (zwei Läufe, übereinander)
Magazin:	entfällt
Nachladesystem:	doppelläufige Kipplaufbüchse mit Hahnen
Verschluß:	Baskülverschluß
Gesamtgewicht:	ab 3,1 kg (je nach Kaliber)
Gesamtlänge:	102 cm
Lauflänge:	60 cm
Visierung:	festes Klappvisier; vorbereitet für die Blaser-Zielfernrohrschwenkmontage
Sicherung, extern:	Schiebesicherung am Kolbenhals
Sicherung, intern:	interne Verschlußsicherung, Waffe wird durch das Laden nicht gespannt, Spannen erfolgt durch separaten Schloßspannschieber am Kolbenhals

MERKMALE:

- Material:	Carbonstahl
- Finish:	brüniert, Baskülseitenplatten blank und graviert
- Schaft:	ausgesuchtes Nußbaumholz, Backe

Erhältliche Kaliber: für den oberen Lauf .22 Hornet, .222 Rem., 5,6x50 R Mag., 5,6x52 R; für den unteren Lauf 5,6x50 R Mag., 5,6x52 R, .243 Win., .25-06, 6,5x57 R, 6,5x65 R RWS, .270 Win., 7x57 R, 7x65 R, .308 Win., .30-06, .30 R Blaser, 8x57 JRS, 8x75 RS, 9,3x74 R.

Blaser R 93 Jagdmatch Luxus Holz

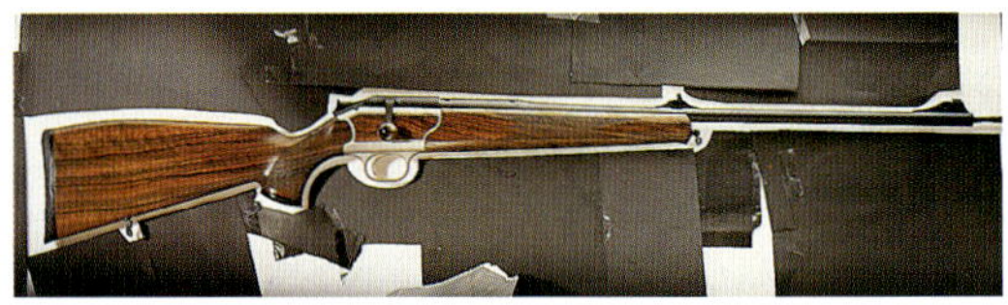

TECHNISCHE DATEN:

Kaliber:	.222 Rem.
Kapazität:	3-Schuß-Magazin, fest
Magazin:	Bodenplatte
Nachladesystem:	Kammerstengel-Repetierwaffe
Verschluß:	spezieller 360°-Verschluß
Gesamtgewicht:	4,4 kg
Gesamtlänge:	107 cm
Lauflänge:	62,7 cm
Visierung:	festes Blattvisier; vorbereitet für die Blaser-Zielfernrohrmontage
Sicherung, extern:	Schiebesicherung am Systemkasten hinten oben
Sicherung, intern:	interne Verschlußsicherung, Waffe wird durch das Laden nicht gespannt, Spannen erfolgt durch separaten Schloßspannschieber am Kolbenhals

MERKMALE:

- Material:	Carbonstahl
- Finish:	brüniert, Seitenplatten am Systemkasten mit Holzeinlagen
- Schaft:	ausgesuchtes Nußbaumholz

Blaser R 93 Royal

TECHNISCHE DATEN:

Kaliber:	siehe unten

Kapazität:	3-Schuß-Magazin, fest
Magazin:	Bodenplatte
Nachladesystem:	Kammerstengel-Repetierwaffe
Verschluß:	spezieller 360°-Verschluß
Gesamtgewicht:	3,0 bis 3,2 kg (je nach Kaliber)
Gesamtlänge:	102 bis 107 cm (je nach Kaliber)
Lauflänge:	57,7 bis 62,7 cm
Visierung:	festes Blattvisier; vorbereitet für die Blaser-Zielfernrohr-montage
Sicherung, extern:	Schiebesicherung am System-kasten hinten oben
Sicherung, intern:	interne Verschlußsicherung, Waffe wird durch das Laden nicht gespannt, Spannen erfolgt durch separaten Schloßspann-schieber am Kolbenhals

MERKMALE:

- Material:	Carbonstahl
- Finish:	brüniert, Seitenplatten am Systemkasten blank und fein graviert
- Schaft:	besonders ausgesuchtes Nußbaumholz

Erhältliche Kaliber: als Leichtkaliber .22 Hornet, .222 Rem., .223 Rem., 5,6x50 R Mag.; als Standardkaliber .243 Win., 6,5x57, 6,5x55, 6,5x65 R RWS, .270 Win., 7x57, 7x64, .308 Win., .30-06, 8x57 JS; als Mediumkaliber 6,5x68, 7,5x55, 8x68 S, 9,3x64; als Magnumkaliber 7 mm Rem.Mag., .300 Win. Mag., .300 Weath.Mag., .338 Win.Mag., .375 H&H Mag.

Blaser K 95 Luxus

TECHNISCHE DATEN:

Kaliber:	siehe unten
Kapazität:	entfällt
Magazin:	entfällt
Nachladesystem:	einläufige Kipplaufbüchse
Verschluß:	Baskülverschluß
Gesamtgewicht:	2,4 bis 2,6 kg (je nach Kaliber)
Gesamtlänge:	102 bis 107 cm (je nach Kaliber)
Lauflänge:	60 bis 65 cm
Visierung:	festes Blattvisier; vorbereitet für die Blaser-Zielfernrohr-schwenkmontage
Sicherung, extern:	Schiebesicherung am Kolben-hals
Sicherung, intern:	interne Verschlußsicherung, Waffe wird durch das Laden nicht gespannt, Spannen erfolgt durch separaten Schloßspann-schieber am Kolbenhals

MERKMALE:

- Material:	Carbonstahl
- Finish:	brüniert, Baskülseitenplatten blank und graviert
- Schaft:	ausgesuchtes Nußbaumholz, Backe

Erhältliche Kaliber: .22 Hornet, .222 Rem., 5,6x50 R Mag., 5,6x52 R, .243 Win., 6,5x57 R, 6,5x65 R RWS, 6,5x68 R, .270 Win., 7x57 R, 7x65 R, 7 mm Rem.Mag., .308 Win., .30-06, .30 R Blaser, 7,5x55, .300 Win.Mag., .300 Weath.Mag., 8x57 JRS, 8x75 RS, 8x68 RS, 9,3x74 R.

Brown

Die amerikanische Firma Brown Precision Inc. mit Sitz in Los Molinos, Kalifornien, hat sich noch nicht mit Massenproduktionen beschäftigt. Chet Brown, der Inhaber und Gründer, ist ein Büchsenmacher, der vornehmlich Custom-Gewehre nach Kundenwünschen baut. Brown war einer der ersten, die in den 70er Jahren damit begannen, Gewehrschäfte aus Kunststoff zu verwenden. Kunststoffschäfte wurden besonders bei Benchrestschützen sehr schnell populär, die die Holzschäfte bis dato nicht sehr geschätzt hatten, weil sie sich verwinden und verziehen können und dadurch die Schußpräzision der Waffen mindern. Kunststoffschäfte sind zudem leichter als Holzschäfte und zumeist weit weniger anfällig gegen Kratzer und Dellen. Besonders deshalb haben schließlich auch die Jäger die Vorteile von Kunststoffschäften entdeckt. Die von Brown verwendeten Kunststoffschäfte sind in der Regel mit Kevlarmaterial und Fiberglas verstärkt. Chet Brown verwendet auch rostfreien Stahl zur Herstellung seiner Büchsen. Er ist der Meinung, daß dieser für eine Gebrauchswaffe besser sei, als die übliche Brünierung oder auch eine Nickel- oder Teflonbeschichtung der Stahlteile. Brown baut seine Waffen auf Basis der Remington 700 oder 40X-Büchsen oder auf Basis der Winchester M70-Repetierer. Brown versieht die entsprechenden Verschlußhülsen mit Stainless-Matchläufen der Firma Shilen. Alle mechanischen Teile werden sorgfältig von Hand angepaßt. Der Kunde kann das Kaliber, die Lauflänge, die Schaftform und die allgemeine Ausführung der Waffe selbst wählen. Hinsichtlich der Wahl des Kalibers steht es dem Kunden sogar frei, Waffen für selbst entworfene Wildcat-Kaliber zu bestellen. Die Firma Brown bietet Standardkonfigurationen ihrer Waffen, die jedoch Kundenwünschen angepaßt werden. Die Firma fertigt auch ein spezielles polizeiliches Scharfschützengewehr.

Brown High Country Custom

TECHNISCHE DATEN:

Kaliber:	nach Kundenwunsch
Kapazität:	3- bis 5-Schuß-Magazin
Magazin:	vor dem Abzugsbügel
Nachladesystem:	Kammerstengel-Repetierwaffe
Verschluß:	Zylinderverschluß (Remington 40X-System)
Gesamtgewicht:	ab 2,3 kg
Gesamtlänge:	ab 103 cm
Lauflänge:	ab 56 cm
Visierung:	keine (vorbereitet für eine spezielle Zielfernrohrmontage)
Sicherung, extern:	Sicherung rechts hinter dem Kammerstengel
Sicherung, intern:	interne Verschlußsicherung
MERKMALE:	
- Material:	Carbonstahl
- Finish:	mattschwarz brüniert
- Schaft:	Kunststoffschaft, mattschwarz oder Camo-Ausführung

Brown High Country Youth

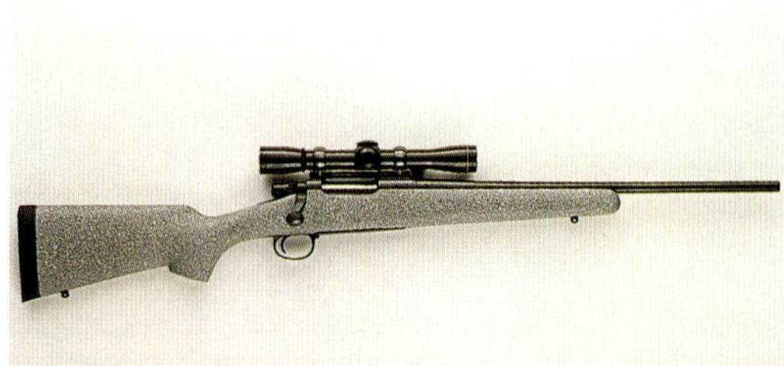

TECHNISCHE DATEN:

Kaliber:	siehe unten
Kapazität:	3- bis 5-Schuß-Magazin
Magazin:	vor dem Abzugsbügel
Nachladesystem:	Kammerstengel-Repetierwaffe
Verschluß:	Zylinderverschluß mit 2 Verriegelungswarzen (Remington 700-System)
Gesamtgewicht:	ca 3,2 bis 3,9 kg
Gesamtlänge:	103 cm
Lauflänge:	56 cm
Visierung:	keine (vorbereitet für eine spezielle Zielfernrohrmontage)
Sicherung, extern:	Sicherung rechts hinter dem Kammerstengel
Sicherung, intern:	interne Verschlußsicherung
MERKMALE:	
- Material:	Carbonstahl
- Finish:	brüniert
- Schaft:	Kunststoffschaft, grau punziert

Lieferbare Kaliber: .223 Rem., .243 Win., 6 mm Rem.Mag., 7 mm-08 Rem., .308 Win.

Brown Pro-Hunter

TECHNISCHE DATEN:

Kaliber:	nach Kundenwunsch
Kapazität:	3- bis 5-Schuß-Magazin
Magazin:	vor dem Abzugsbügel
Nachladesystem:	Kammerstengel-Repetierwaffe
Verschluß:	Zylinderverschluß mit 2 Verriegelungswarzen (Remington 700-System)
Gesamtgewicht:	ca. 3,5 bis 4,5 kg
Gesamtlänge:	103 bis 113 cm
Lauflänge:	56 bis 61 cm, ohne Mündungsbremse

Visierung:	Klappvisier, vorbereitet für eine spezielle Zielfernrohrmontage
Sicherung, extern:	Sicherung rechts hinter dem Kammerstengel
Sicherung, intern:	interne Verschlußsicherung
MERKMALE:	
- Material:	Carbonstahl, Lauf rostfreier Stainless-Stahl
- Finish:	Lauf blank, Verschluß und Hülse vernickelt
- Schaft:	Kunststoffschaft, schwarz

Brown Pro-Hunter Elite

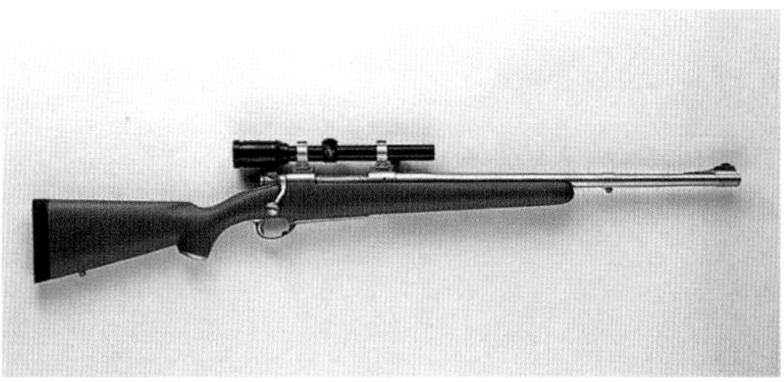

TECHNISCHE DATEN:

Kaliber:	nach Kundenwunsch
Kapazität:	3- bis 5-Schuß-Magazin
Magazin:	vor dem Abzugsbügel
Nachladesystem:	Kammerstengel-Repetierwaffe
Verschluß:	Zylinderverschluß mit 2 Verriegelungswarzen (Winchester M70-System)
Gesamtgewicht:	ca. 3,5 bis 4,5 kg
Gesamtlänge:	103 bis 113 cm
Lauflänge:	56 bis 61 cm, ohne Bremse
Visierung:	Blattvisier, vorbereitet für eine spezielle Zielfernrohrmontage
Sicherung, extern:	Sicherung rechts hinter dem Kammerstengel
Sicherung, intern:	interne Verschlußsicherung
MERKMALE:	
- Material:	Carbonstahl, Lauf rostfreier Stainless-Stahl
- Finish:	Lauf blank, Verschluß und Hülse vernickelt
- Schaft:	Kunststoffschaft, schwarz

Brown Pro-Varminter

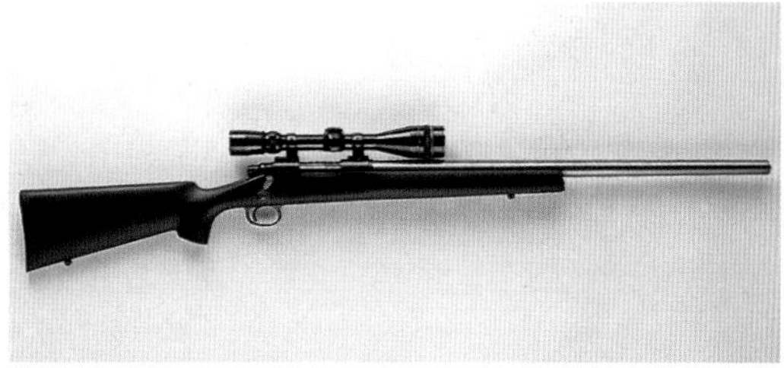

TECHNISCHE DATEN:

Kaliber:	nach Kundenwunsch
Kapazität:	3- bis 5-Schuß-Magazin
Magazin:	vor dem Abzugsbügel
Nachladesystem:	Kammerstengel-Repetierwaffe
Verschluß:	Zylinderverschluß (Remington 700- oder 40X-System)
Gesamtgewicht:	ca. 3,5 bis 4,5 kg
Gesamtlänge:	103 bis 113 cm
Lauflänge:	56 bis 61 cm, ohne Mündungsbremse
Visierung:	Blattvisier, vorbereitet für eine spezielle Zielfernrohrmontage
Sicherung, extern:	Sicherung auf der rechten Seite der Verschlußhülse hinter dem Kammerstengel
Sicherung, intern:	interne Verschlußsicherung
MERKMALE:	
- Material:	Carbonstahl, Lauf rostfreier Stainless-Stahl
- Finish:	matt blank
- Schaft:	Kunststoffschaft, schwarz

Brown Tactical Elite

TECHNISCHE DATEN:

Kaliber:	siehe unten
Kapazität:	3- bis 5-Schuß-Magazin (je nach Kaliber)
Magazin:	vor dem Abzugsbügel
Nachladesystem:	Kammerstengel-Repetierwaffe
Verschluß:	Zylinderverschluß (Remington 700-System)
Gesamtgewicht:	4,5 kg (ohne Zielfernrohr)
Gesamtlänge:	103 cm
Lauflänge:	61 cm
Visierung:	keine (vorbereitet für eine spezielle Zielfernrohrmontage)
Sicherung, extern:	Sicherung auf der rechten Seite der Verschlußhülse hinter dem Kammerstengel
Sicherung, intern:	interne Verschlußsicherung
MERKMALE:	
- Material:	Carbonstahl
- Finish:	mattschwarz
- Schaft:	Kunststoffschaft, schwarz, mit Kevlareinlage, ausgeprägtem Pistolengriff und verstellbarer Schulterplatte

Lieferbare Kaliber: .223 Rem., .308 Win., .300 Win.Mag. als Standardkaliber; ansonsten nach Kundenwunsch.

Browning

Der legendäre Amerikaner John Moses Browning lebte von 1855 bis 1926. Browning entwickelte ab 1883 verschiedene Schußwaffen und arbeitete mit Oliver Winchester zusammen. 1898 meldete Browning seine Konstruktion einer ersten halbautomatischen Flinte, seines Modells „Automatic-5", zum Patent an. Browning wollte die Rechte zur Produktion der Waffe an die Firma Winchester verkaufen, aber der damalige Direktor von Winchester lehnte den Kauf ab. Einesteils hatte Browning einen zu hohen Preis gefordert, andernteils sprach man auch davon, daß die Produktionsmaschinen von Winchester nicht für den Bau der komplizierten Waffe ausreichten. John M. Browning nahm Kontakt mit Remington auf. Am Tag, als das Geschäft klar gemacht werden sollte, erlitt der verantwortliche Remington-Direktor, Marcellus Hartley, einen Herzanfall. So ging Browning schließlich nach Europa und bot seinen Entwurf dort an. In Europa wurden schon verschiedene Pistolenentwürfe von Browning gefertigt, von der belgischen Firma Fabrique National (FN) in Herstal, und diese zögerte auch nicht, mit seinem Projekt „Automatic-5" an den Start zu gehen.

1926 stellte Browning schließlich seine ein Jahr vorher entwickelte B25-Flinte vor, mit dem damals revolutionären Konzept zweier übereinanderliegender Läufe. Diese feine Waffe wird heute noch gebaut. Im gleichen Jahr, 1926, starb John M. Browning überraschend an den Folgen eines im belgischen Liuk erlittenen Herzanfalles. Sein Sohn, Val Browning, führte darauf seine Tradition fort und kam mit weiteren Waffenentwürfen auf den Markt. Der FN (Fabrique National)/Browning-Konzern, umfaßt heute auch Niederlassungen in den Vereinigten Staaten und in Kanada. Er arbeitet eng mit dem Munitionsgiganten Winchester zusammen. Neben der immer noch aktuellen, berühmten ersten Selbstladepistole mit zweireihigem Magazin, der FN/Browning High Power (HP-35), baut die Firma heute diverse andere Klein- und Großkaliberpistolen sowie verschiedene beliebte Flinten und auch Büchsen, vornehmlich für jagdliche und sportliche Zwecke.

Browning A-Bolt II (Standard)

TECHNISCHE DATEN:

Kaliber:	siehe unten
Kapazität:	3-Schuß-Magazin (.22 Hornet u. .223 Rem.: 4-Schuß-Magazin)
Magazin:	vor dem Abzugsbügel
Nachladesystem:	Kammerstengel-Repetierwaffe
Verschluß:	Zylinderverschluß (3 Verriegelungswarzen)
Gesamtgewicht:	2,8 kg
Gesamtlänge:	100,3 cm
Lauflänge:	50,8 cm
Visierung:	keine (vorbereitet für Zielfernrohrmontage)
Sicherung, extern:	Sicherung oben auf dem Kolbenhals hinter dem Verschluß
Sicherung, intern:	interne Verschlußsicherung, Ladezustandsanzeige hinter dem Verschluß

MERKMALE:

- Material:	Carbonstahl
- Finish:	brüniert
- Schaft:	Nußbaumholz

Lieferbare Kaliber: .22 Hornet, .223 Rem., .243 Win., .22-250 Rem., 7 mm-08 Rem., .308 Win.

Browning A-Bolt II Composite Stalker

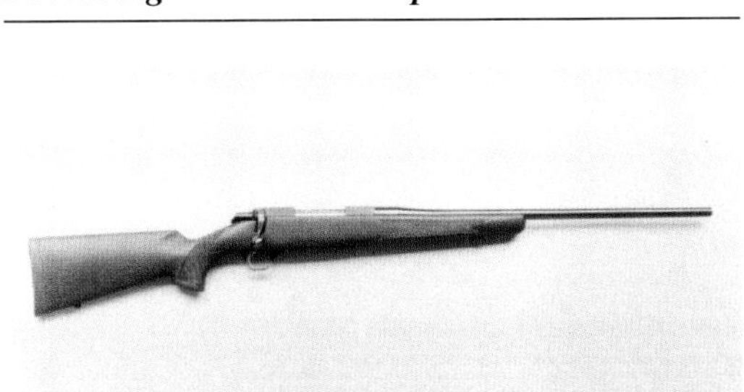

TECHNISCHE DATEN:

Kaliber:	siehe unten
Kapazität:	3- bis 6-Schuß-Magazin
Magazin:	vor dem Abzugsbügel
Nachladesystem:	Kammerstengel-Repetierwaffe
Verschluß:	Zylinderverschluß (3 Verriegelungswarzen)
Gesamtgewicht:	2,9 bis 3,3 kg
Gesamtlänge:	106 bis 119 cm
Lauflänge:	56 bis 66 cm
Visierung:	keine (vorbereitet für Zielfernrohrmontage)
Sicherung, extern:	Sicherung oben auf dem Kolbenhals hinter dem Verschluß
Sicherung, intern:	interne Verschlußsicherung, Ladezustandsanzeige hinter dem Verschluß

MERKMALE:

- Material:	Carbonstahl
- Finish:	brüniert
- Schaft:	Kunststoffschaft, schwarz, kohlenstoff- und fiberglasverstärkt

Lieferbare Kaliber: Gruppe 1 (lange Magnum-Systeme): 7 mm Rem.Mag., .300 Win.Mag., .338 Win. Mag.; Gruppe 2 (lange Standardsysteme): .25-06 Rem., .270 Win., .280 Rem., .30-06; Gruppe 3 (Kurzsysteme): 243 Win., .22-250 Rem., .223 Rem., 7 mm-08 Rem., .308 Win.

Diese Waffe kann mit einem Boss-System versehen werden.

Browning A-Bolt II Eclipse Varmint

TECHNISCHE DATEN:

Kaliber:	.22-250 Rem., .223 Rem., .308 Win.
Kapazität:	4-Schuß-Magazin
Magazin:	vor dem Abzugsbügel
Nachladesystem:	Kammerstengel-Repetierwaffe
Verschluß:	Zylinderverschluß (3 Verriegelungswarzen)
Gesamtgewicht:	4,1 kg
Gesamtlänge:	113 cm
Lauflänge:	66 cm, mit Boss-System
Visierung:	keine (vorbereitet für Zielfernrohrmontage)
Sicherung, extern:	Sicherung oben auf dem Kol-

Sicherung, intern: benhals hinter dem Verschluß
interne Verschlußsicherung, Ladezustandsanzeige hinter dem Verschluß

MERKMALE:

- Material: Carbonstahl
- Finish: brüniert
- Schaft: Hartholz, laminiert, mit Daumenloch

Browning A-Bolt II Hunter

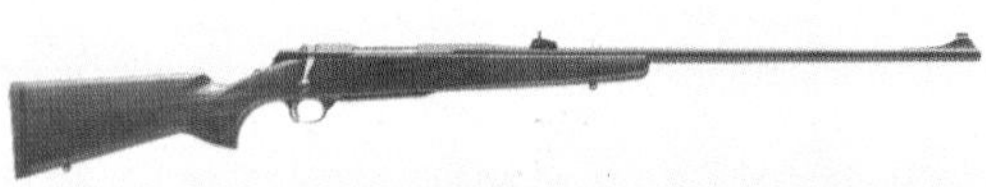

TECHNISCHE DATEN:

Kaliber: siehe unten
Kapazität: 3-Schuß-Magazin (.223 Rem: 4-Schuß-Magazin)
Magazin: vor dem Abzugsbügel
Nachladesystem: Kammerstengel-Repetierwaffe
Verschluß: Zylinderverschluß (3 Verriegelungswarzen)
Gesamtgewicht: 3,0 bis 3,5 kg
Gesamtlänge: 106 bis 119 cm
Lauflänge: 56 bis 66 cm
Visierung: verstellbares Klappvisier, Korntunnel
Sicherung, extern: Sicherung oben auf dem Kolbenhals hinter dem Verschluß
Sicherung, intern: interne Verschlußsicherung, Ladezustandsanzeige hinter dem Verschluß

MERKMALE:

- Material: Carbonstahl
- Finish: brüniert
- Schaft: Nußbaumholz

Lieferbare Kaliber: Gruppe 1 (lange Magnum-Systeme): 7 mm Rem.Mag., .300 Win.Mag., .338 Win. Mag.; Gruppe 2 (lange Standardsysteme): .25-06 Rem., .270 Win., .280 Rem., .30-06; Gruppe 3 (Kurzsysteme): 243 Win., .22-250 Rem., .223 Rem., 7 mm-08 Rem., .308 Win.

Browning A-Bolt II Stainless Stalker

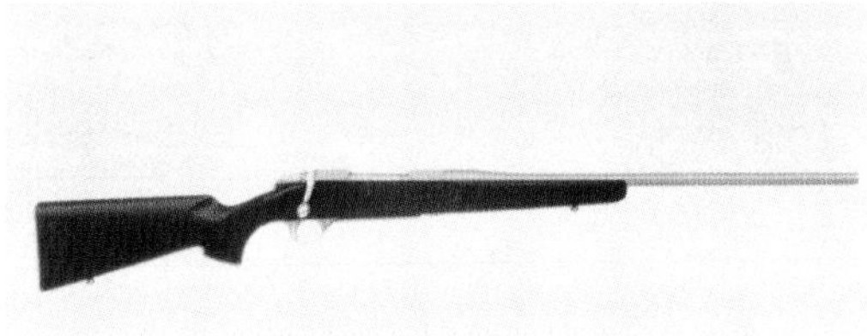

TECHNISCHE DATEN:

Kaliber: siehe unten
Kapazität: 3- bis 6-Schuß-Magazin
Magazin: vor dem Abzugsbügel
Nachladesystem: Kammerstengel-Repetierwaffe
Verschluß: Zylinderverschluß (3 Verriegelungswarzen)
Gesamtgewicht: 2,9 bis 3,3 kg
Gesamtlänge: 106 bis 119 cm
Lauflänge: 56 bis 66 cm
Visierung: keine (vorbereitet für Zielfernrohrmontage)
Sicherung, extern: Sicherung oben auf dem Kolbenhals hinter dem Verschluß
Sicherung, intern: interne Verschlußsicherung, Ladezustandsanzeige hinter dem Verschluß

MERKMALE:

- Material: rostträger Stainless-Stahl
- Finish: blank
- Schaft: Kunststoffschaft, schwarz, kohlenstoff- und fiberglasverstärkt

Lieferbare Kaliber: Gruppe 1 (lange Magnum-Systeme): 7 mm Rem.Mag., .300 Win.Mag., .338 Win.Mag.; Gruppe 2 (lange Standardsysteme): .25-06 Rem., .270 Win., .280 Rem., .30-06; Gruppe 3 (Kurzsysteme): 243 Win., .22-250 Rem., .223 Rem., 7 mm-08 Rem., .308 Win.

Diese Waffe kann mit einem Boss-System versehen werden (siehe anfängliche Erläuterungen).

Browning A-Bolt II Varmint

TECHNISCHE DATEN:

Kaliber: .22-250 Rem., .223 Rem., .308 Win.
Kapazität: 4-Schuß-Magazin
Magazin: vor dem Abzugsbügel
Nachladesystem: Kammerstengel-Repetierwaffe
Verschluß: Zylinderverschluß (3 Verriegelungswarzen)

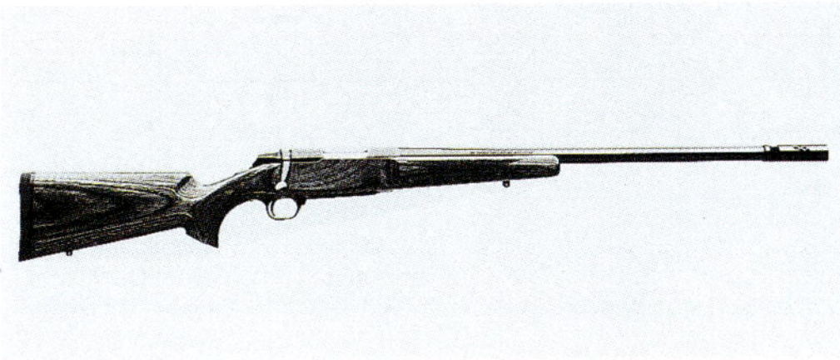

Gesamtgewicht:	4,1 kg
Gesamtlänge:	113 cm
Lauflänge:	66 cm, mit Boss-System
Visierung:	keine (vorbereitet für Zielfernrohrmontage)
Sicherung, extern:	Sicherung oben auf dem Kolbenhals hinter dem Verschluß
Sicherung, intern:	interne Verschlußsicherung, Ladezustandsanzeige hinter dem Verschluß
MERKMALE:	
- Material:	Carbonstahl
- Finish:	brüniert
- Schaft:	Hartholz, laminiert

Browning BAR Mark II Safari

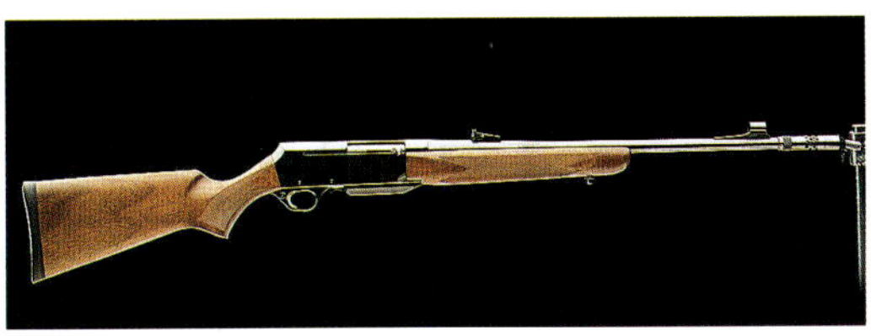

TECHNISCHE DATEN:

Kaliber:	siehe unten
Kapazität:	3-Schuß-Magazin (Magnum), 4-Schuß-Magazin (Standard)
Magazin:	vor dem Abzugsbügel
Nachladesystem:	halbautomatischer Selbstlader
Verschluß:	gasdruckverzögerter Drehkammerverschluß mit 7 Warzen
Gesamtgewicht:	3,5 bis 3,9 kg
Gesamtlänge:	109 bis 114 cm
Lauflänge:	56 bis 61 cm
Visierung:	verstellbares Schiebevisier (vorbereitet für Zielfernrohrmontage)
Sicherung, extern:	Druckknopfsicherung am Abzugsbügel, hinten
Sicherung, intern:	interne Verschlußsicherung
MERKMALE:	
- Material:	Carbonstahl
- Finish:	brüniert
- Schaft:	Nußbaumholz

Lieferbare Kaliber: Magnum-Kaliber: 7 mm Rem. Mag., .300 Win.Mag., .338 Win.Mag.; Standardkaliber: .243 Win., .270 Win., .308 Win., .30-06.

Diese Waffe kann mit einem Boss-System versehen werden.

Browning BAR Mark II Safari-Hunter

TECHNISCHE DATEN:

Kaliber:	siehe unten
Kapazität:	3-Schuß-Magazin (Magnum), 4-Schuß-Magazin (Standard)
Magazin:	vor dem Abzugsbügel
Nachladesystem:	halbautomatische Selbstladewaffe
Verschluß:	gasdruckverzögerter Drehkammerverschluß mit 7 Warzen
Gesamtgewicht:	3,5 bis 3,9 kg
Gesamtlänge:	109 bis 114 cm
Lauflänge:	56 bis 61 cm
Visierung:	verstellbares Schiebevisier (für Zielfernrohrmontage)
Sicherung, extern:	Druckknopfsicherung am Abzugsbügel, hinten
Sicherung, intern:	interne Verschlußsicherung
MERKMALE:	
- Material:	Carbonstahl
- Finish:	brüniert
- Schaft:	Nußbaumholz

Lieferbare Kaliber: Magnum-Kaliber: 7 mm Rem. Mag., .300 Win.Mag., .338 Win.Mag.; Standardkaliber: .243 Win., .270 Win., .308 Win., .30-06.

Diese Waffe kann mit einem Boss-System versehen werden.

Browning BL-22

TECHNISCHE DATEN:

Kaliber:	.22 l.r., .22 lang, .22 kurz
Kapazität:	Röhrenmagazin für 15, 17 oder 22 Patronen (je nach Länge)

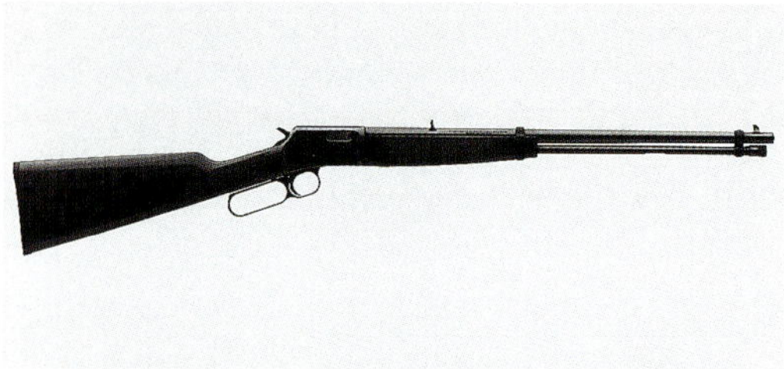

Magazin:	Röhrenmagazin zum Laden von vorne unter dem Lauf
Nachladesystem:	Unterhebel-Repetierwaffe
Verschluß:	Unterhebelverschluß
Gesamtgewicht:	2,3 kg
Gesamtlänge:	94 cm
Lauflänge:	51 cm
Visierung:	verstellbares Visier
Sicherung, extern:	Abzug ist blockiert, so lange der Unterhebel nicht komplett an den Kolbenhals gezogen ist.
Sicherung, intern:	interner Verschluß, Hammer-Laderast, interner Zündstift

MERKMALE:

- Material:	Carbonstahl
- Finish:	brüniert
- Schaft:	Nußbaumholz

Browning BLR Modell 81 Long Action

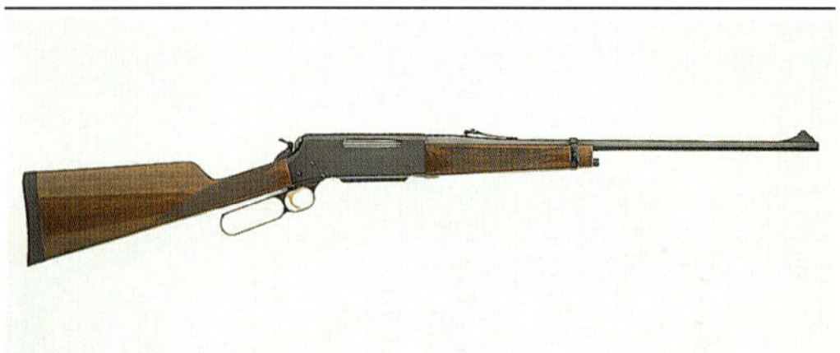

TECHNISCHE DATEN:

Kaliber:	siehe unten
Kapazität:	4-Schuß-Stangenmagazin
Magazin:	vor dem Abzugsbügel
Nachladesystem:	Unterhebel-Repetierwaffe
Verschluß:	Unterhebelverschluß
Gesamtgewicht:	3,2 bis 3,9 kg
Gesamtlänge:	101 bis 113 cm
Lauflänge:	51 bis 56 cm
Visierung:	verstellbares Visier (vorbereitet für Zielfernrohrmontage)
Sicherung, extern:	ohne
Sicherung, intern:	interne Verschlußsicherung, Hammer-Laderast

MERKMALE:

- Material:	Carbonstahl
- Finish:	brüniert
- Schaft:	Nußbaumholz, englische Schäftung ohne Pistolengriff

Lieferbare Kaliber: .270 Win., 7 mm Rem.Mag., .30-06.

Browning European Standard

TECHNISCHE DATEN:

Kaliber:	siehe unten
Kapazität:	3- oder 4-Schuß-Magazin
Magazin:	vor dem Abzugsbügel
Nachladesystem:	Kammerstengel-Repetierwaffe
Verschluß:	Zylinderverschluß (3 Verriegelungswarzen)
Gesamtgewicht:	3,1 bis 3,3 kg
Gesamtlänge:	108 bis 121 cm
Lauflänge:	56 bis 66 cm
Visierung:	verstellbares Blattvisier, Korntunnel
Sicherung, extern:	Sicherung oben auf dem Kolbenhals hinter dem Verschluß
Sicherung, intern:	interne Verschlußsicherung, Ladezustandsanzeige hinter dem Verschluß

MERKMALE:

- Material:	Carbonstahl
- Finish:	brüniert
- Schaft:	Nußbaumholz

Lieferbare Kaliber: Gruppe 1 (lange Magnum-Systeme): 7 mm Rem.Mag., .300 Win.Mag., .338 Win. Mag.; Gruppe 2 (lange Standardsysteme): .25-06 Rem., .270 Win., .280 Rem., .30-06; Gruppe 3 (Kurzsysteme): 243 Win., .22-250 Rem., .223 Rem., 7 mm-08 Rem., .308 Win.

Browning European Standard Boss

TECHNISCHE DATEN:

Kaliber:	siehe unten
Kapazität:	3- oder 4-Schuß-Magazin
Magazin:	vor dem Abzugsbügel

Nachladesystem:	Kammerstengel-Repetierwaffe
Verschluß:	Zylinderverschluß (3 Verriegelungswarzen)
Gesamtgewicht:	3,1 bis 3,3 kg
Gesamtlänge:	108 bis 121 cm, ohne Boss-System
Lauflänge:	56 bis 66 cm, ohne Boss-System
Visierung:	Blattvisier, Korntunnel
Sicherung, extern:	Sicherung oben auf dem Kolbenhals hinter dem Verschluß
Sicherung, intern:	interne Verschlußsicherung, Ladezustandsanzeige hinter dem Verschluß

MERKMALE:

- Material:	Carbonstahl
- Finish:	brüniert
- Schaft:	Nußbaumholz

Lieferbare Kaliber: Gruppe 1 (lange Magnum-Systeme): 7 mm Rem.Mag., .300 Win.Mag., .338 Win. Mag.; Gruppe 2 (lange Standardsysteme): .25-06 Rem., .270 Win., .280 Rem., .30-06; Gruppe 3 (Kurzsysteme): 243 Win., .22-250 Rem., .223 Rem., 7 mm-08 Rem., .308 Win.

Browning Lightning BLR Long Action

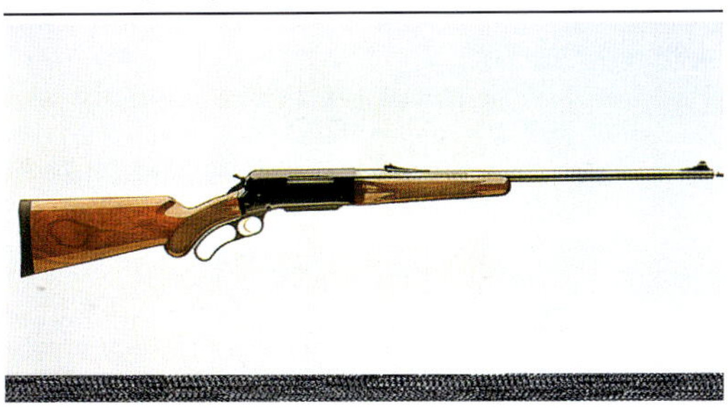

TECHNISCHE DATEN:

Kaliber:	siehe unten
Kapazität:	3- oder 4-Schuß-Stangenmagazin
Magazin:	vor dem Abzugsbügel
Nachladesystem:	Unterhebel-Repetierwaffe
Verschluß:	Unterhebelverschluß
Gesamtgewicht:	3,2 bis 3,6 kg
Gesamtlänge:	109 bis 114 cm
Lauflänge:	56 bis 61 cm
Visierung:	verstellbares Visier (vorbereitet für Zielfernrohrmontage)
Sicherung, extern:	wegklappbarer Hahn
Sicherung, intern:	interne Verschlußsicherung, Hammer-Laderast

MERKMALE:

- Material:	Carbonstahl, Leichtmetallsystemkasten
- Finish:	brüniert
- Schaft:	Nußbaumholz, mit Pistolengriff

Lieferbare Kaliber: .270 Win., 7 mm Rem.Mag., .30-06.

Browning Lightning BLR Short Action

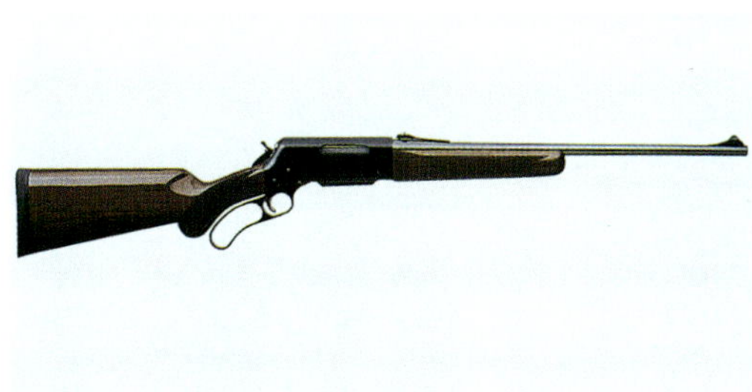

TECHNISCHE DATEN:

Kaliber:	siehe unten
Kapazität:	4- oder 5-Schuß-Stangenmagazin
Magazin:	vor dem Abzugsbügel
Nachladesystem:	Unterhebel-Repetierwaffe
Verschluß:	Unterhebelverschluß
Gesamtgewicht:	3,1 kg
Gesamtlänge:	101 cm
Lauflänge:	56 cm
Visierung:	verstellbares Visier (vorbereitet für Zielfernrohrmontage)
Sicherung, extern:	wegklappbarer Hahn
Sicherung, intern:	interne Verschlußsicherung, Hammer-Laderast

MERKMALE:

- Material:	Carbonstahl, Leichtmetallsystemkasten
- Finish:	brüniert
- Schaft:	Nußbaumholz, mit Pistolengriff

Lieferbare Kaliber: .222 Rem., .223 Rem., .22-250 Rem., .243 Win., .284 Win., .257 Roberts, 7 mm-08 Rem., .308 Win., .358 Win.

Browning Modell 1885 „High Wall“

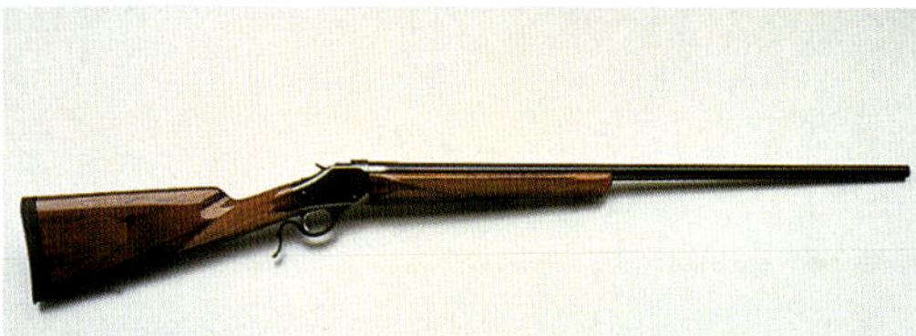

TECHNISCHE DATEN:

Kaliber:	siehe unten
Kapazität:	entfällt
Magazin:	entfällt
Nachladesystem:	Blockbüchse (Einzelladerwaffe)
Verschluß:	Vertikalblock mit zu Öffnungshebel verlängertem Abzugsbügel
Gesamtgewicht:	3,7 kg
Gesamtlänge:	110,5 cm
Lauflänge:	71 cm
Visierung:	keine, Zielfernrohrmontage vorb.
Sicherung, extern:	keine
Sicherung, intern:	interne Verschlußsicherung, Hammer-Laderast

MERKMALE:

- Material:	Carbonstahl
- Finish:	brüniert
- Schaft:	Nußbaumholz, englische Schäftung ohne Pistolengriff

Lieferbare Kaliber: .22-250 Rem., .270 Win., 7 mm Rem.Mag., .30-06, .45-70 Government.

Browning Modell 1885 „Low Wall“

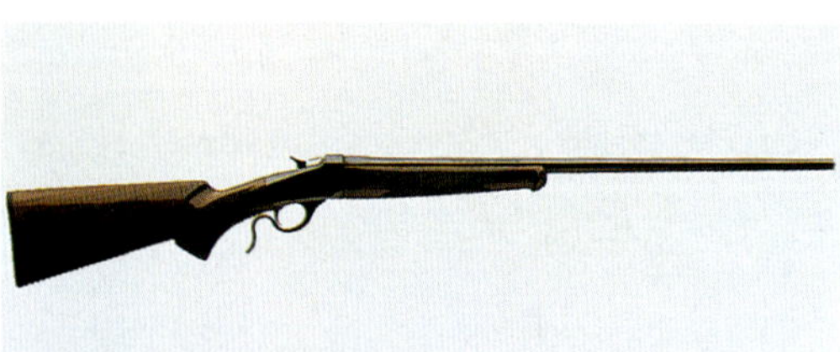

TECHNISCHE DATEN:

Kaliber:	.22 Hornet, .223 Rem., .243 Win.
Kapazität:	entfällt
Magazin:	entfällt
Nachladesystem:	Blockbüchse (Einzelladerwaffe)
Verschluß:	Vertikalblock mit zu Öffnungshebel verlängertem Abzugsbügel
Gesamtgewicht:	2,9 kg
Gesamtlänge:	100,3 cm
Lauflänge:	61 cm
Visierung:	keine, vorbereitet für Zielfernrohrmontage
Sicherung, extern:	keine
Sicherung, intern:	interne Verschlußsicherung, Hammer-Laderast

MERKMALE:

- Material:	Carbonstahl
- Finish:	brüniert
- Schaft:	Nußbaumholz, mit Pistolengriff

Browning Modell 1895 Lever-Action

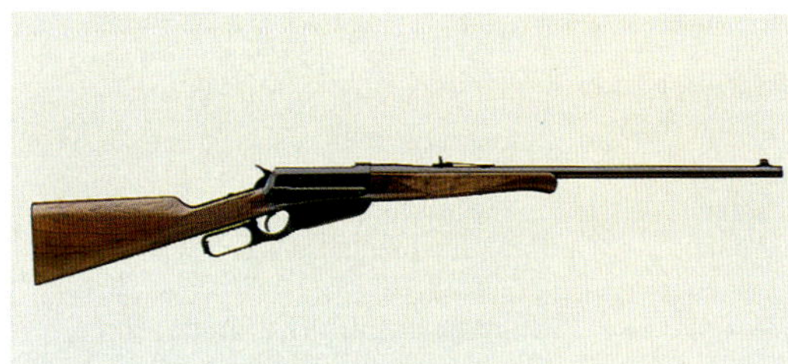

TECHNISCHE DATEN:

Kaliber:	.30-06
Kapazität:	4-Schuß-Stangenmagazin
Magazin:	vor dem Abzugsbügel
Nachladesystem:	Unterhebel-Repetierwaffe
Verschluß:	Unterhebelverschluß
Gesamtgewicht:	3,6 kg
Gesamtlänge:	106,7 cm
Lauflänge:	61 cm
Visierung:	höhenverstellbares Kippvisier
Sicherung, extern:	Sicherungsschieber am Kolben
Sicherung, intern:	interne Verschlußsicherung, Blockierstange

MERKMALE:

- Material:	Carbonstahl
- Finish:	brüniert, auf Wunsch mit graviertem Systemkasten
- Schaft:	Nußbaumholz, englische Schäftung ohne Pistolengriff

Dieses 1895er Erinnerungsmodell ist von bemerkenswerter Herstellungsqualität.

Browning Semi-Auto 22 (Grade VI)

TECHNISCHE DATEN:

Kaliber:	.22 l.r.
Kapazität:	Röhrenmagazin für 11 Patronen
Magazin:	Röhrenmagazin im Hinterschaft
Nachladesystem:	halbautomatischer Selbstlader
Verschluß:	reiner Masseverschluß
Gesamtgewicht:	2,0 kg
Gesamtlänge:	94 cm
Lauflänge:	49 cm
Visierung:	Blattvisier (vorbereitet für Zielfernrohrmontage)
Sicherung, extern:	Druckknopfsicherung am Abzugsbügel, hinten
Sicherung, intern:	interne Verschlußsicherung
MERKMALE:	
- Material:	Carbonstahl
- Finish:	brüniert
- Schaft:	Hartholzschaft, schwarz mit Ladeöffnung für das Röhrenmagazin im Hinterschaft

Der Systemkasten dieser Waffen enthält gravierte Tierfiguren mit 24-Karat-Goldeinlagen. Durch einen speziellen Mechanismus kann das Gewehr schnell in zwei Teile zerlegt werden.

BSA

Die englische Firma Birmingham Small Arms Ltd., kurz BSA, kann auf eine lange Tradition zurückblicken. Von einer Waffenindustrie in Birmingham wird bereits aus dem 13. Jahrhundert berichtet, natürlich aber noch nicht für Feuerwaffen, sondern für Waffen aus dieser Zeit, also für Dolche und Schwerter. 1854 vereinigten sich mehrere renommierte Büchsenmacher aus Birmingham und gründeten die Birmingham Small Arms and Metal Company um daraufhin vornehmlich Militärgewehre zu fertigen. Zwischen 1869 und 1880 baute BSA dann unter anderem auch den legendären LeMat-Revolver in Lizenz, eine interessante Waffe mit einem Schrotlauf zusätzlich zur Trommel. 1924 entwickelte BSA eine automatische Militärwaffe im Kaliber .50 BMG, die zunächst als Fliegerabwehrwaffe Verwendung fand, dann aber in modifizierter Version auch in der britischen Marine eingeführt wurde. Nach dem Krieg begann BSA auch erfolgreich mit der Produktion von Büchsen und Flinten für jagdliche Zwecke. Unter ihrem aktuellen Namen BSA Gun Ltd. baut die Firma heute die verschiedensten, hervorragenden Repetierbüchsen. Obwohl BSA auch weiterhin noch Flinten und Luftdruckgewehre und -pistolen sowie Leuchtpistolen mit solch klingenden Modellbezeichnungen wie „Meteor", „Scorpion" oder „Mercury" herstellt, konzentriert man sich inzwischen vornehmlich auf Repetierbüchsen.

BSA CF2 Carbine

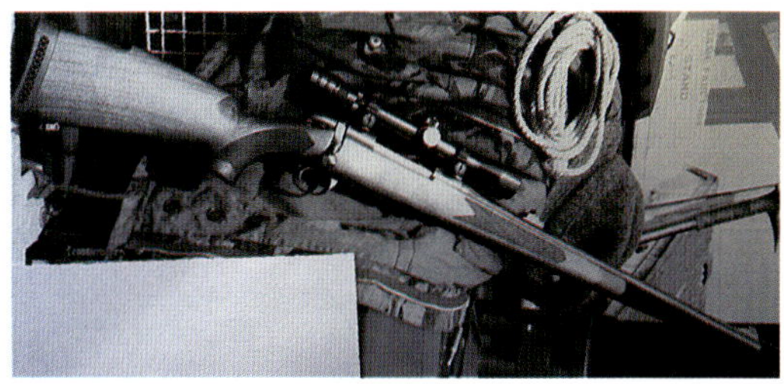

TECHNISCHE DATEN:

Kaliber:	siehe unten
Kapazität:	3- bis 5-Schuß-Magazin, je nach Kaliber
Magazin:	vor dem Abzugsbügel
Nachladesystem:	Kammerstengel-Repetierwaffe
Verschluß:	Zylinder mit 2 Warzen
Gesamtgewicht:	3,4 bis 3,6 kg
Gesamtlänge:	105,2 cm
Lauflänge:	52,3 cm
Visierung:	verstellbares Williams-Visier (für Zielfernrohrmontage)
Sicherung, extern:	Sicherung rechts hinter dem Kammerstengel
Sicherung, intern:	interne Verschlußsicherung, Ladezustandsanzeige hinten
MERKMALE:	
- Material:	Carbonstahl
- Finish:	brüniert
- Schaft:	Hartholz

Lieferbare Kaliber: .222 Rem., .223 Rem., .22-250 Rem., .243 Win., 6,5x55 mm, 7x57 mm, 7x64 mm, 7 mm Rem.Mag., .270 Win., .308 Win., .30-06, .300 Win.Mag.

Die englische Firma BSA (Birmingham Small Arms) hat die Produktion dieses Gewehres eingestellt.

BSA CF2 Heavy Barrel Rifle

TECHNISCHE DATEN:

Kaliber:	siehe unten
Kapazität:	4- bis 5-Schuß-Magazin, je nach Kaliber
Magazin:	vor dem Abzugsbügel
Nachladesystem:	Kammerstengel-Repetierwaffe
Verschluß:	Zylinder (2 Verriegelungswarzen)
Gesamtgewicht:	4,1 bis 4,3 kg
Gesamtlänge:	113 cm
Lauflänge:	60 cm
Visierung:	verstellbares Williams-Visier (für Zielfernrohrmontage)
Sicherung, extern:	Sicherung rechts hinter dem Kammerstengel
Sicherung, intern:	interne Verschlußsicherung, Ladezustandsanzeige hinten

MERKMALE:

- Material:	Carbonstahl
- Finish:	brüniert
- Schaft:	Hartholz

Lieferbare Kaliber: .222 Rem., .223 Rem., .22-250 Rem., .243 Win.; Waffen in anderen Kalibern wurden auf Bestellung hergestellt.

Die englische Firma BSA (Birmingham Small Arms) hat die Produktion dieses Gewehres eingestellt.

BSA CF2 Hunting Rifle

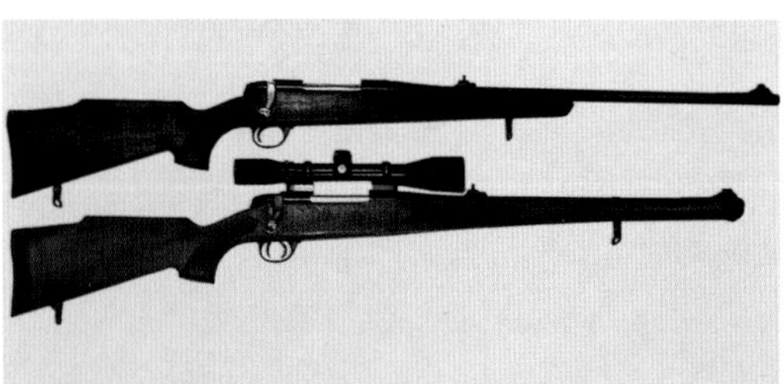

TECHNISCHE DATEN:

Kaliber:	siehe unten
Kapazität:	3- bis 5-Schuß-Magazin, je nach Kaliber
Magazin:	vor dem Abzugsbügel
Nachladesystem:	Kammerstengel-Repetierwaffe
Verschluß:	Zylinder (2 Verriegelungswarzen)
Gesamtgewicht:	3,4 bis 3,6 kg
Gesamtlänge:	113 cm
Lauflänge:	60 cm
Visierung:	verstellbares Williams-Visier (für Zielfernrohrmontage)
Sicherung, extern:	Sicherung rechts hinter dem Kammerstengel
Sicherung, intern:	interne Verschlußsicherung, Ladezustandsanzeige hinten

MERKMALE:

- Material:	Carbonstahl
- Finish:	brüniert
- Schaft:	Hartholz

Lieferbare Kaliber: .222 Rem., .223 Rem., .22-250 Rem., .243 Win., 6,5x55 mm, 7x57 mm, 7x64 mm, 7 mm Rem.Mag., .270 Win., .308 Win., .30-06, .300 Win.Mag.

Abgebildet sind das BSA Modell CV2 Hunting Rifle (oben) und das Modell CV2 Stutzen (unten).

Die englische Firma BSA (Birmingham Small Arms) hat die Produktion dieses Gewehres eingestellt.

BSA CF2 Stutzen

TECHNISCHE DATEN:

Kaliber:	siehe unten
Kapazität:	4- bis 5-Schuß-Magazin, je nach Kaliber
Magazin:	vor dem Abzugsbügel
Nachladesystem:	Kammerstengel-Repetierwaffe
Verschluß:	Zylinder (2 Verriegelungswarzen)
Gesamtgewicht:	3,4 bis 3,6 kg
Gesamtlänge:	105,2 cm
Lauflänge:	52,3 cm
Visierung:	verstellbares Williams-Visier (für Zielfernrohrmontage)

Sicherung, extern:	Sicherung rechts hinter dem Kammerstengel
Sicherung, intern:	interne Verschlußsicherung, Ladezustandsanzeige hinten

MERKMALE:

- Material:	Carbonstahl
- Finish:	brüniert
- Schaft:	Hartholz

Lieferbare Kaliber: .222 Rem., .223 Rem., .22-250 Rem., .243 Win., 6,5x55 mm, 7x57 mm, 7x64 mm, 7 mm Rem.Mag., .270 Win., .308 Win., .30-06.

Abgebildet sind das BSA Modell CV2 Hunting Rifle (oben) und das Modell CV2 Stutzen (unten).

Die englische Firma BSA (Birmingham Small Arms) hat die Produktion dieses Gewehres eingestellt.

BSA CFT Target Rifle

TECHNISCHE DATEN:

Kaliber:	.308 Win.
Kapazität:	entfällt
Magazin:	entfällt

Nachladesystem:	Kammerstengel-Einzellader
Verschluß:	Zylinder (2 Verriegelungswarzen)
Gesamtgewicht:	5 kg
Gesamtlänge:	121 cm
Lauflänge:	67,3 cm
Visierung:	Dioptervisier, Korntunnel
Sicherung, extern:	Sicherung rechts hinter dem Kammerstengel
Sicherung, intern:	interne Verschlußsicherung, Ladezustandsanzeige hinten

MERKMALE:

- Material:	Carbonstahl
- Finish:	brüniert
- Schaft:	Nußbaumholz, mit ausgepr. Pistolengriff

Die englische Firma BSA (Birmingham Small Arms) hat die Produktion dieses Gewehres eingestellt.

BSA Martini Target

TECHNISCHE DATEN:

Kaliber:	.22 l.r.
Kapazität:	entfällt
Magazin:	entfällt
Nachladesystem:	Blockbüchse (Einzelladerwaffe)
Verschluß:	Vertikalblock-Verschluß
Gesamtgewicht:	5,4 kg
Gesamtlänge:	125 cm
Lauflänge:	61 cm
Visierung:	Dioptervisier, Korntunnel
Sicherung, extern:	keine
Sicherung, intern:	interne Verschlußsicherung, Ladezustandsanzeige hinten

MERKMALE:

- Material:	Carbonstahl
- Finish:	brüniert
- Schaft:	Buchenholz, mit ausgepr. Pistolengriff

Bushmaster

Die 1979 gegründete amerikanische Firma Quality Parts Company hat ihren Sitz in Windham im US-Bundesstaat Maine. Anfänglich baute die Firma ausschließlich Waffenteile und Accessoires für das amerikanische Militär und die US-Polizei. Dann ging man dazu über, auch Teile für den Zivilmarkt zu produzieren, zunächst zivile Teile für das amerikanische M-16/AR-15-Sturmgewehr, dann aber auch für Militärwaffen von FAL, Heckler & Koch, Ruger, Kalashnikov und UZI sowie für .45er Government-Pistolen. Das inzwischen gegründete Tochterunternehmen, die Bushmaster Firearms Inc., baut nun komplette Waffen, insbesondere die unter dem Namen XM15 vertriebenen M-16/AR-15-Variationen für den zivilen amerikanischen Markt. Wegen seiner hervorragenden Fertigungsqualität erhielt Bushmaster vor dem Golfkrieg schließlich auch den Großauftrag, die neuen M-16 A2 M4-Sturmgewehre für die US-Armee herzustellen. Diese Waffe bietet die Firma in entsprechend abgeänderter, halbautomatischer Version als Modell XM15-E2S auf dem amerikanischen Zivilmarkt an. Die zivilen Bushmaster-Sturmgewehre sind zwar exakte Kopien der M-16/AR-15-Varianten, ihre Herstellungsqualität ist jedoch weit höher als die der Militärfertigungen. Bushmaster bietet sogar spezielle XM15-Wettkampfwaffen an, die mehrere hundert Meter zielgenau schießen. Wie bei den alten Colt M-16 befindet sich auch bei den Bushmaster-Waffen auf der rechten Seite des Systemkastens ein Druckknopf, mittels dessen der Verschluß beim Vorschnellen noch beschleunigt werden kann.

Bushmaster X17S Bullpup Carbine

TECHNISCHE DATEN:

Kaliber:	.223 Rem.
Kapazität:	30-Schuß-Magazin
Magazin:	System im Hinterschaft, Arretierung auf der linken Seite
Nachladesystem:	halbautomatischer Selbstlader
Verschluß:	gasdruckverzögerter Drehkammerverschluß
Gesamtgewicht:	3,8 kg
Gesamtlänge:	76 cm
Lauflänge:	54,6 cm
Visierung:	verstellbares Visier im Tragegriff, Schiene für Fernrohr
Sicherung, extern:	Druckknopfsicherung am Systemkasten, rechts, steht links heraus
Sicherung, intern:	interne Verschlußsicherung
MERKMALE:	
- Material:	Carbonstahl
- Finish:	schwarz phosphatiert
- Schaft:	Kunststoff

Bei diesem kurzen Gewehr im typischen, sogenannten „Bullpup"-System befindet sich das Magazin und auch das gesamte System im Hinterschaft. So kann die Waffe trotz langen Laufs besonders kurz und militärisch führig gehalten werden.

Bushmaster XM 15 E2S „Shorty" Carbine

TECHNISCHE DATEN:

Kaliber:	.223 Rem.
Kapazität:	30-Schuß-Magazin
Magazin:	vor dem Abzugsbügel, Arretierung links vom Systemkasten
Nachladesystem:	halbautomatischer Selbstlader
Verschluß:	gasdruckverzögerter Drehkammerverschluß
Gesamtgewicht:	3,2 kg
Gesamtlänge:	88,3 cm
Lauflänge:	40,6 cm
Visierung:	verstellbares Klappdioptervisier im Tragegriff
Sicherung, extern:	Druckknopfsicherung am Systemkasten, rechts
Sicherung, intern:	interne Verschlußsicherung
MERKMALE:	
- Material:	Carbonstahl
- Finish:	schwarz phosphatiert
- Schaft:	Kunststoff

Bushmaster XM 15 E2S „Dissipator"-Carbine

TECHNISCHE DATEN:

Kaliber:	.223 Rem.
Kapazität:	30-Schuß-Magazin
Magazin:	vor dem Abzugsbügel, Arretierung links vom Systemkasten
Nachladesystem:	halbautomatischer Selbstlader
Verschluß:	gasdruckverzögerter Drehkammerverschluß
Gesamtgewicht:	3,4 kg
Gesamtlänge:	87,6 cm
Lauflänge:	40,6 cm
Visierung:	verstellbares Klappdioptervisier im Tragegriff
Sicherung, extern:	Druckknopfsicherung am Systemkasten, rechts
Sicherung, intern:	interne Verschlußsicherung

MERKMALE:

- Material:	Carbonstahl
- Finish:	schwarz phosphatiert
- Schaft:	Kunststoff

Dieses Gewehr verfügt über einen speziell langen Vorderschaft; damit ist ein gezieltes Schießen besser zu gewährleisten.

Bushmaster XM 15 E2S „Dissipator" V-Match Carabine

TECHNISCHE DATEN:

Kaliber:	.223 Rem.
Kapazität:	30-Schuß-Magazin
Magazin:	vor dem Abzugsbügel, Arretierung links vom Systemkasten
Nachladesystem:	halbautomatischer Selbstlader
Verschluß:	gasdruckverzögerter Drehkammerverschluß
Gesamtgewicht:	3,4 kg
Gesamtlänge:	87,6 cm
Lauflänge:	40,6 cm
Visierung:	keine, Zielfernrohr-Montageschiene
Sicherung, extern:	Druckknopfsicherung am Systemkasten, rechts, steht links heraus
Sicherung, intern:	interne Verschlußsicherung

MERKMALE:

- Material:	Carbonstahl
- Finish:	schwarz phosphatiert
- Schaft:	Kunststoff

Dieses Gewehr verfügt über einen einschiebbaren Teleskop-Hinterschaft und über einen speziell langen Vorderschaft, mit dem ein gezieltes Schießen besser zu gewährleisten ist. Der Waffe fehlt der übliche Tragegriff.

Bushmaster XM 15 E2S Target Rifle

TECHNISCHE DATEN:

Kaliber:	.223 Rem.
Kapazität:	30-Schuß-Magazin
Magazin:	vor dem Abzugsbügel, Arretierung links vom Systemkasten
Nachladesystem:	halbautomatischer Selbstlader
Verschluß:	gasdruckverzögerter Drehkammerverschluß
Gesamtgewicht:	3,9 kg
Gesamtlänge:	97 cm
Lauflänge:	51 cm
Visierung:	verstellbares Klappdioptervisier im Tragegriff
Sicherung, extern:	Druckknopfsicherung am Systemkasten, rechts
Sicherung, intern:	interne Verschlußsicherung

MERKMALE:

- Material:	Carbonstahl

- Finish: schwarz phosphatiert
- Schaft: Kunststoff

Dieses Gewehr ist auch mit 61 und 66 cm langen Läufen erhältlich.

Bushmaster XM 15 E2S V-Match Competition Rifle

TECHNISCHE DATEN:

Kaliber:	.223 Rem.
Kapazität:	30-Schuß-Magazin
Magazin:	vor dem Abzugsbügel, Arretierung links vom Systemkasten
Nachladesystem:	halbautomatische Selbstladewaffe
Verschluß:	gasdruckverzögerter Drehkammerverschluß
Gesamtgewicht:	3,8 kg
Gesamtlänge:	97 cm
Lauflänge:	51 cm
Visierung:	keine, Zielfernrohr-Montageschiene
Sicherung, extern:	Druckknopfsicherung am Systemkasten, rechts
Sicherung, intern:	interne Verschlußsicherung

MERKMALE:

- Material: Carbonstahl
- Finish: schwarz phosphatiert
- Schaft: Kunststoff

Dieses Gewehr ist auch mit 61 und 66 cm langen Läufen erhältlich. Der Waffe fehlt der übliche Tragegriff.

Calico

1982 wurde in Bakersfield, Kalifornien, die Firma California Instrument Company gegründet. Zunächst konzentrierte man sich auf den Bau von Werkzeugen für die Ölindustrie. Im Mai 1985 wurde mit einem Schußwaffenzweig der Firma begonnen.
Calico baut vornehmlich leichte halb- oder vollautomatische Kurz- und Langwaffen mit einer möglichst großen Kapazität. 1985 entwickelte man einen Prototyp für eine kurze halbautomatische .22 l.r.-Büchse mit einer Kapazität von 100 (!) Schuß.
Dieser Waffe folgten 1989 eine Pistole, eine Maschinenpistole und ein halbautomatischer Kurzkarabiner, je im Kaliber 9 mm Para, mit 50- und 100-Schuß-Magazinen.
Die immense Kapazität wird durch die Verwendung eines speziellen Wendel- oder Spiralmagazins erreicht, das an der Oberseite der Waffe befestigt ist. Die mehreren Reihen von Patronen, die sich in dem Magazin befinden, werden mit Federkraft und durch die Rotationsbewegung der Spiralachse im Magazin weitergedrückt und eine nach der anderen dem Patronenlager zugeführt. Allerdings wurde Calico nun ein Opfer der neuen, strengeren amerikanischen Waffengesetzgebung. Für den Zivilmarkt sind dort keine Waffen mehr zugelassen, deren Magazine mehr als 10 Schuß fassen. Daher ist die Firma Calico nun auf behördliche Bestellungen und Exportaufträge angewiesen.

Calico Liberty 50 Carbine

TECHNISCHE DATEN:

Kaliber:	9 mm Para
Kapazität:	50-Schuß-Spiralmagazin
Magazin:	über dem Systemkasten, Arretierung auf der Magazinrückseite
Nachladesystem:	halbautomatische Selbstladewaffe
Verschluß:	reiner Masseverschluß
Gesamtgewicht:	3,2 kg
Gesamtlänge:	87,6 cm
Lauflänge:	41 cm
Visierung:	verstellbares Visier, integriert
Sicherung, extern:	Druckknopfsicherung, beidseitig
Sicherung, intern:	interne Verschlußsicherung; Möglichkeit, das Patronenlager zu überprüfen, ohne daß die Waffe gespannt wird.

MERKMALE:

- Material:	Carbonstahl, Gehäuse und Magazin aus schlagfestem, hochzähem Kunststoff
- Finish:	schwarz überzogen
- Schaft:	Kunststoff, schwarz

Calico Liberty 100 Carbine

TECHNISCHE DATEN:

Kaliber:	9 mm Para
Kapazität:	100-Schuß-Spiralmagazin
Magazin:	über dem Systemkasten, Arretierung auf der Magazinrückseite
Nachladesystem:	halbautomatische Selbstladewaffe
Verschluß:	reiner Masseverschluß
Gesamtgewicht:	3,2 kg
Gesamtlänge:	87,6 cm
Lauflänge:	41 cm
Visierung:	verstellbares Visier, integriert
Sicherung, extern:	Druckknopfsicherung, beidseitig
Sicherung, intern:	interne Verschlußsicherung; Möglichkeit, das Patronenlager zu überprüfen, ohne daß die Waffe gespannt wird.

MERKMALE:

- Material:	Carbonstahl, Gehäuse und Magazin aus schlagfestem, hochzähem Kunststoff
- Finish:	schwarz überzogen
- Schaft:	Kunststoff, braun (Holzimitat)

Chapuis

Am Ende des 19. Jahrhunderts begann sich in dem kleinen Dorf Saint-Bonnet-le-Chateau am französischen Fluß Loire eine regelrechte Heimarbeitindustrie zu entwickeln. Man stellte in Heimarbeit Teile zur Produktion von Waffen her, sogar Läufe und Basküίlen. Die Teile waren für die großen Waffenfabriken im nahegelegenen Saint-Etienne bestimmt. André Chapuis war einer dieser Heimarbeits-Büchsenmacher. Seine Spezialität war der Bau von Läufen und Systemen. Da schließlich auch Chapuis' Sohn Jean in der Waffenindustrie tätig werden wollte, beschlossen Vater und Sohn, einen eigenen kleinen Familienbetrieb zu begründen und in Handarbeit komplette Waffen zu bauen. Sie bauten vornehmlich Jagdgewehre. Nachdem die Produktion während des Zweiten Weltkrieges hatte gestoppt werden müssen, begann man nach 1945 sofort wieder den Betrieb weiterlaufen zu lassen. Unter Leitung des heutigen Chefs, René Chapuis, hat sich die Firma inzwischen besonders auf dem Gebiet der Kipplaufbüchsen und -flinten einen sehr guten Namen gemacht. Man produziert mit höchster Qualität und fertigt noch sehr viel von Hand. 1990 stellte man die sehr erfolgreiche Chapuis-„Oural"-Einzelladerbüchse mit Kipplauf vor, die für die Jagd auf mittelgroßes Wild bestimmt ist.

Chapuis Double Express Prestige

TECHNISCHE DATEN:

Kaliber:	9,3 x 74 R, 7 x 65 R
Kapazität:	zwei Patronen (zwei Läufe)
Magazin:	entfällt
Nachladesystem:	doppelläufige Kipplaufbüchse
Verschluß:	Baskülverschluß, Verschlußhebel oberhalb der Basküle
Gesamtgewicht:	3,3 bis 3,4 kg
Gesamtlänge:	109 cm
Lauflänge:	60 cm
Visierung:	Express-Klappvisier, vorbereitet für Zielfernrohrmontage
Sicherung, extern:	Schiebesicherung am Kolbenhals
Sicherung, intern:	interne Verschlußsicherung

MERKMALE:

- Material:	Carbonstahl

- Finish:	brüniert, Basküle blank und graviert, mit Seitenschlossen
- Schaft:	Nußbaumholz

Chapuis Double Express Progress

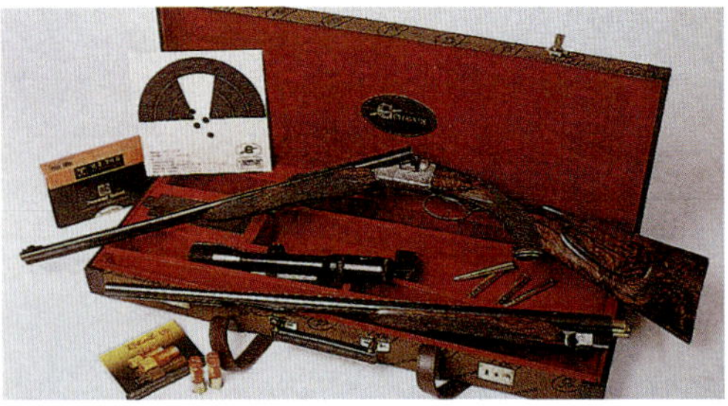

TECHNISCHE DATEN:

Kaliber:	9,3 x 74 R, 8 x 57 IR, 7 x 65 R
Kapazität:	zwei Patronen (zwei Läufe)
Magazin:	entfällt
Nachladesystem:	doppelläufige Kipplaufbüchse
Verschluß:	Baskülverschluß, Verschlußhebel oberhalb der Basküle
Gesamtgewicht:	3,3 kg
Gesamtlänge:	102,5 cm
Lauflänge:	60 cm
Visierung:	Express-Klappvisier, vorbereitet für Zielfernrohrmontage
Sicherung, extern:	Schiebesicherung am Kolbenhals
Sicherung, intern:	interne Verschlußsicherung
MERKMALE:	
- Material:	Carbonstahl
- Finish:	brüniert, Basküle blank und graviert
- Schaft:	Nußbaumholz

Chapuis Double Express Progress 375 Savanna

TECHNISCHE DATEN:

Kaliber:	.375 H&H Magnum
Kapazität:	zwei Patronen (zwei Läufe)
Magazin:	entfällt
Nachladesystem:	doppelläufige Kipplaufbüchse
Verschluß:	Baskülverschluß, Verschlußhebel oberhalb der Basküle
Gesamtgewicht:	3,85 kg
Gesamtlänge:	109 cm
Lauflänge:	65 cm

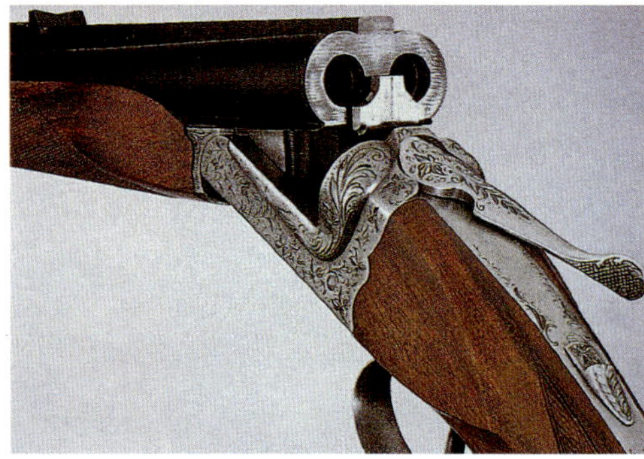

Visierung:	Express-Klappvisier, vorbereitet für Zielfernrohrmontage
Sicherung, extern:	Schiebesicherung am Kolbenhals
Sicherung, intern:	interne Verschlußsicherung
MERKMALE:	
- Material:	Carbonstahl
- Finish:	brüniert, Basküle blank und graviert
- Schaft:	Nußbaumholz

Chapuis Double Express Progress Imperial

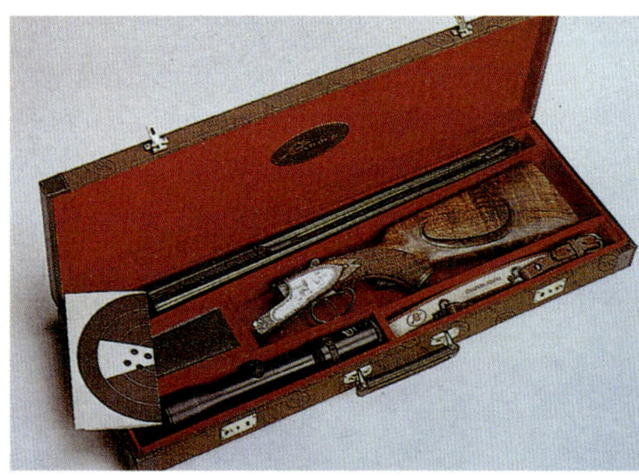

TECHNISCHE DATEN:

Kaliber:	9,3 x 74 R, 8 x 57 IR, 7 x 65 R
Kapazität:	zwei Patronen (zwei Läufe, nebeneinander)
Magazin:	entfällt
Nachladesystem:	doppelläufige Kipplaufbüchse
Verschluß:	Baskülverschluß, Verschlußhebel oberhalb der Basküle
Gesamtgewicht:	3,2 bis 3,3 kg
Gesamtlänge:	109 cm
Lauflänge:	65 cm
Visierung:	Express-Klappvisier, vorbereitet für Zielfernrohrmontage

Sicherung, extern:	Schiebesicherung am Kolbenhals
Sicherung, intern:	interne Verschlußsicherung
MERKMALE:	
- Material:	Carbonstahl
- Finish:	brüniert, Basküle blank und graviert
- Schaft:	Nußbaumholz

Chapuis Gevaudan 2000 Affût

TECHNISCHE DATEN:	
Kaliber:	7 x 64, .300 Win.Mag.
Kapazität:	4-Schuß-Magazin
Magazin:	vor dem Abzugsbügel, fest
Nachladesystem:	Kammerstengel-Repetierwaffe
Verschluß:	Zylinderverschluß (2 Verriegelungswarzen)
Gesamtgewicht:	3,2 bis 3,3 kg
Gesamtlänge:	113,5 bis 118,5 cm
Lauflänge:	60 bis 65 cm
Visierung:	Klappvisier, vorbereitet für Zielfernrohrmontage
Sicherung, extern:	Sicherung rechts hinter dem Kammerstengel
Sicherung, intern:	interne Verschlußsicherung, Ladezustandsanzeige
MERKMALE:	
- Material:	Carbonstahl
- Finish:	brüniert
- Schaft:	Nußbaumholz

Chapuis Gevaudan 2000 Battue

TECHNISCHE DATEN:	
Kaliber:	9,3 x 62, 7 x 64, .300 Win.Mag.
Kapazität:	4 oder 5-Schuß-Magazin
Magazin:	vor dem Abzugsbügel, fest
Nachladesystem:	Kammerstengel-Repetierwaffe
Verschluß:	Zylinderverschluß (2 Verriegelungswarzen)
Gesamtgewicht:	3,1 bis 3,6 kg
Gesamtlänge:	107 bis 113,5 cm
Lauflänge:	53 bis 60 cm
Visierung:	Drückjagdvisierschiene, vorbereitet für Zielfernrohrmontage
Sicherung, extern:	Sicherung rechts hinter dem Kammerstengel
Sicherung, intern:	interne Verschlußsicherung, Ladezustandsanzeige
MERKMALE:	
- Material:	Carbonstahl
- Finish:	brüniert
- Schaft:	Nußbaumholz

Chapuis Gevaudan 2000 Battue Stutzen

TECHNISCHE DATEN:	
Kaliber:	9,3 x 62, 7 x 64, .300 Win.Mag.
Kapazität:	4 oder 5-Schuß-Magazin
Magazin:	vor dem Abzugsbügel, fest
Nachladesystem:	Kammerstengel-Repetierwaffe
Verschluß:	Zylinderverschluß (2 Verriegelungswarzen)
Gesamtgewicht:	3,1 kg
Gesamtlänge:	107 cm
Lauflänge:	53 cm
Visierung:	Drückjagdvisierschiene, vorbereitet für Zielfernrohrmontage
Sicherung, extern:	Sicherung rechts hinter dem Kammerstengel
Sicherung, intern:	interne Verschlußsicherung, Ladezustandsanzeige
MERKMALE:	
- Material:	Carbonstahl
- Finish:	brüniert
- Schaft:	Nußbaumholz

Chapuis Oural Luxe

TECHNISCHE DATEN:

Kaliber:	siehe unten
Kapazität:	entfällt
Magazin:	entfällt
Nachladesystem:	einläufige Kipplaufbüchse
Verschluß:	Baskülverschluß
Gesamtgewicht:	2,8 kg
Gesamtlänge:	102,5 cm
Lauflänge:	60 cm
Visierung:	Express-Klappvisier, vorbereitet für Zielfernrohrmontage
Sicherung, extern:	Schiebesicherung am Kolbenhals
Sicherung, intern:	interne Verschlußsicherung
MERKMALE:	
- Material:	Carbonstahl
- Finish:	brüniert, Basküle blank und graviert
- Schaft:	Nußbaumholz

Lieferbare Kaliber: 6 x 62 R Frères, 6,5 x 57 R, 7 x 65 R, .270 Win., .300 Win.Mag.

Das Gewehr ist mit einem Doppelabzug (Stecher) ausgerüstet.

Colt

Die bekannte Colt's Manufacturing Company Inc. hat ihren Sitz in Hartford, Connecticut, an der Ostküste der Vereinigten Staaten. Colt baut bereits seit mehr als 160 Jahren Waffen, zunächst nur Revolver, seit Beginn dieses Jahrhunderts auch Gewehre und Selbstladepistolen. 1911 brachte die Firma ihre berühmte halbautomatische Selbstladepistole Colt Modell 1911 im Kaliber .45 ACP auf den Markt, die der legendäre John Moses Browning (1854-1926) entwickelt hatte.

An Gewehren produzierte Colt im Laufe der Jahre unter anderem das Modell „Colteer", einen Sattelkarabiner im Kaliber .22 l.r. Auch baute Colt eine Flinte, das berühmte Pump Action- Modell „Standard". Zwar sind die meisten Langwaffen von Colt im Laufe der Zeit zu reinen Sammlerwaffen geworden, mit dem militärischen Selbstlade-Sturmgewehr Colt M-16 und seinen nachfolgenden Zivilversionen, die alle unter dem Namen AR-15 vermarktet wurden, hat die Firma dann aber einen wahren Siegeszug angetreten.

Das M-16 mit seinem markanten Tragebügel wurde 1956 von Eugene Stoner, der damals noch für die Firma Armalite arbeitete, entworfen. Armalite war seinerzeit ein Teil des Fairchild Engine und Airplane-Konzerns und Stoner war sozusagen der Haus- und Hofingenieur der Firma. 1959 übernahm die Firma Colt die Produktion des M-15. Während des Vietnam-Krieges bauten das US-Militär-Standardgewehr auch die Firmen Harrington & Richardson und sogar General Motors. Insgesamt wurden vom M-16 im Laufe der Jahre in verschiedenen Versionen etwa 3 440 000 Stück produziert.

Die aktuelle Colt-Zivilpalette besteht unter anderem aus dem Modell AR-15 Match Target-Selbstlader, der in den Kalibern .223 Rem., 9 mm Para und auch dem russischen 7,62 x 39 mm lieferbar ist. 1995 brachte Colt eine doppelläufige Flinte, das Modell „Armsmear", auf den Markt.

Colt Match Target HBAR (Heavy Barrel)

TECHNISCHE DATEN:

Kaliber:	.223 Rem.
Kapazität:	5-Schuß-Magazin
Magazin:	vor dem Abzugsbügel, Arretierung links vom Systemkasten
Nachladesystem:	halbautomatischer Selbstlader
Verschluß:	gasdruckverz. Drehkammer
Gesamtgewicht:	3,6 kg
Gesamtlänge:	99,1 cm
Lauflänge:	51 cm

Visierung: Klappdioptervisier
Sicherung, extern: Druckknopfsicherung am Systemkasten, rechts
Sicherung, intern: interne Verschlußsicherung

MERKMALE:
- Material: Carbonstahl
- Finish: schwarz phosphatiert
- Schaft: Kunststoff

Dieses Gewehr ist auch in den Kalibern 9 mm Para und 7,62 x 39 mm sowie in einer Leichtversion mit nur 3 kg Gesamtgewicht erhältlich.

Colt Sporter HBAR (Heavy Barrel)/ Armalite AR-15

TECHNISCHE DATEN:
Kaliber: .223 Rem.
Kapazität: 5, 20- oder 30-Schuß-Magazin
Magazin: vor dem Abzugsbügel, Arretierung links vom Systemkasten
Nachladesystem: halbautomatischer Selbstlader
Verschluß: gasdruckverz. Drehkammer
Gesamtgewicht: 3,4 kg
Gesamtlänge: 99,1 cm
Lauflänge: 51 cm
Visierung: Klappdioptervisier
Sicherung, extern: Druckknopfsicherung am Systemkasten, rechts
Sicherung, intern: interne Verschlußsicherung

MERKMALE:
- Material: Carbonstahl
- Finish: schwarz phosphatiert
- Schaft: Kunststoff

CZ (Brünner)

Die Firma CZ, was abgekürzt für „Ceska Zbrojovka" steht, hat ihren Sitz nicht, worauf der häufig in Deutschland verwendete Firmenname „Brünner" schließen ließe, im tschechischen Brünn, sondern in Uhersky Brod, einem kleinen Ort in der Nähe von Brünn. Die frühere Tschechoslowakei hat eine lange Tradition im Bau von Schußwaffen. Seit dem Ersten Weltkrieg baute man vornehmlich in den dortigen Firmen Zbrojovka Brno, Ceska Zbrojovka Strakonice und Zavody Skoda auch Militärwaffen. Die erstgenannte, direkt in Brno (Brünn) beheimatete Firma wurde durch die Entwicklung des leichten Maschinengewehres 2-GB-33 bekannt. Bezüglich dieser Waffe verkaufte man eine Produktionslizenz an den englischen Staatsbetrieb Enfield Ordnance Factory, der das Maschinengewehr dann unter dem Namen „Bren Gun" weltberühmt machte.
Die eigentliche Firma CZ entstand 1936 infolge der Bedrohung durch Nazi-Deutschland. Einer der Gründe, weshalb man Uhersky Brod als Produktionssitz auswählte, war, daß es außerhalb des Aktionsradius deutscher Bomber lag. Schließlich wurde die Tschechoslowakei doch von Deutschland eingenommen. Von 1939 an war man bei CZ daher gezwungen, Maschinengewehre für die deutsche Armee zu bauen. Nach dem Zweiten Weltkrieg wurde das Land von den Russen besetzt; und CZ baute in extremen Stückzahlen militärische Kalashnikov-Sturmgewehre. Seitdem die Firma nun in ihrer jetzigen Form besteht, spezialisiert sie sich auch immer mehr auf den Bau hervorragender Pistolen und jagdlicher Repetierbüchsen. CZ ist heute einer der weltweit größten Produzenten leichter Hand- und Faustfeuerwaffen; die Firma exportiert ihre Produkte in mehr als 70 Länder rund um den Erdball. Einige der CZ-Modelle, insbesondere die bekannte Selbstladepistole (Brünner) CZ-75, standen Modell und Pate für diverse Konstruktionen anderer internationaler Hersteller. Die aktuelle Verkaufspalette von CZ besteht aus Repetierbüchsen aller Kaliber, aus verschiedenen halbautomatischen Selbstladepistolenmodellen, Flinten und Luftdruckwaffen. In der Zeit des Kalten Krieges waren die CZ-Produkte zwar in der westlichen Welt wenig bekannt, inzwischen sind sie aber wegen ihres besonders guten Preis-Leistungsverhältnisses äußerst populär und werden sehr gerne gekauft.

CZ ZKM 452 Modell 2E Delux

TECHNISCHE DATEN:

Kaliber:	.22 l.r., .22 WMR
Kapazität:	10-Schuß-Magazin
Magazin:	vor dem Abzugsbügel
Nachladesystem:	Kammerstengel-Repetierwaffe
Verschluß:	Zylinderverschluß (2 Verriegelungswarzen)
Gesamtgewicht:	3 kg
Gesamtlänge:	108,3 cm
Lauflänge:	57,1 cm
Visierung:	verstellbares Schiebevisier, Korntunnel
Sicherung, extern:	Sicherung hinter dem Kammerstengel
Sicherung, intern:	interne Verschlußsicherung

MERKMALE:

- Material:	Carbonstahl
- Finish:	brüniert
- Schaft:	Holz

CZ ZKM 452 Junior Karabiner

TECHNISCHE DATEN:

Kaliber:	.22 l.r., .22 WMR
Kapazität:	10-Schuß-Magazin
Magazin:	vor dem Abzugsbügel
Nachladesystem:	Kammerstengel-Repetierwaffe
Verschluß:	Zylinderverschluß (2 Verriegelungswarzen)
Gesamtgewicht:	1,8 kg
Gesamtlänge:	81,7 cm
Lauflänge:	41,2 cm
Visierung:	verstellbares Schiebevisier, Korntunnel
Sicherung, extern:	Sicherung hinter dem Kammerstengel
Sicherung, intern:	interne Verschlußsicherung

MERKMALE:

- Material:	Carbonstahl
- Finish:	brüniert
- Schaft:	Holz

CZ 452-2E ZKM Spezial

TECHNISCHE DATEN:

Kaliber:	.22 l.r., .22 WMR
Kapazität:	5- oder 10-Schuß-Magazin
Magazin:	vor dem Abzugsbügel
Nachladesystem:	Kammerstengel-Repetierwaffe
Verschluß:	Zylinder (2 Warzen)
Gesamtgewicht:	3 kg
Gesamtlänge:	108,3 cm
Lauflänge:	63 cm
Visierung:	verstellbares Schiebevisier, Korntunnel, Zielfernrohr-Montageschiene
Sicherung, extern:	Sicherung hinter dem Kammerstengel
Sicherung, intern:	interne Verschlußsicherung

MERKMALE:

- Material:	Carbonstahl
- Finish:	brüniert
- Schaft:	Buchenholz

CZ 452-2E ZKM Standard

TECHNISCHE DATEN:

Kaliber:	.22 l.r., .22 WMR
Kapazität:	5- oder 10-Schuß-Magazin
Magazin:	vor dem Abzugsbügel
Nachladesystem:	Kammerstengel-Repetierwaffe
Verschluß:	Zylinderverschluß (2 Verriegelungswarzen)
Gesamtgewicht:	3 kg

Gesamtlänge:	108,3 cm
Lauflänge:	63 cm
Visierung:	verstellbares Schiebevisier, Korntunnel, Zielfernrohr-Montageschiene
Sicherung, extern:	Sicherung hinter dem Kammerstengel
Sicherung, intern:	interne Verschlußsicherung

MERKMALE:

- Material:	Carbonstahl
- Finish:	brüniert
- Schaft:	Buchenholz

CZ 452-2E ZKM-Synthetik

TECHNISCHE DATEN:

Kaliber:	.22 l.r., .22 WMR
Kapazität:	10-Schuß-Magazin
Magazin:	vor dem Abzugsbügel
Nachladesystem:	Kammerstengel-Repetierwaffe
Verschluß:	Zylinderverschluß (2 Verriegelungswarzen)
Gesamtgewicht:	2,7 kg
Gesamtlänge:	108,3 cm
Lauflänge:	63 cm
Visierung:	verstellbares Schiebevisier, Korntunnel
Sicherung, extern:	Sicherung hinter dem Kammerstengel
Sicherung, intern:	interne Verschlußsicherung

MERKMALE:

- Material:	Carbonstahl
- Finish:	vernickelt
- Schaft:	Kunststoff

CZ Modell CZ 511

TECHNISCHE DATEN:

Kaliber:	.22 l.r.
Kapazität:	8-Schuß-Magazin
Magazin:	Halter hinter dem Schacht
Nachladesystem:	halbautomatischer Selbstlader

Verschluß:	reiner Masseverschluß
Gesamtgewicht:	2,5 kg
Gesamtlänge:	98 cm
Lauflänge:	56,4 cm
Visierung:	verstellbares Klappvisier, Korntunnel, Zielfernrohr-Montageschiene
Sicherung, extern:	Druckknopfsicherung hinter dem Abzug
Sicherung, intern:	interne Verschlußsicherung

MERKMALE:

- Material:	Carbonstahl
- Finish:	brüniert
- Schaft:	Buchenholz

CZ Modell CZ 511 Lux

TECHNISCHE DATEN:

Kaliber:	.22 l.r.
Kapazität:	8-Schuß-Magazin
Magazin:	Halter hinter dem Schacht
Nachladesystem:	halbautomatischer Selbstlader
Verschluß:	reiner Masseverschluß
Gesamtgewicht:	2,5 kg
Gesamtlänge:	98 cm
Lauflänge:	56,4 cm
Visierung:	verstellbares Klappvisier, Korntunnel, Zielfernrohr-Montageschiene
Sicherung, extern:	Druckknopfsicherung hinter dem Abzug
Sicherung, intern:	interne Verschlußsicherung

MERKMALE:

- Material:	Carbonstahl

- Finish: brüniert
- Schaft: Nußbaumholz

CZ 513 Farmer

TECHNISCHE DATEN:

Kaliber: .22 l.r.
Kapazität: 5- oder 10-Schuß-Magazin
Magazin: vor dem Abzugsbügel
Nachladesystem: Kammerstengel-Repetierwaffe
Verschluß: Zylinderverschluß (2 Verriegelungswarzen)
Gesamtgewicht: 2,8 kg
Gesamtlänge: 99 cm
Lauflänge: 53 cm
Visierung: höhenverstellbares Visier, Korntunnel
Sicherung, extern: Sicherung hinter dem Kammerstengel
Sicherung, intern: interne Verschlußsicherung

MERKMALE:

- Material: Carbonstahl
- Finish: brüniert
- Schaft: Buchenholz

CZ 527

TECHNISCHE DATEN:

Kaliber: .22 Hornet, .222 Rem., .223 Rem.
Kapazität: 5-Schuß-Magazin
Magazin: vor dem Abzugsbügel
Nachladesystem: Kammerstengel-Repetierwaffe
Verschluß: Zylinderverschluß (Mausersystem, 2 Verriegelungswarzen)
Gesamtgewicht: 2,8 kg
Gesamtlänge: 107,7 cm
Lauflänge: 56 cm
Visierung: festes Visier, Korntunnel, Zielfernrohr-Montageschiene
Sicherung, extern: Sicherung hinter dem Kammerstengel
Sicherung, intern: interne Verschlußsicherung

MERKMALE:

- Material: Carbonstahl
- Finish: brüniert
- Schaft: Buchenholz

CZ 527 FS

TECHNISCHE DATEN:

Kaliber: .22 Hornet, .222 Rem., .223 Rem.
Kapazität: 5-Schuß-Magazin
Magazin: vor dem Abzugsbügel
Nachladesystem: Kammerstengel-Repetierwaffe
Verschluß: Zylinderverschluß (Mausersystem, 2 Verriegelungswarzen)
Gesamtgewicht: 2,7 kg
Gesamtlänge: 98 cm
Lauflänge: 46,2 cm
Visierung: festes Visier, Korntunnel, Zielfernrohr-Montageschiene
Sicherung, extern: Sicherung hinter dem Kammerstengel
Sicherung, intern: interne Verschlußsicherung

MERKMALE:

- Material: Carbonstahl
- Finish: brüniert
- Schaft: bis zur Laufmündung reichender Buchenholzschaft (Stutzen)

CZ 527 Lux

TECHNISCHE DATEN:

Kaliber:	.22 Hornet, .222 Rem., .223 Rem.
Kapazität:	5-Schuß-Magazin
Magazin:	vor dem Abzugsbügel
Nachladesystem:	Kammerstengel-Repetierwaffe
Verschluß:	Zylinderverschluß (Mausersystem, 2 Verriegelungswarzen)
Gesamtgewicht:	2,7 kg
Gesamtlänge:	107,7 cm
Lauflänge:	60 cm
Visierung:	festes Visier, Korntunnel, Zielfernrohr-Montageschiene
Sicherung, extern:	Sicherung hinter dem Kammerstengel
Sicherung, intern:	interne Verschlußsicherung

MERKMALE:

- Material:	Carbonstahl
- Finish:	brüniert
- Schaft:	Nußbaumholz

CZ 537

TECHNISCHE DATEN:

Kaliber:	.243 Win., .308 Win.
Kapazität:	4-Schuß-Magazin
Magazin:	vor dem Abzugsbügel
Nachladesystem:	Kammerstengel-Repetierwaffe
Verschluß:	Zylinderverschluß (Mausersystem, 2 Verriegelungswarzen)
Gesamtgewicht:	3,3 kg
Gesamtlänge:	113,5 cm
Lauflänge:	60 cm
Visierung:	festes Visier, Korntunnel, Zielfernrohr-Montageschiene
Sicherung, extern:	Sicherung auf der Rückseite des Verschlusses
Sicherung, intern:	interne Verschlußsicherung

MERKMALE:

- Material:	Carbonstahl
- Finish:	brüniert
- Schaft:	Buchenholz

Diese Repetierbüchse ist auch mit herausnehmbarem 5-Schuß-Magazin und in den Kalibern 6,5 x55, 7 x 57, 7 x 64 und .270 Win. erhältlich.

CZ 537 FS

TECHNISCHE DATEN:

Kaliber:	.243 Win., .308 Win.
Kapazität:	4-Schuß-Magazin
Magazin:	vor dem Abzugsbügel
Nachladesystem:	Kammerstengel-Repetierwaffe
Verschluß:	Zylinderverschluß (Mausersystem, 2 Verriegelungswarzen)
Gesamtgewicht:	3,1 kg
Gesamtlänge:	105,5 cm
Lauflänge:	52 cm
Visierung:	festes Visier, Korntunnel, Zielfernrohr-Montageschiene
Sicherung, extern:	Sicherung auf der Rückseite des Verschlusses
Sicherung, intern:	interne Verschlußsicherung

MERKMALE:

- Material:	Carbonstahl
- Finish:	brüniert
- Schaft:	bis zur Laufmündung reichender Buchenholzschaft (Stutzen)

Diese Repetierbüchse ist auch mit herausnehmbarem 5-Schuß-Magazin und in den Kalibern 6,5 x 55, 7 x 57, 7 x 64 und .270 Win. erhältlich.

CZ 537 Sport

TECHNISCHE DATEN:

Kaliber:	.308 Win.
Kapazität:	4-Schuß-Magazin
Magazin:	vor dem Abzugsbügel
Nachladesystem:	Kammerstengel-Repetierwaffe
Verschluß:	Mausersystem
Gesamtgewicht:	4,7 kg
Gesamtlänge:	115 cm
Lauflänge:	65 cm
Visierung:	Anschütz-Dioptervisier, Korntunnel, Zielfernrohr-Montageschiene
Sicherung, extern:	Sicherung auf der Rückseite des Verschlusses
Sicherung, intern:	interne Verschlußsicherung
MERKMALE:	
- Material:	Carbonstahl
- Finish:	brüniert
- Schaft:	spezieller Holz-Matchschaft mit ausgepr. Pistolengriff

CZ 537 Sniper

TECHNISCHE DATEN:

Kaliber:	.308 Win.
Kapazität:	4-Schuß-Magazin
Magazin:	vor dem Abzugsbügel
Nachladesystem:	Kammerstengel-Repetierwaffe
Verschluß:	Mausersystem
Gesamtgewicht:	5,25 kg
Gesamtlänge:	115 cm
Lauflänge:	65 cm
Visierung:	ohne, für Zielfernrohr
Sicherung, extern:	Sicherung auf der Rückseite des Verschlusses
Sicherung, intern:	interne Verschlußsicherung
MERKMALE:	
- Material:	Carbonstahl
- Finish:	brüniert
- Schaft:	spezieller Holzschaft mit Pistolengriff und Zweibein

CZ 550

TECHNISCHE DATEN:

Kaliber:	siehe unten
Kapazität:	4- oder 6-Schuß-Magazin
Magazin:	vor dem Abzugsbügel
Nachladesystem:	Kammerstengel-Repetierwaffe
Verschluß:	Zylinder (4 Warzen)
Gesamtgewicht:	3,3 kg
Gesamtlänge:	113,5 cm
Lauflänge:	60 cm
Visierung:	ohne, Zielfernrohr-Montageschiene
Sicherung, extern:	Sicherung auf der Rückseite des Verschlusses
Sicherung, intern:	interne Verschlußsicherung
MERKMALE:	
- Material:	Carbonstahl
- Finish:	brüniert

- Schaft:	Nußbaumholz

Lieferbare Kaliber: .243 Win., .270 Win., .308 Win., .30-06.

CZ 550-Battue

TECHNISCHE DATEN:

Kaliber:	siehe unten
Kapazität:	4- oder 6-Schuß-Magazin
Magazin:	vor dem Abzugsbügel
Nachladesystem:	Kammerstengel-Repetierwaffe
Verschluß:	Zylinderverschluß (4 Verriegelungswarzen)
Gesamtgewicht:	3,1 kg
Gesamtlänge:	105,5 cm
Lauflänge:	52 cm
Visierung:	Drückjagdvisierschiene, Korntunnel, Zielfernrohr-Montageschiene
Sicherung, extern:	Sicherung auf der Rückseite des Verschlusses
Sicherung, intern:	interne Verschlußsicherung
MERKMALE:	
- Material:	Carbonstahl
- Finish:	brüniert
- Schaft:	Nußbaumholz

Lieferbare Kaliber: .243 Win., .270 Win., .308 Win., .30-06.

CZ 550 FS

TECHNISCHE DATEN:

Kaliber:	siehe unten
Kapazität:	4- oder 5-Schuß-Magazin
Magazin:	vor dem Abzugsbügel
Nachladesystem:	Kammerstengel-Repetierwaffe
Verschluß:	Zylinder (4 Warzen)
Gesamtgewicht:	3,1 kg

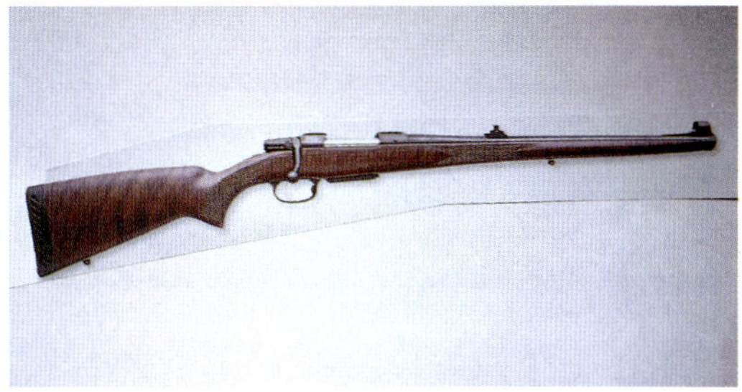

Gesamtlänge:	105,5 cm
Lauflänge:	52 cm
Visierung:	verstellbares Visier, Korntunnel, Zielfernrohr-Montageschiene
Sicherung, extern:	Sicherung auf der Rückseite des Verschlusses
Sicherung, intern:	interne Verschlußsicherung
MERKMALE:	
- Material:	Carbonstahl
- Finish:	brüniert
- Schaft:	bis zur Laufmündung reichender Buchenholzschaft (Stutzen)

Lieferbare Kaliber: 6,5 x 55, 7 x 57, 7 x 64, .270 Win., .30-06, 9,3 x 62 (festes Magazin); .243 Win., .308 Win. (herausnehmbares Magazin, Option).

CZ 550-FS Battue

TECHNISCHE DATEN:

Kaliber:	siehe unten
Kapazität:	4- oder 6-Schuß-Magazin
Magazin:	vor dem Abzugsbügel
Nachladesystem:	Kammerstengel-Repetierwaffe
Verschluß:	Zylinder (4 Warzen)
Gesamtgewicht:	3,1 kg
Gesamtlänge:	105,5 cm
Lauflänge:	52 cm
Visierung:	Drückjagdvisierschiene, Korntunnel, Zielfernrohr-Montageschiene

Sicherung, extern: Sicherung auf der Rückseite des Verschlusses
Sicherung, intern: interne Verschlußsicherung

MERKMALE:

- Material: Carbonstahl
- Finish: brüniert
- Schaft: bis zur Laufmündung reichender Walnußholzschaft (Stutzen)

Lieferbare Kaliber: .243 Win., .270 Win., .308 Win., .30-06.

CZ 550 Lux

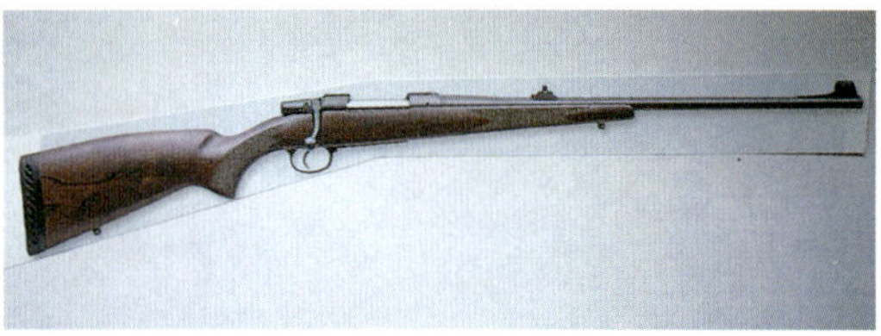

TECHNISCHE DATEN:

Kaliber: siehe unten
Kapazität: 4- oder 5-Schuß-Magazin
Magazin: vor dem Abzugsbügel
Nachladesystem: Kammerstengel-Repetierwaffe
Verschluß: Zylinderverschluß (4 Verriegelungswarzen)
Gesamtgewicht: 3,3 kg
Gesamtlänge: 113,5 cm
Lauflänge: 60 cm
Visierung: festes Visier, Korntunnel, Zielfernrohr-Montageschiene
Sicherung, extern: Sicherung auf der Rückseite des Verschlusses
Sicherung, intern: interne Verschlußsicherung

MERKMALE:

- Material: Carbonstahl
- Finish: brüniert
- Schaft: Nußbaumholz

Lieferbare Kaliber: 6,5 x 55, 7 x 57, 7 x 64, .270 Win., .30-06, 9,3 x 62 (festes Magazin); .243 Win., .308 Win. (herausnehmbares Magazin, Option).

CZ 550 Magnum

TECHNISCHE DATEN:

Kaliber: siehe unten

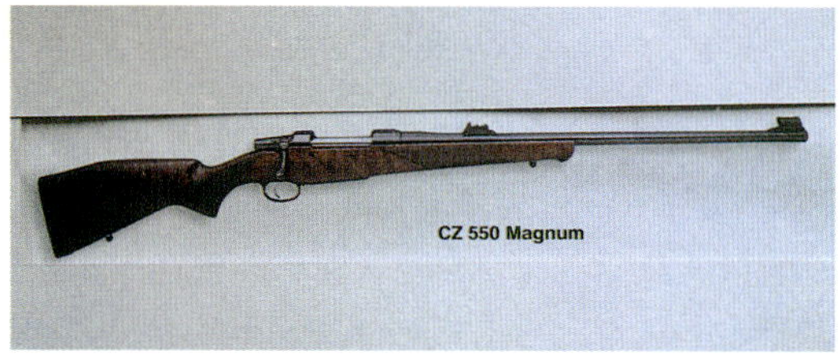

Kapazität: 5-Schuß-Magazin
Magazin: vor dem Abzugsbügel
Nachladesystem: Kammerstengel-Repetierwaffe
Verschluß: Zylinderverschluß (4 Verriegelungswarzen)
Gesamtgewicht: 4,2 kg
Gesamtlänge: 118 cm
Lauflänge: 63,5 cm
Visierung: verstellbares Express-Blattvisier, Korntunnel, Zielfernrohrmontage-Vorbereitung
Sicherung, extern: Sicherung auf der Rückseite des Verschlusses
Sicherung, intern: interne Verschlußsicherung

MERKMALE:

- Material: Carbonstahl
- Finish: brüniert
- Schaft: Nußbaumholz

Lieferbare Kaliber: 7 mm Rem.Mag., .300 Win. Mag., .375 H&H Mag., .416 Rem.Mag., .458 Win. Mag.

CZ 550 MC

TECHNISCHE DATEN:

Kaliber: siehe unten
Kapazität: 4- oder 5-Schuß-Magazin
Magazin: vor dem Abzugsbügel
Nachladesystem: Kammerstengel-Repetierwaffe
Verschluß: Zylinder (4 Warzen)
Gesamtgewicht: 3,3 kg
Gesamtlänge: 113,5 cm

Lauflänge: 60 cm
Visierung: Blattvisier, Korntunnel, Zielfernrohr-Montageschiene
Sicherung, extern: Sicherung auf der Rückseite des Verschlusses
Sicherung, intern: interne Verschlußsicherung

MERKMALE:

- Material: Carbonstahl
- Finish: brüniert
- Schaft: Nußbaumholz mit Monte Carlo-Effekt

Lieferbare Kaliber: 6,5 x 55, 7 x 57, 7 x 64, .270 Win., .30-06, 9,3 x 62.

CZ 550 Minnesota

TECHNISCHE DATEN:

Kaliber: siehe unten
Kapazität: 4- oder 5-Schuß-Magazin
Magazin: vor dem Abzugsbügel
Nachladesystem: Kammerstengel-Repetierwaffe
Verschluß: Zylinderverschluß (4 Verriegelungswarzen)
Gesamtgewicht: 3,3 kg
Gesamtlänge: 113,5 cm
Lauflänge: 60 cm
Visierung: ohne, vorbereitet für Zielfernrohrmontage
Sicherung, extern: Sicherung auf der Rückseite des Verschlusses
Sicherung, intern: interne Verschlußsicherung

MERKMALE:

- Material: Carbonstahl
- Finish: brüniert
- Schaft: Nußbaumholz

Lieferbare Kaliber: 6,5 x 55, 7 x 57, 7 x 64, .270 Win., .30-06, 9,3 x 62 (festes Magazin); .243 Win., .308 Win. (herausnehmbares Magazin, Option).

CZ 550 Standard

TECHNISCHE DATEN:

Kaliber: siehe unten
Kapazität: 4- oder 5-Schuß-Magazin
Magazin: vor dem Abzugsbügel
Nachladesystem: Kammerstengel-Repetierwaffe
Verschluß: Zylinderverschluß (4 Verriegelungswarzen)
Gesamtgewicht: 3,3 kg
Gesamtlänge: 113,5 cm
Lauflänge: 60 cm
Visierung: ohne, vorbereitet für Zielfernrohrmontage
Sicherung, extern: Sicherung auf der Rückseite des Verschlusses
Sicherung, intern: interne Verschlußsicherung

MERKMALE:

- Material: Carbonstahl
- Finish: brüniert
- Schaft: Nußbaumholz

Lieferbare Kaliber: 6,5 x 55, 7 x 57, 7 x 64, .270 Win., .30-06, 9,3 x 62 (festes Magazin); .243 Win., .308 Win. (herausnehmbares Magazin, Option).

CZ ZKK 600

TECHNISCHE DATEN:

Kaliber: siehe unten
Kapazität: 5-Schuß-Magazin
Magazin: vor dem Abzugsbügel
Nachladesystem: Kammerstengel-Repetierwaffe
Verschluß: Zylinderverschluß (Mausersystem, 2 Verriegelungswarzen)
Gesamtgewicht: 3,25 kg

Gesamtlänge:	111 cm
Lauflänge:	60 cm
Visierung:	festes Visier, Korntunnel, Zielfernrohr-Montageschiene
Sicherung, extern:	Sicherung auf der Rückseite des Verschlusses
Sicherung, intern:	interne Verschlußsicherung
MERKMALE:	
- Material:	Carbonstahl
- Finish:	brüniert
- Schaft:	Buchenholz

Lieferbare Kaliber: 6,5 x 55, 7 x 57, 7 x 64, .270 Win., .30-06.

CZ ZKK 601

TECHNISCHE DATEN:

Kaliber:	.243 Win., .308 Win.
Kapazität:	5-Schuß-Magazin
Magazin:	vor dem Abzugsbügel
Nachladesystem:	Kammerstengel-Repetierwaffe
Verschluß:	Zylinderverschluß (Mausersystem, 2 Verriegelungswarzen)
Gesamtgewicht:	3,25 kg
Gesamtlänge:	109,5 cm
Lauflänge:	60 cm
Visierung:	festes Visier, Korntunnel, Zielfernrohr-Montageschiene
Sicherung, extern:	Sicherung auf der Rückseite des Verschlusses
Sicherung, intern:	interne Verschlußsicherung
MERKMALE:	
- Material:	Carbonstahl
- Finish:	brüniert
- Schaft:	Buchenholz

CZ ZKK 602

TECHNISCHE DATEN:

Kaliber:	.375 H&H Mag., .458 Win. Mag.
Kapazität:	4-Schuß-Magazin
Magazin:	vor dem Abzugsbügel, Magazinboden abklappbar
Nachladesystem:	Kammerstengel-Repetierwaffe
Verschluß:	Zylinderverschluß (4 Verriegelungswarzen)
Gesamtgewicht:	4,2 kg
Gesamtlänge:	115 cm
Lauflänge:	63,5 cm
Visierung:	verstellbares Express-Klappvisier, Korntunnel, Zielfernrohrmontage-Vorbereitung
Sicherung, extern:	Sicherung auf der Rückseite des Verschlusses
Sicherung, intern:	interne Verschlußsicherung
MERKMALE:	
- Material:	Carbonstahl
- Finish:	brüniert
- Schaft:	Buchenholz

CZ ZKM 611

TECHNISCHE DATEN:

Kaliber:	.22 WMR
Kapazität:	6-Schuß-Magazin
Magazin:	Halter hinter dem Schacht
Nachladesystem:	halbautomatische Selbstladewaffe
Verschluß:	reiner Masseverschluß
Gesamtgewicht:	2,8 kg
Gesamtlänge:	99 cm
Lauflänge:	51 cm
Visierung:	verstellbares Klappvisier, Korntunnel, Zielfernrohr-Montageschiene
Sicherung, extern:	Druckknopfsicherung hinter dem Abzug
Sicherung, intern:	interne Verschlußsicherung
MERKMALE:	
- Material:	Carbonstahl
- Finish:	brüniert
- Schaft:	Nußbaumholz

CZ ZKM 611

Daewoo

Die südkoreanische Waffenherstellungsfirma Daewoo Precision Industries Ltd. mit Sitz in Seoul ist Teil des riesigen Daewoo-Konzerns, der unter anderem Schiffe, elektronische Produkte, Maschinen und vor allem Autos produziert.
Neben verschiedenen Pistolen baut Daewoo seit Jahren auch Gewehre. Das Modell DR200 im Kaliber .223 Rem., eingeführt wie das Daewoo-Modell AR-100, ebenfalls Kaliber .223 Rem., bereits im Jahre 1985, ist eine interessante Kombination der Techniken des Colt M-16 und des AK 47-Sturmgewehres. Die Waffe wird vor allem nach Nordamerika exportiert.
1997 brachte man eine besondere Version des Selbstladegewehres heraus: das Modell DR300 im russischen Kaliber 7,62 x 39 mm.
Daewoo baut übrigens bereits schon verhältnismäßig lange tragbare Waffe, also Pistolen und Gewehre. Die ersten beiden Langwaffen der Firma waren die Modelle Max-1 und Max-2, beide Kaliber .223 Rem. Das Max-1 hatte einen ausziehbaren Teleskopschaft und das Max-2 einen umklappbaren Schaft. In sämtlichen Daewoo-Selbstladegewehren wird das Colt M-16/AR-15- Magazin verwendet.

Daewoo DR 200

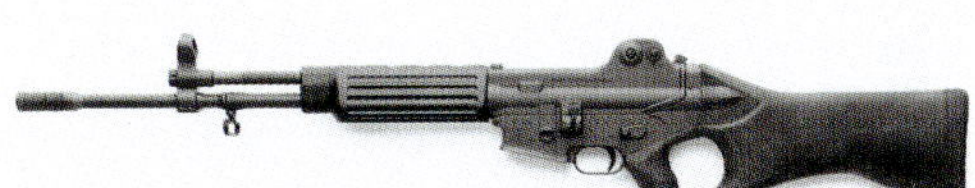

TECHNISCHE DATEN:

Kaliber:	.223 Rem.
Kapazität:	5, 10- oder 20-Schuß-Magazin (AR-15-Magazin)
Magazin:	vor dem Abzugsbügel
Nachladesystem:	halbautomatischer Selbstlader
Verschluß:	gasdruckverz. Drehkammer
Gesamtgewicht:	4,1 kg
Gesamtlänge:	99,6 cm
Lauflänge:	46,5 cm
Visierung:	militärische Dioptervisierung, Korntunnel, spezielle Zielfernrohrmontage erhältlich
Sicherung, extern:	beidseitig bedienbare Druckknopfsicherung am Systemkasten oberhalb des Pistolengriffs
Sicherung, intern:	interne Verschlußsicherung

MERKMALE:

- Material:	Carbonstahl, Aluminium-Systemkasten
- Finish:	schwarz phosphatiert
- Schaft:	Kunststoff, mit Pistolengriff und Daumenloch

Die Waffe wird ohne Magazine ausgeliefert. Es sind Colt- oder Armalite-Magazine, Kaliber .223 Rem., zu verwenden.

Dakota

Die Entstehungsgeschichte der Firma Dakota ist sehr interessant. Der Firmengründer, der Amerikaner Don Allen, arbeitete bis 1984 als Pilot einer Boing 727 bei der US-Fluggesellschaft Northwest Airlines. Seit 1962 hatte er allerdings bereits in seiner Freizeit auf der Basis des Winchester 70-Systems sehr erfolgreich Custom-Repetierbüchsen gebaut. Nach seiner Pensionierung gründete er in Sturgis im US-Bundesstaat South Dakota schließlich die Firma Dakota Arms Incorporated. Der erste Repetierer, den Allen dann in Serie fertigte, war sein Modell Dakota 76, das 1987 vorgestellt wurde.
Neben den Waffen selbst hat Allen auch verschiedene neue Büchsenkaliber mit besonders guten ballistischen Eigenschaften für die Jagd auf schweres bis besonders schweres Wild entwickelt. Seine Dakota-Kaliber wurden im Kapitel über die Munition bereits angesprochen. Die Firma Dakota garantiert dafür, daß eine mit einer Dakota-Waffe auf 100 Meter geschossene 5-Schuß-Gruppe einen Durchmesser von nicht mehr als 38 Millimeter hat.

Dakota Modell 10 Single Shot

TECHNISCHE DATEN:

Kaliber:	auf Kundenwunsch
Kapazität:	entfällt
Magazin:	entfällt
Nachladesystem:	Einzelladerwaffe mit Abzugsbügel-Hebel
Verschluß:	Fallblockverschluß
Gesamtgewicht:	je nach Kaliber, ca. 2,7 kg
Gesamtlänge:	112 cm
Lauflänge:	58,4 cm
Visierung:	keine, für Zielfernrohr vorb.
Sicherung, extern:	Schiebesicherung oben auf dem Kolbenhals
Sicherung, intern:	interne Verschlußsicherung

MERKMALE:

- Material:	Carbonstahl
- Finish:	brüniert
- Schaft:	Nußbaumholz

Dakota Modell 22 Sporter

TECHNISCHE DATEN:

Kaliber:	.22 l.r.
Kapazität:	5-Schuß-Magazin
Magazin:	vor dem Abzugsbügel
Nachladesystem:	Kammerstengel-Repetierwaffe
Verschluß:	Zylinder (2 Warzen)
Gesamtgewicht:	3 kg
Gesamtlänge:	104 cm
Lauflänge:	56 cm
Visierung:	keine, vorbereitet für Zielfernrohrmontage
Sicherung, extern:	Sicherung auf der Rückseite des Verschlusses
Sicherung, intern:	interne Verschlußsicherung

MERKMALE:

- Material:	Carbonstahl
- Finish:	brüniert
- Schaft:	Nußbaumholz

Dakota Modell 76 African Grade

TECHNISCHE DATEN:

Kaliber:	siehe unten
Kapazität:	4-Schuß-Magazin
Magazin:	vor dem Abzugsbügel, fest
Nachladesystem:	Kammerstengel-Repetierwaffe
Verschluß:	Zylinderverschluß (2 Verriegelungswarzen)
Gesamtgewicht:	4,3 kg
Gesamtlänge:	112 cm
Lauflänge:	61 cm
Visierung:	Express-Blattvisier, vorbereitet für Zielfernrohrmontage
Sicherung, extern:	Sicherung auf der Rückseite des Verschlusses
Sicherung, intern:	interne Verschlußsicherung

MERKMALE:

- Material:	Carbonstahl
- Finish:	brüniert
- Schaft:	spezieller britischer Walnußholzschaft

Lieferbare Kaliber (langer Magnum-Verschluß): .300 H&H Mag., .375 H&H Mag., .404 Jeffery, .416 Dakota, .416 Rigby, .416 Rem., .450 Dakota.

Dakota Modell 76 Classic Grade

TECHNISCHE DATEN:

Kaliber:	siehe unten
Kapazität:	3- oder 4-Schuß-Magazin
Magazin:	vor dem Abzugsbügel, fest
Nachladesystem:	Kammerstengel-Repetierwaffe
Verschluß:	Zylinderverschluß (2 Verriegelungswarzen)
Gesamtgewicht:	3,4 kg
Gesamtlänge:	104 bis 109 cm
Lauflänge:	53,3 bis 58,4 cm
Visierung:	keine, vorbereitet für Zielfernrohrmontage
Sicherung, extern:	Sicherung auf der Rückseite des Verschlusses
Sicherung, intern:	interne Verschlußsicherung

MERKMALE:

- Material:	Carbonstahl
- Finish:	brüniert
- Schaft:	spezieller britischer Walnußholzschaft

Lieferbare Kaliber: .220 Swift, .22-250 Rem., .243 Win., 6 mm Rem., .250-3000 Savage, .257 Roberts, 7 mm-08 Rem., .308 Win. (kurzer Verschluß); .257 Roberts, .25-06 Rem., .270 Win., 7 x 57, .280 Rem., .30-06, .35 Whelen (Standardverschluß); 7 mm Dakota, 7 mm Rem.Mag., .300 Dakota, .300 Win.Mag., .330 Dakota, .338 Win.Mag., .375 Dakota, .458 Win.Mag. (kurzer Magnum-Verschluß); .300 H&H Mag., .375 H&H Mag., .416 Rem. (langer Magnum-Verschluß).

Dakota Modell 76 Safari Grade

TECHNISCHE DATEN:

Kaliber:	siehe unten
Kapazität:	3- oder 4-Schuß-Magazin
Magazin:	vor dem Abzugsbügel, fest
Nachladesystem:	Kammerstengel-Repetierwaffe
Verschluß:	Zylinderverschluß (2 Verriegelungswarzen)
Gesamtgewicht:	3,9 kg
Gesamtlänge:	109 cm
Lauflänge:	58,4 cm
Visierung:	Express-Visier, Korntunnel, vorbereitet für Zielfernrohrmontage
Sicherung, extern:	Sicherung auf der Rückseite des Verschlusses
Sicherung, intern:	interne Verschlußsicherung

MERKMALE:

- Material:	Carbonstahl
- Finish:	brüniert
- Schaft:	spezieller Walnußholzschaft

Lieferbare Kaliber: .257 Roberts, .25-06 Rem., .270 Win., 7 x 57, .280 Rem., .30-06, .35 Whelen (Standardverschluß); 7 mm Dakota, 7 mm Rem. Mag., .300 Dakota, .300 Win.Mag., .330 Dakota, .338 Win.Mag., .375 Dakota, .458 Win.Mag (kurzer Magnum-Verschluß); .300 H&H Mag., .375 H&H Mag., .416 Rem. (langer Magnum-Verschluß).

Dakota Modell 76 Varmint Rifle

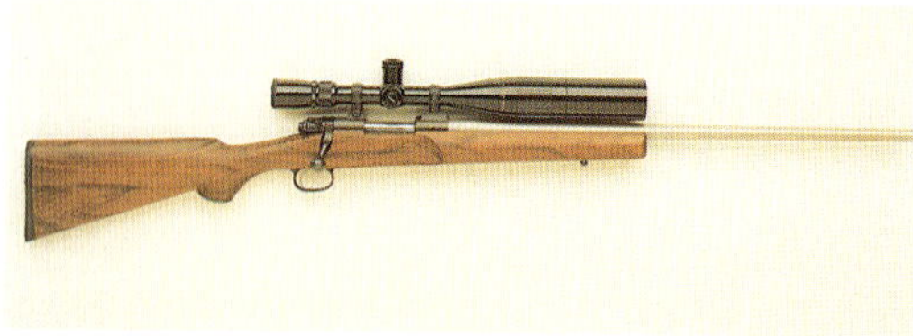

TECHNISCHE DATEN:

Kaliber:	siehe unten
Kapazität:	entfällt
Magazin:	entfällt
Nachladesystem:	Kammerstengel-Einzellader
Verschluß:	Zylinderverschluß (2 Verriegelungswarzen)
Gesamtgewicht:	3,6 kg
Gesamtlänge:	112 cm
Lauflänge:	61 cm
Visierung:	keine, vorbereitet für Zielfernrohrmontage
Sicherung, extern:	Sicherung auf der Rückseite des Verschlusses
Sicherung, intern:	interne Verschlußsicherung

MERKMALE:

- Material:	Verschlußhülse Carbonstahl, Lauf Chrom-Molybdän-Stahl
- Finish:	Hülse brüniert, Lauf blank
- Schaft:	Nußbaumholz

Lieferbare Kaliber: .17 Rem., .22 PPC, .22 BR, .220 Swift, .222 Rem., 6 mm PPS-Sako, 6 mm BR, .223 Rem., .22-250 Rem. (kurzer Verschluß).

Erma

Die deutsche Firma Erma, Abkürzung für Erfurter Maschinenfabrik, mit Sitz in Dachau bei München wurde 1949 neu gegründet. Die Firma war bereits im Jahr 1922 in Erfurt gegründet worden und hieß zunächst nach ihrem Gründer Erma-Werke G. Geipel GmbH.
Ein bekanntes Produkt aus den Erfurter Zeiten der Firma ist die Erma MP-40 Maschinenpistole. 1945, unmittelbar nach dem Ende des Zweiten Weltkrieges, wurde die Erfurter Firma von den Alliierten geschlossen. Nach der Gründung des Nachkriegsunternehmens 1949 zog man 1952 nach Dachau. In den ersten Jahren nach der Neugründung fertigte Erma vor allem Waffenteile für die alliierten Besatzungskräfte in Deutschland. Für die neue deutsche Bundeswehr bekam die Firma dann verschiedene Aufträge zum Bau militärischer Panzerteile.
Inzwischen ist Erma auch mit seinen Waffen für den Schießsport sehr erfolgreich; die optisch sehr einprägsame Erma-Sportpistolenserie ESP, insbesondere das Modell ESP-85, hat einen sehr guten Ruf. Im Weiteren kopiert Erma auch viele bekannte Waffenvorbilder. Im Programm der Firma befindet sich etwa eine Kleinkaliberversion der 08-Pistole, die in verschiedenen Ausführungen produziert wird, ebenso stellt Erma Walther PP und PPK-Nachbauten im Kaliber .22 l.r. her. Ein großer Erfolg war eine .22er Version des berühmten Winchester .30-M1 Karabiners.
Neben dem Kleinkaliber-M1-Karabiner baut die Firma in diesem Kaliber auch verschiedene Unterhebelrepetierbüchsen, sogenannte „Lever Action“-Büchsen.

Erma EG 712 Karabiner

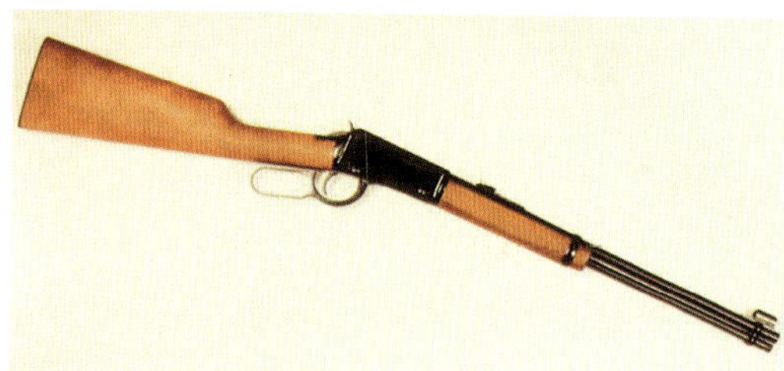

TECHNISCHE DATEN:

Kaliber:	.22 l.r.
Kapazität:	Röhrenmagazin für 15 Patronen
Magazin:	Röhrenmagazin zum Laden
Nachladesystem:	Unterhebel-Repetierwaffe
Verschluß:	Unterhebelverschluß
Gesamtgewicht:	2,4 kg
Gesamtlänge:	91 cm
Lauflänge:	47 cm
Visierung:	höhenverstellbares Visier mit Korntunnel; Zielfernrohr-Montageschiene
Sicherung, extern:	keine
Sicherung, intern:	interne Verschlußsicherung, Hammer-Laderast

MERKMALE:

- Material:	Carbonstahl, Verschlußgehäuse
- Finish:	brüniert
- Schaft:	Buchenholz

Erma EG 712-Luxus Karabiner

TECHNISCHE DATEN:

Kaliber:	.22 l.r.
Kapazität:	Röhrenmagazin für 15 Patronen
Magazin:	Röhrenmagazin zum Laden

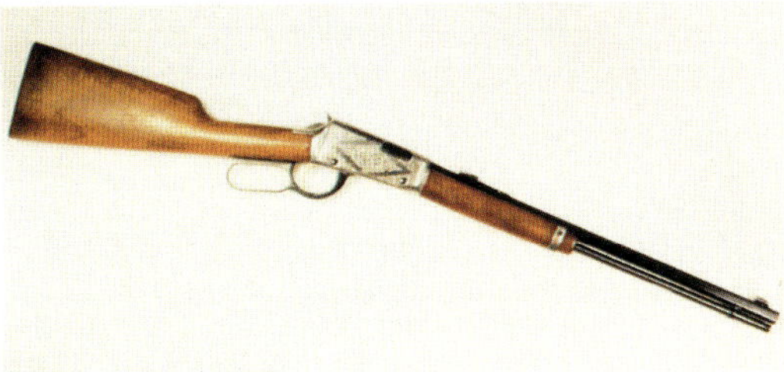

Nachladesystem:	Unterhebel-Repetierwaffe
Verschluß:	Unterhebelverschluß
Gesamtgewicht:	2,4 kg
Gesamtlänge:	91 cm
Lauflänge:	47 cm
Visierung:	höhenverstellbares Visier mit Korntunnel
Sicherung, extern:	keine
Sicherung, intern:	interne Verschlußsicherung, Hammer-Laderast

MERKMALE:

- Material:	Carbonstahl, Verschlußgehäuse aus Leichtmetall, graviert
- Finish:	brüniert
- Schaft:	Nußbaumholz

Erma EGM-1 MV

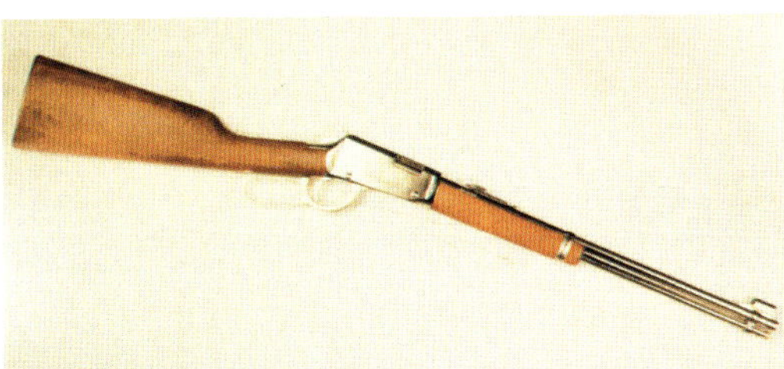

TECHNISCHE DATEN:

Kaliber:	.22 l.r.
Kapazität:	5-, 10- oder 15-Schuß-Magazin
Magazin:	vor dem Abzugsbügel
Nachladesystem:	halbautomatischer Selbstlader
Verschluß:	Masseverschluß
Gesamtgewicht:	2,9 kg
Gesamtlänge:	90 cm
Lauflänge:	45 cm
Visierung:	militärisches Klappdiopter-visier, Fernrohrschiene
Sicherung, extern:	Druckknopfsicherung am Ab-zugsbügelkasten, rechts
Sicherung, intern:	interne Verschlußsicherung

MERKMALE:

- Material:	Carbonstahl, Verschlußkasten aus Leichtmetall
- Finish:	matt vernickelt (Stainless-Optik)
- Schaft:	Buchenholz

Erma EG 722 Karabiner

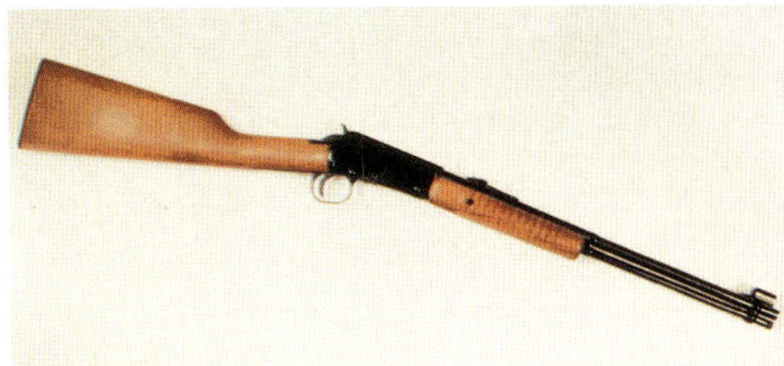

TECHNISCHE DATEN:

Kaliber:	.22 l.r.
Kapazität:	Röhrenmagazin für 15 Patronen
Magazin:	Röhrenmagazin zum Laden
Nachladesystem:	Vorderschaft-Repetierwaffe
Verschluß:	Pumpverschluß
Gesamtgewicht:	2,4 kg
Gesamtlänge:	91 cm
Lauflänge:	47 cm
Visierung:	höhenverstellbares Visier mit Korntunnel; Fernrohrschiene
Sicherung, extern:	keine
Sicherung, intern:	interne Verschlußsicherung, Hammer-Laderast

MERKMALE:

- Material:	Carbonstahl, Verschlußgehäuse aus Leichtmetall
- Finish:	brüniert
- Schaft:	Buchenholz

Erma EG 712-MV Karabiner

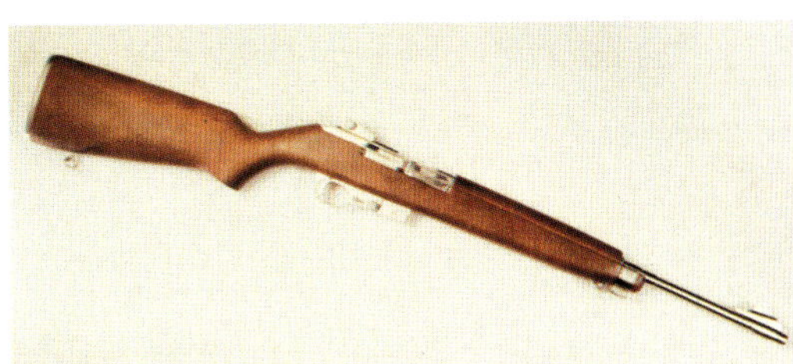

TECHNISCHE DATEN:

Kaliber:	.22 l.r.
Kapazität:	Röhrenmagazin für 15 Patronen
Magazin:	Röhrenmagazin zum Laden

Nachladesystem:	Unterhebel-Repetierwaffe
Verschluß:	Unterhebelverschluß
Gesamtgewicht:	2,4 kg
Gesamtlänge:	91 cm
Lauflänge:	47 cm
Visierung:	höhenverstellbares Visier mit Korntunnel; Fernrohrschiene
Sicherung, extern:	keine
Sicherung, intern:	interne Verschlußsicherung, Hammer-Laderast
MERKMALE:	
- Material:	Carbonstahl, Verschlußgehäuse aus Leichtmetall
- Finish:	matt vernickelt (Stainless-Optik)
- Schaft:	Buchenholz

Diese Waffe ist weitgehend identisch mit dem Erma Modell EG 712.

Erma EGM-1-Sport

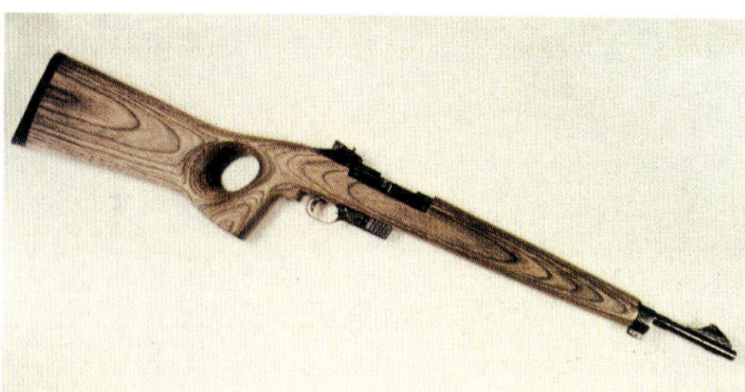

TECHNISCHE DATEN:

Kaliber:	.22 l.r.
Kapazität:	2- oder 5-Schuß-Magazin
Magazin:	vor dem Abzugsbügel
Nachladesystem:	halbautomatischer Selbstlader
Verschluß:	Masseverschluß
Gesamtgewicht:	3,0 kg
Gesamtlänge:	94 cm
Lauflänge:	45 cm
Visierung:	militärisches Klappdioptervisier, Fernrohrschiene
Sicherung, extern:	Druckknopfsicherung am Abzugsbügelkasten, rechts, wie .30 M1-Karabiner
Sicherung, intern:	interne Verschlußsicherung
MERKMALE:	
- Material:	Carbonstahl, Verschlußkasten aus Leichtmetall
- Finish:	brüniert
- Schaft:	Laminatholz, mit ausgepr. Pistolengriff und Daumenloch

Erma EGM-1-Sport Special

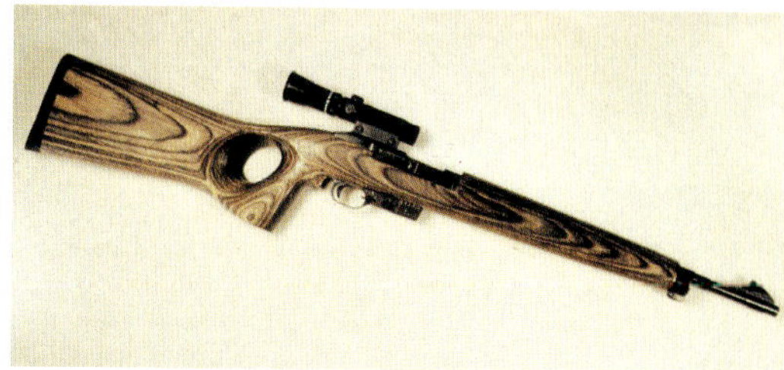

TECHNISCHE DATEN:

Kaliber:	.22 l.r.
Kapazität:	2- oder 5-Schuß-Magazin
Magazin:	vor dem Abzugsbügel
Nachladesystem:	halbautomatischer Selbstlader
Verschluß:	Masseverschluß
Gesamtgewicht:	3,0 kg
Gesamtlänge:	94 cm
Lauflänge:	45 cm
Visierung:	spezielle Zielfernrohrmontage
Sicherung, extern:	Druckknopfsicherung am Abzugsbügelkasten, rechts
Sicherung, intern:	interne Verschlußsicherung
MERKMALE:	
- Material:	Carbonstahl, Verschlußkasten aus Leichtmetall
- Finish:	brüniert
- Schaft:	Laminatholz, mit ausgepr. Pistolengriff und Daumenloch

Erma EM-1

TECHNISCHE DATEN:

Kaliber:	.22 l.r.
Kapazität:	5-, 10- oder 15-Schuß-Magazin
Magazin:	vor dem Abzugsbügel
Nachladesystem:	halbautomatischer Selbstlader
Verschluß:	Masseverschluß
Gesamtgewicht:	2,9 kg
Gesamtlänge:	90 cm
Lauflänge:	45 cm

Visierung:	militärisches Klappdioptervisier, Fernrohrschiene
Sicherung, extern:	Druckknopfsicherung am Abzugsbügelkasten, rechts, wie .30 M1-Karabiner
Sicherung, intern:	interne Verschlußsicherung
MERKMALE:	
- Material:	Carbonstahl, Verschlußkasten
- Finish:	brüniert
- Schaft:	Buchenholz

Diese Waffe ist eine originalgetreue Kleinkaliberversion des Winchester .30-M1-Karabiners.

Erma ESG-22

TECHNISCHE DATEN:

Kaliber:	.22 l.r.
Kapazität:	2- oder 5-Schuß-Magazin
Magazin:	vor dem Abzugsbügel
Nachladesystem:	halbautomatischer Selbstlader
Verschluß:	Masseverschluß
Gesamtgewicht:	3,0 kg
Gesamtlänge:	94 cm
Lauflänge:	49 cm
Visierung:	militärisches Klappdioptervisier, Fernrohrschiene
Sicherung, extern:	Druckknopfsicherung am Abzugsbügelkasten, rechts
Sicherung, intern:	interne Verschlußsicherung
MERKMALE:	
- Material:	Carbonstahl, Verschlußkasten aus Leichtmetall
- Finish:	brüniert
- Schaft:	Nußbaumholz

Erma SR 100 Scharfschützengewehr

TECHNISCHE DATEN:

Kaliber:	siehe unten
Kapazität:	5-, 8- oder 10-Schuß-Magazin
Magazin:	vor dem Abzugsbügel
Nachladesystem:	Kammerstengel-Repetierwaffe
Verschluß:	Zylinder (3 Warzen)
Gesamtgewicht:	6,4 bis 6,9 kg
Gesamtlänge:	126 bis 136 cm
Lauflänge:	65 bis 75 cm
Visierung:	keine (für Fernrohr)
Sicherung, extern:	Sicherung oben auf dem Kolbenhals hinter dem Verschluß
Sicherung, intern:	interne Verschlußsicherung
MERKMALE:	
- Material:	Carbonstahl, Verschlußgehäuse aus hochzähem Aluminium
- Finish:	matt brüniert
- Schaft:	Spezialschaft aus Laminatholz, Zweibein

Lieferbare Kaliber: .308 Win., .300 Win.Mag., .338 Lapua Mag.

Das Kaliber diese Waffe kann lediglich durch Auswechseln des Laufes, des Verschlußstückes und des Magazins geändert werden. Der Abzug der Waffe ist fein einstellbar.

Fanzoj

Die Waffenindustrie in dem österreichischen Gebiet rund um den kleinen Ort Ferlach ist bereits seit dem 16. Jahrhundert weltberühmt. In früheren Zeiten fertigte man dort vor allem Militärgewehre, bereits seit 200 Jahren konzentriert man sich inzwischen aber mehr auf den Bau handgefertigter Jagdwaffen von höchster Qualität. Die Ferlacher Firma Fanzoj hat sich auf die Herstellung besonderer Stücke spezialisiert, die sonst von keinen Büchsenmachern gefertigt werden. So ist etwa der Fanzoj-Kugeldrilling ein absolutes Unikat höchster Büchsenmacherkunst. Fanzoj-Büchsen sind absolute Spitzenklasse.

Fanzoj Karpatengewehr

TECHNISCHE DATEN:

Kaliber:	7 x 65 R
Kapazität:	entfällt
Magazin:	entfällt

Nachladesystem:	einläufige Kipplaufbüchse
Verschluß:	Baskülverschluß
Gesamtgewicht:	3,8 kg
Gesamtlänge:	118 cm
Lauflänge:	65 cm
Visierung:	festes Visier; vorbereitet für Zielfernrohreinhakmontage
Sicherung, extern:	Schiebesicherung am Kolbenhals
Sicherung, intern:	interne Verschlußsicherung
MERKMALE:	
- Material:	Carbonstahl
- Finish:	brüniert, Baskülseitenplatten blank und graviert
- Schaft:	ausgesuchtes Nußbaumholz

Diese Waffe ist mit Holland & Holland-Seitenschlossen ausgestattet.

Fanzoj Express Kugeldrilling

TECHNISCHE DATEN:

Kaliber:	siehe unten
Kapazität:	entfällt
Magazin:	entfällt
Nachladesystem:	einläufige Kipplaufbüchse
Verschluß:	Baskülverschluß (Kerstenverschluß mit zwei hinten am Laufbündel befindlichen Riegeln)
Gesamtgewicht:	4,5 kg
Gesamtlänge:	107 cm
Lauflänge:	61 cm
Visierung:	festes Visier; vorbereitet für eine Zielfernrohreinhakmontage
Sicherung, extern:	Schiebesicherung am Kolbenhals, Hebelschieber zur Auswahl des Laufes/Schlosses
Sicherung, intern:	interne Verschlußsicherung
MERKMALE:	
- Material:	Carbonstahl
- Finish:	brüniert, Baskülseitenplatten blank und graviert
- Schaft:	ausgesuchtes Nußbaumholz

Kaliber: .22 Hornet: oberer Lauf; 6,5 x 57 R: mittlerer Lauf; 9,3 x 74 R: unterer Lauf.

Auf diesem Detailfoto sind die drei Büchsenläufe/Patronenlager gut erkennbar. Oben die beiden seitlichen, massiven Verschlußriegel. Dieses Verschlußsystem wird Kersten- oder auch Doppel-Greener-Verschluß genannt.

Fanzoj Doppel-Express

TECHNISCHE DATEN:

Kaliber:	.470 Nitro Express
Kapazität:	entfällt
Magazin:	entfällt
Nachladesystem:	doppelläufige Kipplaufbüchse

Verschluß:	Baskülverschluß (Greenerverschluß und Laufhaken)
Gesamtgewicht:	4,5 kg
Gesamtlänge:	107 cm
Lauflänge:	61 cm
Visierung:	Express-Klappvisier
Sicherung, extern:	Schieber am Kolbenhals
Sicherung, intern:	interne Verschlußsicherung
MERKMALE:	
- Material:	Carbonstahl
- Finish:	brüniert, Baskülseitenplatten blank und graviert
- Schaft:	ausgesuchtes Nußbaumholz

Auf diesem Detailfoto sind die beiden nebeneinanderliegenden Büchsenläufe/Patronenlager gut erkennbar. Oben mittig als Verlängerung der Laufschiene der massive Verschlußriegel à la Greener, hier allerdings in konischer Form („Doll's Head"). Die „Doll's Head"-Lösung ist produktionstechnisch sehr aufwendig.

Fanzoj Doppel-Express Seitenschloß-gewehr

TECHNISCHE DATEN:

Kaliber:	8 x 75 RS
Kapazität:	entfällt
Magazin:	entfällt
Nachladesystem:	doppelläufige Kipplaufbüchse
Verschluß:	Baskülverschluß (Greenerverschluß und Laufhaken)
Gesamtgewicht:	4,5 kg
Gesamtlänge:	107 cm
Lauflänge:	61 cm
Visierung:	Express-Klappvisier; vorbereitet für eine Zielfernrohreinhakmontage
Sicherung, extern:	Schieber am Kolbenhals
Sicherung, intern:	interne Verschlußsicherung
MERKMALE:	
- Material:	Carbonstahl
- Finish:	brüniert, Baskülseitenplatten blank und graviert
- Schaft:	ausgesuchtes Nußbaumholz

Diese Waffe ist mit Holland & Holland-Seitenschlossen ausgestattet.

Fanzoj Ischl Karpaten-Kurzbüchse

TECHNISCHE DATEN:

Kaliber:	6,5 x 57 R; andere Kaliber auf Anfrage
Kapazität:	entfällt
Magazin:	entfällt
Nachladesystem:	einläufige Kipplaufbüchse
Verschluß:	Baskülverschluß
Gesamtgewicht:	2,7 kg
Gesamtlänge:	103 cm
Lauflänge:	60 cm
Visierung:	ohne; Zielfernrohreinhakmontage
Sicherung, extern:	Schiebesicherung am Kolbenhals; Ruherast des außenliegenden, seitlichen Hahnes
Sicherung, intern:	interne Verschlußsicherung
MERKMALE:	
- Material:	Carbonstahl
- Finish:	brüniert, Baskülseitenplatten blank und graviert
- Schaft:	ausgesuchtes Nußbaumholz; bis zur Laufmündung reichend

Diese Waffe ist mit einem Doppelzüngelstecher ausgestattet. Das vordere Züngel im Abzugsbügel ist der eigentliche Abzug.

FEG

Ungarn war bis 1918 ein Teil des Österreichisch-Ungarischen Kaiserreiches. Bekannte Waffen, etwa die Frommer-Stopp-Pistole, stammen aus dieser Zeit. Nach dem Zweiten Weltkrieg war Ungarn im damaligen Ostblock integriert. Die ungarische Firma FEG hat ihren Sitz in Budapest. FEG steht für „Fegyver es Gazkeszuelekgyara“ und ist ein Unternehmen, das neben Waffen auch Werkzeugmaschinen herstellt. Die Firma baut seit Jahrzehnten diverse Pistolenmodelle. Die FEG-Pistole FP9 ist optisch und technisch absolut der FN Browning High Power HP35 nachempfunden. Ein anderes FEG-Pistolenmodell, die FP, hat einen Double Action-Abzug; die Ungarn kombinierten die Technik von Smith & Wesson mit der Optik der FN Browning. FEG ist auch auf dem Gebiet der Gewehre bekannt. Unter verschiedenen FEG-eigenen Modellbezeichnungen baut man vornehmlich Büchsen bekannter Hersteller nach. In der Blütezeit des Ostblocks (Warschauer Pakts) stellte FEG in Lizenz das russische AK-47-Sturmgewehr sowie das Dragunov-Scharfschützengewehr her.

FEG-KBI Modell SA-85M

TECHNISCHE DATEN:

Kaliber:	7,62 x 39
Kapazität:	6- oder 30-Schuß-Magazin
Magazin:	Halter vor dem Schacht
Nachladesystem:	halbautomatischer Selbstlader
Verschluß:	Gasdruckdrehverschluß
Gesamtgewicht:	3,5 kg
Gesamtlänge:	88 cm
Lauflänge:	41 cm
Visierung:	verstellbares Schiebevisier
Sicherung, extern:	Sicherung auf der rechten Seite des Systemkastens
Sicherung, intern:	interne Verschlußsicherung

MERKMALE:

- Material:	Carbonstahl
- Finish:	brüniert
- Schaft:	Hartholz, mit Daumenloch und ausgepr. Pistolengriff

Diese Waffe ist eine Kopie des militärischen Sturmgewehres AK-47.

Feinwerkbau

Die renommierte Firma Feinwerkbau, FWB, gibt es bereits seit Beginn des 19. Jahrhunderts. Sie hat ihren Sitz in dem kleinen Ort Oberndorf am Neckar in Baden-Württemberg. Als nach dem Zweiten Weltkrieg die Allierten die Firma stillegten, hatte dies schlimme Folgen für die kleine Stadt, in der dadurch praktisch fast alle Bürger von einem Tag auf den anderen arbeitslos wurden.
Feinwerkbau wurde erst 1948 wieder eröffnet durch die Ingenieure Karl Westinger und Ernst Altenburger. Seitdem ist der genaue Name des Unternehmens auch Feinwerkbau Westinger & Altenburger KG. Zunächst baute die neue Firma FWB lediglich Präzisionsinstrumente, unter anderem für die Auto- und die Textilmaschinenindustrie.
Erst seit etwa 1960 beschäftigt sich Feinwerkbau auch wieder sehr erfolgreich mit der Herstellung von Matchluftdruckgewehren und -pistolen. Ab 1970 baute man dann auch die ersten Kleinkaliber-Sportschützengewehre, welche heute, in ihren aktuellen Versionen, ebenfalls bereits Weltruhm errungen haben.

Feinwerkbau Modell 2602 Super Match

TECHNISCHE DATEN:

Kaliber:	.22 l.r.
Kapazität:	entfällt
Magazin:	entfällt
Nachladesystem:	Kammerstengel-Einzellader
Verschluß:	Zylinder (2 Warzen)

Gesamtgewicht:	6,3 kg
Gesamtlänge:	124 cm
Lauflänge:	42,5 cm
Visierung:	Dioptervisier, Korntunnel
Sicherung, extern:	Sicherungsschieber rechts
Sicherung, intern:	interne Verschlußsicherung
MERKMALE:	
- Material:	Carbonstahl, Laufmantel aus Leichtmetall
- Finish:	brüniert
- Schaft:	spezieller, verstellbarer Match-Schaft mit Schulterhaken

Feinwerkbau Modell 2602 Universal

TECHNISCHE DATEN:

Kaliber:	.22 l.r.
Kapazität:	entfällt
Magazin:	entfällt
Nachladesystem:	Kammerstengel-Einzellader
Verschluß:	Zylinder (2 Warzen)
Gesamtgewicht:	5,0 kg
Gesamtlänge:	114 cm
Lauflänge:	42,5 cm
Visierung:	Dioptervisier, Korntunnel
Sicherung, extern:	Sicherungsschieber rechts
Sicherung, intern:	interne Verschlußsicherung
MERKMALE:	
- Material:	Carbonstahl, Laufmantel aus Leichtmetall
- Finish:	brüniert
- Schaft:	spezieller Match-Schaft

Frankonia

Die renommierte Firma Frankonia wurde 1907 von Nikolaus Hofmann im nordbayerischen Würzburg gegründet. 1939 übernahm dessen Sohn Alfred Hofmann die Firma. Die kleine Büchsenmacherei entwickelte sich im Laufe der Jahre zu einem der größten Waffenhandelsbetriebe Deutschlands. 1945 wurde das Firmenareal durch Bomben der Allierten zerstört. 1956 hatte Hofmann die Firma aber bereits wieder komplett rekonstruiert und auch zu einem bedeutenden Groß- und Versandhandel umstrukturiert. Die Firma vertreibt seitdem auf dem Postwege ein großangelegtes, gut sortiertes Angebot aus dem Bereich der Waffen. Die verschiedenen Frankonia-Filialen in ganz Deutschland entstanden vornehmlich aus übernommenen alteingesessenen Betrieben. So übernahm Frankonia bereits 1957 das „Jägerhaus" in Darmstadt. Die zweite Filiale wurde 1969 in München eröffnet. Mitte der 70er Jahre änderte man den Firmennamen in Frankonia-Jagd. Die meisten Filialen sind mit einer eigenen, kleinen Büchsenmacherwerkstatt ausgestattet, wo kleinere Reparaturen auch vor Ort vorgenommen werden können. In der großen, zentralen Büchsenmacherwerkstatt im Würzburger Raum werden individuelle Kundenwünsche verwirklicht und auch spezielle Gravurarbeiten ausgeführt. Seit einigen Jahren ist Frankonia auch europaweit aktiv; die Firma ist nun auch in Frankreich, Belgien, Dänemark und Tschechien mit Filialen vertreten. Und auch der Versandhandel, nun ausgehend von Rottendorf bei Würzburg, wurde konstant ausgebaut; neben Waffen werden auch Munition und diverses Waffen- und Jagdzubehör sowie eine riesige Auswahl an jagdbezogener Bekleidung vertrieben. Frankonia produziert auf der Basis des berühmten Mauser 98-Systems eine eigene Serie von Repetierbüchsen.

Frankonia Favorit de Luxe

TECHNISCHE DATEN:

Kaliber:	siehe unten
Kapazität:	5 Patronen (Standard), 3 Patronen (Magnum)
Magazin:	vor dem Abzugsbügel, fest
Nachladesystem:	Kammerstengel-Repetierwaffe
Verschluß:	Zylinderverschluß (Mauser 98-System)
Gesamtgewicht:	3,3 kg
Gesamtlänge:	113 bis 118 cm
Lauflänge:	60 bis 65 cm
Visierung:	verstellbar, vorbereitet für Zielfernrohrmontage
Sicherung, extern:	Flügelsicherung auf der Rückseite (Mauser-System)

Sicherung, intern:	interne Verschlußsicherung
MERKMALE:	
- Material:	Carbonstahl, Lauf aus Chrom-Vanadium-Stahl
- Finish:	brüniert
- Schaft:	spezieller Walnußholzschaft

Lieferbare Kaliber: Standardkaliber: 6,5 x 57, 6 x 62 Fréres, 7 x 57, 7 x 64, 7,5 Swiss, 8 x 57 JS, .243 Win., .270 Win., .308 Win., .30-06, 9,3 x 62; Magnumkaliber: 6,5 x 68, 7 mm Rem.Mag., 8 x 68 S, .300 Win.Mag.

Frankonia Favorit Drückjagd

TECHNISCHE DATEN:

Kaliber:	siehe unten
Kapazität:	5 Patronen (Standard), 3 Patronen (Magnum)
Magazin:	vor dem Abzugsbügel, fest
Nachladesystem:	Kammerstengel-Repetierwaffe
Verschluß:	Zylinderverschluß (Mauser 98-System)
Gesamtgewicht:	3,1 kg
Gesamtlänge:	104 cm
Lauflänge:	52 cm
Visierung:	spezielle Drückjagdvisierschiene, Korntunnel
Sicherung, extern:	Flügelsicherung auf der Rückseite des Verschlusses (Mauser-System)
Sicherung, intern:	interne Verschlußsicherung
MERKMALE:	
- Material:	Carbonstahl, Lauf aus Chrom-Vanadium-Stahl
- Finish:	brüniert
- Schaft:	spezieller Walnußholzschaft

Lieferbare Kaliber: Standardkaliber: 7 x 64, 7,5 Swiss, 8 x 57 JS, .243 Win., .270 Win., .308 Win., .30-06, 9,3 x 62; Magnumkaliber: .300 Win.Mag.

Frankonia Favorit Safari

TECHNISCHE DATEN:

Kaliber:	siehe unten
Kapazität:	3 Patronen
Magazin:	vor dem Abzugsbügel, fest
Nachladesystem:	Kammerstengel-Repetierwaffe
Verschluß:	Zylinderverschluß (Mauser 98-System)
Gesamtgewicht:	3,6 kg
Gesamtlänge:	118 cm
Lauflänge:	65 cm
Visierung:	verstellbar, vorbereitet für Zielfernrohrmontage
Sicherung, extern:	Flügelsicherung auf der Rückseite des Verschlusses
Sicherung, intern:	interne Verschlußsicherung
MERKMALE:	
- Material:	Carbonstahl, Lauf aus Chrom-Vanadium-Stahl
- Finish:	brüniert
- Schaft:	spezieller Walnußholzschaft

Lieferbare Kaliber: 8 x 68 S, 9,3 x 64, .375 H&H Mag., .338 Win.Mag., .458 Win.Mag.

Frankonia Favorit Standard

TECHNISCHE DATEN:

Kaliber:	siehe unten
Kapazität:	5 Patronen (Standard), 3 Patronen (Magnum)
Magazin:	vor dem Abzugsbügel, fest
Nachladesystem:	Kammerstengel-Repetierwaffe

Verschluß:	Zylinderverschluß (Mauser 98-System)
Gesamtgewicht:	3,3 kg
Gesamtlänge:	113 bis 118 cm
Lauflänge:	60 (Standard) bis 65 cm (Magnum)
Visierung:	verstellbar, vorbereitet für Zielfernrohrmontage
Sicherung, extern:	Flügelsicherung auf der Rückseite
Sicherung, intern:	interne Verschlußsicherung
MERKMALE:	
- Material:	Carbonstahl, Lauf aus Chrom-Vanadium-Stahl
- Finish:	brüniert
- Schaft:	spezieller Walnußholzschaft

Lieferbare Kaliber: Standardkaliber: 6,5 x 57, 6 x 62 Fréres, 7 x 57, 7 x 64, 7,5 Swiss, 8 x 57 JS, .243 Win., .270 Win., .308 Win., .30-06, 9,3 x 62; Magnumkaliber: 6,5 x 68, 7 mm Rem.Mag., 8 x 68 S, .300 Win.Mag.

Frankonia Favorit Stutzen

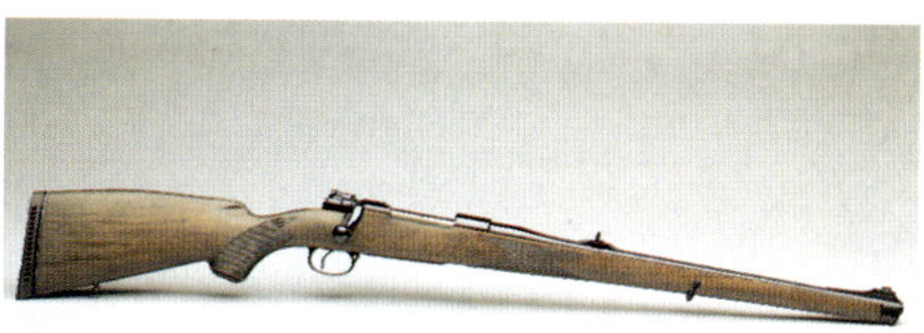

TECHNISCHE DATEN:

Kaliber:	siehe unten
Kapazität:	5 Patronen
Magazin:	vor dem Abzugsbügel, fest
Nachladesystem:	Kammerstengel-Repetierwaffe
Verschluß:	Zylinderverschluß (Mauser 98-System)
Gesamtgewicht:	3,4 kg
Gesamtlänge:	104 cm
Lauflänge:	52 cm
Visierung:	verstellbar, vorbereitet für Zielfernrohrmontage
Sicherung, extern:	Flügelsicherung auf der Rückseite des Verschlusses
Sicherung, intern:	interne Verschlußsicherung
MERKMALE:	
- Material:	Carbonstahl, Lauf aus Chrom-Vanadium-Stahl
- Finish:	brüniert
- Schaft:	bis zur Laufmündung reichender Walnußholzschaft (Stutzen)

Lieferbare Kaliber: Standardkal.: 6,5 x 57, 7 x 57, 7 x 64, 7,5 Swiss, 8 x 57 JS, .243 Win., .308 Win., .30-06, 9,3 x 62; Magnumkal.: .300 Win. Mag.

Frankonia Favorit Super de Luxe

TECHNISCHE DATEN:

Kaliber:	nach Kundenwunsch
Kapazität:	5 Patronen (Standard), 3 Patronen (Magnum)
Magazin:	vor dem Abzugsbügel, fest
Nachladesystem:	Kammerstengel-Repetierwaffe
Verschluß:	Zylinderverschluß (Mauser 98-System)
Gesamtgewicht:	ca. 3,3 kg
Gesamtlänge:	113 bis 118 cm
Lauflänge:	60 bis 65 cm
Visierung:	verstellbar, vorbereitet für Zielfernrohrmontage
Sicherung, extern:	Flügelsicherung auf der Rückseite des Verschlusses
Sicherung, intern:	interne Verschlußsicherung
MERKMALE:	
- Material:	Carbonstahl, Lauf aus Chrom-Vanadium-Stahl
- Finish:	brüniert
- Schaft:	spezieller, ausgesuchter Walnußholzschaft

Diese Waffe wird nach den individuellen Kundenwünschen gefertigt, z. B. bezüglich Gravur und Zielfernrohr.

Gaucher Armes

Die französiche Waffenfirma Gaucher wurde 1834 von Antoine Gaucher gegründet. Die Firma hat ihren Sitz in „dem“ Waffenort Frankreichs schlechthin, in St. Etienne. Bis zum Ersten Weltkrieg produzierte Gaucher vor allem schwere Express-Doppelbüchsen für die Großwildjagd. Dann wurden nach und nach auch leichtere Waffen in die Produktpalette der Firma mit aufgenommen. Das heutige Programm von Gaucher besteht sowohl aus Doppelbüchsen, Flinten, Kleinkaliberbüchsen, Flobertgewehren und einschüssigen Pistolen zum Silhouettenschießen.

Gaucher Bivouac Doppel-Express

TECHNISCHE DATEN:

Kaliber:	9,3 x 74 R, 8 x 57 JRS, 7 x 65 R
Kapazität:	2 Patronen (Läufe nebeneinander)
Magazin:	entfällt
Nachladesystem:	doppelläufige Kipplaufbüchse
Verschluß:	Baskülverschluß nach Webley & Scott, doppelte Laufhaken
Gesamtgewicht:	3,1 bis 3,4 kg
Gesamtlänge:	105 cm
Lauflänge:	60 cm
Visierung:	Express-Klappvisier, vorbereitet für Zielfernrohrmontage
Sicherung, extern:	Schiebesicherung am Kolbenhals
Sicherung, intern:	interne Verschlußsicherung
MERKMALE:	
- Material:	Carbonstahl
- Finish:	brüniert, Basküle blank und graviert, keine Seitenschlosse
- Schaft:	ausgesuchtes Nußbaumholz

Gaucher Carbine RA

TECHNISCHE DATEN:

Kaliber:	.22 l.r.
Kapazität:	9-Schuß-Magazin
Magazin:	Magazinhalter vor dem Magazinschacht
Nachladesystem:	halbautomatische Selbstladewaffe
Verschluß:	reiner Masseverschluß
Gesamtgewicht:	2,5 kg
Gesamtlänge:	102 cm
Lauflänge:	50 cm
Visierung:	Schiebevisier, Korntunnel, Zielfernrohr-Montageschiene
Sicherung, extern:	Spannknopf ist hinten arretierbar
Sicherung, intern:	interne Verschlußsicherung
MERKMALE:	
- Material:	Carbonstahl

Gaucher Bivouac Doppel-Express

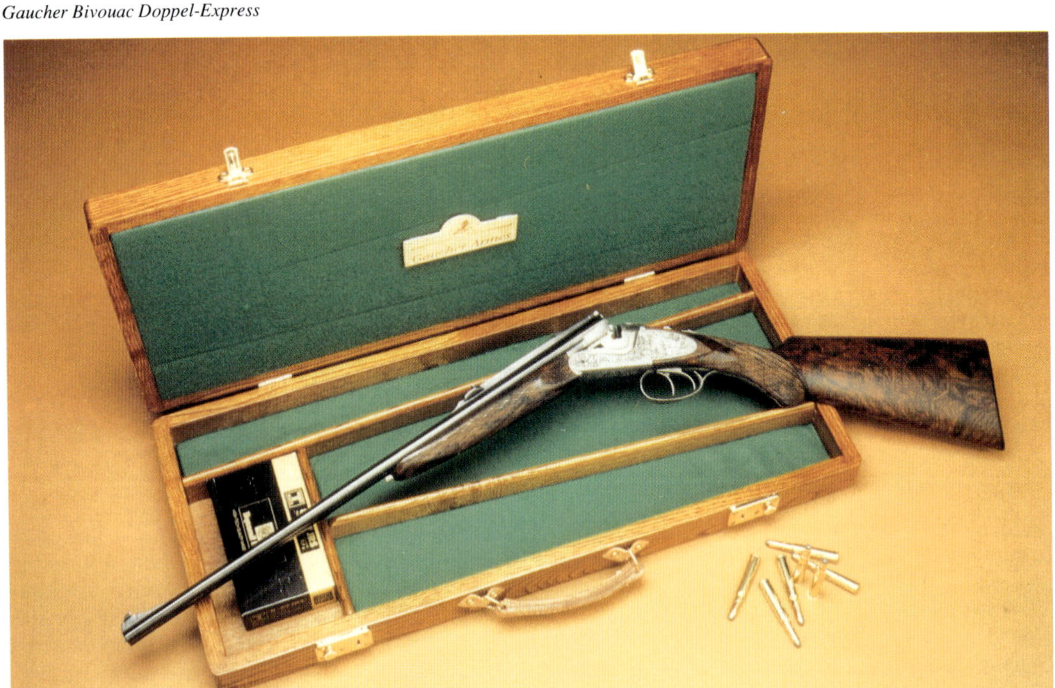

- Finish:	brüniert
- Schaft:	Hartholz

An der Laufmündung dieser Waffe ist ein Gewinde zur Anbringung eines Feuerdämpfers angebracht. In einigen Ländern ist eine Feuerdämpferanbringung verboten.

Gaucher Colibri G3

TECHNISCHE DATEN:

Kaliber:	.22 l.r.
Kapazität:	entfällt
Magazin:	entfällt
Nachladesystem:	Kammerstengel-Einzellader
Verschluß:	einfacher Zylinderverschluß
Gesamtgewicht:	2,2 kg
Gesamtlänge:	107 cm
Lauflänge:	55 cm
Visierung:	Schiebevisier, Korntunnel, Zielfernrohr-Montageschiene
Sicherung, extern:	Sicherungsschieber rechts hinter dem Kammerstengel
Sicherung, intern:	interne Verschlußsicherung, Ladezustandsanzeige

MERKMALE:

- Material:	Carbonstahl, Kammerstengel vernickelt
- Finish:	brüniert
- Schaft:	Hartholz

Gaucher Gazelle GR

TECHNISCHE DATEN:

Kaliber:	.22 l.r.
Kapazität:	9-Schuß-Magazin
Magazin:	Magazinhalter vor dem Magazinschacht
Nachladesystem:	Kammerstengel-Repetierwaffe
Verschluß:	einfacher Zylinderverschluß
Gesamtgewicht:	2,5 kg
Gesamtlänge:	107 cm
Lauflänge:	55 cm
Visierung:	Schiebevisier, Korntunnel, Zielfernrohr-Montageschiene
Sicherung, extern:	Sicherungsschieber rechts hinter dem Kammerstengel
Sicherung, intern:	interne Verschlußsicherung, Ladezustandsanzeige

MERKMALE:

- Material:	Carbonstahl
- Finish:	brüniert
- Schaft:	Hartholz

An der Laufmündung dieser Waffe ist ein Gewinde zur Anbringung eines Feuerdämpfers angebracht. In einigen Ländern ist eine Feuerdämpferanbringung verboten.

Gaucher Gazelle GRN

TECHNISCHE DATEN:

Kaliber:	.22 l.r.
Kapazität:	9-Schuß-Magazin
Magazin:	Magazinhalter vor dem Magazinschacht
Nachladesystem:	Kammerstengel-Repetierwaffe
Verschluß:	einfacher Zylinderverschluß
Gesamtgewicht:	2,5 kg
Gesamtlänge:	107 cm
Lauflänge:	55 cm
Visierung:	Schiebevisier, Korntunnel, Zielfernrohr-Montageschiene
Sicherung, extern:	Sicherungsschieber rechts hinter dem Kammerstengel
Sicherung, intern:	interne Verschlußsicherung, Ladezustandsanzeige

MERKMALE:

- Material:	Carbonstahl
- Finish:	brüniert
- Schaft:	Nußbaumholz

An der Laufmündung dieser Waffe ist ein Gewinde zur Anbringung eines Feuerdämpfers angebracht. In einigen Ländern ist eine Feuerdämpferanbringung verboten.

Gaucher Gazelle LSR

TECHNISCHE DATEN:

Kaliber:	.22 l.r.
Kapazität:	9-Schuß-Magazin
Magazin:	Magazinhalter vor dem Magazinschacht
Nachladesystem:	Kammerstengel-Repetierwaffe
Verschluß:	einfacher Zylinderverschluß
Gesamtgewicht:	2,5 kg
Gesamtlänge:	107 cm
Lauflänge:	55 cm
Visierung:	Schiebevisier, Korntunnel, Zielfernrohr-Montageschiene
Sicherung, extern:	Sicherungsschieber rechts hinter dem Kammerstengel
Sicherung, intern:	interne Verschlußsicherung, Ladezustandsanzeige

MERKMALE:

- Material:	Carbonstahl
- Finish:	brüniert
- Schaft:	Hartholz, bis an die Laufmündung reichend (Stutzen)

An der Laufmündung dieser Waffe ist ein Gewinde zur Anbringung eines Feuerdämpfers angebracht. In einigen Ländern ist eine Feuerdämpferanbringung verboten.

Gaucher Phantom GR

TECHNISCHE DATEN:

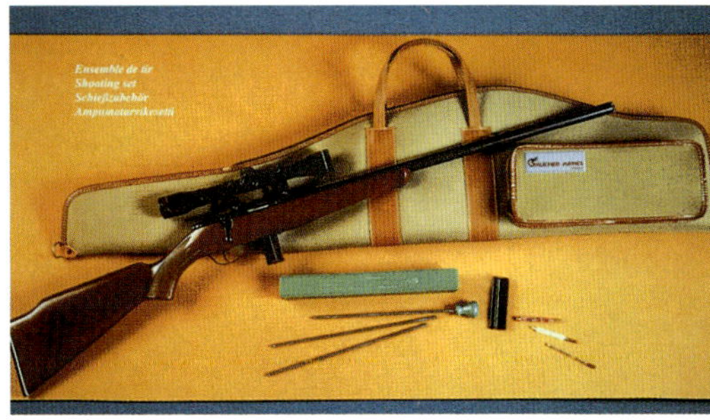

Kaliber:	.22 l.r.
Kapazität:	9-Schuß-Magazin
Magazin:	Halter vor dem Schacht
Nachladesystem:	Kammerstengel-Repetierwaffe
Verschluß:	einfacher Zylinderverschluß
Gesamtgewicht:	2,5 kg
Gesamtlänge:	107 cm
Lauflänge:	58,4 cm
Visierung:	keine; die Waffe wird mit einem 4 x 32-Zielfernrohr geliefert
Sicherung, extern:	Sicherungsschieber rechts hinter dem Kammerstengel
Sicherung, intern:	interne Verschlußsicherung

MERKMALE:

- Material:	Carbonstahl
- Finish:	brüniert
- Schaft:	Hartholz

An der Laufmündung dieser Waffe ist ein Gewinde zur Anbringung eines Feuerdämpfers angebracht. Laut Gaucher wird der Mündungsknall durch die Verwendung eines Feuerdämpfers auf nur 47 dB gedämpft. In einigen Ländern ist die Verwendung eines Feuerdämpfers verboten.

Gaucher Star G

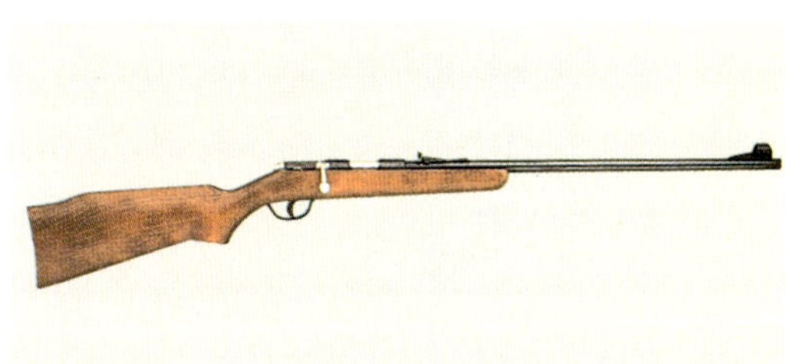

TECHNISCHE DATEN:

Kaliber:	.22 l.r.
Kapazität:	entfällt
Magazin:	entfällt
Nachladesystem:	Kammerstengel-Einzellader
Verschluß:	einfacher Zylinderverschluß

Gesamtgewicht:	2,2 kg
Gesamtlänge:	107 cm
Lauflänge:	55 cm
Visierung:	einfaches, höhenverstellbares Visier, Korntunnel, Zielfernrohr-Montageschiene
Sicherung, extern:	Sicherungsschieber rechts hinter dem Kammerstengel
Sicherung, intern:	interne Verschlußsicherung, Ladezustandsanzeige auf der Verschlußrückseite
MERKMALE:	
- Material:	Carbonstahl, Kammerstengel vernickelt
- Finish:	brüniert
- Schaft:	Hartholz

An der Laufmündung dieser Waffe ist ein Gewinde zur Anbringung eines Feuerdämpfers angebracht. In einigen Ländern ist eine Feuerdämpferanbringung verboten.

Gibbs

Die Firma Gibbs Rifle Company wurde 1991 von Val Forgett Jr. in Martinsburg im US-Bundesstaat West Virginia gegründet. In weniger als einem Jahr stampfte man auf einem brachliegenden Areal ein Fabrikgelände mit einer Produktionsfläche von 3700 Quadratmeter aus dem Boden. Gibbs hatte die Produktionsrechte sowohl der bekannten Waffenfirma Parker-Hale aus dem englischen Birmingham als auch die Rechte der amerikanischen Firma Midland Gun Company erworben. Gibbs führt die Produktion beider renommierter Waffenmarken fort. Die Parker-Hale-Büchsen basieren auf dem Mauser 98-System, während die Midland auf dem System der Springfield 1903-Repetierer aufgebaut sind. Gibbs fertigt inzwischen auch das Scharfschützengewehr M-85, das auf der ganzen Welt von diversen Sicherheitsbehörden verwendet wird. Gibbs verdankt seinen Erfolg zudem dem Aufkauf und der Weitervermarktung alter Militär-Repetierbüchsen, die man im Ausland aus alten Militärlagern erwirbt und hergerichtet weiterveräußert.

Gibbs – Bell & Carlson Midland 1500S Survivor

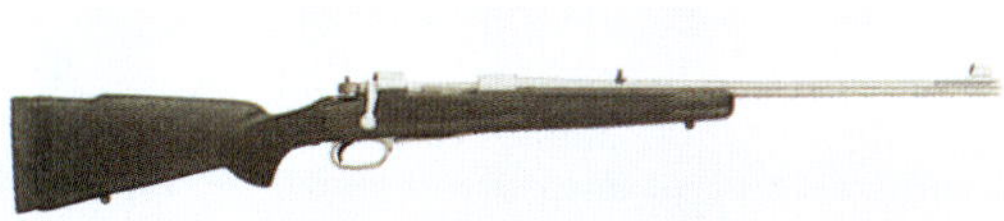

TECHNISCHE DATEN:	
Kaliber:	.308 Win.
Kapazität:	5 Patronen
Magazin:	vor dem Abzugsbügel, fest
Nachladesystem:	Kammerstengel-Repetierwaffe
Verschluß:	Zylinder (2 Warzen)
Gesamtgewicht:	3,2 kg
Gesamtlänge:	109 cm
Lauflänge:	56 cm
Visierung:	Klappvisier, Korntunnel, für Zielfernrohrmontage
Sicherung, extern:	Sicherungsschieber rechts hinter dem Kammerstengel
Sicherung, intern:	interne Verschlußsicherung
MERKMALE:	
- Material:	rostfreier Stainless-Stahl
- Finish:	blank
- Schaft:	schwerer Kevlar-Kunststoffschaft mit Pistolengriff

Diese Waffe ist als Modell 1500C auch mit einem herausnehmbaren 5- oder 10-Schuß-Magazin erhältlich.

Gibbs Midland 2100

TECHNISCHE DATEN:	
Kaliber:	siehe unten
Kapazität:	5 Patronen
Magazin:	vor dem Abzugsbügel, fest
Nachladesystem:	Kammerstengel-Repetierwaffe
Verschluß:	Zylinderverschluß (3 Verriegelungswarzen)
Gesamtgewicht:	3,2 kg
Gesamtlänge:	109 cm
Lauflänge:	56 cm, Kaliber .22-250: 61 cm
Visierung:	Blattvisier, Korntunnel, vorbereitet für Zielfernrohrmontage
Sicherung, extern:	Sicherungsschieber rechts hinter dem Kammerstengel
Sicherung, intern:	interne Verschlußsicherung
MERKMALE:	
- Material:	Carbonstahl
- Finish:	brüniert
- Schaft:	Nußbaumholz, mit Pistolengriff

Lieferbare Kaliber: .22-250 Rem. (ausschließlich mit 61 cm-Lauf), .243 Win., 6 mm Rem., .270 Win., 6,5 x 55, 7 x 57, 7 x 64, .308 Win., .30-06.

Gibbs Midland 2600

TECHNISCHE DATEN:

Kaliber:	siehe unten
Kapazität:	5 Patronen
Magazin:	vor dem Abzugsbügel, fest
Nachladesystem:	Kammerstengel-Repetierwaffe
Verschluß:	Zylinderverschluß (3 Verriegelungswarzen)
Gesamtgewicht:	3,2 kg
Gesamtlänge:	109 cm
Lauflänge:	56 cm, Kaliber .22-250: 61 cm
Visierung:	Blattvisier, Korntunnel, vorbereitet für Zielfernrohrmontage
Sicherung, extern:	Sicherungsschieber rechts hinter dem Kammerstengel
Sicherung, intern:	interne Verschlußsicherung
MERKMALE:	
- Material:	Carbonstahl
- Finish:	brüniert
- Schaft:	Hartholz

Lieferbare Kaliber: .22-250 Rem. (ausschließlich mit 61 cm-Lauf), .243 Win., 6 mm Rem., .270 Win., 6,5 x 55, 7 x 57, 7 x 64, .308 Win., .30-06.

Gibbs Midland 2700 Lightweight

TECHNISCHE DATEN:

Kaliber:	siehe unten
Kapazität:	5 Patronen
Magazin:	vor dem Abzugsbügel, fest
Nachladesystem:	Kammerstengel-Repetierwaffe
Verschluß:	Zylinderverschluß (3 Verriegelungswarzen)
Gesamtgewicht:	3,0 kg
Gesamtlänge:	109 cm
Lauflänge:	56 cm, Kaliber .22-250: 61 cm
Visierung:	Blattvisier, Korntunnel, vorbereitet für Zielfernrohrmontage
Sicherung, extern:	Sicherungsschieber rechts hinter dem Kammerstengel
Sicherung, intern:	interne Verschlußsicherung
MERKMALE:	
- Material:	Carbonstahl
- Finish:	brüniert
- Schaft:	Holzlaminat

Lieferbare Kaliber: .22-250 Rem.(ausschließlich mit 61 cm-Lauf), .243 Win., 6 mm Rem., .270 Win., 6,5 x 55, 7 x 57, 7 x 64, .308 Win., .30-06.

Gibbs Midland 2800

TECHNISCHE DATEN:

Kaliber:	siehe unten
Kapazität:	5 Patronen
Magazin:	vor dem Abzugsbügel, fest
Nachladesystem:	Kammerstengel-Repetierwaffe
Verschluß:	Zylinderverschluß (3 Verriegelungswarzen)
Gesamtgewicht:	3,2 kg
Gesamtlänge:	109 cm
Lauflänge:	56 cm, Kaliber .22-250: 61 cm
Visierung:	Blattvisier, Korntunnel, vorbereitet für Zielfernrohrmontage
Sicherung, extern:	Sicherungsschieber rechts hinter dem Kammerstengel
Sicherung, intern:	interne Verschlußsicherung
MERKMALE:	
- Material:	Carbonstahl
- Finish:	brüniert
- Schaft:	sehr fein laminiertes Buchenholz

Lieferbare Kaliber: .22-250 Rem. (ausschließlich

mit 61 cm-Lauf), .243 Win., 6 mm Rem., .270 Win., 6,5 x 55, 7 x 57, 7 x 64, .308 Win., .30-06.

Gibbs Parker-Hale 1000 Standard

TECHNISCHE DATEN:

Kaliber:	siehe unten
Kapazität:	5 Patronen
Magazin:	vor dem Abzugsbügel, fest
Nachladesystem:	Kammerstengel-Repetierwaffe
Verschluß:	Zylinderverschluß (2 Verriegelungswarzen, Mauser-System)
Gesamtgewicht:	3,3 kg
Gesamtlänge:	109 cm
Lauflänge:	56 cm, Kaliber .22-250: 61 cm
Visierung:	Blattvisier, Korntunnel, vorbereitet für Zielfernrohrmontage
Sicherung, extern:	Sicherungsschieber rechts hinter dem Kammerstengel
Sicherung, intern:	interne Verschlußsicherung
MERKMALE:	
- Material:	Carbonstahl
- Finish:	brüniert
- Schaft:	Nußbaumholz

Lieferbare Kaliber: .22-250 Rem.(ausschließlich mit 61 cm-Lauf), .243 Win., 6 mm Rem., .270 Win., 6,5 x 55, 7 x 57, 7 x 64, .308 Win., .30-06.

Gibbs Parker-Hale 1100M African Magnum

TECHNISCHE DATEN:

Kaliber:	.375 H&H Mag., .458 Win.Mag.
Kapazität:	4 Patronen
Magazin:	vor dem Abzugsbügel, fest
Nachladesystem:	Kammerstengel-Repetierwaffe
Verschluß:	Zylinderverschluß (3 Verriegelungswarzen)
Gesamtgewicht:	4,3 kg
Gesamtlänge:	117 cm
Lauflänge:	61 cm
Visierung:	Blattvisier, Korntunnel, vorbereitet für Zielfernrohrmontage
Sicherung, extern:	Sicherungsschieber rechts hinter dem Kammerstengel
Sicherung, intern:	interne Verschlußsicherung
MERKMALE:	
- Material:	Carbonstahl
- Finish:	brüniert
- Schaft:	Nußbaumholz

Gibbs Parker-Hale 1100 Lightweight

TECHNISCHE DATEN:

Kaliber:	siehe unten
Kapazität:	5 Patronen
Magazin:	vor dem Abzugsbügel, fest
Nachladesystem:	Kammerstengel-Repetierwaffe
Verschluß:	Zylinderverschluß (2 Verriegelungswarzen, Mauser-System)
Gesamtgewicht:	3,0 kg
Gesamtlänge:	109 cm
Lauflänge:	56 cm, Kaliber .22-250: 61 cm
Visierung:	Blattvisier, Korntunnel, vorbereitet für Zielfernrohrmontage
Sicherung, extern:	Sicherungsschieber rechts hinter dem Kammerstengel
Sicherung, intern:	interne Verschlußsicherung
MERKMALE:	
- Material:	Carbonstahl
- Finish:	brüniert
- Schaft:	Hartholz

Lieferbare Kaliber: .22-250 Rem.(ausschließlich mit 61 cm-Lauf), .243 Win., 6 mm Rem., .270 Win., 6,5 x 55, 7 x 57, 7 x 64, .308 Win., .30-06.

Gibbs Parker-Hale 1200 Super Clip

TECHNISCHE DATEN:

Kaliber:	siehe unten
Kapazität:	5 Patronen
Magazin:	vor dem Abzugsbügel
Nachladesystem:	Kammerstengel-Repetierwaffe
Verschluß:	Zylinderverschluß (2 Verriegelungswarzen, Mauser-System)
Gesamtgewicht:	3,4 kg
Gesamtlänge:	113 cm
Lauflänge:	61 cm
Visierung:	Blattvisier, Korntunnel, vorbereitet für Zielfernrohrmontage
Sicherung, extern:	Sicherungsschieber rechts hinter dem Kammerstengel
Sicherung, intern:	interne Verschlußsicherung

MERKMALE:

- Material:	Carbonstahl
- Finish:	brüniert
- Schaft:	Nußbaumholz

Lieferbare Kaliber: .22-250 Rem., .243 Win., 6 mm Rem., .270 Win., 6,5 x 55, 7x64, .308 Win., .30-06.

Gibbs Parker-Hale 1300S Scout

TECHNISCHE DATEN:

Kaliber:	.243 Win., .308 Win.
Kapazität:	5 Patronen (.308), 10 Patronen (.243)
Magazin:	vor dem Abzugsbügel
Nachladesystem:	Kammerstengel-Repetierwaffe
Verschluß:	Zylinderverschluß (2 Verriegelungswarzen, Mauser-System)
Gesamtgewicht:	3,9 kg
Gesamtlänge:	104 cm
Lauflänge:	51 cm, inkl. Mündungsbremse
Visierung:	ohne; vorbereitet für Zielfernrohrmontage
Sicherung, extern:	Sicherungsschieber rechts hinter dem Kammerstengel
Sicherung, intern:	interne Verschlußsicherung

MERKMALE:

- Material:	Carbonstahl
- Finish:	brüniert
- Schaft:	Buchenholz, laminiert

Gibbs Parker-Hale M81 African

TECHNISCHE DATEN:

Kaliber:	.75 H&H Mag., 9,3 x 62
Kapazität:	4 Patronen
Magazin:	vor dem Abzugsbügel
Nachladesystem:	Kammerstengel-Repetierwaffe
Verschluß:	Zylinderverschluß (3 Verriegelungswarzen)
Gesamtgewicht:	4,1 kg
Gesamtlänge:	114 cm
Lauflänge:	61 cm
Visierung:	Express-Klappvisier, Korntunnel, vorbereitet für Zielfernrohrmontage
Sicherung, extern:	Sicherungsschieber rechts hinter dem Kammerstengel
Sicherung, intern:	interne Verschlußsicherung

MERKMALE:

- Material:	Carbonstahl
- Finish:	brüniert
- Schaft:	Nußbaumholz

Gibbs Parker-Hale M-85 Sniper

TECHNISCHE DATEN:

Kaliber:	.308 Win.
Kapazität:	10 Patronen
Magazin:	vor dem Abzugsbügel
Nachladesystem:	Kammerstengel-Repetierwaffe
Verschluß:	Zylinderverschluß (3 Verriegelungswarzen)
Gesamtgewicht:	5,7 kg, inkl. Zielfernrohr
Gesamtlänge:	114 cm
Lauflänge:	61 cm
Visierung:	wegklappbares Visier, vorbereitet für Zielfernrohrmontage
Sicherung, extern:	Sicherungsschieber rechts hinter dem Kammerstengel
Sicherung, intern:	interne Verschlußsicherung, Ladezustandsanzeige (Stift an der Verschlußrückseite)

MERKMALE:

- Material:	Carbonstahl
- Finish:	brüniert
- Schaft:	spezieller McMillan-Fiberglasschaft in verschiedenen Camouflage-Farbrichtungen (NATO-Grün, Desert, Urban, Jungle, Arctic, Schwarz), mit Zweibein

Gibbs 98 Sporter

TECHNISCHE DATEN:

Kaliber:	siehe unten
Kapazität:	5 Patronen
Magazin:	vor dem Abzugsbügel
Nachladesystem:	Kammerstengel-Repetierwaffe
Verschluß:	Zylinderverschluß (2 Verriegelungswarzen)
Gesamtgewicht:	3,2 kg
Gesamtlänge:	111 cm
Lauflänge:	56 cm
Visierung:	Blattvisier, vorbereitet für Zielfernrohrmontage
Sicherung, extern:	Flügelsicherung auf der Rückseite (Mauser-System)
Sicherung, intern:	interne Verschlußsicherung

MERKMALE:

- Material:	Carbonstahl
- Finish:	brüniert
- Schaft:	Hartholz

Lieferbare Kaliber: .243 Win., .270 Win., .308 Win., .30-06.

GOL

Die Abkürzung GOL steht für „Gottfrieds Originelle Lösung“. Gottfried ist dabei der Vorname des deutschen Büchsenmachermeisters Gottfried Prechtl aus dem Ort Weinheim, der östlich von Mannheim liegt. Auf der Basis des Mauser 98-Systems baut Prechtl eine Serie von Präzisions- und Scharfschützengewehren von höchster Qualität. Die bekannteste Waffe der Serie ist die GOL Sniper-Büchse, die ausgerüstet mit den verschiedensten Schafttypen bestellt werden kann. Das Gewehr im Kaliber .308 Win. liefert auf 100 Meter 10-Schuß-Treffergruppen von 12 bis 14 mm Durchmesser. Ein weiteres bekanntes GOL-Produkt ist der sogenannte StoCon-Skelettschaft aus Laminatholz. Neben dem Sniper gibt es inzwischen einen zweiten Scharfschützengewehrtyp von GOL, das Modell „S“, das auf dem neuen Sako M591/L691-System basiert. Seit der Einführung des S-Modells ist davon auszugehen, daß Schützen mit GOL-Sniper- oder -S-Repetierbüchsen stets die vordersten Plätze bei internationalen Scharfschützenwettbewerben belegen.

GOL-Sniper Rifle Modell Standard Comp A

TECHNISCHE DATEN:

Kaliber:	.308 Win.
Kapazität:	5 Patronen
Magazin:	vor dem Abzugsbügel, fest
Nachladesystem:	Kammerstengel-Repetierwaffe

Verschluß: Zylinderverschluß (2 Verriegelungswarzen, Mauser-System)
Gesamtgewicht: ca. 5,5 kg
Gesamtlänge: 118,4 cm
Lauflänge: 65 cm, ohne Mündungsdämpfer
Visierung: ohne; vorbereitet für Zielfernrohrmontage
Sicherung, extern: Timney-Abzugssystem mit Sicherungsschieber rechts hinter dem Kammerstengel
Sicherung, intern: interne Verschlußsicherung

MERKMALE:
- Material: Carbonstahl
- Finish: brüniert
- Schaft: Nußbaumholz mit ausgepr. Pistolengriff und Backe

GOL-Rifle Modell Standard Comp B

TECHNISCHE DATEN:
Kaliber: .308 Win.
Kapazität: 5 Patronen
Magazin: vor dem Abzugsbügel
Nachladesystem: Kammerstengel-Repetierwaffe
Verschluß: Zylinder (2 Warzen)
Gesamtgewicht: ca. 5,5 kg
Gesamtlänge: 118,4 cm
Lauflänge: 65 cm, ohne Mündungsdämpfer
Visierung: ohne; vorbereitet für Zielfernrohrmontage
Sicherung, extern: Timney-Abzugssystem mit Sicherungsschieber rechts hinter dem Kammerstengel
Sicherung, intern: interne Verschlußsicherung

MERKMALE:
- Material: Carbonstahl
- Finish: brüniert
- Schaft: Nußbaumholz mit ausgepr. Pistolengriff und Backe

GOL Rifle Modell Match Freigewehr

TECHNISCHE DATEN:
Kaliber: .308 Win.
Kapazität: 5 Patronen
Magazin: vor dem Abzugsbügel, fest
Nachladesystem: Kammerstengel-Repetierwaffe
Verschluß: Zylinderverschluß (2 Verriegelungswarzen, Mauser-System)
Gesamtgewicht: ca. 6,5 kg, inkl. Zielfernrohr
Gesamtlänge: 118,4 cm
Lauflänge: 65 cm, ohne Mündungsdämpfer
Visierung: ohne; vorbereitet für Zielfernrohrmontage
Sicherung, extern: Timney-Abzugssystem mit Sicherungsschieber rechts hinter dem Kammerstengel
Sicherung, intern: interne Verschlußsicherung

MERKMALE:
- Material: Carbonstahl
- Finish: brüniert
- Schaft: Matchschaft aus Laminatholz, mit ausgepr. Pistolengriff

GOL-Rifle Modell Match Comp A

TECHNISCHE DATEN:
Kaliber: .308 Win.
Kapazität: entfällt

Magazin:	entfällt
Nachladesystem:	Kammerstengel-Einzellader-
Verschluß:	Zylinderverschluß (2 Verriegelungswarzen, Mauser-System)
Gesamtgewicht:	ca. 5,4 kg
Gesamtlänge:	ca. 118,5 cm
Lauflänge:	65 cm, ohne Mündungsdämpfer
Visierung:	ohne; vorbereitet für Zielfernrohrmontage
Sicherung, extern:	Timney-Abzugssystem mit Sicherungsschieber rechts hinter dem Kammerstengel
Sicherung, intern:	interne Verschlußsicherung
MERKMALE:	
- Material:	Carbonstahl
- Finish:	brüniert
- Schaft:	Matchschaft aus Laminatholz, mit ausgepr. Pistolengriff und Zweibein

Abgebildet von oben nach unten: GOL Match Comp A, GOL Match UIT und GOL Match HV Comp B.

GOL-Rifle Modell Match UIT

TECHNISCHE DATEN:

Kaliber:	.308 Win.
Kapazität:	entfällt
Magazin:	entfällt
Nachladesystem:	Kammerstengel-Einzellader-
Verschluß:	Zylinderverschluß (2 Verriegelungswarzen, Mauser-System)
Gesamtgewicht:	ca. 5,4 kg
Gesamtlänge:	ca. 118,5 cm
Lauflänge:	65 cm, ohne Mündungsdämpfer
Visierung:	Hämmerli-Diopter, Korntunnel
Sicherung, extern:	Timney-Abzugssystem mit Sicherungsschieber rechts hinter dem Kammerstengel
Sicherung, intern:	interne Verschlußsicherung
MERKMALE:	
- Material:	Carbonstahl
- Finish:	brüniert
- Schaft:	Matchschaft aus Laminatholz, mit ausgepr. Pistolengriff und Zweibein

Abgebildet von oben nach unten: GOL Match Comp A, GOL Match UIT und GOL Match HV Comp B.

GOL-Rifle Modell Match HV Comp B

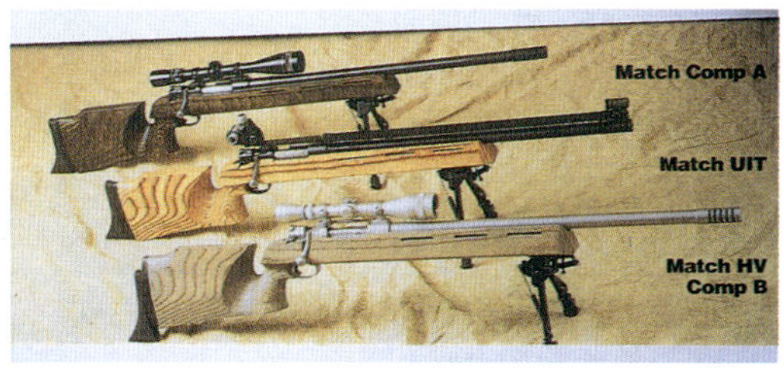

TECHNISCHE DATEN:

Kaliber:	.308 Win.
Kapazität:	5 Patronen
Magazin:	vor dem Abzugsbügel, fest
Nachladesystem:	Kammerstengel-Repetierwaffe
Verschluß:	Zylinderverschluß (2 Verriegelungswarzen, Mauser-System)
Gesamtgewicht:	ca. 6,5 kg, inkl. Zielfernrohr
Gesamtlänge:	ca. 118,5 cm
Lauflänge:	65 cm, ohne Mündungsdämpfer
Visierung:	ohne; vorbereitet für Zielfernrohrmontage
Sicherung, extern:	Timney-Abzugssystem mit Sicherungsschieber rechts hinter dem Kammerstengel
Sicherung, intern:	interne Verschlußsicherung
MERKMALE:	
- Material:	Carbonstahl
- Finish:	matt vernickelt
- Schaft:	Matchschaft aus Laminatholz, mit ausgepr. Pistolengriff und Zweibein

Abgebildet von oben nach unten: GOL Match Comp A, GOL Match UIT und GOL Match HV Comp B.

GOL-Sniper Rifle Modell Standard-Synthetic

TECHNISCHE DATEN:

Kaliber:	.308 Win.

Kapazität:	5 Patronen
Magazin:	vor dem Abzugsbügel
Nachladesystem:	Kammerstengel-Repetierwaffe
Verschluß:	Zylinder (Mauser-System)
Gesamtgewicht:	ca. 6,5 kg, inkl. Zielfernrohr
Gesamtlänge:	ca. 118,5 cm
Lauflänge:	65 cm, ohne Mündungsdämpfer
Visierung:	ohne; vorbereitet für Zielfernrohrmontage
Sicherung, extern:	Timney-Abzugssystem mit Sicherungsschieber rechts hinter dem Kammerstengel
Sicherung, intern:	interne Verschlußsicherung
MERKMALE:	
- Material:	Carbonstahl
- Finish:	matt vernickelt
- Schaft:	Matchschaft aus Laminatholz, mit Pistolengriff und Zweibein

GOL-Sniper Rifle Modell S StoCon Duo Tone

TECHNISCHE DATEN:

Kaliber:	.308 Win., .300 Win.Mag., 6 mm PPC
Kapazität:	5 Patronen
Magazin:	vor dem Abzugsbügel
Nachladesystem:	Kammerstengel-Repetierwaffe
Verschluß:	Zylinder (Sako-System)
Gesamtgewicht:	ca. 5,3 kg, inkl. Zielfernrohr
Gesamtlänge:	ca. 118,5 cm
Lauflänge:	65 cm, ohne Mündungsdämpfer
Visierung:	ohne; vorbereitet für Zielfernrohrmontage
Sicherung, extern:	Sako-Abzugssystem mit Sicherungsschieber rechts hinter dem Kammerstengel
Sicherung, intern:	interne Verschlußsicherung
MERKMALE:	
- Material:	Carbonstahl
- Finish:	brüniert, Lauf vernickelt
- Schaft:	spezieller Laminatholzschaft, mit ausgepr. Pistolengriff und Zweibein

Tests haben ergeben, daß diese Waffe in der Lage ist, auf 100 Meter 10-Schuß-Treffergruppen mit einem Durchmesser von nur 1,2 bis 1,4 cm zu schießen. GOL Sniper Modell S (Sako): oben abgebildet mit dem StoCon Duo Tone-Skelettschaft, unten als Standardmodell mit einem dunkler laminierten, einfacheren Schaft.

GOL-Sniper Rifle Modell S Standard

TECHNISCHE DATEN:

Kaliber:	.308 Win.
Kapazität:	5 Patronen
Magazin:	vor dem Abzugsbügel, fest
Nachladesystem:	Kammerstengel-Repetierwaffe

Verschluß:	Zylinder (Sako-System)
Gesamtgewicht:	ca. 5,5 kg, inkl. Zielfernrohr
Gesamtlänge:	ca. 118,5 cm
Lauflänge:	65 cm, ohne Mündungsdämpfer
Visierung:	ohne; vorbereitet für Zielfernrohrmontage
Sicherung, extern:	Sako-Abzugssystem mit Sicherungsschieber rechts hinter dem Kammerstengel
Sicherung, intern:	interne Verschlußsicherung
MERKMALE:	
- Material:	Carbonstahl
- Finish:	brüniert, Lauf vernickelt
- Schaft:	spezieller Laminatholzschaft, mit ausgepr. Pistolengriff und Zweibein

Tests haben ergeben, daß diese Waffe auf 100 Meter 10-Schuß-Treffergruppen mit einem Durchmesser von nur 1,2 bis 1,4 cm erzielt.
GOL Sniper Modell S (Sako): oben abgebildet mit dem StoCon Duo Tone-Skelettschaft, unten als Standardmodell mit einem dunkel laminierten Schaft.

Griffin & Howe

Die New Yorker Firma Griffin & Howe, G & H, wurde bereits 1923 gegründet und baute zunächst vornehmlich Teile für die berühmte Abercrombie & Fitch Company. Von dieser Firma konnten sich damals die Gentleman-Jäger die komplette Ausrüstung für die Jagd in Afrika ausleihen. Ende der 20er Jahre brachte G & H ein eigenes Magnum-Kaliber heraus, die .350 Griffin & Howe Magnum; die Patrone war allerdings nicht erfolgreich. Die Firma Griffin & Howe ist heute hauptsächlich damit beschäftigt, Gewehre europäischer Hersteller in die USA zu importieren und unter eigenem Namen zu vermarkten; erfolgreich ist sie vor allem mit edlen Flinten des italienischen Herstellers Arietta. G & H entwickelte auch selbst eine spezielle Zielfernrohrmontage (siehe Foto).

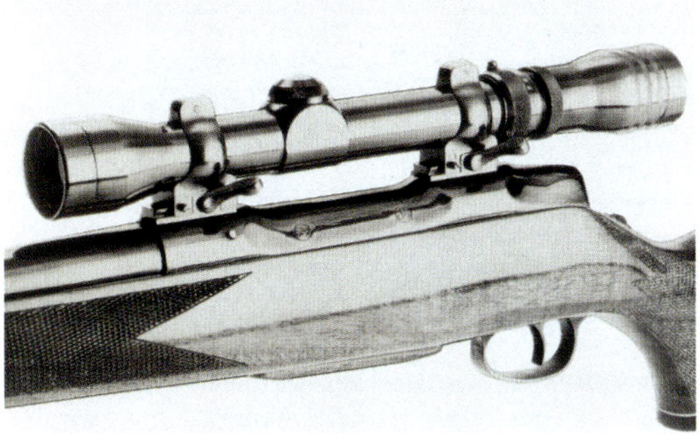

Griffin & Howe Magnum Rifle

TECHNISCHE DATEN:	
Kaliber:	.416 Rigby (andere Kaliber auf Anfrage)
Kapazität:	4 Patronen
Magazin:	vor dem Abzugsbügel, fest
Nachladesystem:	Kammerstengel-Repetierwaffe
Verschluß:	Zylinderverschluß (2 Verriegelungswarzen, Mauser-System)
Gesamtgewicht:	4,5 kg
Gesamtlänge:	109 cm
Lauflänge:	61cm
Visierung:	festes oder Express-Klappvisier, Korntunnel; vorbereitet für spezielle Griffin & Howe-Zielfernrohrmontage
Sicherung, extern:	Sicherung rechts hinten
Sicherung, intern:	interne Verschlußsicherung
MERKMALE:	
- Material:	Carbonstahl
- Finish:	brüniert
- Schaft:	Walnußholz mit ausgepr. Backe

Grünig + Elmiger

Gewehre der Firma Grünig und Elmiger, G & E, aus dem schweizerischen Malters bei Luzern, sind ein fester Begriff im Bereich des Schießsports. Die weitreichenden Waffen für die 300 Meter-Disziplinen sind hochpräzise Geräte von besonderer Qualität. Sie basieren auf keinem bestehenden System. Sowohl die Hülse als auch das eigentliche Verschlußsystem sind Eigenentwicklungen von Grünig & Elmiger. Schützen, die mit G & E-Gewehren antreten, sind bei internationalen Wettkämpfen stets in den Gewinnerlisten vertreten und es werden auch viele Weltrekorde mit G & E-Waffen geschossen.

Grünig + Elmiger Match Target Rifle

TECHNISCHE DATEN:	
Kaliber:	siehe unten

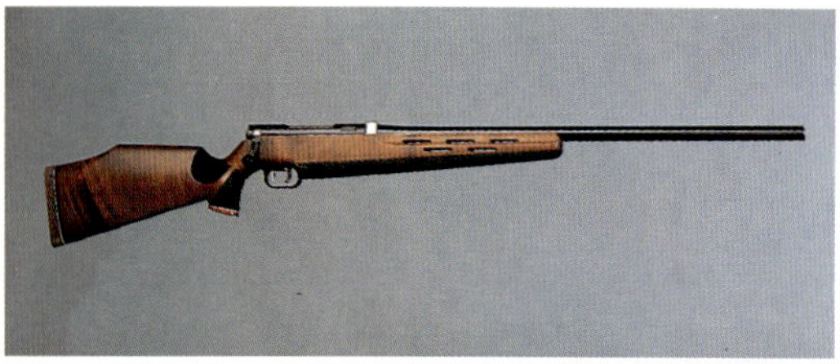

Kapazität:	entfällt
Magazin:	entfällt
Nachladesystem:	Kammerstengel-Einzellader
Verschluß:	Zylinder (2 Warzen)
Gesamtgewicht:	3,8 kg oder 4,8 kg (schwere Ausführung)
Gesamtlänge:	106 cm
Lauflänge:	65 cm
Visierung:	ohne; vorbereitet für Zielfernrohrmontage
Sicherung, extern:	im Bereich des Abzuges
Sicherung, intern:	interne Verschlußsicherung
MERKMALE:	
- Material:	Carbonstahl
- Finish:	brüniert
- Schaft:	Matchschaft aus Nußbaumholz, Aussparungen im Vorderschaft

Lieferbare Kaliber: .222 Rem., .223 Rem., 6,5 x 55 mm, 7 mm-08 Rem., 7,5 mm Swiss, .308 Win., 8 x 57 S.

Diese Waffe ist mit einem Doppelzüngelstecher ausgestattet. Mittels des vorderen Abzugszüngels, des Stecherzüngels, wird das Abzugssystem vorgespannt. Danach kann mit dem hinteren, eigentlichen Abzugszüngel mit einem minimalen Abzugswiderstand der Schuß ausgelöst werden.

Grünig + Elmiger Prone Position Rifle

TECHNISCHE DATEN:

Kaliber:	siehe unten
Kapazität:	entfällt
Magazin:	entfällt
Nachladesystem:	Kammerstengel-Einzellader
Verschluß:	Zylinder (2 Warzen)
Gesamtgewicht:	5,5 kg
Gesamtlänge:	106 cm
Lauflänge:	65 cm
Visierung:	Diopter, Korntunnel
Sicherung, extern:	Sicherung rechts neben dem Kammerstengel
Sicherung, intern:	interne Verschlußsicherung
MERKMALE:	
- Material:	Carbonstahl
- Finish:	brüniert
- Schaft:	Matchschaft aus Nußbaumholz, mit Aussparungen im Vorderschaft

Lieferbare Kaliber: .222 Rem., .223 Rem., 6,5 x 55 mm, 7 mm-08 Rem., 7,5 mm Swiss, .308 Win.

Diese Waffe wurde speziell für das Liegendschießen auf 300 Meter entwickelt.

Grünig + Elmiger Supertarget 200/20 UIT/CISM

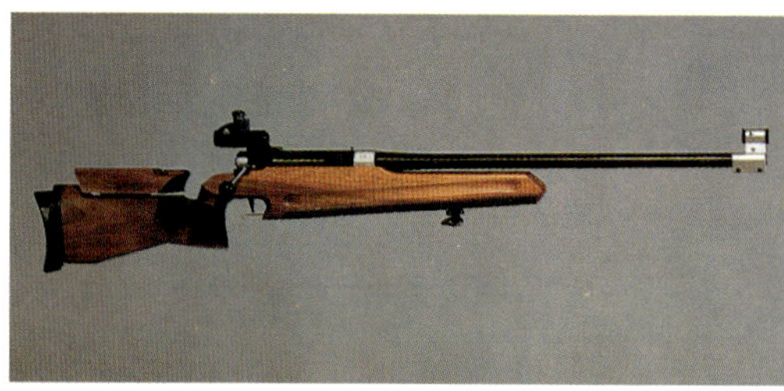

TECHNISCHE DATEN:

Kaliber:	siehe unten
Kapazität:	entfällt
Magazin:	entfällt
Nachladesystem:	Kammerstengel-Einzellader
Verschluß:	Zylinderverschluß (3 Verriegelungswarzen)
Gesamtgewicht:	5,5 kg
Gesamtlänge:	106 cm
Lauflänge:	65 cm
Visierung:	Diopter, Korntunnel
Sicherung, extern:	Sicherung rechts neben dem Kammerstengel
Sicherung, intern:	interne Verschlußsicherung
MERKMALE:	
- Material:	Carbonstahl
- Finish:	brüniert
- Schaft:	verstellbarer Matchschaft aus Nußbaumholz, freiliegender Lauf

Lieferbare Kaliber: .223 Rem., 6,5 x 55 mm, 7 mm-08 Rem., 7,5 mm Swiss, .308 Win.

Diese Waffe wurde speziell für das Liegendschießen auf 300 Meter entwickelt.
In der Ausführung Supertarget 200-CISM wird die Waffe in den Kalibern 7,5 mm Swiss oder .308 Win. als Mehrlader mit einem 10-Schuß-Magazin geliefert.

Grünig + Elmiger Supertarget 200/40 Freigewehr

TECHNISCHE DATEN:	
Kaliber:	siehe unten
Kapazität:	entfällt
Magazin:	entfällt
Nachladesystem:	Kammerstengel-Einzellader
Verschluß:	Zylinder (3 Warzen)
Gesamtgewicht:	6,5 kg
Gesamtlänge:	106 cm
Lauflänge:	65 cm
Visierung:	Diopter, Korntunnel
Sicherung, extern:	Sicherung rechts neben dem Kammerstengel
Sicherung, intern:	interne Verschlußsicherung
MERKMALE:	
- Material:	Carbonstahl
- Finish:	brüniert
- Schaft:	verstellbarer Matchschaft aus Nußbaumholz, mit Schulterhaken und Daumenloch

Lieferbare Kaliber: .223 Rem., 6,5 x 55 mm, 7 mm-08 Rem., 7,5 mm Swiss, .308 Win. .

Diese Waffe wurde speziell für die Disziplin Dreistellungskampf auf 300 Meter entwickelt (stehend, liegend, knieend).

Harrington & Richardson

Die amerikanische Waffenfirma Harrington & Richardson, H & R, wurde 1871 von Gilbert Harrington und Franklin Wesson gegründet. Harrington war vorher in Worchester, Massachusetts, Büchsenmacher der kleinen Revolverfabrik Ballard & Fairbanks gewesen. Im Alter von lediglich 26 Jahren hatte er für diese den ersten Revolver mit automatischem Hülsenauswurf entwickelt. 1871 hatte Ballard & Fairbanks dann beschlossen, keine Revolver mehr zu bauen. Harrington hatte entschieden, selbst weiter zu machen. Und so baute er zusammen mit seinem Onkel Franklin Wesson eine neue Firma auf. Als technischen Betriebsleiter stellten sie einen anderen ehemaligen Mitarbeiter von Ballard & Fairbanks ein, William August Richardson.
In diesen Anfangszeiten enstand etwa die einschüssige Büchse Wesson & Harrington Modell 1871. 1874 zog sich Franklin Wesson aus dem Betrieb zurück und die Firma wurde von Harrington und Richardson weitergeführt. Vornehmlich produzierte man Revolver. Wegen der großen Nachfrage nach doppelläufigen Flinten beschloß die Firma dann auch solche Waffen zu bauen; man schloß einen Lizenzvertrag mit der englischen Firma Anson & Deeley. Weil dann auch die Nachfrage nach Harrington & Richardson-Revolvern immer mehr zunahm und der Betrieb sich bereits an der Produktionskapazitätsgrenze befand, wurde die Zusammenarbeit mit Anson & Deeley 1886 wieder beendet.
1888 wurde H & R grundlegend neuorganisiert und in Harrington & Richardson Arms Company umbenannt. Nachdem die beiden Gründer 1897 kurz hintereinander gestorben waren, wurde die Firma von einem dreiköpfigen Team übernommen: Brooks, dem bisherigen H & R-Verwaltungsleiter, Edwin C. Harrington, dem 20-jährigen Sohn von Gilbert Harrington und Mary A. Richardson, der Tochter von William Richardson. Nach den langen Jahren in Worchester zog die Firma schließlich nach Gardner in Massachusetts um. Harrington & Richardson verkauft heute diverse einläufige Flinten und Büchsen sowie weiterhin H & R-Revolver. Unter dem Namen der Tochterfirma New England Arms werden weitere einläufige Flinten und Büchsen vermarktet. Produkte von H & R sind und waren stets durch eine große Einfachheit und Funktionalität gekennzeichnet.

Harrington & Richardson 125th Anniversary

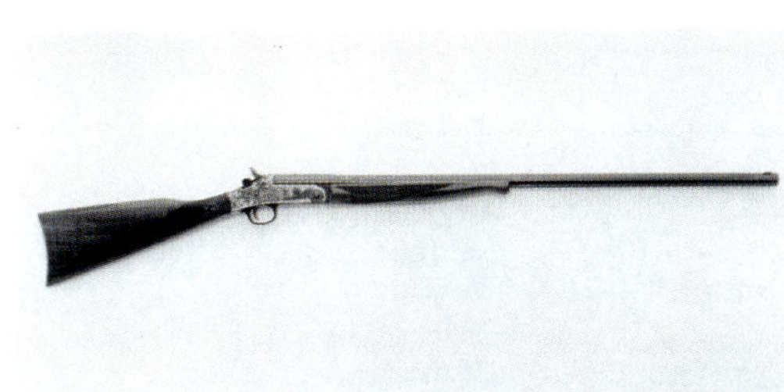

TECHNISCHE DATEN:

Kaliber:	.45-70 Government
Kapazität:	entfällt
Magazin:	entfällt
Nachladesystem:	einläufige Kipplaufbüchse
Verschluß:	Baskülverschl. mit Laufhaken, Entriegelung hinter dem Hahn
Gesamtgewicht:	3,6 kg
Gesamtlänge:	146,5 cm
Lauflänge:	81,3 cm
Visierung:	ohne; Visier nach Wahl
Sicherung, extern:	keine
Sicherung, intern:	interne Verschlußsicherung
MERKMALE:	
- Material:	Carbonstahl
- Finish:	brüniert
- Schaft:	Nußbaumholz

Bei dieser Waffe handelt es sich um ein Erinnerungsmodell Wesson & Harrington 1871.

Harrington & Richardson RMEF 1996 Commemorative

TECHNISCHE DATEN:

Kaliber:	.35 Wheelen
Kapazität:	entfällt
Magazin:	entfällt
Nachladesystem:	einläufige Kipplaufbüchse
Verschluß:	Baskülverschl. mit Laufhaken, Entriegelung hinter dem Hahn
Gesamtgewicht:	3,6 kg
Gesamtlänge:	115 cm
Lauflänge:	66 cm
Visierung:	ohne; vorbereitet für Zielfernrohrmontage
Sicherung, extern:	keine
Sicherung, intern:	interne Verschlußsicherung
MERKMALE:	
- Material:	Carbonstahl
- Finish:	brüniert
- Schaft:	Laminatholzschaft mit eingelegter RMEF-Erinnerungsmedaille (Rocky Mountain Elk Foundation, Rocky Mountain Rotwild Stiftung)

Harrington & Richardson Ultra Varmint 22"

TECHNISCHE DATEN:

Kaliber:	.223 Rem., .308 Win., .357 Rem.Max.
Kapazität:	entfällt
Magazin:	entfällt
Nachladesystem:	einläufige Kipplaufbüchse

Harrington & Richardson RMEF 1996 Commemorative

Verschluß:	Baskülverschluß mit Laufhaken, Entriegelungsknopf hinter dem Hahn
Gesamtgewicht:	3,6 kg
Gesamtlänge:	94,5 cm
Lauflänge:	56 cm (22 Zoll)
Visierung:	ohne; für Zielfernrohr
Sicherung, extern:	keine
Sicherung, intern:	interne Verschlußsicherung
MERKMALE:	
- Material:	Carbonstahl
- Finish:	brüniert
- Schaft:	Laminatholzschaft

Abgebildet sind von oben nach unten: H & R Ultra Varmint 22", Ultra Varmint 26" und Ultra Hunter.

Harrington & Richardson Ultra Varmint 26"

TECHNISCHE DATEN:

Kaliber:	.223 Rem., .308 Win., .357 Rem.Max.
Kapazität:	entfällt
Magazin:	entfällt
Nachladesystem:	einläufige Kipplaufbüchse
Verschluß:	Baskülverschluß mit Laufhaken, Entriegelungsknopf hinter dem Hahn
Gesamtgewicht:	3,6 kg
Gesamtlänge:	104,5 cm
Lauflänge:	66 cm (26 Zoll)
Visierung:	ohne; für Zielfernrohr
Sicherung, extern:	keine
Sicherung, intern:	interne Verschlußsicherung
MERKMALE:	
- Material:	Carbonstahl
- Finish:	brüniert
- Schaft:	Laminatholzschaft

Abgebildet sind von oben nach unten: H & R Ultra Varmint 22", Ultra Varmint 26" und Ultra Hunter.

Harrington & Richardson Ultra Hunter

TECHNISCHE DATEN:

Kaliber:	.357 Remington Maximum
Kapazität:	entfällt
Magazin:	entfällt
Nachladesystem:	einläufige Kipplaufbüchse
Verschluß:	Baskülverschl. mit Laufhaken, Entriegelung hinter dem Hahn
Gesamtgewicht:	3,6 kg
Gesamtlänge:	94,5 cm
Lauflänge:	56 cm
Visierung:	verstellbares Schiebevisier
Sicherung, extern:	keine
Sicherung, intern:	interne Verschlußsicherung
MERKMALE:	
- Material:	Carbonstahl
- Finish:	brüniert
- Schaft:	Laminatholzschaft

Abgebildet sind von oben nach unten: H & R Ultra Varmint 22", Ultra Varmint 26" und Ultra Hunter.

Harris Gunworks

Die US-amerikanische Firma Harris Gunworks Inc. hat ihren Sitz in Phoenix, Arizona. Vornehmlich produziert Harris Scharfschützen-Präzisionsbüchsen in verschiedenen Kalibern für den polizeilichen Gebrauch. Weiterhin baut man auch Sportgewehre, diesbezüglich insbesondere die hochgelobte Competition-Serie, bestehend aus den Modellen National Match, Target Benchrest und Long Range. Diese Waffen verfügen über einen sogenannten Polygonlauf, einen Lauf, der sonst bei Büchsen nicht allzu häufig Verwendung findet. Harris garantiert, daß die Waffen auf 100 Yards (91,4 Meter) eine 3-Schuß-Treffergruppe mit einem Durchmesser von 13 mm halten.
Einige der Harris-Scharfschützenbüchsen oder „Snipers" sind für polizeiliche oder militärische Operationen auf Entfernungen von mehr als 1000 Meter vorgesehen.
Dazu sind ein Teil der Waffen für das bekannte, riesige, ursprünglich rein militärische Kaliber .50 BMG (Browning Machine Gun) ausgerichtet. Eine der Waffen im Kaliber .50 BMG wird auch mit Klappschaft angeboten; damit kann das schwere Gewehr erheblich leichter transportiert werden.
Ein weiteres Produkt der Firma Harris ist ihre Multilaufkombinations-Scharfschützenbüchse. Diese Waffe ermöglicht einen schnellen, unkomplizierten Lauf- und damit Kaliberwechsel. Es gibt Läufe in drei Kalibern: .308 Win., .30-06 und .300 Win. Mag.; die Läufe können zudem mit einem Schall- oder Mündungsfeuerdämpfer versehen werden.

Harris Target Benchrest Rifle

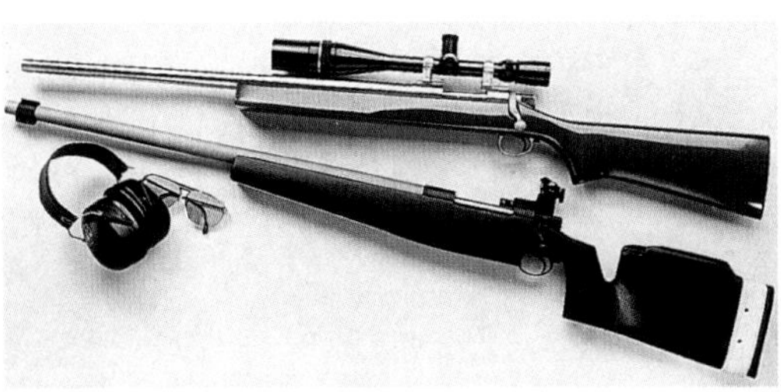

TECHNISCHE DATEN:

Kaliber:	nach Kundenwunsch
Kapazität:	entfällt
Magazin:	entfällt
Nachladesystem:	Kammerstengel-Einzellader
Verschluß:	Zylinderverschluß (2 Verriegelungswarzen)
Gesamtgewicht:	ca. 4,5 kg, ohne Zielfernrohr
Gesamtlänge:	ca. 113 cm
Lauflänge:	ca. 66 cm
Visierung:	ohne; vorbereitet für Zielfernrohrmontage
Sicherung, extern:	Druckknopfsicherung hinter dem Abzugsbügel
Sicherung, intern:	interne Verschlußsicherung
MERKMALE:	
- Material:	rostfreier Stainless-Stahl
- Finish:	blank
- Schaft:	Matchschaft, Fiberglas oder Holz

Abgebildet ist oben die Harris Benchrest-Büchse und unten die Harris Long Range-Büchse.

Harris Long Range Rifle

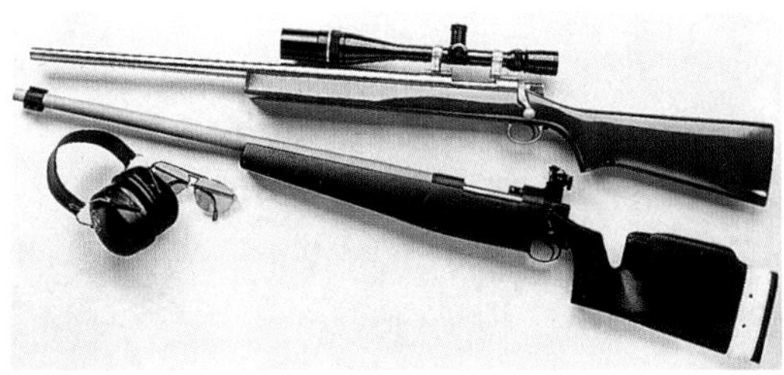

TECHNISCHE DATEN:

Kaliber:	.300 Win.Mag., oder nach Kundenwunsch
Kapazität:	entfällt
Magazin:	entfällt
Nachladesystem:	Kammerstengel-Einzellader
Verschluß:	Zylinder (2 Warzen)
Gesamtgewicht:	ca. 5,2 kg, ohne Zielfernrohr
Gesamtlänge:	ca. 113 cm
Lauflänge:	ca. 66 cm
Visierung:	Diopter
Sicherung, extern:	Druckknopfsicherung
Sicherung, intern:	interne Verschlußsicherung
MERKMALE:	
- Material:	rostfreier Stainless-Stahl
- Finish:	blank
- Schaft:	Matchschaft, Fiberglas oder Holz

Abgebildet ist oben die Harris Benchrest-Büchse und unten die Harris Long Range-Büchse.

Harris Long Range Phoenix Sniper Rifle

TECHNISCHE DATEN:

Kaliber:	.300 Phoenix oder andere .30er Magnum-Kaliber

Kapazität:	5 Patronen
Magazin:	vor dem Abzugsbügel, fest
Nachladesystem:	Kammerstengel-Repetierwaffe
Verschluß:	Zylinder (2 Warzen)
Gesamtgewicht:	5,7 kg
Gesamtlänge:	127 cm
Lauflänge:	73,7 cm
Visierung:	ohne; vorbereitet für Zielfernrohrmontage
Sicherung, extern:	Sicherung rechts hinter dem Kammerstengel
Sicherung, intern:	interne Verschlußsicherung
MERKMALE:	
- Material:	Carbonstahl
- Finish:	mattschwarz
- Schaft:	Fiberglas-Spezialschaft

Harris National Match Rifle

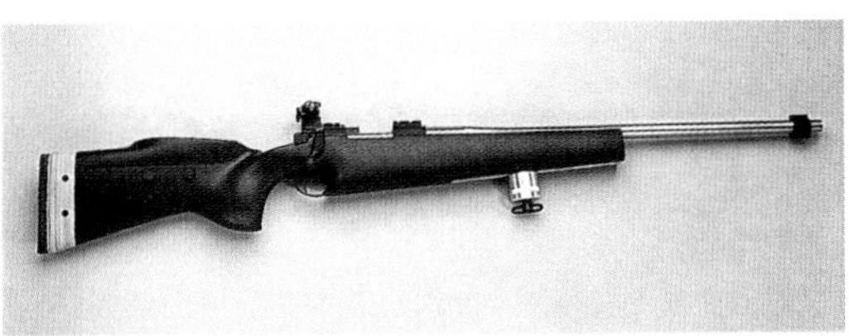

TECHNISCHE DATEN:	
Kaliber:	.308 Win.
Kapazität:	entfällt
Magazin:	entfällt
Nachladesystem:	Kammerstengel-Einzellader
Verschluß:	Zylinder (2 Warzen)
Gesamtgewicht:	5,4 kg
Gesamtlänge:	113 cm
Lauflänge:	66 cm
Visierung:	Diopter; vorbereitet für Zielfernrohrmontage
Sicherung, extern:	Sicherung rechts hinter dem Kammerstengel
Sicherung, intern:	interne Verschlußsicherung
MERKMALE:	
- Material:	Carbonstahl, Lauf aus rostfreiem Stahl
- Finish:	brüniert, Lauf blank
- Schaft:	Fiberglas-Spezialschaft

Harris RBLP Rifle

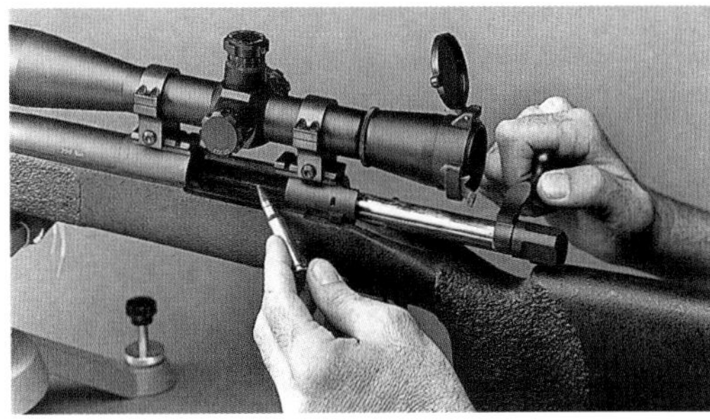

TECHNISCHE DATEN:	
Kaliber:	.308 Win.
Kapazität:	entfällt
Magazin:	entfällt
Nachladesystem:	Kammerstengel-Einzellader
Verschluß:	Zylinder (2 Warzen)
Gesamtgewicht:	5,3 kg
Gesamtlänge:	113 cm
Lauflänge:	66 cm
Visierung:	Zielfernrohr
Sicherung, extern:	Sicherung rechts hinter dem Kammerstengel
Sicherung, intern:	interne Verschlußsicherung
MERKMALE:	
- Material:	Carbonstahl
- Finish:	brüniert
- Schaft:	Fiberglas-Spezialschaft

Die Abkürzung RBLP steht für „Right Hand Bolt, Left Side Port". Bei der Waffe befindet sich der Kammerstengel auf der rechten Seite, während speziell für das Benchrest und Long Range-Schießen von der linken Seite geladen wird (s. Abb.).

Harris Signature Classic Rifle

TECHNISCHE DATEN:

Kaliber:	jedes gewünschte Kaliber
Kapazität:	hängt vom gewählten Kaliber ab
Magazin:	vor dem Abzugsbügel, fest
Nachladesystem:	Kammerstengel-Repetierwaffe
Verschluß:	Zylinderverschluß (2 Verriegelungswarzen)
Gesamtgewicht:	3,4 kg, ohne Zielfernrohr
Gesamtlänge:	133 cm
Lauflänge:	66 cm
Visierung:	ohne; vorbereitet für Zielfernrohrmontage
Sicherung, extern:	Sicherung rechts hinter dem Kammerstengel
Sicherung, intern:	interne Verschlußsicherung

MERKMALE:

- Material:	Carbonstahl
- Finish:	brüniert
- Schaft:	nach Wunsch Nußbaumholz, Laminatholz oder Kunststoff

Harris Signature Super Varminter Rifle

TECHNISCHE DATEN:

Kaliber:	nach Kundenwunsch
Kapazität:	hängt vom gewählten Kaliber ab
Magazin:	vor dem Abzugsbügel, fest
Nachladesystem:	Kammerstengel-Repetierwaffe
Verschluß:	Zylinder (2 Warzen)
Gesamtgewicht:	3,3 kg
Gesamtlänge:	113 cm
Lauflänge:	63,5 cm
Visierung:	ohne; für Zielfernrohr
Sicherung, extern:	Sicherung rechts hinter dem Kammerstengel
Sicherung, intern:	interne Verschlußsicherung

MERKMALE:

- Material:	Carbonstahl
- Finish:	mattschwarz phosphatiert
- Schaft:	Fiberglas, mit Pistolengriff

Harris Talon Safari Rifle

TECHNISCHE DATEN:

Kaliber:	gängige .30 Magnum- und .40er Magnum-Kaliber, .416 Rigby
Kapazität:	3 bis 5 Patronen
Magazin:	vor dem Abzugsbügel, fest
Nachladesystem:	Kammerstengel-Repetierwaffe
Verschluß:	Zylinderverschluß (2 Verriegelungswarzen)
Gesamtgewicht:	4,1 kg
Gesamtlänge:	113 cm
Lauflänge:	63,5 cm
Visierung:	verstellbares Blattvisier, Korntunnel; vorbereitet für Zielfernrohrmontage
Sicherung, extern:	Sicherung rechts hinter dem Kammerstengel
Sicherung, intern:	interne Verschlußsicherung

MERKMALE:

- Material:	Carbonstahl
- Finish:	brüniert
- Schaft:	nach Wunsch Nußbaumholz, Laminatholz oder Kunststoff

Harris Titan Mountain Rifle

TECHNISCHE DATEN:

Kaliber:	nach Kundenwunsch

Kapazität:	3 bis 5 Patronen
Magazin:	vor dem Abzugsbügel, fest
Nachladesystem:	Kammerstengel-Repetierwaffe
Verschluß:	Zylinder (2 Warzen)
Gesamtgewicht:	3,2 kg
Gesamtlänge:	113 cm
Lauflänge:	66 cm
Visierung:	ohne; vorbereitet für Zielfernrohrmontage
Sicherung, extern:	Sicherung rechts hinter dem Kammerstengel
Sicherung, intern:	interne Verschlußsicherung

MERKMALE:

- Material:	Verschlußstück aus Titan, Lauf aus Kohlenstoffstahl
- Finish:	brüniert
- Schaft:	Fiberglas-Spezialschaft

Harris M-86 Sniper Rifle

TECHNISCHE DATEN:

Kaliber:	.308 Win., .300 Win.Mag.
Kapazität:	5- oder 10-Schuß-Magazin
Magazin:	vor dem Abzugsbügel
Nachladesystem:	Kammerstengel-Repetierwaffe
Verschluß:	Zylinder (2 Warzen)
Gesamtgewicht:	6,1 kg
Gesamtlänge:	105 cm
Lauflänge:	61 cm
Visierung:	Zielfernrohr
Sicherung, extern:	Sicherung rechts hinter dem Kammerstengel
Sicherung, intern:	interne Verschlußsicherung

MERKMALE:

- Material:	Carbonstahl
- Finish:	mattschwarz phosphatiert
- Schaft:	Fiberglas-Spezialschaft

Diese Waffe gibt es als Modell M-86-M auch als einschüssige Sportbüchse.

Harris M-87 Sniper Rifle

TECHNISCHE DATEN:

Kaliber:	.50 BMG
Kapazität:	5-Schuß-Magazin
Magazin:	vor dem Abzugsbügel
Nachladesystem:	Kammerstengel-Repetierwaffe
Verschluß:	schwerer Zylinderverschluß (2 Verriegelungswarzen)
Gesamtgewicht:	9,5 kg
Gesamtlänge:	135 cm
Lauflänge:	74 cm
Visierung:	Zielfernrohr
Sicherung, extern:	Sicherung rechts hinter dem Kammerstengel
Sicherung, intern:	interne Verschlußsicherung

MERKMALE:

- Material:	Carbonstahl
- Finish:	brüniert
- Schaft:	Fiberglas-Spezialschaft mit ausgepr. Pistolengriff

Diese Waffe ist als polizeiliche und militärische Scharfschützenbüchse zum Schießen auf Entfernungen von über 1000 Meter konzipiert. Als Modell M-87-M gibt es sie auch als einschüssige Sportbüchse.

Harris M-89 Sniper Rifle

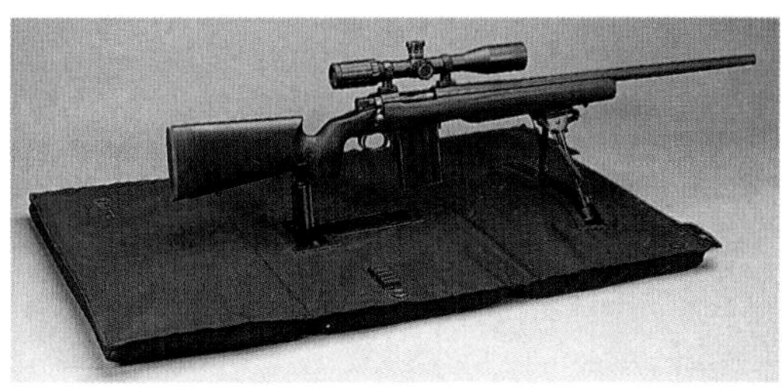

TECHNISCHE DATEN:

Kaliber:	.308 Win.
Kapazität:	5-, 10- oder 20-Schuß-Magazin
Magazin:	vor dem Abzugsbügel

Nachladesystem: Kammerstengel-Repetierwaffe
Verschluß: Zylinder (2 Warzen)
Gesamtgewicht: 5,6 kg
Gesamtlänge: 105 cm
Lauflänge: 61 cm
Visierung: Zielfernrohr
Sicherung, extern: Sicherung rechts hinter dem Kammerstengel
Sicherung, intern: interne Verschlußsicherung

MERKMALE:
- Material: Carbonstahl
- Finish: brüniert
- Schaft: Fiberglas-Spezialschaft

Harris M-89 Multi-Barrel Sniper Rifle

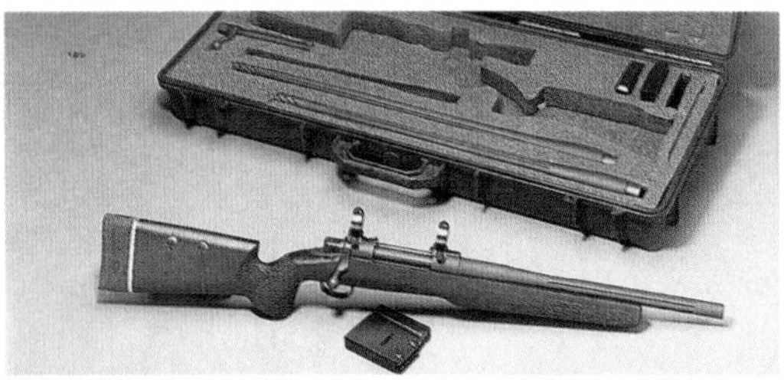

TECHNISCHE DATEN:
Kaliber: .308 Win., Wechselläufe in .300 Win.Mag. und .30-06
Kapazität: 5-, 10- oder 20-Schuß-Magazin
Magazin: vor dem Abzugsbügel
Nachladesystem: Kammerstengel-Repetierwaffe
Verschluß: Zylinderverschluß (2 Verriegelungswarzen)
Gesamtgewicht: 5,2 kg
Gesamtlänge: 97,5 cm
Lauflänge: 45,5 cm
Visierung: ohne; vorbereitet für Zielfernrohrmontage
Sicherung, extern: Sicherung rechts hinter dem Kammerstengel
Sicherung, intern: interne Verschlußsicherung

MERKMALE:
- Material: Carbonstahl
- Finish: mattschwarz
- Schaft: Fiberglas-Spezialschaft

Harris M-89 Multi-Barrel Stainless Sniper Rifle

TECHNISCHE DATEN:
Kaliber: .308 Win., Wechselläufe in

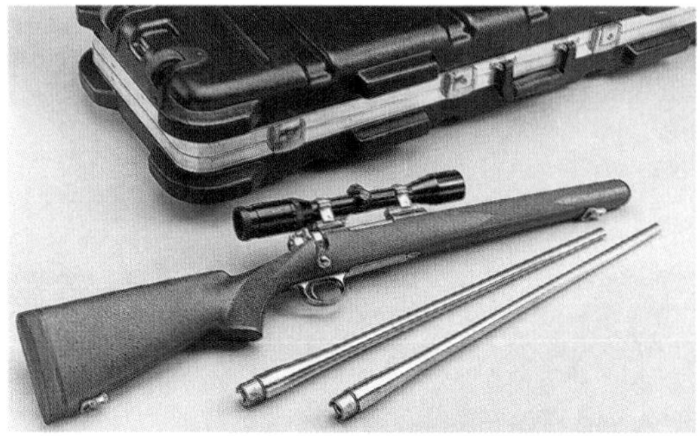

.300 Win.Mag. und .30-06
Kapazität: 5-, 10 oder 20-Schuß-Magazin
Magazin: vor dem Abzugsbügel
Nachladesystem: Kammerstengel-Repetierwaffe
Verschluß: Zylinder (2 Warzen)
Gesamtgewicht: 5,2 kg
Gesamtlänge: 97,5 cm
Lauflänge: 45,5 cm
Visierung: ohne; vorbereitet für Zielfernrohrmontage
Sicherung, extern: Sicherung rechts hinter dem Kammerstengel
Sicherung, intern: interne Verschlußsicherung

MERKMALE:
- Material: rostfreier Stainless-Stahl
- Finish: blank
- Schaft: Fiberglas-Spezialschaft

Harris M-93 Sniper Rifle

TECHNISCHE DATEN:
Kaliber: .50 BMG
Kapazität: 5- oder 10-Schuß-Magazin
Magazin: vor dem Abzugsbügel
Nachladesystem: Kammerstengel-Repetierwaffe
Verschluß: schwerer Zylinderverschluß
Gesamtgewicht: 9,5 kg
Gesamtlänge: 135 cm
Lauflänge: 74 cm

Visierung:	ohne; für Zielfernrohr
Sicherung, extern:	Sicherung rechts hinter dem Kammerstengel
Sicherung, intern:	interne Verschlußsicherung

MERKMALE:

- Material:	Carbonstahl
- Finish:	mattschwarz
- Schaft:	Fiberglas-Spezialschaft mit Pistolengriff und Daumenloch; der Hinterschaft ist zum Transport umklappbar

Diese Waffe ist als polizeiliche und militärische Scharfschützenbüchse zum Schießen auf Entfernungen von über 1000 Meter konzipiert.

Harris M-95 Ultra Light Rifle

TECHNISCHE DATEN:

Kaliber:	.50 BMG
Kapazität:	5- oder 10-Schuß-Magazin
Magazin:	vor dem Abzugsbügel
Nachladesystem:	Kammerstengel-Repetierwaffe
Verschluß:	schwerer Zylinderverschluß
Gesamtgewicht:	8,2 kg
Gesamtlänge:	135 cm
Lauflänge:	74 cm
Visierung:	ohne; vorbereitet für Zielfernrohrmontage
Sicherung, extern:	Sicherung rechts hinter dem Kammerstengel
Sicherung, intern:	interne Verschlußsicherung

MERKMALE:

- Material:	Verschlußstück aus Titan, Lauf aus Kohlenstoffstahl
- Finish:	mattschwarz
- Schaft:	Fiberglas

Diese Waffe ist zum Schießen auf Entfernungen von über 1000 Meter konzipiert.

Heckler & Koch

Die deutsche Firma Heckler & Koch (HK), wurde 1949 gegründet. Mit dem Aufbau der Bundeswehr in den 50er Jahren bekam HK den Auftrag, das neue militärische Sturmgewehr G3, Kaliber .308 Win. (7,62 x 51 mm) zu fertigen. Diese Waffe verfügte erstmals über einen Rollenverschluß. Heckler & Koch waren auch mit die ersten, die den Polygonlauf verwendeten. Polygonläufe haben keine Züge und Felder, sondern ein vieleckiges, in sich gedrehtes Profil, das das Geschoß, wenn es durch den Lauf getrieben wird, ebenfalls um seine Längsachse rotieren läßt. Viele der technischen Neuerungen der militärischen HK-Waffen sind nun auch in den Sport- und Jagdwaffen der Firma Heckler & Koch zu finden, insbesondere der Rollenverschluß, das militärische Dioptervisier und auch das Polygonlaufprofil. Zunächst fertigte die Firma verschiedene jagdliche Selbstladebüchsen, die unter den Modellnamen HK-270, HK-300, HK-630, HK-770 und HK-940 verkauft wurden. Inzwischen gibt es für den Sport- und Reservistenbereich die Selbstladebüchsen HK SL-6 und SL-7. Für militärische und polizeiliche Zwecke bietet Heckler & Koch den Behörden verschiedene Scharfschützenwaffen an. Nachdem Heckler & Koch mit seinem Mitte der 80er Jahre für die deutsche Bundeswehr entwickelten, futuristischen Sturmgewehr G-11 mit seiner innovativen hülsenlosen Munition Schiffbruch erlitten hatte (die Waffen wurden nicht eingeführt) kam die stets auf Behördenaufträge angewiesene Firma in erhebliche finanzielle Schwierigkeiten. Daß sich in den 80er Jahren dann auch die Amerikaner für die Einführung der Beretta 92 und nicht der Heckler & Koch P7 M13 als neue US-Militärpistole entschieden, führte dazu, daß Heckler & Koch schließlich im März 1991 von der englischen Firma Royal Ordnance aufgekauft wurde, einer Tochterfirma der British Aerospace.

Heckler & Koch HK SL-6

TECHNISCHE DATEN:

Kaliber:	.223 Rem.
Kapazität:	2- oder 10-Schuß-Magazin
Magazin:	Halter vor dem Abzugsbügel

Nachladesystem:	halbautomatischer Selbstlader
Verschluß:	HK-Rollenverschluß
Gesamtgewicht:	3,9 kg
Gesamtlänge:	101,5 cm
Lauflänge:	45 cm
Visierung:	verstellbares Dioptervisier; Zielfernrohrmontage vorb.
Sicherung, extern:	Sicherung auf der linken Seite des Systemkastens mit Sicherungsanzeige rechts
Sicherung, intern:	interne Verschlußsicherung
MERKMALE:	
- Material:	Carbonstahl
- Finish:	brüniert
- Schaft:	Hartholz

Die Abbildung zeigt oben das Heckler & Koch SL-6 und unten das SL-7.

Heckler & Koch HK SL-7

TECHNISCHE DATEN:

Kaliber:	.308 Win.
Kapazität:	2- oder 10-Schuß-Magazin
Magazin:	Halter vor dem Abzugsbügel
Nachladesystem:	halbautomatischer Selbstlader
Verschluß:	HK-Rollenverschluß
Gesamtgewicht:	3,9 kg
Gesamtlänge:	101 cm
Lauflänge:	44 cm
Visierung:	verstellbares Dioptervisier; Zielfernrohrmontage vorb.
Sicherung, extern:	Sicherung auf der linken Seite des Systemkastens mit Sicherungsanzeige rechts
Sicherung, intern:	interne Verschlußsicherung
MERKMALE:	
- Material:	Carbonstahl
- Finish:	brüniert
- Schaft:	Hartholz

Die Abbildung zeigt oben das Heckler & Koch SL-6 und unten das SL-7.

HEGE/Zeughaus

Die Firma Zeughaus HEGE GmbH aus Überlingen am Bodensee wurde 1959 von dem Büchsenmachermeister Friedrich Hebsacker gegründet. Die Firma hatte ihren Sitz zunächst in Schwäbisch Hall. 1974 war die Firma in der Lage, von der ehemals freien Reichsstadt Überlingen eine große, antike Waffensammlung mit wertvollen Stücken aus der Zeit von 1471 bis 1800 zu übernehmen. Man begann die Stücke zu restaurieren und verlegte den Firmensitz schließlich im selben Jahr an den Bodensee. Das Zeughaus HEGE hat sich auf den Verkauf von Schwarzpulver- und Western-Replikawaffen sowie von Sammler-Militärwaffen spezialisiert. Zudem führt die Firma Waffen von Anschütz, von Feinwerkbau und von Walther in ihrem Programm. Die Replikas stammen vornehmlich von den italienischen Firmen Uberti und Pedersoli, werden aber teilweise auch in der HEGE-eigenen Büchsenmacherwerkstatt gefertigt. Die speziellen Kassetten mit den HEGE-Manton-Steinschloß-Duellpistolen oder den Hege-Siber-Perkussions-Duellpistolen gelten als absolut hochwertige, authentische Nachbauten bekannter Originale. Neben Replikas von Remington-Perkussionsrevolvern stellt HEGE in seiner eigenen Werkstatt auch hervorragende Nachbauten von Perkussionsbüchsen, insbesondere das HEGE Whitney Modell 1841 und die Kentucky- und Pennsylvania Rifles, her.

HEGE-Henry Modell 1860 Karabiner

TECHNISCHE DATEN:

Kaliber:	.44-40
Kapazität:	Röhrenmagazin für 9 Patronen
Magazin:	Röhrenmagazin zum Laden an der Systemkastenunterseite
Nachladesystem:	Unterhebel-Repetierwaffe
Verschluß:	Unterhebelverschluß
Gesamtgewicht:	3,6 kg
Gesamtlänge:	95 cm
Lauflänge:	47,5 cm
Visierung:	verstellbares Schiebevisier
Sicherung, extern:	keine
Sicherung, intern:	interne Verschlußsicherung, Hammer-Laderast

MERKMALE:

- Material:	Messing, Lauf Carbonstahl
- Finish:	blank
- Schaft:	Nußbaumholz (Hinterschaft)

Auf dem Systemkasten einer Variante dieser Westernwaffe befindet sich die Aufschrift „One of One Thousand". Dies bedeutet, daß von diesem speziellen Modell lediglich 1000 Stück gefertigt wurden.

Abgebildet ist oben das Henry Modell 1860-Gewehr (brüniert) und unten der Karabiner.

HEGE-Henry Modell 1860 Gewehr

TECHNISCHE DATEN:

Kaliber:	.44-40
Kapazität:	Röhrenmagazin für 12 Patronen
Magazin:	Röhrenmagazin zum Laden an der Systemkastenunterseite
Nachladesystem:	Unterhebel-Repetierwaffe
Verschluß:	Unterhebelverschluß
Gesamtgewicht:	4,0 kg
Gesamtlänge:	110 cm
Lauflänge:	61,5 cm
Visierung:	verstellbares Schiebevisier
Sicherung, extern:	keine
Sicherung, intern:	interne Verschlußsicherung, Hammer-Laderast

MERKMALE:

- Material:	Carbonstahl
- Finish:	brüniert, Systemk. geflammt
- Schaft:	Nußbaumholz (nur Hinterschaft)

Auf dem Systemkasten einer Variante dieser Westernwaffe befindet sich die Aufschrift „One of One Thousand". Dies bedeutet, daß von diesem speziellen Modell lediglich 1000 Stück gefertigt wurden.

Abgebildet ist oben das Henry Modell 1860-Gewehr (brüniert) und unten der Karabiner.

HEGE-Remington Rolling Block Long Range Creedmore-Büchse

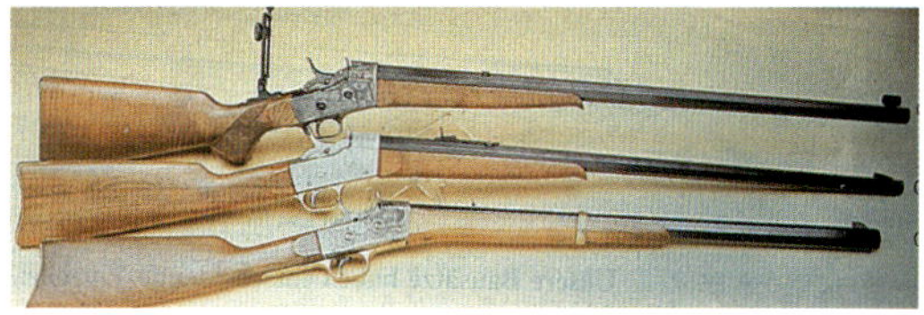

TECHNISCHE DATEN:

Kaliber:	.357 Mag., .45-70 Government
Kapazität:	entfällt
Magazin:	entfällt
Nachladesystem:	Blockbüchse (Einzelladerwaffe)
Verschluß:	Rolling Block-Verschluß
Gesamtgewicht:	5,5 kg
Gesamtlänge:	119 cm
Lauflänge:	76 cm
Visierung:	spezielle Dioptervisierung, Korntunnel
Sicherung, extern:	keine
Sicherung, intern:	interne Verschlußsicherung

MERKMALE:

- Material:	Carbonstahl
- Finish:	brüniert, Systemk. geflammt
- Schaft:	Hartholz

Remington Rolling Block-Abbildungen: Long Range Creedmore-Büchse (oben), Target-Büchse (Mitte), Karabiner (unten).

HEGE-Remington Rolling Block Target-Büchse

TECHNISCHE DATEN:

Kaliber:	.357 Mag., .45-70 Government
Kapazität:	entfällt
Magazin:	entfällt
Nachladesystem:	Blockbüchse (Einzelladerwaffe)
Verschluß:	Rolling Block-Verschluß
Gesamtgewicht:	4,4 kg
Gesamtlänge:	119 cm
Lauflänge:	76 cm
Visierung:	höhenverstellbares Klappvisier
Sicherung, extern:	keine
Sicherung, intern:	interne Verschlußsicherung
MERKMALE:	
- Material:	Carbonstahl
- Finish:	brüniert, Systemkasten blank poliert, Kastenunterseite Messing
- Schaft:	Hartholz (englische Schäftung)

Remington Rolling Block-Abbildungen: Long Range Creedmore-Büchse (oben), Target-Büchse (Mitte), Karabiner (unten).

HEGE-Remington Rolling Block Karabiner

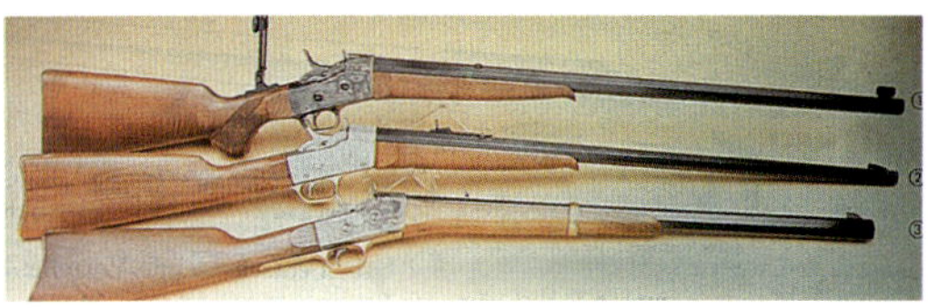

TECHNISCHE DATEN:

Kaliber:	.357 Mag., .45-70 Government
Kapazität:	entfällt
Magazin:	entfällt
Nachladesystem:	Blockbüchse (Einzelladerwaffe)
Verschluß:	Rolling Block-Verschluß
Gesamtgewicht:	4,3 kg
Gesamtlänge:	108 cm
Lauflänge:	66 cm
Visierung:	höhenverstellbares Klappvisier
Sicherung, extern:	keine
Sicherung, intern:	interne Verschlußsicherung
MERKMALE:	
- Material:	Carbonstahl
- Finish:	brüniert, Systemk. geflammt, Kastenunterseite Messing
- Schaft:	Hartholz (englische Schäftung)

Remington Rolling Block-Abbildungen: Long Range Creedmore-Büchse (oben), Target-Büchse (Mitte), Karabiner (unten).

HEGE-Uberti Modell 1866 Western Büchse

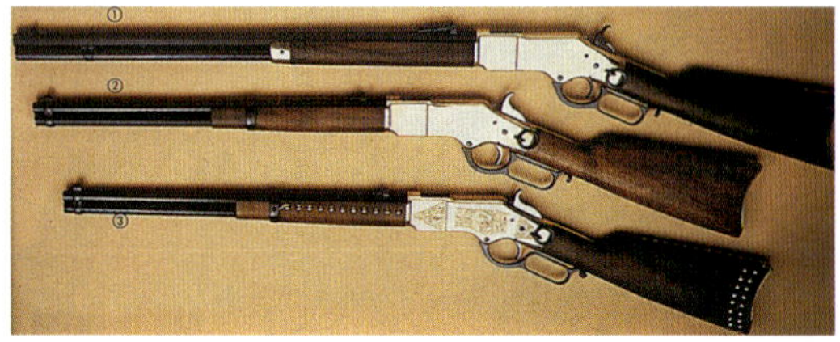

TECHNISCHE DATEN:

Kaliber:	.38 spec., .44-40 oder .45 LC
Kapazität:	Röhrenmagazin für 12 Patronen
Magazin:	Röhrenmagazin zum Laden an der Systemkastenunterseite
Nachladesystem:	Unterhebel-Repetierwaffe
Verschluß:	Unterhebelverschluß
Gesamtgewicht:	3,7 kg
Gesamtlänge:	110 cm
Lauflänge:	61,5 cm
Visierung:	verstellbares Schiebevisier
Sicherung, extern:	keine
Sicherung, intern:	interne Verschlußsicherung, Hammer-Laderast
MERKMALE:	
- Material:	Systemkasten Messing, Lauf Carbonstahl
- Finish:	Kasten blank, Lauf brüniert
- Schaft:	Hartholz (Vorderschaft mit Messingbeschlag)

Abgebildet ist oben das Modell 1866-Gewehr, in der Mitte der Modell 1866-Karabiner und unten der Modell 1866-„Indian"-Karabiner.

HEGE-Uberti Modell 1866 Western-Karabiner

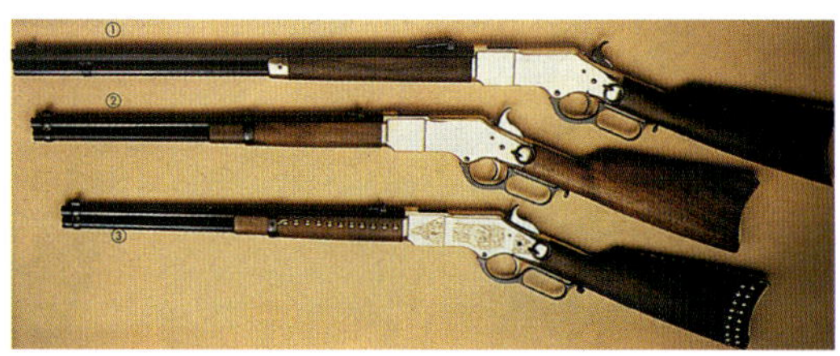

TECHNISCHE DATEN:

Kaliber:	.38 spec., .44-40 oder .45 LC

Kapazität:	Röhrenmagazin für 8 Patronen
Magazin:	Röhrenmagazin zum Laden an der Systemkastenunterseite
Nachladesystem:	Unterhebel-Repetierwaffe
Verschluß:	Unterhebelverschluß
Gesamtgewicht:	3,4 kg
Gesamtlänge:	97 cm
Lauflänge:	46,5 cm
Visierung:	verstellbares Schiebevisier
Sicherung, extern:	keine
Sicherung, intern:	interne Verschlußsicherung, Hammer-Laderast

MERKMALE:

- Material:	Messing, Lauf Carbonstahl
- Finish:	Kasten blank, Lauf brüniert
- Schaft:	Hartholz (Vorderschaft mit Ring)

Abgebildet ist oben das Modell 1866-Gewehr, in der Mitte der Modell 1866-Karabiner und unten der Modell 1866-„Indian"-Karabiner.

HEGE-Uberti Modell 1866 Western „Indian"-Karabiner

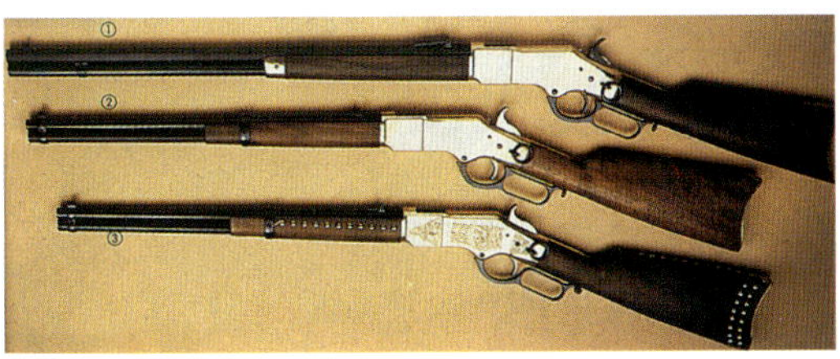

TECHNISCHE DATEN:

Kaliber:	.44-40
Kapazität:	Röhrenmagazin für 8 Patronen
Magazin:	Röhrenmagazin zum Laden an der Systemkastenunterseite
Nachladesystem:	Unterhebel-Repetierwaffe
Verschluß:	Unterhebelverschluß
Gesamtgewicht:	3,4 kg
Gesamtlänge:	97 cm
Lauflänge:	46,5 cm
Visierung:	verstellbares Schiebevisier
Sicherung, extern:	keine
Sicherung, intern:	interne Verschlußsicherung, Hammer-Laderast

MERKMALE:

- Material:	Systemkasten Messing, Lauf Carbonstahl
- Finish:	Kasten graviert, Lauf brüniert
- Schaft:	Hartholz, mit Nagelbeschlägen (Vorderschaft mit Ring)

Abgebildet ist oben das Modell 1866-Gewehr, in der Mitte der Modell 1866-Karabiner und unten der Modell 1866-„Indian"-Karabiner.

HEGE Western Modell 1873 „One of One Thousand"

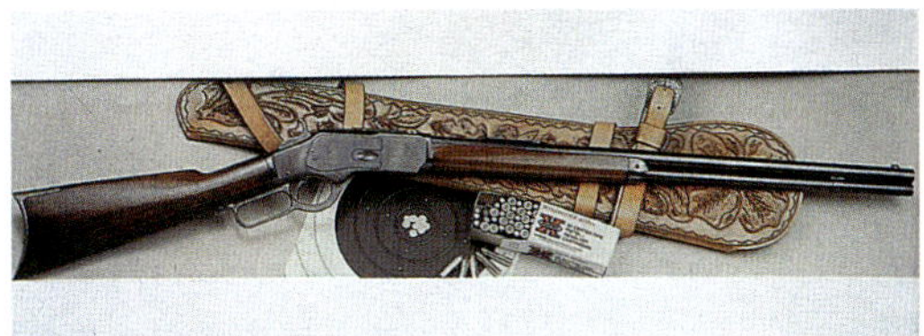

TECHNISCHE DATEN:

Kaliber:	.357 Mag.
Kapazität:	Röhrenmagazin für 12 Patronen
Magazin:	Röhrenmagazin zum Laden rechts am Systemkasten
Nachladesystem:	Unterhebel-Repetierwaffe
Verschluß:	Unterhebelverschluß
Gesamtgewicht:	3,5 kg
Gesamtlänge:	109 cm
Lauflänge:	62 cm
Visierung:	verstellbares Schiebevisier
Sicherung, extern:	keine
Sicherung, intern:	interne Verschlußsicherung, Hammer-Laderast

MERKMALE:

- Material:	Carbonstahl
- Finish:	brüniert
- Schaft:	Nußbaumholz (Vorderschaft mit Beschlag)

Von diesem Modell wurden lediglich 1000 Stück gefertigt. Auf dem Lauf befindet sich die Aufschrift „One of One Thousand" (Eine von Tausend).

Heym

Die heutige Firma Friedrich Wilhelm Heym GmbH & Co. KG mit Sitz in Münnerstadt im Norden Bayerns wurde bereits 1865 gegründet. Damals bekam die Firma ein Patent auf den ersten hahnlosen Drilling. 1912 übernahm der Sohn des Firmengründers, Adolf Heym, das Unternehmen. 1920 übernahm dann dessen Sohn August den Betrieb. In dieser Zeit wurden vornehmlich feine Drillinge im System Anson & Deeley gefertigt.
Nach dem Zweiten Weltkrieg, als die Produktion von scharfen Schußwaffen durch die Alliierten ver-

boten war, baute die Firma Heym notgedrungen Luftdruckgewehre. Diese Phase dauerte bis 1952, als Heym wieder die Erlaubnis bekam, echte Feuerwaffen zu bauen. Die Firma wurde von August und dessen Sohn Rolf Heym fortgeführt. Seit damals ist Heym für seine hervorragenden Büchsen und Flinten sowie kombinierten Waffen von höchster Fertigungsqualität bekannt. Zur Produktion wird ausschließlich hochwertiger Krupp-Stahl verwendet. Jede einzelne Heym-Waffe, zumeist reich graviert, ist ein individuelles Kunstwerk, das in bester, alter Büchsenmachertradition hergestellt wird.
Neben einigen Repetierern baut die Firma Heym heute vornehmlich Kipplaufbüchsen und -flinten, zudem sind auch die dreiläufigen, kombinierten Drillinge von Heym weltberühmt. Drillinge bestehen zumeist aus zwei oben nebeneinanderliegenden Flintenläufen und einem Büchsenlauf in der Mitte darunter.
Durch ihren hohen Grad an waffentechnischer Perfektion und durch ihre Gravur sind Heym-Waffen keinesfalls billig; die Preise für diese „Rolls Royce"-Stücke der Waffenkunst variieren zwischen mehreren tausend und mehreren zehntausend Mark.

Heym Modell SR 20N

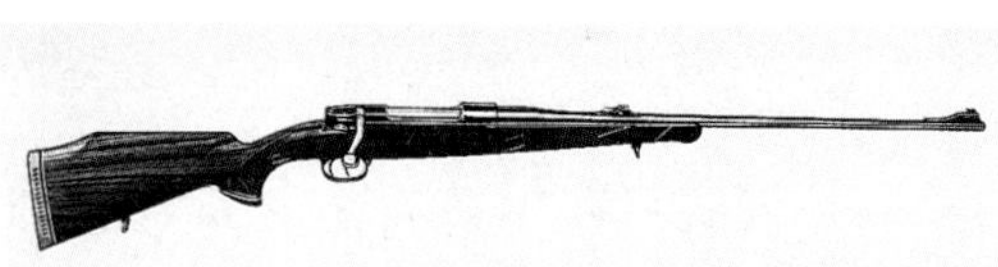

TECHNISCHE DATEN:

Kaliber:	siehe unten
Kapazität:	3 oder 5 Patronen
Magazin:	vor dem Abzugsbügel, fest
Nachladesystem:	Kammerstengel-Repetierwaffe
Verschluß:	Zylinderverschluß
Gesamtgewicht:	3,2 bis 3,8 kg
Gesamtlänge:	113 bis 118 cm
Lauflänge:	60 bis 65 cm
Visierung:	Klappvisier, vorbereitet für Zielfernrohrmontage
Sicherung, extern:	Sicherungschieber rechts hinter dem Kammerstengel
Sicherung, intern:	interne Verschlußsicherung

MERKMALE:

- Material:	Carbonstahl
- Finish:	brüniert
- Schaft:	Nußbaumholz

Lieferbare Kaliber: .22-250 Rem., .243 Win., .270 Win., .308 Win., 6 x 62 Fréres, 6,5 x 55, 6,5 x 57, 6,5 x 64, 6,5 x 65, 6,5 x 68, 7 x 57, 7 x 64, 8 x 57 JS, 8 x 68 S, 9,3 x 62, 9,3 x 64, 10,3 x 60 R, 7 mm Rem. Mag., .300 Win.Mag., .338 Win.Mag., .375 H&H Mag.

Heym Modell 44B

TECHNISCHE DATEN:

Kaliber:	siehe unten
Kapazität:	eine Patrone
Magazin:	entfällt
Nachladesystem:	einläufige Kipplaufbüchse
Verschluß:	Baskülverschluß mit Laufhaken
Gesamtgewicht:	2,7 kg
Gesamtlänge:	103 cm
Lauflänge:	60 cm
Visierung:	Blattvisier, vorbereitet für Zielfernrohrmontage
Sicherung, extern:	Spannschieber am Kolbenhals hinter dem Verschlußhebel
Sicherung, intern:	interne Verschlußsicherung

MERKMALE:

- Material:	Carbonstahl
- Finish:	brüniert, Basküle graviert
- Schaft:	Nußbaumholz

Lieferbare Kaliber: .22 Hornet, .222 Rem., .222 Rem.Mag., .22-250 Rem., .243 Win., .308 Win., .30-06, .30 R Blaser, 5,6 x 50 R Mag., 5,6 x 52 R, 5,6 x 57 R, 6 x 62 Fréres, 6,5 x 55, 6,5 x 57 R, 6,5 x 65 R, 7 x 57 R, 7 x 65 R, 8 x 57 JR, 8 x 75 R, 9,3 x 74 R, 10,3 x 60 R.

Heym Modell 55 BS Bergstutzen

TECHNISCHE DATEN:

Kaliber:	siehe unten

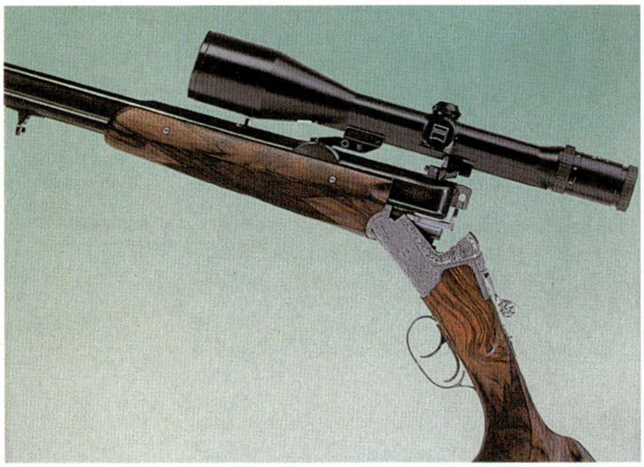

Kapazität:	zwei Patronen (eine pro Lauf)
Magazin:	entfällt
Nachladesystem:	doppelläufige Kipplaufbüchse, Läufe übereinander
Verschluß:	Baskülverschluß mit Querriegel und Laufhaken
Gesamtgewicht:	3,5 kg
Gesamtlänge:	106 cm
Lauflänge:	63,5 cm
Visierung:	feste Visierung, vorbereitet für Zielfernrohrmontage
Sicherung, extern:	Schiebesicherung oder Spannschieber am Kolbenhals hinter dem Verschlußhebel
Sicherung, intern:	interne Verschlußsicherung
MERKMALE:	
- Material:	Carbonstahl
- Finish:	brüniert, Basküle blank und graviert
- Schaft:	Nußbaumholz

Lieferbare Kaliber: Standard, oberer Lauf: .22 Hornet, .222 Rem., .222 Rem.Mag., 5,6 x 50 R Mag., 5,6 x 52 R; Standard, unterer Lauf: .308 Win., .30-06,.30 R Blaser, 7 x 65 R, 8 x 57 JR, 8 x 75 RS, 9,3 x 74 R; Magnum, oberer Lauf: .243 Win., 6,5 x 55, 6,5 x 57 R, 6,5 x 65 R RWS, 7 x 65 R, .308 Win., .30-06, .30 R Blaser; Magnum, unterer Lauf: .300 Win.Mag., .375 H&H Mag., .416 Rigby, .458 Win. Mag., .470 N.E.

Diese klassische Jagdwaffe ist mit je einem Abzug und Schloß pro Lauf versehen. Beide Abzüge sind jeweils als Rückstecher ausgebildet.

Heym Modell 80B Doppelbüchse

TECHNISCHE DATEN:

Kaliber:	siehe unten
Kapazität:	zwei Patronen (eine pro Lauf)
Magazin:	entfällt

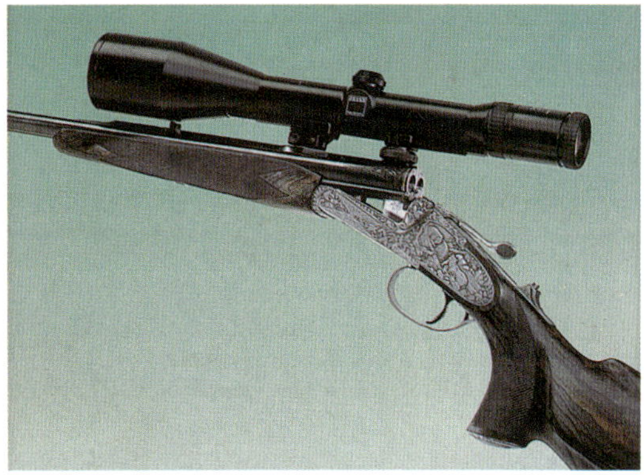

Nachladesystem:	doppelläufige Kipplaufbüchse, Läufe nebeneinander
Verschluß:	Baskülverschluß mit Querriegel und Laufhaken
Gesamtgewicht:	3,2 kg
Gesamtlänge:	103 cm
Lauflänge:	60 cm
Visierung:	feste Visierung, vorbereitet für Zielfernrohrmontage
Sicherung, extern:	Spannschieber am Kolbenhals hinter dem Verschlußhebel
Sicherung, intern:	interne Verschlußsicherung
MERKMALE:	
- Material:	Carbonstahl
- Finish:	brüniert, Basküle blank und graviert
- Schaft:	Nußbaumholz

Lieferbare Kaliber: .30-06, .30 R Blaser, 7 x 65 R, 8 x 57 JRS, 8 x 75 RS, 9,3 x 74 R .

Heym Modell 88B/BSS Doppelbüchse

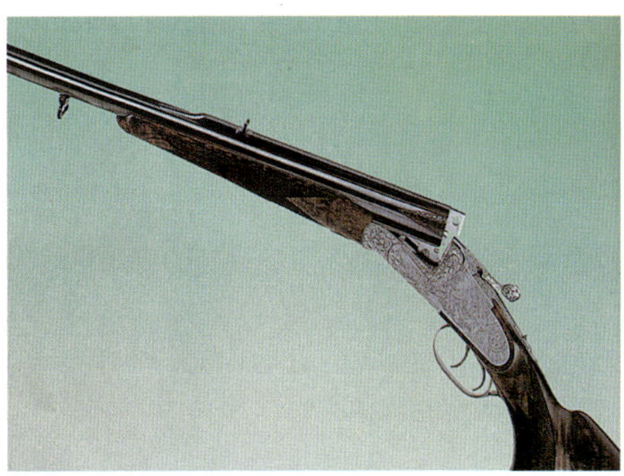

TECHNISCHE DATEN:

Kaliber:	siehe unten

Kapazität:	zwei Patronen (eine pro Lauf)
Magazin:	entfällt
Nachladesystem:	doppelläufige Kipplaufbüchse, Läufe nebeneinander
Verschluß:	Baskülverschluß mit Querriegel und Laufhaken
Gesamtgewicht:	3,6 kg
Gesamtlänge:	107 cm
Lauflänge:	63,5 cm
Visierung:	feste Visierung, vorbereitet für Zielfernrohrmontage
Sicherung, extern:	Sicherungsschieber oder Spannschieber am Kolbenhals hinter dem Verschlußhebel
Sicherung, intern:	interne Verschlußsicherung

MERKMALE:

- Material:	Carbonstahl
- Finish:	brüniert, Basküle blank und graviert
- Schaft:	Nußbaumholz

Lieferbare Kaliber: .30-06, .30 R Blaser, 7 x 65 R, 8 x 57 JRS, 8 x 75 RS, 9,3 x 74 R, .375 H&H Mag.

Diese klassische Jagdwaffe ist mit je einem Abzug und Schloß pro Lauf versehen. Beide Abzüge sind jeweils als Rückstecher ausgebildet.

Heym Modell 88B/Safari Doppelbüchse

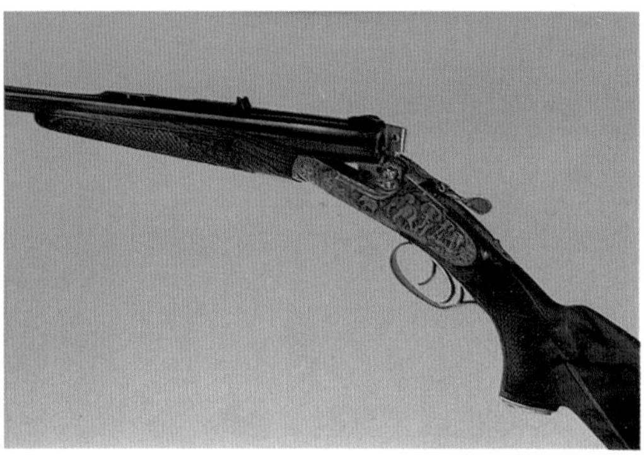

TECHNISCHE DATEN:

Kaliber:	siehe unten
Kapazität:	zwei Patronen (eine pro Lauf)
Magazin:	entfällt
Nachladesystem:	doppelläufige Kipplaufbüchse, Läufe nebeneinander
Verschluß:	Baskülverschluß mit Querriegel und Laufhaken
Gesamtgewicht:	4,5 kg
Gesamtlänge:	107 cm
Lauflänge:	61 cm
Visierung:	Express-Klappvisier, vorbereitet für Zielfernrohrmontage
Sicherung, extern:	Sicherungsschieber oder Spannschieber am Kolbenhals
Sicherung, intern:	interne Verschlußsicherung

MERKMALE:

- Material:	Carbonstahl
- Finish:	brüniert, Basküle blank und graviert
- Schaft:	Nußbaumholz

Lieferbare Kaliber: .375 H&H Mag., .458 Win. Mag., .470 N.E., .500 N.E., .600 N.E., (N.E. = Nitro Express).

Diese klassische Waffe zur Jagd auf Großwild ist mit je einem Abzug und Schloß pro Lauf versehen.

Heym Modell Express

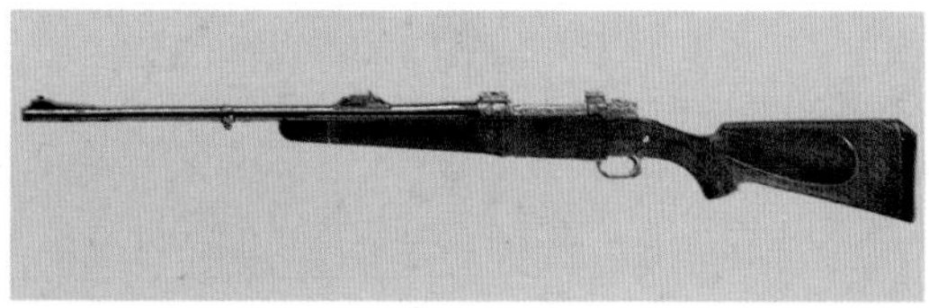

TECHNISCHE DATEN:

Kaliber:	siehe unten
Kapazität:	3 oder 5 Patronen
Magazin:	vor dem Abzugsbügel, fest
Nachladesystem:	Kammerstengel-Repetierwaffe (Mauser-Magnum-System)
Verschluß:	Zylinderverschluß
Gesamtgewicht:	4,5 kg
Gesamtlänge:	115 cm
Lauflänge:	61 cm
Visierung:	Express-Klappvisier, vorbereitet für Zielfernrohrmontage
Sicherung, extern:	Sicherungsschieber rechts hinter dem Kammerstengel
Sicherung, intern:	interne Verschlußsicherung

MERKMALE:

- Material:	Carbonstahl
- Finish:	brüniert, Verschlußhülse blank und poliert
- Schaft:	Nußbaumholz

Lieferbare Kaliber: .338 Lapua Magnum, .375 H&H Mag., .378 Weatherby Mag., .404 Jeffery, .425 Express, .416 Rigby, .460 Weatherby Mag., .500 A-Square, .600 N.E.

Howa

Der Waffenkonzern Howa Machinery Ltd. hat seinen Sitz im japanischen Nagoya, einem Ort an der Isebucht in gerader Linie zwischen Tokyo und Osaka. Neben dem Umstand, daß die Firma auch komplette, eigene Gewehre baut, ist die Firma vornehmlich dafür bekannt, daß sie die Systeme und Läufe für die Mark V-Repetierbüchsenserie von Weatherby herstellt. Die eigentliche Howa-Repetierbüchse hat ein Verschlußsystem mit drei Verriegelungswarzen, das den höchsten Gasdrücken standhält; die Waffe ist allgemein als sehr robust bekannt. Die Waffe ist mit einem speziellen hochzähen Kunststoffschaft der US-Firma Butler Creek ausgestattet. Nach Nordamerika importiert die Howa-Büchsen das US-Unternehmen Interarms. Interarms ist auch in Europa ein Begriff.

Howa Lightning

TECHNISCHE DATEN:

Kaliber:	siehe unten
Kapazität:	3 oder 5 Patronen
Magazin:	vor dem Abzugsbügel
Nachladesystem:	Kammerstengel-Repetierwaffe
Verschluß:	Zylinder (3 Warzen)
Gesamtgewicht:	3,6 kg
Gesamtlänge:	121 cm
Lauflänge:	56 oder 61 cm
Visierung:	ohne, vorbereitet für Zielfernrohrmontage
Sicherung, extern:	Sicherung rechts, hinter dem Kammerstengel
Sicherung, intern:	interne Verschlußsicherung

MERKMALE:

- Material:	Carbonstahl
- Finish:	brüniert
- Schaft:	Kunststoff, schwarz

Lieferbare Kaliber: Standard: .223 Rem., .22-250 Rem., .243 Win., .270 Win., .308 Win., .30-06; Magnum: .300 Win.Mag., .338 Win.Mag., 7 mm Rem. Mag.

I.M.I. (Israel Military Industries)

Der unabhängige Staat Israel wurde am 14. Mai 1948 gegründet. Dies führte unmittelbar zu den ersten kriegerischen Auseinandersetzungen mit den arabischen Nachbarn. Die junge, isolierte Nation hatte von Anfang an mit großen politischen und wirtschaftlichen Problemen zu kämpfen. Wegen Devisenmangels war man auf seine eigene Industrie und seine eigenen Produkte angewiesen. Im israelisch-arabischen Krieg, der direkt nach der Unabhängigkeitserklärung Israels ausbrach, erkannte man schnell, daß die Truppen zu wenige moderne Waffen hatten; an Maschinenpistolen verfügte man nur über wenige alte englische Sten-MPs. 1949 konstruierte daher der berühmte israelische Armee-Colonel Uziel Gal seine legendäre UZI-Maschinenpistole, die 1953 auch vom israelischen Militär eingeführt wurde. Sie trat einen wahren Siegeszug durch die Welt an, unter anderem baute sie auch F.N. Browning in Herstal, Belgien, und die holländische Firma Hembrug in Lizenz. Schließlich wurde die UZI auch die offizielle MP der NATO. Nach dem israelisch-arabischen Krieg von 1967 beschloß man in Israel nach dem Muster des legendären russischen AK-47, ein eigenes, leichtes militärisches Sturmgewehr zu entwickeln. Man entschied sich für das Gasdruckrepetiersystem des AK-47 und das NATO-Gewehrkaliber .223 Rem. Um möglichst schnell möglichst viele Waffen zur Verfügung zu haben, importierte man zunächst aus Finnland eine große Anzahl von Teilen des finnischen Valmet 62-Sturmgewehres und baute diese dann in Israel unter Zunahme eigener Teile zum Galil-Militärselbstlader zusammen. Inzwischen ist die Nachfrage des Auslands nach Galil-Sturmgewehren so groß, daß die israelische Armee fast ausschließlich mit Colt M-16-Waffen ausgerüstet ist und ein Großteil der bekanntermaßen weit besseren Galil-Gewehre zur Devisenbeschaffung exportiert wird.

I.M.I. Galil SASR (Semi-Automatic Sniper Rifle)

TECHNISCHE DATEN:

Kaliber:	.308 Win.
Kapazität:	25-Schuß-Magazin
Magazin:	vor dem Abzugsbügel
Nachladesystem:	halbautomatischer Selbstlader

Verschluß:	gasdruckverz. Drehkammer
Gesamtgewicht:	6,4 kg
Gesamtlänge:	111 cm
Lauflänge:	51 cm
Visierung:	Dioptervisier, vorbereitet für Zielfernrohr
Sicherung, extern:	beidseitige Druckknopfsicherung am Systemkasten
Sicherung, intern:	interne Verschlußsicherung
MERKMALE:	
- Material:	Carbonstahl
- Finish:	mattschwarz phosphatiert
- Schaft:	Hartholz-Klappschaft

Jarrett

Höchste Präzision ist das Schlüsselwort bei dem amerikanischen Familienbetrieb Jarrett Rifles Inc., der seinen Sitz in Jackson, South Carolina, hat. Auf Basis der Systeme der Remington 700-Repetierbüchsen baut die Firma Jarrett Präzisionsbüchsen von allerhöchster Qualität. Da Holz sich durch Trockenheit oder Feuchtigkeit verziehen kann, verwendet man bei Jarrett vornehmlich hochwertige Kunststoffschäfte der Firma McMillan. Als Läufe werden speziell kalt geschmiedete Stainless-Läufe der Firmen Hart oder Schneider verwendet. Jede einzelne Büchse wird testgeschossen, bevor sie das Werk verläßt; Dreier-Treffergruppen auf 100 Yards (91,4 Meter) mit einem Durchmesser von mehr als einem Zoll werden nicht akzeptiert. Spezielle Jarrett-Waffen werden auch auf der firmeneigenen 1000 Yards-Schießbahn testgeschossen.
Vor 1979 arbeitete der Gründer der Firma, Kenneth Jarrett, im landwirtschaftlichen Betrieb seines Onkels und baute Sojabohnen an. In seiner Freizeit beschäftigte er sich mit der Herstellung seiner eigenen Custom-Büchsen, mit denen er schließlich auf internationalen Wettkämpfen Weltrekorde erzielte. Nachdem er sich 1979 damit selbständig gemacht hatte, verwenden nun auch andere Weltklasseschützen seine feinen Waffen. Kenneth Jarrett entwickelte auch einige Custom-Kaliber, unter anderem die .300 Jarrett, die .338 Jarrett und die .416 Jarrett. Daß Jarretts handgearbeitete Präzisionsbüchsen nicht billig sein können, ist logisch: die Preise für eine Standardwaffe beginnen bei etwa 3000 US-$.

Jarrett Custom-Büchse

TECHNISCHE DATEN:

Kaliber:	siehe unten
Kapazität:	3 oder 5 Patronen
Magazin:	vor dem Abzugsbügel
Nachladesystem:	Kammerstengel-Repetierwaffe

Verschluß:	Zylinderverschluß (2 Warzen, Remington-System)
Gesamtgewicht:	3,4 bis 4,3 kg
Gesamtlänge:	ca. 114 cm
Lauflänge:	54 bis 66 cm
Visierung:	ohne, vorbereitet für Zielfernrohrmontage
Sicherung, extern:	Sicherung auf der rechten Seite, hinter dem Kammerstengel
Sicherung, intern:	interne Verschlußsicherung
MERKMALE:	
- Material:	Carbonstahl
- Finish:	brüniert oder mattschwarz
- Schaft:	Kunststoff (McMillan) oder Nußbaumholz

Lieferbare Kaliber: nach Wunsch alle denkbaren Kaliber von .22 l.r. bis .458 Win.Mag., inklusive vieler Spezialkaliber und „Wildcats", z. B.: .17 Javelina, .22 Snipe, .220 Coyote, .220 Jaybird, 6 mm Snipe, .240 Coyote, .243 Ackley Improved, .243 Catbird, .264 Jarrett, .270 Jarrett, 7 mm STW, .308 Bluebird, .30-06 Ackley Improved, .300 Jarrett, .338-06 Ackley Improved, .338-378 Kubla Kahn, .338 Jarrett, .358 STA, .416 Taylor, .416 Jarrett u. a.

KBI

Die Firma KBI aus der US-amerikanischen Stadt Harrisburg im Staat Pennsylvania hat den nordamerikanischen Generalvertrieb für Armscor-Waffen sowie für in Ungarn von FEG hergestellte, halbautomatische AK-47-Selbstladebüchsen. KBI importiert auch das russische Dragunov-Scharfschützenge-

wehr. Die Dragunov-Büchse wird in den USA mit einer Vielzahl von Zubehör ausgeliefert, etwa dem PSO-4x-Zielfernrohr, einem Zielfernrohrfutteral, vier Magazinen, einer Patronentasche, einem Reinigungsset und einem zugehörigen Original-Bajonett. Die Waffe wird in Rußland offiziell Snayperskaya Vintovka Dragunova (SVD) bezeichnet; sie wurde 1963 von Jewgeni Fjodorowits Dragunov entwickelt und in der Sowjet-Armee eingeführt. Kurz danach wurde das Gewehr auch in den anderen Warschauer Pakt-Staaten eingeführt und folgte damit dem alten Moisin-Nagant M1891/30 als Scharfschützenwaffe nach.
Das System des Dragunov ist vom AK-47 Kalashnikov abgeleitet. Zwar ist das Dragunov zur Verwendung mit einem Zielfernrohr konzipiert, es ist aber auch noch mit einer regulären, offenen Visierung ausgestattet. Inzwischen wird die Waffe auch in China hergestellt und unter dem Namen NDM-86 von der chinesischen Firma Norinco in alle Welt exportiert. Zudem bauen einige weitere ehemalige Ostblockländer die Waffe in Lizenz.

KBI-Dragunov Modell SVD

TECHNISCHE DATEN:

Kaliber:	7,62 x 54 R
Kapazität:	10-Schuß-Magazin
Magazin:	vor dem Abzugsbügel
Nachladesystem:	halbautomatischer Selbstlader
Verschluß:	gasdruckverz. Drehkammer
Gesamtgewicht:	4,5 kg
Gesamtlänge:	122,5 cm
Lauflänge:	67 cm
Visierung:	verstellbares Schiebevisier; spezielles Zielfernrohr (PSO) mit Restlichtaufheller- und Infrarotdetektor-Option
Sicherung, extern:	Sicherung rechts am Systemkasten
Sicherung, intern:	interne Verschlußsicherung
MERKMALE:	
- Material:	Carbonstahl
- Finish:	brüniert
- Schaft:	Hartholz, Hinterschaft-Skelett mit ausgepr. Pistolengriff

Die abgebildete Waffe ist aus original russischer Herstellung.

Keppeler

Die Firma Keppeler & Fritz wurde von Dieter Keppeler gegründet und hat ihren Sitz in Bayern. Der Deutsche Keppeler ist als einer der wenigen echten, deutschen „Custom“-Büchsenmacher Europas zu bezeichnen. Die Firma Keppeler entwickelte eigenständig zwei spezielle Gewehrkompensatorsysteme, die den Waffenrückstoß erheblich mindern. Keppeler-Waffen haben den Ruf, hochpräzise zu sein. Treffergruppen mit Fabrikmunition (.338 Lapua Mag.) von drei Schuß auf 300 Meter mit einem Durchmesser von lediglich 70 Millimeter sind für Keppeler-Büchsen keine Besonderheit.

Keppeler 300 Meter Großkaliber Liegend-Büchse

TECHNISCHE DATEN:

Kaliber:	siehe unten
Kapazität:	entfällt
Magazin:	entfällt
Nachladesystem:	Kammerstengel-Einzellader
Verschluß:	Zylinder (9 Warzen)
Gesamtgewicht:	5,3 kg
Gesamtlänge:	121,5 cm
Lauflänge:	65 cm
Visierung:	Anschütz-Dioptervisier, Korntunnel
Sicherung, extern:	ohne
Sicherung, intern:	interne Verschlußsicherung
MERKMALE:	
- Material:	Carbonstahl
- Finish:	brüniert
- Schaft:	spezieller Nußbaum-Matchschaft

Lieferbare Kaliber: System 1: .243 Win., 7 mm-08 Rem., 7,5 Swiss, .308 Win., 8 x 57 JS; System 2: .222 Rem., .223 Rem.

Keppeler 300 Meter Großkaliber Standardgewehr

TECHNISCHE DATEN:

Kaliber:	siehe unten
Kapazität:	entfällt
Magazin:	entfällt
Nachladesystem:	Kammerstengel-Einzellader
Verschluß:	Zylinder (9 Warzen)
Gesamtgewicht:	5,3 kg
Gesamtlänge:	121,5 cm
Lauflänge:	65 cm
Visierung:	Anschütz-Dioptervisier, Korntunnel
Sicherung, extern:	ohne
Sicherung, intern:	interne Verschlußsicherung

MERKMALE:

- Material:	Carbonstahl
- Finish:	brüniert
- Schaft:	spezieller Nußbaum-Matchschaft mit Lüftungsschlitzen

Lieferbare Kaliber: System 1: .243 Win., 7 mm-08 Rem., 7,5 Swiss, .308 Win., 8 x 57 JS; System 2: .222 Rem., .223 Rem.

Keppeler 300 Meter Großkaliber UIT-CISM Standardgewehr

TECHNISCHE DATEN:

Kaliber:	siehe unten
Kapazität:	10 Patronen
Magazin:	vor dem Abzugsbügel
Nachladesystem:	Kammerstengel-Repetierwaffe
Verschluß:	Zylinder (9 Warzen)
Gesamtgewicht:	5,2 kg
Gesamtlänge:	123,5 cm
Lauflänge:	67 cm
Visierung:	Anschütz-Dioptervisier, Korntunnel
Sicherung, extern:	ohne
Sicherung, intern:	interne Verschlußsicherung

MERKMALE:

- Material:	Carbonstahl, Verschlußhülse aus Leichtmetall
- Finish:	brüniert
- Schaft:	spez. Nußbaum-Matchschaft

Lieferbare Kaliber: .243 Win., 7 mm-08 Rem., 7,5 Swiss, .308 Win., 8 x 57 JS

Keppeler 300 Meter Großkaliber Freigewehr

TECHNISCHE DATEN:

Kaliber:	siehe unten
Kapazität:	entfällt
Magazin:	entfällt
Nachladesystem:	Kammerstengel-Einzellader
Verschluß:	Zylinder (9 Warzen)
Gesamtgewicht:	6,4 kg
Gesamtlänge:	121,5 cm
Lauflänge:	65 cm
Visierung:	Anschütz-Dioptervisier, Korntunnel
Sicherung, extern:	ohne
Sicherung, intern:	interne Verschlußsicherung

MERKMALE:

- Material:	Carbonstahl
- Finish:	brüniert
- Schaft:	spezieller Nußbaum-Matchschaft mit Daumenloch, Schulterhaken, Backe und Pistolengriffabschluß verstellbar

Lieferbare Kaliber: System 1: .243 Win., 7 mm-08 Rem., 7,5 Swiss, .308 Win., 8 x 57 JS; System 2: .222 Rem., .223 Rem.

Keppeler KS III Bullpup Sniper

TECHNISCHE DATEN:

Kaliber:	siehe unten
Kapazität:	3 oder 5 Patronen
Magazin:	herausnehmbar
Nachladesystem:	spez. Kammerstengelwaffe
Verschluß:	Zylinderverschluß mit 9 Verriegelungswarzen
Gesamtgewicht:	5 kg, ohne Zielfernrohr
Gesamtlänge:	110 cm
Lauflänge:	65 cm, inklusive Mündungsbremse
Visierung:	ohne; vorbereitet für Zielfernrohrmontage
Sicherung, extern:	links auf dem Systemkasten, hinter dem Pistolengriff
Sicherung, intern:	interne Verschlußsicherung
MERKMALE:	
- Material:	Carbonstahl, Verschlußhülse aus Leichtmetall
- Finish:	matt brüniert
- Schaft:	spezieller Skelettschaft

Lieferbare Kaliber: .308 Win., .300 Win.Mag., .338 Lapua Mag.

Keppeler 300 Long Range Gewehr

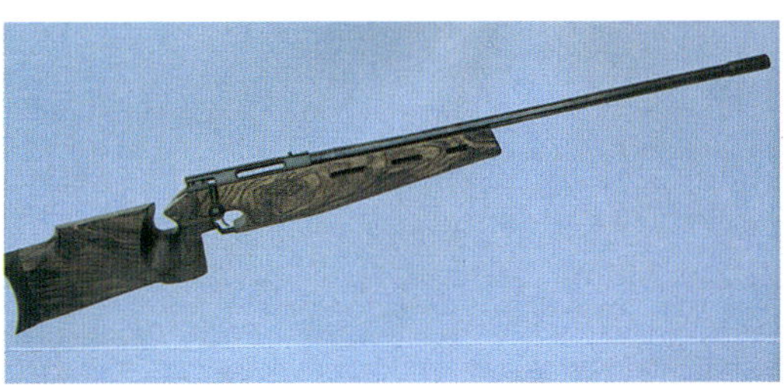

TECHNISCHE DATEN:

Kaliber:	.308 Win.
Kapazität:	entfällt
Magazin:	entfällt
Nachladesystem:	Kammerstengel-Einzellader
Verschluß:	Zylinder (9 Warzen)
Gesamtgewicht:	5,2 kg
Gesamtlänge:	129 cm
Lauflänge:	76 cm
Visierung:	ohne; vorbereitet für Zielfernrohrmontage
Sicherung, extern:	ohne
Sicherung, intern:	interne Verschlußsicherung
MERKMALE:	
- Material:	Carbonstahl
- Finish:	brüniert
- Schaft:	spezieller Matchschaft

Keppeler Sportgewehr

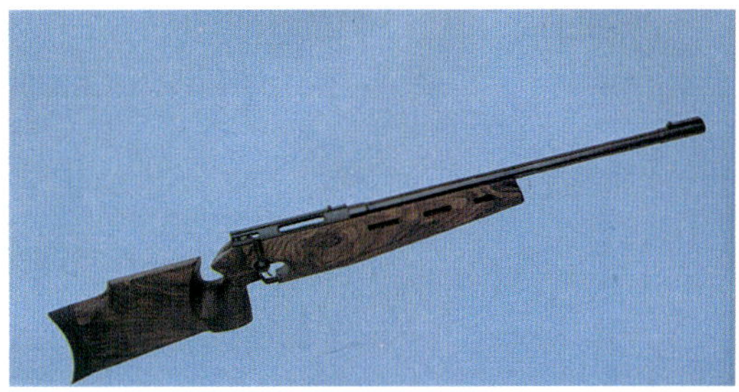

TECHNISCHE DATEN:

Kaliber:	.308 Win.
Kapazität:	entfällt
Magazin:	entfällt
Nachladesystem:	Kammerstengel-Einzellader
Verschluß:	Zylinder (9 Warzen)
Gesamtgewicht:	5,3 kg
Gesamtlänge:	120 cm
Lauflänge:	62 cm
Visierung:	ohne; vorbereitet für Zielfernrohrmontage
Sicherung, extern:	ohne
Sicherung, intern:	interne Verschlußsicherung
MERKMALE:	
- Material:	Carbonstahl
- Finish:	brüniert
- Schaft:	spezieller Matchschaft

Krico

Krico ist die Kurzbezeichnung für die deutsche Firma A. Kriegeskorte GmbH. Die Firma hat ihren Sitz in Fürth-Stadeln bei Nürnberg. Das Unternehmen hat eine lange Geschichte, die bis zum Jahr 1878 zurückreicht, als Robert Kriegeskorte in Esslingen am Zollberg die Firma Junghans & Krie-

geskorte gründete. Anfänglich handelte die Firma mit Schießpulver, Dynamit, Munition und Schußwaffen. 1918 übernahm der Sohn des Firmengründers, Max Kriegeskorte, die Firma. Nach dem Ende des Ersten Weltkrieges war die Produktion von und der Handel mit Waffen stark eingeschränkt; Kriegeskorte produzierte daher in den Jahren 1918 bis 1928 auch Fahrradrahmen.
Auch nach dem Zweiten Weltkrieg hatte die Firma mit dem Problem zu kämpfen, daß nun die Allierten den Waffenhandel und den Bau von Waffen untersagten; nun stellte sich die Firma auf die Produktion von Haushaltsartikeln um. Allerdings bekam die Firma Kriegeskorte bereits 1950 auch wieder die Genehmigung, Luftdruckgewehre herzustellen. Ein Jahr später durfte das Unternehmen dann auch schon wieder Kleinkaliberbüchsen bauen. Nach 1954 begann man mit der Produktion von Jagdwaffen, zunächst mit dem sogenannten System 400 in den Kalibern .22 Hornet und .222 Remington. 1963 folgten die Systeme Krico 600 und 700 für schwerere Kaliber.

Krico Modell 260

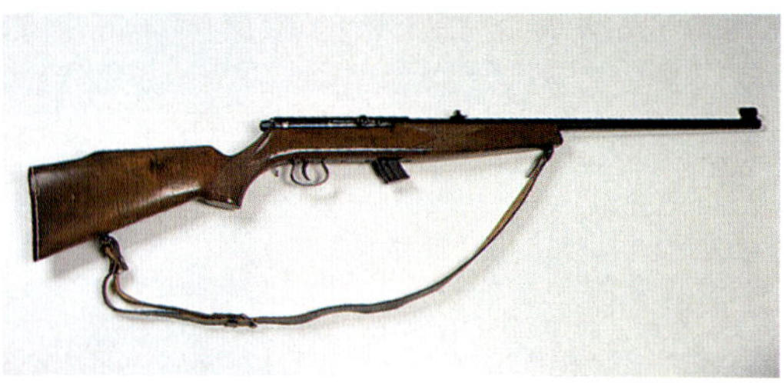

TECHNISCHE DATEN:

Kaliber:	.22 l.r.
Kapazität:	2-, 5- oder 10-Schuß-Magazin
Magazin:	Halter hinter dem Schacht
Nachladesystem:	halbautomatischer Selbstlader
Verschluß:	reiner Masseverschluß
Gesamtgewicht:	3,0 kg
Gesamtlänge:	99 cm
Lauflänge:	50 cm
Visierung:	verstellbares Schiebevisier, Korntunnel
Sicherung, extern:	Sicherungsschieber auf der rechten Seite des Verschlußgehäuses
Sicherung, intern:	interne Verschlußsicherung, Spannhebel arretierbar

MERKMALE:

- Material:	Carbonstahl
- Finish:	brüniert
- Schaft:	Buchenholz

Krico Modell 300

TECHNISCHE DATEN:

Kaliber:	.22 l.r., .22 WMR oder .22 Hornet
Kapazität:	5(.22 Hornet)- oder 10-Schuß-Magazin
Magazin:	Magazinhalter vor dem Magazinschacht
Nachladesystem:	Kammerstengel-Repetierwaffe
Verschluß:	Zylinder (2 Warzen)
Gesamtgewicht:	2,9 bis 3,0 kg
Gesamtlänge:	98 bis 109 cm
Lauflänge:	50 bis 60 cm
Visierung:	verstellbares Klappvisier, Korntunnel, Zielfernrohr-Montageschiene
Sicherung, extern:	Sicherungsschieber rechts vom Verschlußgehäuse
Sicherung, intern:	interne Verschlußsicherung, Ladezustandsanzeige

MERKMALE:

- Material:	Carbonstahl
- Finish:	brüniert
- Schaft:	Buchenholz

Die Waffe ist mit einem Stecherabzug versehen.

Krico Modell 300 Luxus

TECHNISCHE DATEN:

Kaliber:	.22 l.r., .22 WMR oder .22 Hornet
Kapazität:	5(.22 Hornet)- oder 10-Schuß-Magazin
Magazin:	Halter vor dem Schacht
Nachladesystem:	Kammerstengel-Repetierwaffe

Verschluß:	Zylinder (2 Warzen)
Gesamtgewicht:	2,9 bis 3,0 kg
Gesamtlänge:	98 bis 109 cm
Lauflänge:	50 bis 60 cm
Visierung:	verstellbares Klappvisier, Korntunnel, Zielfernrohr-Montageschiene
Sicherung, extern:	Sicherungsschieber auf der rechten Seite des Verschlußgehäuses
Sicherung, intern:	interne Verschlußsicherung, Ladeanzeige (Signalstift)

MERKMALE:

- Material:	Carbonstahl
- Finish:	brüniert
- Schaft:	Nußbaumholz

Die Waffe ist mit einem Stecherabzug versehen.

Krico Modell 300-SA (Schalldämpfer)

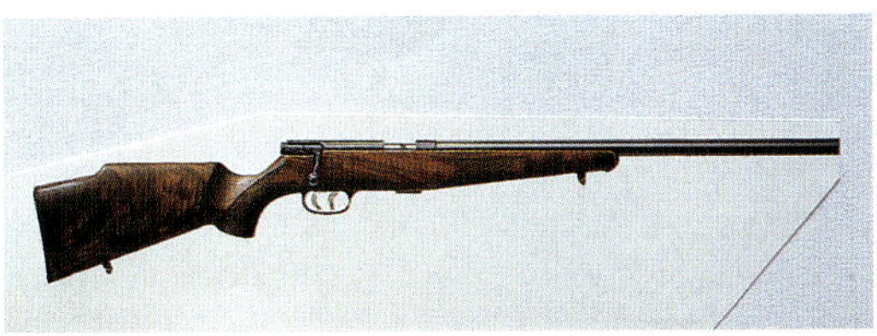

TECHNISCHE DATEN:

Kaliber:	.22 l.r.
Kapazität:	5- oder 10-Schuß-Magazin
Magazin:	Magazinhalter vor dem Magazinschacht
Nachladesystem:	Kammerstengel-Repetierwaffe
Verschluß:	Zylinder (2 Warzen)
Gesamtgewicht:	2,8 kg
Gesamtlänge:	108 cm
Lauflänge:	28 cm (mit integriertem Schalldämpfer 57,5 cm)
Visierung:	ohne, Zielfernrohr-Montageschiene
Sicherung, extern:	Sicherungsschieber auf der rechten Seite des Verschlusses
Sicherung, intern:	interne Verschlußsicherung, Ladezustandsanzeige

MERKMALE:

- Material:	Carbonstahl
- Finish:	brüniert
- Schaft:	Hartholz

In Deutschland unterliegen Schalldämpferwaffen einer speziellen Erlaubnispflicht.

Krico Modell 300 Stutzen

TECHNISCHE DATEN:

Kaliber:	.22 l.r., .22 WMR oder .22 Hornet
Kapazität:	5(.22 Hornet)- oder 10-Schuß-Magazin
Magazin:	Halter vor dem Schacht
Nachladesystem:	Kammerstengel-Repetierwaffe
Verschluß:	Zylinderverschluß mit 2 Verriegelungswarzen
Gesamtgewicht:	3,0 kg
Gesamtlänge:	98 cm
Lauflänge:	50 cm
Visierung:	verstellbares Klappvisier, Korntunnel, Zielfernrohr-Montageschiene
Sicherung, extern:	Sicherungsschieber auf der rechten Seite des Verschlusses
Sicherung, intern:	interne Verschlußsicherung, Ladeanzeige (Signalstift)

MERKMALE:

- Material:	Carbonstahl
- Finish:	brüniert
- Schaft:	Nußbaumholz

Die Waffe ist mit einem Stecherabzug versehen.

Krico Biathlon 360 SII

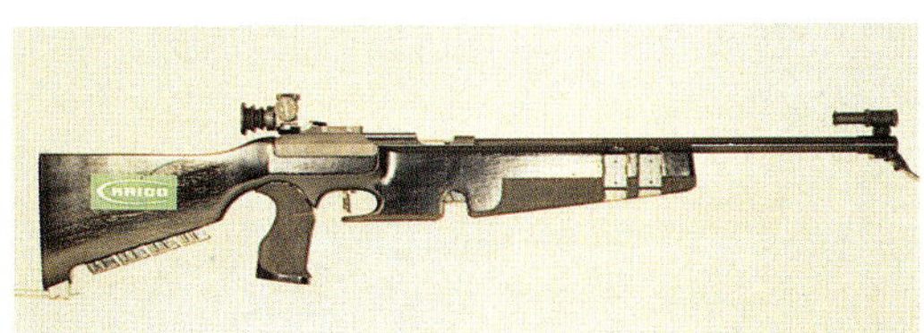

TECHNISCHE DATEN:

Kaliber:	.22 l.r.
Kapazität:	10-Schuß-Magazin
Magazin:	Magazinhalter in der Magazinschachtöffnung
Nachladesystem:	Repetierwaffe
Verschluß:	spezieller Zylinderverschluß
Gesamtgewicht:	4,4 kg

Gesamtlänge:	103 cm
Lauflänge:	54 cm
Visierung:	Diopterivisier, spezieller Korntunnel
Sicherung, extern:	ohne
Sicherung, intern:	interne Verschlußsicherung

MERKMALE:

- Material:	Carbonstahl
- Finish:	brüniert
- Schaft:	spezieller Biathlon-Hartholzschaft mit beweglichem Pistolengriff und Magazinhalterungen im Schaft

Krico Modell 400 Einzelfeuer

TECHNISCHE DATEN:

Kaliber:	.22 Hornet
Kapazität:	entfällt
Magazin:	entfällt
Nachladesystem:	Kammerstengel-Einzellader
Verschluß:	Zylinder (2 Warzen)
Gesamtgewicht:	3,8 kg
Gesamtlänge:	105 cm
Lauflänge:	60 cm
Visierung:	keine, Zielfernrohr-Montageschiene
Sicherung, extern:	Sicherungsschieber auf der rechten Seite des Verschlußgehäuses
Sicherung, intern:	interne Verschlußsicherung, Ladeanzeige (Signalstift)

MERKMALE:

- Material:	Carbonstahl
- Finish:	brüniert
- Schaft:	Nußbaumholz

Die Waffe ist wahlweise mit einem Stecherabzug oder einem Matchabzug (wie abgebildet) versehen.

Krico Modell 400 Match

TECHNISCHE DATEN:

Kaliber:	.22 l.r. oder .22 Hornet

Kapazität:	5- oder 10-Schuß-Magazin
Magazin:	Magazinhalter vor dem Magazinschacht
Nachladesystem:	Kammerstengel-Repetierwaffe
Verschluß:	Zylinderverschluß mit 2 Verriegelungswarzen
Gesamtgewicht:	4,0 kg
Gesamtlänge:	107 cm (.22 Hornet: 118 cm)
Lauflänge:	50 cm (.22 Hornet: 60 cm)
Visierung:	ohne, Zielfernrohr-Montageschiene
Sicherung, extern:	Sicherungsschieber auf der rechten Seite des Verschlußgehäuses
Sicherung, intern:	interne Verschlußsicherung, Ladezustandsanzeige (Signalstift)

MERKMALE:

- Material:	Carbonstahl
- Finish:	brüniert
- Schaft:	Nußbaumholz

Die Waffe ist wahlweise mit einem Stecherabzug oder einem Matchabzug (wie abgebildet) versehen.

Krico Modell 530 S Krico-Tronic

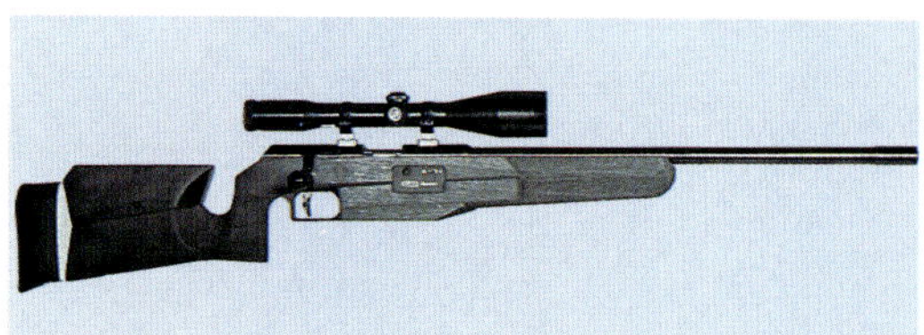

TECHNISCHE DATEN:

Kaliber:	.22 l.r., .22 Hornet oder .222 Rem.
Kapazität:	entfällt
Magazin:	entfällt
Nachladesystem:	Kammerstengel-Einzellader
Verschluß:	Zylinder (2 Warzen)
Gesamtgewicht:	4,3 bis 4,5 kg
Gesamtlänge:	107 bis 116 cm
Lauflänge:	60 bis 69 cm
Visierung:	ohne, Zielfernrohr- bzw. Dioptermontageschiene

Sicherung, extern:	Sicherungsschieber auf der rechten Seite des Verschlusses
Sicherung, intern:	interne Verschlußsicherung, Ein-/Ausschalter für den elektronischen Abzug

MERKMALE:

- Material:	Carbonstahl
- Finish:	brüniert
- Schaft:	Nußbaumholz, mit verstellbarer Backe und ausgepr. Pistolengriff

Die Waffe verfügt über ein elektronisches Abzugssystem. Die Zündung der Patrone erfolgt elektronisch durch einen Keramikstift. Mittels des herausnehmbaren, aufladbaren Akkus können etwa 250 Schuß gezündet werden.

Krico Modell 600 Match (DJV)

TECHNISCHE DATEN:

Kaliber:	siehe unten
Kapazität:	3- oder 6-Schuß-Magazin
Magazin:	Magazinhalter seitlich des Magazinschachtes, links
Nachladesystem:	Kammerstengel-Repetierwaffe
Verschluß:	Zylinder (2 Warzen)
Gesamtgewicht:	4,0 kg
Gesamtlänge:	110 cm
Lauflänge:	60 cm
Visierung:	ohne, Zielfernrohr-Montageschiene
Sicherung, extern:	Sicherung auf der rechten Seite des Verschlußgehäuses
Sicherung, intern:	interne Verschlußsicherung, Ladeanzeige (Signalstift)

MERKMALE:

- Material:	Carbonstahl
- Finish:	brüniert
- Schaft:	Nußbaumholz

Lieferbare Kaliber: .222 Rem., .223 Rem., .22-250 Rem., .243 Win., .308 Win.

Die Waffe ist mit einem Direktabzugs-, mit einem deutschen Stecherabzugs-, mit einem Matchabzugs- oder einem Super-Match-Abzugssystem lieferbar.

Die Abkürzung DJV steht für „Deutscher Jagdverband".

Krico Modell 600 Jagdmatch

TECHNISCHE DATEN:

Kaliber:	siehe unten
Kapazität:	3- oder 6-Schuß-Magazin
Magazin:	Magazinhalter seitlich des Magazinschachtes, links
Nachladesystem:	Kammerstengel-Repetierwaffe
Verschluß:	Zylinder (2 Warzen)
Gesamtgewicht:	3,6 kg
Gesamtlänge:	111 cm
Lauflänge:	60 cm
Visierung:	ohne, Zielfernrohr-Montageschiene
Sicherung, extern:	Sicherung auf der rechten Seite des Verschlußgehäuses
Sicherung, intern:	interne Verschlußsicherung, Ladeanzeige (Signalstift)

MERKMALE:

- Material:	Carbonstahl
- Finish:	brüniert
- Schaft:	Nußbaumholz

Lieferbare Kaliber: .222 Rem., .223 Rem., .22-250 Rem., .243 Win., .308 Win.

Die Waffe ist mit einem Direktabzugs-, mit einem deutschen Stecherabzugs-, mit einem Matchabzugs- oder einem Super-Match-Abzugssystem lieferbar.

Krico Modell 600 Einzelfeuer Match

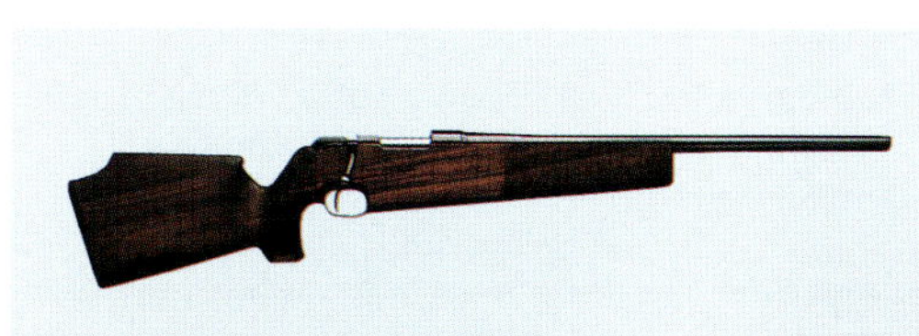

TECHNISCHE DATEN:

Kaliber:	siehe unten
Kapazität:	entfällt
Magazin:	entfällt
Nachladesystem:	Kammerstengel-Einzellader
Verschluß:	Zylinder (2 Warzen)
Gesamtgewicht:	4,5 kg
Gesamtlänge:	110 cm
Lauflänge:	60 cm
Visierung:	ohne, Zielfernrohr-Montageschiene
Sicherung, extern:	Sicherung auf der rechten Seite des Verschlußgehäuses
Sicherung, intern:	interne Verschlußsicherung, Ladeanzeige (Signalstift)

MERKMALE:

- Material:	Carbonstahl
- Finish:	brüniert
- Schaft:	Nußbaumholz

Lieferbare Kaliber: .222 Rem., .223 Rem., .22-250 Rem., .243 Win., .308 Win.
Die Waffe ist wahlweise mit einem Direktabzugs-, mit einem deutschen Stecherabzugs-, mit einem Matchabzugs- oder einem Super-Match-Abzugssystem lieferbar.

Krico Modell 600 Sniper

TECHNISCHE DATEN:

Kaliber:	siehe unten
Kapazität:	3- oder 6-Schuß-Magazin
Magazin:	Magazinhalter seitlich des Magazinschachtes, links
Nachladesystem:	Kammerstengel-Repetierwaffe
Verschluß:	Zylinder (2 Warzen)
Gesamtgewicht:	4,2 kg
Gesamtlänge:	115 cm
Lauflänge:	60 cm
Visierung:	ohne, Zielfernrohr-Montageschiene
Sicherung, extern:	Sicherung auf der rechten Seite des Verschlußgehäuses
Sicherung, intern:	interne Verschlußsicherung, Ladeanzeige (Signalstift)

MERKMALE:

- Material:	Carbonstahl
- Finish:	brüniert
- Schaft:	Nußbaumholz

Lieferbare Kaliber: .222 Rem., .223 Rem., .22-250 Rem., .243 Win., .308 Win.
Die Waffe ist wahlweise mit einem Direktabzugs-, mit einem deutschen Stecherabzugs-, mit einem Matchabzugs- oder einem Super-Match-Abzugssystem lieferbar.

Krico Modell 700

TECHNISCHE DATEN:

Kaliber:	siehe unten
Kapazität:	3- oder 6-Schuß-Magazin
Magazin:	Magazinhalter seitlich des Magazinschachtes, links
Nachladesystem:	Kammerstengel-Repetierwaffe
Verschluß:	Zylinder (2 Warzen)
Gesamtgewicht:	3,2 bis 3,3 kg
Gesamtlänge:	110 bis 117 cm
Lauflänge:	60 bis 65 cm
Visierung:	Klappvisier, Korntunnel, vorb. für Fernrohrmontage
Sicherung, extern:	Sicherung auf der rechten Seite des Verschlußgehäuses
Sicherung, intern:	interne Verschlußsicherung, Ladeanzeige (Signalstift)

MERKMALE:

- Material:	Carbonstahl
- Finish:	brüniert
- Schaft:	Nußbaumholz

Lieferbare Kaliber: Gruppe I: .17 Rem., .222 Rem., .222 Rem.Mag., .223 Rem., 5,6 x 50 Mag., 5,6 x 57 RWS, .22-250 Rem., .243 Win., .308 Win.; Gruppe II: 6,5 x 55, 6,5 x 57, 7 x 57, .270 Win., 7 x 64, .30-06, 9,3 x 62; Gruppe III: 6 x 62 Fréres, 6,5 x 68, 7 mm Rem.Mag., 7,5 Swiss, .300 Win.Mag., 8 x 68S, 9,3x64.
Die Waffe ist wahlweise mit einem Direktabzugs-, mit einem deutschen Stecherabzugs-, mit einem Matchabzugs- oder einem Super-Match-Abzugssystem lieferbar.

Krico Modell 700 Economy

TECHNISCHE DATEN:

Kaliber:	siehe unten
Kapazität:	3- oder 6-Schuß-Magazin
Magazin:	Magazinhalter seitlich des Magazinschachtes, links
Nachladesystem:	Kammerstengel-Repetierwaffe
Verschluß:	Zylinder (2 Warzen)
Gesamtgewicht:	3,2 bis 3,3 kg
Gesamtlänge:	110 bis 117 cm
Lauflänge:	60 bis 65 cm
Visierung:	Blattvisier, Korntunnel, vorbereitet für Zielfernrohrmontage
Sicherung, extern:	Sicherung auf der rechten Seite des Verschlußgehäuses
Sicherung, intern:	interne Verschlußsicherung, Ladeanzeige (Signalstift)

MERKMALE:

- Material:	Carbonstahl
- Finish:	brüniert
- Schaft:	Buchenholz

Lieferbare Kaliber: Gruppe I: .17 Rem., .222 Rem., .222 Rem.Mag., .223 Rem., 5,6 x 50 Mag., 5,6 x 57 RWS, .22-250 Rem., .243 Win., .308 Win.; Gruppe II: 6,5 x 55, 6,5 x 57, 7 x 57, .270 Win., 7 x 64, .30-06, 9,3 x 62; Gruppe III: 6 x 62 Fréres, 6,5 x 68, 7 mm Rem.Mag., 7,5 Swiss, .300 Win.Mag., 8 x 68 S, 9,3 x 64.
Die Waffe ist wahlweise mit einem Direktabzugs- oder mit einem deutschen Stecherabzugssystem lieferbar.

Krico Modell 700 Luxus

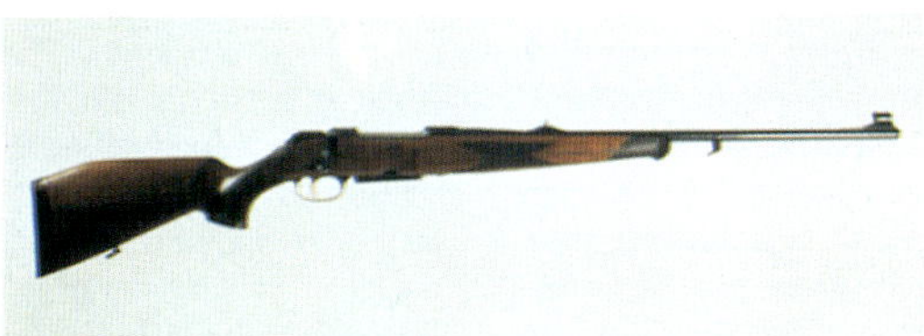

TECHNISCHE DATEN:

Kaliber:	siehe unten
Kapazität:	3- oder 6-Schuß-Magazin
Magazin:	Magazinhalter seitlich des Magazinschachtes, links
Nachladesystem:	Kammerstengel-Repetierwaffe
Verschluß:	Zylinder (2 Warzen)
Gesamtgewicht:	3,3 bis 3,5 kg
Gesamtlänge:	111 bis 118 cm
Lauflänge:	60 bis 65 cm
Visierung:	Blattvisier, Korntunnel, vorbereitet für Zielfernrohrmontage
Sicherung, extern:	Sicherung auf der rechten Seite des Verschlußgehäuses
Sicherung, intern:	interne Verschlußsicherung, Ladeanzeige (Signalstift)

MERKMALE:

- Material:	Carbonstahl
- Finish:	brüniert
- Schaft:	Nußbaumholz, ausgesucht

Lieferbare Kaliber: Gruppe I: .17 Rem., .222 Rem., .222 Rem.Mag., .223 Rem., 5,6 x 50 Mag., 5,6 x 57 RWS, .22-250 Rem., .243 Win., .308 Win.; Gruppe II: 6,5 x 55, 6,5 x 57, 7 x 57, .270 Win., 7 x 64, .30-06, 9,3 x 62; Gruppe III: 6 x 62 Fréres, 6,5 x 68, 7 mm Rem.Mag., 7,5 Swiss, .300 Win.Mag., 8 x 68 S, 9,3 x 64.
Die Waffe ist wahlweise mit einem Direktabzugs-, mit einem deutschen Stecherabzugs-, mit einem Matchabzugs- oder einem Super-Match-Abzugssystem lieferbar.

Krico Modell 700 Luxus S

TECHNISCHE DATEN:

Kaliber:	siehe unten
Kapazität:	3- oder 6-Schuß-Magazin
Magazin:	Magazinhalter seitlich des Magazinschachtes, links
Nachladesystem:	Kammerstengel-Repetierwaffe
Verschluß:	Zylinder (2 Warzen)
Gesamtgewicht:	3,4 bis 3,6 kg
Gesamtlänge:	111 bis 118 cm
Lauflänge:	60 bis 65 cm
Visierung:	Blattvisier, Korntunnel, vorbereitet für Zielfernrohrmontage
Sicherung, extern:	konstant entspannt, Spannschieber auf dem Kolbenhals

Sicherung, intern:	interne Verschlußsicherung, Ladeanzeige (Signalstift)

MERKMALE:

- Material:	Carbonstahl
- Finish:	brüniert
- Schaft:	Nußbaumholz

Lieferbare Kaliber: Gruppe I: .17 Rem., .222 Rem., .222 Rem.Mag., .223 Rem., 5,6 x 50 Mag., 5,6 x 57 RWS, .22-250 Rem., .243 Win., .308 Win.; Gruppe II: 6,5 x 55, 6,5 x 57, 7 x 57, .270 Win., 7 x 64, .30-06, 9,3 x 62; Gruppe III: 6 x 62 Fréres, 6,5 x 68, 7 mm Rem.Mag., 7,5 Swiss, .300 Win.Mag., 8 x 68 S, 9,3 x 64.

Die Waffe ist mit einem Rückstecherabzugssystem (Einabzug) versehen.

Krico Modell 700 Luxus Stutzen

TECHNISCHE DATEN:

Kaliber:	siehe unten
Kapazität:	3- oder 6-Schuß-Magazin
Magazin:	Magazinhalter seitlich des Magazinschachtes, links
Nachladesystem:	Kammerstengel-Repetierwaffe
Verschluß:	Zylinder (2 Warzen)
Gesamtgewicht:	3,3 bis 3,5 kg
Gesamtlänge:	109 bis 113 cm
Lauflänge:	52 bis 55 cm
Visierung:	Blattvisier, Korntunnel, vorbereitet für Zielfernrohrmontage
Sicherung, extern:	Sicherung rechts, wahlweise mit Spannschieber
Sicherung, intern:	interne Verschlußsicherung, Ladeanzeige (Signalstift)

MERKMALE:

- Material:	Carbonstahl
- Finish:	brüniert
- Schaft:	Nußbaumholz

Lieferbare Kaliber: Gruppe I: .17 Rem., .222 Rem., .222 Rem.Mag., .223 Rem., 5,6 x 50 Mag., 5,6 x 57 RWS, .22-250 Rem., .243 Win., .308 Win.; Gruppe II: 6,5 x 55, 6,5 x 57, 7 x 57, .270 Win., 7 x 64, .30-06, 9,3 x 62; Gruppe III: .300 Win.Mag.
Die Waffe ist wahlweise mit einem Direktabzugs-, mit einem deutschen Stecherabzugs-, mit einem Matchabzugs- oder einem Super-Match-Abzugssystem lieferbar.

Krico Modell 900 MC

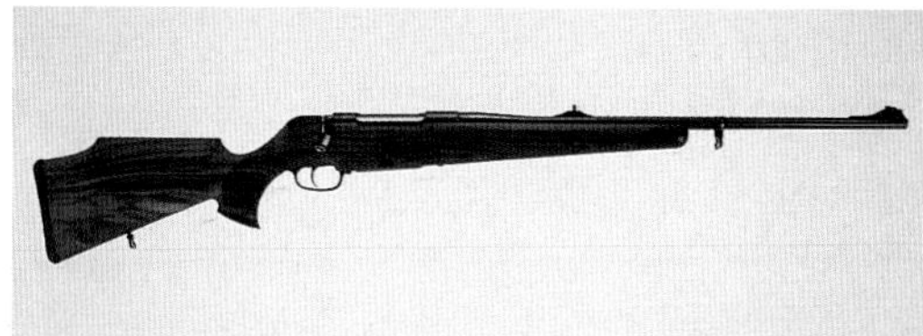

TECHNISCHE DATEN:

Kaliber:	.308 Win. bis .375 H&H Mag.
Kapazität:	3-Schuß-Magazin
Magazin:	Magazinhalter seitlich des Magazinschachtes, links
Nachladesystem:	Kammerstengel-Repetierwaffe
Verschluß:	Zylinder (3 Warzen)
Gesamtgewicht:	ca. 3,1 kg
Gesamtlänge:	ca. 108 cm
Lauflänge:	ca. 57 cm
Visierung:	Blattvisier, Korntunnel, vorbereitet für Zielfernrohrmontage
Sicherung, extern:	Sicherung auf der rechten Seite des Verschlußgehäuses
Sicherung, intern:	interne Verschlußsicherung, Ladeanzeige (Signalstift)

MERKMALE:

- Material:	Carbonstahl
- Finish:	brüniert
- Schaft:	spezieller Monte Carlo-Nußbaumholzschaft mit Pistolengriff

Lakefield

Die kanadische Waffenfirma Lakefield produziert fast ausschließlich Kleinkalibergewehre in den Kalibern .22 l.r. und .22 WMR. Das Unternehmen hat seinen Sitz in Lakefield, Ontario. Die Angebotspalette der Firma besteht aus zwei Hauptgruppen, aus Sport- und Freizeitwaffen sowie aus Waffen für die Jagd auf Kleinwild; im ersteren Bereich fertigt Lakefield auch Gewehre für spezielle Disziplinen, etwa auch eine Biathlonbüchse. Eine Besonderheit von Lakefield ist, daß alle Waffen der Firma sowohl in einer regulären Version für Rechtshänder als auch in Linkshänderausführungen erhältlich sind. 1995 wurde Lakefield von der US-Firma Savage Arms Inc. übernommen und erhielt den Namen Savage Arms

Canada Inc. Europäischer Generalimporteur der Lakefield-Waffen ist die deutsche Firma AKAH (Albrecht Kind GmbH) aus Gummersbach.

Lakefield Mark I

TECHNISCHE DATEN:

Kaliber:	.22 l.r. (.22 lang und .22 kurz)
Kapazität:	entfällt
Magazin:	entfällt
Nachladesystem:	Kammerstengel-Einzellader
Verschluß:	Zylinderverschluß
Gesamtgewicht:	2,5 kg
Gesamtlänge:	100 cm
Lauflänge:	53 cm
Visierung:	verstellbares Visier, Zielfernrohr-Montageschiene
Sicherung, extern:	Sicherung rechts, hinter dem Kammerstengel
Sicherung, intern:	interne Verschlußsicherung
MERKMALE:	
- Material:	Carbonstahl
- Finish:	brüniert
- Schaft:	Hartholz

Die Waffe kann auch in einer Version für Linkshänder geliefert werden.

Abgebildet sind das Lakefield-Modell Mark I (unten) und das Modell Mark I-Youth (oben).

Lakefield Mark I-Youth

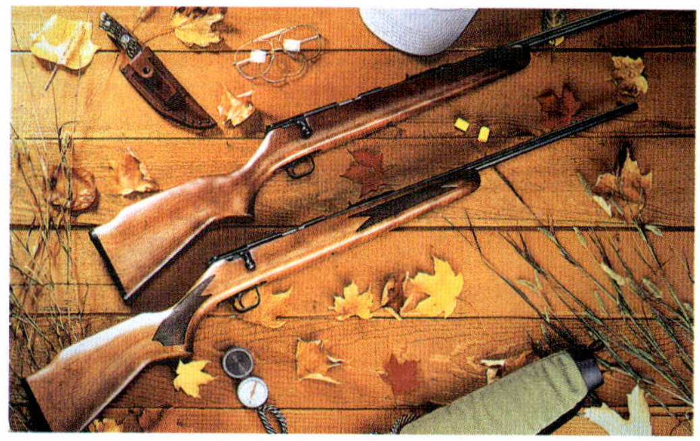

TECHNISCHE DATEN:

Kaliber:	.22 l.r.
Kapazität:	entfällt
Magazin:	entfällt
Nachladesystem:	Kammerstengel-Einzellader
Verschluß:	Zylinderverschluß
Gesamtgewicht:	2,3 kg
Gesamtlänge:	94 cm
Lauflänge:	48 cm

Lakefield Mark I und I-Youth

Visierung:	verstellbares Visier, Zielfernrohr-Montageschiene
Sicherung, extern:	Sicherung rechts, hinter dem Kammerstengel
Sicherung, intern:	interne Verschlußsicherung
MERKMALE:	
- Material:	Carbonstahl
- Finish:	brüniert
- Schaft:	Hartholz

Die Waffe kann auch in einer Version für Linkshänder geliefert werden.

Abgebildet sind das Lakefield-Modell Mark I (unten) und das Modell Mark I-Youth (oben).

Lakefield Mark II

TECHNISCHE DATEN:

Kaliber:	.22 l.r.
Kapazität:	10-Schuß-Magazin
Magazin:	Halter vor dem Schacht
Nachladesystem:	Kammerstengel-Repetierwaffe
Verschluß:	Zylinderverschluß
Gesamtgewicht:	2,5 kg
Gesamtlänge:	103 cm
Lauflänge:	53 cm
Visierung:	verstellbares Visier, Zielfernrohr-Montageschiene
Sicherung, extern:	Sicherung rechts, hinter dem Kammerstengel
Sicherung, intern:	interne Verschlußsicherung
MERKMALE:	
- Material:	Carbonstahl
- Finish:	brüniert
- Schaft:	Hartholz

Abgebildet sind von oben nach unten das Lakefield-Modell Mark II-Youth, das Modell Mark II in Linksversion und das reguläre Modell Mark II.

Lakefield Mark II-Youth

TECHNISCHE DATEN:

Kaliber:	.22 l.r.
Kapazität:	10-Schuß-Magazin
Magazin:	Halter vor dem Schacht
Nachladesystem:	Kammerstengel-Repetierwaffe
Verschluß:	Zylinderverschluß
Gesamtgewicht:	2,3 kg
Gesamtlänge:	94 cm
Lauflänge:	48 cm
Visierung:	verstellbares Visier, Zielfernrohr-Montageschiene
Sicherung, extern:	Sicherung rechts, hinter dem Kammerstengel
Sicherung, intern:	interne Verschlußsicherung
MERKMALE:	
- Material:	Carbonstahl
- Finish:	brüniert
- Schaft:	Hartholz

Abgebildet sind von oben nach unten das Lakefield-Modell Mark II-Youth, das Modell Mark II in Linksversion und das reguläre Modell Mark II.

Lakefield Modell 64 B

TECHNISCHE DATEN:

Kaliber:	.22 l.r.

Kapazität:	10-Schuß-Magazin
Magazin:	Halter vor dem Schacht
Nachladesystem:	halbautomatischer Selbstlader
Verschluß:	reiner Masseverschluß
Gesamtgewicht:	2,5 kg
Gesamtlänge:	101,5 cm
Lauflänge:	51,5 cm
Visierung:	verstellbares Klappvisier, Zielfernrohr-Montageschiene
Sicherung:	Druckknopfsicherung rechts am Systemkasten
Sicherung, intern:	interne Verschlußsicherung
MERKMALE:	
- Material:	Carbonstahl
- Finish:	brüniert
- Schaft:	Hartholz

Lakefield Modell 90 B Biathlon

TECHNISCHE DATEN:	
Kaliber:	.22 l.r.
Kapazität:	5-Schuß-Magazin
Magazin:	Halter vor dem Schacht
Nachladesystem:	Kammerstengel-Repetierwaffe
Verschluß:	Zylinderverschluß
Gesamtgewicht:	3,7 kg
Gesamtlänge:	100,5 cm
Lauflänge:	53 cm, inklusive Schneeschutzklappe
Visierung:	Dioptervisier, Korntunnel
Sicherung, extern:	Sicherung rechts, hinter dem Kammerstengel
Sicherung, intern:	interne Verschlußsicherung
MERKMALE:	
- Material:	Carbonstahl
- Finish:	brüniert
- Schaft:	Buchenholz

Abgebildet (darunter) ist ebenfalls die Linksversion.

Lakefield Modell 91 T

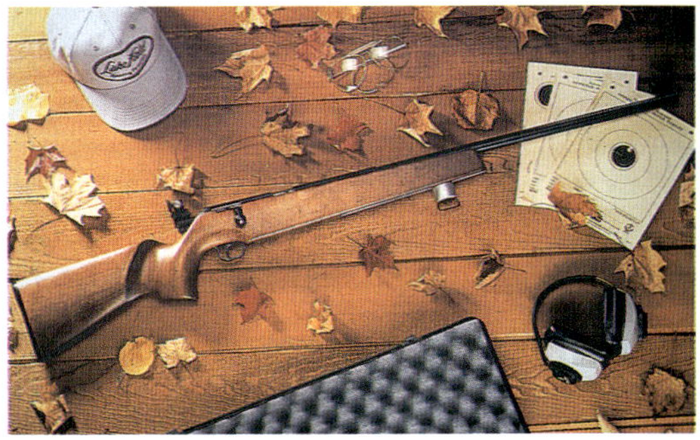

TECHNISCHE DATEN:	
Kaliber:	.22 l.r.
Kapazität:	entfällt
Magazin:	entfällt
Nachladesystem:	Kammerstengel-Einzellader
Verschluß:	Zylinderverschluß
Gesamtgewicht:	3,6 kg
Gesamtlänge:	111 cm
Lauflänge:	63,5 cm
Visierung:	Dioptervisier, Korntunnel
Sicherung, extern:	Sicherung rechts, hinter dem Kammerstengel
Sicherung, intern:	interne Verschlußsicherung
MERKMALE:	
- Material:	Carbonstahl
- Finish:	brüniert
- Schaft:	Hartholz

Die Waffe kann auch in einer Version für Linkshänder geliefert werden.

Lakefield Modell 91 TR

TECHNISCHE DATEN:	
Kaliber:	.22 l.r.
Kapazität:	5-Schuß-Magazin

Magazin:	Magazinhalter vor dem Magazinschacht
Nachladesystem:	Kammerstengel-Repetierwaffe
Verschluß:	Zylinderverschluß
Gesamtgewicht:	3,6 kg
Gesamtlänge:	111 cm
Lauflänge:	63,5 cm
Visierung:	Dioptervisier, Korntunnel
Sicherung, extern:	Sicherung rechts, hinter dem Kammerstengel
Sicherung, intern:	interne Verschlußsicherung
MERKMALE:	
- Material:	Carbonstahl
- Finish:	brüniert
- Schaft:	Hartholz

Die Waffe kann auch in einer Version für Linkshänder geliefert werden.

Abgebildet sind das Lakefield-Modell 91 TR Target (oben) und das Modell 92 S Silhouette (darunter).

Lakefield Modell 92 S Silhouette

TECHNISCHE DATEN:

Kaliber:	.22 l.r.
Kapazität:	5-Schuß-Magazin
Magazin:	Halter vor dem Schacht
Nachladesystem:	Kammerstengel-Repetierwaffe
Verschluß:	Zylinderverschluß
Gesamtgewicht:	3,6 kg
Gesamtlänge:	100,5 cm
Lauflänge:	53,5 cm
Visierung:	Dioptervisier, Korntunnel
Sicherung, extern:	ohne; spezielle Zielfernrohrmontage
Sicherung, intern:	interne Verschlußsicherung
MERKMALE:	
- Material:	Carbonstahl
- Finish:	brüniert
- Schaft:	Hartholz

Die Waffe kann auch in einer Version für Linkshänder geliefert werden.

Abgebildet sind das Lakefield-Modell 91 TR Target (oben) und das Modell 92 S Silhouette (darunter).

Lakefield Modell 93 Magnum

TECHNISCHE DATEN:

Kaliber:	.22 WMR
Kapazität:	5-Schuß-Magazin
Magazin:	Halter vor dem Schacht
Nachladesystem:	Kammerstengel-Repetierwaffe
Verschluß:	Zylinderverschluß
Gesamtgewicht:	2,6 kg
Gesamtlänge:	100 cm
Lauflänge:	53 cm
Visierung:	verstellbares Visier, Zielfernrohr-Montageschiene
Sicherung, extern:	Sicherung rechts, hinter dem Kammerstengel
Sicherung, intern:	interne Verschlußsicherung
MERKMALE:	
- Material:	Carbonstahl
- Finish:	brüniert
- Schaft:	Hartholz

L.A.R.

Das amerikanische Unternehmen L.A.R. Manufacturing Inc. ist vornehmlich durch seine „Grizzly" Magnum-Pistolen in den Kalibern .44 Mag., .45 Win.Mag. und .50 Mag. (Action Express) bekannt. Die Firma ist in West Jordan im US-Bundesstaat Utah beheimatet. Sie wurde 1968 gegründet und lieferte zunächst lediglich Teile für andere Waffenfirmen. Unter anderem baute L.A.R. Teile für verschiedene Arten von Maschinengewehren der amerikanischen Streitkräfte und die Griffstücke für das militärische M 16-Sturmgewehr. Wegen der immer größer werdenden Nachfrage nach schweren, weitreichenden Silhouettenbüchsen im Riesenkaliber .50 BMG (Browning Machine Gun) beschloß L.A.R. schließlich nach einigen Jahre Entwicklungsarbeit mit einer solchen Waffe auf den Markt zu kommen, mit dem L.A.R.-Modell Big Bore Competitor. Nach solch extrem großkalibrigen Präzisionsbüchsen hatte zunächst eine Nachfrage beim US-Militär bestanden: speziell auch zur Benutzung im Golfkrieg hatte man Scharfschützenwaffen gebraucht, die bis zu 3000 Yards (über 2500 Meter) zielgenau und wirkungsvoll waren. Erst dann kam auch die zivile Verwendung; in Nord- und Südamerika sind „Long Range"-Wettkämpfe im Kaliber .50 jetzt keine Besonderheit mehr.

L.A.R. Grizzly .50 Big Bore

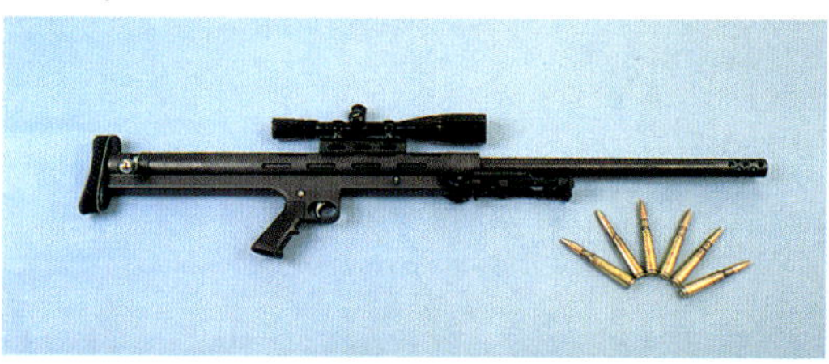

TECHNISCHE DATEN:

Kaliber:	.50 BMG
Kapazität:	entfällt
Magazin:	entfällt
Nachladesystem:	Kammerstengel-Einzellader
Verschluß:	Zylinder (2 Warzen)
Gesamtgewicht:	12,9 kg
Gesamtlänge:	115,5 cm
Lauflänge:	91,5 cm
Visierung:	ohne; vorbereitet für Zielfernrohrmontage
Sicherung, extern:	Sicherungsknopf auf der linken Seite des Pistolengriffes
Sicherung, intern:	interne Verschlußsicherung

MERKMALE:

- Material:	Carbonstahl
- Finish:	mattschwarz phosphatiert
- Schaft:	Stahl mit ventiliertem Gummi

Die Waffe, gebaut im sog. „Bullpup-System", hat eine effektive Reichweite von bis zu 3000 Metern.

L.A.R. Grizzly .50 Big Bore Competitor Rifle

TECHNISCHE DATEN:

Kaliber:	.50 BMG
Kapazität:	entfällt
Magazin:	entfällt
Nachladesystem:	Kammerstengel-Einzellader
Verschluß:	Zylinder (2 Warzen)
Gesamtgewicht:	13,8 kg
Gesamtlänge:	115,5 cm (inkl. Mündungsbremse)
Lauflänge:	91,5 cm
Visierung:	ohne; vorbereitet für Zielfernrohrmontage
Sicherung, extern:	Sicherungsknopf auf der linken Seite des Pistolengriffes
Sicherung, intern:	interne Verschlußsicherung

MERKMALE:

- Material:	Carbonstahl
- Finish:	mattschwarz phosphatiert
- Schaft:	Stahl mit ventilierter Gummischaftkappe

Die Waffe mit Zweibein hat eine effektive Reichweite von bis zu 3000 Metern. Das hohe Gewicht und die Mündungsbremse mindern den Rückschlag.

Magnum Research

Die US-amerikanische Firma Magnum Research Inc. hat ihren Sitz in Minneapolis im Bundesstaat Minnesota. Das Unternehmen beschäftigt sich vor allem mit dem Import von Waffen, die die israelische Waffenfirma Israel Military Industries (I.M.I.) produziert. Dabei handelt es sich unter anderem um die verschiedenen Ausführungen der Jericho 941-Pistole, die in Nordamerika von Magnum Research sehr erfolgreich unter dem Namen „Baby Eagle" auf den Markt gebracht wurde.

Unter dem Namen „Lone Eagle“ hat die US-Firma eine israelische Einzellader-Silhouettenbüchse im Programm, zudem auch die großen I.M.I.-„Desert Eagle“-Pistolen sowie das Galil-Militärgewehr.
Als Jagdwaffe importiert man die „Mountain Eagle“-Repetierbüchse. Diese Waffe ist mit einem Fiberglasschaft versehen. Das System des Gewehres ist von Sako aus Finnland und der Lauf von Krieger.

Magnum Research Mountain Rifle

TECHNISCHE DATEN:

Kaliber:	siehe unten
Kapazität:	5- oder 4-Schuß (Magnum)-Magazin
Magazin:	vor dem Abzugsbügel, fest
Nachladesystem:	Kammerstengel-Repetierwaffe
Verschluß:	Zylinderverschluß (3 Verriegelungswarzen)
Gesamtgewicht:	ca. 3,2 kg
Gesamtlänge:	112 cm
Lauflänge:	61 cm
Visierung:	ohne; vorbereitet für Zielfernrohrmontage
Sicherung, extern:	Sicherung auf der rechten Seite des Verschlußgehäuses
Sicherung, intern:	interne Verschlußsicherung, Ladezustandsanzeige

MERKMALE:

- Material:	Carbonstahl
- Finish:	brüniert
- Schaft:	Fiberglas-Kunststoffschaft

Lieferbare Kaliber: .270 Win., .280 Rem., .30-06, Magnum: 7 mm Rem.Mag., .300 Win.Mag., .338 Win.Mag.

MagTech

MagTech ist der Produktname des brasilianischen Waffen- und Munitionsfabrikationsunternehmens Companhia Brasileira de Cartouchos (CBC), die ihren Sitz in Sao Paulo hat. Die Firma wurde 1926 unter dem Namen Companhia Brasileira de Cartucheria von der aus Italien stammenden Familie Matarazzo gegründet und produzierte damals vornehmlich Schrotpatronen für den brasilianischen Binnenmarkt. Bereits nach einigen wenigen Jahren hatte sich CBC zu einem immens großen Unternehmen entwickelt, das Munition in diverse Länder exportierte. In der Zeit zwischen 1936 und 1979 befand sich CBC dann in den Händen der amerikanischen Remington Arms Company und der englischen Firma ICI (Imperial Chemical Industries). 1979 übernahm die Firma die Arbi- und Impel-Gruppe, ein zusammengeschlossener brasilianischer Großkonzern, der sich unter anderem auch auf dem Gebiet der Stahlindustrie und des Tourismus engagiert. Der Unternehmensname wurde dabei in Companhia Brasileira de Cartouchos (CBC) geändert. Die Tochterfirma S.A. Marvin aus Nova Iguacu bei Rio de Janeiro produziert die Messingpatronenhülsen für CBC. 1991 und 1992 wurde CBC neu organisiert. Unter Leitung des berühmten deutschen Munitionsexperten Charles von Helle und mit der Unterstützung von verschiedenen deutschen Laborunternehmen wurde die CBC-Munitionsproduktion grundlegend modernisiert und automatisiert; man investierte weit mehr als 3 Millionen US-Dollar. CBC verfügt über diverse Schießbahnen bis zu 400 Meter, auf denen die verschiedenen Munitionsprodukte gründlich getestet werden. CBC/MagTech baut zwei Kleinkalibergewehre und eine Serie von Vorderschaftrepetierflinten. Die Munitionspalette besteht aus den unterschiedlichsten Kalibern für alle Arten von Handfeuerwaffen und auch aus 20- und 30 mm-Granaten. Die CBC-Munition und die MagTech-Waffen werden aus Brasilien zu 80 Prozent in verschiedene Länder der Welt exportiert.

MagTech MT 122

TECHNISCHE DATEN:

Kaliber:	.22 l.r.
Kapazität:	10-Schuß-Magazin
Magazin:	Magazinhalter hinter dem Magazinschacht
Nachladesystem:	Kammerstengel-Repetierwaffe
Verschluß:	Zylinderverschluß
Gesamtgewicht:	2,5 kg
Gesamtlänge:	92,5 cm

Lauflänge:	54 cm
Visierung:	verstellbares Visier; Zielfernrohr-Montageschiene
Sicherung, extern:	Sicherungsschieber rechts hinter dem Kammerstengel
Sicherung, intern:	interne Verschlußsicherung, Ladezustandsanzeige

MERKMALE:

- Material:	Carbonstahl
- Finish:	brüniert
- Schaft:	Hartholz

MagTech MT 122

TECHNISCHE DATEN:

Kaliber:	.22 l.r.
Kapazität:	10-Schuß-Magazin
Magazin:	Halter hinter dem Schacht
Nachladesystem:	Kammerstengel-Repetierwaffe
Verschluß:	Zylinderverschluß
Gesamtgewicht:	3,0 kg
Gesamtlänge:	109 cm
Lauflänge:	61 cm
Visierung:	verstellbares Visier; Zielfernrohr-Montageschiene
Sicherung, extern:	Sicherungsschieber auf der rechten Hülsenseite hinter dem Kammerstengel
Sicherung, intern:	interne Verschlußsicherung, Ladezustandsanzeige

MERKMALE:

- Material:	Carbonstahl
- Finish:	brüniert
- Schaft:	Hartholz

Marlin

John Mahlon Marlin wurde 1836 im US-Bundesstaat Connecticut geboren. Vor dem amerikanischen Bürgerkrieg, der von 1861 bis 1865 dauerte, fing Marlin als Lehrjunge im Bereich des Baues von Gerätschaften für militärische Zwecke an. Während des Bürgerkrieges arbeitete er bei Colt in Hartford. 1870 gründete er dann in New Haven, Connecticut, seinen eigenen Waffenherstellungsbetrieb. Die ersten Erfolge hatte Marlin mit seinen Gewehrmodellen 1891 und 1893, die es bis heute als die derzeitigen Modelle 39 und 336 bei der Firma Marlin gibt. Zwischen 1870 und 1899 baute Marlin auch verschiedene Revolver, Pistolen und Derringer. 1873 verstärkte der Firmengründer sein Unternehmen durch Charles Daly. Daly war der Konstrukteur der berühmten Ballard-Wettkampfbüchse, die die Firma Marlin später in den unterschiedlichsten Kalibern produzierte. 1893 verkaufte Daly seine Firmenanteile wieder an Marlin. Da Winchester um 1870 mit der erfolgreichen Vermarktung von „Lever Action"-Unterhebelrepetierbüchsen begonnenen hatte, beschloß John Marlin, einen Teil dieses Marktes zu erobern. Im Jahr 1881 brachte er sein Lever Action-Modell 1881, Kaliber .45-70 Government, heraus. .45-70 war damals ein so populäres Kaliber, daß auch die amerikanische Armee diese Patrone in ihren Springfield 1873 Trapdoor-Gewehren in Gebrauch hatte.
Um die Unterhebelmechanismuskonstruktion zu verstärken und später auch um besser Zielfernrohre montieren zu können, entwickelte Marlin 1889 einen Systemkasten, bei dem die abgeschossene Hülse nach der Seite und nicht mehr wie bisher nach oben ausgeworfen wurde. Marlin behielt dieses Prinzip bei seinen Lever Action-Waffen seitdem unverändert bei. 1893 kam Marlin mit Unterhebelrepetierern in den Kalibern .32-40 und .38-55 auf den Markt. Als mit der .30-30 Win. eine neue rauchlose Patrone eingeführt wurde, nahm John Marlin dies zum Anlaß, eine komplett neue Serie von Marlin-Unterhebelrepetierbüchsen aufzulegen. Sehr bekannte Waffen aus dieser Zeit sind unter anderem die Modelle 1891 und 1897, womit die Kunstschützin Anny Oakley in Buffalo Bill's Wildwestshow auftrat.
1901 starb John Marlin, seine beiden Söhne übernahmen den Betrieb. Unmittelbar danach erwarben sie auch die Firma Ideal Manufacturing Company, die sie dann 1925 wieder an Lyman verkauften. Während dieser Periode fabrizierte Marlin auch andere Produkte, etwa Schuhlöffel und Handschellen. 1915, zu Beginn des Ersten Weltkrieges, wurde Marlin von dem New Yorker Handelsunternehmen Rockwell aufgekauft, das den Firmennamen in Marlin Rockwell Corporation änderte. Die Produktion von Jagd- und Sportwaffen wurde vorübergehend fast vollständig eingestellt und Marlin baute hauptsächlich nur mehr Colt-Browning M 1895-Maschinengewehre für das US-Militär.
Nach dem Krieg hatte Rockwell kein Interesse daran, wieder Jagd- und Sportwaffen zu bauen, so daß die Marlin Rockwell Corporation nur mehr bis 1923 bestand. Wegen finanzieller Probleme wurde Marlin 1924 verkauft. Mangels Interesses weiterer potentieller Käufer kam die Firma Marlin für nur 100 Dollar in die Hände des Rechtsanwaltes Frank Kenna; Kenna übernahm allerdings auch die Hypothekenschulden der Firma von 100000 Dollar. Seit

dieser Zeit befindet sich die Firma Marlin im Besitz der Familie Kenna. Nachdem sein Vater gestorben war, übernahm 1947 Roger Kenna das Unternehmen. 1953 führte man das Marlin-Micro Groove-Laufherstellungssystem ein. Das Einbringen der herkömmlichen Züge und Felder, bis dato ein zeitraubender und kostspieliger Prozeß, wurde von den Marlin-Ingenieuren durch eine erheblich einfachere Fabrikationsmethode ersetzt, bei der der Lauf auf weit billigere Weise mit einer größeren Anzahl kleinerer, schmalerer „Züge" versehen wird. 1959 wurde Roger Kenna von seinem Sohn Frank abgelöst. 1969 bezog die Firma eine komplett neue Produktionsstätte in North Haven, Connecticut. Zur Erinnerung an das 125-jährige Bestehen der Firma Marlin, die inzwischen insgesamt etwa 25 Millionen Gewehre gebaut und verkauft hat, wurde 1990 das spezielle Commemorative-Modell 1894 CL herausgebracht.

Marlin Modell 15YN „Little Buckaroo"

TECHNISCHE DATEN:

Kaliber:	.22 l.r., .22 lang, .22 kurz
Kapazität:	entfällt
Magazin:	entfällt
Nachladesystem:	Kammerstengel-Einzellader
Verschluß:	Zylinderverschluß
Gesamtgewicht:	1,9 kg
Gesamtlänge:	84,5 cm
Lauflänge:	41,5 cm (mit 16 Micro Groove-Zügen)
Visierung:	verstellbares Visier; Zielfernrohr-Montageschiene
Sicherung, extern:	Sicherung rechts, hinter dem Kammerstengel
Sicherung, intern:	interne Verschlußsicherung, Ladezustandsanzeige

MERKMALE:

- Material:	Carbonstahl
- Finish:	brüniert
- Schaft:	Hartholz

Marlin Modell 1894 Century Limited

TECHNISCHE DATEN:

Kaliber:	.44-40
Kapazität:	Röhrenmagazin für 12 Patronen
Magazin:	Röhrenmagazin zum Laden an der Seite des Systemkastens
Nachladesystem:	Unterhebel-Repetierwaffe
Verschluß:	Unterhebelverschluß
Gesamtgewicht:	2,95 kg
Gesamtlänge:	103,5 cm
Lauflänge:	61 cm
Visierung:	verstellbares Schiebevisier; vorb. für Zielfernrohrmontage
Sicherung, extern:	Sicherungsknopf auf der rechten Seite des Systemkastens, unter dem Hammer
Sicherung, intern:	interne Verschlußsicherung, Unterhebelverschlußsicherung, Schlagbolzensicherung, Hammer-Laderast

MERKMALE:

- Material:	Carbonstahl
- Finish:	brüniert, gravierter und goldeingelegter Systemkasten
- Schaft:	Nußbaumholz

Diese Waffe wurde 1994 als Erinnerungsmodell für das 100jährige Bestehen der Firma in limitierter Auflage auf den Markt gebracht.

Marlin Modell 1894

TECHNISCHE DATEN:

Kaliber:	.25-20 Win., .32-20 Win.

Kapazität:	Röhrenmagazin für 6 Patronen
Magazin:	Röhrenmagazin zum Laden an der Seite des Systemkastens
Nachladesystem:	Unterhebel-Repetierwaffe
Verschluß:	Unterhebelverschluß
Gesamtgewicht:	2,8 kg
Gesamtlänge:	98,5 cm
Lauflänge:	56 cm
Visierung:	verstellbares Schiebevisier; vorb. für Zielfernrohrmontage
Sicherung, extern:	Sicherungsknopf rechts am Systemkasten, unter dem Hammer
Sicherung, intern:	interne Verschlußsicherung, Unterhebelverschlußsicherung, Schlagbolzensicherung, Hammer-Laderast

MERKMALE:

- Material:	Carbonstahl
- Finish:	brüniert
- Schaft:	Nußbaumholz

Marlin Modell 1894 Cowboy

TECHNISCHE DATEN:

Kaliber:	.45 Long Colt
Kapazität:	Röhrenmagazin für 10 Patronen
Magazin:	Röhrenmagazin zum Laden an der Seite des Systemkastens
Nachladesystem:	Unterhebel-Repetierwaffe
Verschluß:	Unterhebelverschluß
Gesamtgewicht:	3,4 kg
Gesamtlänge:	105,5 cm
Lauflänge:	61 cm (mit 6 Zügen)
Visierung:	verstellbares Schiebevisier; vorb. für Zielfernrohrmontage
Sicherung, extern:	Sicherungsknopf auf der rechten Seite des Systemkastens, unter dem Hammer
Sicherung, intern:	interne Verschlußsicherung, Unterhebelverschlußsicherung, Schlagbolzensicherung, Hammer-Laderast

MERKMALE:

- Material:	Carbonstahl
- Finish:	brüniert
- Schaft:	Nußbaumholz

Marlin Modell 1894 CS

TECHNISCHE DATEN:

Kaliber:	.357 Mag./.38 spec.
Kapazität:	Röhrenmagazin für 9 Patronen
Magazin:	Röhrenmagazin zum Laden an der Seite des Systemkastens
Nachladesystem:	Unterhebel-Repetierwaffe
Verschluß:	Unterhebelverschluß
Gesamtgewicht:	2,7 kg
Gesamtlänge:	91,5 cm
Lauflänge:	47 cm (mit 12 Micro Groove-Zügen)
Visierung:	verstellbares Schiebevisier; vorb. für Zielfernrohrmontage
Sicherung, extern:	Sicherungsknopf auf der rechten Seite des Systemkastens, unter dem Hammer
Sicherung, intern:	interne Verschlußsicherung, Unterhebelverschlußsicherung, Schlagbolzensicherung, Hammer-Laderast

MERKMALE:

- Material:	Carbonstahl
- Finish:	brüniert
- Schaft:	Nußbaumholz

Marlin Modell 1894 S

TECHNISCHE DATEN:

Kaliber:	.44 Mag./.44 spec.
Kapazität:	Röhrenmagazin für 10 Patronen
Magazin:	Röhrenmagazin zum Laden an der Seite des Systemkastens
Nachladesystem:	Unterhebel-Repetierwaffe
Verschluß:	Unterhebelverschluß
Gesamtgewicht:	2,7 kg
Gesamtlänge:	95,5 cm
Lauflänge:	51 cm (mit 12 Micro Groove-Zügen)
Visierung:	verstellbares Schiebevisier, Korntunnel, vorbereitet für Zielfernrohrmontage
Sicherung, extern:	Sicherungsknopf rechts unter dem Hammer
Sicherung, intern:	interne Verschlußsicherung, Unterhebelverschlußsicherung, Schlagbolzensicherung, Hammer-Laderast

MERKMALE:

- Material:	Carbonstahl
- Finish:	brüniert
- Schaft:	Nußbaumholz

Marlin Modell 1895 SS

TECHNISCHE DATEN:

Kaliber:	.45-70 Government
Kapazität:	Röhrenmagazin für 4 Patronen
Magazin:	Röhrenmagazin zum Laden an der Seite des Systemkastens
Nachladesystem:	Unterhebel-Repetierwaffe
Verschluß:	Unterhebelverschluß
Gesamtgewicht:	3,4 kg
Gesamtlänge:	103 cm
Lauflänge:	56 cm (mit 12 Micro Groove-Zügen)
Visierung:	verstellbares Schiebevisier, Korntunnel, vorbereitet für Zielfernrohrmontage
Sicherung, extern:	Sicherungsknopf rechts unter dem Hammer
Sicherung, intern:	interne Verschlußsicherung, Unterhebelverschlußsicherung, Schlagbolzensicherung

MERKMALE:

- Material:	Carbonstahl
- Finish:	brüniert
- Schaft:	Nußbaumholz

Marlin Modell 2000 L

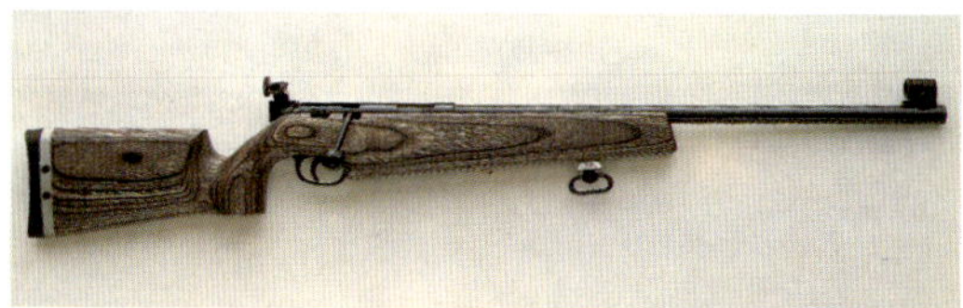

TECHNISCHE DATEN:

Kaliber:	.22 l.r.
Kapazität:	entfällt
Magazin:	entfällt
Nachladesystem:	Kammerstengel-Einzellader
Verschluß:	Zylinderverschluß
Gesamtgewicht:	3,6 kg
Gesamtlänge:	104 cm
Lauflänge:	56 cm (mit Micro Groove-Zügen)
Visierung:	Dioptervisier, Korntunnel
Sicherung, extern:	Sicherung rechts, hinter dem Kammerstengel
Sicherung, intern:	interne Verschlußsicherung, Ladezustandsanzeige

MERKMALE:

- Material:	Carbonstahl
- Finish:	brüniert
- Schaft:	Laminatholz

Diese Match-Büchse ist auch mit einem blaufarbigen Kevlar-Kunststoffschaft erhältlich. Zudem wird ein 5-Schuß-Umbauset angeboten.

Marlin Modell 25 MN

TECHNISCHE DATEN:

Kaliber:	.22 WMR
Kapazität:	7-Schuß-Magazin
Magazin:	Halter hinter dem Schacht
Nachladesystem:	Kammerstengel-Repetierwaffe
Verschluß:	Zylinderverschluß
Gesamtgewicht:	2,7 kg
Gesamtlänge:	104 cm
Lauflänge:	56 cm (mit 20 Micro Groove-Zügen)
Visierung:	verstellbares Visier, Zielfernrohr-Montageschiene
Sicherung, extern:	Sicherung rechts, hinter dem Kammerstengel
Sicherung, intern:	interne Verschlußsicherung, Ladezustandsanzeige

MERKMALE:

- Material:	Carbonstahl
- Finish:	brüniert
- Schaft:	Hartholz

Marlin Modell 25 N

TECHNISCHE DATEN:

Kaliber:	.22 l.r.
Kapazität:	7-Schuß-Magazin
Magazin:	Halter hinter dem Schacht
Nachladesystem:	Kammerstengel-Repetierwaffe
Verschluß:	Zylinderverschluß
Gesamtgewicht:	2,5 kg
Gesamtlänge:	104 cm
Lauflänge:	56 cm (mit 16 Micro Groove-Zügen)
Visierung:	verstellbares Visier, Zielfernrohr-Montageschiene
Sicherung, extern:	Sicherung rechts, hinter dem Kammerstengel
Sicherung, intern:	interne Verschlußsicherung, Ladezustandsanzeige

MERKMALE:

- Material:	Carbonstahl
- Finish:	brüniert
- Schaft:	Hartholz

Marlin Modell 30 AS

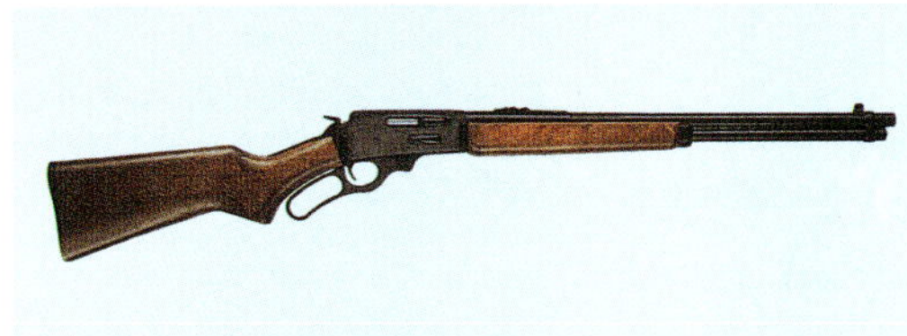

TECHNISCHE DATEN:

Kaliber:	.30-30 Win.
Kapazität:	Röhrenmagazin für 6 Patronen
Magazin:	Röhrenmagazin zum Laden an der Seite des Systemkastens
Nachladesystem:	Unterhebel-Repetierwaffe
Verschluß:	Unterhebelverschluß
Gesamtgewicht:	3,2 kg
Gesamtlänge:	97,5 cm
Lauflänge:	51 cm (mit 12 Micro Groove-Zügen)
Visierung:	verstellbares Schiebevisier, vorb. für Zielfernrohrmontage
Sicherung, extern:	Sicherungsknopf auf der rechten Seite des Systemkastens, unter dem Hammer
Sicherung, intern:	interne Verschlußsicherung, Unterhebelverschlußsicherung, Schlagbolzensicherung, Hammer-Laderast

MERKMALE:

- Material:	Carbonstahl
- Finish:	brüniert
- Schaft:	Buchenholz

Marlin Modell 336 CS

TECHNISCHE DATEN:

Kaliber:	.30-30 Win., .35 Rem.
Kapazität:	Röhrenmagazin für 6 Patronen
Magazin:	Röhrenmagazin zum Laden an der Seite des Systemkastens
Nachladesystem:	Unterhebel-Repetierwaffe
Verschluß:	Unterhebelverschluß
Gesamtgewicht:	3,2 kg
Gesamtlänge:	98 cm

Lauflänge:	51 cm (mit 12 Micro Groove-Zügen)
Visierung:	verstellbares Schiebevisier, Korntunnel, vorbereitet für Zielfernrohrmontage
Sicherung, extern:	Sicherungsknopf auf der rechten Seite des Systemkastens, unter dem Hammer
Sicherung, intern:	interne Verschlußsicherung, Unterhebelverschlußsicherung, Schlagbolzensicherung, Hammer-Laderast

MERKMALE:

- Material:	Carbonstahl
- Finish:	brüniert
- Schaft:	Nußbaumholz

Marlin Modell 39 AS

TECHNISCHE DATEN:

Kaliber:	.22 l.r., .22 lang, .22 kurz
Kapazität:	Röhrenmagazin für 19, 21 oder 26 Patronen (je nach Kaliber)
Magazin:	Röhrenmagazin zum Laden an der Seite des Systemkastens
Nachladesystem:	Unterhebel-Repetierwaffe
Verschluß:	Unterhebelverschluß
Gesamtgewicht:	3,0 kg
Gesamtlänge:	101,5 cm
Lauflänge:	61 cm (mit 16 Micro Groove-Zügen)
Visierung:	verstellbares Schiebevisier, Korntunnel vorbereitet für Zielfernrohrmontage
Sicherung, extern:	Sicherungsknopf rechts unter dem Hammer
Sicherung, intern:	interne Verschlußsicherung, Unterhebelverschlußsicherung, Schlagbolzensicherung, Hammer-Laderast

MERKMALE:

- Material:	Carbonstahl
- Finish:	brüniert
- Schaft:	Nußbaumholz

Auf der rechten Seite des Systemkastens dieser Waffe kann mittels einer Schraube das Gewehr zum Transport zerlegt werden.

Marlin Modell 39 TDS

TECHNISCHE DATEN:

Kaliber:	.22 l.r., .22 lang, .22 kurz
Kapazität:	Röhrenmagazin für 11, 12 oder 16 Patronen (je nach Kaliber)
Magazin:	Röhrenmagazin zum Laden an der Seite des Systemkastens
Nachladesystem:	Unterhebel-Repetierwaffe
Verschluß:	Unterhebelverschluß
Gesamtgewicht:	2,4 kg
Gesamtlänge:	82,5 cm
Lauflänge:	42 cm (mit 16 Micro Groove-Zügen)
Visierung:	verstellbares Schiebevisier, Korntunnel vorbereitet für Zielfernrohrmontage
Sicherung, extern:	Sicherungsknopf rechts unter dem Hammer
Sicherung, intern:	interne Verschlußsicherung, Unterhebelverschlußsicherung, Schlagbolzensicherung, Hammer-Laderast

MERKMALE:

- Material:	Carbonstahl
- Finish:	brüniert
- Schaft:	Nußbaumholz

Bei dieser Waffe handelt es sich um die Karabinerversion des Modells 39 AS. Auf der rechten Seite des Systemkastens dieser Waffe kann mittels einer Schraube das Gewehr zum Transport zerlegt werden.

Marlin Modell 444 SS

TECHNISCHE DATEN:

Kaliber:	.444 Marlin
Kapazität:	Röhrenmagazin für 5 Patronen

Magazin:	Röhrenmagazin zum Laden an der Seite des Systemkastens
Nachladesystem:	Unterhebel-Repetierwaffe
Verschluß:	Unterhebelverschluß
Gesamtgewicht:	3,4 kg
Gesamtlänge:	103 cm
Lauflänge:	56 cm (mit 12 Micro Groove-Zügen)
Visierung:	verstellbares Schiebevisier, Korntunnel, vorbereitet für Zielfernrohrmontage
Sicherung, extern:	Sicherungsknopf auf der rechten Seite des Systemkastens, unter dem Hammer
Sicherung, intern:	interne Verschlußsicherung, Unterhebelverschlußsicherung, Schlagbolzensicherung, Hammer-Laderast

MERKMALE:

- Material:	Carbonstahl
- Finish:	brüniert
- Schaft:	Nußbaumholz

Marlin Modell 45

TECHNISCHE DATEN:

Kaliber:	.45 ACP
Kapazität:	7-Schuß-Magazin
Magazin:	Magazinhalterknopf rechts am heraussstehenden Schacht
Nachladesystem:	halbautomatischer Selbstlader
Verschluß:	reiner Masseverschluß
Gesamtgewicht:	3,1 kg
Gesamtlänge:	90 cm
Lauflänge:	42 cm (mit 12 Micro Groove-Zügen)
Visierung:	verstellbares Visier; vorbereitet für Zielfernrohrmontage
Sicherung, extern:	Sicherung vorne im Abzugsbügel
Sicherung, intern:	interne Verschlußsicherung, Ladeanzeige, Magazinsich.

MERKMALE:

- Material:	Carbonstahl
- Finish:	brüniert
- Schaft:	Buchenholz

Marlin Modell 60-Blue

TECHNISCHE DATEN:

Kaliber:	.22 l.r.
Kapazität:	Röhrenmagazin für 17 Patronen
Magazin:	Röhrenmagazin im Bereich der Laufmündung
Nachladesystem:	halbautomatischer Selbstlader
Verschluß:	reiner Masseverschluß
Gesamtgewicht:	2,5 kg
Gesamtlänge:	103 cm
Lauflänge:	56 cm (mit 16 Micro Groove-Zügen)
Visierung:	verstellbares Visier, Korntunnel, Zielfernrohr-Montageschiene
Sicherung, extern:	beidseitige Druckknopfsicherung
Sicherung, intern:	interne Verschlußsicherung

MERKMALE:

- Material:	Carbonstahl
- Finish:	brüniert
- Schaft:	Hartholz

Marlin Modell 60 SS

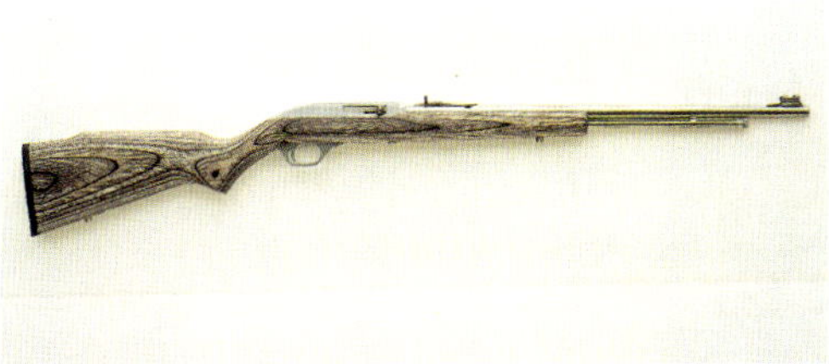

TECHNISCHE DATEN:

Kaliber:	.22 l.r.
Kapazität:	Röhrenmagazin für 17 Patronen
Magazin:	Röhrenmagazin zum Laden an der Seite des Röhrenmagazins im Bereich der Laufmündung
Nachladesystem:	halbautomatischer Selbstlader
Verschluß:	reiner Masseverschluß
Gesamtgewicht:	2,5 kg
Gesamtlänge:	103 cm
Lauflänge:	56 cm (mit 16 Micro Groove-Zügen)
Visierung:	verstellbares Visier, Korntunnel, Zielfernrohr-Montageschiene
Sicherung, extern:	beidseitige Druckknopfsicherung
Sicherung, intern:	interne Verschlußsicherung
MERKMALE:	
- Material:	rostfreier Stainless-Stahl
- Finish:	blank
- Schaft:	Laminatholz, auch mit Hartholzschaft erhältlich)

Marlin Modell 70 HC

TECHNISCHE DATEN:

Kaliber:	.22 l.r.
Kapazität:	7- oder 15-Schuß-Magazin
Magazin:	Magazinhalter an der Rückseite des Magazinschachts
Nachladesystem:	halbautomatischer Selbstlader
Verschluß:	reiner Masseverschluß
Gesamtgewicht:	2,3 kg
Gesamtlänge:	93,5 cm
Lauflänge:	45,5 cm (mit 16 Micro Groove-Zügen)
Visierung:	verstellbares Visier, Zielfernrohr-Montageschiene
Sicherung, extern:	Druckknopfsicherung seitlich hinten am Abzugsbügel
Sicherung, intern:	interne Verschlußsicherung
MERKMALE:	
- Material:	Carbonstahl
- Finish:	brüniert
- Schaft:	Hartholz

Marlin Modell 70-P „Papoose“

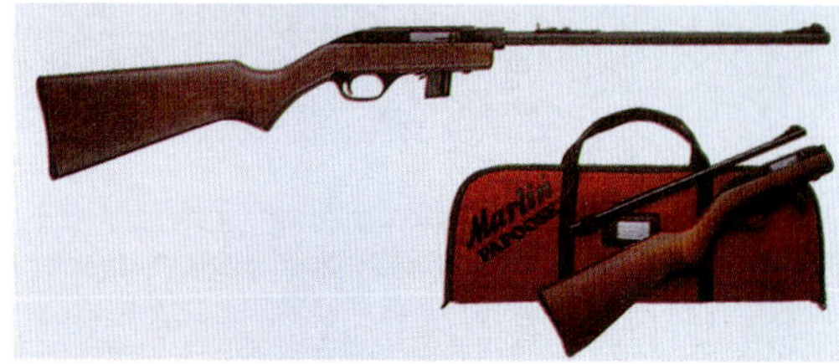

TECHNISCHE DATEN:

Kaliber:	.22 l.r.
Kapazität:	7- oder 15-Schuß-Magazin
Magazin:	Magazinhalter an der Rückseite des Magazinschachts
Nachladesystem:	halbautomatischer Selbstlader
Verschluß:	reiner Masseverschluß
Gesamtgewicht:	1,5 kg
Gesamtlänge:	89,5 cm
Lauflänge:	41,5 cm (mit 16 Micro Groove-Zügen)
Visierung:	verstellbares Visier, Zielfernrohr-Montageschiene
Sicherung, extern:	Druckknopfsicherung seitlich hinten am Abzugsbügel
Sicherung, intern:	interne Verschlußsicherung
MERKMALE:	
- Material:	Carbonstahl
- Finish:	brüniert
- Schaft:	Hartholz

Diese Waffe ist zerlegbar; der Lauf kann abgeschraubt werden. Die Bezeichnung „Papoose“ steht eigentlich für den Rucksack oder Tragesack, in dem etwa Babys transportiert werden können. Durch die Bezeichnung wird ausgedrückt, daß das leichte, kurze Gewehr etwa im Rucksack auf Trekking-Touren mitgenommen werden kann. Andere Hersteller bezeichnen diese Art von „Überlebens-Waffen“ auch als „Back Packer“.

Marlin Modell 70-PSS „Papoose Stainless“

TECHNISCHE DATEN:

Kaliber:	.22 l.r.

Kapazität:	7- oder 15-Schuß-Magazin
Magazin:	Magazinhalter an der Rückseite des Magazinschachts
Nachladesystem:	halbautomatische Selbstladewaffe
Verschluß:	reiner Masseverschluß
Gesamtgewicht:	1,5 kg
Gesamtlänge:	89,5 cm
Lauflänge:	41,5 cm (mit 16 Micro Groove-Zügen)
Visierung:	verstellbares Visier, Zielfernrohr-Montageschiene
Sicherung, extern:	Druckknopfsicherung seitlich hinten am Abzugsbügel
Sicherung, intern:	interne Verschlußsicherung
MERKMALE:	
- Material:	rostfreier Stainless-Stahl
- Finish:	blank
- Schaft:	Fiberglas-Kunststoff, schwarz

Diese Waffe ist zerlegbar; der Lauf kann abgeschraubt werden.

Marlin Modell 75 C

TECHNISCHE DATEN:

Kaliber:	.22 l.r.
Kapazität:	Röhrenmagazin für 13 Patronen
Magazin:	Röhrenmagazin zum Laden an der Seite des Röhrenmagazins
Nachladesystem:	halbautomatischer Selbstlader
Verschluß:	reiner Masseverschluß
Gesamtgewicht:	2,3 kg
Gesamtlänge:	93 cm
Lauflänge:	46 cm (mit 16 Micro Groove-Zügen)
Visierung:	verstellbares Visier, Zielfernrohr-Montageschiene
Sicherung, extern:	beidseitige Druckknopfsicherung im Abzugsbügel
Sicherung, intern:	interne Verschlußsicherung
MERKMALE:	
- Material:	Carbonstahl
- Finish:	brüniert
- Schaft:	Hartholz

Bei dieser Waffe handelt es sich um die Karabiner-Version des Marlin Modells 60.

Marlin Modell 880-Blue

TECHNISCHE DATEN:

Kaliber:	.22 l.r.
Kapazität:	7-Schuß-Magazin
Magazin:	Magazinhalter hinter dem Magazinschacht
Nachladesystem:	Kammerstengel-Repetierwaffe
Verschluß:	Zylinderverschluß
Gesamtgewicht:	2,5 kg
Gesamtlänge:	104 cm
Lauflänge:	56 cm (mit 16 Micro Groove-Zügen)
Visierung:	verstellbares Kippvisier, Korntunnel, Zielfernrohr-Montageschiene
Sicherung, extern:	Sicherung rechts, hinter dem Kammerstengel
Sicherung, intern:	interne Verschlußsicherung, Ladezustandsanzeige an der Hinterseite der Verschlußhülse
MERKMALE:	
- Material:	Carbonstahl
- Finish:	brüniert
- Schaft:	Nußbaumholz

Marlin Modell 880 SQ

TECHNISCHE DATEN:

Kaliber:	.22 l.r.
Kapazität:	7-Schuß-Magazin
Magazin:	Magazinhalter hinter dem Magazinschacht
Nachladesystem:	Kammerstengel-Repetierwaffe
Verschluß:	Zylinderverschluß
Gesamtgewicht:	2,5 kg
Gesamtlänge:	104 cm
Lauflänge:	56 cm (mit 16 Micro Groove-Zügen)
Visierung:	ohne; Zielfernrohr-Montageschiene
Sicherung, extern:	Sicherung rechts, hinter dem Kammerstengel
Sicherung, intern:	interne Verschlußsicherung, Ladezustandsanzeige an der Hinterseite der Verschlußhülse

MERKMALE:

- Material:	Carbonstahl
- Finish:	mattschwarz phosphatiert
- Schaft:	Kunststoff, schwarz

Die Waffe wird ohne Zielfernrohr geliefert.

Marlin Modell 880 SS

TECHNISCHE DATEN:

Kaliber:	.22 l.r.
Kapazität:	7-Schuß-Magazin
Magazin:	Magazinhalter hinter dem Magazinschacht
Nachladesystem:	Kammerstengel-Repetierwaffe
Verschluß:	Zylinderverschluß
Gesamtgewicht:	2,5 kg
Gesamtlänge:	104 cm
Lauflänge:	56 cm (mit 16 Micro Groove-Zügen)
Visierung:	verstellbares Visier, Korntunnel, Zielfernrohr-Montageschiene
Sicherung, extern:	Sicherung rechts, hinter dem Kammerstengel
Sicherung, intern:	interne Verschlußsicherung, Ladezustandsanzeige an der Hinterseite der Verschlußhülse

MERKMALE:

- Material:	rostfreier Stainless-Stahl
- Finish:	blank
- Schaft:	Kevlar-Kunststoff, schwarz

Marlin Modell 881

TECHNISCHE DATEN:

Kaliber:	.22 l.r., .22 lang, .22 kurz
Kapazität:	Röhrenmagazin für 17, 19 oder 25 Patronen (je nach Kaliber)
Magazin:	Röhrenmagazin im Bereich der Laufmündung
Nachladesystem:	Kammerstengel-Repetierwaffe
Verschluß:	Zylinderverschluß
Gesamtgewicht:	2,3 kg
Gesamtlänge:	93 cm
Lauflänge:	46 cm (mit 16 Micro Groove-Zügen)
Visierung:	verstellbares Visier, Korntunnel, Zielfernrohr-Montageschiene
Sicherung, extern:	Sicherung rechts, hinter dem Kammerstengel
Sicherung, intern:	interne Verschlußsicherung, Ladezustandsanzeige

MERKMALE:

- Material:	Carbonstahl
- Finish:	brüniert
- Schaft:	Nußbaumholz

Marlin Modell 882-Blue

TECHNISCHE DATEN:

Kaliber:	.22 WMR

Kapazität:	7-Schuß-Magazin
Magazin:	Halter vor dem Schacht
Nachladesystem:	Kammerstengel-Repetierwaffe
Verschluß:	Zylinderverschluß
Gesamtgewicht:	2,7 kg
Gesamtlänge:	104 cm
Lauflänge:	56 cm (mit 20 Micro Groove-Zügen)
Visierung:	verstellbares Kippvisier, Korntunnel, Zielfernrohr-Montageschiene
Sicherung, extern:	Sicherung rechts, hinter dem Kammerstengel
Sicherung, intern:	interne Verschlußsicherung, Ladezustandsanzeige an der Hinterseite der Verschlußhülse

MERKMALE:

- Material:	Carbonstahl
- Finish:	brüniert
- Schaft:	Nußbaumholz

Marlin Modell 882 L

TECHNISCHE DATEN:

Kaliber:	.22 WMR
Kapazität:	7-Schuß-Magazin
Magazin:	Magazinhalter vor dem Magazinschacht
Nachladesystem:	Kammerstengel-Repetierwaffe
Verschluß:	Zylinderverschluß
Gesamtgewicht:	2,7 kg
Gesamtlänge:	104 cm
Lauflänge:	56 cm (mit 20 Micro Groove-Zügen)
Visierung:	verstellbares Kippvisier, Korntunnel, Zielfernrohr-Montageschiene
Sicherung, extern:	Sicherung rechts, hinter dem Kammerstengel
Sicherung, intern:	interne Verschlußsicherung, Ladezustandsanzeige

MERKMALE:

- Material:	Carbonstahl
- Finish:	brüniert
- Schaft:	Laminatholz

Marlin Modell 882 SS

TECHNISCHE DATEN:

Kaliber:	.22 WMR
Kapazität:	7-Schuß-Magazin
Magazin:	Magazinhalter vor dem Magazinschacht
Nachladesystem:	Kammerstengel-Repetierwaffe
Verschluß:	Zylinderverschluß
Gesamtgewicht:	2,7 kg
Gesamtlänge:	104 cm
Lauflänge:	56 cm (mit 20 Micro Groove-Zügen)
Visierung:	verstellbares Kippvisier, Korntunnel, Zielfernrohr-Montageschiene
Sicherung, extern:	Sicherung rechts, hinter dem Kammerstengel
Sicherung, intern:	interne Verschlußsicherung, Ladezustandsanzeige

MERKMALE:

- Material:	rostträger Stainless-Stahl
- Finish:	blank
- Schaft:	Kevlar-Kunststoff, schwarz

Marlin Modell 883-Blue

TECHNISCHE DATEN:

Kaliber:	.22 WMR

Kapazität: Röhrenmagazin für 12 Patronen
Magazin: Röhrenmagazin zum Laden im Bereich der Laufmündung
Nachladesystem: Kammerstengel-Repetierwaffe
Verschluß: Zylinderverschluß
Gesamtgewicht: 2,7 kg
Gesamtlänge: 104 cm
Lauflänge: 56 cm (mit 20 Micro Groove-Zügen)
Visierung: verstellbares Visier, Korntunnel, Zielfernrohr-Montageschiene
Sicherung, extern: Sicherung rechts, hinter dem Kammerstengel
Sicherung, intern: interne Verschlußsicherung, Ladezustandsanzeige

MERKMALE:
- Material: Carbonstahl
- Finish: brüniert
- Schaft: Nußbaumholz

Marlin Modell 883-Nickel

TECHNISCHE DATEN:
Kaliber: .22 WMR
Kapazität: Röhrenmagazin für 12 Patronen
Magazin: Röhrenmagazin zum Laden im Bereich der Laufmündung
Nachladesystem: Kammerstengel-Repetierwaffe
Verschluß: Zylinderverschluß
Gesamtgewicht: 2,7 kg
Gesamtlänge: 104 cm
Lauflänge: 56 cm (mit 20 Micro Groove-Zügen)
Visierung: verstellbares Visier mit orangefarbenem Korn, Korntunnel, Zielfernrohr-Montageschiene
Sicherung, extern: Sicherung rechts, hinter dem Kammerstengel
Sicherung, intern: interne Verschlußsicherung, Ladezustandsanzeige

MERKMALE:
- Material: Carbonstahl
- Finish: vernickelt
- Schaft: Nußbaumholz

Marlin Modell 883 SS

TECHNISCHE DATEN:
Kaliber: .22 WMR
Kapazität: Röhrenmagazin für 12 Patronen
Magazin: Röhrenmagazin zum Laden im Bereich der Laufmündung
Nachladesystem: Kammerstengel-Repetierwaffe
Verschluß: Zylinderverschluß
Gesamtgewicht: 2,7 kg
Gesamtlänge: 104 cm
Lauflänge: 56 cm (mit 20 Micro Groove-Zügen)
Visierung: verstellbares Visier, Korntunnel, Fernrohr-Montageschiene
Sicherung, extern: Sicherung rechts, hinter dem Kammerstengel
Sicherung, intern: interne Verschlußsicherung, Ladezustandsanzeige

MERKMALE:
- Material: rostfreier Stainless-Stahl
- Finish: blank
- Schaft: Laminatholz

Marlin Modell 9

TECHNISCHE DATEN:
Kaliber: 9 mm Para
Kapazität: 10-Schuß-Magazin
Magazin: Magazinhalterknopf rechts am herausstehenden Schacht
Nachladesystem: halbautomatischer Selbstlader
Verschluß: reiner Masseverschluß
Gesamtgewicht: 3,1 kg
Gesamtlänge: 90 cm
Lauflänge: 42 cm (mit 12 Micro Groove-Zügen)

Visierung:	verstellbares Visier; vorbereitet für Zielfernrohrmontage
Sicherung, extern:	Sicherung vorne im Abzugsbügel
Sicherung, intern:	interne Verschlußsicherung, Ladeanzeige, Magazinsich.

MERKMALE:

- Material:	Carbonstahl
- Finish:	brüniert oder vernickelt
- Schaft:	Buchenholz

Marlin Modell 922 Magnum

TECHNISCHE DATEN:

Kaliber:	.22 WMR
Kapazität:	7-Schuß-Magazin
Magazin:	Magazinhalterknopf rechts am herausstehenden Magazinschacht
Nachladesystem:	halbautomatischer Selbstlader
Verschluß:	reiner Masseverschluß
Gesamtgewicht:	3,0 kg
Gesamtlänge:	101 cm
Lauflänge:	52 cm (mit 20 Micro Groove-Zügen)
Visierung:	verstellbares Visier, Korntunnel, vorbereitet für Zielfernrohrmontage
Sicherung, extern:	Sicherung vorne im Abzugsbügel
Sicherung, intern:	interne Verschlußsicherung, Magazinsicherung

MERKMALE:

- Material:	Carbonstahl
- Finish:	brüniert
- Schaft:	Buchenholz

Marlin Modell 995

TECHNISCHE DATEN:

Kaliber:	.22 l.r.
Kapazität:	7-Schuß-Magazin
Magazin:	Magazinhalterknopf hinten an der Magazinöffnung

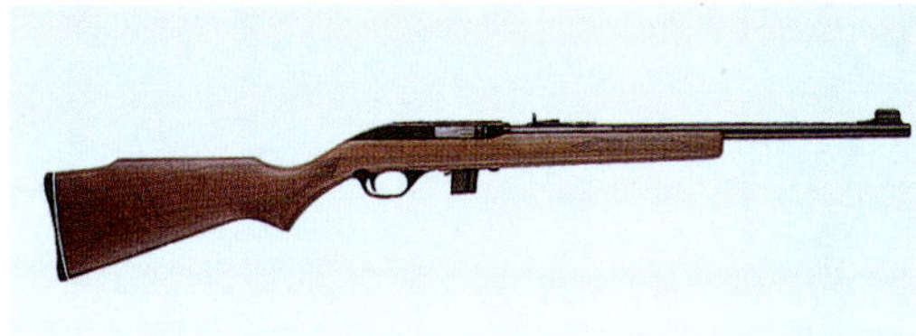

Nachladesystem:	halbautomatischer Selbstlader
Verschluß:	reiner Masseverschluß
Gesamtgewicht:	2,3 kg
Gesamtlänge:	93,5 cm
Lauflänge:	45,5 cm (mit 16 Micro Groove-Zügen)
Visierung:	verstellbares Visier, Korntunnel, vorbereitet für Zielfernrohrmontage
Sicherung, extern:	Druckknopfsicherung seitlich hinten am Abzugsbügel
Sicherung, intern:	interne Verschlußsicherung

MERKMALE:

- Material:	Carbonstahl
- Finish:	brüniert
- Schaft:	Nußbaumholz

Marlin Modell 995 SS-Stainless

TECHNISCHE DATEN:

Kaliber:	.22 l.r.
Kapazität:	7-Schuß-Magazin
Magazin:	Magazinhalterknopf hinten an der Magazinöffnung
Nachladesystem:	halbautomatische Selbstladewaffe
Verschluß:	reiner Masseverschluß
Gesamtgewicht:	2,3 kg
Gesamtlänge:	94 cm
Lauflänge:	45,5 cm (mit 16 Micro Groove-Zügen)
Visierung:	verstellbares Visier, Korntunnel, vorbereitet für Zielfernrohrmontage
Sicherung, extern:	Druckknopfsicherung seitlich hinten am Abzugsbügel
Sicherung, intern:	interne Verschlußsicherung

MERKMALE:

- Material:	rostfreier Stainless-Stahl

- Finish:	blank, Magazin vernickelt
- Schaft:	Kunststoff, schwarz

Marlin Modell MR-7

TECHNISCHE DATEN:	
Kaliber:	.270 Win., .30-06
Kapazität:	4-Schuß-Magazin
Magazin:	vor dem Abzugsbügel
Nachladesystem:	Kammerstengel-Repetierwaffe
Verschluß:	Zylinderverschluß (2 Verriegelungswarzen)
Gesamtgewicht:	3,4 kg
Gesamtlänge:	109 cm
Lauflänge:	56 cm
Visierung:	ohne (wahlweise mit Williams-Visier); vorbereitet für Zielfernrohrmontage
Sicherung, extern:	Flügelsicherung hinter der Verschlußhülse
Sicherung, intern:	interne Verschlußsicherung
MERKMALE:	
- Material:	Carbonstahl
- Finish:	brüniert
- Schaft:	Nußbaumholz

Mauser

Der Gründer der berühmten Mauser-Waffenfabrik, Peter Paul Mauser, wurde 1838 in Oberndorf am Neckar geboren. Sein Vater, Franz Andreas Mauser, war als Büchsenmachermeister im Oberndorfer staatlichen Waffenarsenal tätig gewesen. 1859 wurde Peter Paul Mauser zum Militärdienst eingezogen, wo er bei der Artillerie eingesetzt war. Seine erste waffentechnische Erfindung war eine Hinterladerkanone, für die die Armee damals allerdings kein Interesse zeigte. 1865 entwickelte Mauser sein erstes Repetiergewehr. Das Schloß dieser Büchse hatte einen federgelagerten Schlagbolzen, der beim Abziehen ausschließlich zur Schußabgabe aus dem Verschlußstück herausschnellte. Dies stellte im Vergleich zu anderen damaligen Konstruktionen, bei denen der Schlagbolzen konstant herausstand und bei denen deshalb beim Repetieren zum Nachladen stets die Gefahr einer ungewollten Zündung der zuzuführenden Patrone bestand, einen großen Vorteil dar. Aufgrund seines Prototyps erhielt Peter Paul Mauser von den Behörden einen Kredit zur Beschaffung von Maschinen und Material zur Serienfertigung seiner Waffe. Auf diese Weise entstand der erste Mauser-Waffenfertigungsbetrieb, für den kaufmännischen Bereich stellte Peter Paul seinen Bruder Wilhelm ein. Die Gebrüder Mauser hatten zunächst mit dem Problem zu kämpfen, daß zunächst weder im eigenen Land noch in den umliegenden Staaten ein Bedarf für ein neues Militärgewehr bestand. 1866 kamen die Mauser-Brüder mit einem Repräsentanten der amerikanischen Remington Arms Company, mit Samuel Norris, in Kontakt, der großes Interesse an der neuen Mauser-Gewehrkonstruktion zeigte. Man vereinbarte, die Mauser-Büchsen komplett in der belgischen Waffenfabrik in Luik zu fertigen und dann in die USA zu liefern. So entstand das Mauser-Norris-Gewehr, das 1867 vorgestellt wurde. Norris hoffte, die Waffe dem französischen Militär verkaufen zu können, das sich von seiner bis dato verwendeten Chassepot-Büchse trennen wollte. Die Sache hatte allerdings den Haken, daß sich die Franzosen schließlich dafür entschieden, eine Waffe aus eigener, nationaler Fertigung einzuführen. Und auch die Leitung der Firma Remington war nicht bereit, das Projekt zu unterstützen. Nachträglich bedauerte Remington seine Entscheidung allerdings immens. Denn 1871 wurde das Mauser-Norris-Gewehr doch noch bei einer Armee eingeführt: Die preußische Armee begann, es unter der Bezeichnung M 71 auszugeben. Die Waffe hatte das Kaliber 11 mm, der konkrete Name ihrer Schwarzpulverpatrone war 11,15 x 60 R. Durch den Kauf des Oberndorfer staatlichen Waffenarsenals 1873 erhielt die Firma der Gebrüder Mauser, Mauser & Cie., schließlich eine umfangreiche waffentechnische Produktionsanlage. Das Mauser-Militärgewehr wurde neben Oberndorf allerdings auch gefertigt in Erfurt, Spandau, Amberg und Danzig, sowie zudem ebenfalls bei Steyr in Österreich. Nachdem Wilhelm Mauser 1886 gestorben war, wurde das Unternehmen in die Waffenfabrik Mauser AG umgewandelt. Im selben Jahr kam eine Weiterentwicklung des Gewehres M 71 mit einem Röhrenmagazin für acht Patronen heraus, das Modell 1871/84. 1887 folgte diesem Modell das Gewehr M 87 im Kaliber 9,5 mm für die türkische Armee. Weil die Deutschen das Modell 71 mit seinem Röhrenmagazin nicht akzeptiert hatten, baute Mauser ab 1888 für die deutsche Armee das Gewehr 88, das legendäre „Kommiß-Gewehr“ im Kaliber 7,92 mm. 1889 beschloß die belgische Armee ebenfalls die Mauser-Waffe einzuführen; diese wurde im Kaliber 7,65 Mauser in Belgien in Lizenz hergestellt.

Und auch das spanische Militär führte die Mauser-Waffe ein, allerdings im Kaliber 7 mm (7 x 57). Mauser-Gewehre waren für die damalige Zeit so überragend, daß sogar die Amerikaner mit ihren Waffen im spanisch-amerikanischen Krieg 1898 in große Schwierigkeiten gerieten. Das amerikanische Militär wollte unbedingt eine Mauser-ähnliche Büchse, dies hatte dann die Einführung des Springfield M 1903 zur Folge. Die Springfield-Waffe war dem Mauser-Design so ähnlich, daß die US-Regierung wegen Bruchs der Patentrechte 200 000 Dollar an Mauser zahlen mußte. 1898 beschloß die deutsche Armee, die von der Firma Mauser entwickelte, neue Büchse, Modell 1898, im Kaliber 7,92 Mauser (8 x 57) offiziell als Gewehr 98 einzuführen. Kürzere Versionen von dieser Waffe wurden 1904 als Karabiner 98a, nach dem Ersten Weltkrieg als Karabiner 98b und ab 1935 als Karabiner 98k ausgegeben. Büchsen mit dem legendären Mauser-System wurden und werden sowohl für militärische, als auch für Jagd- und Sportzwecke in den verschiedenen Ländern hergestellt. Neben dem Kaliber 8 x 57 gibt es die Waffe inzwischen auch in verschiedensten anderen Kalibern. Paul Mauser verstarb 1914 und die Firmenbezeichnung wurde 1922 in Mauser-Werke AG geändert. Nach dem Zweiten Weltkrieg und nach der Aufhebung des Waffenproduktionsverbots durch die Alliierten begann das Unternehmen unter dem Namen Mauser-Werke Oberndorf Waffensysteme GmbH neu.

Mauser Modell 66 S

TECHNISCHE DATEN:

Kaliber:	siehe unten
Kapazität:	3 Patronen
Magazin:	vor dem Abzugsbügel
Nachladesystem:	spezielle Kammerstengel-Repetierwaffe
Verschluß:	Zylinder-Kurzverschluß (2 Verriegelungswarzen)
Gesamtgewicht:	3,3 bis 4,2 kg
Gesamtlänge:	108 bis 112 cm
Lauflänge:	60 bis 65 cm
Visierung:	verstellbares Blattvisier, Korntunnel, vorbereitet für Zielfernrohrmontage
Sicherung, extern:	Sicherungshebel am Verschluß, blockiert Schlagbolzen und Verschluß, gegen ungewolltes Entsichern geschützt
Sicherung, intern:	interne Verschlußsicherung

MERKMALE:

- Material:	Carbonstahl
- Finish:	brüniert
- Schaft:	Nußbaumholz, auf der Abb. mit Pistolengriff und spezieller Schaft- und Metallgravur

Lieferbare Kaliber: Standard: .243 Win., 6,5 x 57, .270 Win., 7 x 64, .30-06, .308 Win., 9,3 x 62; Magnum: 6,5 x 68, 7 mm Rem.Mag., 8 x 68 S, .300 Win. Mag., .300 Weath.Mag., 9,3 x 64; Stutzen: .243 Win., 6,5 x 57, .270 Win., 7 x 64, .30-06, .308 Win., 9,3 x 62; Großwild: .375 H&H Mag., .458 Win.Mag.

Für dieses Modell sind Wechselläufe in anderen Kalibern der jeweiligen Kalibergruppe erhältlich.

Mauser Modell 66 SP Sniper

TECHNISCHE DATEN:

Kaliber:	.308 Win.
Kapazität:	3 Patronen
Magazin:	vor dem Abzugsbügel
Nachladesystem:	spezielle Kammerstengel-Repetierwaffe
Verschluß:	Zylinder-Kurzverschluß (2 Verriegelungswarzen)
Gesamtgewicht:	5,4 kg (ohne Zielfernrohr)
Gesamtlänge:	133 cm
Lauflänge:	75 cm, inkl. Mündungsbremse
Visierung:	ohne oder Diopter mit Korn-

	tunnel; vorbereitet für Zielfernrohrmontage
Sicherung, extern:	Sicherungshebel am Verschluß
Sicherung, intern:	interne Verschlußsicherung
MERKMALE:	
- Material:	Carbonstahl
- Finish:	brüniert
- Schaft:	Nußbaumholz, mit ausgepr. Pistolengriff und Daumenloch

Mauser Modell 83 Sport

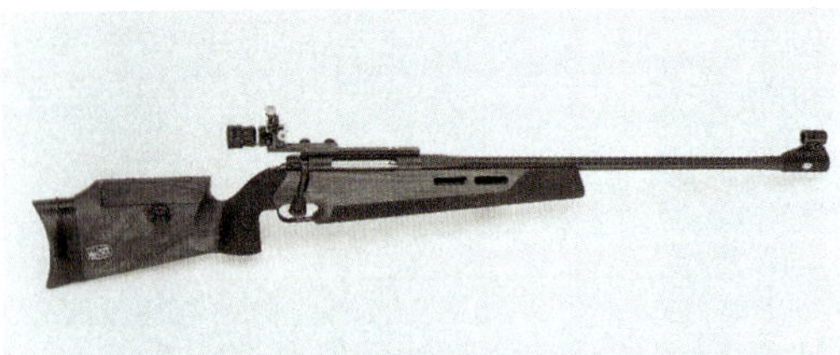

TECHNISCHE DATEN:

Kaliber:	.308 Win.
Kapazität:	entfällt
Magazin:	entfällt
Nachladesystem:	Kammerstengel-Einzellader
Verschluß:	Zylinderverschluß (2 Verriegelungswarzen)
Gesamtgewicht:	4,8 kg
Gesamtlänge:	116 cm
Lauflänge:	65 cm
Visierung:	Anschütz-Diopter, Korntunnel
Sicherung, extern:	Flügelsicherung an der Verschlußrückseite
Sicherung, intern:	interne Verschlußsicherung
MERKMALE:	
- Material:	Carbonstahl
- Finish:	brüniert
- Schaft:	Nußbaumholz; spezieller, verstellbarer Match-Schaft

Diese Waffe ist auch in einer UIT-Freigewehr-Ausführung sowie als CISM-Standardgewehr mit einem 10-Schuß-Magazin erhältlich.

Mauser Modell 86/86SR (Sniper Rifle)

TECHNISCHE DATEN:

Kaliber:	.308 Win.
Kapazität:	9 Patronen
Magazin:	vor dem Abzugsbügel
Nachladesystem:	Kammerstengel-Repetierwaffe

Verschluß:	Zylinder (2 Warzen)
Gesamtgewicht:	4,9 kg
Gesamtlänge:	124 cm
Lauflänge:	75 cm, inkl. Mündungsbremse
Visierung:	ohne oder Diopter mit Korntunnel; vorbereitet für Zielfernrohrmontage
Sicherung, extern:	Flügelsicherung an der Verschlußrückseite
Sicherung, intern:	interne Verschlußsicherung
MERKMALE:	
- Material:	Carbonstahl
- Finish:	matt brüniert
- Schaft:	Laminatholz mit ausgepr. Pistolengriff und Daumenloch oder spezieller Camouflage-Schaft; Montageschiene für Zweibein oder Schießriemen unten am Vorderschaft

Mauser Modell SR 93 Sniper

TECHNISCHE DATEN:

Kaliber:	.308 Win., .300 Win.Mag.
Kapazität:	3 Patronen
Magazin:	vor dem Abzugsbügel
Nachladesystem:	Kammerstengel-Repetierwaffe
Verschluß:	Zylinder (2 Warzen)
Gesamtgewicht:	8 kg
Gesamtlänge:	123,5 cm
Lauflänge:	65 cm, ohne Mündungsbremse
Visierung:	ohne; vorbereitet für Zielfernrohrmontage
Sicherung, extern:	Sicherung rechts hinter dem Kammerstengel
Sicherung, intern:	interne Verschlußsicherung

MERKMALE:

- Material:	Carbonstahl
- Finish:	matt brüniert
- Schaft:	spez. Kunststoffschaft mit Pistolengriff und Daumenloch

Mauser Modell M 94

TECHNISCHE DATEN:

Kaliber:	siehe unten
Kapazität:	Standard: 4 Patronen; Magnum: 3 Patronen
Magazin:	vor dem Abzugsbügel
Nachladesystem:	Kammerstengel-Repetierwaffe
Verschluß:	Zylinderverschluß (6 Verriegelungswarzen)
Gesamtgewicht:	3,3 kg
Gesamtlänge:	108/113 cm (Standard/Magnum)
Lauflänge:	56/61 cm (Standard/Magnum)
Visierung:	seitlich verstellbares Visier; vorbereitet für Zielfernrohrmontage
Sicherung, extern:	Sicherung rechts hinter dem Kammerstengel
Sicherung, intern:	interne Verschlußsicherung

MERKMALE:

- Material:	Carbonstahl
- Finish:	brüniert
- Schaft:	Nußbaumholz

Lieferbare Kaliber: Standard: .243 Win., 6,5 x 57, .270 Win., 7 x 64, .30-06, .308 Win., 9,3 x 62; Magnum: 7 mm Rem.Mag., 8 x 68 S, .300 Win.Mag.

Mauser Modell M 96

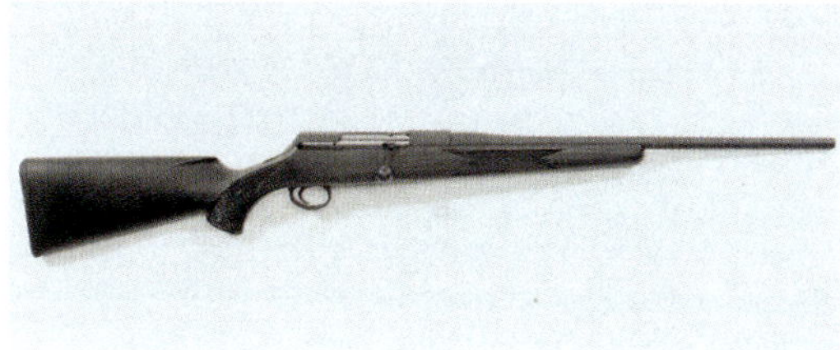

TECHNISCHE DATEN:

Kaliber:	.270 Win., .30-06
Kapazität:	5 Patronen
Magazin:	vor dem Abzugsbügel
Nachladesystem:	Kammerstengel-Repetierwaffe
Verschluß:	horizontaler Zylinder, 16 Verriegelungswarzen
Gesamtgewicht:	2,8 kg
Gesamtlänge:	107 cm
Lauflänge:	56 cm
Visierung:	ohne; Zielfernrohrmontage vorbereitet
Sicherung, extern:	Schieber auf dem Kolbenhals
Sicherung, intern:	interne Verschlußsicherung, zusätzlich Schlagbolzendeaktivierung bei geöffnetem Verschluß

MERKMALE:

- Material:	Carbonstahl
- Finish:	brüniert
- Schaft:	Nußbaumholz

Mauser Original M 98

TECHNISCHE DATEN:

Kaliber:	.243 Win., 6,5 x 57, .270 Win., 7 x 64, .30-06, .308 Win., 9,3 x 62
Kapazität:	5 Patronen
Magazin:	vor dem Abzugsbügel
Nachladesystem:	Kammerstengel-Repetierwaffe
Verschluß:	Zylinderverschluß (2 Verriegelungswarzen)
Gesamtgewicht:	3,2 kg
Gesamtlänge:	111 cm
Lauflänge:	56 cm
Visierung:	verstellbares Visier; vorbereitet für Zielfernrohrmontage

Sicherung, extern:	Flügelsicherung an der Verschlußrückseite
Sicherung, intern:	interne Verschlußsicherung
MERKMALE:	
- Material:	Carbonstahl
- Finish:	brüniert
- Schaft:	Nußbaumholz

Abgebildet sind oben das Original Mauser-Modell 98 und unten die Stutzen-Version dieser Waffe.

Mauser Modell M 98 Stutzen

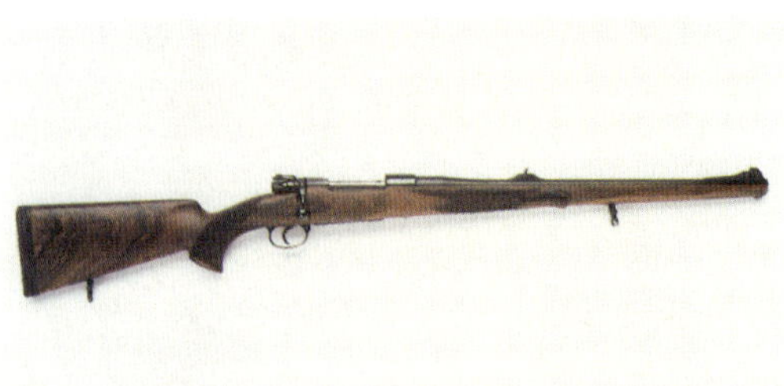

TECHNISCHE DATEN:

Kaliber:	.243 Win., 6,5 x 57, .270 Win., 7 x 64, .30-06, .308 Win., 9,3 x 62
Kapazität:	5 Patronen
Magazin:	vor dem Abzugsbügel
Nachladesystem:	Kammerstengel-Repetierwaffe
Verschluß:	Zylinderverschluß (2 Verriegelungswarzen)
Gesamtgewicht:	3,4 kg
Gesamtlänge:	106 cm
Lauflänge:	50 cm
Visierung:	verstellbares Visier; vorbereitet für Zielfernrohrmontage
Sicherung, extern:	Flügelsicherung an der Verschlußrückseite
Sicherung, intern:	interne Verschlußsicherung
MERKMALE:	
- Material:	Carbonstahl
- Finish:	brüniert
- Schaft:	Nußbaumholz, bis an die Laufmündung reichend

Mauser Modell 105

TECHNISCHE DATEN:

Kaliber:	.22 l.r.
Kapazität:	5-, 8- oder 15-Schuß-Magazin
Magazin:	Löseknopf hinter dem Schacht

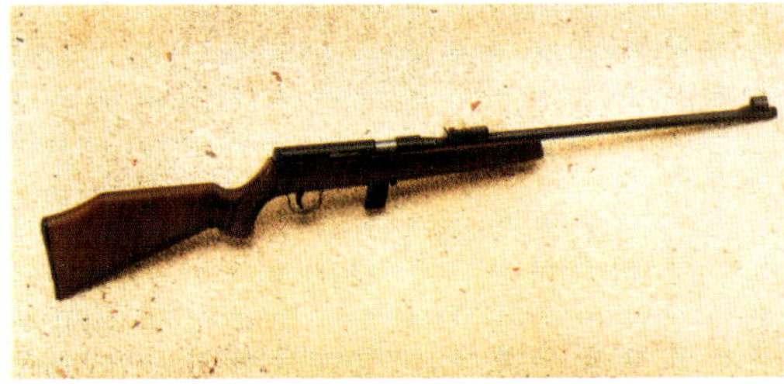

Nachladesystem:	halbautomatische Selbstladewaffe
Verschluß:	reiner Masseverschluß
Gesamtgewicht:	2,3 kg
Gesamtlänge:	105 cm
Lauflänge:	55 cm
Visierung:	verstellbares Schiebevisier, Korntunnel, Zielfernrohr-Montageschiene
Sicherung, extern:	manuelle Verriegelung mit dem Verriegelungsknopf
Sicherung, intern:	interne Verschlußsicherung
MERKMALE:	
- Material:	Carbonstahl
- Finish:	brüniert
- Schaft:	Buchenholz

Mauser Modell 107

TECHNISCHE DATEN:

Kaliber:	.22 l.r.
Kapazität:	5- oder 8-Schuß-Magazin
Magazin:	Löseknopf hinter dem Schacht
Nachladesystem:	Kammerstengel-Repetierwaffe
Verschluß:	Zylinderverschluß (Verriegelung mit Kammerstengel)
Gesamtgewicht:	2,3 kg
Gesamtlänge:	102 cm
Lauflänge:	55 cm
Visierung:	verstellbares Schiebevisier, Korntunnel, Zielfernrohr-Montageschiene
Sicherung, extern:	Sicherung rechts hinter dem Kammerstengel
Sicherung, intern:	interne Verschlußsicherung

MERKMALE:

- Material:	Carbonstahl
- Finish:	brüniert
- Schaft:	Buchenholz

Mauser Modell 201 Luxus

TECHNISCHE DATEN:

Kaliber:	.22 l.r.
Kapazität:	5-Schuß-Magazin
Magazin:	Magazinlöseknopf vor dem Magazinschacht
Nachladesystem:	Kammerstengel-Repetierwaffe
Verschluß:	Zylinderverschluß (2 Verriegelungswarzen)
Gesamtgewicht:	2,8 kg
Gesamtlänge:	102 cm
Lauflänge:	55 cm
Visierung:	seitlich verstellbares Visier, Zielfernrohr-Montageschiene
Sicherung, extern:	Sicherung rechts hinter dem Kammerstengel
Sicherung, intern:	interne Verschlußsicherung

MERKMALE:

- Material:	Carbonstahl
- Finish:	brüniert
- Schaft:	Nußbaumholz

Als Modell 201 ist diese Waffe auch mit einem Buchenschaft erhältlich.

Mauser Modell 225 Standard

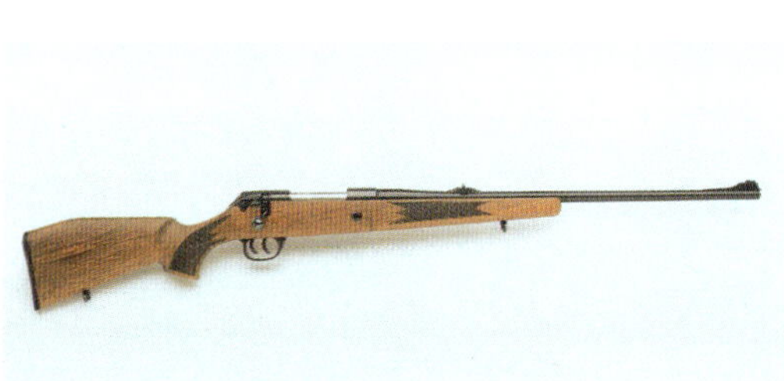

TECHNISCHE DATEN:

Kaliber:	siehe unten
Kapazität:	3 oder 5 Patronen
Magazin:	vor dem Abzugsbügel
Nachladesystem:	Kammerstengel-Repetierwaffe
Verschluß:	Zylinderverschluß (2 Verriegelungswarzen)
Gesamtgewicht:	3,7 bis 4,0 kg
Gesamtlänge:	113 bis 117 cm
Lauflänge:	60 bis 65 cm
Visierung:	seitlich verstellbares Visier, vorbereitet für Zielfernrohrmontage
Sicherung, extern:	Sicherung rechts hinter dem Kammerstengel
Sicherung, intern:	interne Verschlußsicherung, Ladezustandsanzeige durch auf der Verschlußrückseite herausstehenden Signalstift

MERKMALE:

- Material:	Carbonstahl
- Finish:	brüniert, mit Doppelzüngelstecher
- Schaft:	Nußbaumholz

Lieferbare Kaliber: Standard: .243 Win., 6,5 x 57, .270 Win., 7 x 64, .30-06, .308 Win., 9,3 x 62; Magnum: 6,5 x 68, 7 mm Rem.Mag., 8 x 68 S, .300 Win.-Mag., .300 Weath.Mag., .375 H&H Mag.

Merkel

Die Stadt Suhl in Thüringen ist seit mehr als 500 Jahren für ihre Büchsenmachertradition bekannt. Neben Merkel stammen auch Markennamen wie Simson oder Haenel aus Suhl. Suhl ist vornehmlich auch bekannt für seine hervorragenden handgefertigten Waffeneinzelstücke und für seine feinen Waffengravuren.

Die Firma Merkel dürfte die bekannteste Suhler Waffenschmiede sein. Das Unternehmen fertigt vornehmlich Kipplaufflinten, kombinierte Gewehre, Doppelbüchsen und Drillinge. Während die Doppelbüchsen über zwei Kugelläufe verfügen, ist der Drilling immer so aufgebaut, daß sich unter zwei nebeneinanderliegenden Flintenläufen ein Kugellauf befindet. Nach dem Zweiten Weltkrieg fiel Thüringen in die russische Zone und wurde Teil der ehemaligen DDR. Obwohl einige westliche Länder keine Güter aus dem Osten importierten, brachte der Export von Suhler Waffen dem damaligen sozialistischen Staat viele Devisen. Nach dem Fall der Mauer und der Eingliederung der DDR in die Bundesrepublik Deutschland überlebten zwar einige sozialistische Betriebe nicht, ein Großteil der Suhler Waffenfabriken erkämpfte sich aber erfolgreich den ihnen zustehenden Platz auf dem Weltmarkt. Hinsichtlich Qualität und Verarbeitung gehören die Waffen der Firma Merkel zu den besten der Welt.

Merkel Modell 140

TECHNISCHE DATEN:

Kaliber:	siehe unten
Kapazität:	zwei Patronen (Läufe nebeneinander)
Magazin:	entfällt
Nachladesystem:	doppelläufige Kipplaufbüchse
Verschluß:	Baskülverschluß, Verschlußhebel am Kolbenhals
Gesamtgewicht:	3,5 kg
Gesamtlänge:	103 cm
Lauflänge:	60 cm
Visierung:	nicht verstellb. Blattvisier, vorbereitet für Zielfernrohrmontage
Sicherung, extern:	Schiebesicherung am Kolbenhals
Sicherung, intern:	Verschlußsicherung, bei geöffneter Waffe automatisch gesichert
MERKMALE:	
- Material:	Carbonstahl
- Finish:	brüniert, Basküle buntgehärtet
- Schaft:	Nußbaumholz

Erhältlich in den Kalibern 7 x 57 R, 7 x 65 R, .30-06, .30 R Blaser, 8 x 57 JRS, 8 x 75 RS, .308 Win., 9,3 x 74 R

Merkel Modell 160 Luxus

TECHNISCHE DATEN:

Kaliber:	siehe unten
Kapazität:	2 Patronen (Läufe nebeneinander)
Magazin:	entfällt
Nachladesystem:	doppelläufige Kipplaufbüchse
Verschluß:	Baskülverschluß, Verschlußhebel am Kolbenhals
Gesamtgewicht:	3,5 kg
Gesamtlänge:	103 cm
Lauflänge:	60 cm
Visierung:	nicht verstellb. Blattvisier, vorbereitet für Zielfernrohrmontage
Sicherung, extern:	Schiebesicherung am Kolbenhals
Sicherung, intern:	Verschlußsicherung, bei geöffneter Waffe automatisch gesichert
MERKMALE:	
- Material:	Carbonstahl
- Finish:	brüniert, Basküle blank und graviert
- Schaft:	ausgesuchtes Nußbaumholz

Erhältlich in den Kalibern 7 x 57 R, 7 x 65 R, .30-06, .30 R Blaser, 8 x 57 JRS, 8 x 75 RS, .308 Win., 9,3 x 74 R

Merkel Modell 221 E Bockdoppelbüchse

TECHNISCHE DATEN:

Kaliber:	7 x 57R, 7 x 65R
Kapazität:	2 Patronen (Läufe übereinander)
Magazin:	entfällt
Nachladesystem:	doppelläufige Kipplaufbüchse
Verschluß:	Baskülverschluß, Verschlußhebel am Kolbenhals
Gesamtgewicht:	3,2 kg
Gesamtlänge:	103 cm
Lauflänge:	63 cm
Visierung:	Klappvisier, vorbereitet für Zielfernrohrmontage
Sicherung, extern:	Schiebesicherung am Kolbenhals

Sicherung, intern:	Verschlußsicherung, bei geöffneter Waffe automatisch gesichert
MERKMALE:	
- Material:	Carbonstahl
- Finish:	brüniert, Basküle blank und graviert
- Schaft:	ausgesuchtes Nußbaumholz

Merkel Modell 323 Luxus Bockdoppelbüchse

TECHNISCHE DATEN:

Kaliber:	.308 Win., .30-06
Kapazität:	2 Patronen (Läufe übereinander)
Magazin:	entfällt
Nachladesystem:	doppelläufige Kipplaufbüchse
Verschluß:	Baskülverschluß, Verschlußhebel am Kolbenhals
Gesamtgewicht:	3,8 kg
Gesamtlänge:	103 cm
Lauflänge:	63 cm
Visierung:	Klappvisier, vorbereitet für Zielfernrohrmontage
Sicherung, extern:	Schiebesicherung am Kolbenhals
Sicherung, intern:	Verschlußsicherung, bei geöffneter Waffe automatisch gesichert
MERKMALE:	
- Material:	Carbonstahl
- Finish:	brüniert, Basküle blank, graviert und goldeingelegt
- Schaft:	ausgesuchtes Nußbaumholz

Mitchell

Die US-amerikanische Firma Mitchell Arms wurde erst 1984 von John Mitchell gegründet, einem früheren Manager der Firma High Standard, die Anfang 1984 Konkurs angemeldet hatte. Mitchell Arms hat ihren Sitz im kalifornischen Santa Ana. Zunächst baute Mitchell Arms nur Selbstladegewehre im Kaliber .22 l.r., die bekannten militärischen Sturmgewehren, wie dem Colt M-16 der klassischen Kalashnikov AK 47 oder dem französischen MAS nachempfunden waren. Dann begann man in den Kalibern .45 LC und auch .44 Magnum Nachbauten des Colt Single Action Army-Revolver zu fertigen und Replikas bekannter amerikanischer Vorderladerrevolver zu vertreiben, die man aus Italien von Uberti einführte.
Neben diversen Pistolen produziert Mitchell Arms heute auch verschiedene, kurze halbautomatische Karabiner, die teilweise Maschinenpistolen nachempfunden sind. Diese Gewehre wurden vorher als die Modelle AT-22 und AT-9 von der US-Firma Feather gebaut.

Mitchell Modell 20/22 Carbine

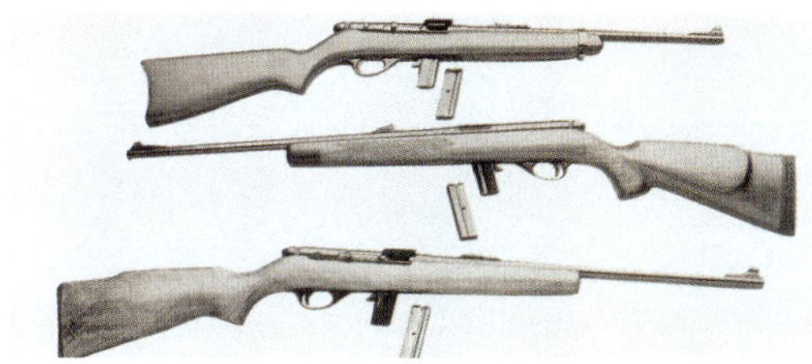

TECHNISCHE DATEN:

Kaliber:	.22 l.r.
Kapazität:	10-Schuß-Magazin
Magazin:	Magazinlöseknopf hinter dem Magazinschacht
Nachladesystem:	halbautomatischer Selbstlader
Verschluß:	reiner Masseverschluß
Gesamtgewicht:	2,8 kg
Gesamtlänge:	95,5 cm
Lauflänge:	52 cm
Visierung:	verstellbares Visier, Zielfernrohr-Montageschiene
Sicherung, extern:	Sicherungsknopf rechts
Sicherung, intern:	interne Verschlußsicherung
MERKMALE:	
- Material:	Carbonstahl
- Finish:	brüniert
- Schaft:	Nußbaumholz

Abgebildet sind die drei Ausführungen der Waffe, von oben nach unten das Modell 20/22 Carbine, das Modell 20/22 Deluxe und das Modell 20/22 Special.

Mitchell Modell 9303

TECHNISCHE DATEN:

Kaliber:	.22 l.r. oder .22 WMR
Kapazität:	5- oder 10-Schuß-Magazin

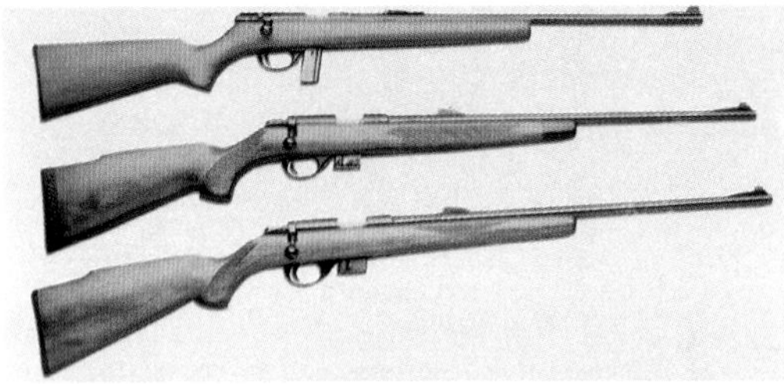

Magazin:	vor dem Abzugsbügel
Nachladesystem:	Kammerstengel-Repetierwaffe
Verschluß:	Zylinderverschluß (Verriegelung mit Kammerstengel)
Gesamtgewicht:	3,0 kg
Gesamtlänge:	103,5 cm
Lauflänge:	57 cm
Visierung:	verstellbares Visier, Zielfernrohr-Montageschiene
Sicherung, extern:	Sicherung rechts hinter dem Kammerstengel
Sicherung, intern:	interne Verschlußsicherung
MERKMALE:	
- Material:	Carbonstahl
- Finish:	brüniert
- Schaft:	Nußbaumholz

Das Modell 9303 hat das Kaliber .22 l.r. und die Modelle 9302 sowie 9304 Luxus das Kaliber .22 WMR.

Mitchell Guardian Angel LW-22 Lightweight Rifle

TECHNISCHE DATEN:

Kaliber:	.22 l.r.
Kapazität:	20-Schuß-Magazin
Magazin:	Löseknopf vor dem Schacht
Nachladesystem:	halbautomatischer Selbstlader
Verschluß:	reiner Masseverschluß
Gesamtgewicht:	1,5 kg
Gesamtlänge:	88,5 cm (mit ausgezogenem Anschlagschaft)
Lauflänge:	43 cm
Visierung:	militärisches Dioptervisier, Ringkorn
Sicherung, extern:	Sicherungsknopf vorne im Abzugsbügel
Sicherung, intern:	interne Verschlußsicherung
MERKMALE:	
- Material:	Carbonstahl und Leichtmetall
- Finish:	mattschwarz
- Schaft:	einschiebbarer Metall-Anschlagschaft, Kunststoffgehäuse

Mitchell Guardian Angel LW-9 Lightweight Rifle

TECHNISCHE DATEN:

Kaliber:	9 mm Para
Kapazität:	25-Schuß-Magazin
Magazin:	Löseknopf vor dem Schacht
Nachladesystem:	halbautomatischer Selbstlader
Verschluß:	reiner Masseverschluß
Gesamtgewicht:	2,3 kg
Gesamtlänge:	88,5 cm (mit ausgezogenem Anschlagschaft)
Lauflänge:	43 cm
Visierung:	militärisches Dioptervisier, Ringkorn
Sicherung, extern:	Sicherungsknopf vorne im Abzugsbügel
Sicherung, intern:	interne Verschlußsicherung
MERKMALE:	
- Material:	Carbonstahl und Leichtmetall
- Finish:	mattschwarz
- Schaft:	einschiebbarer Metall-Anschlagschaft, Kunststoffgehäuse

Musgrave

Das südafrikanische Unternehmen Musgrave ist Teil des Denel (Pty.) Ltd.-Konzerns. Musgrave wurde 1951 in Bloemfontein im heutigen Südafrika gegründet. Die Firma hat eine lange Tradition auf dem Gebiet des Waffenbaus. Während des Burenkrieges (1899 bis 1902) zwischen England auf der einen und den Buren und Transvaal auf der anderen Seite waren die Buren und Transvaal nämlich auf die Herstellung eigener Waffen angewiesen. Vorher hatten sie 38 000 Stück Mauser-Gewehre Modell 96 gekauft. Zudem hatte Transvaal 1899 noch 12 000 Mauser-Sportgewehre eingeführt, die dann allesamt für den Minimalbetrag von 5 Pfund an die afrikanischen Buren weiterverkauft wurden, um damit eine gemeinsame Volksarmee gegen die Engländer aufzustellen. Die Werkstätten zur Instandhaltung und Instandsetzung der Bewaffnung der burischen Volksarmee wurden schließlich von Musgrave übernommen. Wohl auch deshalb baut das Unternehmen weiterhin all seine Repetierbüchsen mit den alten klassischen Mauser 98-Systemen. Neben Golfschlägern, Pkw-Teilen und Alarmanlagen für Autos stellt Musgrave heute hervorragende Jagd- und Sportrepetierer in verschiedenen Kalibern her, unter anderem auch die hochpräzise Musgrave RSA Match-Büchse. Zudem hat die Firma das Mauser-System auch zur Verwendung verschiedener Großwildkaliber verlängert, etwa auch zur Verwendung der Patrone .375 H&H Magnum. Südafrikanische Produkte wurden lange Zeit wegen der anhaltenden Apartheitpolitik des südafrikanischen Staates boykottiert. Seit der Abschaffung der Apartheit zu Beginn der 90er Jahre und seitdem Nelson Mandela Südafrikas Präsident ist, werden südafrikanische Waffen und Munition, etwa die bekannten Vektor-Pistolen oder Swartklip-Patronen, nun in alle Teile der Welt exportiert.

Musgrave African Rifle

TECHNISCHE DATEN:

Kaliber:	siehe unten
Kapazität:	3 oder 5 Patronen
Magazin:	vor dem Abzugsbügel
Nachladesystem:	Kammerstengel-Repetierwaffe
Verschluß:	Zylinderverschluß (2 Verriegelungswarzen, Mauser-System)
Gesamtgewicht:	4,5 kg
Gesamtlänge:	110 cm
Lauflänge:	61 cm
Visierung:	Express-Klappvisier mit 3 Kimmenblättern, vorbereitet für Zielfernrohrmontage
Sicherung, extern:	Flügelsicherung an der Verschlußrückseite
Sicherung, intern:	interne Verschlußsicherung

MERKMALE:

- Material:	Carbonstahl
- Finish:	brüniert
- Schaft:	Nußbaumholz

Lieferbare Kaliber: .270 Win., 7 x 64, .30-06, .300 Win.Mag., 7 mm Rem.Mag., .308 Norma Mag., .375 H&H Mag.

Musgrave K-98 Rifle

TECHNISCHE DATEN:

Kaliber:	siehe unten
Kapazität:	4 Patronen
Magazin:	vor dem Abzugsbügel, fest
Nachladesystem:	Kammerstengel-Repetierwaffe
Verschluß:	Zylinderverschluß (2 Verriegelungswarzen, Mauser-System)
Gesamtgewicht:	3,6 kg
Gesamtlänge:	109 cm
Lauflänge:	61 cm
Visierung:	verstellbares Visier, Korntunnel, vorbereitet für Zielfernrohrmontage
Sicherung, extern:	Flügelsicherung an der Verschlußrückseite
Sicherung, intern:	interne Verschlußsicherung

MERKMALE:

- Material:	Carbonstahl
- Finish:	brüniert
- Schaft:	Monte Carlo-Nußbaumholzschaft

Lieferbare Kaliber: .243 Win., 270 Win., 7 x 57, 7 x 64, .308 Win., .30-06

Musgrave Magnum Rifle

TECHNISCHE DATEN:

Kaliber:	siehe unten

Kapazität:	3 Patronen
Magazin:	vor dem Abzugsbügel
Nachladesystem:	Kammerstengel-Repetierwaffe
Verschluß:	Zylinderverschluß (2 Verriegelungswarzen, Mauser-System)
Gesamtgewicht:	3,8 kg
Gesamtlänge:	110 cm
Lauflänge:	61 cm
Visierung:	Express-Klappvisier, Korntunnel, vorbereitet für Zielfernrohrmontage
Sicherung, extern:	Flügelsicherung an der Verschlußrückseite
Sicherung, intern:	interne Verschlußsicherung
MERKMALE:	
- Material:	Carbonstahl
- Finish:	brüniert
- Schaft:	Nußbaumholz

Lieferbare Kaliber: 7 mm Rem.Mag., .300 Win. Mag., .308 Norma Mag., .375 H&H Mag.

Musgrave Match Rifle

TECHNISCHE DATEN:

Kaliber:	.308 Win.
Kapazität:	entfällt
Magazin:	entfällt
Nachladesystem:	Kammerstengel-Einzellader
Verschluß:	Zylinderverschluß (2 Verriegelungswarzen, Mauser-System)
Gesamtgewicht:	5,25 kg
Gesamtlänge:	114,5 cm
Lauflänge:	67,5 cm
Visierung:	Dioptervisier, Korntunnel
Sicherung, extern:	Sicherung hinten am Verschluß, rechts
Sicherung, intern:	interne Verschlußsicherung
MERKMALE:	
- Material:	Carbonstahl
- Finish:	brüniert
- Schaft:	Nußbaumholz, mit ausgepr. Pistolengriff

Musgrave Mauser Magnum Rifle

TECHNISCHE DATEN:

Kaliber:	siehe unten
Kapazität:	3 Patronen
Magazin:	vor dem Abzugsbügel
Nachladesystem:	Kammerstengel-Repetierwaffe
Verschluß:	Zylinderverschluß (2 Verriegelungswarzen, Mauser-System)
Gesamtgewicht:	3,8 kg
Gesamtlänge:	110 cm
Lauflänge:	61 cm
Visierung:	Express-Klappvisier, Korntunnel, vorbereitet für Zielfernrohrmontage
Sicherung, extern:	Flügelsicherung an der Verschlußrückseite
Sicherung, intern:	interne Verschlußsicherung
MERKMALE:	
- Material:	Carbonstahl
- Finish:	brüniert
- Schaft:	Monte Carlo-Nußbaumschaft, ausgesucht

Lieferbare Kaliber: 7 mm Rem.Mag., .300 Win. Mag., .308 Norma Mag., .375 H&H Mag.

Musgrave Modell 2000

TECHNISCHE DATEN:

Kaliber:	siehe unten
Kapazität:	4 Patronen
Magazin:	vor dem Abzugsbügel

Nachladesystem: Kammerstengel-Repetierwaffe
Verschluß: Zylinderverschluß (2 Verriegelungswarzen, Mauser-System)
Gesamtgewicht: 4,2 kg
Gesamtlänge: 110 cm
Lauflänge: 61 cm
Visierung: verstellbares Visier, Korntunnel, vorbereitet für Zielfernrohrmontage
Sicherung, extern: Sicherung hinten am Verschluß, rechts
Sicherung, intern: interne Verschlußsicherung

MERKMALE:
- Material: Carbonstahl
- Finish: brüniert
- Schaft: Nußbaumholz

Lieferbare Kaliber: .243 Win., .270 Win., 7 x 57, 7 x 4, .308 Win., .30-06

Musgrave Modell 90

TECHNISCHE DATEN:
Kaliber: siehe unten
Kapazität: 4 Patronen
Magazin: vor dem Abzugsbügel
Nachladesystem: Kammerstengel-Repetierwaffe
Verschluß: Zylinderverschluß (2 Verriegelungswarzen, Mauser-System)
Gesamtgewicht: 4,2 kg
Gesamtlänge: 110 cm
Lauflänge: 61 cm
Visierung: verstellbares Visier, Korntunnel, vorbereitet für Zielfernrohrmontage
Sicherung, extern: Flügelsicherung an der Verschlußrückseite
Sicherung, intern: interne Verschlußsicherung

MERKMALE:
- Material: Carbonstahl
- Finish: brüniert
- Schaft: Nußbaumholz

Lieferbare Kaliber: .243 Win., .270 Win., 7 x 57, 7 x 64, .308 Win., .30-06

Musgrave Modell Mini-90

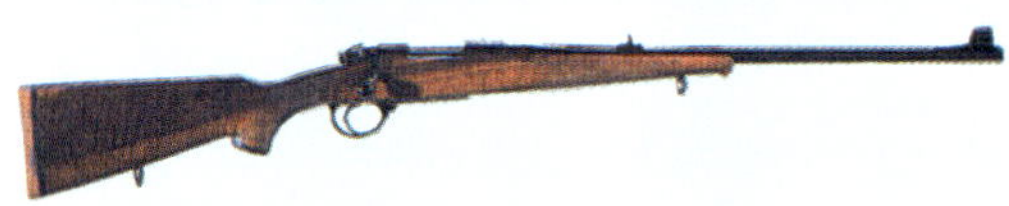

TECHNISCHE DATEN:
Kaliber: .222 Rem., 223 Rem., .22-250 Rem.
Kapazität: 4 oder 5 Patronen
Magazin: vor dem Abzugsbügel
Nachladesystem: Kammerstengel-Repetierwaffe
Verschluß: Zylinderverschluß (2 Verriegelungswarzen, Mauser-System)
Gesamtgewicht: 3,3 kg
Gesamtlänge: 102 cm
Lauflänge: 56 cm
Visierung: verstellbares Visier, Korntunnel, vorbereitet für Zielfernrohrmontage
Sicherung, extern: Flügelsicherung an der Verschlußrückseite
Sicherung, intern: interne Verschlußsicherung

MERKMALE:
- Material: Carbonstahl
- Finish: brüniert
- Schaft: Nußbaumholz

Musgrave RSA Standard

TECHNISCHE DATEN:
Kaliber: .308 Win.
Kapazität: entfällt

Magazin:	entfällt
Nachladesystem:	Kammerstengel-Einzellader
Verschluß:	Zylinderverschluß (2 Verriegelungswarzen, Mauser-System)
Gesamtgewicht:	5,25 kg
Gesamtlänge:	115 cm
Lauflänge:	68 cm
Visierung:	Dioptervisier, Korntunnel
Sicherung, extern:	Sicherung hinten am Verschluß, rechts
Sicherung, intern:	interne Verschlußsicherung
MERKMALE:	
- Material:	Carbonstahl
- Finish:	brüniert
- Schaft:	Nußbaumholz, mit ausgepr. Pistolengriff

Musgrave Scout Rifle

TECHNISCHE DATEN:

Kaliber:	siehe unten
Kapazität:	4 Patronen
Magazin:	vor dem Abzugsbügel
Nachladesystem:	Kammerstengel-Repetierwaffe
Verschluß:	Zylinderverschluß (2 Verriegelungswarzen, Mauser-System)
Gesamtgewicht:	3,0 kg
Gesamtlänge:	99 cm
Lauflänge:	51 cm
Visierung:	ohne, vorbereitet für Zielfernrohrmontage
Sicherung, extern:	Flügelsicherung an der Verschlußrückseite
Sicherung, intern:	interne Verschlußsicherung
MERKMALE:	
- Material:	Carbonstahl
- Finish:	brüniert
- Schaft:	Nußbaumholz

Lieferbare Kaliber: .243 Win., .270 Win., 7 x 57, 7 x 64, .308 Win., .30-06

Musgrave RSA Thumbhole

TECHNISCHE DATEN:

Kaliber:	.308 Win.
Kapazität:	entfällt
Magazin:	entfällt
Nachladesystem:	Kammerstengel-Einzellader
Verschluß:	Zylinderverschluß (2 Verriegelungswarzen, Mauser-System)
Gesamtgewicht:	5,3 kg
Gesamtlänge:	115 cm
Lauflänge:	68 cm
Visierung:	Dioptervisier, Korntunnel
Sicherung, extern:	Sicherung hinten am Verschluß, rechts
Sicherung, intern:	interne Verschlußsicherung
MERKMALE:	
- Material:	Carbonstahl
- Finish:	brüniert
- Schaft:	Nußbaumholz, mit Daumenloch

Navy Arms

Die US-Firma Navy Arms Co. mit Sitz in Ridgefield, New Jersey, ist im Besitz von Val Forgett. Forgett gründete 1957 zunächst die Firma Service Armament Co., mit der er sich auf den Import und Vertrieb von Waffenüberschüssen aus der ganzen Welt spezialisierte, die in den USA als Jagd- und Sportgeräte verkauft werden konnten. In seiner Freizeit wurde Val Forgett ein bekannter Schwarzpulverschütze. Dies führte dazu, daß er in Kontakt mit der North-South Skirmish Association kam, einer Vereinigung die sich mit den Waffen und der Historie des amerikanischen Bürgerkriegs befaßt. Für sogenannte Reenactment-Veranstaltungen brauchte die Vereinigung antike Waffen, Kostüme und Uniformen. Da

Originalwaffen der damaligen Zeit sehr teuer sind, beschloß Forgett originalgetreue Nachbauten, Replikas, herstellen zu lassen. Dazu reiste er nach Europa und besuchte verschiedene Waffenfabriken. 1960 hatte er mehrere italienische Hersteller ausgewählt, die die entsprechenden Waffen für ihn bauen sollten. Das erste Replika-Modell, das Forgett in den USA vorstellte, war der Revolver Colt 1851 Navy. Aufgrund des immensen Erfolges mit der Waffe gründete er dann die Firma Navy Arms. Und wie erfolgreich Navy Arms wurde, zeigt, daß das Unternehmen schließlich nach und nach anzahlmäßig mehr Replika-Waffenmodelle anbot, als tatsächlich Modelle im US-Bürgerkrieg verwendet wurden.

Navy Arms Modell 1866 Yellowboy Rifle

TECHNISCHE DATEN:

Kaliber:	.44-40
Kapazität:	Röhrenmagazin für 13 Patronen
Magazin:	Röhrenmagazin zum Laden rechts vom Systemkasten
Nachladesystem:	Unterhebel-Repetierwaffe
Verschluß:	Unterhebelverschluß
Gesamtgewicht:	4,0 kg
Gesamtlänge:	108 cm
Lauflänge:	61 cm
Visierung:	verstellbares Schiebevisier
Sicherung, extern:	ohne
Sicherung, intern:	interne Verschlußsicherung, Unterhebelverschlußsicherung (Abzug teilw. blockiert)

MERKMALE:

- Material:	Carbonstahl, Messing
- Finish:	brüniert, Systemkasten poliert
- Schaft:	Nußbaumholz, englischer Schaft

Abgebildet sind (von links nach rechts) Modell 1866 Yellowboy Rifle, Modell 1866 Yellowboy Carbine, Modell 1873 Winchester-Style Rifle, Modell 1873 Winchester-Style Sporting Rifle und Modell 1873 Winchester-Style Carbine.

Navy Arms Modell 1866 Yellowboy Carbine

TECHNISCHE DATEN:

Kaliber:	.44-40
Kapazität:	Röhrenmagazin für 10 Patronen
Magazin:	Röhrenmagazin zum Laden rechts vom Systemkasten
Nachladesystem:	Unterhebel-Repetierwaffe
Verschluß:	Unterhebelverschluß
Gesamtgewicht:	3,4 kg
Gesamtlänge:	97 cm
Lauflänge:	48 cm
Visierung:	verstellbares Schiebevisier
Sicherung, extern:	ohne
Sicherung, intern:	interne Verschlußsicherung, Unterhebelverschlußsicherung (Abzug teilw. blockiert)

MERKMALE:

- Material:	Carbonstahl, Messing

- Finish:	brüniert, Systemkasten poliert
- Schaft:	Nußbaumholz, englische Schaftform

Abgebildet sind (von links nach rechts) Modell 1866 Yellowboy Rifle, Modell 1866 Yellowboy Carbine, Modell 1873 Winchester-Style Rifle, Modell 1873 Winchester-Style Sporting Rifle und Modell 1873 Winchester-Style Carbine.

Navy Arms Modell 1873 Winchester-Style Rifle

TECHNISCHE DATEN:

Kaliber:	.44-40, .45 LC
Kapazität:	Röhrenmagazin für 13 Patronen
Magazin:	Röhrenmagazin zum Laden rechts vom Systemkasten
Nachladesystem:	Unterhebel-Repetierwaffe
Verschluß:	Unterhebelverschluß
Gesamtgewicht:	3,8 kg
Gesamtlänge:	109 cm
Lauflänge:	61 cm
Visierung:	verstellbares Schiebevisier
Sicherung, extern:	ohne
Sicherung, intern:	interne Verschlußsicherung, Unterhebelverschlußsicherung (Abzug teilw. blockiert)

MERKMALE:

- Material:	Carbonstahl
- Finish:	brüniert, Systemkasten bunt-gehärtet
- Schaft:	Nußbaumholz, englische Schaftform

Abgebildet sind (von links nach rechts) Modell 1866 Yellowboy Rifle, Modell 1866 Yellowboy Carbine, Modell 1873 Winchester-Style Rifle, Modell 1873 Winchester-Style Sporting Rifle und Modell 1873 Winchester-Style Carbine.

Modell 1873 Winchester-Style Sporting Rifle

TECHNISCHE DATEN:

Kaliber:	.44-40, .45 LC
Kapazität:	Röhrenmagazin für 15 Patronen
Magazin:	Röhrenmagazin zum Laden rechts vom Systemkasten
Nachladesystem:	Unterhebel-Repetierwaffe
Verschluß:	Unterhebelverschluß
Gesamtgewicht:	3,9 kg
Gesamtlänge:	124 cm
Lauflänge:	76 cm
Visierung:	verstellbares Schiebevisier
Sicherung, extern:	ohne

Sicherung, intern:	interne Verschlußsicherung, Unterhebelverschlußsicherung (Abzug ist bei nicht ganz geschlossenem Hebel blockiert)

MERKMALE:

- Material:	Carbonstahl
- Finish:	brüniert, Systemkasten buntgehärtet
- Schaft:	Nußbaumholz, Schaftform mit Pistolengriff

Abgebildet sind (von links nach rechts) Modell 1866 Yellowboy Rifle, Modell 1866 Yellowboy Carbine, Modell 1873 Winchester-Style Rifle, Modell 1873 Winchester-Style Sporting Rifle und Modell 1873 Winchester-Style Carbine.

Modell 1873 Winchester-Style Carbine

TECHNISCHE DATEN:

Kaliber:	.44-40, .45 LC
Kapazität:	Röhrenmagazin für 10 Patronen
Magazin:	Röhrenmagazin zum Laden rechts vom Systemkasten
Nachladesystem:	Unterhebel-Repetierwaffe
Verschluß:	Unterhebelverschluß
Gesamtgewicht:	3,4 kg
Gesamtlänge:	97 cm
Lauflänge:	48 cm
Visierung:	verstellbares Schiebevisier
Sicherung, extern:	ohne
Sicherung, intern:	interne Verschlußsicherung, Unterhebelverschlußsicherung (Abzug ist bei nicht ganz geschlossenem Hebel blockiert)

MERKMALE:

- Material:	Carbonstahl
- Finish:	brüniert
- Schaft:	Nußbaum, englischer Schaft

Abgebildet sind (von links nach rechts) Modell 1866 Yellowboy Rifle, Modell 1866 Yellowboy Carbine, Modell 1873 Winchester-Style Rifle, Modell 1873 Winchester-Style Sporting Rifle und Modell 1873 Winchester-Style Carbine.

Navy Arms Modell 1874 Sharps Infantry Rifle

TECHNISCHE DATEN:

Kaliber:	.45-70 Government
Kapazität:	entfällt
Magazin:	entfällt

Nachladesystem:	Unterhebel-Einzelladerwaffe
Verschluß:	Fallblockverschluß
Gesamtgewicht:	4,0 kg
Gesamtlänge:	119 cm
Lauflänge:	76 cm
Visierung:	verstellbares Schiebevisier
Sicherung, extern:	ohne
Sicherung, intern:	interne Verschlußsicherung, Unterhebelverschlußsicherung (Abzug ist bei nicht ganz geschlossenem Hebel blockiert)

MERKMALE:

- Material:	Carbonstahl
- Finish:	brüniert, Systemkasten buntgehärtet
- Schaft:	Nußbaum, englischer Schaft

Abgebildet sind (von links nach rechts) Modell 1874 Sharps Infantry Rifle, Modell 1874 Sharps Cavalry Carbine und Modell 1873 Springfield Cavalry Carbine („Trapdoor").

Navy Arms Modell 1874 Sharps Cavalry Carbine

TECHNISCHE DATEN:

Kaliber:	.45-70 Government
Kapazität:	entfällt

Magazin:	entfällt
Nachladesystem:	Unterhebel-Einzelladerwaffe
Verschluß:	Fallblockverschluß
Gesamtgewicht:	3,3 kg
Gesamtlänge:	99 cm
Lauflänge:	56 cm
Visierung:	verstellbares Schiebevisier
Sicherung, extern:	ohne
Sicherung, intern:	interne Verschlußsicherung, Unterhebelverschlußsicherung (Abzug ist bei nicht ganz geschlossenem Hebel blockiert)

MERKMALE:

- Material:	Carbonstahl
- Finish:	brüniert, S.kasten buntgehärtet
- Schaft:	Nußbaum, englischer Schaft

Abgebildet sind (von links nach rechts) Modell 1874 Sharps Infantry Rifle, Modell 1874 Sharps Cavalry Carbine und Modell 1873 Springfield Cavalry Carbine („Trapdoor").

Navy Arms Modell 1873 Springfield Cavalry Carbine „Trapdoor"

TECHNISCHE DATEN:

Kaliber:	.45-70 Government

Kapazität:	entfällt
Magazin:	entfällt
Nachladesystem:	Scharnierverschluß-Einzelladerwaffe
Verschluß:	Scharnierverriegelung
Gesamtgewicht:	3,2 kg
Gesamtlänge:	103 cm
Lauflänge:	56 cm
Visierung:	verstellbares Schiebevisier
Sicherung, extern:	manuelle Verriegelung des Scharnierverschlusses
Sicherung, intern:	interne Verschlußsicherung

MERKMALE:

- Material:	Carbonstahl
- Finish:	brüniert
- Schaft:	Nußbaumholz, englische Schaftform

Abgebildet sind (von links nach rechts) Modell 1874 Sharps Infantry Rifle, Modell 1874 Sharps Cavalry Carbine und Modell 1873 Springfield Cavalry Carbine („Trapdoor“).

Navy Arms Kodiak Mark IV Doppelbüchse

TECHNISCHE DATEN:

Kaliber:	.45-70 Government
Kapazität:	2 Patronen (Läufe nebeneinander)
Magazin:	entfällt
Nachladesystem:	doppelläufige Kipplaufbüchse
Verschluß:	Baskülverschluß, Hebel am Kolbenhals, Spannhähne
Gesamtgewicht:	4,5 kg
Gesamtlänge:	101 cm
Lauflänge:	61 cm
Visierung:	verstellbares Klappvisier mit vier Kimmenblättern
Sicherung, extern:	ohne
Sicherung, intern:	Verschlußsicherung

MERKMALE:

- Material:	Carbonstahl
- Finish:	brüniert
- Schaft:	Nußbaumholz, Schaftform mit Pistolengriff

Die Waffe verfügt über zwei Abzüge, so daß beide Läufe unabhängig voneinander abgefeuert werden können.

Abgebildet sind (von links nach rechts) Kodiak Mark IV Doppelbüchse, Sharps Plains Long Range Rifle und Sharps Buffalo Rifle.

Navy Arms Sharps Plains Long Range Rifle

TECHNISCHE DATEN:

Kaliber:	.45-70 Government
Kapazität:	entfällt
Magazin:	entfällt
Nachladesystem:	Unterhebel-Einzelladerwaffe
Verschluß:	Fallblockverschluß
Gesamtgewicht:	4,5 kg
Gesamtlänge:	124,5 cm
Lauflänge:	81,5 cm
Visierung:	verstellbares Schiebevisier
Sicherung, extern:	ohne
Sicherung, intern:	interne Verschlußsicherung, Unterhebelverschlußsicherung (Abzug ist bei nicht ganz geschlossenem Hebel blockiert)

MERKMALE:

- Material:	Carbonstahl
- Finish:	brüniert, Systemkasten buntgehärtet
- Schaft:	Nußbaum, englischer Schaft

Abgebildet sind (von links nach rechts) Kodiak Mark IV Doppelbüchse, Sharps Plains Long Range Rifle und Sharps Buffalo Rifle.

Mitte: Navy Arms Sharps Plains Long Range Rifle

Rechts: Navy Arms Sharps Buffalo Rifle

Navy Arms Sharps Buffalo Rifle

TECHNISCHE DATEN:

Kaliber:	.45-70 Government, .45-90
Kapazität:	entfällt
Magazin:	entfällt
Nachladesystem:	Unterhebel-Einzelladerwaffe
Verschluß:	Fallblockverschluß
Gesamtgewicht:	4,6 kg
Gesamtlänge:	117 cm
Lauflänge:	71 cm
Visierung:	spezielles Diopter-Schiebevisier am Kolbenhals
Sicherung, extern:	ohne
Sicherung, intern:	interne Verschlußsicherung, Unterhebelverschlußsicherung (Abzug teilw. blockiert)

MERKMALE:

- Material:	Carbonstahl
- Finish:	brüniert, S.kasten buntgehärtet
- Schaft:	Nußbaum, englischer Schaft

Abgebildet sind (von links nach rechts) Kodiak Mark IV Doppelbüchse, Sharps Plains Long Range Rifle und Sharps Buffalo Rifle.

NEF – New England Firearms

Die Firma New England Firearms Co. ist ein Tochterunternehmen der bekannten Harrington & Richardson 1871 Inc., die wie NEF ihren Sitz in dem Ort Gardner im nördlichen Teil des US-Bundesstaates Massachusetts hat. Der gesamte Bereich ist bekannt für seine Waffenindustrie. Die NEF-Produkte sind fast vollkommen identisch mit denen von Harrington & Richardson. Mehr Informationen über die NEF-Firmengeschichte finden sie bei „Harrington & Richardson".

NEF Handi-Rifle Typ A

TECHNISCHE DATEN:

Kaliber:	.22 Hornet, .30-30 Win.
Kapazität:	eine Patrone
Magazin:	entfällt
Nachladesystem:	einläufige Kipplaufbüchse
Verschluß:	Baskülverschluß, Verschlußhebel hinter dem Hahn
Gesamtgewicht:	3,2 kg
Gesamtlänge:	101,5 cm
Lauflänge:	56 cm

Visierung:	verstellbares Schiebevisier, Zielfernrohr-Montageschiene
Sicherung, extern:	ohne
Sicherung, intern:	Verschlußsich., Transferstange

MERKMALE:

- Material:	Carbonstahl
- Finish:	matt brüniert
- Schaft:	Hartholz

NEF Handi-Rifle, Typ B

TECHNISCHE DATEN:

Kaliber:	.223 Rem., .243 Win., .270 Win., .280 Rem., .30-06
Kapazität:	eine Patrone
Magazin:	entfällt
Nachladesystem:	einläufige Kipplaufbüchse
Verschluß:	Baskülverschluß, Verschlußhebel hinter dem Hahn
Gesamtgewicht:	3,2 kg
Gesamtlänge:	102,5 cm
Lauflänge:	60 cm
Visierung:	ohne, Zielfernrohr-Montageschiene
Sicherung, extern:	ohne
Sicherung, intern:	Verschlußsich., Transferstange

MERKMALE:

- Material:	Carbonstahl
- Finish:	matt brüniert
- Schaft:	Hartholz

NEF Handi-Rifle, Typ C

TECHNISCHE DATEN:

Kaliber:	.45-70 Government, .44 Mag.
Kapazität:	eine Patrone

Magazin:	entfällt
Nachladesystem:	einläufige Kipplaufbüchse
Verschluß:	Baskülverschluß, Verschlußhebel hinter dem Hahn
Gesamtgewicht:	3,2 kg
Gesamtlänge:	101,5 cm
Lauflänge:	56 cm
Visierung:	verstellbares Schiebevisier, Zielfernrohr-Montageschiene
Sicherung, extern:	ohne
Sicherung, intern:	Verschlußsich., Transferstange

MERKMALE:

- Material:	Carbonstahl
- Finish:	matt brüniert
- Schaft:	Hartholz

NEF Handi-Rifle, Typ D Varmint

TECHNISCHE DATEN:

Kaliber:	.223 Rem.
Kapazität:	eine Patrone
Magazin:	entfällt
Nachladesystem:	einläufige Kipplaufbüchse
Verschluß:	Baskülverschluß, Verschlußhebel hinter dem Hahn
Gesamtgewicht:	3,2 kg
Gesamtlänge:	101,5 cm
Lauflänge:	66 cm
Visierung:	ohne, Zielfernrohr-Montageschiene
Sicherung, extern:	ohne
Sicherung, intern:	Verschlußsich., Transferstange

MERKMALE:

- Material:	Carbonstahl
- Finish:	matt brüniert
- Schaft:	Hartholz

NEF Survivor 223 REM

TECHNISCHE DATEN:

Kaliber:	.223 Rem.
Kapazität:	eine Patrone
Magazin:	entfällt
Nachladesystem:	einläufige Kipplaufbüchse
Verschluß:	Baskülverschluß, Verschlußhebel hinter dem Hahn
Gesamtgewicht:	2,7 kg
Gesamtlänge:	91,5 cm
Lauflänge:	56 cm
Visierung:	ohne, Zielfernrohr-Montageschiene
Sicherung, extern:	ohne
Sicherung, intern:	Verschlußsich., Transferstange

MERKMALE:

- Material:	Carbonstahl
- Finish:	matt brüniert
- Schaft:	spez. Kunststoff, mit Pistolengriff und Daumenloch; innen hohl für den Transport von Survival-Zubehör

NEF Survivor 357 MAG

TECHNISCHE DATEN:

Kaliber:	.357 Mag./.38 spec.
Kapazität:	eine Patrone
Magazin:	entfällt
Nachladesystem:	einläufige Kipplaufbüchse
Verschluß:	Baskülverschluß, Verschlußhebel hinter dem Hahn
Gesamtgewicht:	2,7 kg
Gesamtlänge:	91,5 cm
Lauflänge:	56 cm
Visierung:	verstellbares Schiebevisier, Zielfernrohr-Montageschiene
Sicherung, extern:	ohne
Sicherung, intern:	Verschlußsich., Transferstange

MERKMALE:

- Material:	Carbonstahl
- Finish:	matt brüniert
- Schaft:	spez. Kunststoff, mit Pistolengriff und Daumenloch; innen hohl für den Transport von Survival-Zubehör

Norinco

Norinco ist die staatliche, internationale Exportfirma der chinesischen Waffenindustrie. Norinco betreibt den Außenhandel für mehrere chinesische Staatsbetriebe. So sind zum Beispiel die Kleinkaliberwaffen von der chinesischen Firma Golden Arrow, die in He Nan produziert. Die Militärwaffen kommen von der Produktionsanlage 66 bei Peking. Norinco achtet sehr auf die Qualität der zu exportierenden Produkte und reagiert auf jedes internationale Marktbedürfnis indem es alle geforderten Waffen zu extrem günstigen Preisen nachbaut.
Unter der Bezeichnung NDM-86 bietet Norinco etwa eine äußerst günstige chinesische Version des bekannten Dragunov-Scharfschützengewehres an, nicht nur im Kaliber 7,62 x 54 R, sondern auch in .308. Ebenso werden die Kalashnikov SKS-Büchsen nachgebaut, die neben dem Originalkaliber 7,62 x 39 auch in .223 Rem. erhältlich sind. Und sogar das legendäre AK-47 bauen die Chinesen in diesen beiden Kalibern als ihr Modell 84S-AK nach, in nicht weniger als fünf verschiedenen Versionen. Aber das ist bei weitem noch nicht alles: Norinco fertigt als Modell 59 auch eine Nachbauversion der Makarov-Pistole, allerdings in 9 mm Para, als NZ-75 eine Version der tschechischen Pistole CZ-75 und als M 1911 eine Version der Colt-Pistole Government 1911 sowie als Modell 86S einen Nachbau des französischen FAMAS-Sturmgewehres. 1992 brachte die Firma sogar eine Kopie des bekannten Mauser K98-Wehrsportkarabiners im Kaliber .22 l.r. auf den Markt.
Norinco wird in Europa von der Firma Norconia in Rottendorf repräsentiert und in Nordamerika von den Firmen Interarms und Century International Arms.

Norinco JW 15 A

TECHNISCHE DATEN:

Kaliber:	.22 l.r.
Kapazität:	5-Schuß-Magazin
Magazin:	Magazinhalter vor dem Magazinschacht

Nachladesystem:	Kammerstengel-Repetierwaffe
Verschluß:	Zylinder (2 Warzen)
Gesamtgewicht:	2,8 kg
Gesamtlänge:	104 cm
Lauflänge:	58,5 cm
Visierung:	höhenverstellbares Visier, Korntunnel, Zielfernrohr-Montageschiene
Sicherung, extern:	Flügelsicherung hinten am Verschluß
Sicherung, intern:	interne Verschlußsicherung
MERKMALE:	
- Material:	Carbonstahl
- Finish:	brüniert
- Schaft:	Hartholz

Norinco JW 20

TECHNISCHE DATEN:

Kaliber:	.22 l.r.
Kapazität:	Röhrenmagazin für 10 Patronen
Magazin:	Röhrenmagazin im Hinterschaft
Nachladesystem:	halbautomatischer Selbstlader
Verschluß:	reiner Masseverschluß
Gesamtgewicht:	2,1 kg
Gesamtlänge:	93 cm
Lauflänge:	49 cm
Visierung:	höhenverstellbares Visier
Sicherung, extern:	Druckknopfsicherung vorn im Abzugsbügel
Sicherung, intern:	interne Verschlußsicherung
MERKMALE:	
- Material:	Carbonstahl
- Finish:	brüniert
- Schaft:	Hartholzschaft

Diese Waffe kann durch einen speziellen Mechanismus schnell in zwei Teile zerlegt werden.

Norinco JW 21

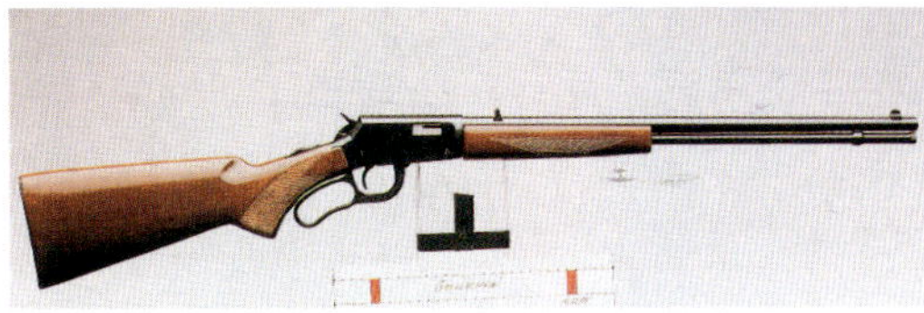

TECHNISCHE DATEN:

Kaliber:	.22 l.r.
Kapazität:	Röhrenmagazin für 19 Patronen
Magazin:	Röhrenmagazin zum Laden vorne, unten
Nachladesystem:	Unterhebel-Repetierwaffe
Verschluß:	Unterhebelverschluß
Gesamtgewicht:	3,1 kg
Gesamtlänge:	102 cm
Lauflänge:	61 cm
Visierung:	höhenverstellbares Visier, Zielfernrohr-Montageschiene
Sicherung, extern:	Schiebesich. am Kolbenhals
Sicherung, intern:	interne Verschlußsicherung, Hammer-Laderast
MERKMALE:	
- Material:	Carbonstahl
- Finish:	brüniert, S.kasten geflammt
- Schaft:	Nußbaumholz, mit Pistolengriff

Norinco JW 25 A

TECHNISCHE DATEN:

Kaliber:	.22 l.r.
Kapazität:	5- oder 10-Schuß-Magazin

Magazin:	Magazinhalter vor dem Magazinschacht
Nachladesystem:	Kammerstengel-Repetierwaffe
Verschluß:	Zylinderverschluß mit 2 Verriegelungswarzen
Gesamtgewicht:	3,2 kg
Gesamtlänge:	99 cm
Lauflänge:	52 cm
Visierung:	verstellbares Schiebevisier
Sicherung, extern:	Sicherung hinten am Verschluß
Sicherung, intern:	interne Verschlußsicherung
MERKMALE:	
- Material:	Carbonstahl
- Finish:	brüniert
- Schaft:	Nußbaumholz

Bei dieser Waffe handelt es sich um eine exakte Kopie des Mauser G33/40-Kleinkalibertrainingsgewehres.
Die Firma Frankonia Jagd vertreibt spezielle Magazine, originalgetreue Zielfernrohre und -montagen sowie Gewehrriemen für die Waffe.

Remington

Eliphalet Remington II, der Gründer der Remington Arms Co., lebte zwischen 1793 und 1861. Sein Vater Elipahlet I war Büchsenmacher, und der Sohn baute in der Werkstatt des Vaters 1816 sein erstes Steinschloßgewehr. 1825 gründeten Vater und Sohn in dem Ort Illion im Staat New York gemeinsam die Firma E. Remington & Sohn. 1844 traten Neffe Philo Remington und darauf auch Samuel und Eliphalet III, die Söhne des Firmengründers, in das Unternehmen ein. Der Firmenname wurde geändert in E. Remington & Söhne. 1888 übernahm die Firma Hartley & Graham das Unternehmen und der Name wurde geändert in Remington Arms Company. 1902 erfolgte die Fusion mit der Union Cartridge Company. Der aktuelle Sitz des Unternehmens ist nun Bridgeport, Connecticut, und die Firma gehört nun dem Du Pont-Konzern an.
In den Anfangsjahren war Remington vornehmlich wegen seines Vorderladerrevolvers Army 1863 bekannt. 1863 brachte die Firma auch eine Hinterladerbüchse mit einem Rolling Block-Verschluß auf den Markt. Diese Waffe basierte auf einem Patent, das 1863 Leonard Geiger und Joseph Rider angemeldet hatten. Die amerikanische Regierung orderte die Lieferung von 14 999 Remington Rolling Block-Karabinern im Kaliber .56-50 Randzünder, gefolgt von einem Auftrag über 5000 Stück, Kaliber .46 Randzünder. Unter anderem wurde die Waffe auch an Schweden verkauft.

Da Remington mit seinen großen staatlichen Aufträgen vornehmlich für das Staatsarsenal Springfield Armory militärische Waffen produzierte, war die Firma auf dem US-Privatmarkt weniger erfolgreich. Da das Unternehmen bis dato fast nur Zulieferteile für andere Hersteller von zivilen Waffen gebaut hatte, konzentrierte man sich dann auch mehr auf den Privatmarkt – und war auch hier sofort erfolgreich.
Während des Ersten Weltkrieges ließ die US-Regierung bei Remington das Militärgewehr Enfield Modell 1917 bauen. Im Zweiten Weltkrieg produzierte Remington in großen Mengen Colt 1911-A1-Pistolen für die amerikanischen Streitkräfte. Bis 1966, als die Remington 700-Repetierbüchse nach umfangreichen Tests als neues Scharfschützengewehr M40 bei den Marines eingeführt wurde, stellte die Firma dann keine vom Militär verwendeten Waffen mehr her. Der Erfolg des Modells 700 beim US-Militär führte dazu, daß die Waffe dann auch von vielen anderen militärischen und polizeilichen Spezialeinheiten als Scharfschützenbüchse angeschafft wurde.
Die Vorläufer des Modells 700 stammen bereits aus dem Jahr 1948, als Remington mit den Modellen 721 für stärkere und 722 für schwächere Kaliber präzise und robuste Kammerstengelrepetierbüchsen auf den Markt brachte. Erst 1962 wurden diese Modelle durch das Standardmodell 700 ersetzt, welches übrigens von Anfang an mit einer Williams-Visierung versehen war.
Die Repetierbüchsen-Reihe Remington 700 ist heute noch das Remington-Produkt schlechthin, und es gibt inzwischen diverse Variationen davon, 29 im Jahr 1995, reichend von Kaliber .17 Rem. im Modell Seven Lightweight bis .458 Win.Mag. im Modell 700 Safari. Das System des Modells 700, Verschluß und Verschlußhülse, wird von unzähligen Custom-Büchsenmachern auf der ganzen Welt verwendet. Selbst zum Bau superschwerer Büchsen im Kaliber .500 A-Square werden Remington 700-Verschlußsysteme verwendet. Das spricht für die Qualität, Robustheit und Zuverlässigkeit des Systems, das für die Firma Remington sicherlich noch viele Jahre lang das absolute Renommierstück bleiben wird.

Remington Modell 700 ADL

TECHNISCHE DATEN:

Kaliber:	siehe unten
Kapazität:	3 (Magnum) oder 4 Patronen
Magazin:	vor dem Abzugsbügel, fest
Nachladesystem:	Kammerstengel-Repetierwaffe

Verschluß:	Zylinder (2 Warzen)
Gesamtgewicht:	ca. 3,3 kg
Gesamtlänge:	105,5 bis 113 cm
Lauflänge:	56 bis 61 cm
Visierung:	verstellbares Williams-Visier; vorbereitet für Zielfernrohrmontage
Sicherung, extern:	Sicherung rechts hinter dem Kammerstengel
Sicherung, intern:	interne Verschlußsicherung
MERKMALE:	
- Material:	Carbonstahl
- Finish:	brüniert
- Schaft:	Nußbaumholz mit Pistolengriff

Lieferbare Kaliber: .243 Win., .270 Win., 7 mm Rem. Mag., .308 Win., .30-06 .

Remington Modell 700 APR (African Plains Rifle)

TECHNISCHE DATEN:

Kaliber:	siehe unten
Kapazität:	3 Patronen
Magazin:	vor dem Abzugsbügel, fest; Bodenplatte abklappbar, Löseknopf im Abzugsbügel
Nachladesystem:	Kammerstengel-Repetierwaffe
Verschluß:	Zylinderverschluß (2 Verriegelungswarzen)
Gesamtgewicht:	3,5 kg
Gesamtlänge:	118 cm
Lauflänge:	66 cm
Visierung:	ohne; vorbereitet für Zielfernrohrmontage
Sicherung, extern:	Sicherung rechts hinter dem Kammerstengel
Sicherung, intern:	interne Verschlußsicherung
MERKMALE:	
- Material:	Carbonstahl
- Finish:	brüniert
- Schaft:	Laminat-Hartholz, mit Pistolengriff

Lieferbare Kaliber: 7 mm Rem.Mag., .300 Win. Mag., .300 Weath.Mag., .338 Win.Mag., .375 H&H Mag.

Bei dieser Waffe handelt es sich um ein spezielles Modell aus dem Remington Custom Shop.

Remington Modell 700 AWR (Alaskan Wilderness Rifle)

TECHNISCHE DATEN:

Kaliber:	siehe unten
Kapazität:	3 Patronen
Magazin:	vor dem Abzugsbügel, fest; Bodenplatte abklappbar, Löseknopf im Abzugsbügel
Nachladesystem:	Kammerstengel-Repetierwaffe
Verschluß:	Zylinderverschluß (2 Verriegelungswarzen)
Gesamtgewicht:	3,1 kg
Gesamtlänge:	113 cm
Lauflänge:	61 cm
Visierung:	ohne; vorbereitet für Zielfernrohrmontage
Sicherung, extern:	Sicherung rechts hinter dem Kammerstengel
Sicherung, intern:	interne Verschlußsicherung
MERKMALE:	
- Material:	Carbonstahl
- Finish:	brüniert
- Schaft:	schwarzer, kevlarverstärkter Fiberglas-Kunststoffschaft, mit Pistolengriff

Lieferbare Kaliber: 7 mm Rem.Mag., .300 Win. Mag., .300 Weath.Mag., .338 Win.Mag., .375 H&H Mag.

Bei dieser Waffe handelt es sich um ein spezielles Modell aus dem Remington Custom Shop.

Remington Modell 700 BDL

TECHNISCHE DATEN:

Kaliber:	siehe unten
Kapazität:	3 oder 4 Patronen
Magazin:	vor dem Abzugsbügel, fest; Bodenplatte abklappbar, Löseknopf im Abzugsbügel
Nachladesystem:	Kammerstengel-Repetierwaffe
Verschluß:	Zylinder (2 Warzen)

Gesamtgewicht: 3,3 bis 3,5 kg
Gesamtlänge: 105,5 bis 113 cm
Lauflänge: 56 bis 61 cm
Visierung: verstellbares Williams-Visier, Korntunnel; vorbereitet für Zielfernrohrmontage
Sicherung, extern: Sicherung rechts hinter dem Kammerstengel
Sicherung, intern: interne Verschlußsicherung

MERKMALE:
- Material: Carbonstahl
- Finish: brüniert
- Schaft: ausgesuchtes Nußbaumholz, Monte Carlo-Hinterschaft, mit Pistolengriff

Lieferbare Kaliber: .17 Rem., .222 Rem., .22-250 Rem., .223 Rem., .243 Win., .25-06 Rem., .270 Win., .280 Rem., 7 mm Rem.Mag., .308 Win., .30-06, .300 Win.Mag., .338 Win.Mag.

Remington Modell 700 BDL-DM (Detachable Magazine)

TECHNISCHE DATEN:
Kaliber: siehe unten
Kapazität: 3 oder 4 Patronen
Magazin: vor dem Abzugsbügel, Löseknopf rechts neben dem Magazinschacht
Nachladesystem: Kammerstengel-Repetierwaffe
Verschluß: Zylinderverschluß (2 Verriegelungswarzen)
Gesamtgewicht: 3,3 bis 3,5 kg
Gesamtlänge: 105,5 bis 113 cm
Lauflänge: 56 bis 61 cm
Visierung: verstellbares Williams-Visier, Korntunnel; vorbereitet für Zielfernrohrmontage
Sicherung, extern: Sicherung rechts hinter dem Kammerstengel
Sicherung, intern: interne Verschlußsicherung

MERKMALE:
- Material: Carbonstahl
- Finish: brüniert
- Schaft: ausgesuchtes Nußbaumholz, Monte Carlo-Hinterschaft, mit Pistolengriff

Lieferbare Kaliber: 6 mm Rem., .243 Win., .25-06 Rem., .270 Win., .280 Rem., 7 mm-08 Rem., 7 mm Rem.Mag., .308 Win., .30-06, .300 Win.Mag., .338 Win.Mag.

Remington Modell 700 BDL-DM LH (Detachable Magazine-Left Hand)

TECHNISCHE DATEN:
Kaliber: siehe unten
Kapazität: 3 oder 4 Patronen
Magazin: vor dem Abzugsbügel, Löseknopf rechts neben dem Magazinschacht
Nachladesystem: Kammerstengel-Repetierwaffe
Verschluß: Zylinderverschluß (2 Verriegelungswarzen)
Gesamtgewicht: 3,3 bis 3,5 kg
Gesamtlänge: 105,5 bis 113 cm
Lauflänge: 56 bis 61 cm
Visierung: verstellbares Williams-Visier, Korntunnel; vorbereitet für Zielfernrohrmontage
Sicherung, extern: Sicherung links hinter dem Kammerstengel
Sicherung, intern: interne Verschlußsicherung

MERKMALE:
- Material: Carbonstahl
- Finish: brüniert
- Schaft: Linksschaft, ausges. Nußbaumholz, Monte Carlo-Hinterschaft

Lieferbare Kaliber: .243 Win., .25-06 Rem., .270 Win., .280 Rem., 7 mm-08 Rem., 7 mm Rem.Mag., .308 Win., .30-06, .300 Win.Mag., .338 Win.Mag.

Diese Waffe verfügt neben einem Linksschaft auch über ein spezielles Links-Verschlußsystem für linkshändige Schützen.

Remington Modell 700 BDL-SS DM (Stainless Steel-Detachable Magazine)

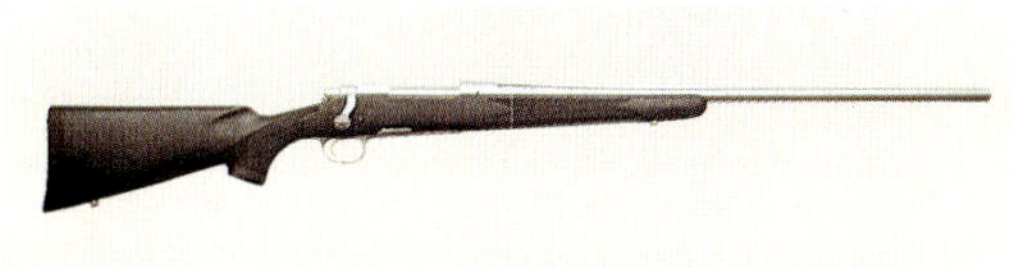

TECHNISCHE DATEN:

Kaliber:	siehe unten
Kapazität:	3 oder 4 Patronen
Magazin:	vor dem Abzugsbügel, Löseknopf rechts neben dem Magazinschacht
Nachladesystem:	Kammerstengel-Repetierwaffe
Verschluß:	Zylinderverschluß (2 Verriegelungswarzen)
Gesamtgewicht:	3,2 bis 3,4 kg
Gesamtlänge:	110,5 bis 113 cm
Lauflänge:	61 cm
Visierung:	ohne; vorbereitet für Zielfernrohrmontage
Sicherung, extern:	Sicherung rechts hinter dem Kammerstengel
Sicherung, intern:	interne Verschlußsicherung
MERKMALE:	
- Material:	rostfreier Stainless-Stahl
- Finish:	blank
- Schaft:	schwarzer Kunststoffschaft

Lieferbare Kaliber: 6 mm Rem., .243 Win., .25-06 Rem., .270 Win., .280 Rem., 7 mm-08 Rem., 7 mm Rem.Mag., .308 Win., .30-06, .300 Win.Mag., .300 Weath.Mag., .338 Win.Mag.

Remington Modell 700 BDL-LH (Left Hand)

TECHNISCHE DATEN:

Kaliber:	siehe unten
Kapazität:	3 oder 5 Patronen
Magazin:	vor dem Abzugsbügel, fest; Bodenplatte abklappbar, Löseknopf im Abzugsbügel
Nachladesystem:	Kammerstengel-Repetierwaffe
Verschluß:	Zylinder (2 Warzen)
Gesamtgewicht:	3,3 bis 3,4 kg
Gesamtlänge:	105,5 bis 113 cm
Lauflänge:	56 bis 61 cm
Visierung:	verstellbares Williams-Visier, Korntunnel; vorbereitet für Zielfernrohrmontage
Sicherung:	Sicherung links hinter dem Kammerstengel
Sicherung, intern:	interne Verschlußsicherung
MERKMALE:	
- Material:	Carbonstahl
- Finish:	brüniert
- Schaft:	Linksschaft, ausgesuchtes Nußbaumholz, Monte Carlo-Hinterschaft

Lieferbare Kaliber: .22-250 Rem., 243 Win., .270 Win., 7 mm Rem.Mag., .30-06.

Diese Waffe verfügt neben einem Linksschaft auch über ein spezielles Links-Verschlußsystem für linkshändige Schützen.

Remington Modell 700 BDL Stainless Synthetic

TECHNISCHE DATEN:

Kaliber:	siehe unten
Kapazität:	3 oder 4 Patronen
Magazin:	vor dem Abzugsbügel, fest; Bodenplatte abklappbar, Löseknopf im Abzugsbügel
Nachladesystem:	Kammerstengel-Repetierwaffe
Verschluß:	Zylinder (2 Warzen)
Gesamtgewicht:	3,3 bis 3,4 kg
Gesamtlänge:	108 bis 113 cm
Lauflänge:	61 cm
Visierung:	ohne; vorbereitet für Zielfernrohrmontage
Sicherung, extern:	Sicherung rechts hinter dem Kammerstengel
Sicherung, intern:	interne Verschlußsicherung
MERKMALE:	
- Material:	rostfreier Stahl
- Finish:	blank
- Schaft:	schwarzer Kunststoffschaft

Lieferbare Kaliber: .270 Win., .280 Rem., 7 mm Rem.

Mag., .30-06, .300 Win.Mag., .300 Weath.Mag., .338 Win.Mag.

Remington Modell 700 BDL VLS (Varmint Laminated Stock)

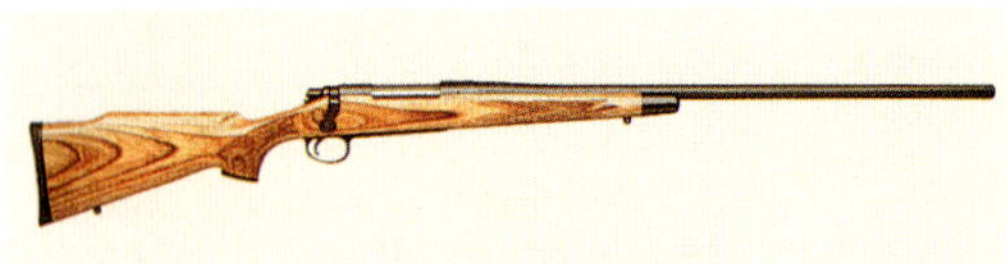

TECHNISCHE DATEN:

Kaliber:	siehe unten
Kapazität:	4 oder 5 Patronen
Magazin:	vor dem Abzugsbügel, fest
Nachladesystem:	Kammerstengel-Repetierwaffe
Verschluß:	Zylinderverschluß (2 Verriegelungswarzen)
Gesamtgewicht:	4,3 kg
Gesamtlänge:	116 cm
Lauflänge:	66 cm
Visierung:	ohne; vorbereitet für Zielfernrohrmontage
Sicherung, extern:	Sicherung rechts hinter dem Kammerstengel
Sicherung, intern:	interne Verschlußsicherung
MERKMALE:	
- Material:	Carbonstahl
- Finish:	brüniert
- Schaft:	Laminat-Hartholzschaft, Monte Carlo-Hinterschaft

Lieferbare Kaliber: .222 Rem., .22-250 Rem., .223 Rem., .243 Win., .25-06 Rem., .308 Win.

Remington Modell 700 Classic

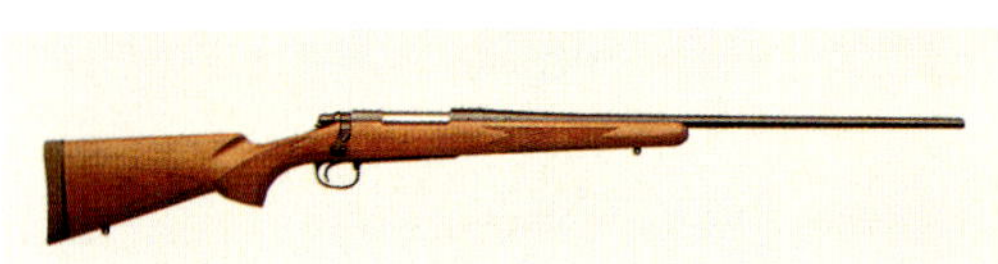

TECHNISCHE DATEN:

Kaliber:	.300 Win.Mag.
Kapazität:	3 Patronen
Magazin:	vor dem Abzugsbügel, fest; Bodenplatte abklappbar, Löseknopf im Abzugsbügel
Nachladesystem:	Kammerstengel-Repetierwaffe
Verschluß:	Zylinderverschluß (2 Verriegelungswarzen)
Gesamtgewicht:	3,3 kg
Gesamtlänge:	113 cm
Lauflänge:	61 cm
Visierung:	ohne; vorbereitet für Zielfernrohrmontage
Sicherung, extern:	Sicherung rechts hinter dem Kammerstengel
Sicherung, intern:	interne Verschlußsicherung
MERKMALE:	
- Material:	Carbonstahl
- Finish:	brüniert
- Schaft:	Nußbaumholz

Remington Modell 700 Mountain Custom KS

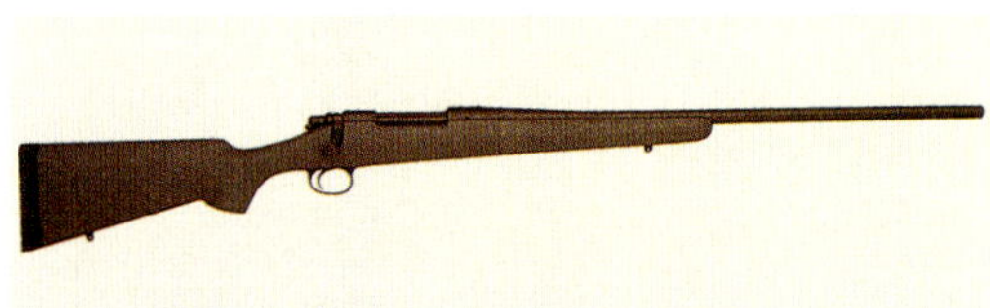

TECHNISCHE DATEN:

Kaliber:	siehe unten
Kapazität:	3 oder 4 Patronen
Magazin:	vor dem Abzugsbügel, fest
Nachladesystem:	Kammerstengel-Repetierwaffe
Verschluß:	Zylinder (2 Warzen)
Gesamtgewicht:	3,0 bis 3,1 kg
Gesamtlänge:	113 cm
Lauflänge:	61 cm
Visierung:	ohne; vorbereitet für Zielfernrohrmontage
Sicherung, extern:	Sicherung rechts hinter dem Kammerstengel
Sicherung, intern:	interne Verschlußsicherung
MERKMALE:	
- Material:	Carbonstahl
- Finish:	mattschwarz
- Schaft:	schwarzer, kevlarverstärkter-Fiberglas-Kunststoffschaft

Lieferbare Kaliber: .270 Win., .280 Rem., 7 mm Rem. Mag., .30-06, .300 Win.Mag., .300 Weath.Mag., .338 Win.Mag., 8 mm Rem.Mag., .35 Whelen, .375 H&H Mag.

Bei dieser Waffe handelt es sich um ein spezielles Modell aus dem Remington Custom Shop.

Remington Modell 700 Mountain Custom KS LH (Left Hand)

TECHNISCHE DATEN:

Kaliber:	siehe unten
Kapazität:	3 oder 4 Patronen
Magazin:	vor dem Abzugsbügel, fest
Nachladesystem:	Kammerstengel-Repetierwaffe
Verschluß:	Zylinder (2 Warzen)
Gesamtgewicht:	3,0 bis 3,1 kg
Gesamtlänge:	113 cm
Lauflänge:	61 cm
Visierung:	ohne; vorbereitet für Zielfernrohrmontage
Sicherung, extern:	Sicherung links hinter dem Kammerstengel
Sicherung, intern:	interne Verschlußsicherung
MERKMALE:	
- Material:	Carbonstahl
- Finish:	mattschwarz
- Schaft:	schwarzer, kevlarverstärkter Fiberglas-Kunststoffschaft

Lieferbare Kaliber: .270 Win., .280 Rem., 7 mm Rem. Mag., .30-06, .300 Win.Mag., .300 Weath.Mag., .338 Win.Mag., 8 mm Rem.Mag., .35 Whelen, .375 H&H Mag.

Diese Waffe verfügt neben einem Linksschaft auch über ein spezielles Links-Verschlußsystem für linkshändige Schützen.

Remington Modell 700 Mountain Custom KS Stainless

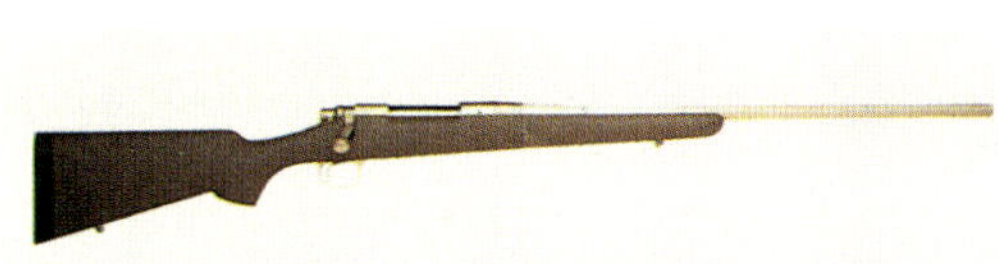

TECHNISCHE DATEN:

Kaliber:	siehe unten
Kapazität:	3 oder 4 Patronen
Magazin:	vor dem Abzugsbügel, fest
Nachladesystem:	Kammerstengel-Repetierwaffe
Verschluß:	Zylinder (2 Warzen)
Gesamtgewicht:	3,0 bis 3,1 kg
Gesamtlänge:	113 cm
Lauflänge:	61 cm
Visierung:	ohne; vorbereitet für Zielfernrohrmontage
Sicherung, extern:	Sicherung rechts hinter dem Kammerstengel
Sicherung, intern:	interne Verschlußsicherung
MERKMALE:	
- Material:	rostfreier Stainless-Stahl
- Finish:	blank
- Schaft:	schwarzer, kevlarverstärkter Fiberglas-Kunststoffschaft

Lieferbare Kaliber: .270 Win., .280 Rem., 7 mm Rem. Mag., .30-06, .300 Win.Mag., .300 Weath.Mag., .338 Win.Mag., 8 mm Rem.Mag., .35 Whelen, .375 H&H Mag.

Bei dieser Waffe handelt es sich um ein spezielles Modell aus dem Remington Custom Shop.

Remington Modell 700 Mountain Rifle DM (Detachable Magazine)

TECHNISCHE DATEN:

Kaliber:	siehe unten
Kapazität:	4 Patronen
Magazin:	vor dem Abzugsbügel, Löseknopf rechts neben dem Magazinschacht
Nachladesystem:	Kammerstengel-Repetierwaffe
Verschluß:	Zylinderverschluß (2 Verriegelungswarzen)
Gesamtgewicht:	3,0 kg
Gesamtlänge:	108 cm
Lauflänge:	56 cm
Visierung:	ohne; vorbereitet für Zielfernrohrmontage
Sicherung, extern:	Sicherung rechts hinter dem Kammerstengel
Sicherung, intern:	interne Verschlußsicherung
MERKMALE:	
- Material:	Carbonstahl
- Finish:	brüniert
- Schaft:	Nußbaumholz

Lieferbare Kaliber: .243 Win., .25-06 Rem., .270 Win., .280 Rem., 7 mm-08 Rem., .30-06.

Remington Modell 700 Safari Classic

TECHNISCHE DATEN:

Kaliber:	siehe unten
Kapazität:	3 Patronen
Magazin:	vor dem Abzugsbügel, Bodenplatte abklappbar, Löseknopf im Abzugsbügel
Nachladesystem:	Kammerstengel-Repetierwaffe
Verschluß:	Zylinderverschluß (2 Verriegelungswarzen)
Gesamtgewicht:	4,1 kg
Gesamtlänge:	113 cm
Lauflänge:	61 cm
Visierung:	verstellbares Williams-Visier; vorbereitet für Zielfernrohrmontage
Sicherung, extern:	Sicherung rechts hinter dem Kammerstengel
Sicherung, intern:	interne Verschlußsicherung
MERKMALE:	
- Material:	Carbonstahl
- Finish:	brüniert
- Schaft:	Nußbaumholz

Lieferbare Kaliber: 8 mm Rem.Mag., .375 H&H Mag., .416 Rem.Mag., .458 Win.Mag.

Bei dieser Waffe handelt es sich um ein spezielles Modell aus dem Remington Custom Shop.

Remington Modell 700 Safari Classic LH (Left Hand)

TECHNISCHE DATEN:

Kaliber:	siehe unten
Kapazität:	3 Patronen
Magazin:	vor dem Abzugsbügel, Bodenplatte abklappbar, Löseknopf im Abzugsbügel
Nachladesystem:	Kammerstengel-Repetierwaffe
Verschluß:	Zylinderverschluß (2 Verriegelungswarzen)
Gesamtgewicht:	4,1 kg
Gesamtlänge:	113 cm
Lauflänge:	61 cm
Visierung:	verstellbares Williams Visier; vorbereitet für Zielfernrohrmontage
Sicherung, extern:	Sicherung links hinter dem Kammerstengel
Sicherung, intern:	interne Verschlußsicherung
MERKMALE:	
- Material:	Carbonstahl
- Finish:	brüniert
- Schaft:	Nußbaumholz

Lieferbare Kaliber: 8 mm Rem.Mag., .375 H&H Mag., .416 Rem.Mag., .458 Win.Mag.

Diese Waffe verfügt neben einem Linksschaft auch über ein spezielles Links-Verschlußsystem für linkshändige Schützen. Bei der Waffe handelt es sich um ein Modell aus dem Remington Custom Shop.

Remington Modell 700 Safari KS (Kevlar Stock)

TECHNISCHE DATEN:

Kaliber:	siehe unten
Kapazität:	3 Patronen
Magazin:	vor dem Abzugsbügel, Bodenplatte abklappbar, Löseknopf im Abzugsbügel
Nachladesystem:	Kammerstengel-Repetierwaffe
Verschluß:	Zylinderverschluß (2 Verriegelungswarzen)
Gesamtgewicht:	4,1 kg
Gesamtlänge:	108 cm
Lauflänge:	56 cm
Visierung:	verstellbares Williams-Visier; vorbereitet für Zielfernrohrmontage
Sicherung, extern:	Sicherung rechts hinter dem Kammerstengel
Sicherung, intern:	interne Verschlußsicherung

MERKMALE:

- Material:	Carbonstahl
- Finish:	brüniert
- Schaft:	dunkelgrauer Kevlar-Schaft

Lieferbare Kaliber: 8 mm Rem.Mag., .375 H&H Mag., .416 Rem.Mag., .458 Win.Mag.

Bei dieser Waffe handelt es sich um ein spezielles Modell aus dem Remington Custom Shop.

Remington Modell 700 Safari KS LH (Kevlar Stock-Left Hand)

TECHNISCHE DATEN:

Kaliber:	siehe unten
Kapazität:	3 Patronen
Magazin:	vor dem Abzugsbügel, Bodenplatte abklappbar, Löseknopf im Abzugsbügel
Nachladesystem:	Kammerstengel-Repetierwaffe
Verschluß:	Zylinderverschluß (2 Verriegelungswarzen)
Gesamtgewicht:	4,1 kg
Gesamtlänge:	108 cm
Lauflänge:	56 cm
Visierung:	verstellbares Williams-Visier; vorbereitet für Zielfernrohrmontage
Sicherung, extern:	Sicherung links hinter dem Kammerstengel
Sicherung, intern:	interne Verschlußsicherung

MERKMALE:

- Material:	Carbonstahl
- Finish:	brüniert
- Schaft:	dunkelgrauer Kevlar-Schaft

Lieferbare Kaliber: 8 mm Rem.Mag., .375 H&H Mag., .416 Rem.Mag., .458 Win.Mag.

Diese Waffe verfügt neben einem Linksschaft auch über ein spezielles Links-Verschlußsystem für linkshändige Schützen. Bei der Waffe handelt es sich um ein spezielles Modell aus dem Remington Custom Shop.

Remington Modell 700 Safari KS SS (Kevlar Stock-Stainless Steel)

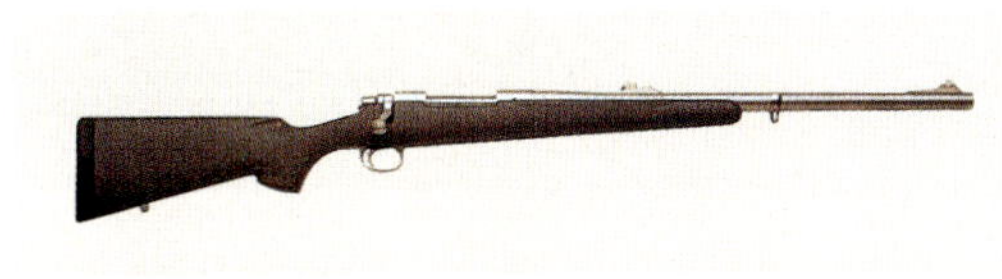

TECHNISCHE DATEN:

Kaliber:	siehe unten
Kapazität:	3 Patronen
Magazin:	vor dem Abzugsbügel, Bodenplatte abklappbar, Löseknopf im Abzugsbügel
Nachladesystem:	Kammerstengel-Repetierwaffe
Verschluß:	Zylinderverschluß (2 Verriegelungswarzen)
Gesamtgewicht:	4,1 kg
Gesamtlänge:	108 cm
Lauflänge:	56 cm
Visierung:	verstellbares Williams-Visier; vorbereitet für Zielfernrohrmontage
Sicherung, extern:	Sicherung rechts hinter dem Kammerstengel
Sicherung, intern:	interne Verschlußsicherung

MERKMALE:

- Material:	rostträger Stainless-Stahl
- Finish:	blank
- Schaft:	dunkelgrauer Kevlar-Schaft

Lieferbare Kaliber: .375 H&H Mag., .416 Rem.Mag., .458 Win.Mag.

Bei dieser Waffe handelt es sich um ein spezielles Modell aus dem Remington Custom Shop.

Remington Modell 700 Safari Monte Carlo

TECHNISCHE DATEN:

Kaliber:	siehe unten
Kapazität:	3 Patronen
Magazin:	vor dem Abzugsbügel, Bodenplatte abklappbar, Löseknopf im Abzugsbügel
Nachladesystem:	Kammerstengel-Repetierwaffe

Verschluß:	Zylinderverschluß (2 Verriegelungswarzen)
Gesamtgewicht:	4,1 kg
Gesamtlänge:	113 cm
Lauflänge:	61 cm
Visierung:	verstellbares Williams-Visier; vorbereitet für Zielfernrohrmontage
Sicherung, extern:	Sicherung rechts hinter dem Kammerstengel
Sicherung, intern:	interne Verschlußsicherung
MERKMALE:	
- Material:	Carbonstahl
- Finish:	brüniert
- Schaft:	ausgesuchtes Nußbaumholz, Monte Carlo-Hinterschaft

Lieferbare Kaliber: 8 mm Rem.Mag., .375 H&H Mag., .416 Rem.Mag., .458 Win.Mag.

Bei dieser Waffe handelt es sich um ein spezielles Modell aus dem Remington Custom Shop.

Remington Modell 700 Sendero

TECHNISCHE DATEN:

Kaliber:	siehe unten
Kapazität:	3 oder 4 Patronen
Magazin:	vor dem Abzugsbügel, Bodenplatte abklappbar, Löseknopf im Abzugsbügel
Nachladesystem:	Kammerstengel-Repetierwaffe
Verschluß:	Zylinderverschluß (2 Verriegelungswarzen)
Gesamtgewicht:	4,1 kg
Gesamtlänge:	116 cm
Lauflänge:	66 cm
Visierung:	ohne; vorbereitet für Zielfernrohrmontage
Sicherung, extern:	Sicherung rechts hinter dem Kammerstengel
Sicherung, intern:	interne Verschlußsicherung
MERKMALE:	
- Material:	Carbonstahl
- Finish:	mattschwarz
- Schaft:	schwarzer, kevlarverstärkter Fiberglas-Kunststoffschaft, punziert

Lieferbare Kaliber: .25-06 Rem., .270 Win., 7 mm Rem.Mag., .300 Win.Mag.

Remington Modell 700 Varmint Synthetic

TECHNISCHE DATEN:

Kaliber:	siehe unten
Kapazität:	4 oder 5 Patronen
Magazin:	vor dem Abzugsbügel
Nachladesystem:	Kammerstengel-Repetierwaffe
Verschluß:	Zylinder (2 Warzen)
Gesamtgewicht:	4,1 kg
Gesamtlänge:	116 cm
Lauflänge:	66 cm
Visierung:	ohne; vorbereitet für Zielfernrohrmontage
Sicherung, extern:	Sicherung rechts hinter dem Kammerstengel
Sicherung, intern:	interne Verschlußsicherung
MERKMALE:	
- Material:	Carbonstahl
- Finish:	mattschwarz
- Schaft:	schwarzer, kevlarverstärkter Fiberglas-Kunststoffschaft, punziert

Lieferbare Kaliber: .220 Swift, .22-250 Rem., .223 Rem., .308 Win.

Remington Modell 700 Varmint Synthetic Stainless

TECHNISCHE DATEN:

Kaliber:	siehe unten
Kapazität:	4 oder 5 Patronen
Magazin:	vor dem Abzugsbügel, Bodenplatte abklappbar, Löseknopf im Abzugsbügel
Nachladesystem:	Kammerstengel-Repetierwaffe
Verschluß:	Zylinder (2 Warzen)

Gesamtgewicht: 3,9 kg
Gesamtlänge: 116 cm
Lauflänge: 66 cm
Visierung: ohne; vorbereitet für Zielfernrohrmontage
Sicherung, extern: Sicherung rechts hinter dem Kammerstengel
Sicherung, intern: interne Verschlußsicherung

MERKMALE:
- Material: rostfreier Stainless-Stahl
- Finish: blank
- Schaft: schwarzer, kevlarverstärkter Fiberglas-Kunststoffschaft, punziert

Lieferbare Kaliber: .220 Swift, .22-250 Rem., .223 Rem., .308 Win.

Diese Waffe verfügt über einen extra schweren Varmint Lauf aus rostfreiem Stahl, der zur Kühlung mit Längsrillen versehen ist.

Remington Modell Seven

TECHNISCHE DATEN:
Kaliber: siehe unten
Kapazität: 3 oder 5 Patronen
Magazin: vor dem Abzugsbügel, Bodenplatte abklappbar, Löseknopf im Abzugsbügel
Nachladesystem: Kammerstengel-Repetierwaffe
Verschluß: Zylinder (2 Warzen)
Gesamtgewicht: ca. 2,8 kg
Gesamtlänge: 96 cm
Lauflänge: 47 cm
Visierung: verstellbares Williams-Visier; vorbereitet für Zielfernrohrmontage
Sicherung, extern: Sicherung rechts hinter dem Kammerstengel
Sicherung, intern: interne Verschlußsicherung

MERKMALE:
- Material: Carbonstahl
- Finish: brüniert
- Schaft: Hartholz

Lieferbare Kaliber: .17 Rem., .223 Rem., .243 Win., 6 mm Rem., 7 mm-08 Rem., .308 Win.

Remington Modell Seven Custom KS

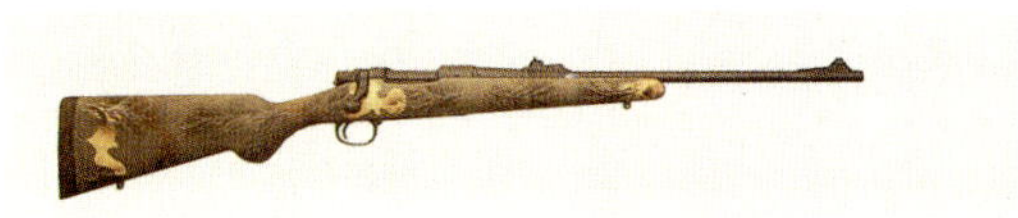

TECHNISCHE DATEN:
Kaliber: siehe unten
Kapazität: 3 oder 4 Patronen
Magazin: vor dem Abzugsbügel, Bodenplatte abklappbar, Löseknopf im Abzugsbügel
Nachladesystem: Kammerstengel-Repetierwaffe
Verschluß: Zylinder (2 Warzen)
Gesamtgewicht: ca. 2,6 kg
Gesamtlänge: ca. 100 cm
Lauflänge: 51 cm
Visierung: verstellbares Williams-Visier; vorbereitet für Zielfernrohrmontage
Sicherung, extern: Sicherung rechts hinter dem Kammerstengel
Sicherung, intern: interne Verschlußsicherung

MERKMALE:
- Material: Carbonstahl
- Finish: mattschwarz
- Schaft: Kunststoffschaft, in Camouflage-Farbe

Lieferbare Kaliber: .223 Rem., .243 Win., 7 mm-08 Rem., .308 Win., .35 Rem., .350 Rem.Mag.

Bei dieser Waffe handelt es sich um ein spezielles Modell aus dem Remington Custom Shop.

Remington Modell Seven MS (Mannlicher Stock-Stutzen)

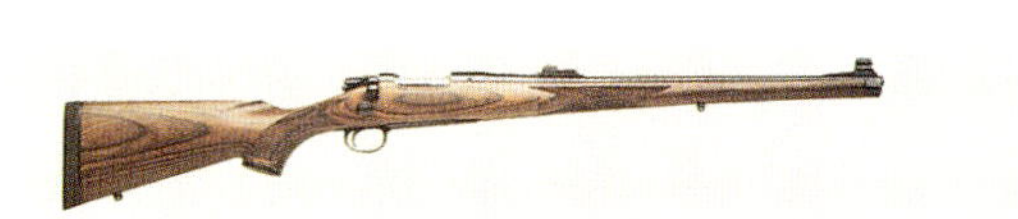

TECHNISCHE DATEN:
Kaliber: siehe unten
Kapazität: 3 oder 5 Patronen
Magazin: vor dem Abzugsbügel, Bodenplatte abklappbar, Löseknopf im Abzugsbügel
Nachladesystem: Kammerstengel-Repetierwaffe
Verschluß: Zylinder (2 Warzen)
Gesamtgewicht: ca. 3,0 kg
Gesamtlänge: 99 cm

Lauflänge:	51 cm
Visierung:	verstellbares Williams-Visier; vorbereitet für Zielfernrohrmontage
Sicherung, extern:	Sicherung rechts hinter dem Kammerstengel
Sicherung, intern:	interne Verschlußsicherung
MERKMALE:	
- Material:	Carbonstahl
- Finish:	brüniert
- Schaft:	Laminat-Hartholz, bis zur Laufmündung reichend (Stutzen)

Lieferbare Kaliber: .222 Rem., .223 Rem., .22-250 Rem., .243 Win., 6 mm Rem., .250 Savage, .257 Roberts, 7 mm-08 Rem., .308 Win., .35 Rem., .350 Rem.Mag. .

Bei dieser Waffe handelt es sich um ein spezielles Modell aus dem Remington Custom Shop.

Remington Modell Seven Stainless Synthetic

TECHNISCHE DATEN:

Kaliber:	siehe unten
Kapazität:	4 Patronen
Magazin:	vor dem Abzugsbügel
Nachladesystem:	Kammerstengel-Repetierwaffe
Verschluß:	Zylinderverschluß (2 Verriegelungswarzen)
Gesamtgewicht:	ca. 2,8 kg
Gesamtlänge:	ca. 100 cm
Lauflänge:	51 cm
Visierung:	ohne; vorbereitet für Zielfernrohrmontage
Sicherung, extern:	Sicherung rechts hinter dem Kammerstengel
Sicherung, intern:	interne Verschlußsicherung
MERKMALE:	
- Material:	rostfreier Stainless-Stahl
- Finish:	blank
- Schaft:	schwarzer Kunststoffschaft (Synthetic)

Lieferbare Kaliber: .243 Win., 7 mm-08 Rem., .308 Win.

Remington Modell Seven Youth Carbine

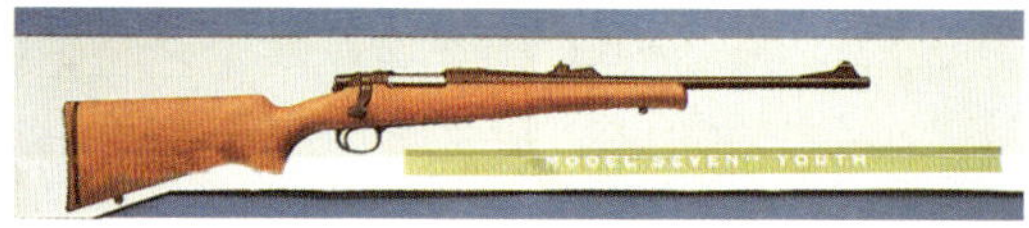

TECHNISCHE DATEN:

Kaliber:	siehe unten
Kapazität:	4 Patronen
Magazin:	vor dem Abzugsbügel, Bodenplatte abklappbar, Löseknopf im Abzugsbügel
Nachladesystem:	Kammerstengel-Repetierwaffe
Verschluß:	Zylinder (2 Warzen)
Gesamtgewicht:	ca. 2,7 kg
Gesamtlänge:	94 cm
Lauflänge:	47 cm
Visierung:	verstellbares Williams-Visier; vorb. für Zielfernrohrmontage
Sicherung, extern:	Sicherung rechts hinter dem Kammerstengel
Sicherung, intern:	interne Verschlußsicherung
MERKMALE:	
- Material:	Carbonstahl
- Finish:	brüniert
- Schaft:	Hartholz

Lieferbare Kaliber: .243 Win., 7 mm-08 Rem.

Rhöner

Die Rhöner Sportwaffenfabrik GmbH (SM) hat ihren Sitz in Oberelsbach-Weisbach. Die Firma wurde 1959 von Walter Meier gegründet und befindet sich noch in Familienbesitz. Anfänglich baute Rhöner nur Gas-Alarm-Kurzwaffen im Kaliber 8 mm Knall. Seit 1966 befaßt sich das Unternehmen auch mit der Herstellung von Jagd- und Sportgewehren.

Rhöner-SM Modell 69A

TECHNISCHE DATEN:

Kaliber:	.22 l.r.
Kapazität:	entfällt
Magazin:	entfällt
Nachladesystem:	Kammerstengel-Einzellader
Verschluß:	Zylinderverschluß
Gesamtgewicht:	2,3 kg
Gesamtlänge:	100 cm
Lauflänge:	60 cm
Visierung:	Schiebevisier, Korntunnel, Zielfernrohr-Montageschiene

Sicherung, extern:	rechte Hülsenseite
Sicherung, intern:	interne Verschlußsicherung, Ladeanzeige hinten am Verschluß

MERKMALE:

- Material:	Carbonstahl
- Finish:	brüniert
- Schaft:	Buchenholz

Rhöner-SM Modell 69 Match

TECHNISCHE DATEN:

Kaliber:	.22 l.r.
Kapazität:	entfällt
Magazin:	entfällt
Nachladesystem:	Kammerstengel-Einzellader
Verschluß:	Zylinderverschluß
Gesamtgewicht:	3,2 kg
Gesamtlänge:	102,5 cm
Lauflänge:	60 cm
Visierung:	Dioptervisier, Korntunnel
Sicherung, extern:	rechte Hülsenseite
Sicherung, intern:	interne Verschlußsicherung

MERKMALE:

- Material:	Carbonstahl
- Finish:	brüniert
- Schaft:	Match-Schaft aus Buchenholz

Rhöner-SM Modell 75

TECHNISCHE DATEN:

Kaliber:	.22 Hornet, .22 WMR
Kapazität:	eine Patrone
Magazin:	entfällt
Nachladesystem:	einläufige Kipplaufbüchse
Verschluß:	Baskülverschluß, Verschlußhebel unter dem Abzugsbügel
Gesamtgewicht:	2,95 kg
Gesamtlänge:	100 cm
Lauflänge:	60 cm
Visierung:	Schiebevisier, Zielfernrohr-Montageschiene
Sicherung, extern:	Sicherung am Systemkasten
Sicherung, intern:	Verschlußsicherung, Sicherheits-Laderast des Hammers

MERKMALE:

- Material:	Carbonstahl
- Finish:	brüniert
- Schaft:	Buchenholz

Rhöner-SM Modell 75-L

TECHNISCHE DATEN:

Kaliber:	.22 Hornet, .22 WMR
Kapazität:	eine Patrone

Magazin:	entfällt
Nachladesystem:	einläufige Kipplaufbüchse
Verschluß:	Baskülverschluß, Verschlußhebel unter dem Abzugsbügel
Gesamtgewicht:	2,95 kg
Gesamtlänge:	100 cm
Lauflänge:	60 cm
Visierung:	Schiebevisier, Zielfernrohr-Montageschiene
Sicherung, extern:	Sicherung am Systemkasten
Sicherung, intern:	Verschlußsicherung, Sicherheits-Laderast des Hammers

MERKMALE:

- Material:	Carbonstahl
- Finish:	brüniert, Systemkasten blank und graviert
- Schaft:	Nußbaumholz

Rhöner-SM Modell R-81

TECHNISCHE DATEN:

Kaliber:	.22 Hornet, .222 Rem., 5,6 x 50 R Mag.
Kapazität:	eine Patrone
Magazin:	entfällt
Nachladesystem:	einläufige Kipplaufbüchse
Verschluß:	Baskülverschluß, Verschlußhebel unter dem Abzugsbügel
Gesamtgewicht:	2,9 bis 3,1 kg
Gesamtlänge:	99 cm
Lauflänge:	60 cm
Visierung:	Schiebevisier, Zielfernrohr-Montageschiene
Sicherung, extern:	Sicherung am Systemkasten
Sicherung, intern:	Verschlußsicherung, Sicherheits-Laderast des Hammers

MERKMALE:

- Material:	Carbonstahl
- Finish:	brüniert
- Schaft:	Buchenholz

Rhöner-SM Modell R-81

Rhöner-SM Modell R-81-S

TECHNISCHE DATEN:

Kaliber:	.22 Hornet, .222 Rem., 5,6 x 50 R Mag.
Kapazität:	eine Patrone
Magazin:	entfällt
Nachladesystem:	einläufige Kipplaufbüchse
Verschluß:	Baskülverschluß, Verschlußhebel unter dem Abzugsbügel
Gesamtgewicht:	2,9 bis 3,1 kg
Gesamtlänge:	99 cm
Lauflänge:	60 cm
Visierung:	Schiebevisier, Zielfernrohr-Montageschiene
Sicherung, extern:	Sicherung am Systemkasten
Sicherung, intern:	Verschlußsicherung, Sicherheits-Laderast des Hammers

MERKMALE:

- Material:	Carbonstahl
- Finish:	brüniert, Systemkasten blank und graviert
- Schaft:	Buchenholz, mit Schaftmagazin für 4 Patronen

Rhöner-SM Modell R-81-Z

TECHNISCHE DATEN:

Kaliber:	.22 Hornet, .222 Rem., 5,6 x 50 R Mag.
Kapazität:	eine Patrone
Magazin:	entfällt
Nachladesystem:	einläufige Kipplaufbüchse
Verschluß:	Baskülverschluß, Verschlußhebel unter dem Abzugsbügel
Gesamtgewicht:	2,9 bis 3,1 kg
Gesamtlänge:	99 cm
Lauflänge:	60 cm
Visierung:	Schiebevisier, Zielfernrohr-Montageschiene
Sicherung, extern:	Sicherung am Systemkasten
Sicherung, intern:	Verschlußsicherung, Sicherheits-Laderast des Hammers

MERKMALE:

- Material:	Carbonstahl
- Finish:	brüniert, Systemkasten blank und graviert, leicht in zwei Teile zerlegbar
- Schaft:	Buchenholz, mit Schaftmagazin für 4 Patronen

Robar

Bei der Firma Robar handelt es sich um einen sogenannten Custom Shop: Auf der Basis gewünschter Systeme fertigt man die Waffen individuell nach den Kundenwünschen. Die nachfolgend gezeigten Gewehre sind daher auch keine Serienprodukte, sie sollen lediglich als Beispiele dienen. Die Firma wurde von Robert A. Barrkman, einem eingefleischten, amerikanischen Sportschützen und Jäger, gegründet und hat ihren Sitz in Phoenix, Arizona.
Robar entstand in einer Zeit, als sich viele engagierte Wettkampf-Kurzwaffenschützen nach individuell auf sie abgestimmten Pistolen umsahen. Da heute bereits viele der großen Hersteller reagiert und selbst speziell modifizierte Varianten ihrer Modelle herausgebracht haben, ist der entsprechende Trend zu einzeln gefertigten Kurzwaffenstücken nun inzwischen wieder sehr rückläufig. Aber die Firma Robar baut auch heute noch eine von einem Kunden eingesandte Colt-Pistole „von der Stange" zu einem „Thunder Ranch"-Topstück mit sämtlichen technischen Raffinessen um. Allerdings hat sie sich nun mehr darauf spezialisiert, Einzelstücke oder Kleinserien von Jagd- oder Scharfschützenbüchsen herzustellen, bis zum Kaliber .50 BMG. An Kunststoffschäften verwendet Robar ausschließlich McMillan-Fiberglasschäfte. Robar ist auch sehr für seine Finisharbeiten bekannt, für hervorragendes Brünieren, Vernickeln und für das Schwärzen von rostfreiem, blanken Stahl zur Reflexminderung, etwa bei Scharfschützenbüchsen, sowie auch für Parkerisierarbei-

ten. Beim Parkerisieren, einem chemischen Prozeß, werden dünnste Schichten von Mangan oder Zinkphosphat auf die Metalloberfläche aufgebracht, um so einen ausgezeichneten Rostschutz zu kreieren. Seine brünierten Waffen versieht Robar zusätzlich mit einem eigenständig entwickelten „Coating", dem Roguard-Finish. Dabei wird die Waffe noch mit einer dünnen, extrem harten Polymerschicht überzogen.

Ein weiterer, neuer Prozeß zur Oberflächenbearbeitung von Stahl ist das Robar NP3-Verfahren. Dabei werden die Metalloberflächen der Waffe mit einem Überzug versehen, der aus dem Kunststoff Polytetra-Fluorethylen kombiniert mit Nickel besteht.

Robar Hunter Custom

TECHNISCHE DATEN:

Kaliber:	nach Kundenwunsch
Kapazität:	abhängig vom verwendeten System und Kaliber
Magazin:	vor dem Abzugsbügel, fest
Nachladesystem:	Kammerstengel-Repetierwaffe
Verschluß:	Zylinderverschluß (Verschlußwarzenanzahl vom verwendeten System abhängig)
Gesamtgewicht:	ca. 4,5 kg
Gesamtlänge:	ca. 112 cm
Lauflänge:	ca. 61 cm
Visierung:	verstellbares Visier, vorbereitet für Zielfernrohrmontage
Sicherung, extern:	Sicherung rechts hinter dem Kammerstengel
Sicherung, intern:	interne Verschlußsicherung

MERKMALE:

- Material:	Carbonstahl oder Stainless-Stahl
- Finish:	brüniert, blank oder schwarz
- Schaft:	Nußbaumholz oder McMillan-Fiberglasschaft

Die abgebildete und beschriebene Waffe kann lediglich als Beispiel dienen. Die Robar Custom-Büchse wird komplett nach den Wünschen des Auftraggebers gefertigt.

Robar QR (Quick Reaction)-Scharfschützenbüchse

TECHNISCHE DATEN:

Kaliber:	nach Kundenwunsch
Kapazität:	abhängig vom verwendeten Kaliber
Magazin:	vor dem Abzugsbügel
Nachladesystem:	Kammerstengel-Repetierwaffe
Verschluß:	Zylinderverschluß (Remington 700 oder Ruger 77-System)
Gesamtgewicht:	3,2 bis 4,1 kg
Gesamtlänge:	112 cm
Lauflänge:	61 cm
Visierung:	ohne, Zielfernrohrmontage
Sicherung, extern:	Sicherung rechts hinter dem Kammerstengel
Sicherung, intern:	interne Verschlußsicherung

MERKMALE:

- Material:	rostfreier Stainless-Stahl
- Finish:	mattschwarz, mit NP3-Überzug
- Schaft:	schwarzer oder grauer McMillan-Fiberglasschaft, punziert

Der spezielle Stainless-Matchlauf ist zur besseren Kühlung mit Längsrillen versehen. Diese Scharfschützenwaffe ist zwar zum polizeilichen und militärischen Einsatz bestimmt, eignet sich aber auch hervorragend zum Einsatz als Jagdgewehr. Robar garantiert 3-Schuß-Treffergruppen auf 100 Yards mit einem Durchmesser von maximal 13 mm.

Robar RC-50

TECHNISCHE DATEN:

Kaliber:	.50 BMG
Kapazität:	5 Patronen
Magazin:	vor dem Abzugsbügel
Nachladesystem:	Kammerstengel-Repetierwaffe
Verschluß:	Zylinderverschluß
Gesamtgewicht:	11,3 kg
Gesamtlänge:	139,5 cm
Lauflänge:	73,5 cm, ohne Mündungsbremse
Visierung:	ohne, spezielle Zielfernrohrmontage
Sicherung, extern:	Sicherung rechts hinter dem Kammerstengel
Sicherung, intern:	interne Verschlußsicherung

MERKMALE:

- Material:	Chrom-Molybdän-Stahl
- Finish:	mattschwarz, mit NP3-Überzug
- Schaft:	McMillan-Fiberglasschaft, mit Zweibein

Diese Scharfschützenwaffe ist zum polizeilichen und militärischen Einsatz bestimmt, wird aber auch zum Sportschießen auf Extremdistanzen von 300 m und mehr verwendet. .50 BMG-Scharfschützenbüchsen wurden im Golfkrieg auf Distanzen von mehr als 1000 m geschossen.

Robar SR-60-Scharfschützenbüchse

TECHNISCHE DATEN:

Kaliber:	.308 Win., .300 Win.Mag.
Kapazität:	4 oder 5 Patronen
Magazin:	vor dem Abzugsbügel
Nachladesystem:	Kammerstengel-Repetierwaffe
Verschluß:	Zylinderverschluß (2 Verriegelungswarzen, Remington 700-System)
Gesamtgewicht:	4,3 kg
Gesamtlänge:	112 cm
Lauflänge:	61 cm
Visierung:	ohne, Zielfernrohrmontage
Sicherung, extern:	Sicherung rechts hinter dem Kammerstengel
Sicherung, intern:	interne Verschlußsicherung

MERKMALE:

- Material:	rostfreier Stainless-Stahl
- Finish:	mattschwarz, mit NP3-Überzug
- Schaft:	schwarzer oder grauer McMillan-Fiberglasschaft, punziert, mit Zweibein

Der spezielle Stainless-Matchlauf ist zur besseren Kühlung mit Längsrillen versehen. Diese Scharfschützenwaffe ist zum polizeilichen und militärischen Einsatz bestimmt. Robar garantiert 3-Schuß-Treffergruppen auf 100 Yards mit einem Durchmesser von maximal 13 mm.

Robar SR-90-Scharfschützenbüchse

TECHNISCHE DATEN:

Kaliber:	.308 Win., .300 Win.Mag.
Kapazität:	4 oder 5 Patronen
Magazin:	vor dem Abzugsbügel, fest
Nachladesystem:	Kammerstengel-Repetierwaffe
Verschluß:	Zylinderverschluß (2 Verriegelungswarzen, Remington 700-System)
Gesamtgewicht:	4,7 kg
Gesamtlänge:	112 cm
Lauflänge:	61 cm
Visierung:	ohne, Zielfernrohrmontage
Sicherung, extern:	Sicherung rechts hinter dem Kammerstengel
Sicherung, intern:	interne Verschlußsicherung

MERKMALE:

- Material:	rostfreier Stainless-Stahl
- Finish:	mattschwarz, mit NP3-Überzug
- Schaft:	schwarzer oder grauer McMillan-Fiberglasschaft, punziert, verstellbar, mit Zweibein

Der spezielle Stainless-Matchlauf ist zur besseren Kühlung mit Längsrillen versehen. Diese Scharfschützenwaffe wurde von US-Spezialeinheiten im Golfkrieg verwendet. Robar garantiert 3-Schuß-Treffergruppen auf 100 Yards mit einem Durchmesser von maximal 13 mm.

Robar Varminter

TECHNISCHE DATEN:

Kaliber:	nach Kundenwunsch
Kapazität:	abhängig vom verwendeten Kaliber
Magazin:	vor dem Abzugsbügel
Nachladesystem:	Kammerstengel-Repetierwaffe
Verschluß:	Zylinderverschluß (2 Verriegelungswarzen; Remington 700-System)
Gesamtgewicht:	3,9 kg
Gesamtlänge:	112 cm
Lauflänge:	61 cm
Visierung:	ohne, Zielfernrohrmontage
Sicherung, extern:	Sicherung rechts hinter dem Kammerstengel
Sicherung, intern:	interne Verschlußsicherung
MERKMALE:	
- Material:	rostfreier Stainless-Stahl
- Finish:	mattschwarz, mit NP3-Überzug
- Schaft:	McMillan-Fiberglasschaft, Farbe nach Wunsch, punziert, mit Zweibein

Der spezielle Stainless-Matchlauf ist zur besseren Kühlung mit Längsrillen versehen.

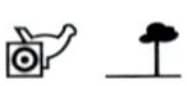

Ruger

Die Firma Sturm, Ruger & Company Inc. wurde 1948 von William Batterman Ruger und Alexander M. Sturm gegründet. Zusammen mieteten sie eine kleine Halle in Southport, Connecticut, an, wo sie eine Büchsenmacherwerkstatt etablierten. Ruger hatte seine Waffenkenntnisse im State Arsenal in Springfield sowie bei der Firma Auto Ordnance gesammelt, bei dem Unternehmen, das die weltberühmten „Tommy Guns", die Thompson-Maschinenpistolen, produziert.
Das erste Produkt der neuen Firma war eine Kleinkaliberpistole, die 1949 vorgestellt wurde. Nachdem Sturm bei einem Flugzeugabsturz ums Leben gekommen war, führte „Bill" Ruger die Geschäfte allein weiter. Aus Trauer um seinen toten Kompagnon änderte Ruger das von beiden geschaffene Firmenlogo, eine Art Phoenix-Vogel, von zunächst Rot in Schwarz ab. Bis 1959 produzierte Ruger dann eine große Anzahl verschiedener Revolvermodelle. 1959 kam sein erstes Gewehr auf den Markt, ein halbautomatischer Karabiner im Kaliber .44 Magnum.
Die Fertigungsstätten der Firma wurden schnell zu klein. 1964 baute Ruger daher eine neue, weit größere Fabrik in Newport, New Hampshire. 1967 kam die bekannte Ruger No. 1-Blockbüchse auf den Markt. Bill Ruger war selbst ein Liebhaber schwerer, englischer Einzelladerbüchsen, speziell solcher von Alexander Henry. Er war der Meinung, daß solche Waffen auch auf dem nordamerikanischen Markt gefragt sein könnten. Ruger stellte den bekannten Schaftmacher Leonard Brownell ein, damit dieser einen speziellen Schaft für die neue Ruger No. 1-Büchse entwirft. Brownell wurde dann sogar technischer Betriebsleiter in der Produktionsstätte in Newport.
Die Ruger No. 1 wurde solch ein Erfolg, daß im Laufe der Zeit dann weitere Einzelladerlangwaffen ins Programm der Firma aufgenommen wurden; das Angebot bestand vornehmlich aus Kipplaufwaffen für die Jagd auf Kleinwild. 1968 wurde die Ruger-Repetierbüchse Modell 77 vorgestellt; auch deren Schaft war ein Entwurf von Leonard Brownell. Auch das Modell 77 entwickelte sich schnell zu einem Verkaufsschlager. 1974 brachte die Firma Ruger mit dem Modell Mini-14, Kaliber .223 Rem. einen automatischen Militärkarabiner auf den Markt; im Jahr darauf folgte die halbautomatische Mini-14-Zivilversion. Auf den ersten Blick erscheint die Mini-14-Büchse wie eine Kombination aus dem M1-Garand-Militärgewehr und Winchesters .30 M1-Karabiner. 1992 wurde der M 77-Repetierer durch die verbesserte Version M 77 Mark II ersetzt. Das Mark II-Modell verfügt über ein zuverlässigeres Patronenausziehersystem und hat ein System, das grundsätzlich aus rostfreiem Stainless-Stahl gefertigt ist.

Ruger Modell 10/22 DSP (Deluxe Sporter)

TECHNISCHE DATEN:

Kaliber:	.22 l.r.
Kapazität:	5- oder 10-Schuß-Trommelmagazin
Magazin:	Halter vor dem Schacht
Nachladesystem:	halbautomatischer Selbstlader
Verschluß:	reiner Masseverschluß

Gesamtgewicht: 2,3 kg
Gesamtlänge: 94,5 cm
Lauflänge: 47 cm
Visierung: höhenverstellbares Blattvisier, Zielfernrohr-Montageschiene
Sicherung, extern: Druckknopfsicherung in der Vorderseite des Abzugsbügels
Sicherung, intern: interne Verschlußsicherung

MERKMALE:
- Material: Lauf Carbonstahl, System Leichtmetall
- Finish: brüniert
- Schaft: Nußbaumholz

Ruger Modell 10/22 RB (Standard)

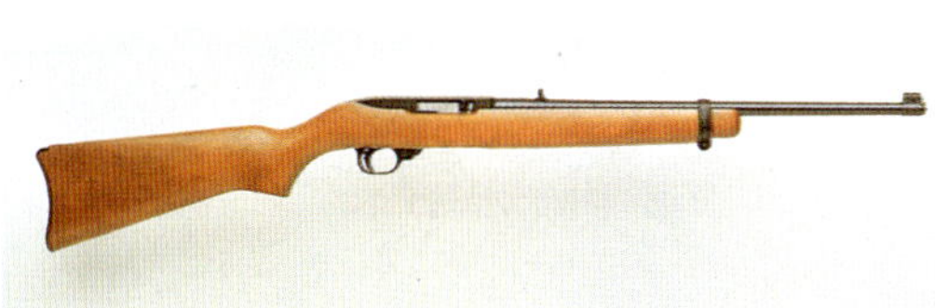

TECHNISCHE DATEN:
Kaliber: .22 l.r.
Kapazität: 5- oder 10-Schuß-Trommelmagazin, herausnehmbar
Magazin: Magazinhalter vor dem Magazinschacht
Nachladesystem: halbautomatischer Selbstlader
Verschluß: reiner Masseverschluß
Gesamtgewicht: 2,3 kg
Gesamtlänge: 94,5 cm
Lauflänge: 47 cm
Visierung: höhenverstellbares Blattvisier, Zielfernrohr-Montageschiene
Sicherung, extern: Druckknopfsicherung in der Vorderseite des Abzugsbügels
Sicherung, intern: interne Verschlußsicherung

MERKMALE:
- Material: Lauf Carbonstahl, System Leichtmetall
- Finish: brüniert
- Schaft: Hartholz

Ruger Modell 10/22 RBI (International)

TECHNISCHE DATEN:
Kaliber: .22 l.r.
Kapazität: 5–10-Schuß-Trommelmagazin

Magazin: Magazinhalter vor dem Magazinschacht
Nachladesystem: halbautomatische Selbstladewaffe
Verschluß: reiner Masseverschluß
Gesamtgewicht: 2,3 kg
Gesamtlänge: 94,5 cm
Lauflänge: 47 cm
Visierung: höhenverstellbares Blattvisier, Zielfernrohr-Montageschiene
Sicherung, extern: Druckknopfsicherung in der Vorderseite des Abzugsbügels
Sicherung, intern: interne Verschlußsicherung

MERKMALE:
- Material: Lauf Carbonstahl, System Leichtmetall
- Finish: brüniert
- Schaft: Hartholz, bis zur Laufmündung reichend (Stutzen)

Ruger Modell K 10/22 DSP (Standard Stainless)

TECHNISCHE DATEN:
Kaliber: .22 l.r.
Kapazität: 5- oder 10-Schuß-Trommelmagazin
Magazin: Magazinhalter vor dem Magazinschacht
Nachladesystem: halbautomatischer Selbstlader
Verschluß: reiner Masseverschluß
Gesamtgewicht: 2,3 kg
Gesamtlänge: 94,5 cm
Lauflänge: 47 cm
Visierung: höhenverstellbares Blattvisier, Zielfernrohr-Montageschiene
Sicherung, extern: Druckknopfsicherung in der Vorderseite des Abzugsbügels
Sicherung, intern: interne Verschlußsicherung

MERKMALE:
- Material: Lauf rostfreier Stainless-Stahl, System Leichtmetall

- Finish:	blank
- Schaft:	Hartholz

Ruger Modell K10/22 RBI (International-Stainless)

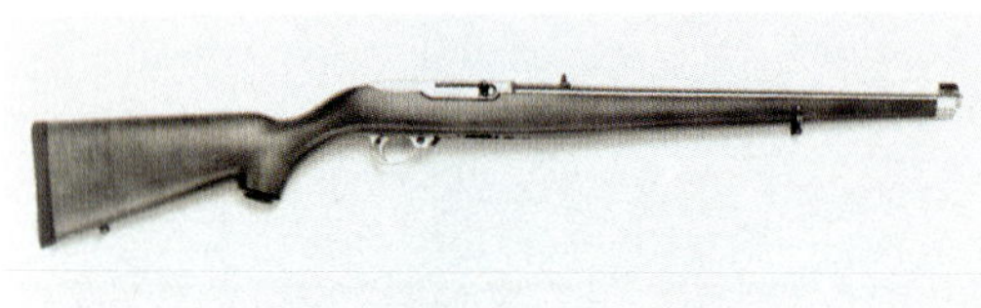

TECHNISCHE DATEN:

Kaliber:	.22 l.r.
Kapazität:	5- oder 10-Schuß-Trommelmagazin
Magazin:	Magazinhalter vor dem Magazinschacht
Nachladesystem:	halbautomatischer Selbstlader
Verschluß:	reiner Masseverschluß
Gesamtgewicht:	2,3 kg
Gesamtlänge:	94,5 cm
Lauflänge:	47 cm
Visierung:	höhenverstellbares Blattvisier, Zielfernrohr-Montageschiene
Sicherung, extern:	Druckknopfsicherung in der Vorderseite des Abzugsbügels
Sicherung, intern:	interne Verschlußsicherung

MERKMALE:

- Material:	Lauf rostfreier Stainless-Stahl, System Leichtmetall
- Finish:	blank
- Schaft:	Hartholz, bis zur Laufmündung reichend (Stutzen)

Ruger Modell 10/22 T (Target)

TECHNISCHE DATEN:

Kaliber:	.22 l.r.
Kapazität:	5- oder 10-Schuß-Trommelmagazin
Magazin:	Halter vor dem Schacht
Nachladesystem:	halbautomatischer Selbstlader
Verschluß:	reiner Masseverschluß
Gesamtgewicht:	3,3 kg
Gesamtlänge:	98 cm
Lauflänge:	51 cm; spezieller, schwerer Target-Lauf
Visierung:	ohne, Zielfernrohr-Montageschiene
Sicherung, extern:	Druckknopfsicherung in der Vorderseite des Abzugsbügels
Sicherung, intern:	interne Verschlußsicherung

MERKMALE:

- Material:	Lauf Carbonstahl, System Leichtmetall
- Finish:	blank
- Schaft:	Laminat-Hartholz

Ruger Modell 77/22R

TECHNISCHE DATEN:

Kaliber:	.22 l.r.
Kapazität:	5- oder 10-Schuß-Trommelmagazin
Magazin:	Halter vor dem Schacht
Nachladesystem:	Kammerstengel-Repetierwaffe
Verschluß:	Zylinderverschluß (Verriegelungswarzen)
Gesamtgewicht:	2,7 kg
Gesamtlänge:	99,5 cm
Lauflänge:	51 cm
Visierung:	ohne (Zielfernrohr-Montageschiene)
Sicherung, extern:	Sicherung an der Verschlußrückseite
Sicherung, intern:	interne Verschlußsicherung

MERKMALE:

- Material:	Carbonstahl
- Finish:	brüniert
- Schaft:	Nußbaumholz

Ruger Modell 77/22RH

TECHNISCHE DATEN:

Kaliber:	.22 Hornet
Kapazität:	6-Schuß-Trommelmagazin
Magazin:	Halter vor dem Schacht

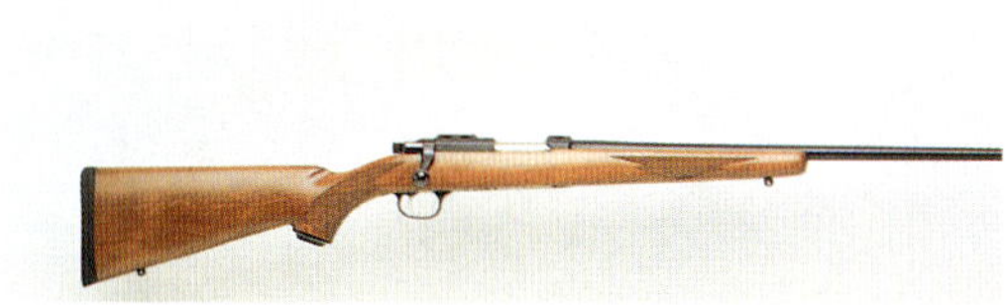

Nachladesystem:	Kammerstengel-Repetierwaffe
Verschluß:	Zylinderverschluß (Verriegelungswarzen)
Gesamtgewicht:	2,7 kg
Gesamtlänge:	102 cm
Lauflänge:	51 cm
Visierung:	ohne, Zielfernrohr-Montageschiene
Sicherung, extern:	Sicherung an der Verschlußrückseite
Sicherung, intern:	interne Verschlußsicherung
MERKMALE:	
- Material:	Carbonstahl
- Finish:	brüniert
- Schaft:	Nußbaumholz

Ruger Modell K 77/22 RHVBZ

TECHNISCHE DATEN:	
Kaliber:	.22 Hornet
Kapazität:	6-Schuß-Trommelmagazin
Magazin:	Magazinhalter vor dem Magazinschacht
Nachladesystem:	Kammerstengel-Repetierwaffe
Verschluß:	Zylinderverschluß (Verriegelungswarzen)
Gesamtgewicht:	2,7 kg
Gesamtlänge:	102 cm
Lauflänge:	51 cm
Visierung:	ohne, Zielfernrohr-Montageschiene
Sicherung, extern:	Sicherung an der Verschlußrückseite
Sicherung, intern:	interne Verschlußsicherung
MERKMALE:	
- Material:	rostfreier Stainless-Stahl
- Finish:	blank
- Schaft:	Laminat-Hartholz

Ruger Modell 77/22 RM

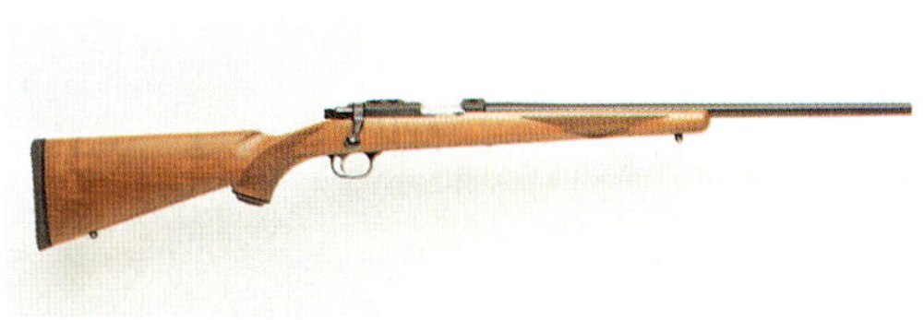

TECHNISCHE DATEN:	
Kaliber:	.22 WMR
Kapazität:	5- oder 9-Schuß-Trommelmagazin, herausnehmbar
Magazin:	Magazinhalter vor dem Magazinschacht
Nachladesystem:	Kammerstengel-Repetierwaffe
Verschluß:	Zylinderverschluß
Gesamtgewicht:	2,7 kg
Gesamtlänge:	99,5 cm
Lauflänge:	51 cm
Visierung:	ohne, Zielfernrohr-Montageschiene
Sicherung, extern:	Sicherung an der Verschlußrückseite
Sicherung, intern:	interne Verschlußsicherung
MERKMALE:	
- Material:	Carbonstahl
- Finish:	brüniert
- Schaft:	Nußbaumholz

Ruger Modell K 77/22 RMP All-Weather

TECHNISCHE DATEN:	
Kaliber:	.22 WMR
Kapazität:	6- oder 9-Schuß-Trommelmagazin
Magazin:	Halter vor dem Schacht
Nachladesystem:	Kammerstengel-Repetierwaffe
Verschluß:	Zylinderverschluß
Gesamtgewicht:	2,7 kg
Gesamtlänge:	99,5 cm
Lauflänge:	51 cm
Visierung:	ohne, Zielfernrohr-Montageschiene
Sicherung, extern:	Sicherung an der Verschlußrückseite
Sicherung, intern:	interne Verschlußsicherung

MERKMALE:

- Material:	rostfreier Stainless-Stahl
- Finish:	blank
- Schaft:	schwarzer Zytel-Kunststoffschaft

Ruger Modell K 77/22 RP All-Weather

TECHNISCHE DATEN:

Kaliber:	.22 l.r.
Kapazität:	5- oder 10-Schuß-Trommelmagazin
Magazin:	Halter vor dem Schacht
Nachladesystem:	Kammerstengel-Repetierwaffe
Verschluß:	Zylinderverschluß
Gesamtgewicht:	2,7 kg
Gesamtlänge:	99,5 cm
Lauflänge:	51 cm
Visierung:	ohne, Zielfernrohr-Montageschiene
Sicherung, extern:	Sicherung an der Verschlußrückseite
Sicherung, intern:	interne Verschlußsicherung

MERKMALE:

- Material:	rostfreier Stainless-Stahl
- Finish:	blank
- Schaft:	schwarzer Zytel-Kunststoffschaft

Ruger Modell 77/22 RS

TECHNISCHE DATEN:

Kaliber:	.22 l.r.
Kapazität:	5- oder 10-Schuß-Trommelmagazin
Magazin:	Halter vor dem Schacht
Nachladesystem:	Kammerstengel-Repetierwaffe
Verschluß:	Zylinderverschluß
Gesamtgewicht:	2,7 kg
Gesamtlänge:	99,5 cm
Lauflänge:	51 cm
Visierung:	verstellbares Blattvisier, Zielfernrohr-Montageschiene
Sicherung, extern:	Sicherung an der Verschlußrückseite
Sicherung, intern:	interne Verschlußsicherung

MERKMALE:

- Material:	Carbonstahl
- Finish:	brüniert
- Schaft:	Nußbaumholz

Ruger Modell 77/22 RSM

TECHNISCHE DATEN:

Kaliber:	.22 WMR
Kapazität:	5- oder 9-Schuß-Trommelmagazin
Magazin:	Magazinhalter vor dem Magazinschacht
Nachladesystem:	Kammerstengel-Repetierwaffe
Verschluß:	Zylinderverschluß
Gesamtgewicht:	2,7 kg
Gesamtlänge:	99,5 cm
Lauflänge:	51 cm
Visierung:	verstellbares Blattvisier, Zielfernrohr-Montageschiene
Sicherung, extern:	Sicherung an der Verschlußrückseite
Sicherung, intern:	interne Verschlußsicherung

MERKMALE:

- Material:	Carbonstahl
- Finish:	brüniert
- Schaft:	Nußbaumholz

Ruger Modell K 77/22 RSMP All-Weather

TECHNISCHE DATEN:

Kaliber:	.22 WMR

Kapazität:	5- oder 9-Schuß-Trommelmagazin
Magazin:	Halter vor dem Schacht
Nachladesystem:	Kammerstengel-Repetierwaffe
Verschluß:	Zylinderverschluß
Gesamtgewicht:	2,7 kg
Gesamtlänge:	99,5 cm
Lauflänge:	51 cm
Visierung:	verstellbares Blattvisier, Zielfernrohr-Montageschiene
Sicherung, extern:	Sicherung an der Verschlußrückseite
Sicherung, intern:	interne Verschlußsicherung
MERKMALE:	
- Material:	rostfreier Stainless-Stahl
- Finish:	blank
- Schaft:	schwarzer Zytel-Kunststoffschaft

Ruger Modell K 77/22 RSP

TECHNISCHE DATEN:

Kaliber:	.22 l.r.
Kapazität:	5- oder 10-Schuß-Trommelmagazin
Magazin:	Halter vor dem Schacht
Nachladesystem:	Kammerstengel-Repetierwaffe
Verschluß:	Zylinderverschluß
Gesamtgewicht:	2,7 kg
Gesamtlänge:	99,5 cm
Lauflänge:	51 cm
Visierung:	verstellbares Blattvisier, Zielfernrohr-Montageschiene
Sicherung, extern:	Sicherung an der Verschlußrückseite
Sicherung, intern:	interne Verschlußsicherung
MERKMALE:	
- Material:	rostfreier Stainless-Stahl
- Finish:	blank
- Schaft:	schwarzer Zytel-Kunststoffschaft

Ruger Modell K 77/22 VBZ

TECHNISCHE DATEN:

Kaliber:	.22 l.r.

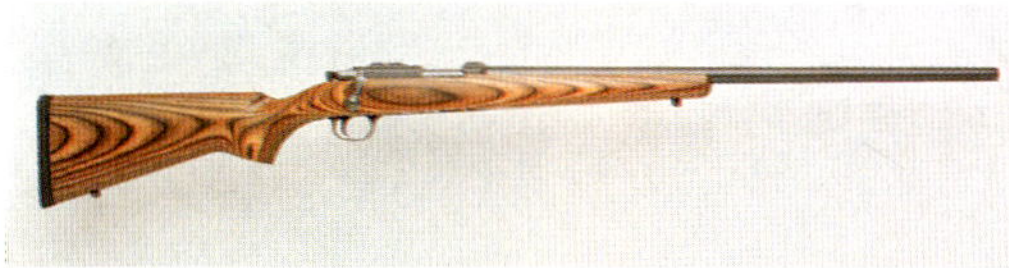

Kapazität:	5- oder 10-Schuß-Trommelmagazin
Magazin:	Magazinhalter vor dem Magazinschacht
Nachladesystem:	Kammerstengel-Repetierwaffe
Verschluß:	Zylinderverschluß
Gesamtgewicht:	3,3 kg
Gesamtlänge:	110 cm
Lauflänge:	61 cm
Visierung:	ohne, Zielfernrohr-Montageschiene
Sicherung, extern:	Sicherung an der Verschlußrückseite
Sicherung, intern:	interne Verschlußsicherung
MERKMALE:	
- Material:	rostfreier Stainless-Stahl
- Finish:	sandgestrahlt
- Schaft:	Laminat-Hartholzschaft

Ruger Modell K 77/22 VMBZ

TECHNISCHE DATEN:

Kaliber:	.22 WMR
Kapazität:	5- oder 9-Schuß-Trommelmagazin
Magazin:	Magazinhalter vor dem Magazinschacht
Nachladesystem:	Kammerstengel-Repetierwaffe
Verschluß:	Zylinderverschluß
Gesamtgewicht:	3,3 kg
Gesamtlänge:	110 cm
Lauflänge:	61 cm
Visierung:	ohne, Zielfernrohr-Montageschiene
Sicherung, extern:	Sicherung an der Verschlußrückseite
Sicherung, intern:	interne Verschlußsicherung
MERKMALE:	
- Material:	rostfreier Stainless-Stahl
- Finish:	sandgestrahlt
- Schaft:	Laminat-Hartholzschaft

Ruger M 77 LR Mark II Linkssystem

TECHNISCHE DATEN:

Kaliber:	siehe unten
Kapazität:	4 Patronen (Magnum: 3 Patronen)
Magazin:	vor dem Abzugsbügel
Nachladesystem:	Kammerstengel-Repetierwaffe
Verschluß:	Zylinderverschluß (2 Verriegelungswarzen), Linkssystem
Gesamtgewicht:	3,3 kg
Gesamtlänge:	101 bis 106 cm (Magnum)
Lauflänge:	56 bis 61 cm (Magnum)
Visierung:	ohne, vorbereitet für Zielfernrohrmontage
Sicherung, extern:	Sicherung an der Verschlußrückseite
Sicherung, intern:	interne Verschlußsicherung

MERKMALE:

- Material:	Carbonstahl
- Finish:	brüniert
- Schaft:	Nußbaumholz-Linksschaft

Lieferbare Kaliber: .270 Win., 7 mm Rem.Mag., .30-06, .300 Win.Mag.

Ruger M 77 R Mark II

TECHNISCHE DATEN:

Kaliber:	siehe unten
Kapazität:	4 Patronen (Magnum: 3 Patronen)
Magazin:	vor dem Abzugsbügel
Nachladesystem:	Kammerstengel-Repetierwaffe
Verschluß:	Zylinderverschluß (2 Verriegelungswarzen)
Gesamtgewicht:	3,3 kg
Gesamtlänge:	101 bis 106 cm (Magnum)
Lauflänge:	56 bis 61 cm (Magnum)
Visierung:	ohne, vorbereitet für Zielfernrohrmontage
Sicherung, extern:	Sicherung an der Verschlußrückseite
Sicherung, intern:	interne Verschlußsicherung

MERKMALE:

- Material:	Carbonstahl
- Finish:	brüniert
- Schaft:	Nußbaumholz

Lieferbare Kaliber: .223 Rem., .22-250 Rem., 6 mm Rem., .243 Win., .257 Roberts, .25-06, 6,5 x 55, .270 Win., 7 x 57, 7 mm Rem.Mag., .280 Rem., .308 Win., .30-06, .300 Win.Mag., .338 Win.Mag.

Ruger M 77 RL Mark II Ultra-Light

TECHNISCHE DATEN:

Kaliber:	siehe unten
Kapazität:	4 Patronen (Magnum: 3 Patronen)
Magazin:	vor dem Abzugsbügel
Nachladesystem:	Kammerstengel-Repetierwaffe
Verschluß:	Zylinderverschluß (2 Verriegelungswarzen)
Gesamtgewicht:	2,7 kg
Gesamtlänge:	96 cm
Lauflänge:	51 cm
Visierung:	ohne, vorbereitet für Zielfernrohrmontage
Sicherung, extern:	Sicherung an der Verschlußrückseite
Sicherung, intern:	interne Verschlußsicherung

MERKMALE:

- Material:	Carbonstahl
- Finish:	brüniert
- Schaft:	Nußbaumholz

Lieferbare Kaliber: .223 Rem., .243 Win., .257 Roberts, .270 Win., .308 Win., .30-06

Ruger KM 77 RP Mark II All-Weather

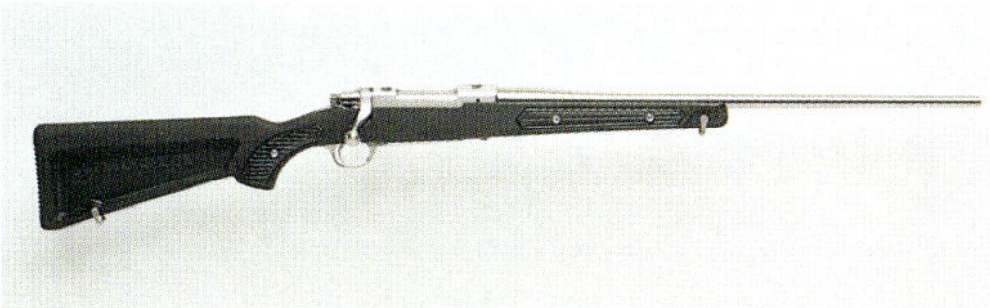

TECHNISCHE DATEN:

Kaliber:	siehe unten
Kapazität:	4 Patronen (Magnum: 3 Patronen)
Magazin:	vor dem Abzugsbügel
Nachladesystem:	Kammerstengel-Repetierwaffe
Verschluß:	Zylinderverschluß (2 Verriegelungswarzen)
Gesamtgewicht:	3,3 kg
Gesamtlänge:	101 bis 106 cm (Magnum)
Lauflänge:	56 bis 61 cm (Magnum)
Visierung:	ohne, vorbereitet für Zielfernrohrmontage
Sicherung, extern:	Sicherung an der Verschlußrückseite
Sicherung, intern:	interne Verschlußsicherung
MERKMALE:	
- Material:	rostfreier Stainless-Stahl
- Finish:	blank
- Schaft:	schwarzer Zytel-Kunststoffschaft

Lieferbare Kaliber: .223 Rem., .22-250 Rem., .243 Win., .257 Roberts, .270 Win., 7 mm Rem.Mag., .280 Rem., .308 Win., .30-06, .300 Win.Mag., .338 Win.Mag.

Ruger M 77 RS Mark II

TECHNISCHE DATEN:

Kaliber:	siehe unten
Kapazität:	4 Patronen (Magnum: 3 Patronen)
Magazin:	vor dem Abzugsbügel
Nachladesystem:	Kammerstengel-Repetierwaffe
Verschluß:	Zylinder (2 Warzen)
Gesamtgewicht:	3,3 kg
Gesamtlänge:	101 bis 106 cm (Magnum)
Lauflänge:	56 bis 61 cm (Magnum)
Visierung:	Blattvisier, vorbereitet für Zielfernrohrmontage
Sicherung, extern:	Sicherung an der Verschlußrückseite
Sicherung, intern:	interne Verschlußsicherung
MERKMALE:	
- Material:	Carbonstahl
- Finish:	brüniert
- Schaft:	Nußbaumholz

Lieferbare Kaliber: .243 Win., .25-06, .270 Win., 7 mm Rem.Mag., .308 Win., .30-06, .300 Win.Mag., .338 Win.Mag., .458 Win.Mag.

Ruger M 77 RS EXP Mark II Express

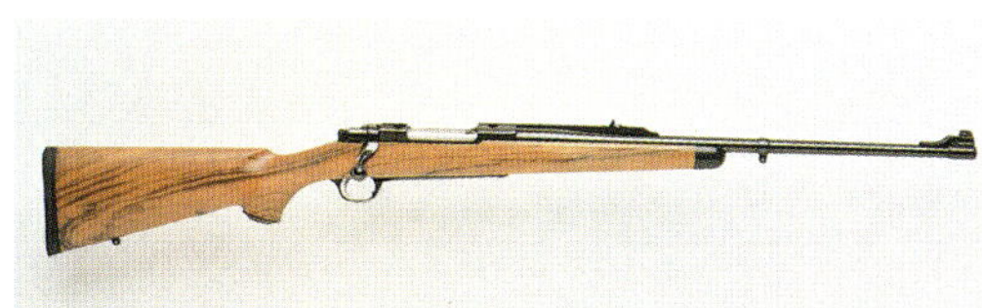

TECHNISCHE DATEN:

Kaliber:	siehe unten
Kapazität:	4 Patronen (Magnum: 3 Patronen)
Magazin:	vor dem Abzugsbügel
Nachladesystem:	Kammerstengel-Repetierwaffe
Verschluß:	Zylinder (2 Warzen)
Gesamtgewicht:	3,4 kg
Gesamtlänge:	107 cm
Lauflänge:	61 cm
Visierung:	verstellbares Flucht-Blattvisier, vorbereitet für Zielfernrohrmontage
Sicherung, extern:	Sicherung an der Verschlußrückseite
Sicherung, intern:	interne Verschlußsicherung
MERKMALE:	
- Material:	Carbonstahl
- Finish:	brüniert
- Schaft:	ausgesuchtes Nußbaumholz

Lieferbare Kaliber: .270 Win., 7 mm Rem.Mag., .30-06, .300 Win.Mag., .338 Win.Mag., .458 Win.Mag.

Ruger M 77 RSI Mark II International

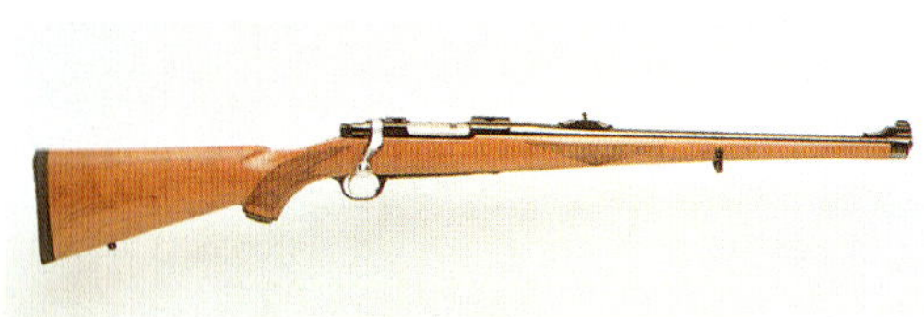

TECHNISCHE DATEN:

Kaliber:	siehe unten
Kapazität:	4 Patronen
Magazin:	vor dem Abzugsbügel
Nachladesystem:	Kammerstengel-Repetierwaffe
Verschluß:	Zylinderverschluß (2 Verriegelungswarzen)
Gesamtgewicht:	3,2 kg
Gesamtlänge:	97 cm
Lauflänge:	47 cm
Visierung:	verstellbares Blattvisier, vorbereitet für Zielfernrohrmontage
Sicherung, extern:	Sicherung an der Verschlußrückseite
Sicherung, intern:	interne Verschlußsicherung
MERKMALE:	
- Material:	Carbonstahl
- Finish:	brüniert
- Schaft:	Nußbaumholz, bis zur Laufmündung reichend (Stutzen)

Lieferbare Kaliber: .243 Win., .308 Win., .30-06.

Ruger M 77 RSM Mark II Magnum

TECHNISCHE DATEN:

Kaliber:	siehe unten
Kapazität:	4 Patronen (.375, .404), 3 Patronen (.416, .458)
Magazin:	vor dem Abzugsbügel
Nachladesystem:	Kammerstengel-Repetierwaffe
Verschluß:	Zylinderverschluß (2 Verriegelungswarzen)
Gesamtgewicht:	4,2 bis 4,65 kg
Gesamtlänge:	114 cm
Lauflänge:	61 cm
Visierung:	verstellbares Flucht-Blattvisier, vorbereitet für Zielfernrohrmontage
Sicherung, extern:	Sicherung an der Verschlußrückseite
Sicherung, intern:	interne Verschlußsicherung
MERKMALE:	
- Material:	Carbonstahl
- Finish:	brüniert
- Schaft:	ausgesuchtes Nußbaumholz

Lieferbare Kaliber: .375 H&H Mag., .404 Jeffery, .416 Rigby, .458 Win.Mag.

Ruger KM 77 RSP Mark II All-Weather

TECHNISCHE DATEN:

Kaliber:	siehe unten
Kapazität:	4 Patronen (Magnum: 3 Patronen)
Magazin:	vor dem Abzugsbügel
Nachladesystem:	Kammerstengel-Repetierwaffe
Verschluß:	Zylinderverschluß (2 Verriegelungswarzen)
Gesamtgewicht:	3,3 kg
Gesamtlänge:	101 bis 106 cm (Magnum)
Lauflänge:	56 bis 61 cm (Magnum)
Visierung:	verstellbares Blattvisier, vorbereitet für Zielfernrohrmontage
Sicherung, extern:	Sicherung an der Verschlußrückseite
Sicherung, intern:	interne Verschlußsicherung
MERKMALE:	
- Material:	rostfreier Stainless-Stahl
- Finish:	blank
- Schaft:	schwarzer Zytel-Kunststoffschaft

Lieferbare Kaliber: .243 Win., .270 Win., 7 mm Rem. Mag., .30-06, .300 Win.Mag., .338 Win.Mag.

Ruger KM 77 VT Mark II Varmint Target

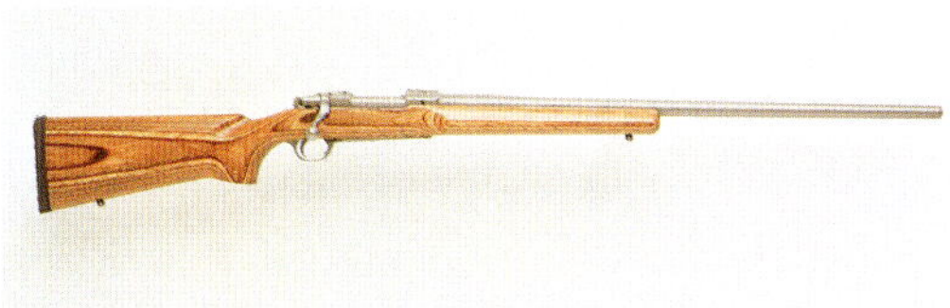

TECHNISCHE DATEN:

Kaliber:	siehe unten
Kapazität:	4 Patronen
Magazin:	vor dem Abzugsbügel
Nachladesystem:	Kammerstengel-Repetierwaffe
Verschluß:	Zylinderverschluß (2 Verriegelungswarzen)
Gesamtgewicht:	4,2 kg
Gesamtlänge:	118 cm
Lauflänge:	66 cm
Visierung:	ohne, vorbereitet für Zielfernrohrmontage
Sicherung, extern:	Sicherung an der Verschlußrückseite
Sicherung, intern:	interne Verschlußsicherung
MERKMALE:	
- Material:	rostfreier Stainless-Stahl
- Finish:	blank
- Schaft:	schwerer Laminat-Hartholzschaft

Lieferbare Kaliber: .223 Rem., .22 PPC, .22-250, .22 Swift, 6 mm PPC, .243 Win., .25-06, .308 Win.

Ruger Mini-14/5R Ranch Rifle

TECHNISCHE DATEN:

Kaliber:	.223 Rem.
Kapazität:	2-, 5-, 20- oder 30-Schuß
Magazin:	vor dem Abzugsbügel
Nachladesystem:	halbautomatischer Selbstlader
Verschluß:	gasdruckverzögerter Drehkammerverschluß
Gesamtgewicht:	3,0 kg
Gesamtlänge:	94,5 cm
Lauflänge:	47 cm
Visierung:	verstellbares Klappdioptervisier, vorbereitet für Zielfernrohrmontage
Sicherung, extern:	Sicherung vorne im Abzugsbügel (Garand-Style)
Sicherung, intern:	interne Verschlußsicherung
MERKMALE:	
- Material:	Carbonstahl
- Finish:	brüniert
- Schaft:	Hartholz

Ruger Mini-14/5RS Ranch Rifle Stainless

TECHNISCHE DATEN:

Kaliber:	.223 Rem.
Kapazität:	2-, 5-, 20- oder 30-Schuß-Magazin
Magazin:	vor dem Abzugsbügel
Nachladesystem:	halbautomatischer Selbstlader
Verschluß:	gasdruckverzögerter Drehkammerverschluß
Gesamtgewicht:	3,0 kg
Gesamtlänge:	94,5 cm
Lauflänge:	47 cm
Visierung:	verstellbares Klappdioptervisier, vorbereitet für Zielfernrohrmontage
Sicherung, extern:	Sicherung vorne im Abzugsbügel (Garand-Style)
Sicherung, intern:	interne Verschlußsicherung
MERKMALE:	
- Material:	rostfreier Stainless-Stahl
- Finish:	blank
- Schaft:	Hartholz

Ruger Mini-14/20 GB Government

TECHNISCHE DATEN:

Kaliber:	.223 Rem.
Kapazität:	5-, 20- oder 30-Schuß-Magazin
Magazin:	vor dem Abzugsbügel

Nachladesystem:	halbautomatische Selbstladewaffe
Verschluß:	gasdruckverzögerter Drehkammerverschluß
Gesamtgewicht:	3,1 kg
Gesamtlänge:	98,5 cm
Lauflänge:	47 cm, mit Feuerdämpfer
Visierung:	verstellbares Klappdioptervisier
Sicherung, extern:	Sicherung vorne im Abzugsbügel (Garand-Style)
Sicherung, intern:	interne Verschlußsicherung

MERKMALE:

- Material:	Carbonstahl
- Finish:	brüniert
- Schaft:	Hartholz

Ruger Mini-Thirty

TECHNISCHE DATEN:

Kaliber:	7,62 x 39
Kapazität:	2-, 5-, oder 20-Schuß-Magazin
Magazin:	vor dem Abzugsbügel
Nachladesystem:	halbautomatische Selbstladewaffe
Verschluß:	gasdruckverzögerter Drehkammerverschluß
Gesamtgewicht:	3,1 kg
Gesamtlänge:	94,5 cm
Lauflänge:	47 cm
Visierung:	verstellbares Klappdioptervisier, vorbereitet für Zielfernrohrmontage
Sicherung, extern:	Sicherung vorne im Abzugsbügel (Garand-Style)
Sicherung, intern:	interne Verschlußsicherung

MERKMALE:

- Material:	Carbonstahl
- Finish:	brüniert
- Schaft:	Hartholz

Ruger Mini-Thirty Stainless

TECHNISCHE DATEN:

Kaliber:	7,62 x 39
Kapazität:	2-, 5-, oder 20-Schuß-Magazin
Magazin:	vor dem Abzugsbügel
Nachladesystem:	halbautomatischer Selbstlader
Verschluß:	gasdruckverz. Drehkammerverschluß
Gesamtgewicht:	3,1 kg
Gesamtlänge:	94,5 cm
Lauflänge:	47 cm
Visierung:	verstellbares Klappdioptervisier, vorb. für Zielfernrohr
Sicherung, extern:	Sicherung vorne im Abzugsbügel (Garand-Style)
Sicherung, intern:	interne Verschlußsicherung

MERKMALE:

- Material:	rostfreier Stainless-Stahl
- Finish:	blank
- Schaft:	Hartholz

Ruger No. 1-A Light Sporter

TECHNISCHE DATEN:

Kaliber:	siehe unten
Kapazität:	entfällt
Magazin:	entfällt
Nachladesystem:	Unterhebel-Einzelladerwaffe
Verschluß:	Fallblockverschluß
Gesamtgewicht:	3,2 kg
Gesamtlänge:	101 cm
Lauflänge:	56 cm
Visierung:	verstellbares Blattvisier, vorbereitet für Zielfernrohrmontage
Sicherung, extern:	Sicherungsschieber am Kolbenhals
Sicherung, intern:	interne Verschlußsicherung

MERKMALE:

- Material:	Carbonstahl
- Finish:	brüniert
- Schaft:	Nußbaumholz

Lieferbare Kaliber: .243 Win., .270 Win., 7 x 57 R, .308 Win., .30-06

Ruger No. 1-B Standard

TECHNISCHE DATEN:

Kaliber:	siehe unten
Kapazität:	entfällt
Magazin:	entfällt
Nachladesystem:	Unterhebel-Einzelladerwaffe
Verschluß:	Fallblockverschluß
Gesamtgewicht:	3,6 kg
Gesamtlänge:	111 cm
Lauflänge:	66 cm
Visierung:	ohne, vorbereitet für Zielfernrohrmontage
Sicherung, extern:	Sicherungsschieber am Kolbenhals
Sicherung, intern:	interne Verschlußsicherung
MERKMALE:	
- Material:	Carbonstahl
- Finish:	brüniert
- Schaft:	Nußbaumholz

Lieferbare Kaliber: .218 Bee, .22 Hornet, .223 Rem., .22-250, .220 Swift, 6 mm Rem., .243 Win., .257 Robert, .270 Win., .270 Weath.Mag., .280 Rem., 7 mm Rem.Mag., .308 Win., .30-06, .300 Win.Mag., .338 Win.Mag.

Ruger No. 1-H Tropical

TECHNISCHE DATEN:

Kaliber:	siehe unten
Kapazität:	entfällt
Magazin:	entfällt
Nachladesystem:	Unterhebel-Einzelladerwaffe
Verschluß:	Fallblockverschluß
Gesamtgewicht:	4,1 kg
Gesamtlänge:	106 cm
Lauflänge:	61 cm
Visierung:	verstellbares Blattvisier, vorbereitet für Zielfernrohrmontage
Sicherung, extern:	Sicherungsschieber am Kolbenhals
Sicherung, intern:	interne Verschlußsicherung
MERKMALE:	
- Material:	Carbonstahl
- Finish:	brüniert
- Schaft:	Nußbaumholz

Lieferbare Kaliber: .375 H&H Mag., .404 Jeffery, .416 Rigby, .416 Rem.Mag., .458 Win.

Ruger No. 1-RSI International Stutzen

TECHNISCHE DATEN:

Kaliber:	siehe unten
Kapazität:	entfällt
Magazin:	entfällt
Nachladesystem:	Unterhebel-Einzelladerwaffe
Verschluß:	Fallblockverschluß
Gesamtgewicht:	3,3 kg
Gesamtlänge:	96 cm
Lauflänge:	51 cm
Visierung:	verstellbares Blattvisier, vorbereitet für Zielfernrohrmontage
Sicherung, extern:	Sicherungsschieber am Kolbenhals
Sicherung, intern:	interne Verschlußsicherung
MERKMALE:	
- Material:	Carbonstahl
- Finish:	brüniert
- Schaft:	Nußbaumholz, bis an die Laufmündung reichend (Stutzen)

Lieferbare Kaliber: .243 Win., .270 Win., 7 x 57 R, .308 Win., .30-06.

Ruger No. 1-S Medium Sporter

TECHNISCHE DATEN:

Kaliber:	siehe unten
Kapazität:	entfällt
Magazin:	entfällt
Nachladesystem:	Unterhebel-Einzelladerwaffe
Verschluß:	Fallblockverschluß
Gesamtgewicht:	3,3 kg
Gesamtlänge:	111 cm
Lauflänge:	66 cm (.45-70: 56 cm)
Visierung:	verstellbares Blattvisier, vorbereitet für Zielfernrohrmontage
Sicherung, extern:	Sicherungsschieber am Kolbenhals
Sicherung, intern:	interne Verschlußsicherung
MERKMALE:	
- Material:	Carbonstahl
- Finish:	brüniert
- Schaft:	Nußbaumholz

Lieferbare Kaliber: .218 Bee, 7 mm Rem.Mag., .300 Win.Mag., .338 Win.Mag., .45-70 Government

Ruger No. 1-V Special Varminter

TECHNISCHE DATEN:

Kaliber:	siehe unten
Kapazität:	entfällt
Magazin:	entfällt
Nachladesystem:	Unterhebel-Einzelladerwaffe
Verschluß:	Fallblockverschluß
Gesamtgewicht:	4,1 kg
Gesamtlänge:	106 cm
Lauflänge:	61 cm (.220 Swift: 66 cm)
Visierung:	ohne, vorbereitet für Ruger-Zielfernrohrmontage
Sicherung, extern:	Sicherungsschieber am Kolbenhals
Sicherung, intern:	interne Verschlußsicherung
MERKMALE:	
- Material:	Carbonstahl
- Finish:	brüniert
- Schaft:	Nußbaumholz

Lieferbare Kaliber: .223 Rem., .22 PPC, .22-250, .220 Swift, 6 mm Rem., 6 mm PPC, .25-06

Sako

Die finnische Waffenfabrik Sako wurde unmittelbar nach dem Ende des Ersten Weltkrieges gegründet, um dort gebrauchte Militärgewehre zu reparieren und zu modifizieren sowie sie insbesondere zur jagdlichen Verwendung umzubauen. Der Firmensitz von Sako ist Riihimäki in Süd-Finnland.
Wie viele andere Unternehmen der Branche hatte auch Sako während der Zeit der großen Depression in den 30er Jahren große Probleme. Im Zweiten Weltkrieg hörte die Firma fast auf zu existieren; 1946 mußte sie nahezu komplett neu aufgebaut werden. Auch in dieser Zeit brachte sich das Unternehmen wieder durch den Umbau von Militärkarabinern in Jagd- und Sportbüchsen nach oben.
Zu Beginn der 50er Jahre entwickelte Sako dann auf der Basis drei unterschiedlich langer Repetierbüchsensysteme eine eigene Serie von Jagd- und Präzisionsrepetierern. Mit Sako-Büchsen mit dem kurzen System S491, dem Standardsystem M591 und dem langen Magnumsystem L691 konnte man sofort einschneidende Erfolge verzeichnen.
In den 80er Jahren brachte die Firma ein Scharfschützengewehr heraus, das mit der neuen Sako-Systemserie TRG ausgestattet war. Kurz darauf kamen auch Jagdrepetierer mit TRG-Systemen heraus. Da viele Custom-Büchsenmacher gerne die robusten und zuverlässigen Sako-Systeme verwenden, verkauft die Firma die Systeme auch einzeln.
Neben seinen Repetierern hat Sako auch militärische Selbstlader im Programm, etwa das Sako RK-95 in den Kalibern .223 Rem.. und 7,62 x 39, abgeleitet vom Kalashnikov AK-47. Das Unternehmen produziert auch Munition, sämtliche gängigen Kaliber von .22 Hornet bis .375 H&H Magnum. Die Sako-Geschosse, benannt unter anderem als „Hammerhead", „Powerhead" oder „Speedhead", haben einen hervorragenden Ruf bei den Jägern. Die spezielle Polizeimunition von Sako, wie etwa die 9 mm Para KPO, ist führend in Skandinavien.

Sako Battue

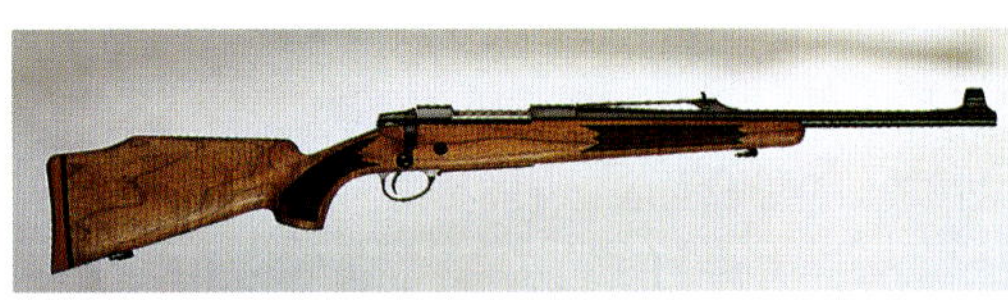

TECHNISCHE DATEN:

Kaliber:	siehe unten
Kapazität:	4 oder 5 Patronen
Magazin:	vor dem Abzugsbügel, Bodenplatte abklappbar
Nachladesystem:	Kammerstengel-Repetierwaffe

Verschluß:	Zylinderverschluß (3 Verriegelungswarzen)
Gesamtgewicht:	3,1 bis 3,5 kg
Gesamtlänge:	99,5 bis 101,5 cm
Lauflänge:	49 cm
Visierung:	höhenverstellbares Fluchtvisier, Korntunnel, vorbereitet für Zielfernrohrmontage
Sicherung, extern:	Sicherung auf der rechten Seite des Verschlusses hinter dem Kammerstengel
Sicherung, intern:	interne Verschlußsicherung
MERKMALE:	
- Material:	Carbonstahl
- Finish:	brüniert
- Schaft:	Nußbaumholz

Lieferbare Kaliber: mittellanger Verschluß (M591): .22-250 Rem., .243 Win., 7 mm-08 Rem., .308 Win.; langer Verschluß (M691): .25-06 Rem., 6,5 x 55, .270 Win., 7 x 64, .280 Rem., .30-06, 9,3 x 62; Magnumausführung (M691-Magnum): 7 mm Rem.Mag., .300 Win.Mag., .300 Weath.Mag., .338 Win.Mag., .375 H&H Mag.

Diese Waffe ist auch in einer Version mit rostfreien Stainless-Stahlteilen lieferbar.

Sako Carbine (Stutzen)

TECHNISCHE DATEN:

Kaliber:	siehe unten
Kapazität:	4 oder 5 Patronen
Magazin:	vor dem Abzugsbügel, Bodenplatte abklappbar
Nachladesystem:	Kammerstengel-Repetierwaffe
Verschluß:	Zylinder (3 Warzen)
Gesamtgewicht:	3,2 bis 3,4 kg
Gesamtlänge:	99,5 bis 101,5 cm
Lauflänge:	49 cm
Visierung:	seitlich verstellbares Blattvisier, Korntunnel, vorbereitet für Zielfernrohrmontage
Sicherung, extern:	Sicherung auf der rechten Seite des Verschlusses hinter dem Kammerstengel
Sicherung, intern:	interne Verschlußsicherung
MERKMALE:	
- Material:	Carbonstahl
- Finish:	brüniert
- Schaft:	Nußbaumholz, bis zur Laufmündung reichend (Stutzen)

Lieferbare Kaliber: mittellanger Verschluß (M591): .22-250 Rem., .243 Win., 7 mm-08 Rem., .308 Win.; langer Verschluß (M691): .25-06 Rem., 6,5 x 55, .270 Win., 7 x 64, .280 Rem., .30-06, 9,3 x 62; Magnumausführung (M691-Magnum): 7 mm Rem.Mag., .300 Win.Mag., .300 Weath.Mag., .338 Win.Mag., .375 H&H Mag.

Diese Waffe ist auch in einer Version mit rostfreien Stainless-Stahlteilen lieferbar.

Sako Deluxe

TECHNISCHE DATEN:

Kaliber:	siehe unten
Kapazität:	4, 5 oder 6 Patronen
Magazin:	vor dem Abzugsbügel, Bodenplatte abklappbar
Nachladesystem:	Kammerstengel-Repetierwaffe
Verschluß:	Zylinderverschluß (3 Verriegelungswarzen)
Gesamtgewicht:	3,1 bis 3,9 kg
Gesamtlänge:	106 bis 114,5 cm
Lauflänge:	57 bis 62 cm
Visierung:	Blattvisier, Korntunnel, vorbereitet für Zielfernrohrmontage
Sicherung, extern:	Sicherung auf der rechten Seite des Verschlusses hinter dem Kammerstengel
Sicherung, intern:	interne Verschlußsicherung
MERKMALE:	
- Material:	Carbonstahl
- Finish:	brüniert
- Schaft:	Nußbaumholz

Lieferbare Kaliber: kurzer Verschluß (S491): .17 Rem., .222 Rem., .223 Rem., .22 PPCV, 6 mm PPC; mittellanger Verschluß (M591): .22-250 Rem., .243 Win., 7 mm-08 Rem., .308 Win.; langer Verschluß (M691): .25-06 Rem., 6,5 x 55, .270 Win., 7 x 64, .280 Rem., .30-06, 9,3 x 62; Magnumausführung (M691-Magnum): 7 mm Rem.Mag., .300 Win.Mag.,

.300 Weath.Mag., .338 Win.Mag., .375 H&H Mag., .416 Rem.Mag.

Diese Waffe ist auch in einer Version mit rostfreien Stainless-Stahlteilen lieferbar.

Sako Euro

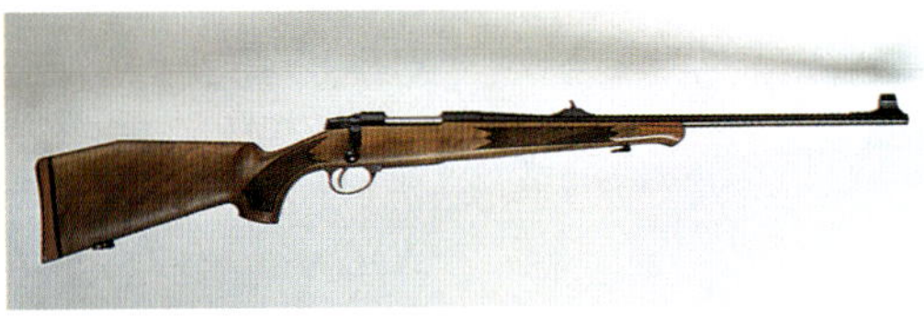

TECHNISCHE DATEN:

Kaliber:	siehe unten
Kapazität:	4, 5 oder 6 Patronen
Magazin:	vor dem Abzugsbügel, Bodenplatte abklappbar
Nachladesystem:	Kammerstengel-Repetierwaffe
Verschluß:	Zylinderverschluß (3 Verriegelungswarzen)
Gesamtgewicht:	3,1 bis 3,9 kg
Gesamtlänge:	106 bis 114,5 cm
Lauflänge:	57 bis 62 cm
Visierung:	seitlich verstellbares Blattvisier, Korntunnel, vorbereitet für Zielfernrohrmontage
Sicherung, extern:	Sicherung auf der rechten Seite des Verschlusses hinter dem Kammerstengel
Sicherung, intern:	interne Verschlußsicherung
MERKMALE:	
- Material:	Carbonstahl
- Finish:	brüniert
- Schaft:	Nußbaumholz

Lieferbare Kaliber: kurzer Verschluß (S491): .17 Rem., .222 Rem., .223 Rem., .22 PPCV, 6 mm PPC; mittellanger Verschluß (M591): .22-250 Rem., .243 Win., 7 mm-08 Rem., .308 Win.; langer Verschluß (M691): .25-06 Rem., 6,5 x 55, .270 Win., 7 x 64, .280 Rem., .30-06, 9,3 x 62; Magnumausführung (M691-Magnum): 7 mm Rem.Mag., .300 Win.Mag., .300 Weath.Mag., .338 Win.Mag., .375 H&H Mag. .

Diese Waffe ist auch in einer Version mit rostfreien Stainless-Stahlteilen lieferbar.

Sako Finnfire (P94S)

TECHNISCHE DATEN:

Kaliber:	.22 l.r.
Kapazität:	5- oder 10-Schuß-Magazin
Magazin:	Magazinhalter vor dem Magazinschacht
Nachladesystem:	Kammerstengel-Repetierwaffe
Verschluß:	Zylinder (2 Warzen)
Gesamtgewicht:	2,6 kg
Gesamtlänge:	100 cm
Lauflänge:	56 cm
Visierung:	seitlich verstellbares Blattvisier, Korntunnel, Zielfernrohr-Montageschiene
Sicherung, extern:	Sicherung rechts hinter dem Kammerstengel
Sicherung, intern:	interne Verschlußsicherung
MERKMALE:	
- Material:	Carbonstahl
- Finish:	brüniert
- Schaft:	Nußbaumholz

Sako Finnfire Varmint

TECHNISCHE DATEN:

Kaliber:	.22 l.r.
Kapazität:	5- oder 10-Schuß-Magazin
Magazin:	Halter vor dem Schacht
Nachladesystem:	Kammerstengel-Repetierwaffe
Verschluß:	Zylinder (2 Warzen)
Gesamtgewicht:	3,3 kg
Gesamtlänge:	102,5 cm
Lauflänge:	58,5 cm
Visierung:	ohne, Zielfernrohr-Montageschiene
Sicherung, extern:	Sicherung rechts hinter dem Kammerstengel
Sicherung, intern:	interne Verschlußsicherung
MERKMALE:	
- Material:	Carbonstahl

- Finish: brüniert
- Schaft: Nußbaumholz

Sako Hunter

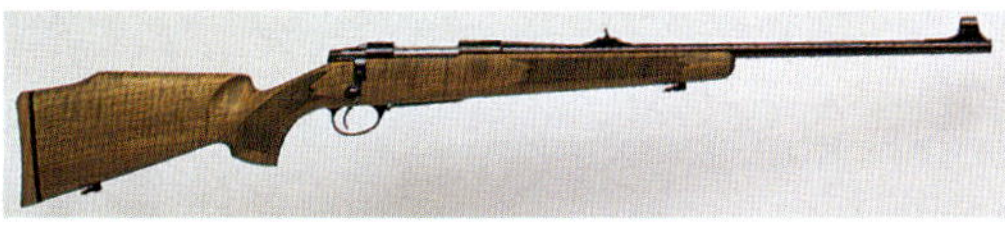

TECHNISCHE DATEN:
Kaliber: siehe unten
Kapazität: 4, 5 oder 6 Patronen
Magazin: vor dem Abzugsbügel, Bodenplatte abklappbar
Nachladesystem: Kammerstengel-Repetierwaffe
Verschluß: Zylinderverschluß (3 Verriegelungswarzen)
Gesamtgewicht: 3,1 bis 3,9 kg
Gesamtlänge: 106 bis 114,5 cm
Lauflänge: 57 bis 62 cm
Visierung: seitlich verstellbares Blattvisier, Korntunnel, vorbereitet für Zielfernrohrmontage
Sicherung, extern: Sicherung auf der rechten Seite des Verschlusses hinter dem Kammerstengel
Sicherung, intern: interne Verschlußsicherung
MERKMALE:
- Material: Carbonstahl
- Finish: brüniert
- Schaft: Nußbaumholz

Lieferbare Kaliber: kurzer Verschluß (S491): .17 Rem., .222 Rem., .223 Rem., .22 PPCV, 6 mm PPC; mittellanger Verschluß (M591): .22-250 Rem., .243 Win., 7 mm-08 Rem., .308 Win.; langer Verschluß (M691): .25-06 Rem., 6,5 x 55, .270 Win., 7 x 64, .280 Rem., .30-06, 9,3 x 62; Magnumausführung (M691-Magnum): 7 mm Rem.Mag., .300 Win.Mag., .300 Weath.Mag., .338 Win.Mag., .375 H&H Mag., .146 Rem.Mag.

Diese Waffe ist auch in einer Version mit rostfreien Stainless-Stahlteilen lieferbar.

Sako Safari

TECHNISCHE DATEN:
Kaliber: siehe unten

Kapazität: 5 Patronen
Magazin: vor dem Abzugsbügel, Bodenplatte abklappbar
Nachladesystem: Kammerstengel-Repetierwaffe
Verschluß: Zylinderverschluß (3 Verriegelungswarzen)
Gesamtgewicht: 4,2 kg
Gesamtlänge: 114,5 cm
Lauflänge: 62 cm
Visierung: seitlich verstellbares Blattvisier, Korntunnel, vorbereitet für Zielfernrohrmontage
Sicherung, extern: Sicherung auf der rechten Seite des Verschlusses hinter dem Kammerstengel
Sicherung, intern: interne Verschlußsicherung
MERKMALE:
- Material: Carbonstahl
- Finish: brüniert
- Schaft: ausgesuchtes Nußbaumholz

Lieferbare Kaliber: .338 Win.Mag., .375 H&H Mag., .146 Rem.Mag.

Sako Super Deluxe

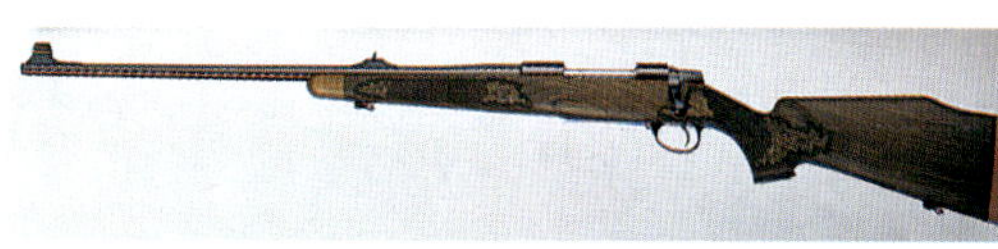

TECHNISCHE DATEN:
Kaliber: siehe unten
Kapazität: 4, 5 oder 6 Patronen
Magazin: vor dem Abzugsbügel, Bodenplatte abklappbar
Nachladesystem: Kammerstengel-Repetierwaffe
Verschluß: Zylinderverschluß (3 Verriegelungswarzen)
Gesamtgewicht: 3,1 bis 3,9 kg
Gesamtlänge: 106 bis 114,5 cm
Lauflänge: 57 bis 62 cm
Visierung: seitlich verstellbares Blattvisier, Korntunnel, vorbereitet für Zielfernrohrmontage
Sicherung, extern: Sicherung auf der rechten Seite des Verschlusses hinter dem Kammerstengel

Sicherung, intern:	interne Verschlußsicherung
MERKMALE:	
- Material:	Carbonstahl
- Finish:	brüniert
- Schaft:	Monte Carlo, speziell ausgesuchtes Nußbaumholz

Lieferbare Kaliber: kurzer Verschluß (S491): .17 Rem., .222 Rem., .223 Rem., .22 PPCV, 6 mm PPC; mittellanger Verschluß (M591): .22 250 Rem., .243 Win., 7 mm-08 Rem., .308 Win.; langer Verschluß (M691): .25-06 Rem., 6,5 x 55, .270 Win., 7 x 64, .280 Rem., .30-06, 9,3 x 62; Magnumausführung (M691-Magnum): 7 mm Rem.Mag., .300 Win.Mag., .300 Weath.Mag., .338 Win.Mag., .375 H&H Mag., .416 Rem.Mag.

Diese Waffe ist auch in einer Version mit rostträgen Stainless-Stahlteilen lieferbar.

Sako TRG-21

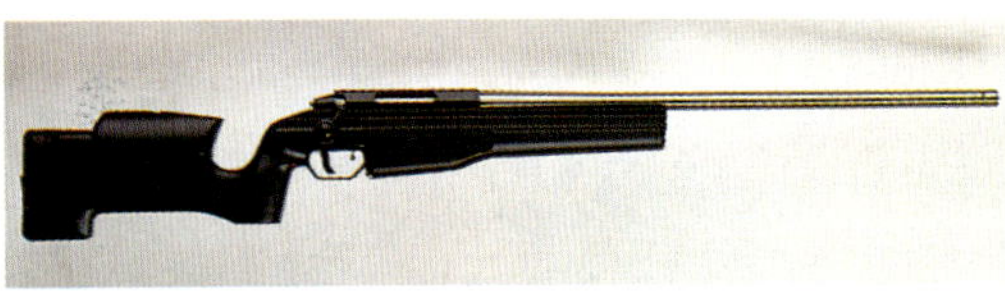

TECHNISCHE DATEN:

Kaliber:	6 mm PPC, .308 Win.
Kapazität:	10-Schuß-Magazin
Magazin:	Magazinhalter vor dem Magazinschacht
Nachladesystem:	Kammerstengel-Repetierwaffe
Verschluß:	Zylinder (3 Warzen)
Gesamtgewicht:	4,7 kg
Gesamtlänge:	115 cm
Lauflänge:	66 cm
Visierung:	ohne, vorb. f. Fernrohrmontage
Sicherung, extern:	Sicherung innerhalb des Abzugsbügels
Sicherung, intern:	interne Verschlußsicherung
MERKMALE:	
- Material:	Lauf rostfreier Stainless-Stahl, System Aluminium
- Finish:	Lauf blank, System schwarz
- Schaft:	individuell verstellbarer, spezieller Kunststoffschaft mit ausgepr. Pistolengriff

In der polizeilichen Scharfschützenversion ist auch der Lauf mattschwarz.

Sako TRG-21/TRG-41 Sniper

TECHNISCHE DATEN:

Kaliber:	.308 Win. (TRG-21), .338 Lapua Mag. (TRG-41)
Kapazität:	10-Schuß- oder 5-Schuß-Magazin (TRG-41)
Magazin:	Magazinhalter vor dem Magazinschacht
Nachladesystem:	Kammerstengel-Repetierwaffe
Verschluß:	Zylinder (3 Warzen)
Gesamtgewicht:	4,7 oder 5,1 kg (ohne Zielfernrohr)
Gesamtlänge:	115 oder 120 cm
Lauflänge:	66 oder 69 cm
Visierung:	ohne, vorbereitet für eine spezielle Zielfernrohrmontage
Sicherung, extern:	Sicherung innerhalb des Abzugsbügels
Sicherung, intern:	interne Verschlußsicherung
MERKMALE:	
- Material:	Lauf rostfreier Stainless-Stahl, System Aluminium
- Finish:	Lauf blank, System schwarz
- Schaft:	individuell verstellbarer, spezieller Kunststoffschaft mit ausgepr. Pistolengriff

Sako TRG-S

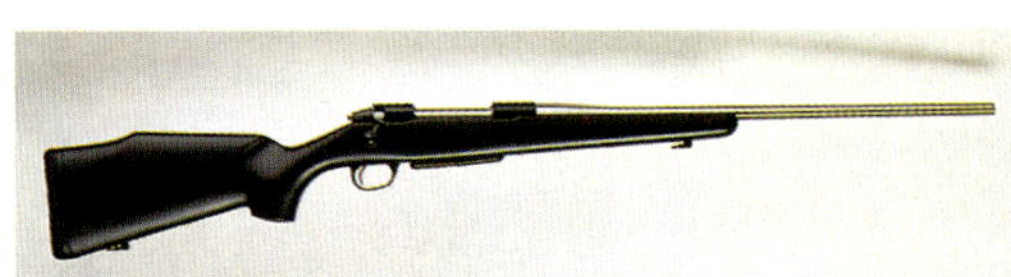

TECHNISCHE DATEN:

Kaliber:	siehe unten
Kapazität:	3-, 4- oder 5-Schuß-Magazin
Magazin:	Magazinhalter vor dem Magazinschacht
Nachladesystem:	Kammerstengel-Repetierwaffe
Verschluß:	Zylinderverschluß (3 Verriegelungswarzen)
Gesamtgewicht:	3,3 bis 3,6 kg

Gesamtlänge:	112 bis 116 cm
Lauflänge:	58 bis 62 cm
Visierung:	seitlich verstellbares Blattvisier, Korntunnel, vorbereitet für Zielfernrohrmontage
Sicherung, extern:	Sicherung auf der rechten Seite des Verschlusses hinter dem Kammerstengel
Sicherung, intern:	interne Verschlußsicherung
MERKMALE:	
- Material:	Carbonstahl
- Finish:	brüniert
- Schaft:	Kunststoff, schwarz

Lieferbare Kaliber: Verschluß M995: .308 Win., .25-06 Rem., 6,5 x 55, .270 Win., .280 Rem., .30-06, 9,3 x 62; langer Verschluß: 7 mm Rem.Mag., .300 Win.Mag., .300 Weath.Mag., .338 Win.Mag., .338 Lapua Mag., .375 H&H Mag.

Diese Waffe ist auch in einer Version mit rostfreien Stainless-Stahlteilen lieferbar.

Sako Varmint

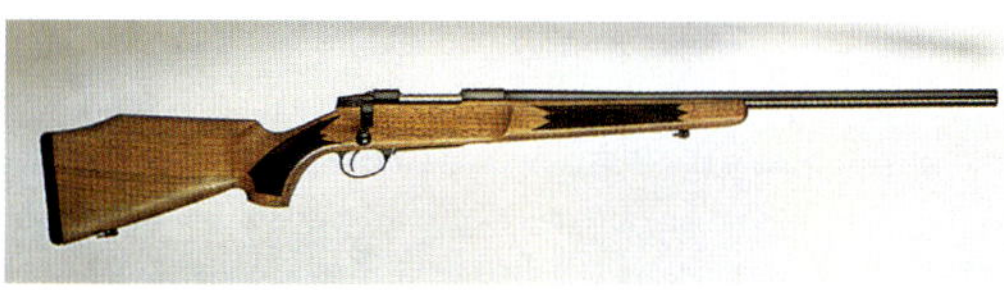

TECHNISCHE DATEN:

Kaliber:	siehe unten
Kapazität:	5 oder 6 Patronen
Magazin:	vor dem Abzugsbügel, Bodenplatte abklappbar
Nachladesystem:	Kammerstengel-Repetierwaffe
Verschluß:	Zylinderverschluß (3 Verriegelungswarzen)
Gesamtgewicht:	3,8 bis 4,1 kg
Gesamtlänge:	109 bis 112,5 cm
Lauflänge:	60 cm
Visierung:	ohne, vorbereitet für Zielfernrohrmontage
Sicherung, extern:	Sicherung auf der rechten Seite des Verschlusses hinter dem Kammerstengel
Sicherung, intern:	interne Verschlußsicherung
MERKMALE:	
- Material:	Carbonstahl
- Finish:	brüniert
- Schaft:	Nußbaumholz

Lieferbare Kaliber: kurzer Verschluß (S491): .17 Rem., .222 Rem., .223 Rem., .22 PPC, 6 mm PPC; mittellanger Verschluß (M591): .22-250 Rem., .243 Win., 7 mm-08 Rem., .308 Win.

Diese Waffe ist auch in einer Version mit rostfreien Stainless-Stahlteilen lieferbar.

Sako Varmint Single-Shot

TECHNISCHE DATEN:

Kaliber:	siehe unten
Kapazität:	entfällt
Magazin:	entfällt
Nachladesystem:	Kammerstengel-Einzellader
Verschluß:	Zylinder (3 Warzen)
Gesamtgewicht:	3,6 bis 4,0 kg
Gesamtlänge:	109 bis 111,5 cm
Lauflänge:	60 cm
Visierung:	ohne, vorbereitet für Zielfernrohrmontage
Sicherung, extern:	Sicherung auf der rechten Seite des Verschlusses hinter dem Kammerstengel
Sicherung, intern:	interne Verschlußsicherung
MERKMALE:	
- Material:	rostfreier Stainless-Stahl
- Finish:	blank
- Schaft:	Laminatholz

Lieferbare Kaliber: kurzer Verschluß (S491): .17 Rem., .222 Rem., .223 Rem., .22 PPC, 6 mm PPC; mittellanger Verschluß (M591): .22-250 Rem., .243 Win., 7 mm-08 Rem., .308 Win.

Sako Vixen Laminate

TECHNISCHE DATEN:

Kaliber:	siehe unten
Kapazität:	4, 5 oder 6 Patronen

Magazin:	vor dem Abzugsbügel, Bodenplatte abklappbar
Nachladesystem:	Kammerstengel-Repetierwaffe
Verschluß:	Zylinderverschluß (3 Verriegelungswarzen)
Gesamtgewicht:	3,1 bis 3,6 kg
Gesamtlänge:	106 bis 114,5 cm
Lauflänge:	57 bis 62 cm
Visierung:	ohne, vorbereitet für Zielfernrohrmontage
Sicherung, extern:	Sicherung auf der rechten Seite des Verschlusses hinter dem Kammerstengel
Sicherung, intern:	interne Verschlußsicherung
MERKMALE:	
- Material:	Carbonstahl
- Finish:	brüniert
- Schaft:	Laminatholz

Lieferbare Kaliber: kurzer Verschluß (S491): .17 Rem., .222 Rem., .223 Rem., .22 PPC, 6 mm PPC; mittellanger Verschluß (M591): .22-250 Rem., .243 Win., 7 mm-08 Rem., .308 Win.; langer Verschluß (M691): .25-06 Rem., 6,5 x 55, .270 Win., 7 x 64, .280 Rem., .30-06, 9,3 x 62; Magnumausführung (M691-Magnum): 7 mm Rem.Mag., .300 Win.Mag., .300 Weath.Mag., .338 Win.Mag., .375 H&H Mag.

Savage

Die US-Firma Savage kann auf eine lange Tradition auf dem Gebiet des Waffenbaus zurückblicken. Sie wurde bereits 1863 von Arthur Wilhelm Savage gegründet und hat ihren Sitz immer noch in Westfield, Massachusetts, in der Nähe des bekannten, dortigen Waffenortes Springfield.

Vor 1960 war das Unternehmen vornehmlich für seine Unterhebelrepetierbüchsen bekannt; inzwischen wurde auch eine erfolgreiche Serie von Kammerstengelrepetierern eingeführt. Das Firmenlogo, ein Indianerkopf, wurde Anfang dieses Jahrhunderts eingeführt.

1901 hatte Arthur Savage entschieden, Cheyenne-Indianern Gewehre zu liefern, die sie bestellt hatten, um damit in ihrem Reservat in Wyoming zu jagen. Die Indianer wollten sich dafür mit den Savage-Waffen auf Indianer-Shows zeigen, die zur damaligen Zeit sehr populär waren.

Nach dem Zweiten Weltkrieg baute man eine große Zahl deutscher Mauser-Repetierer zu Jagd- und Sportbüchsen um; dies hatte zur Folge, daß auch in den USA die Nachfrage nach Kammerstengelrepetierern erheblich zunahm. Die verschiedensten amerikanischen Hersteller begannen, selbst entsprechende Repetierer zu entwickeln, um sich damit Marktanteile zu sichern. Savage war die erste US-Firma, die im Jahr 1920 mit ihrem Modell 1920, Kaliber .250-3000 und .300 Savage, einen Kammerstengelrepetierer vorstellte. Die Patrone .300 Savage wurde von Charles Newton eigens für Savage entwickelt.

1928 folgten dem Modell 1920 die Savage-Modelle 40 und 45 in den Kalibern .30-06 (Springfield) und .30-30 Winchester.

Etwa 1930 trat Nick Brewer, ein junger Waffenkonstrukteur, in die Dienste eines Tochterunternehmens von Savage, der Firma Stevens Arms & Tool Company. Brewer entwarf diverse Waffenmodelle, unter anderem das Stevens Modell 15-Kleinkalibergewehr und die Savage-Modelle M 340 und M 987. Seinen größten Erfolg hatte er mit dem Modell 110, das 1958 vorgestellt wurde.

Während des Zweiten Weltkrieges stand die Produktion von Sportwaffen größtenteils still. Während dieser Zeit wurde fast die ganze Fertigungskapazität von Savage zur Herstellung von Browning-Maschinengewehren verwendet. Im Laufe der Jahre wurde Brewers erfolgreiches Modell 110 in verschiedenen Punkten geändert, in der Zeit nach 1966 insbesondere durch den Waffeningenieur Bob Greenleaf. Im Endeffekt entstand auf der Basis des alten M 110 eine komplett neue Reihe von Savage-Büchsen. Mitte der 70er Jahre bekam die Firma, inzwischen Teil der Emhart Corporation, erhebliche Probleme mit den Gewerkschaften; das führte dazu, daß sie Emhart verkaufen wollte.

Die Unterhebelrepetierbüchse Modell 99 war wohl die erfolgreichste Waffe von Savage. Sie wurde unter den verschiedensten Zusatzbezeichnungen in den verschiedensten Kalibern und Ausführungen herausgebracht. 1995 erschien ein Sondermodell davon, das 99 CE Centennial-Gewehr, um damit an die 100 Jahre seit der Vorstellung der Büchse 1895 zu erinnern. Von diesem Erinnerungsmodell wurden nur 1000 Stück produziert. Da Savage auch hinsichtlich der Sicherheit mit der Zeit geht, werden seit 1991 alle Savage-Gewehre mit einem neuen „Sicherheitspaket“ ausgeliefert, bestehend aus einem Waffen-Schloß, Ohrschützern und einer Sicherheits-Schießbrille.

Savage Mark I-GY Youth

TECHNISCHE DATEN:

Kaliber:	.22 l.r.

Kapazität:	10-Schuß-Magazin
Magazin:	Halter vor dem Schacht
Nachladesystem:	Kammerstengel-Repetierwaffe
Verschluß:	Zylinderverschluß
Gesamtgewicht:	2,3 kg
Gesamtlänge:	94 cm
Lauflänge:	48,5 cm
Visierung:	verstellbares Visier, Zielfernrohr-Montageschiene
Sicherung, extern:	Sicherung rechts, hinter dem Kammerstengel
Sicherung, intern:	interne Verschlußsicherung
MERKMALE:	
- Material:	Carbonstahl
- Finish:	brüniert
- Schaft:	Hartholz

Savage Mark II-GXP

TECHNISCHE DATEN:

Kaliber:	.22 l.r.
Kapazität:	10-Schuß-Magazin
Magazin:	Halter vor dem Schacht
Nachladesystem:	Kammerstengel-Repetierwaffe
Verschluß:	Zylinderverschluß
Gesamtgewicht:	2,5 kg
Gesamtlänge:	100,5 cm
Lauflänge:	52,5 cm
Visierung:	verstellbares Visier, Zielfernrohr 4 x 15 mm
Sicherung, extern:	Sicherung rechts, hinter dem Kammerstengel
Sicherung, intern:	interne Verschlußsicherung
MERKMALE:	
- Material:	Carbonstahl
- Finish:	brüniert
- Schaft:	Hartholz

Savage Modell 99-C

TECHNISCHE DATEN:

Kaliber:	.243 Win., .308 Win.
Kapazität:	4-Schuß-Magazin
Magazin:	Magazinlöseknopf rechts am Verschlußkasten
Nachladesystem:	Unterhebel-Repetierwaffe
Verschluß:	Unterhebelverschluß
Gesamtgewicht:	3,5 kg
Gesamtlänge:	115,5 cm
Lauflänge:	56 cm
Visierung:	verstellbares Visier; vorbereitet für Zielfernrohrmontage
Sicherung, extern:	Sicherungsschieber am Kolbenhals, oben
Sicherung, intern:	interne Verschlußsicherung, Ladeanzeige durch Signalstift
MERKMALE:	
- Material:	Carbonstahl
- Finish:	brüniert
- Schaft:	Nußbaumholz, trotz Unterhebelrepetiersystem Schaftform mit Pistolengriff

Savage Modell 99-CE Centennial Edition

TECHNISCHE DATEN:

Kaliber:	.300 Savage
Kapazität:	4-Schuß-Magazin
Magazin:	Magazinlöseknopf rechts am Verschlußkasten
Nachladesystem:	Unterhebel-Repetierwaffe
Verschluß:	Unterhebelverschluß
Gesamtgewicht:	3,5 kg
Gesamtlänge:	115,5 cm
Lauflänge:	56 cm
Visierung:	verstellbares Visier; vorbereitet für Zielfernrohrmontage
Sicherung, extern:	Sicherungsschieber am Kolbenhals, oben
Sicherung, intern:	interne Verschlußsicherung, Ladeanzeige durch Signalstift
MERKMALE:	
- Material:	Carbonstahl
- Finish:	brüniert, Kasten graviert
- Schaft:	ausgesuchtes Nußbaumholz, Schaftform mit Pistolengriff

Von dieser Savage-Jubiläumswaffe wurden nur 1000 Exemplare hergestellt. Abzug und Sicherungsschieber sind 24-Karat-vergoldet. Die Figuren auf dem gravierten Systemkasten sind mit 24-Karat-Gold eingelegt.

Savage Modell 110-B

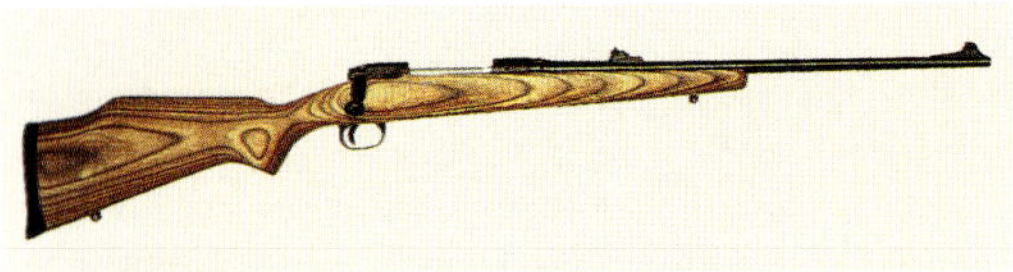

TECHNISCHE DATEN:

Kaliber:	siehe unten
Kapazität:	4-Schuß-Magazin
Magazin:	vor dem Abzugsbügel
Nachladesystem:	Kammerstengel-Repetierwaffe
Verschluß:	Zylinderverschluß (2 Verriegelungswarzen)
Gesamtgewicht:	ca. 3,6 kg
Gesamtlänge:	115,5 cm
Lauflänge:	61 cm
Visierung:	verstellbares Visier, vorbereitet für Zielfernrohrmontage
Sicherung, extern:	Sicherung rechts hinter dem Kammerstengel
Sicherung, intern:	interne Verschlußsicherung
MERKMALE:	
- Material:	Carbonstahl
- Finish:	brüniert
- Schaft:	Laminatholz

Lieferbare Kaliber: 7 mm Rem.Mag., .300 Win.Mag., .338 Win.Mag.

Savage Modell 110-F

TECHNISCHE DATEN:

Kaliber:	.270 Win., .308 Win., .30-06 Spr.
Kapazität:	5-Schuß-Magazin
Magazin:	vor dem Abzugsbügel
Nachladesystem:	Kammerstengel-Repetierwaffe
Verschluß:	Zylinderverschluß (2 Verriegelungswarzen)
Gesamtgewicht:	ca. 3,4 kg
Gesamtlänge:	110,5 cm
Lauflänge:	56 cm
Visierung:	verstellbares Visier, vorbereitet für Zielfernrohrmontage
Sicherung, extern:	Sicherung rechts hinter dem Kammerstengel
Sicherung, intern:	interne Verschlußsicherung
MERKMALE:	
- Material:	Carbonstahl
- Finish:	brüniert
- Schaft:	Kunststoff, schwarz (Rynite)

Savage Modell 110-G

TECHNISCHE DATEN:

Kaliber:	.22-250 Rem., .223 Rem., .243 Win.
Kapazität:	5-Schuß-Magazin
Magazin:	vor dem Abzugsbügel
Nachladesystem:	Kammerstengel-Repetierwaffe
Verschluß:	Zylinderverschluß (2 Verriegelungswarzen)
Gesamtgewicht:	ca. 3,4 kg
Gesamtlänge:	110,5 cm
Lauflänge:	56 cm
Visierung:	verstellbares Visier, vorbereitet für Zielfernrohrmontage
Sicherung, extern:	Sicherung rechts hinter dem Kammerstengel
Sicherung, intern:	interne Verschlußsicherung
MERKMALE:	
- Material:	Carbonstahl
- Finish:	brüniert
- Schaft:	Hartholz

Savage Modell 111-FCXP3

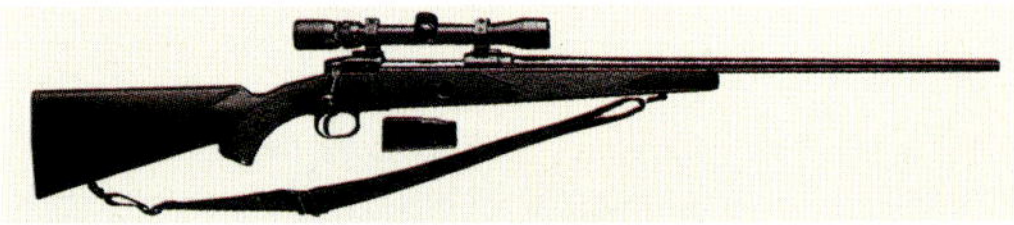

TECHNISCHE DATEN:

Kaliber:	siehe unten

Kapazität:	4-Schuß-Magazin
Magazin:	vor dem Abzugsbügel
Nachladesystem:	Kammerstengel-Repetierwaffe
Verschluß:	Zylinderverschluß (2 Verriegelungswarzen)
Gesamtgewicht:	ca. 3,4 kg
Gesamtlänge:	115,5 cm
Lauflänge:	56 bis 61 cm
Visierung:	ohne, vorbereitet für Zielfernrohrmontage
Sicherung, extern:	Sicherung rechts hinter dem Kammerstengel
Sicherung, intern:	interne Verschlußsicherung
MERKMALE:	
- Material:	Carbonstahl
- Finish:	brüniert
- Schaft:	Kunststoff, schwarz

Lieferbare Kaliber: .270 Win., 7 mm Rem.Mag., .30-06, .300 Win.Mag.

Savage Modell 112-BVSS „Long Range“

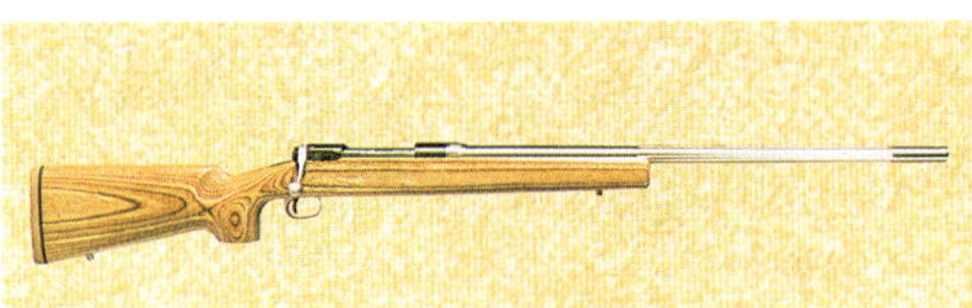

TECHNISCHE DATEN:

Kaliber:	siehe unten
Kapazität:	4-Schuß-Magazin (Magnum: 3 Schuß)
Magazin:	vor dem Abzugsbügel
Nachladesystem:	Kammerstengel-Repetierwaffe
Verschluß:	Zylinderverschluß (2 Verriegelungswarzen)
Gesamtgewicht:	ca. 4,8 kg
Gesamtlänge:	120,5 cm
Lauflänge:	66 cm
Visierung:	ohne, vorbereitet für Zielfernrohrmontage
Sicherung, extern:	Sicherung rechts hinter dem Kammerstengel
Sicherung, intern:	interne Verschlußsicherung
MERKMALE:	
- Material:	rostfreier Stainless-Stahl
- Finish:	blank
- Schaft:	schwerer Laminatholz-Schaft

Lieferbare Kaliber: .223 Rem., .22-250 Rem., .25-06 Rem., 7 mm Rem.Mag., .308 Win., .30-06, .300 Win.Mag.

Der Lauf dieser Waffe ist zu Kühlungszwecken mit Längsrillen versehen.

Savage Modell 114-CE „Classic European“

TECHNISCHE DATEN:

Kaliber:	siehe unten
Kapazität:	4-Schuß-Magazin (Magnum: 3 Schuß)
Magazin:	vor dem Abzugsbügel
Nachladesystem:	Kammerstengel-Repetierwaffe
Verschluß:	Zylinderverschluß (2 Verriegelungswarzen)
Gesamtgewicht:	ca. 3,3 kg
Gesamtlänge:	110,5 bis 115,5 cm
Lauflänge:	56 bis 61 cm
Visierung:	verstellbares Visier, vorbereitet für Zielfernrohrmontage
Sicherung, extern:	Sicherung rechts hinter dem Kammerstengel
Sicherung, intern:	interne Verschlußsicherung
MERKMALE:	
- Material:	Carbonstahl
- Finish:	brüniert
- Schaft:	ausgesuchtes Nußbaumholz, europäische Schaftform

Lieferbare Kaliber: .270 Win., 7 mm Rem.Mag., .30-06, .300 Win.Mag.

Savage Modell 116-US „Ultra Stainless“

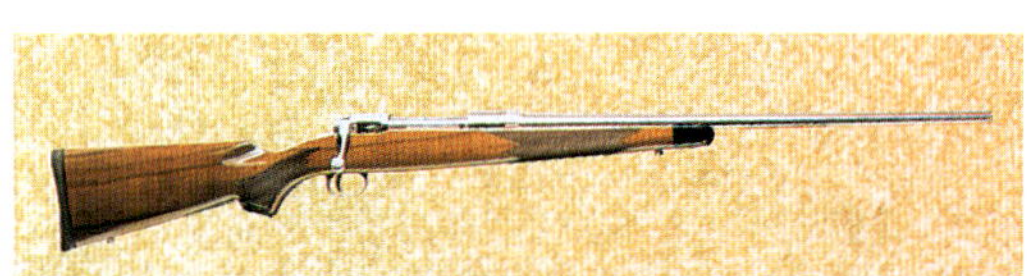

TECHNISCHE DATEN:

Kaliber:	siehe unten
Kapazität:	4-Schuß-Magazin (Magnum: 3 Schuß)
Magazin:	vor dem Abzugsbügel
Nachladesystem:	Kammerstengel-Repetierwaffe
Verschluß:	Zylinder (2 Warzen)
Gesamtgewicht:	ca. 3,3 kg
Gesamtlänge:	110,5 bis 115,5 cm
Lauflänge:	56 bis 61 cm
Visierung:	ohne, vorbereitet für Zielfernrohrmontage
Sicherung, extern:	Sicherung rechts hinter dem Kammerstengel
Sicherung, intern:	interne Verschlußsicherung

MERKMALE:

- Material:	rostfreier Stainless-Stahl
- Finish:	blank
- Schaft:	Nußbaumholz

Lieferbare Kaliber: .270 Win., 7 mm Rem.Mag., .30-06, .300 Win.Mag.

Seehuber

Sportschießen auf die 300 Meter-Distanz wird immer beliebter. Deshalb nimmt auch das Angebot an Gewehren für diese Disziplin stets zu. Vor allem kleinere Waffenfirmen machen sich einen Namen mit hochpräzisen, weitreichenden Sportbüchsen.
Ein Beispiel hierfür ist der deutsche Büchsenmachermeister und erfolgreiche Sportschütze Franz Seehuber mit seiner kleinen Firma in Überlingen. Die Systeme und Verschlüsse baut die Firma selbst, während Seehuber die Läufe von verschiedenen anderen Herstellern bezieht. Vornehmlich gibt Seehuber Läufen des französischen Unternehmens Delcour den Vorzug, auf Kundenwunsch verwendet er aber auch viele amerikanische Läufe.
Neben dem Abzugssystem für seine Waffen bezieht Seehuber auch deren Schäfte in den unterschiedlichsten, gewünschten Ausführungen von der Firma Anschütz; zudem ist von Anschütz auch die Dioptervisierung. Das komplette System wird samt Lauf exakt mit Kunststoff in den Schaft eingepaßt und eingebettet.
Viele Custom-Büchsenmacher verwenden auch die Systeme und Verschlüsse von Fremdherstellern, die sie dann ihren Waffenkonstruktionen anpassen; viel gebraucht werden die Systeme von Sako, Remington und Winchester. Seehuber entschloß sich, ein selbst entwickeltes System zu verwenden und darin einige hervorragende, eigene Ideen einzubringen. So ist der Übergang ins Patronenlager auf eine spezielle Art trichterförmig, was die Geschosse der ins Lager zu repetierenden Patronen schützt. Besonders bei sogenannten „Soft Point"-Geschossen mit weichen Spitzen ist dies sehr wichtig.
Seehuber fertigt ein 300 Meter-Standardgewehr und ein 300 Meter-Freigewehr. Die Qualität von Waffen kann vor allem durch die erreichte Schußpräzision beurteilt werden. Die meisten Custom-Büchsenmacher garantieren bei 3 Schuß auf 100 Meter einen Schußbilddurchmesser von 13 mm. Die Firma Seehuber übertrifft dies, indem sie mit Norma- oder MEN-Munition einen 13 mm-Durchmesser von 10 Schuß garantiert.

Seehuber 300 Meter-Standardgewehr

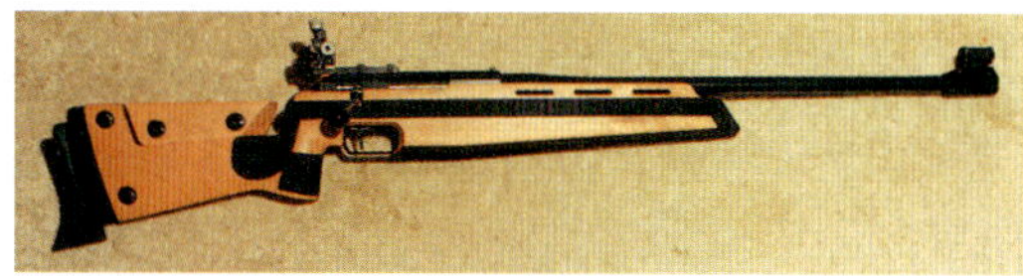

TECHNISCHE DATEN:

Kaliber:	.222 Rem., 7 mm-08 Rem., .308 Win.
Kapazität:	entfällt
Magazin:	entfällt
Nachladesystem:	Kammerstengel-Einzellader
Verschluß:	Zylinder (2 Warzen)
Gesamtgewicht:	5,5 kg
Gesamtlänge:	116 cm
Lauflänge:	65 cm
Visierung:	Diopterbisier, Korntunnel, vorbereitet für Zielfernrohrmontage
Sicherung, extern:	Sicherung auf der linken Seite des Verschlußgehäuses
Sicherung, intern:	interne Verschlußsicherung

MERKMALE:

- Material:	Carbonstahl
- Finish:	brüniert
- Schaft:	verstellbarer Anschütz-Buchenholzschaft

Auf Bestellung ist diese Waffe in jedem gewünschten Kaliber lieferbar.

Seehuber 300 Meter-Frei-Standardgewehr

TECHNISCHE DATEN:

Kaliber:	.222 Rem., 7 mm-08 Rem., .308 Win.

Kapazität:	entfällt
Magazin:	entfällt
Nachladesystem:	Kammerstengel-Einzellader
Verschluß:	Zylinder (2 Warzen)
Gesamtgewicht:	5,5 kg
Gesamtlänge:	116 cm
Lauflänge:	65 cm
Visierung:	Dioptervisier, Korntunnel, vorbereitet für Zielfernrohrmontage
Sicherung, extern:	Sicherung auf der linken Seite des Verschlußgehäuses
Sicherung, intern:	interne Verschlußsicherung

MERKMALE:

- Material:	Carbonstahl
- Finish:	brüniert
- Schaft:	verstellbarer Anschütz-Nußbaumholzschaft

Auf Bestellung ist diese Waffe in jedem gewünschten Kaliber lieferbar.

Seehuber 300 Meter-Freigewehr Supermatch

TECHNISCHE DATEN:

Kaliber:	.222 Rem., 7 mm-08 Rem., .308 Win.
Kapazität:	entfällt
Magazin:	entfällt
Nachladesystem:	Kammerstengel-Einzellader
Verschluß:	Zylinderverschluß mit 2 Verriegelungswarzen
Gesamtgewicht:	6,0 bis 7,0 kg
Gesamtlänge:	116 cm
Lauflänge:	65 cm
Visierung:	Dioptervisier, Korntunnel, vorbereitet für Zielfernrohrmontage
Sicherung, extern:	Sicherung auf der linken Seite des Verschlußgehäuses
Sicherung, intern:	interne Verschlußsicherung

MERKMALE:

- Material:	Carbonstahl
- Finish:	brüniert
- Schaft:	verstellbarer Anschütz-Schaft mit Schulterhaken

Auf Bestellung ist diese Waffe in jedem gewünschten Kaliber lieferbar.

SIG

1853 wurde die Schweizer Waggon-Fabrik von Heinrich Moser, einem Uhrmacher, Friedrich Peyer im Hof, einem Lokalpolitiker, und Conrad Neher-Stokar, einem Offizier der schweizerischen Armee, gegründet. Die drei begannen zunächst in Schaffhausen mit der Produktion von Eisenbahnwagen, bereits 1860 fingen sie auf Wunsch des schweizer Militärs aber auch an, Waffen zu produzieren. 1865 wurde Friedrich Vetterli, der auch der Vater des berühmten Vetterli Modell 1869-Armeegewehres war, als Leiter der Waffenproduktion eingestellt. Seit dieser Zeit wurden bei SIG die verschiedensten, zumeist sehr erfolgreichen Kurz- und Langwaffen entwickelt. Bis 1877 hatte die Firma 140 000 Vetterli-Gewehre gebaut. Darauf wurde der Name des dann selbständigen Waffenherstellungsunternehmens mit Sitz in Neuhausen am Rheinfall abgeändert in Schweizer Industrie-Gesellschaft, kurz SIG.

Zwischen 1908 und 1911 produzierte SIG nach den Entwürfen des mexikanischen Generals Manuel Mondragon den ersten halbautomatischen Gasdrucklader, den sogenannten Mondragon-Karabiner. Ab 1920 baute die Firma große Mengen der Bergmann-Maschinenpistole, um sie unter anderem nach Japan, Finnland und China zu exportieren. 1927 wurde unter dem Namen KE-7 das erste SIG-Maschinengewehr vorgestellt; man lieferte es an die Armeen von Chile, China, Kolumbien, Finnland und Peru aus. 1938 wurde die Firma mit einem Exportverbot belegt. Die Firma durfte ihre Produkte nur mehr mit einer konkreten Einzelgenehmigung der Schweizer Regierung exportieren; dieses Verbot gilt für Europa heute noch.

Im Zweiten Weltkrieg, währenddessen die Schweiz neutral blieb, baute SIG große Mengen an Waffen für die schweizerische Armee, unter anderem die Maschinenpistole MP 41, gefolgt von den Modellen 44, 45, 46 und 48.

1947 führte die schweizerische Armee unter der Bezeichnung SP-47/8 eine neue Ordonnanzpistole ein, die man bei SIG vollkommen neu konstruiert hatte. Diese Waffe wurde unter ihrer späteren zivilen Bezeichnung SIG P.210 weltberühmt. Mitte der 50er Jahre bekam die Firma den Auftrag für die Armee ein neues automatisches Gewehr zu entwickeln und zu fertigen. Dies führte zur Vorstellung des „Sturmgewehres 57“, von dem allein an die Armee der Schweiz 700 000 Stück geliefert wurden. 1971 stieg SIG bei der schweizerischen Waffenfirma Hämmerli ein; 1974 begann die Kooperation mit der deutschen Firma Sauer & Sohn aus Eckernförde. Aus der Zusammenarbeit zwischen SIG und Sauer entstand eine der inzwischen wohl erfolgreichsten Selbstladepistolenfamilien, die SIG-Sauer-Pistolen. 1984 entwickelte SIG ein neues Sturmgewehr, das ebenfalls bald eine komplette „Waffenfamilie“ bilden sollte, das SG 550/551.

SIG-Sauer 205

TECHNISCHE DATEN:

Kaliber:	7,5 mm Swiss, .308 Win.
Kapazität:	10-Schuß-Magazin
Magazin:	vor dem Abzugsbügel
Nachladesystem:	Kammerstengel-Repetierwaffe
Verschluß:	Zylinder (6 Warzen)
Gesamtgewicht:	5,4 kg
Gesamtlänge:	115 cm
Lauflänge:	66 cm
Visierung:	verstellbares Dioptervisier, Korntunnel
Sicherung, extern:	Sicherung am Verschlußgehäuse
Sicherung, intern:	interne Verschlußsicherung

MERKMALE:

- Material:	Carbonstahl
- Finish:	brüniert
- Schaft:	Laminat-Hartholz

Diese Wettkampfwaffe zum 300 Meter-Schießen ist aufgebaut in austauschbaren Modulen (Schaft, Verschlußsystem, Lauf).

SIG SSG 3000 Sniper

TECHNISCHE DATEN:

Kaliber:	.308 Win.
Kapazität:	5-Schuß-Magazin
Magazin:	vor dem Abzugsbügel
Nachladesystem:	Kammerstengel-Repetierwaffe
Verschluß:	Zylinder (6 Warzen)
Gesamtgewicht:	6,2 kg

SIG-Sauer 205

Gesamtlänge:	118 cm
Lauflänge:	61 cm (ohne Mündungsfeuerdämpfer)
Visierung:	vorb. f. Zielfernrohrmontage
Sicherung, extern:	Sicherung beim Kammerstengel, Entsicherungsknopf im Abzugsbügel
Sicherung, intern:	interne Verschlußsicherung, Ladezustandsanzeige auf der Verschlußrückseite

MERKMALE:

- Material:	Carbonstahl
- Finish:	mattschwarz phosphatiert
- Schaft:	Laminat-Hartholz, schwarz, verstellbar

Zur Verwendung mit dieser Waffe ist ein spezielles Zielfernrohr entwickelt worden, das Zeiss/Hensoldt 1,5-6 x 24 BL.

MERKMALE:

- Material:	Carbonstahl
- Finish:	mattschwarz phosphatiert
- Schaft:	Kunststoff mit separatem Pistolengriff, individuell verstellbar

Simson-Suhl

1906 meldete der deutsche Büchsenmachermeister Karl Jäger aus Suhl in Thüringen eine neu entwickelte Kipplaufbüchse zum Patent an. Bis zum Zweiten Weltkrieg wurden davon unter dem Namen Simson-Jäger diverse Ausführungen gefertigt. Nach dem Krieg wurde das System weiter verbessert und großteils im neuen Simson K 1-Gewehr zusammengefaßt. Die Besonderheit der Waffe liegt darin, daß sie auch nach dem Abknicken des Laufbündels weiterhin nicht gespannt ist. Das Spannen und dann nötigenfalls auch Entspannen der Schlösser des Gewehres wird manuell mittels eines speziellen Spannschiebers auf dem Kolbenhals vorgenommen. So kann die Waffe gefahrlos entspannt geführt und, falls der Jäger nicht zum Schuß kommt, entspannt werden. Der Abzugswiderstand von nur 250 bis 500 Gramm kann durch einen Hebel in der Vorderseite des Abzugsbügels einfach und fein eingestellt werden. Die Simson K 1-Büchse wird in den Ausführungen Standard, Premium, Jagd, Jena, Weimar, Erfurt und Suhl produziert.

SIG SG 550 Sniper

TECHNISCHE DATEN:

Kaliber:	.223 Rem.
Kapazität:	5-, 20- oder 30-Schuß-Magazin
Magazin:	Halter vor dem Abzugsbügel
Nachladesystem:	halbautomatische Selbstladewaffe (Gasdrucklader)
Verschluß:	Drehkammerverschluß
Gesamtgewicht:	ca. 7 kg
Gesamtlänge:	108 cm
Lauflänge:	61 cm
Visierung:	Zielfernrohr
Sicherung, extern:	beidseitige Sicherung oben am Pistolengriff
Sicherung, intern:	interne Verschlußsicherung

Simson K 1

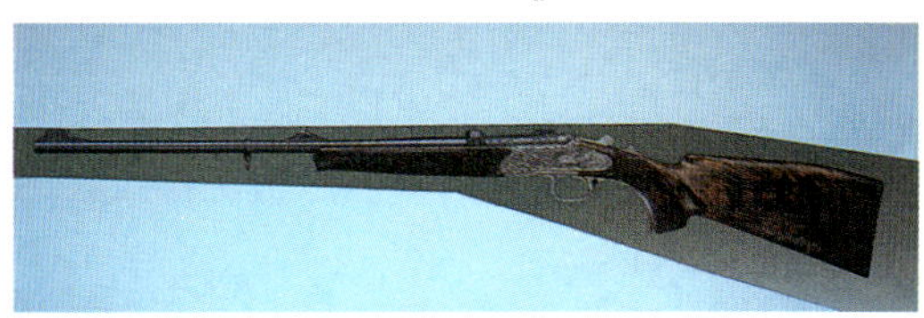

TECHNISCHE DATEN:

Kaliber:	siehe unten
Kapazität:	entfällt
Magazin:	entfällt
Nachladesystem:	einläufige Kipplaufbüchse
Verschluß:	Baskülverschluß
Gesamtgewicht:	2,3 bis 2,8 kg (je nach Kaliber)
Gesamtlänge:	100 cm
Lauflänge:	60 cm
Visierung:	Blattvisier, vorbereitet für Zielfernrohrmontage
Sicherung, extern:	Schiebesicherung und Spannschieber am Kolbenhals
Sicherung, intern:	interne Verschlußsicherung

MERKMALE:

- Material:	Carbonstahl
- Finish:	brüniert, Basküle blank und graviert
- Schaft:	ausgesuchtes Nußbaumholz

Erhältliche Kaliber: .222 Rem., 5,6 x 50 R Mag., 5,6 x 52 R, .243 Win., 6 x 62 R Fréres, 6,5 x 57 R, 6,5 x 65 R, 6,5 x 68 R, 7 x 57 R, 7 x 65 R, 7 mm Rem.Mag., .308 Win., .30-06, .30 R Blaser, .300 Win.Mag., 8 x 57 JRS, 8 x 75 RS, 9,3 x 74 R

Mittels eines schwarzen Knopfes in der Rückseite des Abzugsbügels kann der Abzugswiderstand dieser Waffe von 250 bis 500 Gramm eingestellt werden.

Springfield

Die original Springfield Armory, das Arsenal der US-Regierung, wurde bereits 1777 gegründet und befand sich in dem Ort Springfield in Massachusetts. In dem Staatsbetrieb wurden im Laufe der Jahre unzählige Waffen für die amerikanischen Streitkräfte gefertigt.
Bekannte Springfield-Gewehre aus der Anfangszeit waren das Modell 1873 „Trapdoor“ und das Modell Springfield M 1903. 1968 löste der damalige US-Verteidigungsminister Robert S. McNamara die regierungseigene Springfield Armory auf. Drei Jahre später kaufte ein texanischer Geschäftsmann den Firmennamen und die Patentrechte der Firma. Die neue Firma Springfield widerstand dem Konkurrenzdruck jedoch nicht und verschwand bereits 1974 wieder. Wieder einige Jahre später erschien ein gewisser Robert Reese, der in der Waffenbranche bereits als Großhändler einige Erfahrung gesammelt hatte. Reese kaufte den Namen und die Rechte von Springfield Armory und zog mit der Firma nach Geneso, Illinois, wo er zusammen mit seinen drei Söhnen begann, den M1A-Karabiner, die Zivilversion des amerikanischen M14-Armeeselbstladegewehres in Großserie zu bauen.
Inzwischen besteht die Produktpalette der Firma aus verschiedenen Pistolenmodellen, alle basierend auf dem Colt 1911-A1-Konzept, und an Langwaffen aus der M1A National Match-Selbstladebüchse im Kaliber .308 Win., aus dem M6 „Überlebens“-Gewehr, einer Bockbüchsflinte in den Kalibern .22 l.r. und .410 Schrot, aus der bekannten M1 Garand-Selbstladebüchse, die in den Kalibern .30-06, .308 Win. und .270 Win. angeboten wird, aus der in Beretta-Lizenz gefertigten BM-59-Armeebüchse sowie aus dem .308 Win.-Modell SAR-48, einem Nachbau des berühmten belgischen FN-FAL-Selbstladers.
Inzwischen baut Springfield verschiedene seiner Waffen gar nicht mehr selbst, sondern etwa in Brasilien bei der dort in Itajuba ansäßigen Firma Imbel, etwa seine Pistole M1911-A1 und auch das Gewehr SAR-48. Springfield selbst stellt in den USA nur mehr auf seiner 1911-A1 basierende, „edlere“ Weiterentwicklungen her, vornehmlich hoch-getunte Waffen für das IPSC- und sportliche Combat-Schießen.
Im November 1992 mußte Springfield Armory seine Geschäfte aufgrund massiver finanzieller Schwierigkeiten einschränken. Das Unternehmen meldete jedoch keinen Konkurs an, sondern startete unter dem Namen Springfield Inc. neu. Interessanterweise war es dann gerade der große Erfolg der Firma, der zu neuen Problemen führte. Man kam mit der Produktion vor allem der Custom-Pistolen nicht mehr nach, für die weltweit eine immense Nachfrage bestand. Zudem waren einige Springfield-Projekte von sehr schlechtem Erfolg gekrönt. So wurde eine neue 10-mm-Pistole ohne Kettenglied nicht angenommen. Auch die deutsche „Omega“-Pistolenserie von Peters Stahl, die Springfield in den USA vertreiben wollte, kam dort nicht an. Zudem erlitt Springfield gleichzeitig auch mit seinem SASS-Wechselsystem Schiffbruch; auch dieser Satz, mit dem Colt 1911-Pistolen zu einschüssigen Waffen zum Verschießen von Gewehrpatronen umgebaut werden können, wurde von den US-Kunden nicht gekauft. Und die Firma kam auch in finanzielle Probleme, weil sie aufgrund eines Vertrages mit der israelischen Firma I.M.I. deren UZI-Maschinenpistolen und halbautomatische Karabiner in die USA einführen sollte und plötzlich durch das in Amerika neu eingeführte Verbot von Selbstladesturmgewehren an der Vermarktung der UZI-Waffen gehindert wurde. Inzwischen hat sich die Firma aber wieder erholt und vor allem das Geschäft mit den Springfield-Pistolen floriert ungemein.

Springfield M1A Bush Rifle

TECHNISCHE DATEN:

Kaliber:	.308 Win.
Kapazität:	5-, 10- oder 20-Schuß-Magazin
Magazin:	Magazinhalter vor dem Abzugsbügel
Nachladesystem:	halbautomatische Selbstladewaffe (Gasdrucklader)

Verschluß:	Drehkammerverschluß
Gesamtgewicht:	4,0 kg
Gesamtlänge:	103 cm
Lauflänge:	46 cm
Visierung:	militärisches Dioptervisier
Sicherung, extern:	Sicherung vorne im Abzugsbügel
Sicherung, intern:	interne Verschlußsicherung

MERKMALE:

- Material:	Carbonstahl
- Finish:	mattschwarz
- Schaft:	Nußbaumholz, mit braunem Kunststoff-Handschutz

Springfield M1A Bush Rifle Synthetic

TECHNISCHE DATEN:

Kaliber:	.308 Win.
Kapazität:	5-, 10- oder 20-Schuß-Magazin
Magazin:	Magazinhalter vor dem Abzugsbügel
Nachladesystem:	halbautomatische Selbstladewaffe (Gasdrucklader)
Verschluß:	Drehkammerverschluß
Gesamtgewicht:	4,0 kg
Gesamtlänge:	103 cm
Lauflänge:	46 cm
Visierung:	militärisches Dioptervisier
Sicherung, extern:	Sicherung vorne im Abzugsbügel
Sicherung, intern:	interne Verschlußsicherung

MERKMALE:

- Material:	Carbonstahl
- Finish:	mattschwarz
- Schaft:	Fiberglas-Kunststoff, schwarz, mit Kunststoff-Handschutz

Springfield M1A National Match

TECHNISCHE DATEN:

Kaliber:	.308 Win.
Kapazität:	5-, 10- oder 20-Schuß-Magazin
Magazin:	Magazinhalter vor dem Abzugsbügel
Nachladesystem:	halbautomatische Selbstladewaffe (Gasdrucklader)
Verschluß:	Drehkammerverschluß
Gesamtgewicht:	4,5 kg
Gesamtlänge:	113 cm
Lauflänge:	56 cm
Visierung:	militärisches Dioptervisier
Sicherung, extern:	Sicherung vorne im Abzugsbügel
Sicherung, intern:	interne Verschlußsicherung

MERKMALE:

- Material:	Carbonstahl
- Finish:	mattschwarz
- Schaft:	Nußbaumholz, mit braunem Kunststoff-Handschutz

Springfield M1A National Match Government

TECHNISCHE DATEN:

Kaliber:	.308 Win.
Kapazität:	5-, 10- oder 20-Schuß-Magazin
Magazin:	Magazinhalter vor dem Abzugsbügel
Nachladesystem:	halbautomatische Selbstladewaffe (Gasdrucklader)
Verschluß:	Drehkammerverschluß
Gesamtgewicht:	4,5 kg
Gesamtlänge:	113 cm
Lauflänge:	56 cm
Visierung:	militärisches Dioptervisier oder Zielfernrohr
Sicherung, extern:	Sicherung vorne im Abzugsbügel
Sicherung, intern:	interne Verschlußsicherung

MERKMALE:

- Material:	Carbonstahl
- Finish:	mattschwarz
- Schaft:	Nußbaumholz, mit braunem Kunststoff-Handschutz

Diese spezielle Wettkampfwaffe ist ausgerüstet mit einem Zweibein, einer besonderen Zielfernrohrmontage und einem Zielfernrohr mit Entfernungsmesser.

Springfield M6 Scout

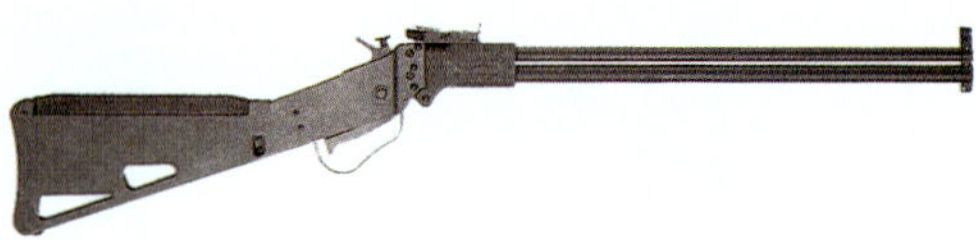

TECHNISCHE DATEN:

Kaliber:	.22 l.r. oder .22 Hornet und .410 Schrot
Kapazität:	2 Patronen
Magazin:	entfällt
Nachladesystem:	Bockbüchsflinte mit einem Büchsen- und einem Schrotlauf
Verschluß:	Baskülverschluß
Gesamtgewicht:	1,8 kg
Gesamtlänge:	81,5 cm
Lauflänge:	46,5 cm
Visierung:	Blattvisier, vorbereitet für Zielfernrohrmontage
Sicherung, extern:	Sicherung am Hahn
Sicherung, intern:	interne Verschlußsicherung

MERKMALE:

- Material:	Carbonstahl
- Finish:	mattschwarz
- Schaft:	Metall-Skelettschaft mit Schaftmagazin

Die Waffe ist abgeleitet von dem U.S. Air Force Survival-Gewehr M6 und wird für Springfield von der tschechischen Firma CZ gefertigt.

Springfield M6 Scout Stainless

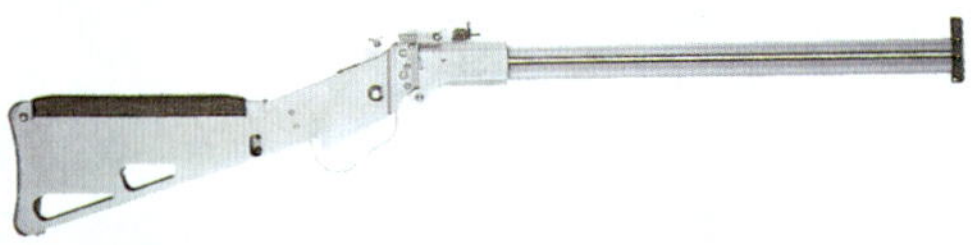

TECHNISCHE DATEN:

Kaliber:	.22 l.r.; .22 Hornet, .410 Schrot
Kapazität:	2 Patronen
Magazin:	entfällt
Nachladesystem:	Bockbüchsflinte mit einem Büchsen- und einem Schrotlauf
Verschluß:	Baskülverschluß
Gesamtgewicht:	1,8 kg
Gesamtlänge:	81,5 cm
Lauflänge:	46,5 cm
Visierung:	Blattvisier, vorbereitet für Zielfernrohrmontage
Sicherung, extern:	Sicherung am Hahn
Sicherung, intern:	interne Verschlußsicherung

MERKMALE:

- Material:	rostfreier Stainless-Stahl
- Finish:	matt blank
- Schaft:	Metall-Skelettschaft mit Schaftmagazin

Die Waffe ist abgeleitet von dem U.S. Air Force Survival-Gewehr M6 und wird für Springfield von der tschechischen Firma CZ gefertigt.

Springfield SAR-4800

TECHNISCHE DATEN:

Kaliber:	.308 Win.
Kapazität:	20-Schuß-Magazin
Magazin:	Magazinhalter vor dem Abzugsbügel
Nachladesystem:	halbautomatische Selbstladewaffe (Gasdrucklader)
Verschluß:	Gasdruckverschluß mit Verriegelungswarzen
Gesamtgewicht:	4,3 kg
Gesamtlänge:	110 cm
Lauflänge:	53,5 cm
Visierung:	militärisches Dioptervisier
Sicherung, extern:	Sicherung links am Systemkasten
Sicherung, intern:	interne Verschlußsicherung

MERKMALE:

- Material:	Carbonstahl
- Finish:	mattschwarz
- Schaft:	Kunststoff-Skelettschaft mit separatem Pistolengriff und Metall-Handschutz

Diese Waffe wird unter Lizenz von Fabrique National, FN, Belgien, für Springfield in Brasilien produziert.

Springfield SAR-8

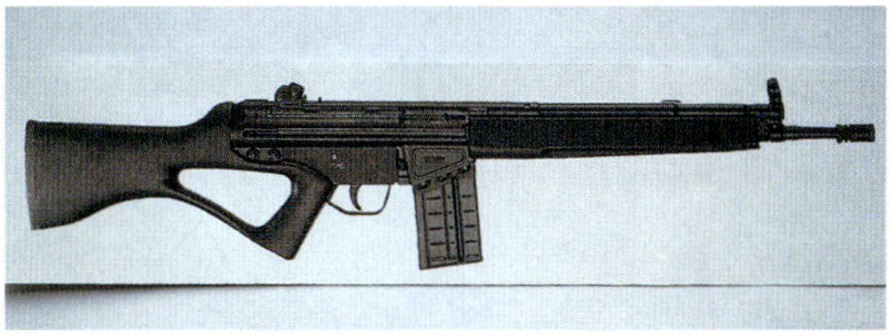

TECHNISCHE DATEN:

Kaliber:	.308 Win.
Kapazität:	20-Schuß-Magazin
Magazin:	Magazinhalter rechts am Magazinschacht
Nachladesystem:	halbautomatische Selbstladewaffe
Verschluß:	Rollenverschluß (System Heckler & Koch)
Gesamtgewicht:	4,0 kg
Gesamtlänge:	102,5 cm
Lauflänge:	45,5 cm
Visierung:	militärisches Dioptervisier, Korntunnel
Sicherung, extern:	Sicherung rechts am Systemkasten
Sicherung, intern:	interne Verschlußsicherung
MERKMALE:	
- Material:	Carbonstahl
- Finish:	mattschwarz
- Schaft:	Kunststoff-Skelettschaft mit separatem Pistolengriff und Kunststoff-Handschutz

Diese Waffe wird unter Linzenz von Heckler & Koch (HK G3, HK-91) für Springfield in Brasilien produziert.

Steyr

Die Geschichte der renommierten Firma Steyr beginnt eigentlich bereits 1834, als Josef Werndl in dem österreichischen Ort Steyr geboren wurde. Sein Vater, Leopold Werndl, besaß einen Fertigungsbetrieb, der für die Wiener Militärwaffenindustrie Gewehrteile fertigte. Nach seiner Lehrzeit in Wien und Prag kam Josef in den Betrieb seines Vaters, wo er sofort die alten, konservativen Produktionstechniken anprangerte. 1849 beschloß er daher, das Unternehmen des Vaters wieder zu verlassen. Er fing in einer Wiener Gewehrfabrik an, die bereits moderne amerikanische Massenproduktionsmaschinen verwendete. Nachdem Werndl dann eingezogen wurde, verließ er mit Hilfe des Einflusses seines Vaters die Armee schnell wieder und trat erneut in den Betrieb des Vaters ein.

Auch dieses zweite Mal gerieten Vater und Sohn aneinander: Josef wollte die Firma modernisieren und sein Vater war zu konservativ dafür. Nachdem Josef 1852 nach Thüringen gegangen war, um dort in verschiedenen der bekannten, dort ansässigen Waffenfirmen zu arbeiten, zog es ihn nach Amerika, wo er bei den Firmen Remington und bei Colt in Hartford arbeitete.

Voller Ideen kehrte er Ende 1853 zurück nach Österreich und begann in dem Ort Wehrgraben eine eigene Büchsenmacherwerkstatt. 1855 verstarb sein Vater während einer Choleraepidemie. Josef Werndl übernahm notgedrungen das Unternehmen seines Vaters und führte es fort. Er modernisierte die Fertigung grundlegend und konzentrierte sich dann besonders auf die Entwicklung eines Hinterladergewehres. Zu diesem Zweck reiste er zusammen mit seinem Chefentwickler Karel Holub zweimal nach Amerika.

1864 gründete Josef zusammen mit seinem Bruder Franz in Steyr die Firma Josef und Frank Werndl & Company. 1866 hatte Werndl es geschafft, den österreichischen Verteidigungsminister dazu zu bringen, die Armee mit dem Werndl-Holub-Hinterladergewehr auszurüsten. Nachdem die Waffe im Feld getestet worden war, erhielt Werndl den Auftrag zur Lieferung von 100 000 Stück des Gewehres „Modell 1864“. Die Fertigungsstätte in Steyr mußte vergrößert und im ungarischen Budapest ein weiterer Betrieb errichtet werden. Durch all die Investitionen wurde das Betriebskapital sehr angegriffen. Werndl beschloß, die Firma durch den Verkauf von Firmenanteilen zu verstärken; das Unternehmen wurde in Österreichische Waffenfabriks-Gesellschaft umbenannt und der Firmensitz nach Wien verlegt.

Nachdem Werndl 1873 von der königlich preußischen Armee den Auftrag zur Lieferung von 500 000 Mauser-Gewehren Modell 1871 bekommen hatte, wurde die Firma mit Regierungsaufträgen aus Frankreich, Persien, Rumänien, Griechenland, China und Chile regelrecht überhäuft. 1882 sollte sich schließlich die Auftragslage wieder ändern. Alle europäischen Armeen waren inzwischen mit Hinterladergewehren ausgerüstet, so daß nun die Großaufträge ausblieben.

Josef Werndl beschloß schweren Herzens, seine Kapazitäten zum Bau waffenfremder Produkte zu nutzen. Unter anderem produzierte die Firma während dieser Zeit Dynamos, Elektromotoren und Glühlampen. 1884 war Steyr die erste europäische Stadt mit elektrischen Straßenlampen. 1885 nahm man dann einen neuen Gewehrentwurf in Produktion. Dabei handelte es sich um eine Hinterladerbüchse mit einem Magazin für fünf Patronen vom System Mannlicher; und es wurden auch gleich 87 000 Stück davon bestellt. Josef Werndl starb 1899 an den Folgen einer Lungenentzündung. Die Firma war bereits

seit 1896 von einer vierköpfigen Gruppe geleitet worden. Dann übernahm Otto Schönauer die Führung des Unternehmens, welches sich zu einem großen Konzern mit diversen Fabriken und tausenden von Mitarbeitern entwickelte und welches im Laufe der Jahre auch immer wieder die verschiedensten anderen Produkte herstellte, etwa ab 1919 auch Autos und Lastwagen.
Nach dem Zweiten Weltkrieg hatte das Unternehmen große Probleme, da die Allierten ihm erst 1950 wieder erlaubten, Waffen herzustellen. Seitdem produzierte der Konzern, der dann in Steyr-Daimler-Puch AG umbenannt wurde, zunächst unter dem Namen Mannlicher-Schönauer vor allem Jagdbüchsen. 1987 wurde die Waffenproduktion unter dem Namen Steyr-Mannlicher AG zusammengefaßt. Steyr produziert gegenwärtig diverse Jagd- und Sportwaffen, aber auch militärische Lang- und Kurzwaffen, wie etwa das futuristisch aussehende Waffensystem AUG (Armee Universal Gewehr).

Steyr AUG-Police

TECHNISCHE DATEN:

Kaliber:	9 mm Para
Kapazität:	32-Schuß-Magazin
Magazin:	samt System im Hinterschaft, Arretierung hinter d. Schacht
Nachladesystem:	halbautomatischer Selbstlader
Verschluß:	reiner Masseverschluß
Gesamtgewicht:	3,2 kg
Gesamtlänge:	66,5 cm
Lauflänge:	42 cm
Visierung:	Zielfernrohr im Tragegriff
Sicherung, extern:	Druckknopfsicherung am Pistolengriff hinter dem Abzug
Sicherung, intern:	interne Verschlußsicherung

MERKMALE:

- Material:	Kunststoff, Aluminium und Carbonstahl
- Finish:	mattschwarz oder in anderen Kunststoff-Farben
- Schaft:	Kunststoff, Bullpup-System

Steyr AUG-SA

TECHNISCHE DATEN:

Kaliber:	.223 Rem.
Kapazität:	40-Schuß-Magazin
Magazin:	samt System im Hinterschaft, Arretierung hinter d. Schacht
Nachladesystem:	halbautomatischer Selbstlader
Verschluß:	gasdruckverz. Drehkammer
Gesamtgewicht:	3,3 kg
Gesamtlänge:	69 cm
Lauflänge:	41 cm
Visierung:	Zielfernrohr im Tragegriff
Sicherung, extern:	Druckknopfsicherung am Pistolengriff hinter dem Abzug
Sicherung, intern:	interne Verschlußsicherung

MERKMALE:

- Material:	Kunststoff, Alu. u. Carbonstahl
- Finish:	mattschwarz o. andere Farben
- Schaft:	Kunststoff, Bullpup-System

Steyr AUG-SA Standard

TECHNISCHE DATEN:

Kaliber:	.223 Rem.
Kapazität:	40-Schuß-Magazin
Magazin:	samt System im Hinterschaft, Arretierung hinter d. Schacht
Nachladesystem:	halbautomatischer Selbstlader
Verschluß:	gasdruckverz. Drehkammer
Gesamtgewicht:	3,3 kg
Gesamtlänge:	79 cm
Lauflänge:	51 cm

Visierung: höhen- und seitlich verstellbares, militärisches Dioptervisier im Tragegriff
Sicherung, extern: Druckknopfsicherung am Pistolengriff hinter dem Abzug
Sicherung, intern: interne Verschlußsicherung

MERKMALE:
- Material: Kunststoff, Aluminium und Carbonstahl
- Finish: mattschwarz
- Schaft: Kunststoff, Bullpup-System

Steyr-Mannlicher Modell L (leicht-kurzer Verschluß)

TECHNISCHE DATEN:
Kaliber: .243 Win., .308 Win.
Kapazität: 5 Patronen
Magazin: herausnehmbares Trommelmagazin, Arretierung beidseitig des Magazinschachtes
Nachladesystem: Kammerstengel-Repetierwaffe
Verschluß: Zylinderverschluß (6 Verriegelungswarzen)
Gesamtgewicht: 2,8 kg
Gesamtlänge: 99 cm
Lauflänge: 51 cm
Visierung: seitlich verstellbares Blattvisier, vorb. f. Fernrohrmontage
Sicherung, extern: Sicherungsschieber rechts, hinter dem Kammerstengel
Sicherung, intern: interne Verschlußsicherung, Ladezustandsanzeige durch Signalstift

MERKMALE:
- Material: Carbonstahl
- Finish: brüniert
- Schaft: Nußbaumholz

Steyr-Mannlicher Modell L-Lang (kurzer Verschluß-Langausführung)

TECHNISCHE DATEN:
Kaliber: .243 Win., .308 Win.

Kapazität: 5 Patronen
Magazin: herausnehmbares Trommelmagazin, Arretierung beidseitig des Magazinschachtes
Nachladesystem: Kammerstengel-Repetierwaffe
Verschluß: Zylinderverschluß (6 Verriegelungswarzen)
Gesamtgewicht: 2,85 kg
Gesamtlänge: 108 cm
Lauflänge: 60 cm
Visierung: seitlich verstellbares Blattvisier, vorb. f. Fernrohrmontage
Sicherung, extern: Sicherungsschieber rechts, hinter dem Kammerstengel
Sicherung, intern: interne Verschlußsicherung, Ladezustandsanzeige durch Signalstift

MERKMALE:
- Material: Carbonstahl
- Finish: brüniert
- Schaft: Nußbaumholz

Steyr-Mannlicher Modell L-Stutzen

TECHNISCHE DATEN:
Kaliber: .243 Win., .308 Win.
Kapazität: 5 Patronen
Magazin: herausnehmbares Trommelmagazin, Arretierung beidseitig des Magazinschachtes
Nachladesystem: Kammerstengel-Repetierwaffe
Verschluß: Zylinderverschluß (6 Verriegelungswarzen)
Gesamtgewicht: 2,8 kg
Gesamtlänge: 99 cm
Lauflänge: 51 cm

Visierung:	seitlich verstellb. Blattvisier, vorb. f. Fernrohrmontage
Sicherung, extern:	Sicherungsschieber rechts, hinter dem Kammerstengel
Sicherung, intern:	interne Verschlußsicherung, Ladezustandsanzeige

MERKMALE:

- Material:	Carbonstahl
- Finish:	brüniert
- Schaft:	Nußbaumholz, bis zur Laufmündung reichend (Stutzen)

Steyr-Mannlicher Modell M (mittellanger Verschluß)

TECHNISCHE DATEN:

Kaliber:	siehe unten
Kapazität:	5 Patronen
Magazin:	herausnehmbares Trommelmagazin, Arretierung beidseitig des Magazinschachtes
Nachladesystem:	Kammerstengel-Repetierwaffe
Verschluß:	Zylinderverschluß (6 Verriegelungswarzen)
Gesamtgewicht:	3,1 kg
Gesamtlänge:	101 cm
Lauflänge:	51 cm
Visierung:	seitlich verstellb. Blattvisier, vorb. f. Fernrohrmontage
Sicherung, extern:	Sicherungsschieber rechts, hinter dem Kammerstengel
Sicherung, intern:	interne Verschlußsicherung, Ladezustandsanzeige

MERKMALE:

- Material:	Carbonstahl
- Finish:	brüniert
- Schaft:	Nußbaumholz

Lieferbare Kaliber: 6,5 x 57, .270 Win., 7 x 64, .30-06, 9,3 x 62; auf Bestellung: 6,5 x 55, 7,5 mm Swiss, 7 x 57 JS.

Steyr-Mannlicher Modell M-Lang (mittellanger Verschluß-Langausführung)

TECHNISCHE DATEN:

Kaliber:	siehe unten
Kapazität:	5 Patronen
Magazin:	herausnehmbares Trommelmagazin, Arretierung beidseitig des Magazinschachtes
Nachladesystem:	Kammerstengel-Repetierwaffe
Verschluß:	Zylinderverschluß (6 Verriegelungswarzen)
Gesamtgewicht:	3,15 kg
Gesamtlänge:	110 cm
Lauflänge:	60 cm
Visierung:	seitlich verstellb. Blattvisier, vorb. f. Fernrohrmontage
Sicherung, extern:	Sicherungsschieber rechts, hinter dem Kammerstengel
Sicherung, intern:	interne Verschlußsicherung, Ladezustandsanzeige

MERKMALE:

- Material:	Carbonstahl
- Finish:	brüniert
- Schaft:	Nußbaumholz

Lieferbare Kaliber: 6,5 x 57, .270 Win., 7 x 64, .30-06, 9,3 x 62; auf Bestellung: 6,5 x 55, 7,5 mm Swiss, 7 x 57 JS.

Steyr-Mannlicher Modell M-Lang (mittellanger Verschluß) Linksausführung

TECHNISCHE DATEN:

Kaliber:	7 x 64, .30-06
Kapazität:	5 Patronen
Magazin:	herausnehmbares Trommelmagazin, Arretierung beidseitig des Magazinschachtes
Nachladesystem:	Kammerstengel-Repetierwaffe
Verschluß:	Zylinderverschluß (6 Verriegelungswarzen)
Gesamtgewicht:	3,15 kg
Gesamtlänge:	110 cm
Lauflänge:	60 cm
Visierung:	seitlich verstellbares Blattvisier, vorbereitet für Zielfernrohrmontage
Sicherung, extern:	Sicherungsschieber rechts, hinter dem Kammerstengel
Sicherung, intern:	interne Verschlußsicherung, Ladezustandsanzeige durch Signalstift an der Verschlußrückseite

MERKMALE:

- Material:	Carbonstahl
- Finish:	brüniert; Linkssystem
- Schaft:	Nußbaumholz, Linksschaft

Steyr-Mannlicher Modell M Professional

TECHNISCHE DATEN:

Kaliber:	siehe unten
Kapazität:	5 Patronen
Magazin:	herausnehmbares Trommelmagazin, Arretierung beidseitig des Magazinschachtes
Nachladesystem:	Kammerstengel-Repetierwaffe
Verschluß:	Zylinderverschluß (6 Verriegelungswarzen)
Gesamtgewicht:	3,9 kg
Gesamtlänge:	113 cm
Lauflänge:	65 cm
Visierung:	seitlich verstellbares Blattvisier, vorbereitet für Zielfernrohrmontage
Sicherung, extern:	Sicherungsschieber rechts, hinter dem Kammerstengel
Sicherung, intern:	interne Verschlußsicherung, Ladeanzeige d. Signalstift

MERKMALE:

- Material:	Carbonstahl
- Finish:	brüniert, mit Doppelzüngelstecher
- Schaft:	schwerer Kunststoffschaft, braun

Lieferbare Kaliber: 6,5 x 57, .270 Win., 7 x 64, .30-06, 9,3 x 62; auf Bestellung: 6,5 x 55, 7,5 mm Swiss, 7 x 57 JS

Steyr-Mannlicher Modell M-Stutzen

TECHNISCHE DATEN:

Kaliber:	siehe unten
Kapazität:	5 Patronen
Magazin:	herausnehmbares Trommelmagazin, Arretierung beidseitig des Magazinschachtes
Nachladesystem:	Kammerstengel-Repetierwaffe
Verschluß:	Zylinderverschluß (6 Verriegelungswarzen)
Gesamtgewicht:	3,1 kg
Gesamtlänge:	101 cm
Lauflänge:	51 cm
Visierung:	seitlich verstellb. Blattvisier, vorb. f. Fernrohrmontage
Sicherung, extern:	Sicherungsschieber rechts, hinter dem Kammerstengel
Sicherung, intern:	interne Verschlußsicherung, Ladezustandsanzeige durch Signalstift)

MERKMALE:

- Material:	Carbonstahl
- Finish:	brüniert
- Schaft:	Nußbaumholz, bis zur Laufmündung reichend (Stutzen)

Lieferbare Kaliber: 6,5 x 57, .270 Win., 7 x 64, .30-06, 9,3 x 62; auf Bestellung: 6,5 x 55, 7,5 mm Swiss, 7 x 57 JS

Steyr-Mannlicher Modell Police SSG

TECHNISCHE DATEN:

Kaliber:	.243 Win., .308 Win.
Kapazität:	5 Patronen
Magazin:	herausnehmbares Trommelmagazin, Arretierung beidseitig des Magazinschachtes
Nachladesystem:	Kammerstengel-Repetierwaffe
Verschluß:	Zylinderverschluß (6 Verriegelungswarzen)
Gesamtgewicht:	3,9 kg
Gesamtlänge:	113 cm
Lauflänge:	65 cm
Visierung:	ohne, vorbereitet für Zielfernrohrmontage
Sicherung, extern:	Sicherungsschieber rechts, hinter dem Kammerstengel
Sicherung, intern:	interne Verschlußsicherung, Ladezustandsanzeige durch Signalstift an der Verschlußrückseite

MERKMALE:

- Material:	Carbonstahl
- Finish:	mattschwarz
- Schaft:	Kunststoffschaft, schwarz

Steyr-Mannlicher Modell SSG Police P I

TECHNISCHE DATEN:

Kaliber:	.308 Win.
Kapazität:	5 Patronen
Magazin:	herausnehmbares Trommelmagazin, Arretierung beidseitig des Magazinschachtes
Nachladesystem:	Kammerstengel-Repetierwaffe
Verschluß:	Zylinderverschluß (6 Verriegelungswarzen)
Gesamtgewicht:	4,1 kg
Gesamtlänge:	113 cm
Lauflänge:	65 cm
Visierung:	ohne, vorbereitet für Zielfernrohrmontagc
Sicherung, extern:	Sicherungsschieber rechts, hinter dem Kammerstengel
Sicherung, intern:	interne Verschlußsicherung, Ladezustandsanzeige durch Signalstift

MERKMALE:

- Material:	Carbonstahl
- Finish:	mattschwarz
- Schaft:	schwerer Kunststoffschaft, schwarz

Bei den abgebildeten Waffen handelt es sich um das Steyr SSG Police P II (mit Blattvisier als Option, oben) und das Steyr SSG Police P I (mit Doppelzüngelstecher, unten).

Steyr-Mannlicher Modell SSG Police P II

TECHNISCHE DATEN:

Kaliber:	.308 Win.
Kapazität:	5 Patronen
Magazin:	herausnehmbares Trommelmagazin, Arretierung beidseitig des Magazinschachtes
Nachladesystem:	Kammerstengel-Repetierwaffe
Verschluß:	Zylinderverschluß (6 Verriegelungswarzen)
Gesamtgewicht:	4,3 kg
Gesamtlänge:	113 cm
Lauflänge:	65 cm
Visierung:	ohne, vorbereitet für Zielfernrohrmontage

Sicherung, extern:	Sicherungsschieber rechts, hinter dem Kammerstengel
Sicherung, intern:	interne Verschlußsicherung, Ladeanzeige d. Signalstift

MERKMALE:

- Material:	Carbonstahl
- Finish:	mattschwarz
- Schaft:	schwerer Kunststoffschaft, schwarz

Bei den abgebildeten Waffen handelt es sich um das Steyr SSG Police P II (mit Blattvisier als Option, oben) und das Steyr SSG Police P I (mit Doppelzüngelstecher, unten).

Steyr-Mannlicher Modell SSG Police P IV SD (Schalldämpfer)

TECHNISCHE DATEN:

Kaliber:	.308 Win.
Kapazität:	5 Patronen
Magazin:	herausnehmbares Trommelmagazin, Arretierung beidseitig des Magazinschachtes
Nachladesystem:	Kammerstengel-Repetierwaffe
Verschluß:	Zylinderverschluß (6 Verriegelungswarzen)
Gesamtgewicht:	3,8 kg
Gesamtlänge:	100,5 cm
Lauflänge:	41 cm, ohne Feuerdämpfer (Schalldämpfer integriert)
Visierung:	ohne, vorbereitet für Zielfernrohrmontage
Sicherung, extern:	Sicherungsschieber rechts, hinter dem Kammerstengel
Sicherung, intern:	interne Verschlußsicherung, Ladeanzeige d. Signalstift

MERKMALE:

- Material:	Carbonstahl
- Finish:	mattschwarz
- Schaft:	schwerer Kunststoffschaft, schwarz

Steyr-Mannlicher Modell S-Lang (langer Verschluß)

TECHNISCHE DATEN:

Kaliber:	siehe unten
Kapazität:	4 Patronen
Magazin:	herausnehmbares Trommelmagazin, Arretierung beidseitig des Magazinschachtes
Nachladesystem:	Kammerstengel-Repetierwaffe
Verschluß:	Zylinderverschluß (6 Verriegelungswarzen)
Gesamtgewicht:	3,8 kg
Gesamtlänge:	110 cm
Lauflänge:	60 cm
Visierung:	seitlich verstellb. Blattvisier, vorb. f. Fernrohrmontage
Sicherung, extern:	Sicherungsschieber rechts, hinter dem Kammerstengel
Sicherung, intern:	interne Verschlußsicherung, Ladezustandsanzeige durch Signalstift an der Verschlußrückseite

MERKMALE:

- Material:	Carbonstahl
- Finish:	brüniert
- Schaft:	Nußbaumholz

Lieferbare Kaliber: 6,5 x 68, 7 mm Rem.Mag., .300 Win.Mag., 8 x 65 S, .375 H&H Mag.

Steyr-Mannlicher Modell SL (sehr leicht)

TECHNISCHE DATEN:

Kaliber:	.222 Rem., .223 Rem., 5,6 x 50 Mag.
Kapazität:	5 Patronen
Magazin:	herausnehmbares Trommelmagazin, Arretierung beidseitig des Magazinschachtes

Nachladesystem:	Kammerstengel-Repetierwaffe
Verschluß:	Zylinderverschluß (6 Verriegelungswarzen)
Gesamtgewicht:	2,85 kg
Gesamtlänge:	108 cm
Lauflänge:	60 cm
Visierung:	seitlich verstellb. Blattvisier, vorb. f. Fernrohrmontage
Sicherung, extern:	Sicherungsschieber rechts, hinter dem Kammerstengel
Sicherung, intern:	interne Verschlußsicherung, Ladezustandsanzeige durch Signalstift

MERKMALE:

- Material:	Carbonstahl
- Finish:	brüniert; mit Stecherabzug
- Schaft:	Nußbaumholz

Steyr-Mannlicher Modell SL Stutzen

TECHNISCHE DATEN:

Kaliber:	.222 Rem., .223 Rem., 5,6 x 50 Mag.
Kapazität:	5 Patronen
Magazin:	herausnehmbares Trommelmagazin, Arretierung beidseitig des Magazinschachtes
Nachladesystem:	Kammerstengel-Repetierwaffe
Verschluß:	Zylinderverschluß (6 Verriegelungswarzen)
Gesamtgewicht:	2,85 kg
Gesamtlänge:	99 cm
Lauflänge:	51 cm
Visierung:	seitlich verstellb. Blattvisier, vorb. f. Fernrohrmontage
Sicherung, extern:	Sicherungsschieber rechts, hinter dem Kammerstengel
Sicherung, intern:	interne Verschlußsicherung, Ladezustandsanzeige durch Signalstift

MERKMALE:

- Material:	Carbonstahl
- Finish:	brüniert, mit Stecherabzug
- Schaft:	Nußbaumholz, bis zur Laufmündung reichend (Stutzen)

Steyr-Mannlicher Sport

TECHNISCHE DATEN:

Kaliber:	.243 Win., .308 Win.
Kapazität:	5 Patronen
Magazin:	herausnehmbares Trommelmagazin, Arretierung beidseitig des Magazinschachtes
Nachladesystem:	Kammerstengel-Repetierwaffe
Verschluß:	Zylinderverschluß (6 Verriegelungswarzen)
Gesamtgewicht:	3,9 kg
Gesamtlänge:	113 cm
Lauflänge:	65 cm
Visierung:	verstellb. Blattvisier, Korntunnel, vorb. f. Fernrohrmontage
Sicherung, extern:	Sicherungsschieber rechts, hinter dem Kammerstengel
Sicherung, intern:	interne Verschlußsicherung, Ladezustandsanzeige durch Signalstift

MERKMALE:

- Material:	Carbonstahl
- Finish:	mattschwarz
- Schaft:	Kunststoffschaft, schwarz oder grün

Steyr SPP Police Carbine

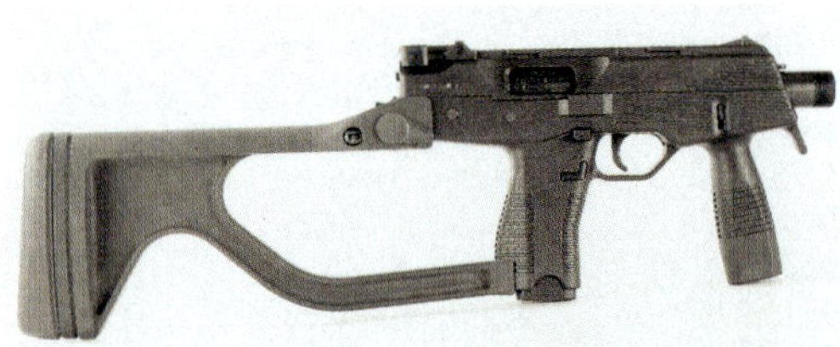

TECHNISCHE DATEN:

Kaliber:	9 mm Para

Abzugssystem:	Double Action
Kapazität:	15- oder 30-Schuß-Magazin
Magazin:	im Pistolengriff, Arretierung beidseitig des Magazinschachtes
Nachladesystem:	halbautomatische Selbstladewaffe
Verschluß:	Drehkammerverschluß
Gesamtgewicht:	1750 g
Gesamtlänge:	60 cm
Lauflänge:	13 cm
Visierung:	seitlich verstellbares Mikrometervisier, Korntunnel, Korn höhenverstellbar
Sicherung, extern:	Druckknopfsicherung am Pistolengriff oberhalb des Abzugs
Sicherung, intern:	interne Verschlußsicherung, zuschießender Verschluß

MERKMALE:

- Material:	Griffstück Kunststoff, Lauf und System aus Carbonstahl
- Finish:	mattschwarz
- Anschlagschaft:	Kunststoff

Stoner

Die amerikanische Firma Knights Manufacturing Company wurde von C. Reed Knight gegründet und hat ihren Sitz in Vero Beach, Florida. Knight war Besitzer von Orangenplantagen und gründete die Waffenfirma zunächst nur als Hobby. Da die neue Firma bald 70 Mitarbeiter zählte, konzentrierte er sich schließlich mehr und mehr darauf. Er kontaktierte den bekannten Waffenkonstrukteur Eugene Stoner. Stoner hatte unter anderem so bekannte Gewehre, wie das AR-10 und das Stoner 63 entwickelt, vor allem aber den berühmten US-Militärselbstlader AR-15/M-16.
Die Stoner SR-20-Büchse basiert auf dem AR-10. Dieses hatte Stoner 1954 entwickelt, als er für die Armalite Division der Fairchild Aircraft Company arbeitete. Das AR-15/M-16 basiert zwar auf dem AR-10, im Gegensatz dazu hatte die US Army allerdings kein Interesse daran, das AR-10 zu übernehmen. Das AR-10 wurde in kleinen Stückzahlen auch in der holländischen Artillerie-Einrichtung in Zaandam gefertigt, doch auch kein einziges europäisches Nato-Land war daran interessiert.
Die USA entschieden sich schließlich dafür, das AR-15/M-16-Konzept im Kaliber .223 Rem. einzuführen, in Europa gab man Waffen im Kaliber 7,62 x 51, also .308 Win., den Vorzug, etwa dem FN-FAL-Sturmgewehr. Die in den Niederlanden produzierten AR-10 wurden an Portugal, Burma und den Sudan verkauft.
Reed Knight war vor allem an einem anderen Stoner-Entwurf interessiert, an seiner halbautomatischen .308 Win.-Büchse Modell 63. Da sich das Pentagon für das AR-15/M-16 als neues amerikanisches Militärgewehr ausgesprochen hatte, konnte das Stoner-63 auch nicht das Rennen machen. Eine vollautomatische Version der Waffe wurde allerdings von kleineren Einheiten der US Navy und den Navy Seals verwendet. Und das Stoner SR-25- Scharfschützengewehr war eine Mischung aus AR-10, AR-15 und Stoner-63. Viele Teile dieser Waffe sind mit AR-15-Teilen austauschbar.
Der präzise kaltgehämmerte Lauf des SR-25 wird von Remington geliefert, das diese Lauftype auch in seinen M-24-Scharfschützengewehren verwendet. Der Lauf hat fünf rechtsdrehende Züge, deren Kanten nach einem neuen Konzept abgerundet sind und so angeblich die Präzision und die Lebensdauer des Laufes steigern. Auf 100 Meter werden mit dem SR-25 5-Schuß-Gruppen mit einem Durchmesser von einem Inch (25 mm) garantiert; das ist hervorragend für eine halbautomatische Waffe. Und, wie in der Praxis festgestellt wurde, ist die Präzision der Waffe sogar noch besser. In den USA wird die Waffe, die allerdings verhältnismäßig teuer ist, in Schützenkreisen als das Optimum einer halbautomatisch funktionierenden Präzisionsbüchse eingestuft, in Europa ist die Stoner SR-25-Selbstladebüchse allerdings zumeist als Kriegswaffe verboten. Da sie, wie unschwer zu erkennen ist, eindeutig vom Colt M16/AR 15-Sturmgewehr abgeleitet ist (es fehlt lediglich der Trage-/Visier-Griff über dem Systemkasten), ist die Stoner SR-25 auch in Deutschland als verbotener Gegenstand im Sinne des Waffen- und des Kriegswaffenkontrollgesetzes eingestuft. Die Waffe erweckt „den Anschein einer vollautomatischen Kriegswaffe" und ist daher verboten – über den Sinn oder Unsinn solcher Vorschriften läßt sich streiten…

Stoner SR-25 Match

TECHNISCHE DATEN:

Kaliber:	.308 Win.
Kapazität:	5-, 10- oder 20-Schuß-Magazin
Magazin:	vor dem Abzugsbügel, Arretierung auf der rechts Seite des Systemkastens
Nachladesystem:	halbautomatischer Selbstlader
Verschluß:	gasdruckverz. Drehkammer
Gesamtgewicht:	4,9 kg

Gesamtlänge:	112 cm
Lauflänge:	61 cm
Visierung:	keine, Fernrohrschiene
Sicherung, extern:	Druckknopfsicherung links am Systemkasten
Sicherung, intern:	interne Verschlußsicherung
MERKMALE:	
- Material:	Carbonstahl, Leichtmetall
- Finish:	mattschwarz
- Schaft:	Kunststoff, schwarz, mit separatem Pistolengriff

Thompson/Center

Die Grundlagen für die Thompson/Center Arms Company mit ihrem Sitz in Rochester wurden 1964 gelegt. Warren Center, der die einschüssige Pistole Thompson/Center „Contender" entwickelt hat, hatte bereits vorher genug Erfahrung auf dem Gebiet der Waffentechnik. Bereits während seiner Militärzeit war er im Zweiten Weltkrieg in der Waffenkammer mit der Instandsetzung von Waffen beschäftigt. Nach dem Krieg war er Büchsenmacher in Dallas, Texas, beschloß aber dann in seine Heimat Massachusetts zurückzukehren und sich dort als Büchsenmacher niederzulassen.
1954 trat Center in die Dienste der Waffenherstellungsfirma Iver Johnson, für die er verschiedene Revolvermodelle entwickelte. 1959 gründete er zusammen mit Elton Whiting eine eigene Produktionsfirma zur Herstellung seiner ursprünglichen einschüssigen Pistolen. 1963 wurde Center Entwicklungsleiter der bekannten Firma Harrington & Richardson. Im gleichen Jahr entwickelte er einen neuen Prototyp einer einschüssigen Kipplaufpistole, für die H&R aber kein Interesse zeigte. 1964 kam Warren Center in Kontakt mit Kenneth W. Thompson. Sie beschlossen, die Produktion von Centers neuer Pistole zusammen aufzuziehen. Center wurde Direktor der K. W. Thompson Tool Company und 1965 gründeten Center und Thompson die Thompson/Center Arms Company.
Die Thompson/Center „Contender"-Pistole war 1967 serienreif und kam auf den Markt. Erst 1985 wurde dann eine Karabiner-Version der Waffe in neun verschiedenen Kalibern vorgestellt. 1997 kam die „Encore"-Büchse, die auf dem Contender-Konzept basiert, auf den Markt. Sämtliche Thompson/Center-Waffen verfügen über ein besonderes Sicherungssystem mit einem Sicherungsschieber oben auf dem Hahn der Waffe. Mittels des Schiebers kann zwar

Thompson/Center Contender Carbine

auch der Zündstift von Zentralfeuer- auf Randfeuerpatronen verstellt werden, vor allem aber kann damit der Zündstift komplett weggeschwenkt werden, was es absolut unmöglich macht, die Waffe abzufeuern.

Thompson/Center Contender Carbine

TECHNISCHE DATEN:

Kaliber:	siehe unten
Kapazität:	entfällt
Magazin:	entfällt
Nachladesystem:	einläufige Kipplaufbüchse
Verschluß:	Baskülverschluß mit Laufhaken
Gesamtgewicht:	2,4 kg
Gesamtlänge:	88,5 cm
Lauflänge:	53,5 cm
Visierung:	verstellbares Schiebevisier; vorbereitet für eine Zielfernrohreinhakmontage
Sicherung, extern:	Schiebesicherung auf dem Hammer zum Wegschwenken
Sicherung, intern:	interne Verschlußsicherung, Abzug wird bei geöffnetem Verschluß blockiert

MERKMALE:

- Material:	Carbonstahl
- Finish:	brüniert
- Schaft:	Nußbaumholz

Lieferbare Kaliber: .22 l.r., .17 Rem., .22 Hornet, .223 Rem., 7 mm-30 Waters, .30-30 Win., .375 Win.

Thompson/Center Contender SST All Weather Carbine

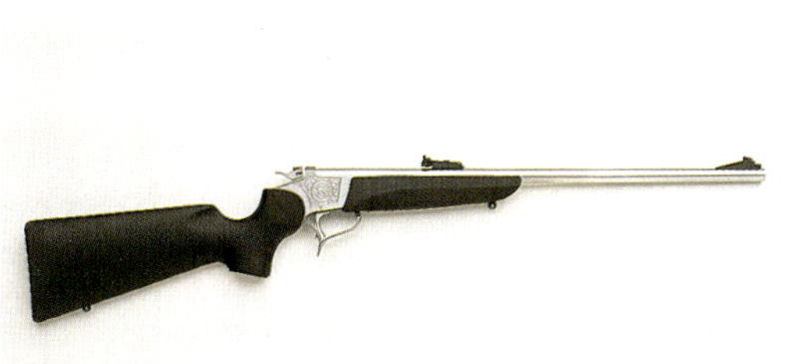

TECHNISCHE DATEN:

Kaliber:	siehe unten
Kapazität:	entfällt
Magazin:	entfällt
Nachladesystem:	einläufige Kipplaufbüchse
Verschluß:	Baskülverschluß mit Laufhaken
Gesamtgewicht:	2,4 kg
Gesamtlänge:	88,5 cm
Lauflänge:	53,5 cm
Visierung:	verstellb. Schiebevisier; vorb. f. Zielfernrohreinhakmontage
Sicherung, extern:	Schiebesicherung auf dem Hammer zum Wegschwenken
Sicherung, intern:	interne Verschlußsicherung, Abzug wird bei geöffnetem Verschluß blockiert

MERKMALE:

- Material:	rostfreier Stainless-Stahl
- Finish:	blank
- Schaft:	Kunststoff, schwarz

Lieferbare Kaliber: .22 l.r., .17 Rem., .22 Hornet, .223 Rem., 7 mm-30 Waters, .30-30 Win., .375 Win.

Thompson/Center Contender Youth Carbine

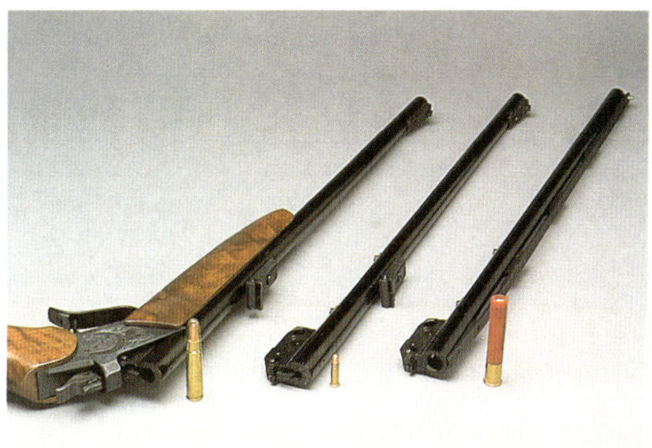

TECHNISCHE DATEN:

Kaliber:	.22 l.r., .223 Rem.
Kapazität:	entfällt
Magazin:	entfällt
Nachladesystem:	einläufige Kipplaufbüchse
Verschluß:	Baskülverschluß mit Laufhaken
Gesamtgewicht:	2,3 kg
Gesamtlänge:	76,5 cm
Lauflänge:	41,5 cm
Visierung:	verstellbares Schiebevisier; vorbereitet für eine Zielfernrohreinhakmontage
Sicherung, extern:	Schiebesicherung auf dem Hammer zum Wegschwenken
Sicherung, intern:	interne Verschlußsicherung, Abzug wird bei geöffnetem Verschluß blockiert

MERKMALE:

- Material:	Carbonstahl
- Finish:	brüniert
- Schaft:	Nußbaumholz

Für diese Waffe ist auch ein Schrot-Wechsellauf im Kaliber .410 erhältlich.

Thompson/Center Encore Rifle

TECHNISCHE DATEN:

Kaliber:	siehe unten
Kapazität:	entfällt
Magazin:	entfällt
Nachladesystem:	einläufige Kipplaufbüchse
Verschluß:	Baskülverschluß mit Laufhaken
Gesamtgewicht:	2,6 kg
Gesamtlänge:	96 cm
Lauflänge:	61 cm
Visierung:	ohne oder mit verstellbarem Schiebevisier; vorbereitet für eine Zielfernrohreinhakmontage
Sicherung, extern:	Schiebesicherung auf dem Hammer zum Wegschwenken
Sicherung, intern:	interne Verschlußsicherung, Abzug wird bei geöffnetem Verschluß blockiert
MERKMALE:	
- Material:	Carbonstahl
- Finish:	brüniert
- Schaft:	Nußbaumholz

Lieferbare Kaliber: .22-250 Rem., 7 mm-08 Rem., .308 Win., .30-06

Diese Waffe wurde 1997 zunächst in den oben genannten Kalibern eingeführt. Es ist davon auszugehen, daß weitere Kaliber folgen und es die Waffe auch in einer Version in rostfreiem Stainless-Stahl geben wird.

Tikka

Das finnische Unternehmen Tikka gibt es bereits seit 1893. Der komplette Firmenname war zunächst Tikkakoski O/Y, man baute Maschinen und Motoren, der Firmensitz war Sakara. Bis 1918, als die Finnen ihren Befreiungskrieg gegen Rußland führten, baute man keine Waffen. Während des Zweiten Weltkrieges wurde die Waffenproduktionskapazität immens gesteigert, um insbesondere die Suomi-Maschinenpistole herzustellen. Nach dem Zweiten Weltkrieg baute Tikka zunächst wieder vornehmlich Haushaltsgegenstände, etwa Staubsauger und Nähmaschinen. Ab 1965 wurden wieder Waffen, vornehmlich Büchsen und Flinten, die in die USA exportiert wurden, ins Produktionsprogramm aufgenommen.
In Amerika brachte etwa die Firma Ithaka Büchsen von Tikka unter der Bezeichnung LSA-55 und LSA-65 auf den Markt. 1983 erfolgte die Fusion mit Sako, einer anderen finnischen Waffenherstellungsfirma. Der Firmenname wurde in Sako-Tikka geändert und die Herstellung wurde auf die Sako-Fabrik in Riihimaki konzentriert. Kurz darauf übernahm der riesige, finnische Nokia-Konzern, dem auch die bekannte Waffenfirma Valmet angehört, den Sako-Tikka-Firmenzusammenschluß.

Tikka Master

TECHNISCHE DATEN:

Kaliber:	siehe unten
Kapazität:	3-Schuß-Magazin, 5-Schuß-Magazin auf Wunsch
Magazin:	vor dem Abzugsbügel, Löseknopf rechts neben d. Schacht
Nachladesystem:	Kammerstengel-Repetierwaffe
Verschluß:	Zylinder (2 Warzen)
Gesamtgewicht:	3,2 bis 3,4 kg
Gesamtlänge:	107 bis 113 cm
Lauflänge:	57 bis 62 cm
Visierung:	seitlich verstellbares Blattvisier, Korntunnel, vorbereitet für Zielfernrohrmontage
Sicherung, extern:	Sicherungsschieber rechts hinter dem Kammerstengel
Sicherung, intern:	interne Verschlußsicherung
MERKMALE:	
- Material:	Carbonstahl
- Finish:	brüniert
- Schaft:	Nußbaumholz

Lieferbare Kaliber: kurzer Verschluß (M595): .17 Rem., .222 Rem., .223 Rem., .22-250 Rem., .243 Win., .308 Win.; langer Verschluß (M695): .25-06

Rem., 6,5 x 55, .270 Win. 7 x 64, .30-06, 9,3 x 62; Magnum-Verschluß (M695M): 7 mm Rem.Mag., .300 Win.Mag., .338 Win.Mag.

Tikka Master Battue

TECHNISCHE DATEN:

Kaliber:	siehe unten
Kapazität:	3-Schuß-Magazin, 5-Schuß-Magazin auf Wunsch
Magazin:	vor dem Abzugsbügel, Magazinlöseknopf rechts neben dem Magazinschacht
Nachladesystem:	Kammerstengel-Repetierwaffe
Verschluß:	Zylinderverschluß (2 Verriegelungswarzen)
Gesamtgewicht:	3,1 bis 3,2 kg
Gesamtlänge:	102,5 bis 103,5 cm
Lauflänge:	52,5 cm
Visierung:	Treibjagd-Fluchtvisierschiene, Korntunnel, vorbereitet für Zielfernrohrmontage
Sicherung, extern:	Sicherungsschieber rechts hinter dem Kammerstengel
Sicherung, intern:	interne Verschlußsicherung

MERKMALE:

- Material:	Carbonstahl
- Finish:	brüniert
- Schaft:	Nußbaumholz

Lieferbare Kaliber: kurzer Verschluß (M595): .17 Rem., .222 Rem., .223 Rem., .22-250 Rem., .243 Win., .308 Win.; langer Verschluß (M695): .25-06 Rem., 6,5 x 55, .270 Win., 7 x 64, .30-06, 9,3 x 62; Magnum-Verschluß (M695M): 7 mm Rem.Mag., .300 Win.Mag., .338 Win.Mag.

Tikka Master Continental

TECHNISCHE DATEN:

Kaliber:	siehe unten
Kapazität:	3-Schuß-Magazin, 5-Schuß-Magazin auf Wunsch
Magazin:	vor dem Abzugsbügel, Löseknopf rechts neben d. Schacht
Nachladesystem:	Kammerstengel-Repetierwaffe
Verschluß:	Zylinder (2 Warzen)
Gesamtgewicht:	3,7 bis 3,8 kg
Gesamtlänge:	111 bis 113 cm
Lauflänge:	60 cm
Visierung:	ohne, vorbereitet für Zielfernrohrmontage
Sicherung, extern:	Sicherungsschieber rechts hinter dem Kammerstengel
Sicherung, intern:	interne Verschlußsicherung

MERKMALE:

- Material:	Carbonstahl
- Finish:	brüniert
- Schaft:	Nußbaumholz, Vorderschaft besonders breit

Lieferbare Kaliber: kurzer Verschluß (M595): .17 Rem., .222 Rem., .223 Rem., .22-250 Rem., .243 Win., .308 Win.; langer Verschluß (M695): .25-06 Rem., 6,5 x 55, .270 Win., 7 x 64, .30-06, 9,3 x 62; Magnum-Verschluß (M695M): 7 mm Rem.Mag., .300 Win.Mag., .338 Win.Mag.

Tikka Master Deluxe

TECHNISCHE DATEN:

Kaliber:	siehe unten
Kapazität:	3-Schuß-Magazin, 5-Schuß-Magazin auf Wunsch
Magazin:	vor dem Abzugsbügel, Löseknopf rechts neben d. Schacht
Nachladesystem:	Kammerstengel-Repetierwaffe
Verschluß:	Zylinderverschluß (2 Verriegelungswarzen)
Gesamtgewicht:	3,2 bis 3,4 kg
Gesamtlänge:	107 bis 113 cm
Lauflänge:	57 bis 62 cm
Visierung:	seitlich verstellbares Blattvisier, Korntunnel, vorbereitet für Zielfernrohrmontage
Sicherung, extern:	Sicherungsschieber rechts hinter dem Kammerstengel

Sicherung, intern:	interne Verschlußsicherung

MERKMALE:

- Material:	Carbonstahl
- Finish:	brüniert
- Schaft:	ausgesuchtes Nußbaumholz

Lieferbare Kaliber: kurzer Verschluß (M595): .17 Rem., .222 Rem., .223 Rem., .22-250 Rem., .243 Win., .308 Win.; langer Verschluß (M695): .25-06 Rem., 6,5 x 55, .270 Win., 7 x 64, .30-06, 9,3 x 62; Magnum-Verschluß (M695M): 7 mm Rem.Mag., .300 Win.Mag., .338 Win.Mag.

Tikka Master Trapper

TECHNISCHE DATEN:

Kaliber:	siehe unten
Kapazität:	3-Schuß-Magazin, 5-Schuß-Magazin auf Wunsch
Magazin:	vor dem Abzugsbügel, Löseknopf rechts neben d. Schacht
Nachladesystem:	Kammerstengel-Repetierwaffe
Verschluß:	Zylinderverschluß (2 Verriegelungswarzen)
Gesamtgewicht:	3,0 bis 3,1 kg
Gesamtlänge:	102,5 bis 103,5 cm
Lauflänge:	52,5 cm
Visierung:	ohne, vorbereitet für Zielfernrohrmontage
Sicherung, extern:	Sicherungsschieber rechts hinter dem Kammerstengel
Sicherung, intern:	interne Verschlußsicherung

MERKMALE:

- Material:	Carbonstahl
- Finish:	brüniert
- Schaft:	Nußbaumholz

Lieferbare Kaliber: kurzer Verschluß (M595): .17 Rem., .222 Rem., .223 Rem., .22-250 Rem., .243 Win., .308 Win.; langer Verschluß (M695): .25-06 Rem., 6,5 x 55, .270 Win., 7 x 64, .30-06, 9,3 x 62; Magnum-Verschluß (M695M): 7 mm Rem.Mag., .300 Win.Mag., .338 Win.Mag.

Uberti

Die italienische Firma Adolfo Uberti & Co. wurde 1959 in Gardone Val Trompia am Fuße der Alpen gegründet. Das Unternehmen spezialisierte sich auf den Bau der Replikas von Perkussions- und Westernrevolvern sowie -gewehren. Es entwickelte sich schnell zum Marktführer auf diesem Gebiet.
Die Firma konnte wegen der immensen Zahl von Vorderladerschützen, die es auf der Welt gibt, immer weiter wachsen. Man kopierte die Originale von Colt, Winchester und Remington bis ins kleinste Detail. Und die originalgetreuen Replikate wurden auf allen Schützenverbandsebenen als Wettkampfwaffen für die entsprechenden Disziplinen akzeptiert. Uberti behauptet zurecht, daß die Waffen der Firma sogar besser sind, als die Originale. Dies ergibt sich durch die nun mögliche Verwendung besserer Stahlsorten und Fabrikationsmethoden, die es ermöglichen, Waffenteile mit Toleranzen von einem tausendstel Millimeter zu produzieren. 1990 entwickelte Uberti ein Verfahren, mit dem das alte Brünieren und Bunthärten in Holzkohle auf moderne Art nachempfunden werden kann. Auch diese Methode übertrifft natürlich qualitätsmäßig den Standard der alten Originale. Alle Waffen der Firma Uberti werden vor ihrer Auslieferung bei den italienischen Beschußämtern geprüft und mit den entsprechenden Prüfzeichen versehen. Uberti exportiert seine Produkte in nahezu alle Länder der Welt. Oft werden die Uberti-Waffen in den Ländern, in die sie eingeführt werden, von den Generalimporteuren zusätzlich mit deren eigenem Label versehen oder auch unter deren Produktnamen verkauft. Zur Darstellung der Uberti-Produktpalette werden nachfolgend einige Waffen der Firma beschrieben, die teilweise auch unter anderen Bezeichnungen bei anderen Firmen zu finden sind.

Uberti Henry Steel Rifle

TECHNISCHE DATEN:

Kaliber:	.44-40
Kapazität:	Röhrenmagazin für 13 Patronen

Magazin:	Röhrenmagazin zum Laden an der Systemkastenunterseite
Nachladesystem:	Unterhebel-Repetierwaffe
Verschluß:	Unterhebelverschluß
Gesamtgewicht:	4,2 kg
Gesamtlänge:	111 cm
Lauflänge:	61,5 cm
Visierung:	verstellbares Schiebevisier
Sicherung, extern:	keine
Sicherung, intern:	interne Verschlußsicherung, Blockierung bei nicht ganz zurückgezogenem Unterhebel

MERKMALE:

- Material:	Carbonstahl
- Finish:	Kasten buntgehärtet, Lauf brüniert
- Schaft:	Nußbaumholz

Abgebildet sind von oben nach unten:
1. Uberti Henry Steel Rifle
2. Uberti Henry Long Rifle
3. Uberti Henry Rifle
4. Uberti Henry Carbine

Uberti Henry Long Rifle

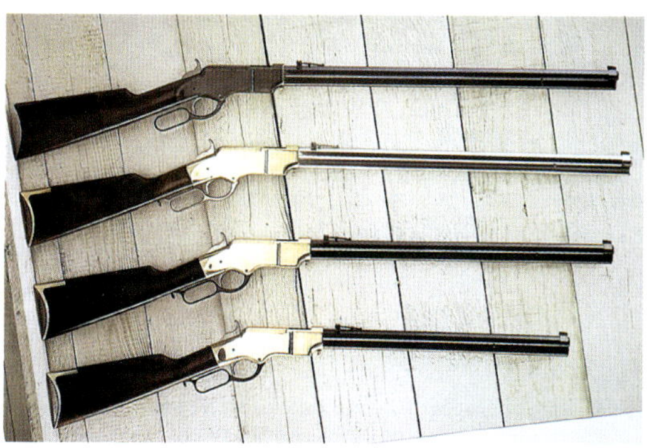

TECHNISCHE DATEN:

Kaliber:	.44-40, .45 LC (Long Colt)
Kapazität:	Röhrenmagazin für 13 Patronen
Magazin:	Röhrenmagazin zum Laden an der Systemkastenunterseite
Nachladesystem:	Unterhebel-Repetierwaffe
Verschluß:	Unterhebelverschluß
Gesamtgewicht:	4,2 kg
Gesamtlänge:	111 cm
Lauflänge:	61,5 cm
Visierung:	verstellbares Schiebevisier
Sicherung, extern:	keine
Sicherung, intern:	interne Verschlußsicherung, Blockierung bei nicht ganz zurückgezogenem Unterhebel

MERKMALE:

- Material:	Systemkasten Messing, Lauf Carbonstahl
- Finish:	Kasten blank, Lauf brüniert
- Schaft:	Nußbaumholz

Abgebildet sind von oben nach unten:
1. Uberti Henry Steel Rifle
2. Uberti Henry Long Rifle
3. Uberti Henry Rifle
4. Uberti Henry Carbine

Uberti Henry Rifle

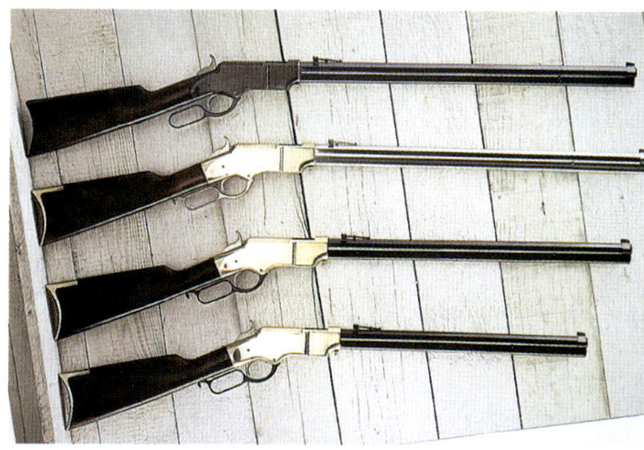

TECHNISCHE DATEN:

Kaliber:	.44-40, .45 LC (Long Colt)
Kapazität:	Röhrenmagazin für 11 Patronen
Magazin:	Röhrenmagazin zum Laden an der Systemkastenunterseite
Nachladesystem:	Unterhebel-Repetierwaffe
Verschluß:	Unterhebelverschluß
Gesamtgewicht:	4,1 kg
Gesamtlänge:	105,5 cm
Lauflänge:	56,5 cm
Visierung:	verstellbares Schiebevisier
Sicherung, extern:	keine
Sicherung, intern:	interne Verschlußsicherung, Blockierung bei nicht ganz zurückgezogenem Unterhebel

MERKMALE:

- Material:	Messing, Carbonstahl
- Finish:	Kasten blank, Lauf brüniert
- Schaft:	Nußbaumholz

Abgebildet sind von oben nach unten:
1. Uberti Henry Steel Rifle
2. Uberti Henry Long Rifle
3. Uberti Henry Rifle
4. Uberti Henry Carbine

Uberti Henry Carbine

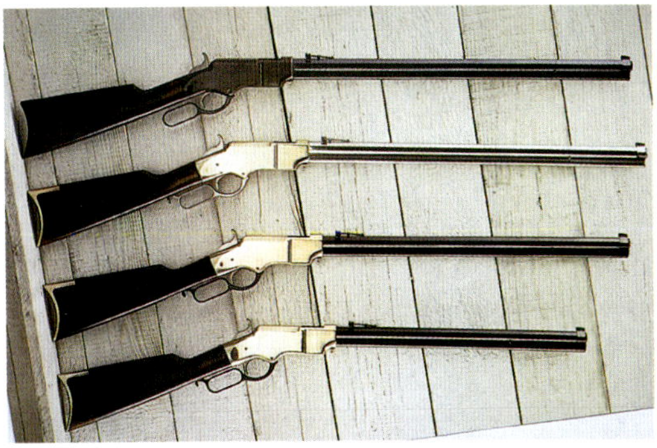

TECHNISCHE DATEN:

Kaliber:	.44-40, .45 LC (Long Colt)
Kapazität:	Röhrenmagazin für 9 Patronen
Magazin:	Röhrenmagazin zum Laden an der Systemkastenunterseite
Nachladesystem:	Unterhebel-Repetierwaffe
Verschluß:	Unterhebelverschluß
Gesamtgewicht:	3,6 kg
Gesamtlänge:	96,5 cm
Lauflänge:	47 cm
Visierung:	verstellbares Schiebevisier
Sicherung, extern:	keine
Sicherung, intern:	interne Verschlußsicherung, Blockierung bei nicht ganz zurückgezogenem Unterhebel

MERKMALE:

- Material:	Messing, Carbonstahl
- Finish:	Kasten blank, Lauf brüniert
- Schaft:	Nußbaumholz

Abgebildet sind von oben nach unten:
1. Uberti Henry Steel Rifle
2. Uberti Henry Long Rifle
3. Uberti Henry Rifle
4. Uberti Henry Carbine

Uberti Modell S.A. Cattleman Revolver-karabiner

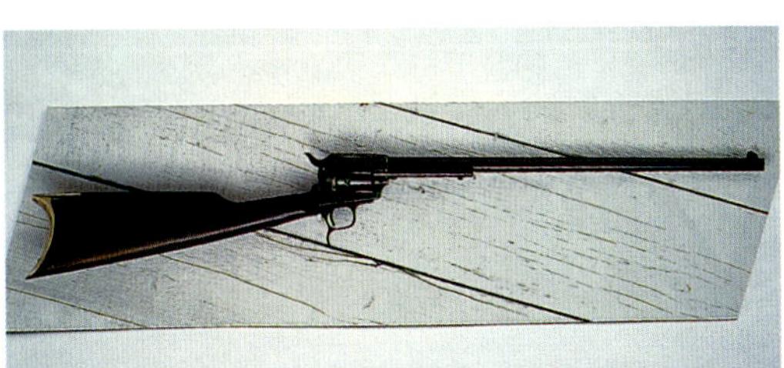

TECHNISCHE DATEN:

Kaliber:	.357 Mag., .44-40, .45 LC, .44 Mag.
Kapazität:	6 Patronen
Magazin:	Trommel
Nachladesystem:	Single Action-Revolversystem
Verschluß:	entfällt
Gesamtgewicht:	2,0 kg
Gesamtlänge:	86,5 cm
Lauflänge:	46 cm
Visierung:	festes Visier
Sicherung, extern:	keine
Sicherung, intern:	Hammer-Laderast

MERKMALE:

- Material:	Carbonstahl
- Finish:	Rahmen buntgehärtet, Lauf brüniert
- Schaft:	Griffschalen aus Hartholz

Uberti Modell 1866 Sporting Rifle

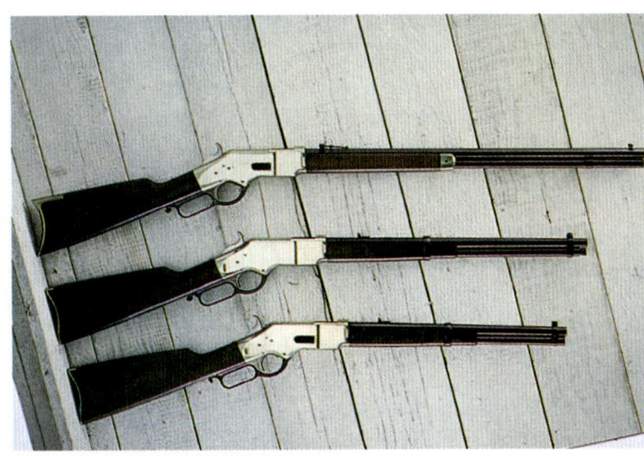

TECHNISCHE DATEN:

Kaliber:	.22 l.r., .22 WMR, .38 spec., .44-40, .45 LC (Long Colt)
Kapazität:	Röhrenmagazin für 13 Patronen
Magazin:	Röhrenmagazin zum Laden seitlich rechts am Systemkasten
Nachladesystem:	Unterhebel-Repetierwaffe
Verschluß:	Unterhebelverschluß
Gesamtgewicht:	3,7 kg
Gesamtlänge:	110 cm
Lauflänge:	61,5 cm
Visierung:	verstellbares Schiebevisier
Sicherung, extern:	keine
Sicherung, intern:	interne Verschlußsicherung, Blockierung bei nicht ganz zurückgezogenem Unterhebel

MERKMALE:

- Material:	Systemkasten Messing, Lauf Carbonstahl

- Finish:	Kasten blank, Lauf brüniert
- Schaft:	Nußbaumholz

Abgebildet sind von oben nach unten:
1. Uberti Modell 1866 Sporting Rifle
2. Uberti Modell 1866 Yellow Boy Carbine
3. Uberti Modell 1866 Trapper Carbine

Uberti Modell 1866 Yellow Boy Carbine

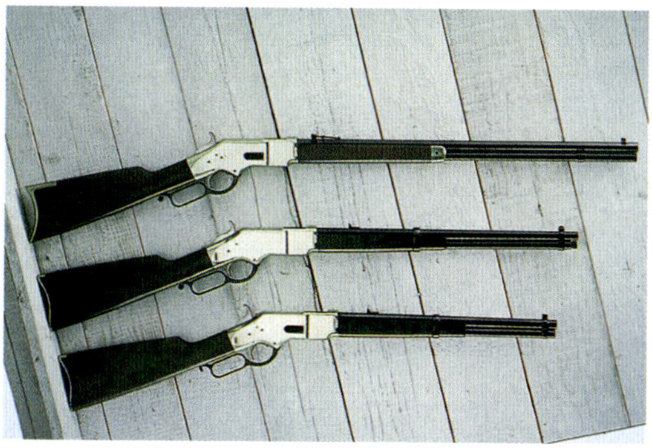

TECHNISCHE DATEN:

Kaliber:	.22 l.r., .22 WMR, .38 spec., .44-40, .45 LC (Long Colt)
Kapazität:	Röhrenmagazin für 13 Patronen
Magazin:	Röhrenmagazin zum Laden seitlich rechts am Systemkasten
Nachladesystem:	Unterhebel-Repetierwaffe
Verschluß:	Unterhebelverschluß
Gesamtgewicht:	3,3 kg
Gesamtlänge:	97 cm
Lauflänge:	48 cm
Visierung:	verstellbares Schiebevisier
Sicherung, extern:	keine
Sicherung, intern:	interne Verschlußsicherung, Blockierung des Abzugs bei nicht ganz zurückgezogenem Unterhebel

MERKMALE:

- Material:	Systemkasten Messing, Lauf Carbonstahl
- Finish:	Kasten blank, Lauf brüniert
- Schaft:	Nußbaumholz, mit Sattelring

Abgebildet sind von oben nach unten:
1. Uberti Modell 1866 Sporting Rifle
2. Uberti Modell 1866 Yellow Boy Carbine
3. Uberti Modell 1866 Trapper Carbine

Uberti Modell 1866 Trapper Carbine

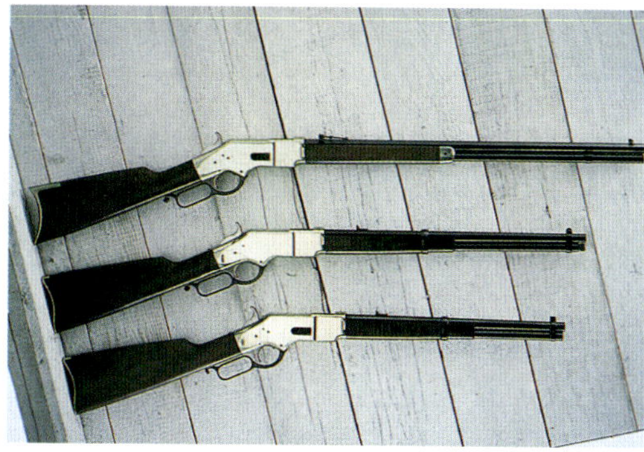

TECHNISCHE DATEN:

Kaliber:	.22 l.r., .22 WMR, .38 spec., .44-40, .45 LC (Long Colt)
Kapazität:	Röhrenmagazin für 7 bis 10 Patronen
Magazin:	Röhrenmagazin zum Laden seitlich rechts am Systemkasten
Nachladesystem:	Unterhebel-Repetierwaffe
Verschluß:	Unterhebelverschluß
Gesamtgewicht:	3,2 kg
Gesamtlänge:	89,5 cm
Lauflänge:	41,5 cm
Visierung:	verstellbares Schiebevisier
Sicherung, extern:	keine
Sicherung, intern:	interne Verschlußsicherung, Blockierung bei nicht ganz zurückgezogenem Unterhebel

MERKMALE:

- Material:	Systemkasten Messing, Lauf Carbonstahl
- Finish:	Kasten blank, Lauf brüniert
- Schaft:	Nußbaumholz

Abgebildet sind von oben nach unten:
1. Uberti Modell 1866 Sporting Rifle
2. Uberti Modell 1866 Yellow Boy Carbine
3. Uberti Modell 1866 Trapper Carbine

Uberti Modell Remington 1871 Rolling Block Rifle

TECHNISCHE DATEN:

Kaliber:	.22 l.r., .22 WMR, .22 Hornet, .357 Mag.
Kapazität:	entfällt
Magazin:	entfällt
Nachladesystem:	Blockbüchse (Einzelladerwaffe)
Verschluß:	Rolling Block-Verschluß
Gesamtgewicht:	2,2 kg

Gesamtlänge: 90,5 cm
Lauflänge: 56 cm
Visierung: höhenverstellbares Schiebevisier
Sicherung, extern: keine
Sicherung, intern: interne Verschlußsicherung

MERKMALE:
- Material: Systemkasten Messing, Lauf Carbonstahl
- Finish: Kasten blank, Lauf brüniert
- Schaft: Nußbaumholz

Uberti Modell 1873 43" Sporting Rifle

TECHNISCHE DATEN:
Kaliber: .357 Mag., .44-40, .45 LC
Kapazität: Röhrenmagazin für 13 Patronen
Magazin: Röhrenmagazin zum Laden seitlich rechts am Systemkasten
Nachladesystem: Unterhebel-Repetierwaffe
Verschluß: Unterhebelverschluß
Gesamtgewicht: 3,7 kg
Gesamtlänge: 120 cm
Lauflänge: 76 cm
Visierung: verstellbares Schiebevisier
Sicherung, extern: keine
Sicherung, intern: interne Verschlußsicherung, Blockierung bei nicht ganz zurückgezogenem Unterhebel

MERKMALE:
- Material: Carbonstahl
- Finish: Kasten buntgehärtet, Lauf brüniert
- Schaft: Nußbaumholz

Abgebildet sind von oben nach unten:
1. Uberti Modell 1873 43" Sporting Rifle
2. Uberti Modell 1873 37" Sporting Rifle
3. Uberti Modell 1873 33" Sporting Carbine
4. Uberti Modell 1873 Carbine

Uberti Modell 1873 37" Sporting Rifle

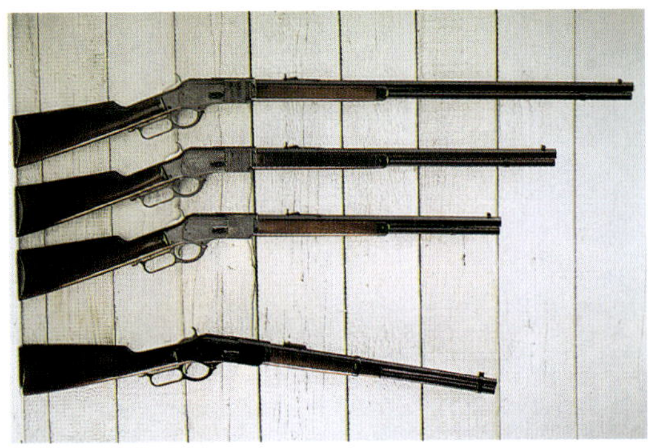

TECHNISCHE DATEN:
Kaliber: .357 Mag., .44-40, .45 LC
Kapazität: Röhrenmagazin für 12 Patronen
Magazin: Röhrenmagazin zum Laden seitlich rechts am Systemkasten
Nachladesystem: Unterhebel-Repetierwaffe
Verschluß: Unterhebelverschluß
Gesamtgewicht: 3,4 kg
Gesamtlänge: 110 cm
Lauflänge: 61,5 cm
Visierung: verstellbares Schiebevisier
Sicherung, extern: keine
Sicherung, intern: interne Verschlußsicherung, Blockierung des Abzugs bei nicht ganz zurückgezogenem Unterhebel

MERKMALE:
- Material: Carbonstahl
- Finish: Kasten buntgehärtet, Lauf brüniert
- Schaft: Nußbaumholz

Abgebildet sind von oben nach unten:
1. Uberti Modell 1873 43" Sporting Rifle

2. Uberti Modell 1873 37" Sporting Rifle
3. Uberti Modell 1873 33" Sporting Carbine
4. Uberti Modell 1873 Carbine

Uberti Modell 1873 33" Sporting Carbine

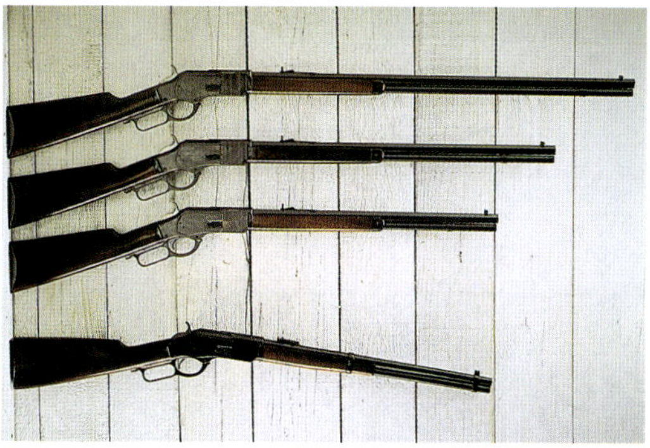

TECHNISCHE DATEN:

Kaliber:	.357 Mag., .44-40, .45 LC
Kapazität:	Röhrenmagazin für 10 Patronen
Magazin:	Röhrenmagazin zum Laden seitlich rechts am Systemkasten
Nachladesystem:	Unterhebel-Repetierwaffe
Verschluß:	Unterhebelverschluß
Gesamtgewicht:	3,2 kg
Gesamtlänge:	99 cm
Lauflänge:	51 cm
Visierung:	verstellbares Schiebevisier
Sicherung, extern:	keine
Sicherung, intern:	interne Verschlußsicherung, Blockierung bei nicht ganz zurückgezogenem Unterhebel

MERKMALE:

- Material:	Carbonstahl
- Finish:	Kasten buntgehärtet, Lauf brüniert
- Schaft:	Nußbaumholz

Abgebildet sind von oben nach unten:
1. Uberti Modell 1873 43" Sporting Rifle
2. Uberti Modell 1873 37" Sporting Rifle
3. Uberti Modell 1873 33" Sporting Carbine
4. Uberti Modell 1873 Carbine

Uberti Modell 1873 Carbine

TECHNISCHE DATEN:

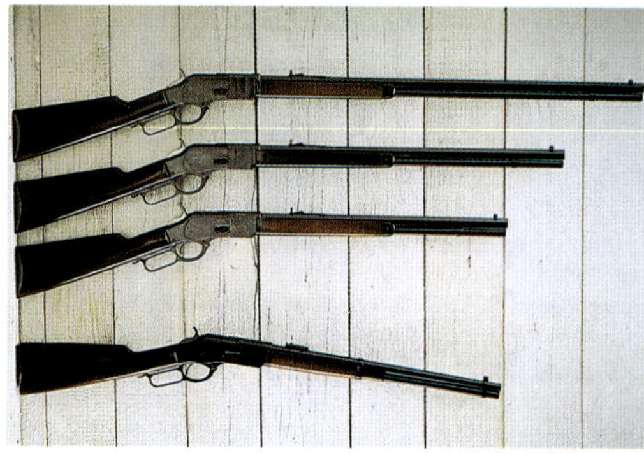

Kaliber:	.357 Mag., .44-40, .45 LC
Kapazität:	Röhrenmagazin für 10 Patronen
Magazin:	Röhrenmagazin zum Laden seitlich rechts am Systemkasten
Nachladesystem:	Unterhebel-Repetierwaffe
Verschluß:	Unterhebelverschluß
Gesamtgewicht:	3,7 kg
Gesamtlänge:	97 cm
Lauflänge:	48,5 cm
Visierung:	verstellbares Schiebevisier
Sicherung, extern:	keine
Sicherung, intern:	interne Verschlußsicherung, Blockierung des Abzugs bei nicht ganz zurückgezogenem Unterhebel

MERKMALE:

- Material:	Carbonstahl
- Finish:	brüniert
- Schaft:	Nußbaumholz, mit Sattelring

Abgebildet sind von oben nach unten:
1. Uberti Modell 1873 43" Sporting Rifle
2. Uberti Modell 1873 37" Sporting Rifle
3. Uberti Modell 1873 33" Sporting Carbine
4. Uberti Modell 1873 Carbine

Uberti Modell 1873 Special Sport

TECHNISCHE DATEN:

Kaliber:	.44-40, .45 LC

Kapazität:	Röhrenmagazin für 13 Patronen
Magazin:	Röhrenmagazin zum Laden seitlich rechts am Systemkasten
Nachladesystem:	Unterhebel-Repetierwaffe
Verschluß:	Unterhebelverschluß
Gesamtgewicht:	3,7 kg
Gesamtlänge:	110 cm
Lauflänge:	61,5 cm
Visierung:	höhenverstellbares Diopter-visier, Korntunnel
Sicherung, extern:	keine
Sicherung, intern:	interne Verschlußsicherung, Blockierung des Abzugs bei nicht ganz zurückgezogenem Unterhebel

MERKMALE:

- Material:	Carbonstahl
- Finish:	Kasten buntgehärtet, Lauf brüniert
- Schaft:	Nußbaumholz, mit Pistolengriff

Abgebildet sind von oben nach unten:
1. Uberti Modell 1873 Special Sport
2. Uberti Modell 1873 Special Sport Standard
3. Uberti Modell 1873 Special Hunting Rifle

Uberti Modell 1873 Special Sport Standard

TECHNISCHE DATEN:

Kaliber:	.44-40, .45 LC (Long Colt)
Kapazität:	Röhrenmagazin für 13 Patronen
Magazin:	Röhrenmagazin zum Laden seitlich rechts am Systemkasten
Nachladesystem:	Unterhebel-Repetierwaffe
Verschluß:	Unterhebelverschluß
Gesamtgewicht:	3,7 kg
Gesamtlänge:	110 cm
Lauflänge:	61,5 cm
Visierung:	höhenverstellbares Blattvisier
Sicherung, extern:	keine
Sicherung, intern:	interne Verschlußsicherung, Blockierung des Abzugs bei nicht ganz zurückgezogenem Unterhebel

MERKMALE:

- Material:	Carbonstahl
- Finish:	Kasten buntgehärtet, Lauf brüniert
- Schaft:	Nußbaumholz, mit Pistolen-griff

Abgebildet sind von oben nach unten:
1. Uberti Modell 1873 Special Sport
2. Uberti Modell 1873 Special Sport Standard
3. Uberti Modell 1873 Special Hunting Rifle

Uberti Modell 1873 Special Hunting Rifle

TECHNISCHE DATEN:

Kaliber:	.44-40, .45 LC (Long Colt)
Kapazität:	Röhrenmagazin für 6 Patronen
Magazin:	Röhrenmagazin zum Laden seitlich rechts am Systemkasten
Nachladesystem:	Unterhebel-Repetierwaffe
Verschluß:	Unterhebelverschluß
Gesamtgewicht:	3,6 kg
Gesamtlänge:	110 cm
Lauflänge:	61,5 cm
Visierung:	höhenverstellbares Blattvisier
Sicherung, extern:	keine
Sicherung, intern:	interne Verschlußsicherung, Blockierung bei nicht ganz zurückgezogenem Unterhebel

MERKMALE:

- Material:	Carbonstahl
- Finish:	Kasten buntgehärtet, Lauf brüniert
- Schaft:	Nußbaumholz, mit Pistolen-griff

Abgebildet sind von oben nach unten:
1. Uberti Modell 1873 Special Sport

2. Uberti Modell 1873 Special Sport Standard
3. Uberti Modell 1873 Special Hunting Rifle

Unique

Unique ist der Markenname der französichen Waffenfirma MAPF, eine Abkürzung für Manufacture d'Armes des Pyrénées Francaises. Das Unternehmen hat seinen Sitz in der Stadt Hendaye in den französischen Pyrenäen am Golf von Biskaya. MAPF baut eine Reihe verschiedener Jagdgewehre, deren Läufe zum Schießen mit anderen Kalibern austauschbar sind. Die Match-Büchsen, etwa das T-2000 in Kleinkaliber und das T-3000 in verschiedenen größeren Büchsenkalibern, sind von höchster Qualität. Die Firma baut auch die berühmte Unique DES-69-Sportpistole und die Pistole IS (International Silhouette). Das TGC-Varmint-Match-Gewehr wird von französischen Polizeieinheiten auch als Scharfschützenbüchse verwendet.

Unique T-2000 Freigewehr

TECHNISCHE DATEN:

Kaliber:	.22 l.r.
Kapazität:	entfällt
Magazin:	entfällt
Nachladesystem:	Kammerstengel-Einzellader-waffe
Verschluß:	Zylinderverschluß
Gesamtgewicht:	6,3 kg
Gesamtlänge:	125 cm
Lauflänge:	71 cm
Visierung:	Dioptervisier, Korntunnel
Sicherung, extern:	Sicherungsknopf oben im Abzugsbügel
Sicherung, intern:	interne Verschlußsicherung
MERKMALE:	
- Material:	Carbonstahl
- Finish:	brüniert
- Schaft:	spezieller, vollständig verstellb. Laminatholz-Matchschaft mit Daumenloch und Schulterhaken

Der Lauf dieser Waffe verfügt über Längsrillen für eine zusätzliche Kühlung.

Unique T-2000 Standard

TECHNISCHE DATEN:

Kaliber:	.22 l.r.
Kapazität:	entfällt
Magazin:	entfällt
Nachladesystem:	Kammerstengel-Einzellader-waffe
Verschluß:	Zylinderverschluß
Gesamtgewicht:	5,0 kg
Gesamtlänge:	115 cm
Lauflänge:	71 cm
Visierung:	Dioptervisier, Korntunnel
Sicherung, extern:	Sicherungsknopf oben im Abzugsbügel
Sicherung, intern:	interne Verschlußsicherung
MERKMALE:	
- Material:	Carbonstahl
- Finish:	brüniert
- Schaft:	Match-Schaft mit Pistolengr.

Der Lauf dieser Waffe verfügt über Längsrillen für eine zusätzliche Kühlung.

Unique T-3000 Freigewehr 300 Meter UIT

TECHNISCHE DATEN:

Kaliber:	siehe unten

Kapazität:	entfällt
Magazin:	entfällt
Nachladesystem:	Kammerstengel-Einzellader
Verschluß:	Zylinder (3 Warzen)
Gesamtgewicht:	6,3 kg
Gesamtlänge:	125 cm
Lauflänge:	71 cm
Visierung:	Diopterversier, Korntunnel
Sicherung, extern:	Sicherungsknopf oben im Abzugsbügel
Sicherung, intern:	interne Verschlußsicherung
MERKMALE:	
- Material:	rostfreier Stainless-Stahl
- Finish:	blank, Lauf mattschwarz
- Schaft:	spezieller, vollständig verstellb. Laminatholz-Matchschaft mit Daumenloch und Schulterhaken

Lieferbare Kaliber: .243 Win., 6,5 x 55, 7 mm-08 Rem., 7,5 x 55 Swiss, .308 Win.

Der Lauf dieser Waffe verfügt über Längsrillen für eine zusätzliche Kühlung.

Unique T-3000 Standard 300 Meter UIT/CISM

TECHNISCHE DATEN:

Kaliber:	siehe unten
Kapazität:	entfällt
Magazin:	entfällt
Nachladesystem:	Kammerstengel-Einzellader
Verschluß:	Zylinder (3 Warzen)
Gesamtgewicht:	5,3 kg
Gesamtlänge:	115 cm
Lauflänge:	71 cm
Visierung:	Diopterversier, Korntunnel
Sicherung, extern:	Sicherungsknopf oben im Abzugsbügel
Sicherung, intern:	interne Verschlußsicherung
MERKMALE:	
- Material:	rostfreier Stainless-Stahl
- Finish:	blank, Lauf mattschwarz
- Schaft:	spezieller, vollständig verstellbarer Laminatholz-Matchschaft

Lieferbare Kaliber: .243 Win., 6,5 x 55, 7 mm-08 Rem., 7,5 x 55 Swiss, .308 Win.

Der Lauf dieser Waffe verfügt über Längsrillen für eine zusätzliche Kühlung. Die Waffe kann durch Wechselläufe auf andere Kaliber eingerichtet werden. Zudem gibt es diese Waffe in einer CISM-Version mit 5-Schuß-Magazin und 65 cm langem Lauf.

Unique TGC-Jagdkarabiner

TECHNISCHE DATEN:

Kaliber:	siehe unten
Kapazität:	3- oder 5-Schuß-Magazin
Magazin:	Magazinlöseknopf rechts neben dem Magazinschacht
Nachladesystem:	Kammerstengel-Repetierwaffe
Verschluß:	Zylinderverschluß (3 Verriegelungswarzen)
Gesamtgewicht:	3,8 kg
Gesamtlänge:	109,5 cm
Lauflänge:	56 cm
Visierung:	verstellbares Blattvisier, Korntunnel, vorbereitet für Zielfernrohrmontage
Sicherung, extern:	Sicherung rechts hinter dem Kammerstengel
Sicherung, intern:	interne Verschlußsicherung
MERKMALE:	
- Material:	Carbonstahl
- Finish:	brüniert
- Schaft:	Nußbaumholz, mit dickem, ventiliertem Gummi-Rückschlagschutz

Lieferbare Kaliber: .243 Win., 6,5 x 55, .270 Win., 7 mm-08 Rem., 7 x 64, .308 Win., .30-06, 9,3 x 62

Bei dieser Waffe ist der Lauf zur Verwendung anderer Kaliber auswechselbar. Zudem ist die Waffe auch in einer Linksversion für Linkshänder erhältlich.

Unique TGC de Chasse-Jagdbüchse

TECHNISCHE DATEN:

Kaliber:	siehe unten
Kapazität:	3- oder 5-Schuß-Magazin
Magazin:	Magazinlöseknopf rechts neben dem Magazinschacht
Nachladesystem:	Kammerstengel-Repetierwaffe
Verschluß:	Zylinderverschluß (3 Verriegelungswarzen)
Gesamtgewicht:	3,8 kg
Gesamtlänge:	114,5 cm
Lauflänge:	61 cm
Visierung:	verstellbares Blattvisier, Korntunnel, vorbereitet für Zielfernrohrmontage
Sicherung, extern:	Sicherung rechts hinter dem Kammerstengel
Sicherung, intern:	interne Verschlußsicherung
MERKMALE:	
- Material:	Carbonstahl
- Finish:	brüniert
- Schaft:	Nußbaumholz, mit dickem, ventiliertem Gummi-Rückschlagschutz

Lieferbare Kaliber: .243 Win., 6,5 x 55, .270 Win., 7 mm-08 Rem., 7 x 64, .308 Win., .30-06, 9,3 x 62

Bei dieser Waffe ist der Lauf zur Verwendung anderer Kaliber auswechselbar. Zudem ist die Waffe auch in einer Linksversion für Linkshänder erhältlich.

Unique TGC-Varmint

TECHNISCHE DATEN:

Kaliber:	siehe unten
Kapazität:	3- oder 5-Schuß-Magazin
Magazin:	Magazinlöseknopf rechts neben dem Magazinschacht
Nachladesystem:	Kammerstengel-Repetierwaffe
Verschluß:	Zylinderverschluß (3 Verriegelungswarzen)
Gesamtgewicht:	5,5 kg
Gesamtlänge:	104 cm
Lauflänge:	51,5 cm
Visierung:	ohne, vorbereitet für Zielfernrohrmontage
Sicherung, extern:	Sicherung rechts hinter dem Kammerstengel
Sicherung, intern:	interne Verschlußsicherung
MERKMALE:	
- Material:	Carbonstahl
- Finish:	brüniert
- Schaft:	Nußbaumholz

Lieferbare Kaliber: 6 mm BR, .243 Win., 7 mm-08 Rem., .308 Win., .30-06, .300 Savage, .300 Win.Mag.

Bei dieser Waffe ist der Lauf zur Verwendung anderer Kaliber auswechselbar. Zudem ist die Waffe auch in einer Linksversion für Linkshänder erhältlich.

Unique TGC-Varmint Match

TECHNISCHE DATEN:

Kaliber:	siehe unten
Kapazität:	3- oder 5-Schuß-Magazin
Magazin:	Magazinlöseknopf rechts neben dem Magazinschacht
Nachladesystem:	Kammerstengel-Repetierwaffe
Verschluß:	Zylinder (3 Warzen)
Gesamtgewicht:	5,5 kg
Gesamtlänge:	104 cm
Lauflänge:	51,5 cm
Visierung:	ohne, vorbereitet für Zielfernrohrmontage
Sicherung, extern:	Sicherung rechts hinter dem Kammerstengel
Sicherung, intern:	interne Verschlußsicherung

MERKMALE:

- Material: Carbonstahl
- Finish: brüniert
- Schaft: Nußbaumholz, mit verstellbarer Backe und ausgepr. Pistolengriff sowie Zweibein

Lieferbare Kaliber: 6 mm BR, .243 Win., 7 mm-08 Rem., .308 Win., .30-06, .300 Savage, .300 Win. Mag.

Bei dieser Waffe ist der Lauf zur Verwendung anderer Kaliber auswechselbar. Zudem ist die Waffe auch in einer Linksversion für Linkshänder erhältlich.

Verney-Carron

Dieses Unternehmen hat seinen Sitz in dem französischen Waffengebiet rund um St. Etienne am Fuße der Pyrenäen. Es ist seit 1820 ununterbrochen in den Händen der Familie Verney-Carron. Verney-Carron-Waffen sind in Nordeuropa und Nordamerika nicht sonderlich bekannt, sie werden vor allem in Frankreich selbst verkauft und nach Südeuropa und Südamerika exportiert. Die Firma produziert die verschiedensten Jagdflinten und Jagdbüchsen.

Allein die Flintenserie Super-9 besteht aus insgesamt sechs verschiedenen Modellen, alle jeweils nochmals unterteilt in die Ausführungen Klassik, Luxus und Extra Luxus; die Blankteile der Extra Luxus-Waffen sind mit feinen Tierstückgravuren versehen. Daneben umfaßt die Produktpalette noch die Flintenmodellserie Sagittaire, die PAX-Serie von Pumpflinten, halbautomatische Selbstladeflinten, Express-Doppelbüchsen und die exklusiven Doppelbüchsen, Modell Jubile und Jet.

Die Verney-Carron-Repetierbüchsen laufen unter dem Namen „Impact". An diesen Waffen erkennt man, welches Know How in ihre Entwicklung gesteckt wurde. Zum Beispiel ist bei ihnen der Magazinlöseknopf in den Schaft versenkt. Und auch in Sachen Abzug und Sicherung hat sich die Firma etwas besonders ausgedacht. Die Sicherung befindet sich in Form eines Sicherungsschiebers hinter dem Verschluß auf dem Kolbenhals angebracht. Der Schieber blockiert sowohl den Abzug, den Schlagbolzen und die Schlagbolzenstange als auch den Verschlußhebel. Ein Signalstift auf der Hinterseite des Verschlusses zeigt an, ob sich eine Patrone in der Kammer vor dem Lauf befindet. Ein weiterer Stift unmit-

telbar darunter signalisiert, ob die Waffe gespannt ist.
Der Verschluß der Impact-Modelle ist mit drei schweren Verriegelungswarzen versehen, die mit Titanium überzogen sind. Die Impact „Affut“-Modelle haben ein verstellbares Blattvisier, das wie die Visiere von Williams funktioniert. Die Büchsenläufe der Verney-Carron-Waffen entstehen unter einem Druck von 4 x 100 Tonnen in einem speziellen Kalthämmerverfahren. Die Systeme werden von Hand in die Schäfte eingepaßt und gefittet.

Verney-Carron Impact Plus Affut

TECHNISCHE DATEN:

Kaliber:	7 x 64, .300 Win.Mag.
Kapazität:	3-Schuß-Magazin
Magazin:	Löseknopf rechts neben dem Schacht, im Schaft eingelassen
Nachladesystem:	Kammerstengel-Repetierwaffe
Verschluß:	Zylinder (3 Warzen)
Gesamtgewicht:	3,15 kg
Gesamtlänge:	113 cm
Lauflänge:	60 cm
Visierung:	verstellbares Blattvisier, Korntunnel, vorbereitet für Zielfernrohrmontage
Sicherung, extern:	Sicherungsschieber auf dem Kolbenhals
Sicherung, intern:	interne Verschlußsicherung, Ladezustandsanzeige, Spannzustandsanzeige

MERKMALE:

- Material:	Carbonstahl
- Finish:	brüniert
- Schaft:	Nußbaumholz

Verney-Carron Impact Plus Battue

TECHNISCHE DATEN:

Kaliber:	7 x 64, .300 Win.Mag.
Kapazität:	3-Schuß-Magazin
Magazin:	Magazinlöseknopf rechts neben dem Magazinschacht, im Schaft eingelassen
Nachladesystem:	Kammerstengel-Repetierwaffe
Verschluß:	Zylinder (3 Warzen)
Gesamtgewicht:	3,0 kg
Gesamtlänge:	105 cm
Lauflänge:	52 cm
Visierung:	verstellbares Treibjagd-Fluchtvisier, Korntunnel, vorbereitet für Zielfernrohrmontage
Sicherung, extern:	Sicherungsschieber auf dem Kolbenhals
Sicherung, intern:	interne Verschlußsicherung, Ladezustandsanzeige, Spannzustandsanzeige

MERKMALE:

- Material:	Carbonstahl
- Finish:	brüniert
- Schaft:	Nußbaumholz

Verney-Carron Sagittaire Express-Bockdoppelbüchse

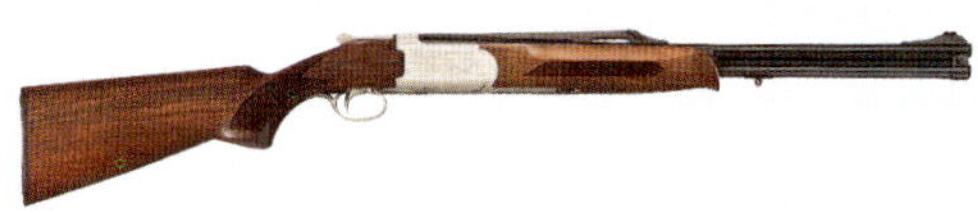

TECHNISCHE DATEN:

Kaliber:	7 x 65 R, 8 x 57 JRS, 9,3 x 74 R
Kapazität:	zwei Patronen (zwei Läufe, übereinander)
Magazin:	entfällt
Nachladesystem:	doppelläufige Kipplaufbüchse
Verschluß:	Baskülverschluß
Gesamtgewicht:	3,3 kg
Gesamtlänge:	100 cm
Lauflänge:	56 cm
Visierung:	verstellbares Treibjagd-Fluchtvisier, Korntunnel, vorbereitet für Zielfernrohrmontage
Sicherung, extern:	Schieber im Abzugsbügel
Sicherung, intern:	Verschlußsicherung

MERKMALE:

- Material:	Carbonstahl
- Finish:	brüniert, Basküle blank und graviert
- Schaft:	ausgesuchtes Nußbaumholz

Voere

Die österreichische Firma Voere baut seit 1951 Waffen. Die Geschichte des Unternehmens reicht aber weiter zurück. 1940 baute die deutsche Firma Krieghoff aus Suhl in Kufstein eine Fabrik zur Herstellung von Ausrüstungsgegenständen für die deutsche Wehrmacht auf. Nach dem Zweiten Weltkrieg schwenkte man dort auf die Produktion von Schul- und Büromöbeln sowie Kleinmaschinen um. Als Firmenname wurde Tiroler Maschinenbau- und Holzindustriegesellschaft mbH festgelegt. Kurz darauf begann man mit der Fabrikation von Bohr- und Fräsmaschinen. 1951 wurde ein Teil der Produktionskapazität auf die Herstellung von Waffen umgestellt. Die erste hergestellte Waffe war das Luftdruckgewehr Tyrol LG-51. Gleichzeitig wurde der Firmenname in Tiroler Sportwaffenfabrik und Apparatebau GmbH geändert.

1964 geriet die Firma in erhebliche Finanzprobleme, sie wurde deshalb 1965 von dem süddeutschen metallverarbeitenden Unternehmen Voere aus Vöhrenbach übernommen. Der Firmenname wurde wieder geändert, in Tiroler Jagd- und Sportwaffenfabrik Voere, dann 1988 schließlich in Voere-Kufsteiner Gerätebau und Handelsgesellschaft mbH. Das erste Waffenmodell aus der Zeit nach 1965 war eine halbautomatische KK-Büchse, das Modell 0014, gefolgt vom Modell 1014 in militärischer Aufmachung. Nach einigen Jahren folgten die Voere-Modelle 2114 und 2115. Dabei handelte es sich auch um halbautomatische Kleinkalibergewehre, die allerdings auch von Hand repetiert werden konnten. Zur jagdlichen Verwendung wurden auf der Basis des berühmten Mauser 98-Systems die Voere-Büchsen Modell 2150, 2155 und 2165 entwickelt. 1992 stellte man eine halbautomatische Großkaliberbüchse vor. Dieses Modell 2185 wurde von dem bekannten Waffenkonstrukteur Menahem Sirkis entwickelt.

Die größten Erfolge feierte die Firma 1991 durch die Vorstellung seines Modells Voere VEC-91. VEC ist die Abkürzung für Voere Electronic Caseless. Diese Waffe ist von der Form her zwar ein Repetierer, in ihrem Inneren weist sie aber revolutionäre Neuerungen auf, denn sie verschießt hülsenlose Munition, Kaliber 5,7 x 26 UCC.

UCC steht für Usel Caseless Cartridge, also hülsenlose Patrone, erfunden von dem Österreicher Hubert Usel. Diese Munition besteht aus einer formgepreßten Pulverladung, in die die Zündung und das Geschoß integriert sind. Der Zündvorgang läuft elektronisch ab. Der elektrische Impuls wird zwei 15 Volt-Batterien entnommen, die im Pistolengriff des Gewehrschaftes untergebracht sind. Der Batteriestrom wird mittels eines Kondensators in 18 Volt-500 mA umgesetzt und diese Energie wird durch einen keramischen Stift in die Zündeinheit geleitet, die sich hinten im Patronenpreßling befindet. Bei der Zündung verbrennen das gepreßte Treibladungspulver und der Zündsatz derart vollständig, daß das Patronenlager nach dem Schießen wieder vollkommen leer ist.

Die Idee hülsenloser Munition stammt bereits von 1973. Damals begann die Firma Heckler & Koch (HK) mit ihrem G-11-Projekt. Es war vorgesehen, eine neues automatisches Sturmgewehr im hülsenlosen Kaliber 4,7 mm für die Bundeswehr zu entwickeln. HK brachte erst 1980 seinen ersten G-11-Prototyp heraus und das Projekt wurde schließlich mangels Interesse bei den Militärs wieder eingestellt.

Voere Modell 2115

TECHNISCHE DATEN:

Kaliber:	.22 l.r.
Kapazität:	10- oder 15-Schuß-Magazin
Magazin:	Magazinhalter vor dem Magazinschacht
Nachladesystem:	halbautomatischer Selbstlader
Verschluß:	reiner Masseverschluß
Gesamtgewicht:	2,6 kg
Gesamtlänge:	95 cm
Lauflänge:	46 cm
Visierung:	verstellb. Blattvisier, Korntunnel, Zielfernrohr-Montageschiene
Sicherung, extern:	auf der rechten Hülsenseite
Sicherung, intern:	interne Verschlußsicherung
MERKMALE:	
- Material:	Carbonstahl
- Finish:	brüniert
- Schaft:	Buchenholz

Voere Modell 2155

TECHNISCHE DATEN:

Kaliber:	siehe unten
Kapazität:	2- oder 5-Schuß-Magazin

Magazin:	Halter vor dem Schacht
Nachladesystem:	halbautomatischer Selbstlader
Verschluß:	gasdruckverzögerter Drehkammerverschluß mit 3 Verriegelungswarzen
Gesamtgewicht:	3,2 kg
Gesamtlänge:	113,5 bis 118,5 cm
Lauflänge:	60 bis 65 cm
Visierung:	verstellbares Blattvisier, Korntunnel, vorbereitet für Zielfernrohrmontage
Sicherung, extern:	Sicherung auf der Vorderseite des Abzugsbügels
Sicherung, intern:	interne Verschlußsicherung

MERKMALE:

- Material:	Carbonstahl
- Finish:	brüniert
- Schaft:	Buchenholz, wahlweise Nußbaumholz mit ausgepr. Pistolengriff

Lieferbare Kaliber: 5,6 x 57, .22-250 Rem., 6 x 62 Fréres, .243 Win., .25-06, 6,5 x 55, 6,5 x 57, 6,5 x 65, .270 Win., 7 x 57, 7 x 64, 7 mm Rem.Mag., 7,5 x 55 Swiss, .308 Win., .30-06, .300 Win.Mag., 8 x 57 JS, 9,3 x 62

Bei der abgebildeten Waffe handelt es sich um das Modell Voere 2185 Match, das mit einem Spezial-Matchschaft nur in den Kalibern .308 Win. und .30-06 angeboten wird.

Voere Modell 2185 Hunter

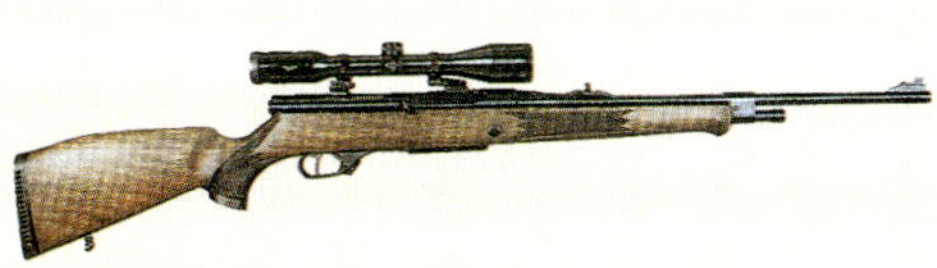

TECHNISCHE DATEN:

Kaliber:	siehe unten
Kapazität:	2- oder 5-Schuß-Magazin
Magazin:	Halter vor dem Schacht
Nachladesystem:	halbautomatischer Selbstlader
Verschluß:	gasdruckverz. Drehkammer
Gesamtgewicht:	3,5 kg
Gesamtlänge:	113 cm
Lauflänge:	56 cm
Visierung:	festes Blattvisier, vorbereitet für Zielfernrohrmontage
Sicherung, extern:	Sicherung auf der Vorderseite des Abzugsbügels
Sicherung, intern:	interne Verschlußsicherung

MERKMALE:

- Material:	rostfreier Stainless-Stahl
- Finish:	blank
- Schaft:	Buchenholz

Lieferbare Kaliber: .243 Win., .25-06, 6,5 x 55, 6,5 x 57, .270 Win., 7 x 57, 7 x 64, 7 mm Rem.Mag., 7,5 x 55 Swiss, .308 Win., .30-06, .300 Win.Mag., 8 x 57 JS, 9,3 x 62

Voere Modell 2185/2 Stutzen

TECHNISCHE DATEN:

Kaliber:	siehe unten
Kapazität:	2- oder 5-Schuß-Magazin
Magazin:	Halter vor dem Schacht
Nachladesystem:	halbautomatischer Selbstlader
Verschluß:	gasdruckverz. Drehkammerverschluß (3 Warzen)
Gesamtgewicht:	3,5 kg
Gesamtlänge:	110 cm
Lauflänge:	51 cm
Visierung:	festes Blattvisier, vorbereitet für Zielfernrohrmontage
Sicherung, extern:	Sicherung auf der Vorderseite des Abzugsbügels
Sicherung, intern:	interne Verschlußsicherung

MERKMALE:

- Material:	rostfreier Stainless-Stahl
- Finish:	blank
- Schaft:	Buchenholz, bis zur Laufmündung reichend (Stutzen)

Lieferbare Kaliber: .243 Win., .25-06, 6,5 x 55, 6,5 x 57, .270 Win., 7 x 57, 7 x 64, 7 mm Rem.Mag., 7,5 x 55 Swiss, .308 Win., .30-06, .300 Win.Mag., 8 x 57 JS, 9,3x62

Voere Modell 2185 Match

TECHNISCHE DATEN:

Kaliber:	.308 Win., .30-06
Kapazität:	2- oder 5-Schuß-Magazin
Magazin:	Halter vor dem Schacht
Nachladesystem:	halbautomatischer Selbstlader
Verschluß:	gasdruckverz. Drehkammer
Gesamtgewicht:	5,0 kg
Gesamtlänge:	115 cm
Lauflänge:	56 cm
Visierung:	verstellb. Visier, Korntunnel, vorb. f. Fernrohrmontage
Sicherung, extern:	Sicherung auf der Vorderseite des Abzugsbügels
Sicherung, intern:	interne Verschlußsicherung
MERKMALE:	
- Material:	Carbonstahl
- Finish:	brüniert
- Schaft:	Laminatholz; spezieller, verstellbarer Match-Schaft

Voere Modell 2185 Match Sporter

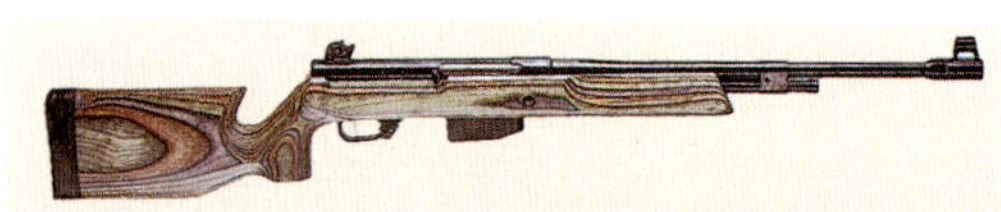

TECHNISCHE DATEN:

Kaliber:	.308 Win., .30-06
Kapazität:	2- oder 5-Schuß-Magazin
Magazin:	Halter vor dem Schacht
Nachladesystem:	halbautomatischer Selbstlader
Verschluß:	gasdruckverz. Drehkammer
Gesamtgewicht:	5,0 kg
Gesamtlänge:	115 cm
Lauflänge:	56 cm
Visierung:	verstellbares Dioptervisier, Korntunnel, vorbereitet für Zielfernrohrmontage
Sicherung, extern:	Sicherung auf der Vorderseite des Abzugsbügels
Sicherung, intern:	interne Verschlußsicherung
MERKMALE:	
- Material:	Carbonstahl
- Finish:	brüniert
- Schaft:	Laminatholz mit Schichten in unterschiedl. Farben

Voere Modell Vec-91

TECHNISCHE DATEN:

Kaliber:	5,7 UCC
Kapazität:	5-Schuß-Magazin
Magazin:	Löseknopf vor dem Abzugsbügel
Nachladesystem:	Kammerstengel-Repetierwaffe
Verschluß:	Zylinder (2 Warzen)
Gesamtgewicht:	2,7 kg
Gesamtlänge:	99 cm
Lauflänge:	51 cm
Visierung:	verstellbares Blattvisier, vorbereitet für Zielfernrohrmontage
Sicherung, extern:	Schiebesicherung auf dem Kolbenhals
Sicherung, intern:	interne Verschlußsicherung
MERKMALE:	
- Material:	Carbonstahl
- Finish:	brüniert
- Schaft:	Nußbaumholz

Diese Waffe verfügt über kein traditionelles Zündsystem und über keinen konventionellen Schlagbolzen. Die hülsenlose Munition der Waffe wird elektronisch gezündet. Die Batterien für die Zündung sind im Pistolengriff des Schaftes untergebracht.

Walther

Carl Walther wurde 1858 geboren. Er lernte das Büchsenmacherhandwerk und gründete 1886 in Zella-Mehlis seinen eigenen Betrieb. Anfänglich baute er Wettkampfwaffen zum Scheibenschießen. Anfang des 20. Jahrhunderts traten Walthers Söhne Erich, Fritz und Georg in das Unternehmen ein. Fritz Walther entwickelte 1907 die erste halbautomatische Walther-Pistole, Kaliber 6,35 mm. 1929 kam die berühmte Pistole Walther PP heraus, 1931 gefolgt vom Modell PPK. Letztere Waffe erlangte als „James Bonds PPK" Weltruhm, denn sie wurde von Sean Connery als Geheimagent 007 auf der Kinoleinwand geführt.
Die PP, Abkürzung für „Polizei-Pistole", war lange Jahre die Bewaffnung der verschiedensten Polizeieinheiten auf der ganzen Welt. Ende der 30er Jahre entwickelte die Firma Walther eine große militärische Selbstladepistole im Kaliber 9 mm Para. Da diese Waffe 1938 bei der deutschen Wehrmacht ein-

geführt wurde, bekam die Waffe den legendären Namen P.38.
Die Walther-Fabrikationsstätten wurden während des Zweiten Weltkrieges vollständig vernichtet. Erst in den 50er Jahren wurde die Produktion in einer alten Lagerhalle in Ulm an der Donau wieder aufgenommen. Wegen des Verbots der Herstellung von Feuerwaffen durch die Alliierten entwickelte man zunächst ein Match-Luftdruckgewehr zum Sportschießen. Die aktuelle Produktpalette von Walther umfaßt weiterhin eine große Anzahl verschiedener Luftdruckpistolen und -gewehre und inzwischen zudem die verschiedensten scharfen Pistolen sowie Kleinkaliber-Matchbüchsen. 1990 wurde das Sortiment an Gewehren erheblich verkleinert, man konzentriert sich nun mehr auf den Bau von Kleinserien hochwertiger Wettkampfwaffen.
Das zuletzt entwickelte Walther-Gewehr, das KK-Modell 200 Power Match, ist ein futuristisches Präzisonsgerät. Der Verschluß der aktuellen Walther-Büchsen ist mit Titaniumnitrit überzogen. Dies sorgt für eine besseres und präziseres Funktionieren der Waffen.

Walther KK-200 Match

TECHNISCHE DATEN:

Kaliber:	.22 l.r.
Kapazität:	entfällt
Magazin:	entfällt
Nachladesystem:	Kammerstengel-Einzelladerwaffe
Verschluß:	Zylinderverschluß
Gesamtgewicht:	5,3 kg
Gesamtlänge:	109,5 cm
Lauflänge:	60 cm
Visierung:	Dioptervisier, Korntunnel
Sicherung, extern:	Sicherung auf der rechten Hülsenseite
Sicherung, intern:	interne Verschlußsicherung

MERKMALE:

- Material:	Carbonstahl
- Finish:	brüniert, Lauf blank
- Schaft:	Buchenholz-Laminat-Matchschaft, mit ausgepr. Pistolengriff und verstellbarer Backe

Walther KK-200 Power Match

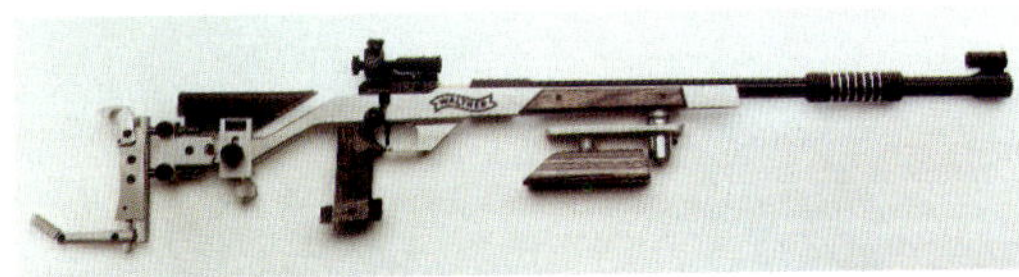

TECHNISCHE DATEN:

Kaliber:	.22 l.r.
Kapazität:	entfällt
Magazin:	entfällt
Nachladesystem:	Kammerstengel-Einzellader
Verschluß:	Zylinderverschluß
Gesamtgewicht:	5,9 kg
Gesamtlänge:	122 cm
Lauflänge:	65 cm
Visierung:	Dioptervisier, Korntunnel
Sicherung, extern:	Sicherung auf der rechten Hülsenseite
Sicherung, intern:	interne Verschlußsicherung

MERKMALE:

- Material:	Lauf aus rostfreiem Stainless-Stahl, Verschluß aus Carbonstahl und Rahmen/Schaft aus Aluminium
- Finish:	blank
- Schaft:	Aluminium und Holz, komplett verstellbar, mit Schulterhaken

Walther KK-200-S

TECHNISCHE DATEN:

Kaliber:	.22 l.r.
Kapazität:	entfällt
Magazin:	entfällt
Nachladesystem:	Kammerstengel-Einzelladerwaffe
Verschluß:	Zylinderverschluß
Gesamtgewicht:	5,3 kg
Gesamtlänge:	109,5 cm
Lauflänge:	50 bis 60 cm
Visierung:	Dioptervisier, Korntunnel
Sicherung, extern:	Sicherung auf der rechten Hülsenseite
Sicherung, intern:	interne Verschlußsicherung

MERKMALE:

- Material:	Carbonstahl

- Finish:	brüniert, Lauf wahlweise brüniert oder blank
- Schaft:	Buchenholz-Laminat-Matchschaft, mit ausgeprägtem Pistolengriff und verstellbarer Backe

Diese Waffe hat keine Standardlauflänge. Jeder Lauf wird bei der Fabrikation und Montage auf die individuell am besten schießende Lange gebracht. Die Waffe verfügt zudem über verschiebbare Laufgewichte.

Weatherby

In Nordamerika wurden im Laufe der Zeit die verschiedensten Patronensorten entwickelt. Dies ist auf die vielen Schützenenthusiasten mit Ballistikkenntnissen zurückzuführen. Sie entwickeln ihre eigenen Patronen, sogenannte „Wildcats". Und die Wildcats, entstanden aus Standardpatronen, übertreffen diese zumeist in ihrer Präzision und Leistung erheblich.
Roy Weatherby fing auch damit an, Wildcat-Patronen zu entwickeln. 1947 experimentierte er mit verschiedenen Patronen. Damals tendierte man noch dazu, jagdlich großkalibrige Munition mit geringeren Geschoßgeschwindigkeiten zu verwenden. Roy Weatherby sah dies anders. Er war der Meinung, daß kleinkalibrigere, sehr schnelle Geschosse effektiver sind.
Die erste Patrone, die er entwickelte, war seine .220 Rocket, basierend auf der .220 Swift. Seine ersten klassischen Weatherby-Magnumpatronen entstanden auf der Basis der .300 Holland & Holland Magnum, dies waren die .257, die .270 und die .300 Weatherby Magnum.
Ron Weatherby eröffnete eine kleine Waffenfirma in South Gate, Kalifornien, und begann dann auch, basierend auf Mauser und FN-Systemen die Waffen für seine Kaliber selbst herzustellen. Weatherbys starke Magnum-Büchsen zogen die Aufmerksamkeit der „Waffenpäpste" Elmer Keith und Jack O'Connor auf sich. Etwa 1955 hatte Weatherby mit den Super-Magnumpatronen .378 und .460 Weatherby Magnum die lange Zeit weltstärksten Gewehrpatronen geschaffen. 1958 brachte er mit seiner Büchse Weatherby 58 sein eigenes Repetierersystem heraus, aus dem dann seine Mark V-Serie entstand. Die Mark V-Repetierer sind immer noch die Weatherby-Waffen schlechthin.
Für die Mark V-Serie entwickelte Weatherby einen ausnehmend robusten Verschluß mit neuen Verriegelungswarzen, der dem extrem hohen Gasdruck der Weatherby-Patronen besonders gut standhält. Wegen der neuen Verriegelungswarzen des Systems muß die Kammer der Mark V-Waffen zum Verschließen nur um 54 Grad gedreht werden; das war zur Zeit der Vorstellung der Waffe etwas absolut Besonderes.
Roy Weatherby hatte marketingmäßig eine besondere Gabe: Er schaffte es, die verschiedensten bekannten Persönlichkeiten für seine Produkte zu interessieren, unter anderem etwa die Filmstars John Wayne, Gary Cooper und Roy Rogers, aber auch zum Beispiel den damaligen amerikanischen Präsidenten George Bush und US-General Norman Schwarzkopf.
Die Firma Weatherby ist seit ihrer Gründung erheblich gewachsen und hat ihren Sitz inzwischen im kalifornischen Atascadero. Sie wird noch von der Familie Weatherby selbst geleitet. Die Weatherby-Büchsen sind nicht nur in den superschnellen Weatherby-Kalibern, sondern auch in den unterschiedlichsten anderen Standardkalibern erhältlich. An eigentlichen Weatherby-Patronen gibt es inzwischen die .224 Weatherby Magnum, die .240 Weatherby Magnum, die .257 Weatherby Magnum, die .270 Weatherby Magnum, die 7 mm Weatherby Magnum, die .300, .340 und .378 Weatherby Magnum sowie die .416 und .460 Weatherby Magnum. In Kapitel 7 dieses Buches finden sie weitere Informationen über diese Munition.

Weatherby Mark V Accumark

TECHNISCHE DATEN:

Kaliber:	siehe unten
Kapazität:	3 Patronen
Magazin:	vor dem Abzugsbügel; Bodenplatte abklappbar
Nachladesystem:	Kammerstengel-Repetierwaffe
Verschluß:	Zylinderverschluß (9 Verriegelungswarzen)
Gesamtgewicht:	3,6 kg
Gesamtlänge:	119 cm
Lauflänge:	66 cm, mit Längsrillen zur Laufkühlung
Visierung:	ohne; vorbereitet für Zielfernrohrmontage
Sicherung, extern:	Sicherung rechts hinter dem Kammerstengel; blockiert Schlagbolzen, Verschluß und Abzug
Sicherung, intern:	interne Verschlußsicherung, Ladeanzeige auf der Rückseite

MERKMALE:

- Material:	Carbonstahl
- Finish:	brüniert
- Schaft:	Kunststoff, schwarz; Monte Carlo-Hinterschaft

Lieferbare Kaliber: .257 Weath.Mag., .270 Weath. Mag., 7 mm Rem.Mag., 7 mm Weath.Mag., .300 Win. Mag., .300 Weath.Mag., .340 Weath.Mag.

Weatherby Mark V Crown Custom

TECHNISCHE DATEN:

Kaliber:	siehe unten
Kapazität:	3 Patronen
Magazin:	vor dem Abzugsbügel; Bodenplatte abklappbar
Nachladesystem:	Kammerstengel-Repetierwaffe
Verschluß:	Zylinderverschluß (9 Verriegelungswarzen)
Gesamtgewicht:	3,9 kg
Gesamtlänge:	119 cm
Lauflänge:	66 cm
Visierung:	ohne; vorbereitet für Zielfernrohrmontage
Sicherung, extern:	Sicherung rechts hinter dem Kammerstengel; blockiert Schlagbolzen, Verschluß und Abzug
Sicherung, intern:	interne Verschlußsicherung, Ladezustandsanzeige auf der Verschlußrückseite

MERKMALE:

- Material:	Carbonstahl
- Finish:	brüniert, Verschlußteile graviert, Magazinbodenplatte graviert und goldeingelegt
- Schaft:	klassischer Nußbaumschaft mit Fischhaut-Verschnitt; Monte Carlo-Hinterschaft

Lieferbare Kaliber: .257 Weath.Mag., .270 Weath. Mag., 7 mm Weath.Mag., .300 Weath.Mag., .340 Weath. Mag.

Weatherby Mark V Custom Varmintmaster

TECHNISCHE DATEN:

Kaliber:	.22-250 Rem.
Kapazität:	3 Patronen
Magazin:	vor dem Abzugsbügel; Bodenplatte abklappbar
Nachladesystem:	Kammerstengel-Repetierwaffe
Verschluß:	Zylinderverschluß (6 Verriegelungswarzen)
Gesamtgewicht:	3,0 kg
Gesamtlänge:	115,5 cm
Lauflänge:	66 cm
Visierung:	ohne; vorbereitet für Zielfernrohrmontage
Sicherung, extern:	Sicherung rechts hinter dem Kammerstengel; blockiert Schlagbolzen, Verschluß und Abzug
Sicherung, intern:	interne Verschlußsicherung, Ladeanzeige auf der Rückseite

MERKMALE:

- Material:	Carbonstahl
- Finish:	brüniert
- Schaft:	klassischer Nußbaumschaft mit Fischhaut-Verschnitt; Monte Carlo-Hinterschaft

Weatherby Mark V Euromark

TECHNISCHE DATEN:

Kaliber:	siehe unten
Kapazität:	2 bis 4 Patronen, kaliberabhängig
Magazin:	vor dem Abzugsbügel; Bodenplatte abklappbar
Nachladesystem:	Kammerstengel-Repetierwaffe
Verschluß:	Zylinderverschluß (9 Verriegelungswarzen)
Gesamtgewicht:	3,6 bis 4,3 kg
Gesamtlänge:	113,5 bis 119 cm
Lauflänge:	61 bis 66 cm

Visierung:	verstellb. Blattvisier, Korntunnel; wahlweise ohne Visier; vorb. für Zielfernrohrmontage
Sicherung, extern:	Sicherung rechts hinter dem Kammerstengel; blockiert Schlagbolzen, Verschluß und Abzug
Sicherung, intern:	interne Verschlußsicherung, Ladeanzeige auf der Rückseite

MERKMALE:

- Material:	Carbonstahl
- Finish:	brüniert, Verschlußteile graviert, Magazinbodenplatte graviert und goldeingelegt
- Schaft:	Schaft mit Fischhaut-Verschnitt; Monte Carlo-Stil

Lieferbare Kaliber: .240 Weath.Mag., .257 Weath. Mag., .270 Win., .270 Weath.Mag., 7 mm Rem. Mag., 7 mm Weath.Mag., .30-06, .300 Win.Mag., .300 Weath.Mag., .338 Win.Mag., .340 Weath.Mag., .375 H&H Mag., .378 Weath.Mag., .460 Weath. Mag.

Weatherby Mark V Eurosport

TECHNISCHE DATEN:

Kaliber:	siehe unten
Kapazität:	2 bis 4 Patronen, kaliberabhängig
Magazin:	vor dem Abzugsbügel; Bodenplatte abklappbar
Nachladesystem:	Kammerstengel-Repetierwaffe
Verschluß:	Zylinder (9 Warzen)
Gesamtgewicht:	3,6 bis 3,9 kg
Gesamtlänge:	113,5 bis 119 cm
Lauflänge:	61 bis 66 cm
Visierung:	verstellbares Blattvisier, Korntunnel; wahlweise ohne Visier; vorbereitet für Zielfernrohrmontage
Sicherung, extern:	Sicherung rechts hinter dem Kammerstengel; blockiert Schlagbolzen, Verschluß und Abzug
Sicherung, intern:	interne Verschlußsicherung, Ladezustandsanzeige auf der Verschlußrückseite

MERKMALE:

- Material:	Carbonstahl
- Finish:	brüniert, teilweise graviert und goldeingelegt
- Schaft:	mit Fischhaut-Verschnitt; Monte Carlo-Stil

Lieferbare Kaliber: .240 Weath.Mag., .257 Weath. Mag., .270 Win., .270 Weath.Mag., 7 mm Rem. Mag., 7 mm Weath.Mag., .30 06, .300 Win.Mag., .300 Weath.Mag., .338 Win.Mag., .340 Weath.Mag., .375 H&H Mag., .378 Weath.Mag., .460 Weath.Mag.

Weatherby Mark V Lazermark

TECHNISCHE DATEN:

Kaliber:	siehe unten
Kapazität:	2 bis 4 Patronen, kaliberabhängig
Magazin:	vor dem Abzugsbügel; Bodenplatte abklappbar
Nachladesystem:	Kammerstengel-Repetierwaffe
Verschluß:	Zylinder (9 Warzen)
Gesamtgewicht:	3,9 bis 4,3 kg
Gesamtlänge:	118,5 bis 119 cm
Lauflänge:	66 cm
Visierung:	ohne; vorbereitet für Zielfernrohrmontage
Sicherung, extern:	Sicherung rechts hinter dem Kammerstengel; blockiert Schlagbolzen, Verschluß und Abzug
Sicherung, intern:	interne Verschlußsicherung, Ladeanzeige auf der Rückseite

MERKMALE:

- Material:	Carbonstahl
- Finish:	brüniert, Verschlußteile graviert, Magazinbodenplatte graviert und goldeingelegt
- Schaft:	klassischer Nußbaumschaft, Monte Carlo-Hinterschaft, in einem Laserverfahren auf dem Schacht aufgebrachte Eichenlaubverzierung

Lieferbare Kaliber: .240 Weath.Mag., .257 Weath. Mag., .270 Weath.Mag., 7 mm Weath.Mag., .300 Weath.

Mag., .340 Weath.Mag., .378 Weath.Mag., .460 Weath.Mag.

Weatherby Mark V Sporter

TECHNISCHE DATEN:

Kaliber:	siehe unten
Kapazität:	2 bis 4 Patronen, kaliberabhängig
Magazin:	vor dem Abzugsbügel; Bodenplatte abklappbar
Nachladesystem:	Kammerstengel-Repetierwaffe
Verschluß:	Zylinderverschluß (9 Verriegelungswarzen)
Gesamtgewicht:	3,6 bis 3,9 kg
Gesamtlänge:	113,5 bis 119 cm
Lauflänge:	61 bis 66 cm
Visierung:	ohne; vorbereitet für Zielfernrohrmontage
Sicherung, extern:	Sicherung rechts hinter dem Kammerstengel; blockiert Schlagbolzen, Verschluß und Abzug
Sicherung, intern:	interne Verschlußsicherung, Ladezustandsanzeige auf der Verschlußrückseite

MERKMALE:

- Material:	Carbonstahl
- Finish:	brüniert
- Schaft:	klassischer Nußbaumschaft mit Fischhaut-Verschnitt; Monte Carlo-Hinterschaft

Lieferbare Kaliber: .240 Weath.Mag., .257 Weath. Mag., .270 Win., .270 Weath.Mag., 7 mm Rem. Mag., 7 mm Weath.Mag., .30-06, .300 Win.Mag., .300 Weath.Mag., .338 Win.Mag., .340 Weath.Mag., .375 H&H Mag.

Weatherby Mark V Stainless

TECHNISCHE DATEN:

Kaliber:	siehe unten
Kapazität:	2 bis 4 Patronen, kaliberabhängig
Magazin:	vor dem Abzugsbügel; Bodenplatte abklappbar
Nachladesystem:	Kammerstengel-Repetierwaffe
Verschluß:	Zylinderverschluß (9 Verriegelungswarzen)
Gesamtgewicht:	3,6 bis 3,9 kg
Gesamtlänge:	113,5 bis 119 cm
Lauflänge:	61 bis 66 cm
Visierung:	ohne; wahlweise verstellbares Blattvisier, Korntunnel; vorbereitet für Zielfernrohrmontage
Sicherung, extern:	Sicherung rechts hinter dem Kammerstengel; blockiert Schlagbolzen, Verschluß und Abzug
Sicherung, intern:	interne Verschlußsicherung, Ladezustandsanzeige auf der Verschlußrückseite

MERKMALE:

- Material:	rostfreier Stainless-Stahl
- Finish:	blank
- Schaft:	Synthetik-Kunststoffschaft; Monte Carlo-Hinterschaft

Lieferbare Kaliber: .240 Weath.Mag., .257 Weath. Mag., .270 Win., .270 Weath.Mag., 7 mm Rem. Mag., 7 mm Weath.Mag., .30-06, .300 Win.Mag., .300 Weath.Mag., .338 Win.Mag., .340 Weath.Mag., .375 H&H Mag.

Weatherby Mark V Synthetik

TECHNISCHE DATEN:

Kaliber:	siehe unten
Kapazität:	2 bis 4 Patronen, kaliberabhängig
Magazin:	vor dem Abzugsbügel; Bodenplatte abklappbar
Nachladesystem:	Kammerstengel-Repetierwaffe
Verschluß:	Zylinderverschluß (9 Verriegelungswarzen)
Gesamtgewicht:	3,6 bis 3,9 kg
Gesamtlänge:	113,5 bis 119 cm
Lauflänge:	61 bis 66 cm

Visierung:	ohne; vorbereitet für Zielfernrohrmontage
Sicherung, extern:	Sicherung rechts hinter dem Kammerstengel; blockiert Schlagbolzen, Verschluß und Abzug
Sicherung, intern:	interne Verschlußsicherung, Ladezustandsanzeige auf der Verschlußrückseite

MERKMALE:

- Material:	Carbonstahl
- Finish:	brüniert
- Schaft:	Synthetik-Kunststoffschaft; Monte Carlo-Hinterschaft

Lieferbare Kaliber: .240 Weath.Mag., .257 Weath. Mag., .270 Win., .270 Weath.Mag., 7 mm Rem. Mag., 7 mm Weath.Mag., .30-06, .300 Win.Mag., .300 Weath.Mag., .338 Win.Mag., .340 Weath.Mag., .375 H&H Mag.

Weihrauch

Der Büchsenmachermeister Hermann Weihrauch gründete die alte deutsche Firma Weihrauch bereits 1899. Bis zu diesem Jahr hatte Weihrauch für die Büchsenmacherei Bartels in Zella St. Blasi gearbeitet. Dann machte er sich zusammen mit seinen drei Söhnen selbständig.
In der kleinen Werkstatt wurden zunächst vornehmlich Jagdwaffen gebaut. Während des Ersten Weltkrieges mußte das Unternehmen kriegsbezogene Produkte herstellen: es wurden Zielfernrohrzulieferteile und Teile für den Mauser 98-Karabiner gefertigt. Nach dem Krieg wandte man sich wieder der Herstellung von Jagd- und Sportwaffen zu, allerdings baute Weihrauch damals auch Türschließanlagen und Fahrräder.
Auch im Zweiten Weltkrieg wurde der Betrieb wieder auf die Herstellung von Kriegsmaterial und Teilen für Kriegswaffen umgestellt. 1945 schlossen die Alliierten das Unternehmen. 1948 begann Hermann Weihrauch mit seinen Söhnen dann in Mellrichstadt in Nordbayern mit einer neuen Firma, die zunächst nur Fahrräder und Mopeds baute. 1950 ergänzte man die Produktpalette um Luftdruckgewehre. 1960 kamen unter dem Markennamen „Arminius" Revolver zu den Weihrauch-Produkten hinzu.
Diese Revolver waren ursprünglich von Friedrich Pickert hergestellt worden, einem Büchsenmacher, der von 1920 bis 1940 bereits in Zella-Mehlis Revolver gebaut hatte. Weihrauch baut heute weiterhin Arminius-Revolver und unter dem eigenen Markennamen Luftdruck- und Kleinkalibergewehre. Zudem baut die Firma eine Jagdbüchse im Kaliber .222 Remington. Die Firma, die immer noch im Eigentum der Familie Weihrauch steht, baut aber auch immer noch Fahrradteile.

Weihrauch HW 60 J

TECHNISCHE DATEN:

Kaliber:	.22 l.r., .22 WMR, .22 Hornet
Kapazität:	5- (.22 l.r.) oder 4-Schuß-Mag.
Magazin:	Löseknopf v. d. Abzugsbügel
Nachladesystem:	Kammerstengel-Repetierwaffe
Verschluß:	Zylinder (2 Warzen)
Gesamtgewicht:	2,95 kg
Gesamtlänge:	106 cm
Lauflänge:	58 cm
Visierung:	Blattvisier; Zielfernrohr-Montageschiene
Sicherung, extern:	Sicherung auf der rechten Hülsenseite
Sicherung, intern:	interne Verschlußsicherung, Ladezustandsanzeige auf der Rückseite des Verschlusses

MERKMALE:

- Material:	Carbonstahl
- Finish:	brüniert
- Schaft:	Buchenholz

Diese Waffe ist mit Druckpunktabzug oder mit einem Abzug mit Doppelzüngelstecher (abgebildet) erhältlich.

Weihrauch HW 60 Match

TECHNISCHE DATEN:

Kaliber:	.22 l.r.
Kapazität:	entfällt
Magazin:	entfällt
Nachladesystem:	Kammerstengel-Einzellader

Verschluß:	Zylinderverschluß (2 Verriegelungswarzen)
Gesamtgewicht:	4,85 kg
Gesamtlänge:	115 cm
Lauflänge:	66 cm
Visierung:	Dioptervisier
Sicherung, extern:	Sicherung auf der rechten Hülsenseite
Sicherung, intern:	interne Verschlußsicherung, Ladezustandsanzeige auf der Rückseite des Verschlusses

MERKMALE:

- Material:	Carbonstahl
- Finish:	brüniert
- Schaft:	Buchenholz-Matchschaft

Weihrauch HW 66

TECHNISCHE DATEN:

Kaliber:	.22 l.r., .22 Hornet, .222 Rem.
Kapazität:	5-, 4- oder 3-Schuß-Magazin
Magazin:	Löseknopf v. d. Abzugsbügel
Nachladesystem:	Kammerstengel-Repetierwaffe
Verschluß:	Zylinder (2 Warzen)
Gesamtgewicht:	3,85 kg
Gesamtlänge:	104,5 cm
Lauflänge:	56 cm
Visierung:	ohne; Zielfernrohr-Montageschiene
Sicherung, extern:	Sicherung auf der rechten Hülsenseite
Sicherung, intern:	interne Verschlußsicherung, Ladezustandsanzeige auf der Rückseite des Verschlusses

MERKMALE:

- Material:	Carbonstahl, Lauf aus rostfreiem Stainless-Stahl
- Finish:	brüniert, Lauf blank
- Schaft:	Buchenholz-Matchschaft

Weihrauch HW 660 Match

TECHNISCHE DATEN:

Kaliber:	.22 l.r.
Kapazität:	entfällt
Magazin:	entfällt

Nachladesystem:	Kammerstengel-Einzellader
Verschluß:	Zylinder (2 Warzen)
Gesamtgewicht:	4,85 kg
Gesamtlänge:	115 cm
Lauflänge:	66 cm
Visierung:	Dioptervisier
Sicherung, extern:	Sicherung auf der rechten Hülsenseite
Sicherung, intern:	interne Verschlußsicherung, Ladezustandsanzeige auf der Rückseite des Verschlusses

MERKMALE:

- Material:	Carbonstahl
- Finish:	brüniert
- Schaft:	spezieller Buchenholz-Matchschaft

Weihrauch HW 660 Match Laminate

TECHNISCHE DATEN:

Kaliber:	.22 l.r.
Kapazität:	entfällt
Magazin:	entfällt
Nachladesystem:	Kammerstengel-Einzellader
Verschluß:	Zylinderverschluß (2 Verriegelungswarzen)
Gesamtgewicht:	4,85 kg
Gesamtlänge:	115 cm
Lauflänge:	66 cm
Visierung:	Dioptervisier
Sicherung, extern:	Sicherung auf der rechten Hülsenseite
Sicherung, intern:	interne Verschlußsicherung, Ladezustandsanzeige auf der Rückseite des Verschlusses

MERKMALE:

- Material:	Carbonstahl
- Finish:	brüniert
- Schaft:	spezieller Laminathartholz-Matchschaft

Winchester

Die Geschichte der Firma Winchester hängt eng mit der von Smith & Wesson zusammen. 1855 gründeten Horace Smith, Daniel B. Wesson und C.C. Palmer die Volcanic Repeating Arms Company. Einer der Anteilhaber der Firma war Oliver F. Winchester, ein Kleidungsfabrikant aus New Haven, Connecticut. Die Firma produzierte damals die Volcanic-Unterhebelrepetierbüchse. 1857 übernahm Oliver Winchester die Anteilsmehrheit und änderte den Firmennamen in New Haven Arms Company. B. Tyler Henry, der Chefentwickler des Unternehmens, meldete 1869 eine Büchse an, die unter dem Namen Henry Rifle berühmt werden sollte. Nachdem die Firma 1866 in Winchester Repeating Arms Company umbenannt worden war, kam als erstes Modell dieser neuen Firma die Winchester 66 heraus. Diese von der Henry Rifle abgeleitete Waffe wurde so populär, daß von ihr, obwohl Nachfolgemodelle folgten, bis 1899 171 000 Stück produziert wurden.

1873 brachte die Firma einen verbesserten Unterhebelrepetierer heraus, das Modell 1873. Bis 1920 wurden von dieser Waffe etwa 19 500 gebaut. Es folgte die Winchester 1876, von der fast 64 000 Exemplare gebaut wurden. Weitere Winchester-Modelle waren dann unter anderem die Winchester 1886 und vor allem die legendäre Winchester 1894, von der nach und nach in verschiedenen Versionen mehr als drei Millionen produziert wurden. Auch das nachfolgende Modell 1895 wird heute noch in Kleinserien gebaut. Neben Unterhebelrepetierern stellt Winchester auch Kammerstengelrepetierer und Flinten her. Die erste reguläre Winchester-Kammerstengelrepetierbüchse war das Modell 1883, basierend auf einem Patent von Benjamin B. Hotchkiss; diese Waffe wurde nur bis 1889 gebaut. Es folgte der Lee-Repetierer mit Geradezugverschluß 1895, der für die US-Marine hergestellt wurde. Diese Waffe wurde als Lee Sporting Modell auch in einer Sportversion angeboten.

1890 kam Winchester mit seiner ersten Vorderschaftrepetierbüchse auf den Markt, dem Modell 1890 im Kaliber .22 Randfeuer. Von diesem Modell wurden bis zu seinem Produktionsstopp im Jahr 1932 etwa 849 000 Stück gebaut. Die erste einfache KK-Büchse von Winchester war das Modell 1900, ein einfacher Kammerstengel-Einzellader, Kaliber .22 Randfeuer, basierend auf einer Entwicklung des berühmten John Moses Browning. Und auch auf dem Gebiet halbautomatischer Waffen war die Firma Winchester aktiv. 1903 brachte man die erste Selbstladebüchse, das Modell 1903 im Kaliber .22 Randfeuer, auf den Markt. Das Modell 1905, Kaliber .32 Winchester-SL und .35 Winchester-SL (SL steht für Self-Loading), kam in eben diesem Jahr heraus. Diese Waffe verfügte über das erste herausnehmbare Magazin. 1907 folgte das verbesserte Modell 1907 im Kaliber .351 Win.-SL, das bis 1957 produziert wurde, und 1910 gab es im Kaliber .410 Win.-SL das Modell 1910-SL.

Während des Ersten Weltkrieges baute die Firma im Auftrag der englischen Armee vornehmlich das Enfield Pattern-Militärgewehr, Kaliber .303 Brit.; man produzierte eine Stückzahl von 246 000. 1917 und 1918 baute Winchester einen Teil seiner Produktionsanlage zur Herstellung des US-Armeegewehres Modell 1917, Kaliber .30-06 Springfield, um.

Zu Beginn des Zweiten Weltkrieges wurde bei Winchester der legendäre .30 M1-Karabiner entwickelt, wovon das Unternehmen selbst etwa 818 000 Stück baute. Der .30 M1 wurde bis zum Ende des Krieges von den verschiedensten anderen US-Firmen in Lizenz hergestellt, u.a. etwa von den Firmen Inland, Underwood, Quality Hardware & Machine Corp., Rock-Ola, Saginaw, Irwin-Pedersen, National Postal Meter, Standard Products und sogar IBM; insgesamt wurden mehr als sechs Millionen .30 M1-Karabiner gebaut. Über diese Waffe wird besonders ausführlich in dem Buch „War Baby“ des US-Autors Larry L. Ruth berichtet. Während des Krieges war Winchester übrigens auch in die Produktion des M1-Garand-Militärgewehres mit eingebunden. Der aktuelle Name des Unternehmens ist nunmehr U.S. Repeating Arms Company Inc.; die Firma ist Teil der Olin-Gruppe.

Der Begriff „Winchester“ ist ja oft das ausschließliche Synonym für „Unterhebelrepetierbüchse“; die Cowboys und Gesetzeshüter in den alten Westernfilmen führten vermeintlich nur „Winchesters“. Aber Unterhebelrepetierer wurden und werden auch von diversen anderen Firmen gefertigt, etwa von Rossi und von Marlin. Und die Firma Winchester baut, wie diese Ausführungen zeigen, eben nicht nur Unterhebelrepetierbüchsen.

Winchester Modell 1895 Limited Edition Grade I

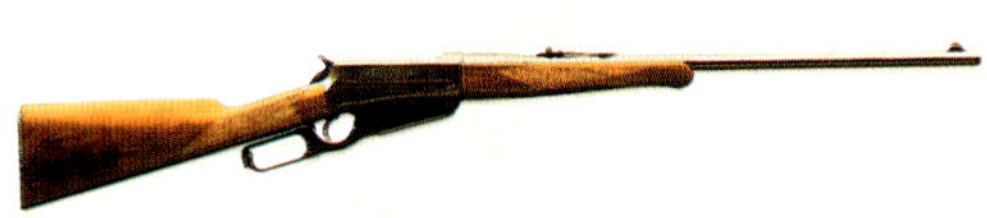

TECHNISCHE DATEN:

Kaliber:	.30-06
Kapazität:	Stangenmagazin für 4 Patronen
Magazin:	Löseknopf v. d. Abzugsbügel
Nachladesystem:	Unterhebel-Repetierwaffe
Verschluß:	Unterhebelverschluß
Gesamtgewicht:	3,6 kg
Gesamtlänge:	106,5 cm
Lauflänge:	61 cm
Visierung:	höhenverst. Schiebevisier
Sicherung, extern:	Schiebesicherung auf dem Kolbenhals

Sicherung, intern:	interne Verschlußsicherung, Blockierstange

MERKMALE:

- Material:	Carbonstahl
- Finish:	brüniert, gavierter Systemk.
- Schaft:	Nußbaum, englischer Schaft

Die Stückzahl dieser 1995 vorgestellten Jubiläumswaffe war auf 4000 begrenzt.

Winchester Modell 1895 Limited Edition High Grade

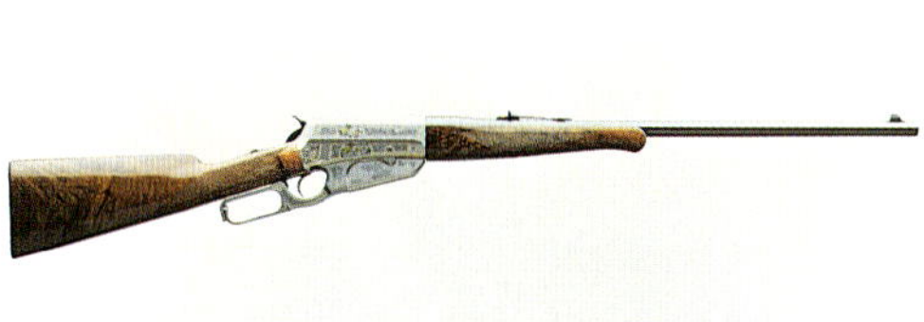

TECHNISCHE DATEN:

Kaliber:	.30-06
Kapazität:	Stangenmagazin für 4 Patronen
Magazin:	Löseknopf v. d. Abzugsbügel
Nachladesystem:	Unterhebel-Repetierwaffe
Verschluß:	Unterhebelverschluß
Gesamtgewicht:	3,6 kg
Gesamtlänge:	106,5 cm
Lauflänge:	61 cm
Visierung:	höhenverstellb. Schiebevisier
Sicherung, extern:	Schiebesicherung
Sicherung, intern:	interne Verschlußsicherung

MERKMALE:

- Material:	Carbonstahl
- Finish:	brüniert, fein gravierter Systemkasten mit Goldeinlagen, vergoldeter Abzug
- Schaft:	ausgesuchtes Nußbaumholz, englische Schaftform

Die Stückzahl dieser 1995 vorgestellten Jubiläumswaffe war auf 4000 begrenzt.

Winchester .30-M1 Karabiner

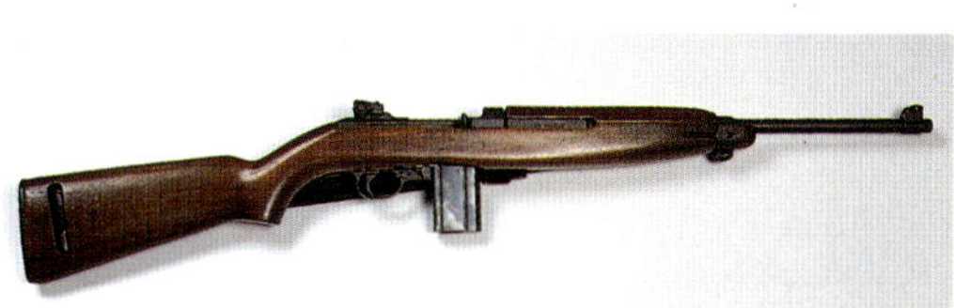

TECHNISCHE DATEN:

Kaliber:	.30-M1 Carbine
Kapazität:	5-, 15- oder 30-Schuß-Magazin
Magazin:	Magazinhalterknopf rechts vor dem Abzugsbügel
Nachladesystem:	halbautomatische Selbstladewaffe
Verschluß:	gasdruckverzögerter Drehkammerverschluß
Gesamtgewicht:	2,5 kg
Gesamtlänge:	90,5 cm
Lauflänge:	46 cm
Visierung:	verstellbares militärisches Dioptervisier
Sicherung, extern:	Sicherung rechts vor dem Abzugsbügel
Sicherung, intern:	interne Verschlußsicherung

MERKMALE:

- Material:	Carbonstahl
- Finish:	mattschwarz phosphatiert
- Schaft:	Nußbaumholz mit Vorderschaft-Handschutz

Winchester Ram-Line .30-M1 Karabiner

TECHNISCHE DATEN:

Kaliber:	.30-M1 Carbine
Kapazität:	5-, 15- oder 30-Schuß-Magazin
Magazin:	Magazinhalterknopf rechts vor dem Abzugsbügel
Nachladesystem:	halbautomatische Selbstladewaffe
Verschluß:	gasdruckverzögerter Drehkammerverschluß
Gesamtgewicht:	2,5 kg
Gesamtlänge:	95,5 cm
Lauflänge:	51 cm
Visierung:	verstellbares militärisches Dioptervisier
Sicherung, extern:	Sicherung rechts vor dem Abzugsbügel
Sicherung, intern:	interne Verschlußsicherung

MERKMALE:

- Material:	Carbonstahl
- Finish:	mattschwarz phosphatiert
- Schaft:	schwarzer Kunststoffschaft von Ram-Line

Den von der Firma Ram-Line entwickelten und auch einzeln angebotenen Kunststoffschaft für den klassischen, alten .30-M1-Karabiner gibt es auch in einer Version mit einklappbarem Hinterschaft. Diese Version ist in Deutschland verboten.

Winchester Modell 70 Classic Featherweight – Boss

TECHNISCHE DATEN:

Kaliber:	siehe unten
Kapazität:	5 Patronen
Magazin:	vor dem Abzugsbügel, Bodenplatte abklappbar, Löseknopf vor dem Abzugsbügel
Nachladesystem:	Kammerstengel-Repetierwaffe
Verschluß:	Zylinder (2 Warzen)
Gesamtgewicht:	3,2 bis 3,3 kg
Gesamtlänge:	106,5 bis 108 cm
Lauflänge:	56 cm
Visierung:	ohne; vorbereitet für Zielfernrohrmontage
Sicherung, extern:	Sicherung rechts hinter dem Kammerstengel
Sicherung, intern:	interne Verschlußsicherung
MERKMALE:	
- Material:	Carbonstahl
- Finish:	brüniert
- Schaft:	Hartholz

Lieferbare Kaliber: .22-250 Rem., .243 Win., .270 Win., 7 mm-08 Rem., .280 Rem., .308 Win., .30-06

Der Lauf dieser Waffe (Abb.) ist mit einem Boss-Präzisionssystem versehen.

Winchester Modell 70 Classic Featherweight All-Terrain – Boss

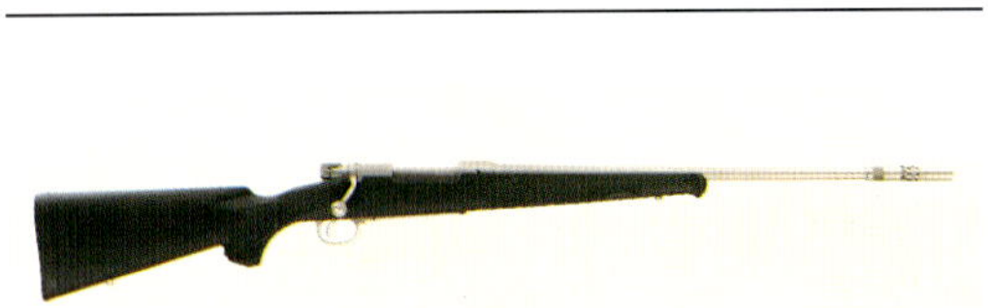

TECHNISCHE DATEN:

Kaliber:	siehe unten
Kapazität:	5 Patronen, Magnum: 3 Patronen
Magazin:	vor dem Abzugsbügel, Bodenplatte abklappbar, Löseknopf vor dem Abzugsbügel
Nachladesystem:	Kammerstengel-Repetierwaffe
Verschluß:	Zylinderverschluß (2 Verriegelungswarzen)
Gesamtgewicht:	3,3 kg
Gesamtlänge:	108 bis 113,5 cm
Lauflänge:	56 bis 61 cm
Visierung:	ohne; vorbereitet für Zielfernrohrmontage
Sicherung, extern:	Sicherung rechts hinter dem Kammerstengel
Sicherung, intern:	interne Verschlußsicherung
MERKMALE:	
- Material:	rostfreier Stainless-Stahl
- Finish:	blank
- Schaft:	Kunststoff, schwarz

Lieferbare Kaliber: .270 Win., .30-06, 7 mm Rem. Mag., .300 Win.Mag.

Der Lauf dieser Waffe (Abb.) ist mit einem Boss-Präzisionssystem versehen.

Winchester Modell 70 Classic Laredo – Boss

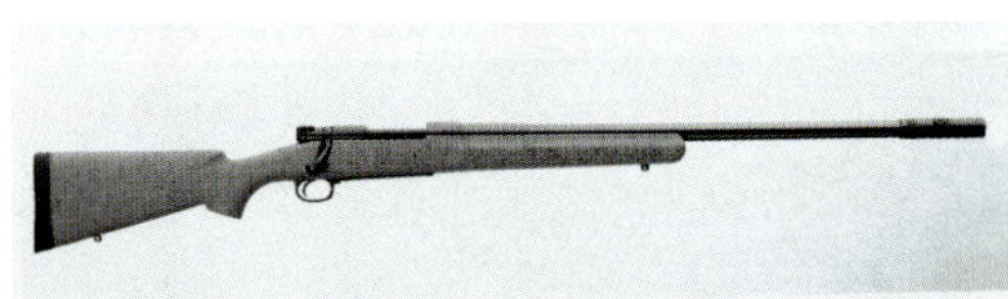

TECHNISCHE DATEN:

Kaliber:	7 mm Rem.Mag., .300 Win.Mag.
Kapazität:	3 Patronen
Magazin:	vor dem Abzugsbügel, Bodenplatte abklappbar, Löseknopf vor dem Abzugsbügel
Nachladesystem:	Kammerstengel-Repetierwaffe
Verschluß:	Zylinder (2 Warzen)
Gesamtgewicht:	3,9 kg
Gesamtlänge:	119 cm
Lauflänge:	66 cm
Visierung:	ohne; vorbereitet für Zielfernrohrmontage
Sicherung, extern:	Sicherung rechts hinter dem Kammerstengel
Sicherung, intern:	interne Verschlußsicherung
MERKMALE:	
- Material:	Carbonstahl

- Finish:	matt brüniert
- Schaft:	Kunststoff, grau, punziert

Der Lauf dieser Weitschußwaffe kann mit einem Boss-Präzisionssystem versehen werden (Abb.).

Winchester Modell 70 Classic SM

TECHNISCHE DATEN:

Kaliber:	siehe unten
Kapazität:	3 bis 5 Patronen
Magazin:	vor dem Abzugsbügel, Bodenplatte abklappbar, Löseknopf vor dem Abzugsbügel
Nachladesystem:	Kammerstengel-Repetierwaffe
Verschluß:	Zylinderverschluß (2 Verriegelungswarzen)
Gesamtgewicht:	3,3 bis 3,4 kg
Gesamtlänge:	113,5 bis 119 cm
Lauflänge:	61 bis 66 cm
Visierung:	ohne; vorbereitet für Zielfernrohrmontage
Sicherung, extern:	Sicherung rechts hinter dem Kammerstengel
Sicherung, intern:	interne Verschlußsicherung
MERKMALE:	
- Material:	Carbonstahl
- Finish:	brüniert
- Schaft:	Kunststoff, dunkelgrau, punziert

Lieferbare Kaliber: .270 Win., .30-06, 7 mm Rem. Mag., .300 Win.Mag., .338 Win.Mag., .375 H&H Mag.

Winchester Modell 70 Classic SM .375

TECHNISCHE DATEN:

Kaliber:	.375 H&H Mag.
Kapazität:	3 Patronen
Magazin:	vor dem Abzugsbügel, Bodenplatte abklappbar, Löseknopf vor dem Abzugsbügel
Nachladesystem:	Kammerstengel-Repetierwaffe
Verschluß:	Zylinderverschluß (2 Verriegelungswarzen)
Gesamtgewicht:	3,3 kg
Gesamtlänge:	113,5 cm
Lauflänge:	61 cm
Visierung:	Blattvisier, Korntunnel; vorbereitet für Zielfernrohrmontage
Sicherung, extern:	Sicherung rechts hinter dem Kammerstengel
Sicherung, intern:	interne Verschlußsicherung
MERKMALE:	
- Material:	Carbonstahl
- Finish:	brüniert
- Schaft:	Kunststoff, dunkelgrau, punziert

Winchester Modell 70 Classic Sporter – Boss

TECHNISCHE DATEN:

Kaliber:	siehe unten
Kapazität:	3 bis 5 Patronen
Magazin:	vor dem Abzugsbügel, Bodenplatte abklappbar, Löseknopf vor dem Abzugsbügel
Nachladesystem:	Kammerstengel-Repetierwaffe
Verschluß:	Zylinder (2 Warzen)
Gesamtgewicht:	3,5 bis 3,6 kg
Gesamtlänge:	113,5 bis 119 cm
Lauflänge:	61 bis 66 cm
Visierung:	ohne; vorbereitet für Zielfernrohrmontage
Sicherung, extern:	Sicherung rechts hinter dem Kammerstengel
Sicherung, intern:	interne Verschlußsicherung
MERKMALE:	
- Material:	Carbonstahl
- Finish:	brüniert
- Schaft:	Nußbaumholz

Lieferbare Kaliber: .22-250 Rem., .264 Win.Mag., .270 Win., .270 Weath.Mag., .30-06, 7 mm Rem. Mag., .300 Win.Mag., .300 Weath.Mag., .338 Win. Mag.

Der Lauf dieser Waffe (Abb.) ist mit einem Boss-Präzisionssystem versehen.

Winchester Modell 70 Classic Sporter SM

TECHNISCHE DATEN:

Kaliber:	siehe unten
Kapazität:	3 bis 5 Patronen
Magazin:	vor dem Abzugsbügel, Bodenplatte abklappbar, Löseknopf vor dem Abzugsbügel
Nachladesystem:	Kammerstengel-Repetierwaffe
Verschluß:	Zylinder (2 Warzen)
Gesamtgewicht:	3,3 bis 3,4 kg
Gesamtlänge:	113,5 bis 119 cm
Lauflänge:	61 bis 66 cm
Visierung:	ohne; vorbereitet für Zielfernrohrmontage
Sicherung, extern:	Sicherung rechts hinter dem Kammerstengel
Sicherung, intern:	interne Verschlußsicherung
MERKMALE:	
- Material:	Carbonstahl
- Finish:	matt brüniert
- Schaft:	Kunststoff, schwarz

Lieferbare Kaliber: .270 Win., .30-06, 7 mm Rem. Mag., .300 Win.Mag., .338 Win.Mag., .375 H&H Mag.

Der Lauf dieser Waffe kann mit einem Boss-Präzisionssystem versehen werden.

Winchester Modell 70 Classic Stainless – Boss

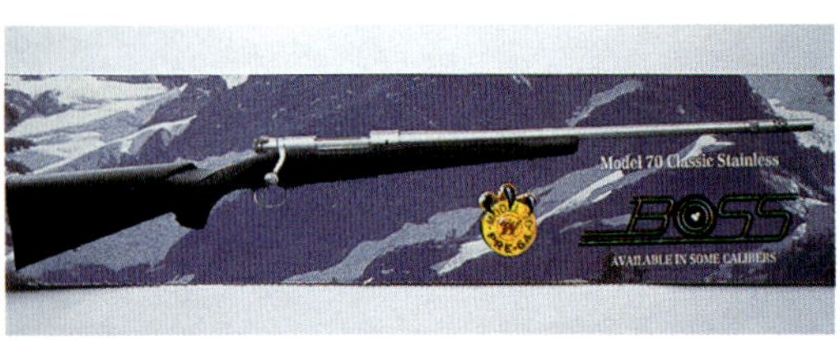

TECHNISCHE DATEN:

Kaliber:	siehe unten
Kapazität:	3 bis 5 Patronen
Magazin:	vor dem Abzugsbügel, Bodenplatte abklappbar, Löseknopf vor dem Abzugsbügel
Nachladesystem:	Kammerstengel-Repetierwaffe
Verschluß:	Zylinderverschluß (2 Verriegelungswarzen)
Gesamtgewicht:	3,1 bis 3,4 kg
Gesamtlänge:	107,5 bis 119 cm
Lauflänge:	56 bis 66 cm
Visierung:	ohne; vorbereitet für Zielfernrohrmontage
Sicherung, extern:	Sicherung rechts hinter dem Kammerstengel
Sicherung, intern:	interne Verschlußsicherung
MERKMALE:	
- Material:	rostfreier Stainless-Stahl
- Finish:	matt blank
- Schaft:	Kunststoff, schwarz

Lieferbare Kaliber: .22-250 Rem., .243 Win., .270 Win., .270 Weath.Mag., .308 Win., .30-06, 7 mm Rem. Mag., .300 Win.Mag., .300 Weath.Mag., .338 Win. Mag.

Winchester Modell 70 Custom Classic Express

TECHNISCHE DATEN:

Kaliber:	siehe unten
Kapazität:	3 Patronen
Magazin:	vor dem Abzugsbügel, Bodenplatte abklappbar, Löseknopf vor dem Abzugsbügel
Nachladesystem:	Kammerstengel-Repetierwaffe
Verschluß:	Zylinder (2 Warzen)
Gesamtgewicht:	4,5 kg
Gesamtlänge:	113,5 bis 114,5 cm
Lauflänge:	56 bis 66 cm
Visierung:	Express-Klappvisier, Korntunnel; vorbereitet für Zielfernrohrmontage
Sicherung, extern:	Sicherung rechts hinter dem Kammerstengel
Sicherung, intern:	interne Verschlußsicherung

MERKMALE:

- Material:	Carbonstahl
- Finish:	brüniert
- Schaft:	Nußbaumholz

Lieferbare Kaliber: .375 H&H Mag., .375 JRS, .416 Rem.Mag., .458 Win.Mag.

Winchester Modell 70 Custom Classic Sharpshooter II Stainless

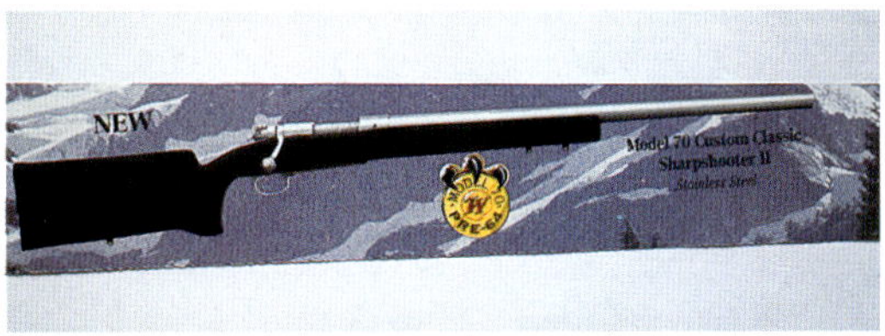

TECHNISCHE DATEN:

Kaliber:	siehe unten
Kapazität:	3 bis 5 Patronen
Magazin:	vor dem Abzugsbügel, Bodenplatte abklappbar, Löseknopf vor dem Abzugsbügel
Nachladesystem:	Kammerstengel-Repetierwaffe
Verschluß:	Zylinderverschluß (2 Verriegelungswarzen)
Gesamtgewicht:	5,0 kg
Gesamtlänge:	113,5 bis 119 cm
Lauflänge:	61 bis 66 cm
Visierung:	ohne; vorbereitet für Zielfernrohrmontage
Sicherung, extern:	Sicherung rechts hinter dem Kammerstengel
Sicherung, intern:	interne Verschlußsicherung

MERKMALE:

- Material:	rostfreier Stainless-Stahl
- Finish:	matt blank
- Schaft:	Kunststoff, schwarz

Lieferbare Kaliber: .22-250 Rem., .308 Win., .30-06, .300 Win.Mag.

Winchester Modell 70 Custom Classic Sporting Sharpshooter II Stainless

TECHNISCHE DATEN:

Kaliber:	7 mm STW, .300 Win.Mag.
Kapazität:	3 Patronen
Magazin:	vor dem Abzugsbügel, Bodenplatte abklappbar, Löseknopf vor dem Abzugsbügel
Nachladesystem:	Kammerstengel-Repetierwaffe
Verschluß:	Zylinder (2 Warzen)
Gesamtgewicht:	3,9 kg
Gesamtlänge:	119 cm
Lauflänge:	66 cm
Visierung:	ohne; vorbereitet für Fernrohrmontage
Sicherung, extern:	Sicherung rechts hinter dem Kammerstengel
Sicherung, intern:	interne Verschlußsicherung

MERKMALE:

- Material:	Hülse Carbonstahl, Lauf rostfreier Stainless-Stahl
- Finish:	Hülse matt brüniert, Lauf matt blank
- Schaft:	Kunststoff, dunkelgrau, punziert

Die Abkürzung STW beim Kaliber 7 mm STW steht für „Shooting Times Westerner“. Diese Wildcat-Patrone wurden 1988 von dem Waffenkonstrukteur Layne Simpson in der Fachzeitschrift „Shooting Times“ vorgestellt.

Winchester Modell 70 Heavy Varmint

TECHNISCHE DATEN:

Kaliber:	siehe unten
Kapazität:	5 oder 6 Patronen
Magazin:	vor dem Abzugsbügel, Bodenplatte abklappbar
Nachladesystem:	Kammerstengel-Repetierwaffe
Verschluß:	Zylinder (2 Warzen)
Gesamtgewicht:	4,9 kg
Gesamtlänge:	117 cm
Lauflänge:	66 cm
Visierung:	ohne; vorbereitet für Zielfernrohrmontage
Sicherung, extern:	Sicherung rechts hinter dem Kammerstengel
Sicherung, intern:	interne Verschlußsicherung

MERKMALE:

- Material:	rostfreier Stainless-Stahl
- Finish:	matt blank
- Schaft:	Kunststoff, dunkelgrau, punziert, kevlarverstärkt

Lieferbare Kaliber: .220 Swift, .223 Rem., .22-250 Rem., .243 Win., .3008 Win.

Winchester Modell 94 Big Bore

TECHNISCHE DATEN:

Kaliber:	.307 Win., .356 Win.
Kapazität:	Röhrenmagazin für 6 Patronen
Magazin:	Röhrenmagazin zum Laden an der Seite des Systemkastens
Nachladesystem:	Unterhebel-Repetierwaffe
Verschluß:	Unterhebelverschluß
Gesamtgewicht:	3,0 kg
Gesamtlänge:	96 cm
Lauflänge:	51 cm
Visierung:	höhenverstellbares Schiebevisier, Korntunnel
Sicherung, extern:	Sicherungsknopf auf der rechten Seite des Systemkastens
Sicherung, intern:	interne Verschlußsicherung, Blockierung bei nicht zurückgezogenem Unterhebel

MERKMALE:

- Material:	Carbonstahl
- Finish:	brüniert
- Schaft:	Nußbaum, englischer Schaft

Winchester Modell 94 Legacy

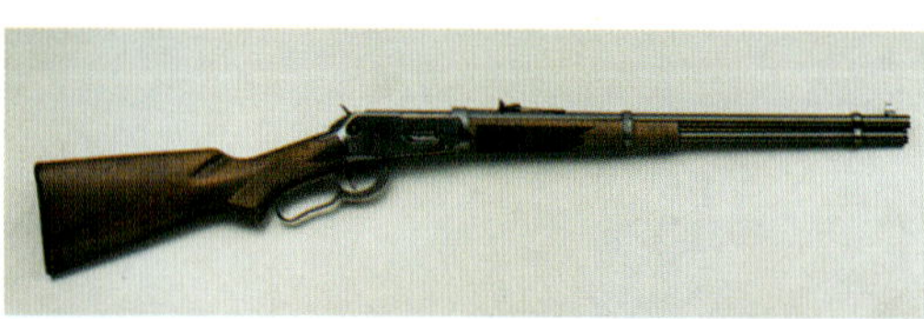

TECHNISCHE DATEN:

Kaliber:	.30-30 Win.
Kapazität:	Röhrenmagazin für 6 Patronen
Magazin:	Röhrenmagazin zum Laden an der Seite des Systemkastens
Nachladesystem:	Unterhebel-Repetierwaffe
Verschluß:	Unterhebelverschluß
Gesamtgewicht:	3,0 kg
Gesamtlänge:	96 cm
Lauflänge:	51 cm
Visierung:	höhenverst. Schiebevisier, Korntunnel
Sicherung, extern:	Sicherungsknopf rechts
Sicherung, intern:	interne Verschlußsicherung, Blockierung bei nicht zurückgezogenem Unterhebel

MERKMALE:

- Material:	Carbonstahl
- Finish:	brüniert
- Schaft:	Hartholz, englische Schaftform

Winchester Modell 94 Ranger

TECHNISCHE DATEN:

Kaliber:	.30-30 Win.
Kapazität:	Röhrenmagazin für 6 Patronen
Magazin:	Röhrenmagazin zum Laden an der Seite des Systemkastens
Nachladesystem:	Unterhebel-Repetierwaffe
Verschluß:	Unterhebelverschluß
Gesamtgewicht:	3,0 kg
Gesamtlänge:	96 cm
Lauflänge:	51 cm
Visierung:	höhenverstellbares Schiebevisier, Korntunnel
Sicherung, extern:	Sicherungsknopf rechts
Sicherung, intern:	interne Verschlußsicherung, Blockierung bei nicht zurückgezogenem Unterhebel

MERKMALE:

- Material:	Carbonstahl
- Finish:	brüniert
- Schaft:	Hartholz, englische Schaftform

Diese Waffe ist auch mit einem 4x42-Zielfernrohr von Bushnell und einer Montage lieferbar, die es ermöglicht, zusätzlich zum Zielfernrohr auch noch die normale Visierung zu verwenden.

Winchester Modell 94 Trapper

TECHNISCHE DATEN:

Kaliber:	siehe unten
Kapazität:	Röhrenmagazin für 5 (.30-30) bis 9 Patronen
Magazin:	Röhrenmagazin zum Laden an der Seite des Systemkastens
Nachladesystem:	Unterhebel-Repetierwaffe
Verschluß:	Unterhebelverschluß
Gesamtgewicht:	2,7 kg
Gesamtlänge:	86 cm
Lauflänge:	40,5 cm
Visierung:	höhenverstellbares Schiebevisier, Korntunnel
Sicherung, extern:	Sicherungsknopf rechts
Sicherung, intern:	interne Verschlußsicherung, Blockierung bei nicht zurückgezogenem Unterhebel

MERKMALE:

- Material:	Carbonstahl
- Finish:	brüniert
- Schaft:	Hartholz, englische Schaftform

Lieferbare Kaliber: .30-30 Win., .44 Mag./.44 spec., .357 Mag./.38 spec., .45 LC

Winchester Modell 94 Walnut

TECHNISCHE DATEN:

Kaliber:	.30-30 Win.
Kapazität:	Röhrenmagazin für 6 Patronen
Magazin:	Röhrenmagazin zum Laden an der Seite des Systemkastens
Nachladesystem:	Unterhebel-Repetierwaffe
Verschluß:	Unterhebelverschluß
Gesamtgewicht:	3,0 kg
Gesamtlänge:	96 cm
Lauflänge:	51 cm
Visierung:	höhenverstellbares Schiebevisier, Korntunnel
Sicherung, extern:	Sicherungsknopf auf der rechten Seite des Systemkastens
Sicherung, intern:	interne Verschlußsicherung, Blockierung bei nicht zurückgezogenem Unterhebel

MERKMALE:

- Material:	Carbonstahl
- Finish:	brüniert
- Schaft:	Nußbaumholz, englische Schaftform

Winchester Modell 94 Walnut Checkered

TECHNISCHE DATEN:

Kaliber:	.30-30 Win.
Kapazität:	Röhrenmagazin für 6 Patronen
Magazin:	Röhrenmagazin zum Laden an der Seite des Systemkastens
Nachladesystem:	Unterhebel-Repetierwaffe
Verschluß:	Unterhebelverschluß
Gesamtgewicht:	3,0 kg
Gesamtlänge:	96 cm
Lauflänge:	51 cm
Visierung:	höhenverstellbares Schiebevisier, Korntunnel
Sicherung, extern:	Sicherungsknopf auf der rechten Seite des Systemkastens
Sicherung, intern:	interne Verschlußsicherung, Abzugsblockierung bei nicht vollständig zurückgezogenem Unterhebel

MERKMALE:

- Material:	Carbonstahl
- Finish:	brüniert
- Schaft:	Nußbaumholz, mit Fischhautverschnitt im Vorder- und Hinterschaft, englische Schaftform

Winchester Modell 94 Win-Tuff

TECHNISCHE DATEN:

Kaliber:	.30-30 Win.
Kapazität:	Röhrenmagazin für 6 Patronen
Magazin:	Röhrenmagazin zum Laden an der Seite des Systemkastens
Nachladesystem:	Unterhebel-Repetierwaffe
Verschluß:	Unterhebelverschluß
Gesamtgewicht:	3,0 kg
Gesamtlänge:	96 cm
Lauflänge:	51 cm
Visierung:	höhenverstellbares Schiebevisier, Korntunnel
Sicherung, extern:	Sicherungsknopf auf der rechten Seite des Systemkastens
Sicherung, intern:	interne Verschlußsicherung, Blockierung bei nicht zurückgezogenem Unterhebel

MERKMALE:

- Material:	Carbonstahl
- Finish:	brüniert
- Schaft:	Laminathartholz, engl. Schaft

Winchester Modell 94 Wrangler

TECHNISCHE DATEN:

Kaliber:	.30-30 Win., .44 Mag./.44 spec.
Kapazität:	Röhrenmagazin für 5 (.30-30) oder 9 Patronen
Magazin:	Röhrenmagazin zum Laden an der Seite des Systemkastens
Nachladesystem:	Unterhebel-Repetierwaffe
Verschluß:	Unterhebelverschluß
Gesamtgewicht:	2,7 kg
Gesamtlänge:	86 cm
Lauflänge:	40,5 cm
Visierung:	höhenverstellbares Schiebevisier, Korntunnel
Sicherung, extern:	Sicherungsknopf rechts
Sicherung, intern:	interne Verschlußsicherung, Blockierung bei nicht zurückgezogenem Unterhebel

MERKMALE:

- Material:	Carbonstahl
- Finish:	brüniert
- Schaft:	Hartholz, englische Schaftform

Diese Waffe, ansonsten identisch mit dem Modell Trapper, hat zum Gebrauch mit Arbeitshandschuhen einen vergrößerten Abzugsbügel.

Winchester Modell 9422 High Grade

TECHNISCHE DATEN:

Kaliber:	.22 l.r., .22 lang, .22 kurz
Kapazität:	Röhrenmag. f. 15, 17 o. 21 Patr.
Magazin:	Röhrenmagazin zum Laden vorne unterhalb des Laufes
Nachladesystem:	Unterhebel-Repetierwaffe
Verschluß:	Unterhebelverschluß
Gesamtgewicht:	2,7 kg
Gesamtlänge:	95 cm
Lauflänge:	52 cm
Visierung:	höhenverstellbares Schiebevisier, Korntunnel, Zielfernrohr-Montageschiene
Sicherung, extern:	ohne
Sicherung, intern:	interne Verschlußsicherung, Blockierung bei nicht zurückgezogenem Unterhebel, Hammer-Laderast, Schlagbolzensicherung

MERKMALE:

- Material:	Carbonstahl
- Finish:	brüniert, Systemkasten graviert
- Schaft:	Hartholz, englische Schaftform

Winchester Modell 9422 Trapper

TECHNISCHE DATEN:

Kaliber:	.22 l.r., .22 lang, .22 kurz

Kapazität:	11, 12 oder 15 Patronen
Magazin:	Röhrenmagazin zum Laden vorne unterhalb des Laufes
Nachladesystem:	Unterhebel-Repetierwaffe
Verschluß:	Unterhebelverschluß
Gesamtgewicht:	2,5 kg
Gesamtlänge:	85 cm
Lauflänge:	42 cm
Visierung:	höhenverstellbares Schiebevisier, Korntunnel
Sicherung, extern:	ohne
Sicherung, intern:	interne Verschlußsicherung, Blockierung bei nicht zurückgezog. Unterhebel, Hammer-Laderast, Schlagbolzensich.

MERKMALE:

- Material:	Carbonstahl
- Finish:	brüniert
- Schaft:	Hartholz, englische Schaftform

Winchester Modell 9422 Walnut

TECHNISCHE DATEN:

Kaliber:	.22 l.r., .22 lang, .22 kurz
Kapazität:	15, 17 oder 21 Patronen
Magazin:	Röhrenmagazin zum Laden vorne unterhalb des Laufes
Nachladesystem:	Unterhebel-Repetierwaffe
Verschluß:	Unterhebelverschluß
Gesamtgewicht:	2,7 kg
Gesamtlänge:	95 cm
Lauflänge:	52 cm
Visierung:	höhenverstellbares Schiebevisier, Korntunnel, Zielfernrohr-Montageschiene
Sicherung, extern:	ohne
Sicherung, intern:	interne Verschlußsicherung, Abzugsblockierung bei nicht vollständig zurückgezogenem Unterhebel, Hammer-Laderast, Schlagbolzensicherung

MERKMALE:

- Material:	Carbonstahl
- Finish:	brüniert
- Schaft:	Nußbaum, englischer Schaft

Winchester Modell 9422 Win-Cam

TECHNISCHE DATEN:

Kaliber:	.22 WMR
Kapazität:	Röhrenmagazin für 11 Patronen
Magazin:	Röhrenmagazin zum Laden vorne unterhalb des Laufes
Nachladesystem:	Unterhebel-Repetierwaffe
Verschluß:	Unterhebelverschluß
Gesamtgewicht:	2,8 kg
Gesamtlänge:	95 cm
Lauflänge:	52 cm
Visierung:	höhenverstellbares Schiebevisier, Korntunnel
Sicherung, extern:	ohne
Sicherung, intern:	interne Verschlußsicherung, Blockierung bei nicht zurückgezog. Unterhebel, Hammer-Laderast, Schlagbolzensich.

MERKMALE:

- Material:	Carbonstahl
- Finish:	brüniert
- Schaft:	Laminathartholz mit unterschiedlich farbigen Schichten, englische Schaftform

Winchester Modell 9422 Win-Tuff

TECHNISCHE DATEN:

Kaliber:	.22 WMR, .22 l.r., .22 lang, .22 kurz
Kapazität:	11, 15, 17 oder 21 Patronen
Magazin:	Röhrenmagazin zum Laden vorne unterhalb des Laufes
Nachladesystem:	Unterhebel-Repetierwaffe
Verschluß:	Unterhebelverschluß
Gesamtgewicht:	2,7 kg

Gesamtlänge:	95 cm
Lauflänge:	52 cm
Visierung:	höhenverstellbares Schiebevisier, Korntunnel
Sicherung, extern:	ohne
Sicherung, intern:	interne Verschlußsicherung, Blockierung bei nicht zurückgezog. Unterhebel, Hammer-Laderast, Schlagbolzensich.

MERKMALE:

- Material:	Carbonstahl
- Finish:	brüniert
- Schaft:	Laminathartholz, engl. Schaft

Zoli

Die Geschichte der italienischen Firma Zoli geht bis ans Ende des Mittelalters zurück, denn es ist überliefert, daß die Familie Zoli im frühen 15. Jahrhundert Hakenbüchsen baute. Während der folgenden Jahre blieb der Name Zoli in der Gegend von Gardone Val Trompia stets mit dem Waffenbau verbunden. Bis zur industriellen Revolution stellten in dem entsprechenden norditalienischen Bereich viele Familien von Hand in kleinen Serien Waffen her. Aus 1867 ist bekannt, daß Giovanni Zoli Schlosse für Feuerwaffen baute. Die prächtige, damals von Zoli gebaute Vorderladerpistole, die heute im Zoli-Werk ausgestellt ist, zeugt davon.
Antonio Zoli, der Gründer des heute noch bestehenden Unternehmens Antonio Zoli S.p.a., wurde 1905 geboren. Sein Vater, Giuseppe Zoli, hatte in Magno di Valtrompia eine kleine Büchsenmacherwerkstatt besessen und dort ebenfalls Waffenschlosse hergestellt.
Vor dem Zweiten Weltkrieg hatte Antonio Zoli für diverse Waffenfabriken der Region als Büchsenmacher gearbeitet. Im Oktober 1945 beschloß er, sich zusammen mit seinen Söhnen selbständig zu machen. Zunächst baute die Firma ausschließlich doppelläufige Flinten, später begann man auch Express-Doppelbüchsen und Repetierbüchsen herzustellen. 1956 war Zoli die erste Firma, die sich auf die Produktion originalgetreuer Replika-Nachbauten alter Vorderladerwaffen spezialisierte.
Inzwischen leitet die dritte Generation der Familie das Unternehmen. Zoli ist zu Recht stolz darauf, die alte Büchsenmachertraditionen fortzusetzen, dabei aber nicht auf die modernsten Produktionstechniken zu verzichten. Die Firma exportiert ihre hochwertigen Produkte inzwischen in die verschiedensten Länder der Erde und hat sich neuerdings auch durch ihre „Savana"-Doppelbüchsenreihe einen hervorragenden Namen gemacht.

Zoli Modell AZ-1900 Lux (Abb. oben)

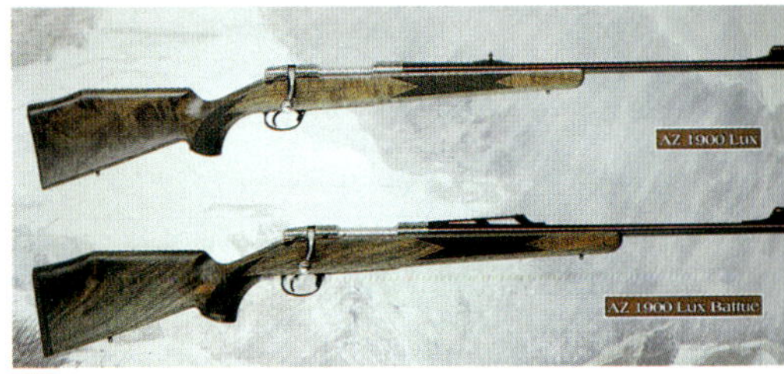

TECHNISCHE DATEN:

Kaliber:	siehe unten
Kapazität:	4 oder 5 Patronen
Magazin:	vor dem Abzugsbügel
Nachladesystem:	Kammerstengel-Repetierwaffe
Verschluß:	Zylinderverschluß (2 Verriegelungswarzen)
Gesamtgewicht:	3,4 bis 3,5 kg
Gesamtlänge:	117,5 bis 122,5 cm
Lauflänge:	60 bis 65 cm
Visierung:	verstellbares Blattvisier, Korntunnel, vorbereitet für Zielfernrohrmontage
Sicherung, extern:	Sicherung rechts hinter dem Kammerstengel
Sicherung, intern:	interne Verschlußsicherung, Ladezustandsanzeige auf der Verschlußrückseite

MERKMALE:

- Material:	Carbonstahl
- Finish:	Lauf brüniert, Hülse blank
- Schaft:	ausgesuchtes Nußbaumholz

Lieferbare Kaliber: .243 Win., 6,5 x 55, 6,5 x 57, .270 Win., .270 Weath.Mag., 7 x 64, 7 mm Rem. Mag., .308 Win., .30-06, .300 Win.Mag., .338 Win.Mag., 9,3 x 62

Zoli Modell AZ-1900 Lux Battue (Abb. unten)

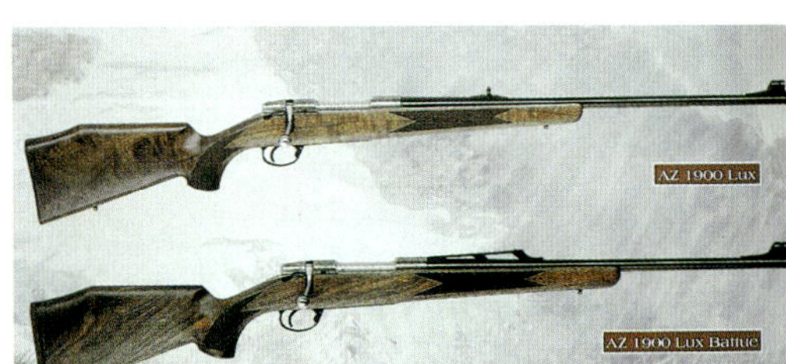

TECHNISCHE DATEN:

Kaliber:	siehe unten
Kapazität:	4 oder 5 Patronen
Magazin:	vor dem Abzugsbügel
Nachladesystem:	Kammerstengel-Repetierwaffe
Verschluß:	Zylinderverschluß (2 Verriegelungswarzen)
Gesamtgewicht:	3,3 kg
Gesamtlänge:	110,5 cm
Lauflänge:	53 cm
Visierung:	Treibjagd-Fluchtvisier, Korntunnel, vorbereitet für Zielfernrohrmontage
Sicherung, extern:	Sicherung rechts hinter dem Kammerstengel
Sicherung, intern:	interne Verschlußsicherung, Ladezustandsanzeige auf der Verschlußrückseite

MERKMALE:

- Material:	Carbonstahl
- Finish:	Lauf brüniert, Hülse blank
- Schaft:	ausgesuchtes Nußbaumholz

Lieferbare Kaliber: .243 Win., 6,5 x 55, 6,5 x 57, .270 Win., .270 Weath.Mag., 7 x 64, 7 mm Rem. Mag., .308 Win., .30-06, .300 Win.Mag., .338 Win. Mag., 9,3 x 62

Zoli Modell AZ-1900 Standard (Abb. oben)

TECHNISCHE DATEN:

Kaliber:	siehe unten
Kapazität:	4 oder 5 Patronen
Magazin:	vor dem Abzugsbügel
Nachladesystem:	Kammerstengel-Repetierwaffe
Verschluß:	Zylinderverschluß (2 Verriegelungswarzen)
Gesamtgewicht:	3,4 bis 3,5 kg
Gesamtlänge:	117,5 bis 122,5 cm
Lauflänge:	60 bis 65 cm
Visierung:	verstellbares Blattvisier, Korntunnel, vorbereitet für Zielfernrohrmontage
Sicherung, extern:	Sicherung rechts hinter dem Kammerstengel
Sicherung, intern:	interne Verschlußsicherung, Ladezustandsanzeige auf der Verschlußrückseite

MERKMALE:

- Material:	Carbonstahl
- Finish:	brüniert
- Schaft:	Nußbaumholz

Lieferbare Kaliber: .243 Win., 6,5 x 55, 6,5 x 57, .270 Win., .270 Weath.Mag., 7 x 64, 7 mm Rem. Mag., .308 Win., .30-06, .300 Win.Mag., .338 Win. Mag., 9,3 x 62

Von dieser Waffe ist auch eine Links-Version erhältlich, das Modell AZ-1900 Standard Left.

Zoli Modell AZ-1900 Standard Battue (Abb. Mitte)

TECHNISCHE DATEN:

Kaliber:	siehe unten
Kapazität:	4 oder 5 Patronen
Magazin:	vor dem Abzugsbügel
Nachladesystem:	Kammerstengel-Repetierwaffe
Verschluß:	Zylinder (2 Warzen)
Gesamtgewicht:	3,3 kg
Gesamtlänge:	110,5 cm
Lauflänge:	53 cm
Visierung:	Treibjagd-Fluchtvisier, Korntunnel, vorbereitet für Zielfernrohrmontage
Sicherung, extern:	Sicherung rechts hinter dem Kammerstengel
Sicherung, intern:	interne Verschlußsicherung, Ladezustandsanzeige auf der Verschlußrückseite

MERKMALE:

- Material:	Carbonstahl
- Finish:	brüniert
- Schaft:	Nußbaumholz

Lieferbare Kaliber: .243 Win., 6,5 x 55, 6,5 x 57, .270 Win., .270 Weath.Mag., 7 x 64, 7 mm Rem.

Mag., .308 Win., .30-06, .300 Win.Mag., .338 Win. Mag., 9,3 x 62

Zoli Modell AZ-1900 Stutzen (Abb. oben)

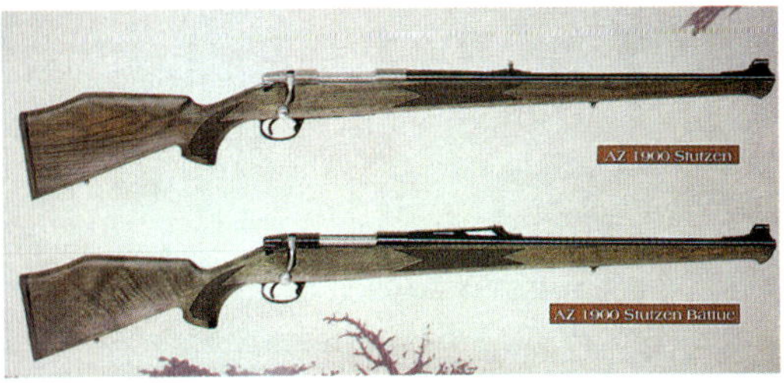

TECHNISCHE DATEN:

Kaliber:	siehe unten
Kapazität:	4 oder 5 Patronen
Magazin:	vor dem Abzugsbügel
Nachladesystem:	Kammerstengel-Repetierwaffe
Verschluß:	Zylinderverschluß (2 Verriegelungswarzen)
Gesamtgewicht:	3,3 kg
Gesamtlänge:	110,5 cm
Lauflänge:	53 cm
Visierung:	verstellbares Blattvisier, Korntunnel, vorbereitet für Zielfernrohrmontage
Sicherung, extern:	Sicherung rechts hinter dem Kammerstengel
Sicherung, intern:	interne Verschlußsicherung, Ladezustandsanzeige auf der Verschlußrückseite

MERKMALE:

- Material:	Carbonstahl
- Finish:	Lauf brüniert, Hülse blank
- Schaft:	Nußbaumholz, bis zur Laufmündung reichend (Stutzen)

Lieferbare Kaliber: .243 Win., 6,5 x 55, 6,5 x 57, .270 Win., .270 Weath.Mag., 7 x 64, 7 mm Rem. Mag., .308 Win., .30-06, .300 Win.Mag., .338 Win. Mag., 9,3 x 62

Zoli Modell AZ-1900 Stutzen Battue (Abb. unten)

TECHNISCHE DATEN:

Kaliber:	siehe unten
Kapazität:	4 oder 5 Patronen
Magazin:	vor dem Abzugsbügel
Nachladesystem:	Kammerstengel-Repetierwaffe
Verschluß:	Zylinderverschluß (2 Verriegelungswarzen)
Gesamtgewicht:	3,3 kg
Gesamtlänge:	110,5 cm
Lauflänge:	53 cm
Visierung:	Treibjagd-Fluchtvisier, Korntunnel, vorbereitet für Zielfernrohrmontage
Sicherung, extern:	Sicherung rechts hinter dem Kammerstengel
Sicherung, intern:	interne Verschlußsicherung, Ladezustandsanzeige auf der Verschlußrückseite

MERKMALE:

- Material:	Carbonstahl
- Finish:	Lauf brüniert, Hülse blank
- Schaft:	Nußbaumholz, bis zur Laufmündung reichend (Stutzen)

Lieferbare Kaliber: .243 Win., 6,5x55, 6,5x57, .270 Win., .270 Weath.Mag., 7x64, 7 mm Rem.Mag., .308 Win., .30-06, .300 Win.Mag., .338 Win.Mag., 9,3x62

Zoli Modell AZ-1900 Super Lux

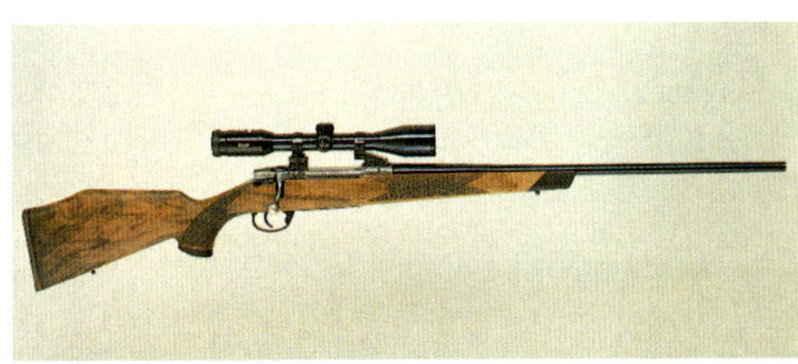

TECHNISCHE DATEN:

Kaliber:	siehe unten
Kapazität:	4 oder 5 Patronen
Magazin:	vor dem Abzugsbügel
Nachladesystem:	Kammerstengel-Repetierwaffe
Verschluß:	Zylinderverschluß (2 Verriegelungswarzen)
Gesamtgewicht:	3,4 bis 3,5 kg
Gesamtlänge:	117,5 bis 122,5 cm
Lauflänge:	60 bis 65 cm

Visierung:	ohne, vorbereitet für Zielfernrohrmontage
Sicherung, extern:	Sicherung rechts hinter dem Kammerstengel
Sicherung, intern:	interne Verschlußsicherung, Ladezustandsanzeige auf der Verschlußrückseite

MERKMALE:

- Material:	Carbonstahl
- Finish:	Lauf brüniert, Hülse blank und graviert
- Schaft:	ausgesuchtes Nußbaumholz mit Ebenholz-Vorschaftabschluß

Lieferbare Kaliber: .243 Win., 6,5 x 55, 6,5 x 57, .270 Win., .270 Weath.Mag., 7 x 64, 7 mm Rem. Mag., .308 Win., .30-06, .300 Win.Mag., .338 Win. Mag., 9,3 x 62

Zoli Modell Savana Lux

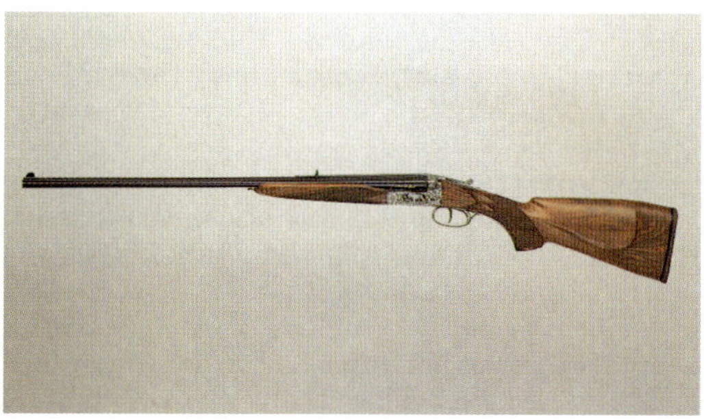

TECHNISCHE DATEN:

Kaliber:	7 x 65 R, 8 x 57 JRS, 9,3 x 74 R
Kapazität:	zwei Patronen (eine pro Lauf)
Magazin:	entfällt
Nachladesystem:	doppelläufige Kipplaufbüchse, Läufe nebeneinander
Verschluß:	Baskülverschluß
Gesamtgewicht:	4,5 kg
Gesamtlänge:	115 cm
Lauflänge:	60 cm
Visierung:	festes Blattvisier, vorbereitet für Zielfernrohrmontage
Sicherung, extern:	Schieber am Kolbenhals
Sicherung, intern:	interne Verschlußsicherung, Spannzustandsanzeige

MERKMALE:

- Material:	Carbonstahl
- Finish:	brüniert, Basküle blank und graviert
- Schaft:	ausgesuchtes Nußbaumholz

„Weapons don't cause accidents, people do!"

(„Waffen als solche verursachen keine Unfälle, nur die Menschen, die damit umgehen!")

J. Edgar Hoover, über 50 Jahre lang Direktor des FBI

Deshalb:

Oberstes Gebot:

\- S I C H E R H E I T -

Waffengesetz

Begriffsbestimmungen aus dem deutschen Waffenrecht

- Schußwaffen im Sinne des deutschen Waffenrechts sind Geräte, bei denen mittels heißer Gase (also in der Regel mittels einer Explosion) ein Geschoß (oder auch Geschosse, etwa beim Schrotschuß) durch einen Lauf getrieben wird und die bestimmt sind zur Jagd, zum Spiel oder zu Sport-, Militär-, Angriffs- oder Verteidungszwecken.

- Sogenannte wesentliche Teile von Schußwaffen (bei Büchsen: Lauf, Patronenlager und Verschluß) sowie auch Schalldämpfer stehen Schußwaffen in der rechtlichen Beurteilung gleich (Erlaubnispflicht usw.).

- Die Ausübung der tatsächlichen Gewalt über eine Schußwaffe bedeutet, nach eigenem Gutdünken über sie verfügen zu können.

- Der Erwerb einer Schußwaffe bedeutet generell den Erhalt der tatsächlichen Gewalt, also nicht etwa nur, wie man meinen könnte, den Kauf, sondern auch etwa den Erhalt durch Schenkung und durch Erbfall, ja sogar das leihweise Erhalten einer Waffe.

- Schußwaffen dürfen nur verwendet werden, wenn sie die vorgeschriebenen amtlichen Beschußzeichen aufweisen. Bei der Beschußprüfung durch ein staatliches Beschußamt wird die Haltbarkeit, Maßhaltigkeit und Handhabungssicherheit der Waffe geprüft.

- Das Führen einer Schußwaffe im rechtlichen Sinne ist generell die Ausübung der tatsächlichen Gewalt über die Waffe außerhalb des eigenen befriedeten Besitztums beziehungsweise außerhalb der eigenen Wohn- und Geschäftsräume. Führen teilt sich auf in erlaubnisfreies Führen (kein Waffenschein erforderlich) und erlaubnispflichtiges Führen (Waffenschein erforderlich).

- Das Führen einer Schußwaffe im rechtlichen Sinne ist generell die Ausübung der tatsächlichen Gewalt über die Waffe außerhalb des eigenen befriedeten Besitztums beziehungsweise außerhalb der eigenen Wohn- und Geschäftsräume. Führen teilt sich auf in erlaubnisfreies Führen (kein Waffenschein erforderlich) und erlaubnispflichtiges Führen (Waffenschein erforderlich).

- Ein Waffenschein ist zum Führen nicht notwendig, wenn die Waffe beim Führen weder schußbereit (geladen) noch zugriffsbereit (mit wenigen Handgriffen in Anschlag zu bringen) ist und sie nur auf der dem direkten Weg von einem erlaubnisfreien Ort zum anderen „transportiert" wird, also insbesondere von zuhause zum Schießstand, zur Jagd oder zum Büchsenmacher und umgekehrt. Wenn nur einer der drei angesprochenen Punkte nicht erfüllt ist, liegt ein erlaubnispflichtiges Führen vor (Waffenschein erforderlich).

- Wenn die Schußwaffe schußbereit und zugriffsbereit zum Zweck des Selbstschutzes geführt wird, ist zum Führen ein Waffenschein notwendig.

- Waffen, gleich welcher Art, dürfen generell nicht bei öffentlichen Veranstaltungen, also etwa Volksfesten, Fußballspielen, Demonstrationsveranstaltungen etc. geführt werden – gegebenenfalls auch nicht mit einem Waffenschein.

Zum Erhalt einer Waffenbesitzkarte als Erwerbs- und Besitzberechtigung für Schußwaffen beziehungsweise eines Waffenscheines zum Führen von Schußwaffen zum Selbstschutz sind nach dem deutschen Waffenrecht in der Regel folgende Punkte nachzuweisen:

- Bedürfnis: regelmäßig aufgrund Tätigkeit als Sportschütze, Jäger oder Waffensammler, bei Waffenscheinen Glaubhaftmachung einer erheblich über der der Allgemeinheit liegenden Mehrgefährdung.

- Zuverlässigkeit: wird durch die Behörde überprüft (u. a. durch Einholung einer unbeschränkten Auskunft aus dem Bundeszentralregister).

- Sachkunde: regelmäßig durch eine amtliche Sachkundeprüfung, bei Sportschützen durch eine von der schießsportlichen Vereinigung durchgeführte Prüfung.

- Mindestalter und körperliche und geistige Eignung.

- Haftpflichtversicherungsschutz.

Rechtliche Einteilung von Waffen

Arten	Beispiele	Erkennungsmerkmale	Aussagen zum Erwerb und Besitz	Aussagen zum zugriffsbereiten und ggf. geladenen Führen
erlaubnispflichtige Schußwaffen („scharfe" Schußwaffen)	Büchsen, Flinten, kombinierte Waffen, Pistolen, Revolver	deutsche Beschußzeichen (Bundesadler mit Buchstaben für Beschußart, Zeichen des jew. Beschußamtes, Beschußdatumskodierung), falls nicht in anderem, anerkannten Land beschossen	Erwerb und Besitz erlaubnispflichtig; Erlaubnis: Waffenbesitzkarte (mit Erwerbsberechtigungseintrag)	Führen erlaubnispflichtig; Erlaubnis: Waffenschein (zusätzlich zur Waffenbesitzkarte, in der Regel beschränkt)
Schußwaffen, die Verbotsnormen des Waffengesetzes und des Kriegswaffenkontrollgesetzes unterliegen	Vollautomatische Kriegswaffen, Waffen, die den Anschein vollautomatischer Kriegswaffen erwecken, etwa Sturmgewehre und Maschinenpistolen	-----	für Privatpersonen generell verboten	für Privatpersonen generell verboten

erlaubnisfreie Schußwaffen („scharfe" Schußwaffen)	einschüssige Vorderladerwaffen und deren originalgetreue Repliken, deren Konstruktionsjahr vor 1871 liegt	deutsche Beschußzeichen (vgl. oben), falls nicht in anderem, anerkannten Land beschossen	Erwerb und Besitz erlaubnisfrei ab 18 Jahren	Führen erlaubnispflichtig; Erlaubnis: Waffenschein (wird für solche Waffen nicht ausgestellt)
Luftdruck-, Federdruck- und CO_2-Waffen	Luftdruckgewehre und -pistolen	F-Zeichen im Fünfeck	Erwerb und Besitz erlaubnisfrei ab 18 Jahren	Führen erlaubnispflichtig; Erlaubnis: Waffenschein (wird für solche Waffen nicht ausgestellt)
Gas-Alarm-Waffen	sog. Schreckschuß- und Signal-Revolver und -Pistolen	PTB-Zeichen im Kreis	Erwerb und Besitz erlaubnisfrei ab 18 Jahren	Führen erlaubnisfrei ab 18 Jahren
Hieb- und Stoßwaffen	Messer und ähnliche „blanke" Waffen, deren vornehmlicher Zweck es ist, zum Angriff oder zur Verteidigung zu dienen, etwa Dolche, Schwerter und im Einzelfall evtl. Butterfly-Messer, aber auch Gummiknüppel	-----	Erwerb und Besitz erlaubnisfrei ab 18 Jahren	Führen erlaubnisfrei ab 18 Jahren
Hieb- und Stoßwaffen, die Verbotsnormen des Waffengesetzes unterliegen	Hieb- und Stoßwaffen, die wegen ihrer besonderen Gefährlichkeit als generell verboten eingestuft sind, etwa besondere Arten von Spring- und Fallmessern, Schlagringe, Schlagringmesser, Stahlruten und Totschläger	-----	für Privatpersonen generell verboten	für Privatpersonen generell verboten

Register

Danksagung

Autor und Herausgeber möchten sich für ihre Kooperation bei den nachfolgenden, in alphabetischer Reihenfolge genannten Personen und Firmen herzlich bedanken. Ohne ihre Hilfe und Unterstützung hätte dieses Buch nicht entstehen können.

- AKAH, Albrecht Kind GmbH & Co., Postfach 310283, D-51617 Gummersbach
- AMT/IAI, 6226 Santos Diaz St., Irwindale, CA, 91702, USA
- Anschütz GmbH, Jagd- und Sportwaffenfabrik, Daimlerstr. 12, D-89079 Ulm/Donau
- Armscors/KBI Inc., P.O. Box 5440, Harrisburg, PA, 17110-0440, USA
- A.S.I. Uitgeverij, Postbus 2279, NL-8203 AG Lelystad, Niederlande
- Benelli Armi SA, Via Della Stazione 50, I-61029 Urbino, Italien
- Pietro Beretta, I-25063 Gardone V.T., Italien
- Bernardelli, P.O. Box 74, I-25063 Gardone V.T., Italien
- Blaser Jagdwaffen GmbH, Ziegelstadel 1, D-88316 Isny/Allgäu
- Brown Precision Inc., 7786 Molinos Ave., Los Molinos, CA, 96055, USA
- Browning Inc., One Browning Place, Morgan, UT, 84050, USA
- Browning S.A., Parc Industriel des Hauts Sarts, B-4040 Herstal, Belgien
- BSA Guns (UK) Ltd., Armoury Road, Birmingham, B11 2PX, Großbritannien
- Bushmaster/Quality Parts Co., P.O. Box 1479, Windham, MA, 04062, USA
- Calico, 405 East 19th St., Bakersfield, CA, 93305, USA
- Chapuis, Z.I. La Gravoux B.P. 15, F-42380 Saint Bonnet le Chaeteau, Frankreich
- Colt's Manufacturing Company Inc., Hartford, CT, 06144-1868, USA
- CZ, Ceska Zbrojovka A.S., 688 27 Uhersky Bord, Tschechische Republik
- Daewoo/Kimber of America Inc., 9039 SE Jannsen Road, Clackamas, OR, 97015, USA
- Dakota Arms Inc., HC 55, Box 326, Sturgis, SD, 57785, USA
- Erma Werke GmbH, Postfach 1269, D-85202 Dachau
- Feinwerkbau, Westinger & Altenburger GmbH, Neckarstr. 43, D-78727 Oberndorf am Neckar
- FN-Browning S.A., Parc Industrial des Hauts Sarts, BV-4400 Herstal, Belgien
- Frankonia Jagd, D-97064 Würzburg
- Gaucher Armes S.A., 46 Rue Desjoyaux, F-42000 St. Etienne, Frankreich
- Gibbs Rifle Company, Route 2, Box 214, Hoffman Road, Cannon Hill Industrial Park, Martinsburg, WV, 25401, USA
- GOL-Waffen, G. Prechtl, Mierensdorffstr. 29, D-69469 Weinheim
- Griffin & Howe, 33 Claremont Road, Bernardsville, NJ, 07924, USA
- Grünig u. Elmiger AG Sportwaffenfabrik, CH-6102 Malters, Schweiz
- Harrington & Richardson 1871 Inc., 60 Industrial Rowe, Gardner, MA, 01440-2832, USA
- Harris Gunworks Inc., 3840 N. 28th Ave., Phoenix, AZ, 85017-4733, USA
- Heckler & Koch GmbH, Postfach 1329, D-78727 Oberndorf am Neckar
- Hege, Zeughaus GmbH, Zeughausgasse 2, D-88662 Überlingen/Bodensee
- Heym GmbH, Postfach 1163, D-97697 Münnerstadt
- Helmut Hofmann GmbH, Postfach 60, D-97634 Mellrichstadt
- Howa/Interarms (North American Group), P.O. Box 208, Alexandria, VA, 22313, USA
- IMI/TAAS-Israel Industries Ltd. (Israel Military Industries), P.O. Box 1044, Ramat Hasharon 47100, Israel
- Jarrett Rifles Inc., 383 Brown Road, Jackson, SC, 29831, USA
- KBI/Armscor, P.O. Box 5440, Harrisburg, PA, 17110-0440, USA
- Keppeler & Fritz GmbH, Aspachweg 4, D-74427 Fichtenberg
- Krico, A. Kriegeskorte GmbH, Jagd- und Sportwaffenfabrik, Kronacher Str. 63, D-90765 Fürth/Bay.
- Lakefield/Savage Arms (Canada) Inc., P.O. Box 129, Lakefield, Ontario, K0L 2H0, Kanada
- H. de Lange, Sportschütze aus Streefkerk, Niederlande
- L.A.R. Manufacturing Inc., 4133 West Farm Road, 8540 South, West Jordan, UT, 84084, USA
- Magnum Research Inc., 7110 University Ave. NE, Minneapolis, MN, 55432, USA
- MagTech/CBC, Av. Humberto de Campos 3220, Ribeirao Pires, SP, Brasilien
- Manufacture d'Amres des Pyrénées Francaises, P.O. Box 420, F-64700 Hendaye, Frankreich
- Marlin Firearms Co., 100 Kenna Drive, P.O. Box 248, North Haven, CT, 06473-0905, USA
- Mauser Werke Oberndorf, Postfach 1349, D-78727 Oberndorf am Neckar
- Merkel/Suhler Jagd- und Sportwaffen GmbH, Auenstr. 5, Postfach 130, D-98501 Suhl
- Mitchell Arms Inc., 3400 W. MacArthur Blvd. No. 1, Santa Ana, CA, 92704, USA
- Musgrave/Denel (Pty.) Ltd., P.O. Box 183, Jagersfontein Road, Bloemfontein, 9300, Südafrika

- Navy Arms Company, 689 Bergen Blvd., Ridgefield, NJ, 07657, USA
- New England Firearms, 60 Industrial Rowe, Gardner, MA, 01440-2832, USA
- Norinco/Norconia GmbH, Ostring 19, D-97228 Rottendorf
- Regionalpolizei Süd, Holland Süd, mit Sitz in Dordrecht, Niederlande
- Remington Arms Company Inc., Delle Donne Corporate Center, 1011 Centre Road, Wilmington, DE, 19805-1270, USA
- Rhöner Sportwaffen GmbH, Untere Torstr. 9, D-97656 Oberelsbach/Weisbach
- Robar Companies Inc., 21438 North Seventh Ave., Suite B, Phoenix, AZ, 85027, USA
- Armas Amadeo Rossi SA, Sao Leopoldo RS, Brasilien
- J. Roukema, Waffentechniker und Sportschütze aus Papendrecht, Niederlande
- A. Rozendaal, Sportschütze und Fotograf aus Nieuwpoort, Niederlande
- Ruger, Sturm, Ruger & Company Inc., Lacey Place, Southport, CT, 06490, USA
- Sako Ltd., P.O. Box 149, FIN-11101 Riihimäki, Finnland
- Savage Arms Inc., 100 Springdale Road, Westfield, MA, 01085, USA
- Schützenverein „Die Magnum-Bruderschaft" aus Nieuwpoort, Niederlande
- Schützenverein „Die schwarze Tulpe" aus Brandwijk, Niederlande
- Schützenverein „Scharfschützen-Club Süd-Holland-Süd" aus Nieuwpoort, Niederlande
- Seehuber Sportwaffen, Hafenstr. 25, D-88662 Überlingen am Bodensee
- SIG Schweizerische Industrie Gesellschaft, CH-8212 Neuhausen am Rheinfall, Schweiz
- Simson-Suhl, Suhler Jagd- und Sportwaffen GmbH, Auenstr. 5, Postfach 130, D-98501 Suhl
- Smith & Wesson, P.O. Box 2208, Springfield, MA, 01102, USA
- Springfield Armory, 420 West Main St., Geneso, IL, 61254, USA
- Steyr-Daimler-Puch AG, Mannlicher Str. 1, A-4400 Steyr, Österreich
- Stoner/Knight's Armament Company Europe, Geerdingkhof 672, NL-1103 RN Amsterdam, Niederlande
- Thompson/Center Arms, P.O. Box 2426, Rochester, NH, 03867, USA
- Tikka/Sako Ltd., P.O. Box 149, FIN-11101 Riihimäki, Finnland
- Uberti & Co., Via G. Carducci 41, Ponte Zanano, I-25060 Brescia, Italien
- Unique, Manufacture d'Amres des Pyrénées Francaises, P.O. Box 420, F-64700 Hendaye, Frankreich
- J.A.F. Verdick, Kriegsveteran und Sportschütze aus Langerak, Niederlande
- Verney-Carron, Blvd. Thiers 54, Boite Postale 72, F-42002 St. Etienne, Frankreich
- Voere GmbH, Untere Sparchen 56, A-6330 Kufstein, Tirol, Österreich
- Carl Walther GmbH Sportwaffenfabrik, Postfach 4325, D-89079 Ulm
- Weatherby, 3100 El Camino Real, Atascadero, CA, 93422, USA
- Hermann Weihrauch KG (Arminius), P.O. Box 20, D-97638 Mellrichstadt
- Winchester, U.S. Repeating Arms Company Inc., 275 Winchester Ave., Morgan, UT, 84050-9333, USA
- Winchester Ammunition, Europe Division, Worchester, Großbritannien
- Zoli Antonio Spa., Via Zanardelli 39, Casella Postale 21, I-25063 Gardone V.T., Italien